Dreamweaver+Photoshop+Flash 网页设计课堂实录

刘贵国 / 编著

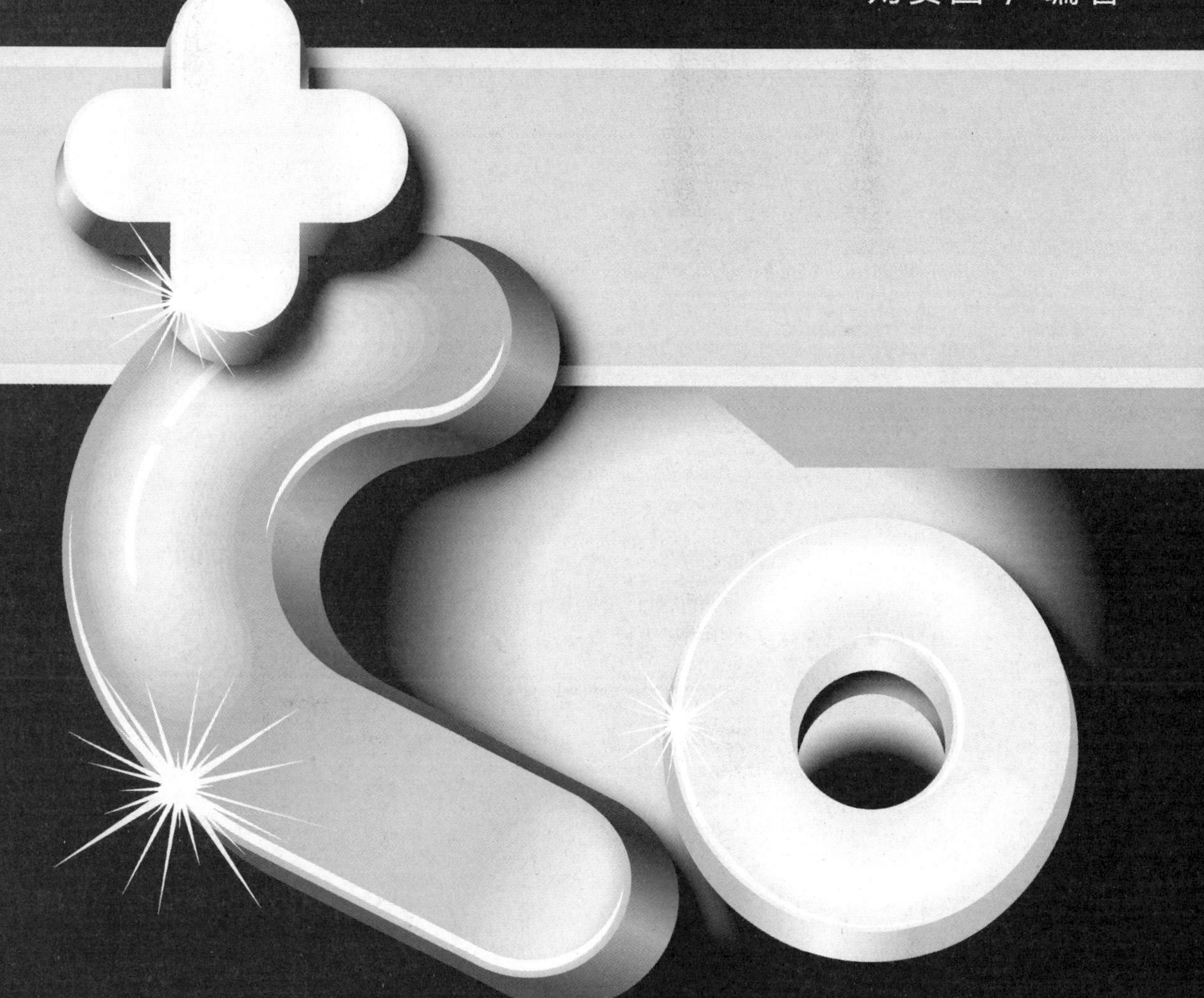

清华大学出版社
北京

内容简介

本书详细地介绍了使用Dreamweaver、Flash、Photoshop设计网页与制作网站的知识。内容涵盖网页与网站的基础知识、创建站点和基本网页、为网页添加绚丽的图片和媒体对象、创建网页链接、使用表格轻松排列网页数据、使用模板、库和插件提高网页制作效率、使用CSS＋DIV布局美化网页、利用行为轻易实现网页特效、添加表单与制作动态网页、进入Flash魔幻动画世界、使用Flash CS6绘制矢量图形、编辑文本和操作对象、认识元件与库面板、创建基本Flash动画、动作脚本的应用、Photoshop CS6入门、使用绘图工具绘制图像、网页特效文字的制作、网页切片输出与动画制作、网上商城动态网站的制作等内容。

本书可作为网页设计与网站建设相关专业的教材和参考用书，也可作为网页设计、网页制作和网站建设爱好者的自学参考用书。

图书在版编目(CIP)数据

Dreamweaver+Photoshop+Flash网页设计课堂实录 / 刘贵国编著. —北京：清华大学出版社，2014
（课堂实录）

ISBN 978-7-302-31810-1

Ⅰ. ①D… Ⅱ. ①刘… Ⅲ. ①网页制作工具 Ⅳ. ①TP393.092

中国版本图书馆CIP数据核字(2013)第062978号

责任编辑：陈绿春
封面设计：潘国文
责任校对：徐俊伟
责任印制：沈　露

出版发行：清华大学出版社
网　　址：http://www.tup.com.cn，http://www.wqbook.com
地　　址：北京清华大学学研大厦A座　　邮　　编：100084
社 总 机：010-62770175　　邮　　购：010-62786544
投稿与读者服务：010-62776969，c-service@tup.tsinghua.edu.cn
质 量 反 馈：010-62772015，zhiliang@tup.tsinghua.edu.cn
印 装 者：三河市金元印装有限公司
经　　销：全国新华书店
开　　本：188mm×260mm　　**印　张**：20.5　　**字　　数**：568千字
（附光盘1张）
版　　次：2014年3月第1版　　**印　　次**：2014年3月第1次印刷
印　　数：1～4000
定　　价：49.00元

产品编号：050629-01

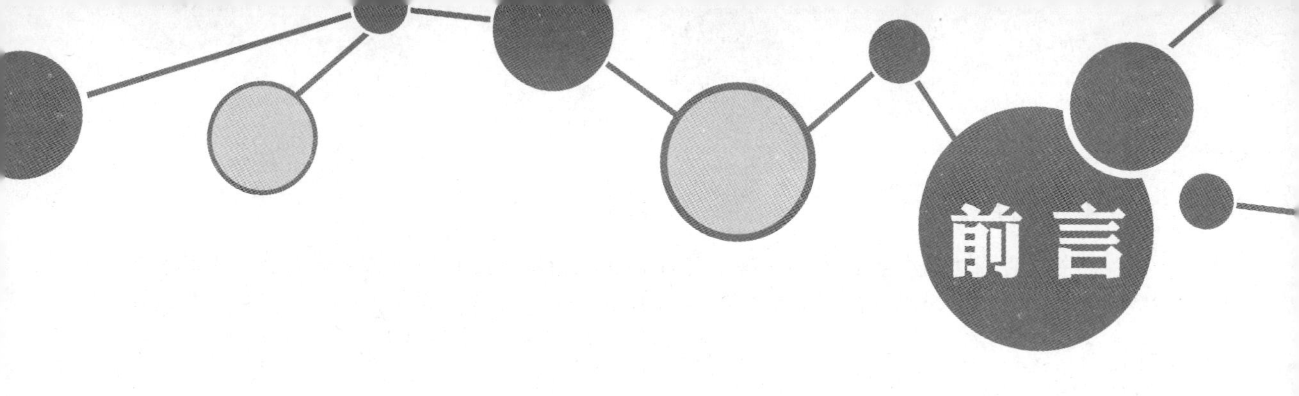

前言

随着计算机和网络的飞速发展，目前网页设计与网站建设技术已经成了热门。页面设计、动画设计、图形图像设计是网页设计与网站建设的三大核心内容。随着网页设计与网站建设技术的不断发展和完善，产生了众多网页制作软件。Dreamweaver、Flash、Photoshop三剑客的组合，是当前大家在进行网页设计时经常使用的软件，这3套软件的共同点就是简单易懂、容易上手，而且可以保证用户的设计能展现出不同的风采。这3套软件的组合使用完全能高效地实现网页的各种功能，所以称这3套软件的组合为“黄金搭档”。现在，Adobe公司又及时地推出了Dreamweaver CS6、Flash CS6、Photoshop CS6，它们已经成为网页设计与网站建设的梦幻工具组合，并以其强大的功能和易学易用的特性，赢得了广大网页设计人员的青睐。

本书主要内容：

一个完整的网站并不是由一个单独的软件制作而成的，它需要多方面的配合，包括网络知识、网页制作技术、网页布局、网页配色，以及相关的网页制作软件、图形图像处理软件、动画软件等。本书共分4篇。

第一篇Dreamweaver网页制作：主要讲解网页与网站的基础知识、创建站点和基本网页、为网页添加绚丽的图片和媒体对象、创建网页链接、使用表格轻松排列网页数据、使用模板、库和插件提高网页制作效率、使用CSS＋DIV布局美化网页、利用行为轻易实现网页特效、添加表单与制作动态网页等。

第二篇Flash网页动画设计：主要讲解进入Flash魔幻动画世界、使用Flash CS6绘制矢量图形、编辑文本和操作对象、认识元件与库面板、创建基本Flash动画、动作脚本的应用等。

第三篇Photoshop网页图像设计：主要讲解Photoshop CS6入门、使用绘图工具绘制图像、网页特效文字的制作、网页切片输出与动画制作等。

第四篇大型网站创建实战：主要讲解大型网站的制作方法和流程。

本书的特色：

本书主要面向网页设计制作的初、中级用户，采用由浅入深、循序渐进的方式进行讲解，内容丰富，结构安排合理，实例均来自设计一线，特别适合作为教材使用，是各类学校广大师生的首选。

- **实战性强**

本书的最大特点是对每个知识点从实例的角度进行介绍，这些实例均采用Step by Step的制作流程，使读者能够轻松上手，达到举一反三的学习效果。

● **结构完整**

本书以实用功能讲解为核心，每小节分为基本知识学习和课堂练一练两部分内容，基本知识学习部分以基本知识为主，讲解每个知识点的操作和用法，操作步骤详细，目标明确；课堂练一练部分则相当于一个学习任务或案例制作。在之后结合大量实例分述3套软件和动态网页技术。最后两课通过综合实例讲述了网站建设的全过程。

● **案例丰富**

把知识点融汇于系统的案例实训当中，并且结合经典案例进行讲解和拓展，进而做到“知其然，并知其所以然”，力求达到理论知识与实际操作完美结合的效果。

● **习题强化**

在每课后都附有针对性的练习题，通过实训巩固每课所学的知识。

读者对象：

◎ 网页设计与制作人员；
◎ 网站建设与开发人员；
◎ 大中专院校相关专业师生；
◎ 网页制作培训班学员；
◎ 个人网站爱好者与自学读者。

本书由国内著名网页设计培训专家刘贵国编写，参加编写的还包括冯雷雷、晁辉、何洁、陈石送、何琛、吴秀红、王冬霞、何本军、乔海丽、孙良军、邓仰伟、孙雷杰、孙文记、何立、倪庆军、胡秀娥、赵良涛、徐曦、刘桂香、葛俊科、葛俊彬等。

作者

目录

第一篇 Dreamweaver网页制作

第1课 了解网页制作

第2课 Dreamweaver CS6快速创建站点和基本网页

第3课 为网页添加绚丽的图片和媒体对象

第4课　创建网页链接

第5课　使用表格轻松排列网页数据

第6课　使用模板、库和插件提高网页制作效率

第7课 使用CSS＋DIV布局美化网页

第8课 利用行为轻易实现网页特效

第9课 添加表单与动态网页基础

第二篇 Flash网页动画设计

第10课 进入Flash魔幻动画世界

第11课 使用Flash CS6绘制矢量图形

第12课 编辑文本和操作对象

第13课 认识元件与“库”面板

第14课 创建基本Flash动画

第15课 动作脚本的应用

第三篇 Photoshop网页图像设计

第16课 Photoshop CS6入门基础

第17课 使用绘图工具绘制图像

第18课 网页特效文字的制作

第19课 网页切片输出与动画制作

第四篇 大型网站创建实战

第20课 网上商城类网站

附录

第1课 了解网页制作

本课导读

上网已成为当今人们的一种新的生活方式，通过互联网，用户足不出户就可以浏览全世界的信息，网站也成为了每个公司必不可少的宣传媒介。互联网的迅速发展使得网页设计越来越重要，要制作出更出色的网站来就需要熟悉网页设计的基础知识。

技术要点

◎ 了解网页制作基础知识
◎ 熟悉网页制作软件
◎ 掌握网站开发流程

1.1 网页制作基础知识

为了能够使网页初学者对网页设计有个总体的认识，在设计制作网页前，首先介绍网页设计的基础知识。

1.1.1 什么是网页

网页又称为HTML文件，是一种可以在WWW上传输，能被浏览器认识和翻译成页面并显示出来的文件。网页分为静态网页和动态网页。

静态网页是网站建设初期经常采用的一种形式。网站建设者把内容设计成静态网页，访问者只能被动地浏览网站建设者提供的网页内容。图1-1所示为静态的内容展示网页。

图1-1 静态的内容展示网页

静态网页特点如下。

- 网页内容不会发生变化，除非网页设计者修改了网页的内容。
- 不能实现和浏览网页的用户之间的交互。信息流向是单向的，即从服务器到浏览器。服务器不能根据用户的选择调整返回给用户的内容。

所谓动态网页是指网页文件里包含了程序代码，通过后台数据库与Web服务器的信息交互，由后台数据库提供实时数据更新和数据查询服务。这种网页的后缀名称一般根据不同的程序设计语言而不同，如常见的有.asp、.jsp、.php、.perl、.cgi等形式为后缀。动态网页能够根据不同时间和不同访问者而显示不同内容。如常见的新闻发布系统、聊天系统和购物系统通常用动态网页实现。图1-2所示为动态网页。

图1-2 动态网页

动态网页制作比较复杂，需要用到ASP、PHP、JSP和ASP.NET等专门的动态网页设计语言。

动态网页的一般特点如下。

- 动态网页以数据库技术为基础，可以大大降低网站维护的工作量。
- 采用动态网页技术的网站可以实现更多的功能，如用户注册、用户登录、搜索查询、用户管理、订单管理等。
- 动态网页并不是独立存在于服务器上的网页文件，只有当用户请求时服务器才返回一个完整的网页。
- 动态网页中的“？”不利于搜索引擎的检索，采用动态网页的网站，在进行搜索引擎推广时，需要做一定的技术处理才能适应搜索引擎的要求。

1.1.2 什么是网站

网站是有独立域名、独立存放空间的内容集合，这些内容可能是网页，也可能是程序或其他文件，不一定要有很多网页，主要有独立域名和空间，那怕只有一个页面也叫做网站。

网站是由域名和网站空间构成。衡量一个网站的性能通常从网站空间大小、网站位置、网站速度、网站软件配置和网站提供服务等几个方面考虑。

1.1.3 网站的类型

网站是多个网页的集合，目前没有一个严谨的网站分类方式。将网站按照主体性质不同分为门户网站、电子商务网站、娱乐网站、游戏网站、时尚网站、个人网站等网站。

1．个人网站

个人网站包括博客、个人论坛、个人主页等。网络的大发展趋势就是向个人网站发展。个人网站就是自己的心情驿站。有的为了拥有共同爱好的朋友相互交流而创建的网站，也有以自我介绍的简历形式网站，如图1-3所示的个人网站。

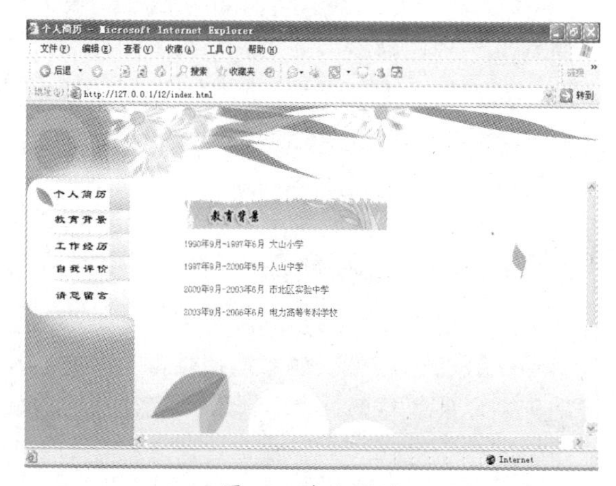

图1-3 个人网站

2．电子商务网站

电子商务网站为浏览者搭建起一个网络平台，浏览者和潜在客户在这个平台上可以进行整个交易/交流过程，电子商务型网站业务更依赖于互联网，是公开的信息仓库。

所谓电子商务是指利用当代计算机、网络通讯等技术实现各种商务活动的信息化、数字化、无纸化和国际化。狭义上说，电子商务就是电子贸易，主要指利用在网上进行电子交易，买卖产品和提供服务，图1-4所示的为当当购物网站；广义上说，电子商务还包括企业内部的商务活动，如生产、管理、财务以及企业间的商务活动等。

图1-4 当当购物网站

通过电子商务，可实现如下目标。

- 能够使商家通过网上销售“卖”向全世界，能够使消费者足不出户“买”遍全世界。
- 可以实现在线销售、在线购物、在线支付，使商家和企业及时跟踪顾客的购物趋势。
- 商家和企业可以利用电子商务在网上广泛传播自己的独特形象。
- 商家和企业可以利用电子商务，同合作伙伴保持密切的联系，改善合作关系。
- 可以为顾客提供及时的技术支持和技术服务，降低服务成本。
- 可以促使商家和企业之间的信息交流，及时得到各种信息，保证决策的科学性和及时性。

3．娱乐游戏类网站

随着互联网的飞速发展，不仅涌现出了很多个人网站和商业网站，也产生了很多的娱乐休闲类网站，如电影网站、音乐网站、游戏网站、交友网站、社区论坛、手机短信网站等。这些网站为广大网民提供了娱乐休闲的场所。

网络游戏是当今网络中热门的一个行业，许多门户网站也专门增加了游戏频道。网络游戏的网站与传统游戏的网站设计略有不同，一般情况下是以矢量风格的卡通插图为主体的，色彩对比比较鲜明。渐变的背景色彩使页面看起来十分明亮，少许立体感的游戏风格使页面看起来十分可爱，带有西方童话色彩的框架设计使网站看起来十分特别。图1-5所示的为游戏网站。

图1-5 游戏网站

4. 新闻资讯类网站

随着网络的发展，作为一个全新的媒体，新闻资讯网站受到越来越多的关注。它具有传播速度快、传播范围广、不受时间和空间限制等特点，因此新闻网站得到了飞速的发展。新闻资讯类网站以其新闻传播领域的丰富网络资源，逐渐成为继传统媒体之后的第四新闻媒体。图1-6所示为新闻资讯类网站。

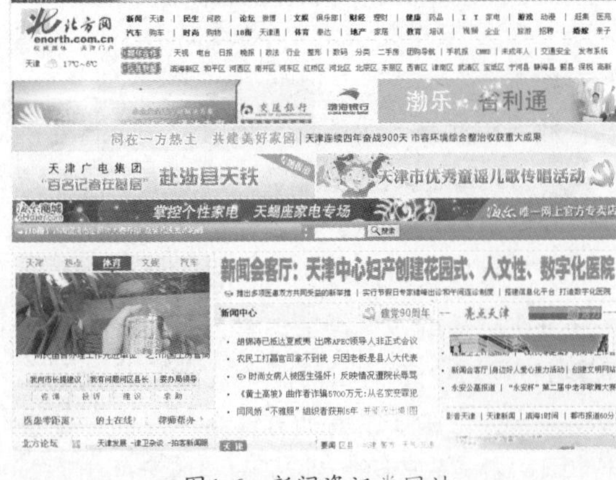

图1-6 新闻资讯类网站

5. 门户类网站

门户类网站是互联网的巨人，它们拥有庞大的信息量和用户资源，这是这类网站的优势。门户网站将无数信息整合、分类，为上网访问者打开方便之门，绝大多数网民是通过门户网站来寻找感兴趣的信息资源的，巨大的访问量给这类网站带来了无限的商机。图1-7所示为门户网站。

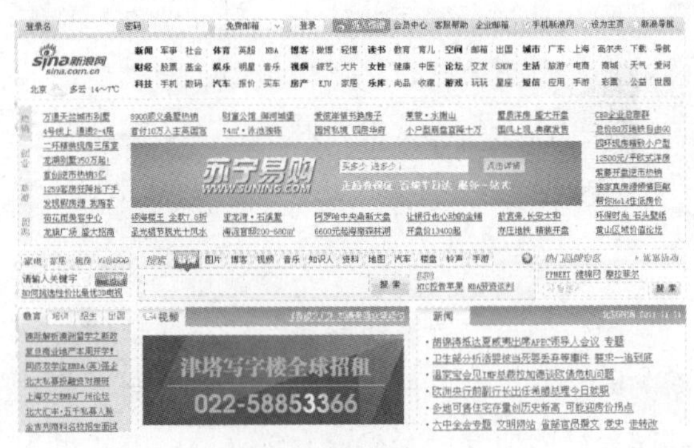

图1-7 门户网站

1.1.4 网页的基本构成元素

网页是构成网站的基本元素。不同性质的网站，其页面元素是不同的。一般网页的基本元素包括Logo、Banner、导航栏目、文本、图像、Flash动画和多媒体等内容。

1. 网站Logo

网站Logo，也叫做网站标志，它是一个站点的象征，也是一个站点是否正规的标志之一。一个好的标志可以很好地树立公司形象。网站标志一般放在网站的左上角，访问者一眼就能看到它。成功的网站标志有着独特的形象标识，在网站的推广和宣传中起到事半功倍的效果。网站标志应体现该网站的特色、内容以及其内在的文化内涵和理念。下面是百度网站的标志，如图1-8所示。

图1-8 网站标志

2. 网站Banner

Banner是一种网络广告形式，Banner广告一般是放在网页的顶部位置，在用户浏览网页信息的同时，吸引用户对于广告信息的关注。

Banner广告有多种规格和形式，其中最常用的是486×60像素的标准广告。这种标志广告有多种不同的称呼，如横幅广告、全幅广告、条幅广告、旗帜广告等。通常是以GIF、JPG等格式建立的图像文件或Flash文件，图1-9所示为网站Banner。

图1-9　网站Banner

3. 网站导航栏

导航既是网页设计中的重要部分，又是整个网站设计中的一个较独立的部分。一般来说网站中的导航位置在各个页面中出现的位置是比较固定的，而且风格也较为一致。导航的位置对网站的结构与各个页面的整体布局起到举足轻重的作用。

导航的位置一般有4种常见的显示位置：在页面的左侧、右侧、顶部和底部。有的在同一个页面中运用了多种导航，如有的在顶部设置了主菜单，而在页面的左侧又设置了折叠式菜单，同时又在页面的底部设置了多种链接，这样便增强了网站的可访问性。当然并不是导航在页面中出现的次数越多越好，而是要合理地运用页面达到总体的协调一致。下面是一个网页的顶部导航，如图1-10所示。

图1-10　顶部导航

4. 网站文本

文本一直是人类最重要的信息载体与交流工具，网页中的信息也以文本为主。与图像相比，文字虽然不如图像那样易于吸引浏览者的注意，但却能准确地表达信息的内容和含义。

为了克服文字固有的缺点，人们赋予了网页中文本更多的属性，如字体、字号和颜色等，通过不同格式的区别，突出显示重要的内容，图1-11所示为使用文本的网页。

图1-11　文本网页

5. 网站图像

图像在网页中具有提供信息、展示形象、美化网页、表达个人情趣和风格的作用。可以在网页中使用GIF、JPEG和PNG等多种图像格式，其中使用最广泛的是GIF和JPEG两种格式，如图1-12所示为在网页中使用图像。

图1-12　网页图像

6．Flash动画

随着网络技术的发展，网页上出现了越来越多的 Flash 动画。Flash 动画已经成为当今网站必不可缺少的部分，美观的动画能够为网页增色不少，从而吸引更多的浏览者。Flash 动画不仅需要设计者对动画制作软件非常熟悉，更重要的是设计者独特的创意。图 1-13 所示为网页中的 Flash 动画。

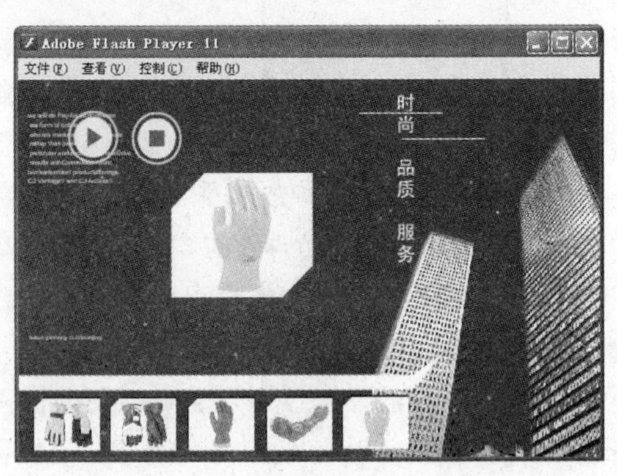

图1-13 Flash动画

1.2 网页制作软件

如果读者对网页设计已经有了一定的基础，对HTML语言又有一定的了解，那么可以选择下面的几种软件来设计自己的网页，它们一定会为读者的网页添色不少。

1.2.1 图像制作软件

Photoshop CS6是被业界公认的图形图像处理专家，也是全球性的专业图像编辑行业标准。Photoshop CS6是Adobe公司最新版的图像编辑软件，它提供了高效的图像编辑和处理功能、更人性化的操作界面，深受美术设计人员的青睐。Photoshop CS6集图像设计、合成以及高品质输出等功能于一身，广泛应用于平面设计和网页美工、数码照片后期处理、建筑效果后期处理等诸多领域。该软件在网页前期设计中，无论是色彩的应用、版面的设计、文字特效、按钮的制作以及网页动画，如导航条和网络广告，均占有重要地位。图1-14所示为网页图像设计软件Photoshop CS6。

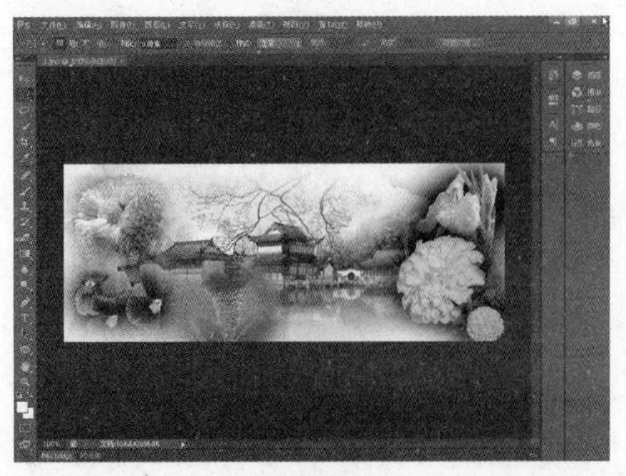

图1-14 网页图像设计软件Photoshop CS6

1.2.2 动画制作软件

Flash是一款非常流行的平面动画制作软件，被广泛应用于网站制作、游戏制作、影视广告、电子贺卡、电子杂志、MTV制作等领域。它的优点是体积小，可边下载边播放，这样就避免了用户长时间的等待。可以用其生成动画，还可在网页中加入声音。这样用户就能生成多媒体的图形和界面，而该文件的体积却很小。Flash CS6 Professional是目前Flash的新版本，图1-15所示为网页动画制作软件Flash CS6。

图1-15 网页动画制作软件Flash CS6

1.2.3 网页编辑软件

近年来，随着网络信息技术的广泛应用，互联网正逐步改变着人们的生活和工作方式。

越来越多的个人、企业纷纷建立自己的网站，利用网站来宣传和推广自己。也出现了很多的网页制作软件。Adobe公司的Dreamweaver无疑是其中使用最为广泛的一个软件，它以强大的功能和友好的操作界面受到了广大网页设计者的欢迎，成为设计者制作网页的首选软件。特别是最新版本的Dreamweaver CS6软件，新增了许多功能，可以帮助用户在更短的时间内完成更多的工作。图1-16所示为网页制作软件Dreamweaver CS6。

图1-16 网页制作软件Dreamweaver CS6

1.2.4 网页开发语言

ASP是Active Server Page的缩写，意为“活动服务器网页”。ASP是微软公司开发的代替CGI脚本程序的一种应用程序，它可以与数据库和其他程序进行交互，是一种简单、方便的编程工具。ASP网页文件是以.asp为后缀，现在常用于各种动态网站中。ASP是一种服务器端脚本编写环境，可以用来创建和运行动态网页或Web应用程序。ASP网页可以包含HTML标记、普通文本、脚本命令以及COM组件等。利用ASP可以向网页中添加交互式内容，也可以创建使用HTML网页作为用户界面的Web应用程序。如图1-17所示为动态ASP网页的工作原理图。

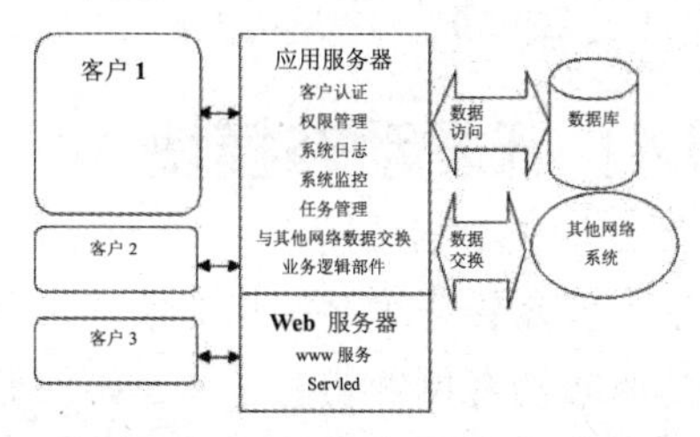

图1-17 动态网页的工作原理图

与HTML网页相比，ASP网页具有以下特点。

（1）利用ASP可以实现突破静态网页的一些功能限制，实现动态网页技术。

（2）ASP文件是包含在HTML代码所组成的文件中的，易于修改和测试。

（3）服务器上的ASP解释程序会在服务器端制定ASP程序，并将结果以HTML格式传送到客户端浏览器上，因此使用各种浏览器都可以正常浏览ASP所生成的网页。

（4）ASP提供了一些内置对象，使用这些对象可以使服务器端脚本功能更强。例如可以从Web浏览器中获取用户通过HTML表单提交的信息，并在脚本中对这些信息进行处理，然后向web浏览器发送信息。

（5）ASP可以使用服务器端ActiveX组件来执行各种各样的任务，例如存取数据库、收发Email或访问文件系统等。

（6）由于服务器是将ASP程序执行的结果以HTML格式传回到客户端浏览器，因此使用者不会看到ASP所编写的原始程序代码，可防止ASP程序代码被窃取。

1.2.5 网站推广软件

网站推广的最终目的是指让更多的客户知道商家的网站在什么位置。其定义，顾名思义，就是通过网络手段，把商家的信息推广到对应的受众目标。换句话说，凡是通过网络手段进行优化推广的形式，都属于网络推广。

图1-18所示的为网站推广软件商务先锋，该软件通过一定时间的发布,可以使企业的信息在互联网上高速传播和大面积覆盖，潜在客户可以在各种网站上看到商家的信息，也可以从搜索引擎中找到大量的相关信息。

图1-18 网站推广软件

1.3 商业网站开发与制作流程

创建网站是一个系统工程，有一定的工作流程，只有按部就班地来进行，才能设计出满意的网站。因此在制作网站前，先要了解网站建设的基本流程，这样才能制作出更好、更合理的网站。

1.3.1 网站的需求分析

网站的设计是展现企业形象、介绍产品和服务、体现企业发展战略的重要途径，因此必须明确设计网站的目的和用户需求，从而做出切实可行的设计计划。要根据消费者的需求、市场的状况、企业自身的情况等进行综合分析，牢记以“消费者”为中心的宗旨，而不是以“美术”为中心进行设计规划。在设计规划之初要考虑以下内容：建设网站的目的是什么？为谁提供服务和产品？企业能提供什么样的产品和服务？企业产品和服务适合什么样的表现方式？

首先，一个成功的网站一定要注重外观布局。外观是给用户的第一印象，给浏览者留下一个好的印象，那么他看下去或再次光顾的可能性才更大。但是一个网站要想留住更多的用户，最重要的还是网站的内容。网站内容是一个网站的灵魂，内容做得好，做到有自己的特色才会脱颖而出。做内容，一定要做出自己的特点来。当然有一点需要注意的是，不要为了差异化而差异化，只有满足用户核心需求的差异化才是有效的，否则跟模仿其他网站功能没有实质的区别。

1.3.2 制作网站页面

网页设计是一个复杂而细致的过程，一定要按照先大后小、先简单后复杂的顺序来进行制作。所谓先大后小，就是说在制作网页时，先把大的结构设计好，然后再逐步完善小的结构设计。所谓先简单后复杂，就是先设计出简单的内容，然后再设计复杂的内容，以便在出现问题时方便修改。根据站点目标和用户对象去设计网页的版式以及网页内容的安排。一般来说，至少应该对一些主要的页面设计好布局，确定网页的风格。

在制作网页时要灵活运用模板和库，这样可以大大提高制作效率。如果很多网页都使用相同的版面设计，就应为这个版面设计一个模板，然后就可以以此模板为基础来创建网页。以后如果想要改变所有网页的版面设计，只需简单地改变模板即可实现。图1-19所示为使用模板制作的网页。

图1-19 制作的网页模板

1.3.3 切割和优化页面

切图是网页设计中非常重要的一环，它可以很方便地为我们标明哪些是图片区域，哪些是文本区域。另外，合理的切图还有利于加快网页的下载速度、设计复杂造型的网页，以及对不同特点的图片进行压缩等优点。切割网站首页效果如图1-20所示。

图1-20 切割网站首页

1.3.4 开发动态模块

页面设计制作完成后，如果还需要动态功能的话，就需要开发动态功能模块，网站中常用的功能模块有搜索功能、留言板、新闻信息发布、在线购物、技术统计、论坛及聊天室等。如图1-21所示为留言板页面。

图1-21 留言板页面

1.3.5 申请域名和服务器空间

域名是企业或事业单位在因特网上进行相互联络的网络地址。在网络时代，域名是企业和事业单位进入因特网必不可少的身份证明。

国际域名资源是十分有限的，为了满足更多企业、事业单位的申请要求，各个国家、地区在域名最后加上了国家标记段，由此形成了各个国家、地区的国内域名，如中国是cn、日本是jp等，这样就扩大了域名的数量，满足了用户的要求。

注册域名前应该在域名查询系统中查询所希望注册的域名是否已经被注册。几乎每一个域名注册服务商在自己的网站上都提供查询服务。图1-22所示为在万网申请注册域名。

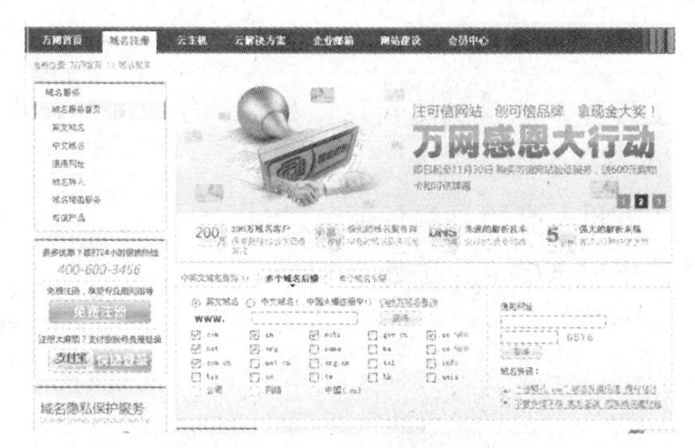

图1-22 在万网申请注册域名

网站是建立在网络服务器上的一组电脑文件，它需要占据一定的硬盘空间，这就是一个网站所需的网站空间。

1.3.6 测试网站

在完成了对站点中页面的制作后，就应该将其发布到Internet上供大家浏览和观赏了。但是在此之前，应该对所创建的站点进行测试，对站点中的文件逐一进行检查，在本地计算机中调试网页以防止包含在网页中的错误，以便尽早发现问题并解决这些问题。

在测试站点过程中应该注意以下几个方面。

- 在测试站点过程中应确保在目标浏览器中，网页如预期地显示和工作，没有损坏的链接，以及下载时间不宜过长等。
- 了解各种浏览器对Web页面的支持程度，不同的浏览器观看同一个Web页面，会有不同的效果。很多制作的特殊效果，在有些浏览器中可能看不到，为此需要进行浏览器兼容性检测，以找出不被其他浏览器支持的部分内容。
- 检查链接的正确性，可以通过Dreamweaver提供的检查链接功能来检查文件或站点中的内部链接及孤立文件。

网站的域名和空间申请完毕后，就可以将网页上传到网站了，可以采用Dreamweaver自带的站点管理功能上传文件。

1.3.7 网站的维护与推广

互联网的应用和繁荣提供了广阔的电子商务市场和商机，但是互联网上大大小小的各种网站数以百万计，如何让更多的人都能迅速地访问到您的网站是一个十分重要的问题。企业网站建好以后，如果不进行推广，那么企业的产品与服务在网上就仍然不为人所知，起不到建立站点的作用，所以企业在建立网站后就应该利用各种手段推广自己的网站。

网站的宣传有很多种方式，下面讲述一些主要的方法。

1. 注册到搜索引擎

经权威机构调查，全世界85%以上的互联网用户采用搜索引擎来查找信息，而通过其他推广形式访问网站的，只占不到15%。这就意味着当今互联网上最为经济、实用和高效的网站推广形式就是注册到搜索引擎。目前比较有名的搜索引擎主要有：百度（http://www.baidu.com）、雅虎（http://www.yahoo.com.cn）、搜狐（http://www.sohu.com）、新浪网（http://www.sina.com.cn）、网易（http://www.163.com）、3721（http://www.3721.com）等。

注册时应当尽量详尽地填写企业网站中的信

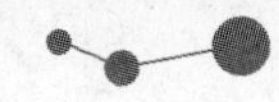

息，特别是关键词，尽量写得普遍化、大众化一些，如“公司资料”最好写成“公司简介”。

2．交换广告条

广告交换是宣传网站的一种较为有效的方法。登录到广告交换网，填写一些主要的信息，如广告图像、网站网址等，之后它会要求将一段HTML代码加入到网站中。这样广告条就可以在其他网站上出现。当然，商家自己的网站上也会出现别的网站的广告条。

另外也可以跟一些合作伙伴或者朋友的公司交换友情链接。当然合作伙伴网站最好是点击率比较高的。友情链接包括文字链接和图像链接。文字链接一般就是公司的名字。图像链接包括 LOGO 链接和 Banner 链接两种。LOGO 和 Banner 的制作跟上面的广告条一样，也需要仔细考虑怎么样去吸引客户鼠标的点击。如果允许，尽量使用图像链接，将图像设计成 GIF，或者 FLASH 动画，将公司的 CI 体现其中，让客户印象深刻。

3．专业论坛宣传

Internet上各种各样的论坛都有，如果有时间，可以找一些跟公司产品相关并且访问人数比较多的论坛。注册登录并在论坛中输入公司一些基本信息，如网址、产品等内容。

4．直接跟客户宣传

一个稍具规模的公司一般都有业务部、市场部或者客户服务部。可以在业务员跟客户打交道的时候直接将公司网站的网址告诉给客户，或者直接给客户发E-mail等。

5．不断维护更新网站

网站的维护包括网站的更新和改版。更新主要是网站文本内容和一些小图像的增加、删除或修改，但总体版面的风格保持不变。网站的改版是对网站总体风格做调整，包括版面、配色等各方面内容。改版后的网站让客户感觉改头换面，焕然一新。一般改版的周期要长些。

6．网络广告

网络广告最常见的表现方式是图像广告，如各门户站点主页上部的横幅广告。

7．公司印刷品

公司信笺、名片、礼品包装都要印上网址名称，让客户在记住公司名字、职位的同时，也看到并记住公司的网址。

8．报纸

报纸是使用传统方式宣传网址的最佳途径。

1.4 习题测试

1．填空题

(1) 网页又称__________，是一种可以在WWW上传输，能被浏览器认识和翻译成页面并显示出来的文件。网页分为__________和__________。

(2) 网站是由__________和__________构成。衡量一个网站的性能通常从__________、__________、__________、__________和网站提供服务等几个方面考虑。

2．简答题

简述商业网站的建设流程。

提示

参考第1.3商业网站开发与制作流程。

1.5 本课小结

本课主要学习了网页的基本概念、网页制作常用软件、常见的网站类型，最后介绍了网站建设的流程等内容。通过本课的学习，读者应掌握网页设计的一些基础知识，为后面设计制作更复杂的网页打下良好的基础。

第2课 Dreamweaver CS6 快速创建站点和基本网页

本课导读

随着网络的快速发展，互联网的应用越来越贴近生活，越来越多的人加入到了制作网页的工作中来。制作网页的工具软件很多，目前使用最广泛的就是Dreamweaver。Dreamweaver CS6是Dreamweaver的最新版本，用于对站点、页面和应用程序进行设计、编码和开发。它不仅继承了前几个版本的出色功能，还在界面整合和易用性方面更加贴近用户。本课学习的内容主要包括介绍Dreamweaver CS6软件的工作界面功能站点的创建、文本的输入和页面属性的设置等。

技术要点

◎ 了解Dreamweaver CS6
◎ 掌握在Dreamweaver中创建站点
◎ 掌握添加文本
◎ 掌握设置页面属性
◎ 掌握搭建站点并创建简单文本网页实例

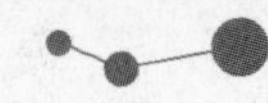

2.1 了解Dreamweaver CS6

Dreamweaver CS6是集网页制作和网站管理于一身的“所见即所得”的网页编辑软件，它以强大的功能和友好的操作界面备受广大网页设计者的欢迎，已经成为网页制作的首选软件。Dreamweaver CS6的工作界面主要由以下几部分组成：菜单栏、文档窗口、“属性”面板和面板组等，如图2-1所示。

图2-1 Dreamweaver CS6的工作界面

2.1.1 插入栏

插入栏有两种显示方式，一种是以菜单方式显示，另一种是以制表符方式显示。插入栏中放置的是制作网页过程中经常用到的对象和工具，通过插入栏可以很方便地插入网页对象，有“常用”插入栏、“布局”插入栏、“表单”插入栏、“数据”插入栏、“Spry”插入栏、“文本”插入栏和“收藏夹”插入栏等，如图2-2所示。

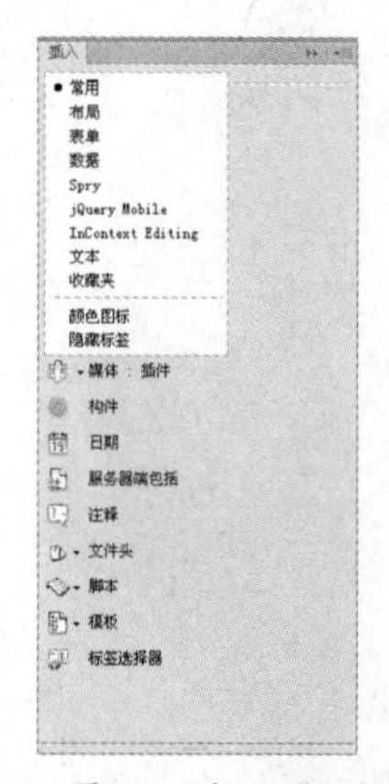

图2-2 插入栏

知识要点

- “常用”插入栏：用于创建和插入最常用的对象，如图像和表格。
- “布局”插入栏：用于插入表格、Div标签、框架和Spry构件，还可以选择表格的标准(默认)表格和扩展表格两种视图。
- “表单”插入栏：包含一些按钮，用于创建表单和插入表单元素(包括Spry验证构件)。
- “数据”插入栏：可以插入Spry数据对象和其他动态元素，如记录集、重复区域以及插入记录表单和更新记录表单。
- “Spry”插入栏：包含一些用于构建Spry页面的按钮，包括Spry数据对象和构件。
- “文本”插入栏：用于插入各种文本格式和列表格式的标签，如b、p、h1和ul。
- “收藏夹”插入栏：用于将插入栏中最常用的按钮分组和组织到某一公共位置。

2.1.2 浮动面板组

Dreamweaver中的面板可以自由组合而成为面板组。每个面板组都可以展开和折叠，并且可以和其他面板组停靠在一起或取消停靠。面板组还可以停靠到集成的应用程序窗口中。这样就能够很容易地访问所需的面板，而不会使工作区变得混乱，如图2-3所示。

图2-3 浮动面板组

2.1.3 标题栏

标题栏显示的主要有Dreamweaver CS6标记、“最小化”按钮、“最大化”按钮，以及“关闭”按钮等内容，如图2-4所示。

图2-4 标题栏

2.1.4 “文档”工具栏

“文档”工具栏中包含“代码”视图、“拆分”视图、“设计”视图和“实时视图”等内容，这些按钮可以在文档的不同视图间快速切换，工具栏中还包含一些与查看文档、在本地和远程站点间传输文档有关的常用命令和选项，如图2-5所示。

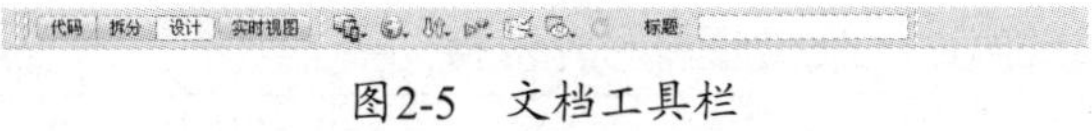

图2-5 文档工具栏

知识要点

- “代码”视图：显示“代码”视图，只在“文档”窗口中显示“代码”视图。
- “拆分”视图：显示“代码”视图和“设计”视图，将“文档”窗口拆分为“代码”视图和“设计”视图。当选择了这种组合视图时，“视图选项”菜单中的“顶部的“设计”视图”选项变为可用。
- “设计”视图：只在“文档”窗口中显示“设计”视图。如果处理的是 XML、JavaScript、Java、CSS 或其他基于代码的文件类型，则不能在“设计”视图中查看文件，而且“设计”和“拆分”按钮将会变暗。
- “实时视图”：显示浏览器用于执行该页面的实际代码。
- “文档标题”：允许为文档输入一个标题，它将显示在浏览器的标题栏中。如果文档已经有了一个标题，则该标题将显示在该区域中。
- “文件管理”：显示“文件管理”弹出菜单。
- “在浏览器中预览/调试”：允许在浏览器中预览或调试文档。从弹出菜单中选择一个浏览器。
- “刷新设计视图”：在“代码”视图中对文档进行更改后刷新文档的“设计”视图。在执行某些操作(如保存文件或单击该按钮)之后，在“代码”视图中所做的更改才会自动显示在“设计”视图中。
- “视图选项”：允许“代码”视图和“设计”视图设置选项，其中包括想要这两个视图中的哪一个居上显示。该菜单中的选项会应用于当前视图：“设计”视图、“代码”视图或同时应用于这两个视图。
- “可视化助理”：可以使用各种可视化助理来设计页面。
- “验证标记”：用于验证当前文档或选定的标签。
- “检查浏览器兼容性”：用于检查用户的CSS 是否对于各种浏览器均兼容。

2.1.5 “属性”面板

“属性”面板主要用于查看和更改所选对象的各种属性，每种对象都具有不同的属性。在“属性”面板包括两种选项：一种是“HTML”选项，将默认显示文本的格式、样式和对齐方式等属性；另一种是“CSS”选项，单击“属性”面板中的“CSS”选项，可以在“CSS”选项中设置各种属性，如图2-6所示。

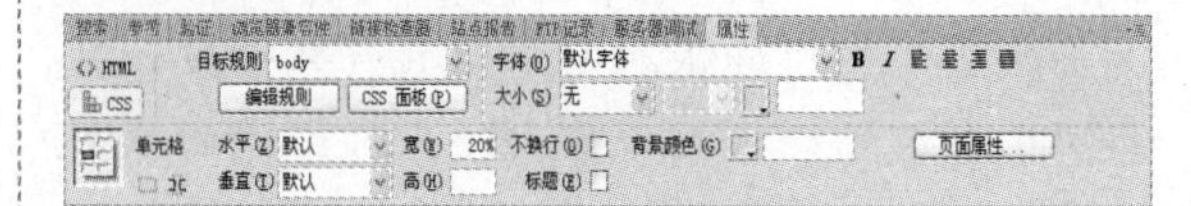

图2-6 “属性”面板

2.2 在Dreamweaver中创建站点

站点是管理网页文档的场所，Dreamweaver CS6是一个站点创建和管理工具，使用它不仅可以创建单独的文档，还可以创建完整的站点。

知识要点

什么是站点？

- Web站点：一组位于服务器上的网页，使用Web浏览器访问该站点的访问者可以对网页进行浏览。
- 远程站点：服务器上组成Web站点的文件，这是从创建者的角度而不是访问者的角度来看的。
- 本地站点：与远程站点的文件对应的是本地磁盘上的文件，创建者在本地磁盘上编辑文件，然后上传到远程站点。

2.2.1 课堂练一练：建立站点

在开始制作网页之前，最好先定义一个站点，这是为了更好地利用站点对文件进行管理，也可以尽可能地减少错误发生，如路径出错、链接出错。新手做网页条理性、结构性需要加强，往往这一个文件放这里，另一个文件放那里，或者所有文件都放在同一文件夹内，这样显得很乱。建议一个文件夹用于存放网站的所有文件，再在文件内建立几个子文件夹，并将文件分类存储，如图片文件放在images文件夹内，HTML文件放在根目录下。如果站点比较大，文件比较多，可以先按栏目分类，在栏目里再分类。使用向导创建站点具体操作步骤如下。

01 执行“站点”|“管理站点”命令，弹出“管理站点”对话框，在对话框中单击“新建站点”按钮，如图2-7所示。

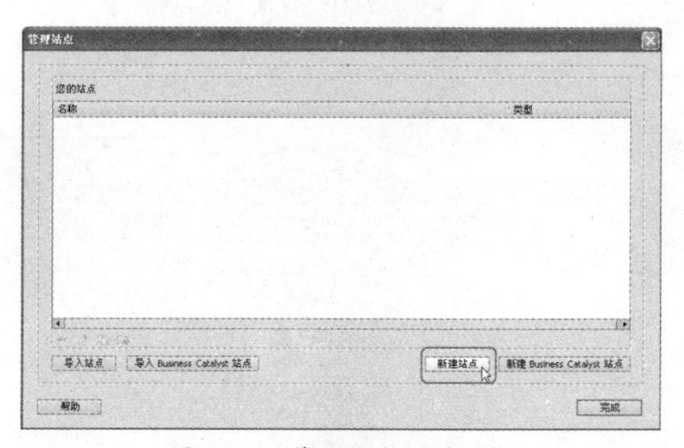

图2-7 “管理站点”对话框

02 弹出“站点设置对象 未命名站点2”对话框，在对话框中的“站点名称”文本框中输入名称，如图2-8所示。

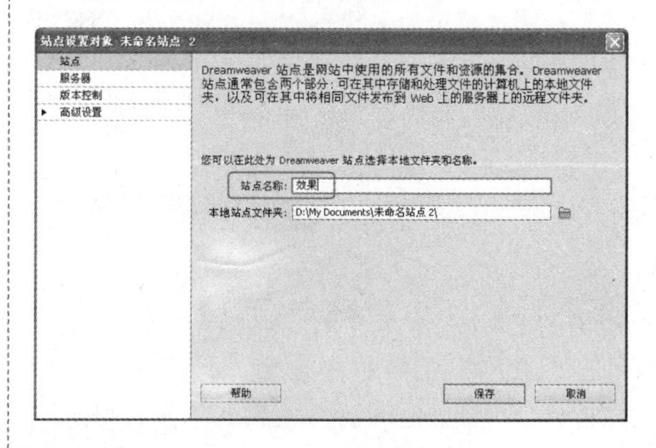

图2-8 输入站点的名称

提示

执行“窗口”|“文件”命令，打开“文件”面板，在面板中单击“管理站点”超链接也可以弹出“管理站点”对话框。

03 单击“本地站点文件夹”文本框右边的文件夹按钮，弹出“选择根文件夹”对话框，在对话框中选择相应的位置，如图2-9所示。

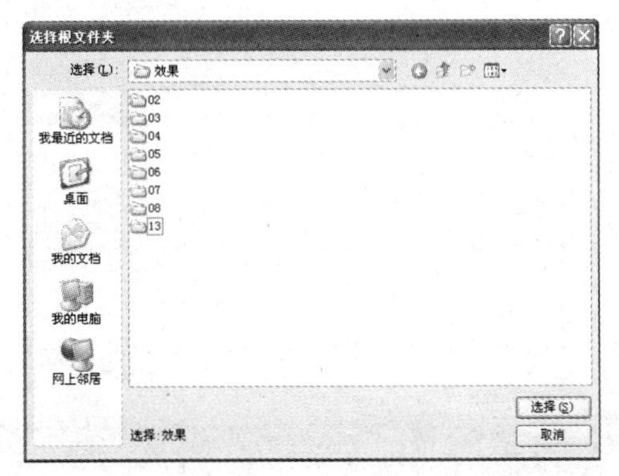

图2-9 “选择根文件夹”对话框

04 单击“选择”按钮，选择文件的存储位置，如图2-10所示。

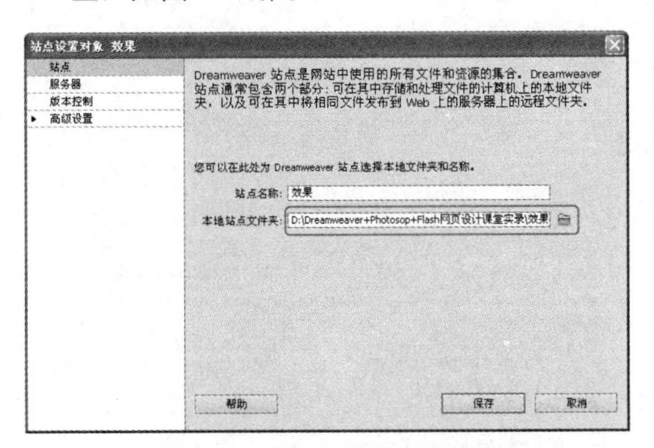

图2-10 选择文件存储的位置

05 单击“保存”按钮返回到“管理站点”对话框，对话框中显示了新建的站点，如图2-11所示。

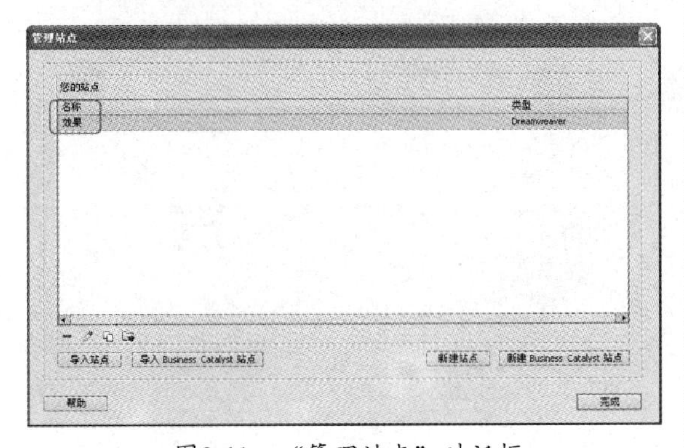

图2-11 “管理站点”对话框

06 单击“完成”按钮，在“文件”面板中可以看到创建的站点中的文件，如图2-12所示。

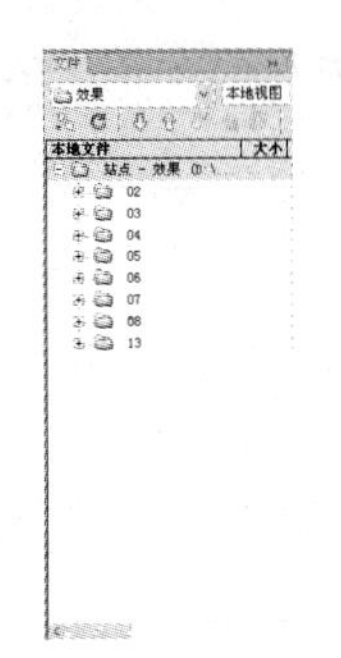

图2-12 “文件”面板

指点迷津

在规划站点结构时，应该遵循哪些规则呢？

规划站点结构需要遵循的规则如下所述。

(1) 每个栏目对应一个文件夹，把站点划分为多个目录。

(2) 不同类型的文件放在不同的文件夹中，以利于调用和管理。

(3) 在本地站点和远端站点使用相同的目录结构，使在本地制作的站点原封不动地显示出来。

2.2.2 复制与修改站点

执行“站点”|“管理站点”命令，弹出“管理站点”对话框，在对话框中选中要复制的站点，单击“复制”按钮，即可将该站点复制，新复制出的站点名称会出现在“管理站点”对话框的站点列表中，如图2-13所示。单击“完成”按钮，完成对站点的复制。

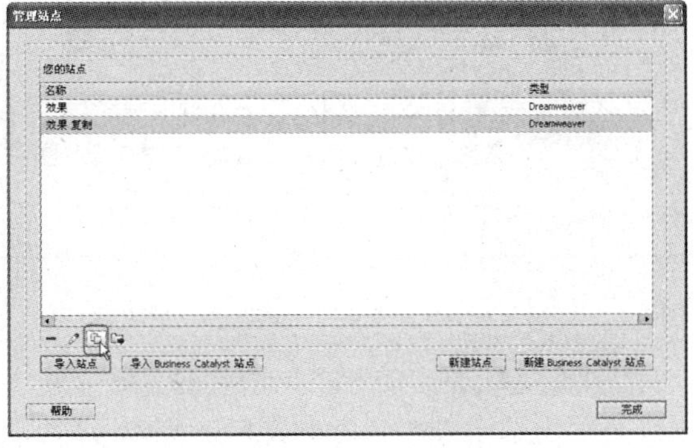

图2-13 复制站点

创建站点后，可以对站点进行编辑，具体操作步骤如下所述。

01 执行“站点”|“管理站点”命令，弹出“管理站点”对话框，在对话框中单击“编辑”按钮，如图2-14所示。

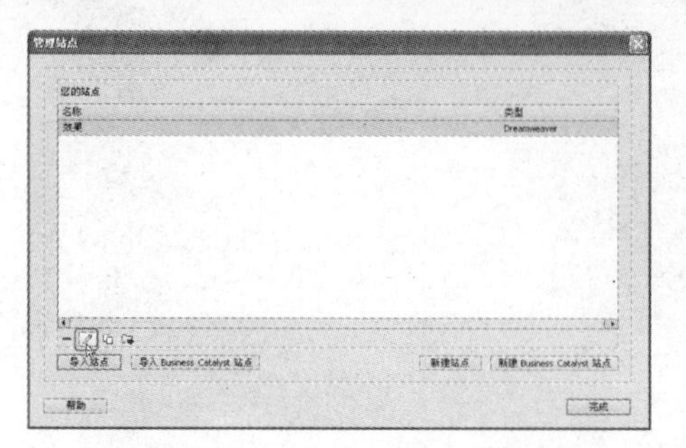

图2-14 “管理站点”对话框

02 即可弹出“站点设置对象 效果”对话框，在“高级设置”选项卡中可以编辑站点的信息，如图2-15所示。

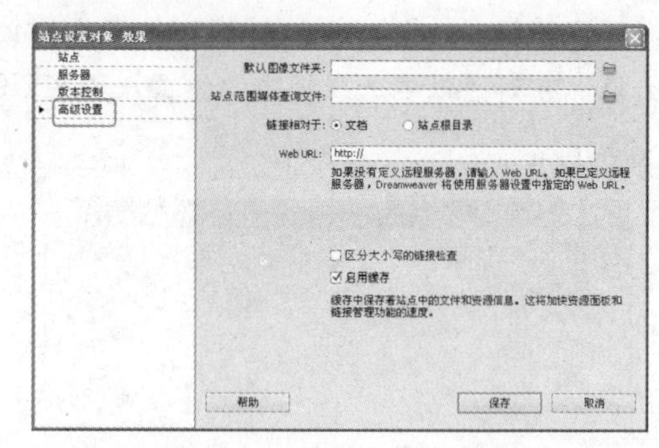

图2-15 “高级设置”选项卡

2.3 添加文本

在Dreamweaver中可以通过直接输入、复制和粘贴等方法将文本插入到文档中，可以在文本的字符与行之间插入额外的空格，还可以插入特殊字符和水平线等内容。

2.3.1 课堂练一练：添加普通文本

原始文件	原始文件/CH02/2.3.1/index.html
最终文件	最终文件/CH02/2.3.1/index1.html

文本是基本的信息载体，是网页中的基本元素。在浏览网页时，获取信息最直接、最直观的方式就是通过文本。在Dreamweaver中添加文本的方法非常简单，如图2-16所示是添加文本后的效果，具体操作步骤如下所述。

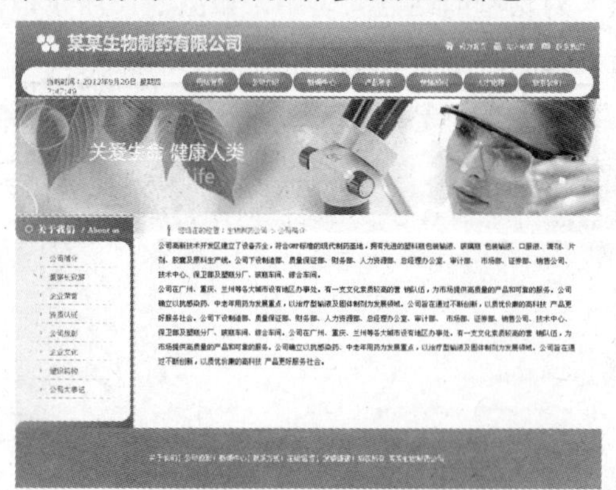

图2-16 添加文本

提示

网页文本的编辑是网页制作最基本的操作，灵活应用各种文本属性可以排版出更加美观、条理清晰的网页。文本属性较多，各种设置比较详细，在学习时不要着急，可以一点点实验体会。

01 打开网页文档，如图2-17所示。

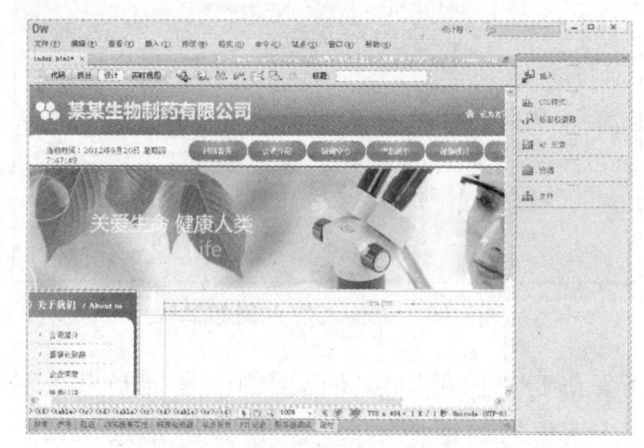

图2-17 打开网页文档

02 将光标置于要输入文本的位置，输入文本，如图2-18所示。

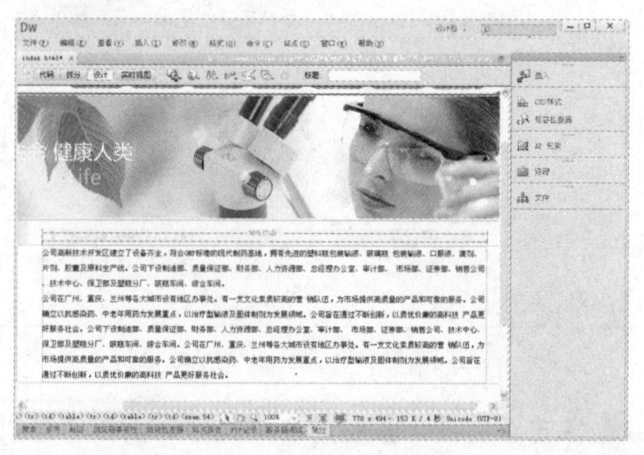

图2-18 输入文本

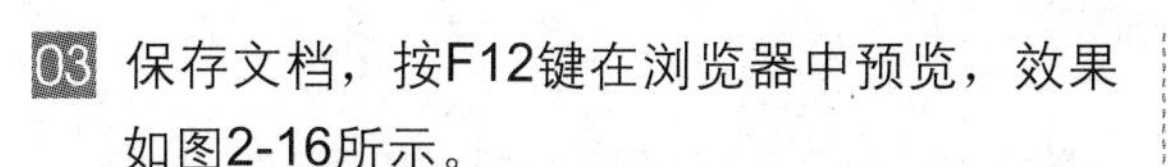

03 保存文档，按F12键在浏览器中预览，效果如图2-16所示。

提示

插入普通文本还有一种方法，就是从其他应用程序中复制，然后粘贴到Dreamweaver文档窗口中。在添加文本时还要注意根据用户所使用语言的不同，选择对应的文本编码方式，错误的文本编码方式将使中文字显示为乱码。

2.3.2 课堂练一练：添加特殊字符

原始文件	原始文件/CH02/2.3.2/index.html
最终文件	最终文件/CH02/2.3.2/index1.html

制作网页时，有时要输入一些键盘上没有的特殊字符，如日元符号、注册商标等，这就需要使用Dreamweaver的特殊字符功能。下面通过插入版权符号来讲述特殊字符的添加，效果如图2-19所示，具体操作步骤如下所述。

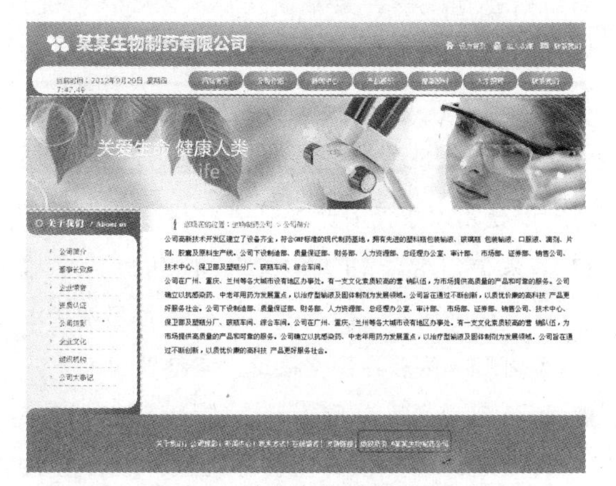

图2-19 特殊字符的添加效果

提示

许多浏览器(尤其是旧版本的浏览器，以及除Netscape Netvigator和Internet Explorer外的其他浏览器)无法正常显示很多特殊字符，因此应尽量少用特殊字符。

01 打开网页文档，将光标置于要插入特殊字符的位置，如图2-20所示。

02 执行“插入”|HTML|“特殊字符”|“版权”命令，如图2-21所示。

03 选择命令后就可插入特殊字符，如图2-22所示。

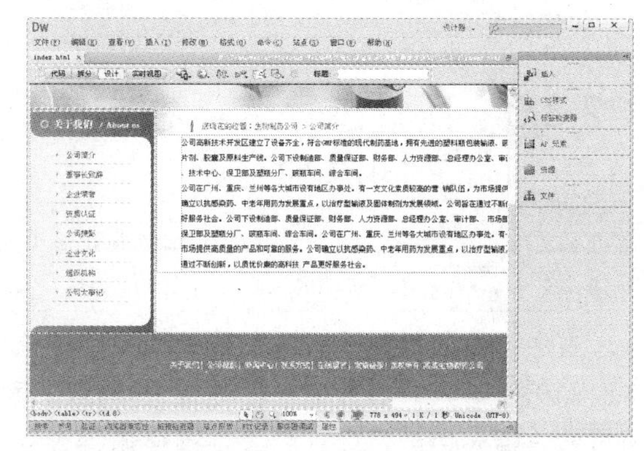

图2-20 打开网页文档

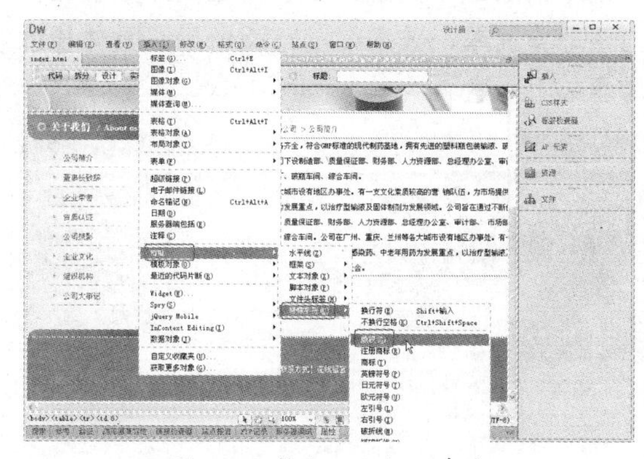

图2-21 执行“版权”命令

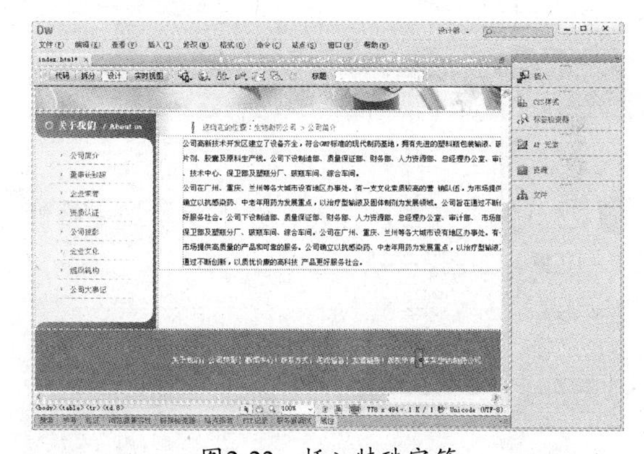

图2-22 插入特殊字符

提示

插入特殊字符还有以下两种方法。

- 单击“文本”插入栏中的按钮右侧的小三角形，在弹出的菜单中选择要插入的特殊符号。
- 执行“插入”|HTML|“特殊字符”|“其他字符”命令，弹出“插入其他字符”对话框，在对话框中选择相应的特殊符号，单击“确定”按钮，也可以插入特殊字符。

04 保存文档，按F12键在浏览器中预览，效果如图2-19所示。

2.3.3 课堂练一练：在字符之间添加空格

原始文件	原始文件/CH02/2.3.3/index.html
最终文件	最终文件/CH02/2.3.3/index1.html

在做网页的时候，有时需要输入空格，但有时却无法输入，导致无法正确输入空格的原因可能是输入法的错误，只有正确使用输入法才能够解决这个问题。在字符之间添加空格的方法非常简单，效果如图2-23所示，具体操作步骤如下所述。

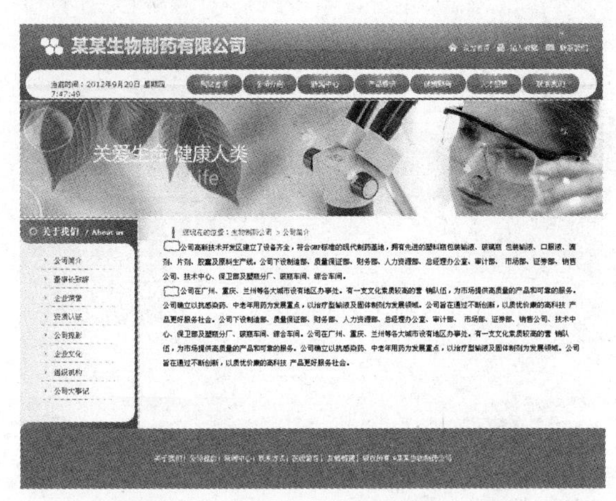

图2-23 在字符之间添加空格效果

01 打开网页文档，将光标置于要添加空格的位置，如图2-24所示。

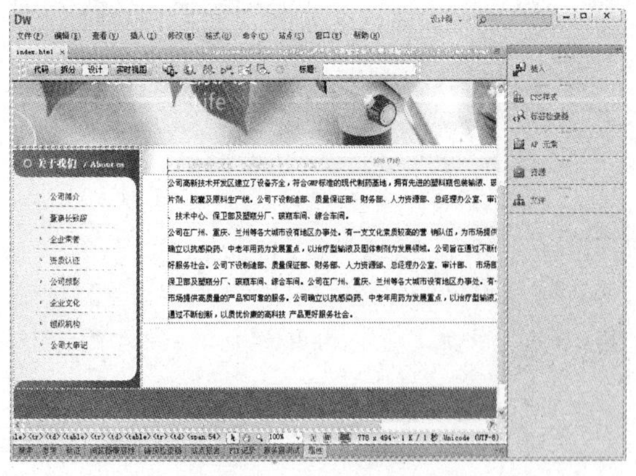

图2-24 打开网页文档

02 切换到“拆分”视图，输入 代码，如图2-25所示。

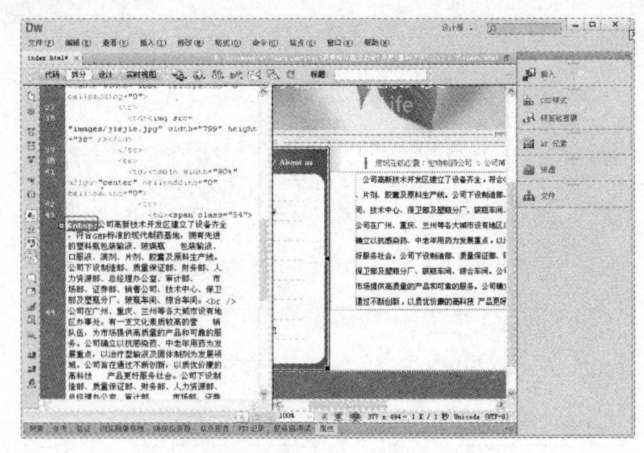

图2-25 输入代码

03 在“拆分”视图中输几次代码，在“设计”视图中就会出现几个空格。保存文档，按F12键在浏览器中预览，效果如图2-23所示。

提示

在字符之间要插入连续空格，可执行“插入记录”|“HTML”|“特殊字符”|“不换行空格”菜单命令，或者按Ctrl+Shift+空格键。实际是在代码中添加了“ ”这个字符。

高手支招

还可以使用以下两种方法插入空格。

- 如果使用智能ABC输入法，按Shift+空格键，这时输入法的属性栏上的半月形就变成了圆形，然后再按空格键，空格就出来了。
- 切换到“文本”插入栏，在“字符”下拉列表选择“不换行空格”选项，就可直接输入空格。

2.3.4 课堂练一练：添加与设置水平线

很多网页在其下方会显示一条水平线，以分割网页主题内容和底端的版权声明等。根据设计需要，也可以在网页任意位置添加水平线，达到区分网页中不同内容的目的。下面通过实例讲述在网页中插入水平线，效果如图2-26所示，具体操作步骤如下所述。

原始文件	原始文件/CH02/2.3.4/index.html
最终文件	最终文件/CH02/2.3.4/index1.html

图2-26 插入水平线效果

01 打开网页文档，将光标置于要插入水平线的位置，如图2-27所示。

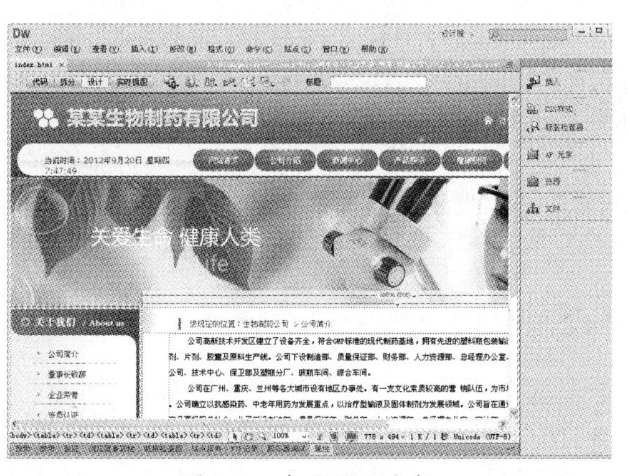

图2-27 打开网页文档

02 执行“插入”|HTML|“水平线”命令，插入水平线，如图2-28所示。

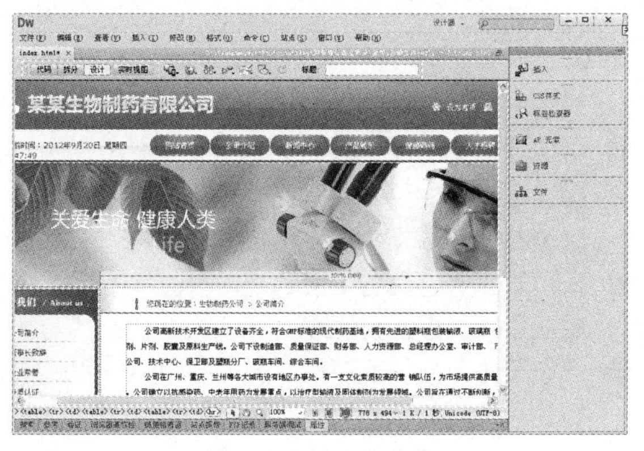

图2-28 插入水平线

03 保存文档，按F12键在浏览器中预览，效果如图2-26所示。

提示

如何更改水平线的颜色？

如果需要设置水平线的颜色，只要在代码中添加颜色属性即可，如<hr color="#FF0000">。

2.3.5 课堂练一练：创建列表

原始文件	原始文件/CH02/2.3.5/index.html
最终文件	最终文件/CH02/2.3.5/index1.html

列表有项目列表和编号列表两种，列表常应用在条款或列举等类型的文件中，用列表的方式进行罗列网页内容可使网页看起来更直观。

项目列表又称无序列表，这种列表的项目之间没有先后顺序。项目列表前面一般用项目符号作为前导字符，图2-29所示为创建项目列表效果，具体操作步骤如下所述。

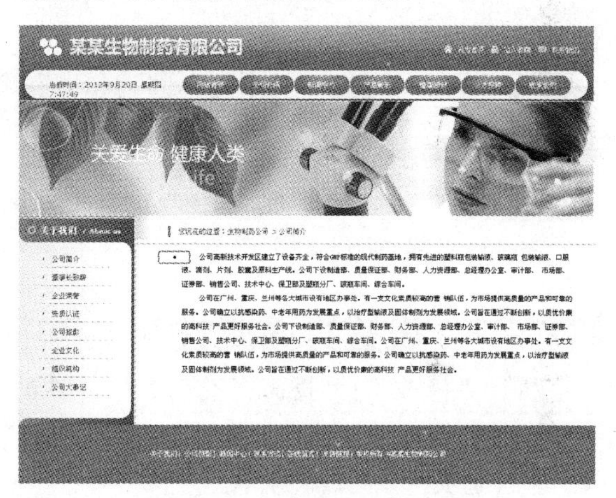

图2-29 创建项目列表效果

01 打开网页文档，将光标置于要创建项目列表的位置，如图2-30所示。

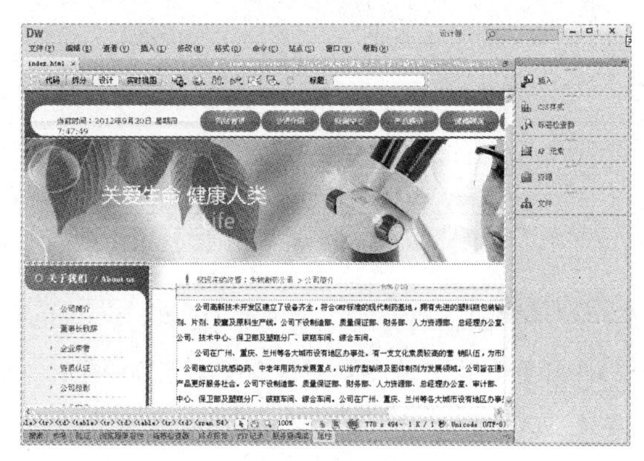

图2-30 打开网页文档

02 执行“文本”|“列表”|“项目列表”命令，即可创建项目列表，如图2-31所示。

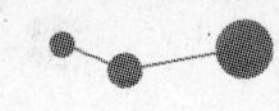

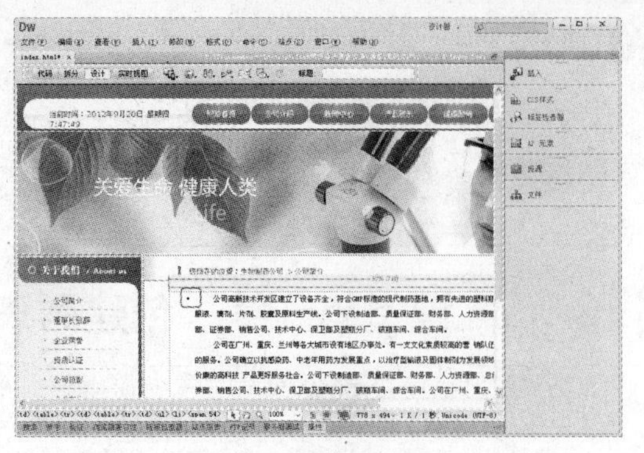

图2-31 创建项目列表

03 保存文档，按F12键在浏览器中预览。效果如图2-29所示。

高手支招

单击“属性”面板中的“编号列表”按钮，也可以创建编号列表。

编号列表又称为有序列表，其文本前面通常有数字前导字符，其中的数字可以是英文字母、阿拉伯数字或罗马数字等符号。将光标置于要创建编号列表的位置，执行“文本”|“列表”|“编号列表”命令，即可创建编号列表，如图2-32所示。

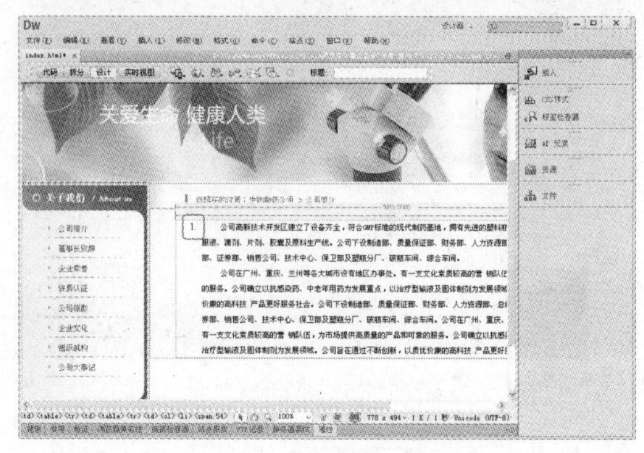

图2-32 创建编号列表

2.4 技术拓展

在创建文档前或创建文档后，还需要对页面属性进行必要的设置，设置一些影响整个网页的参数。

2.4.1 设置页面属性

执行“修改”|“页面属性”命令，弹出“页面属性”对话框，在“分类”选项中选择“外观”选项，如图2-33所示。

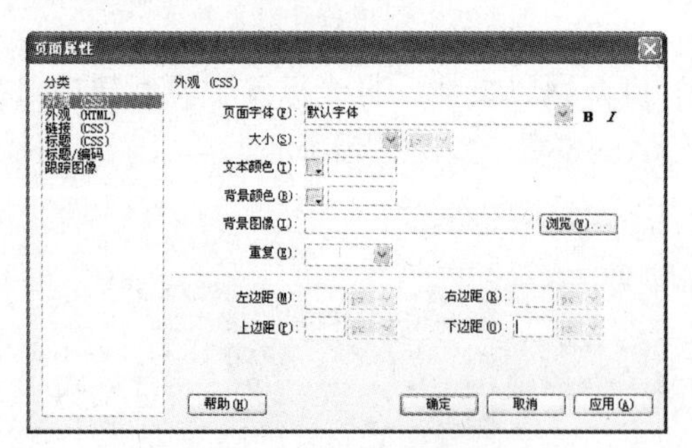

图2-33 “外观”页面属性

指点迷津

怎样将页面的上边距和下边距都设置为0呢？

要使页面中的上下部分不留白，需要将页面的上边距与下边距都设置为0。在Dreamweaver CS6中可以打开“页面属性”对话框，在“外观”页面属性中将页面的上边距与下边距都设置为0。

在“外观”页面属性中可以进行如下设置。

- 在“页面字体”右边的下拉列表中可以设置文本的字体。
- 在“大小”右边的下拉列表中可以设置网页中文本的字号。
- 在“文本颜色”右边的下拉列表中设置网页文本的颜色。
- 在“背景颜色”右边的下拉列表中可以设置网页的背景颜色。
- 单击“背景图像”右边的“浏览”按钮，会弹出“选择图像源文件”对话框，在对话框中可以选择一个图像作为网页的背景图像。
- 在“重复”右边的下拉列表中可以指定背景图像在页面上的显示方式。
- “左边距”、“上边距”、“右边距”和“下边距”是用来指定页面四周边距大小。

提示

如果不设置左边距、上边距，就会看到在页面顶部和左边有明显的空白。

2.4.2 设置头信息

在网页文档中，<head>和</head>之间是文件头，文件头一般有Meta标签、关键字和说明、刷新、基础和链接等内容。

指点迷津

页面头部的元信息标签包括哪些信息？

<meta>标记的功能是定义页面中的信息，这些文件信息并不会出现在浏览器页面的显示之中，只会显示在源代码中。<meta>标记是实现元数据的主要标记，它能够提供文档的关键字、作者、描述等多种信息，在HTML的头部可以包括任意数量的<meta>标记。

1.插入Meta信息

Meta对象常用于插入一些为Web服务器提供选项的标记符，方法是通过http-equiv属性和其他各种在Web页面中包括的、不会使浏览者看到的数据。设置Meta的具体操作步骤如下所述。

01 执行“插入”|HTML|“文件头标签”|Meta命令，弹出“META”对话框，如图 2-34 所示。

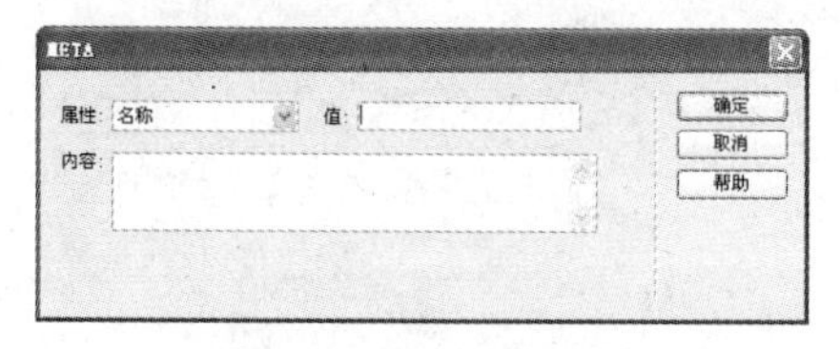

图2-34 META对话框

02 在“属性”下拉列表中可以选择“名称”或“http-equiv”选项，指定 Meta 标签是否包含有关页面的描述信息或 http 标题信息。在“值”文本框中指定在该标签中提供的信息类型。在“内容”文本框中输入实际的信息。

03 设置完毕后，单击“确定”按钮即可。

2.设置基础

基础就是指在文件头中添加一个脚本的链接，该网页文档中所有的链接都以此链接为基准，而其他网页中的链接与该网页中的基准链接无关。设置基础的方法如下所述。

执行“插入”|HTML|“文件头标签”|“基础”命令，打开“基础”对话框，如图2-35所示。在对话框中进行相应的设置后，单击“确定”按钮。

- HREF：输入一个地址作为超级链接的基本地址，或单击“浏览”按钮选择链接地址。
- 目标：在下拉列表中可选择打开方式。选择“空白”选项是以新窗口的形式打开，选择“父”选项是在父窗口中打开，选择“自身”选项是在原来的窗口中打开，选择“顶部”选项是在页面的顶部窗口打开。

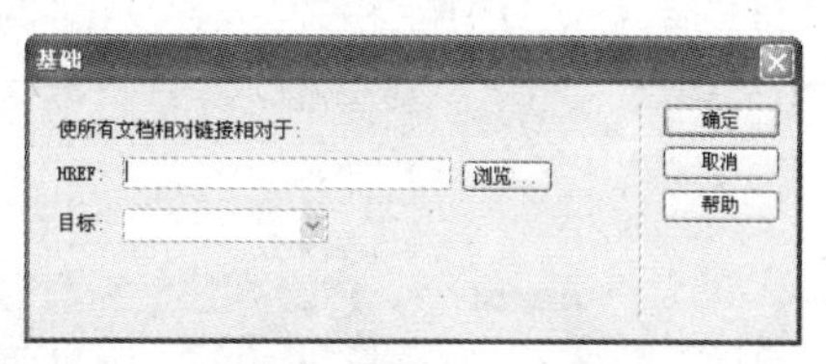

图2-35 “基础”对话框

3.插入关键字

关键字也就是与网页的主题内容相关的简短而有代表性的词汇，这是给网络中的搜索引擎准备的。关键字一般要尽可能地概括网页内容，这样浏览者只要输入很少的关键字，就能最大程度地搜索到该网页。插入关键字的具体操作步骤如下所述。

01 执行“插入”|HTML|“文件头标签”|“关键字”命令，弹出“关键字”对话框，如图2-36所示。

图2-36 “关键字”对话框

02 在“关键字”文本框中输入一些值，单击“确定”按钮即可。

4.插入说明文字

01 执行“插入”|HTML|“文件头标签”|“说明”命令，弹出“说明”对话框，如图2-37所示。

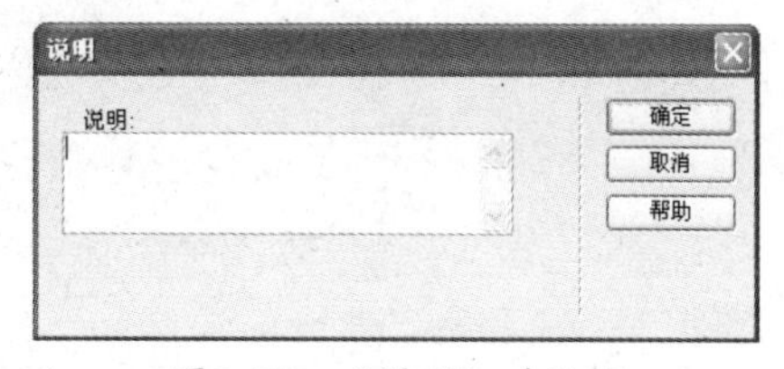

图2-37 “说明”对话框

02 在“说明”文本框中输入一些值，单击

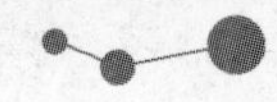

“确定”按钮即可。

5. 设置刷新

设置网页的自动刷新特性，使其在浏览器中显示时，每隔一段指定的时间，就跳转到某个页面或是刷新自身。插入刷新的具体操作步骤如下所述。

01 执行“插入”|HTML|“文件头标签”|“刷新”命令，弹出“刷新”对话框，如图 2-38 所示。

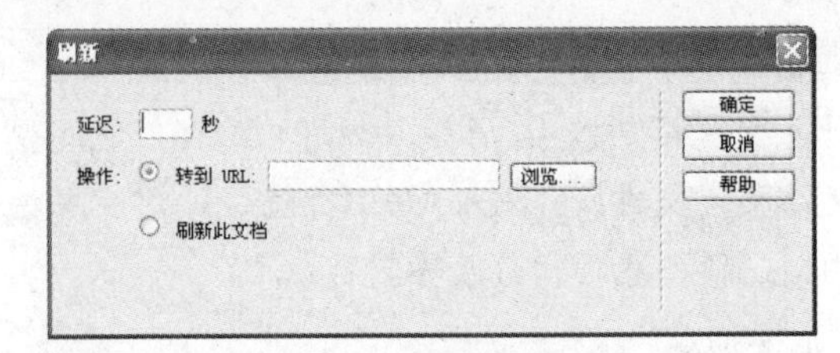

图2-38　“刷新”对话框

02 在“延迟”文本框中输入刷新文档要等待的时间。

2.5 实战应用——搭建站点并创建简单文本网页

下面利用本课所学的知识来讲述如何创搭建站点及创建基本文本网页，效果如图2-39所示，具体操作步骤如下所述。

原始文件	原始文件/CH02/2．5/index.html
最终文件	最终文件/CH02/2．5/index1.html

图2-39　创建基本文本网页效果

01 执行“站点”|“管理站点”命令，弹出“管理站点”对话框，在对话框中单击“新建站点”按钮，如图2-40所示。

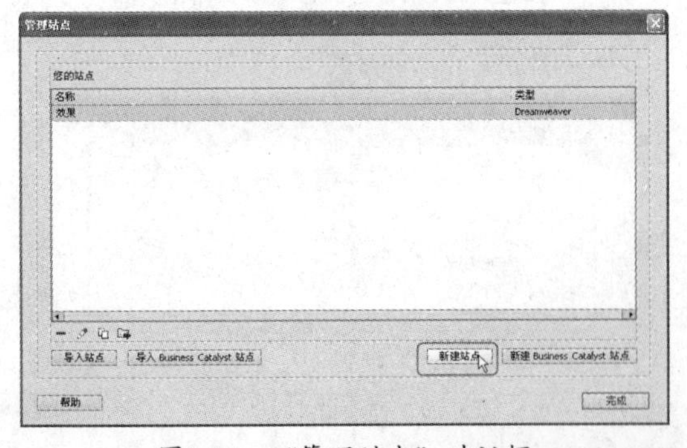

图2-40　“管理站点”对话框

02 弹出“站点设置对象未命名站点2”对话框，在对话框中的“站点名称”文本框中输入名称，如图2-41所示。

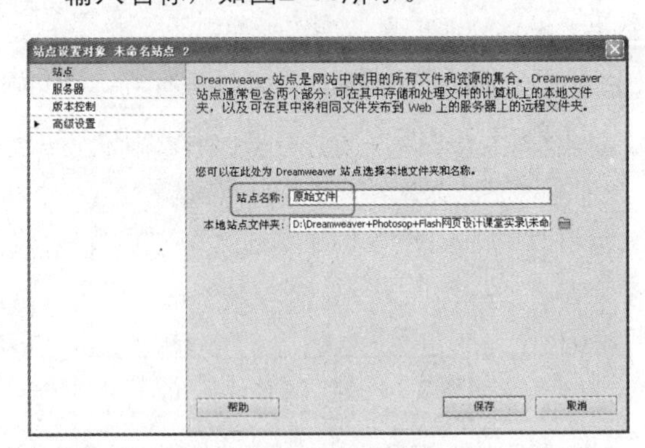

图2-41　输入站点的名称

高手支招

要制作一个网站，第一步操作都是一样的，就是要创建一个“站点”，这样可以使整个网站的脉络结构清晰地展现在创建者面前，避免了以后再进行纷杂的管理。

03 单击“本地站点文件夹”文本框右边的文件夹按钮，弹出“选择根文件夹”对话框，在对话框中选择相应的位置，如图 2-42 所示。

04 单击“打开”按钮，选择文件位置，如图2-43所示。

05 单击“保存”按钮返回到“管理站点”对话框，在对话框中显示了新建的站点，如图 2-44 所示。

图2-42 “选择根文件夹”对话框

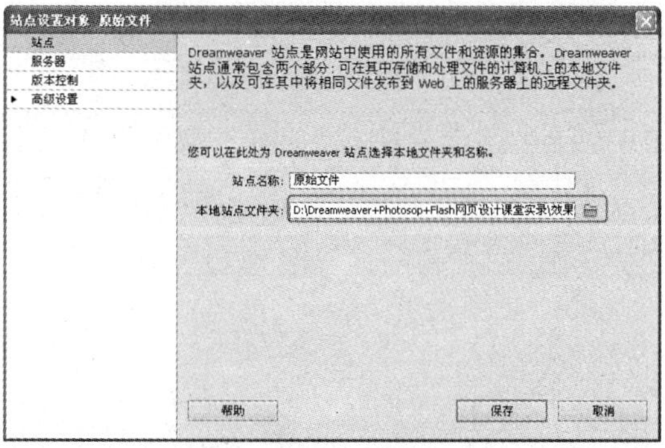

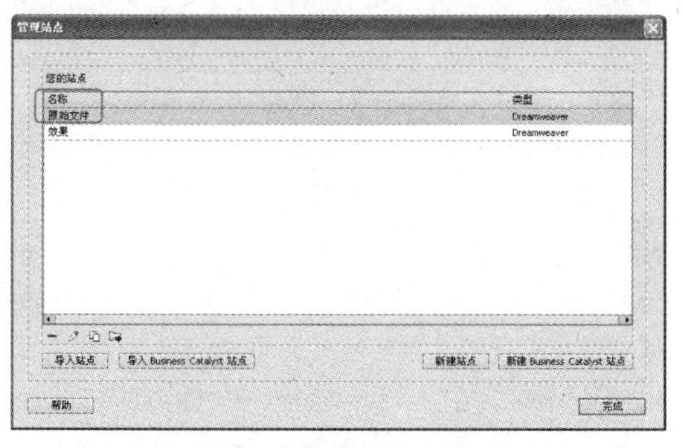

图2-43 选择文件的位置

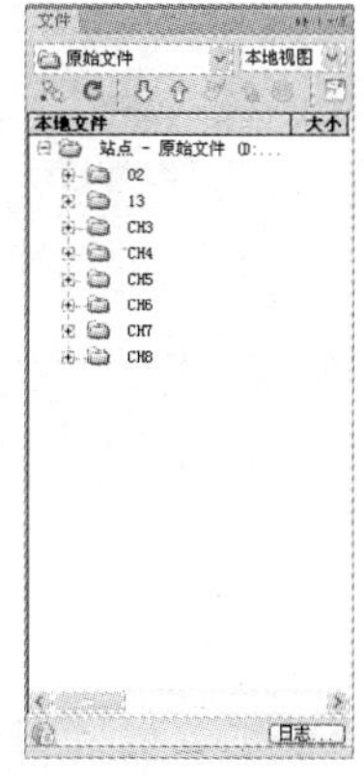

图2-44 “管理站点”对话框

06 单击“完成”按钮，在“文件”面板中可以看到创建的站点中的文件，如图 2-45 所示。

图2-45 “文件”面板

高手支招

站点定义不好，其结构将会变得纷乱不堪，给以后的维护造成很大的困难，大家千万不要小看了它，这项工作在整个网站建设中是相当重要的。

07 打开网页文档，如图2-46所示。

图2-46 打开网页文档

08 将光标置于要输入文本的位置，输入文本，如图2-47所示。

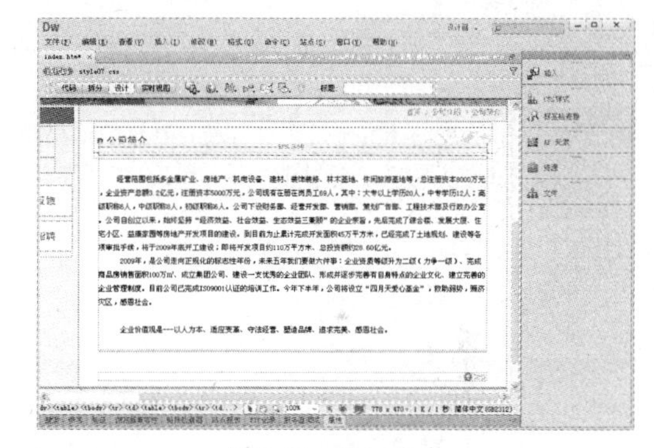

图2-47 输入文本

09 将光标置于要插入特殊字符的位置，执行“插入”|HTML|“特殊字符”|“版权”命令，插入版权符号，如图2-48所示。

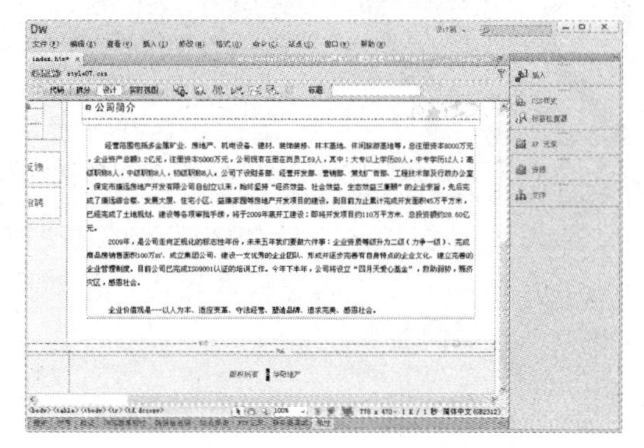

图2-48 插入版权符号

10 保存文档，按F12键在浏览器中预览，效果如图2-39所示。

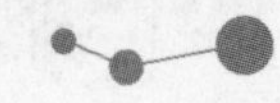

2.6 习题测试

1．填空题

(1) ________是基本的信息载体，是网页中的基本元素，浏览网页时，获取信息最直接、最直观的方式就是通过________。

(2) 在开始制作网页之前，最好先定义一个________，这是为了更好地利用________对文件进行管理，也可以尽可能地减少错误，如路径出错、链接出错。

2．操作题

给图2-49所示的网页添加文本，并设置文本颜色，效果如图2-50所示。

原始文件	原始文件/CH02/操作题/index.html
最终文件	最终文件/CH02/操作题/index1.html

提示

直接在要输入文本的地方输入文字即可，在属性面板中设置文本颜色。

图2-49　原始文件

图2-50　添加文本效果

2.7 本课小结

本课主要学习了Dreamweaver CS6的认识、站点的创建和管理等内容。创建整个网站时往往会有这样或那样的错误，因此读者一定要掌握好站点的创建和管理。同时还学习了文本的输入和插入其他对象，又深入讲解了信息头和页面属性的相关知识。只有熟练掌握了这些基本功能，才能更好地结合后面知识，创建出更切合实际需求和更具有吸引力的网页。

第3课 为网页添加绚丽的图片和媒体对象

本课导读

在本课我们将学习使用图像和多媒体来制作出华丽而且动感十足的网页。图像有着丰富的色彩和表现形式，恰当的利用图像可以加深对网站的印象。这些图像是文本的说明及解释，可以使文本清晰易读且更加具有吸引力，而随着网络技术的不断发展，人们已经不再满足于静态网页，而目前的网页也不再是单一的文本，图像、声音、视频和动画等多媒体技术已经越来越多地应用到了网页之中。

技术要点

◎ 掌握添加图像

◎ 掌握添加声音

◎ 掌握插人动态媒体元素

◎ 掌握创建图文并茂的漂亮的网页

3.1 添加图像

在使用图像前，一定要有目的地选择图像，最好运用图像处理软件美化一下图像，否则插入的图像可能不美观，使网页会显得非常死板。

3.1.1 课堂练一练：插入图像

原始文件	原始文件/CH03/3.1.1/index.html
最终文件	最终文件/CH03/3.1.1/index1.html

图像是网页构成中最重要的元素之一，美观的图像会为网站增添生命力，同时也加深对网站风格的印象。下面通过如图3-1所示的实例讲述在网页中插入图像，具体操作步骤如下所述。

图3-1 插入网页图像效果

01 打开网页文档，将光标置于插入图像的位置，如图3-2所示。

图3-2 打开网页文档

02 执行“插入”|“图像”命令，弹出“选择图像源文件”对话框，在对话框中选择图像“images/ kefang1.jpg”，如图 3-3 所示。

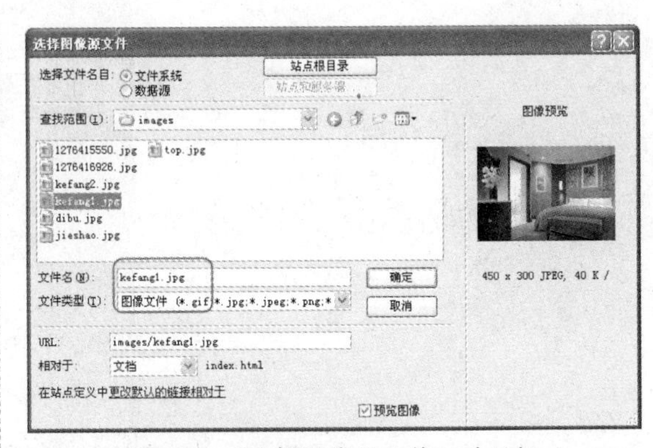

图3-3 “选择图像源文件”对话框

03 单击“确定”按钮，插入图像，如图3-4所示。

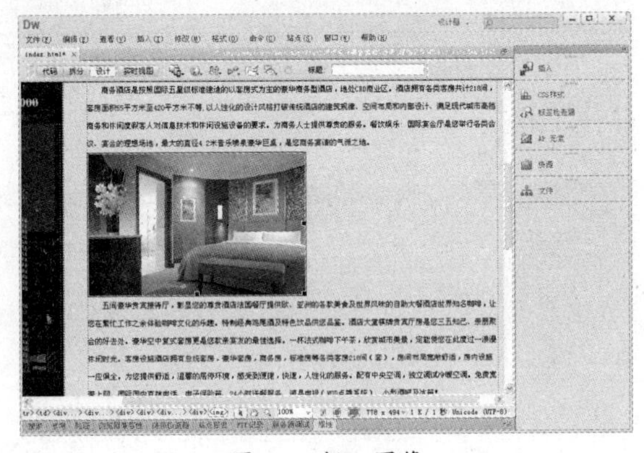

图3-4 插入图像

提示

如果选中的文件不在本地网站的根目录下，则弹出如下左图所示的选择框，系统要求用户复制图像文件到本地网站的根目录，单击“是”，此时会弹出“复制文件为”对话框如下图所示，让用户选择文件的存放位置，可选择根目录或根目录下的任何文件夹，这里建议读者新建一个名称为images的文件夹，今后可以把网站中的所有图像都放入到该文件夹中。

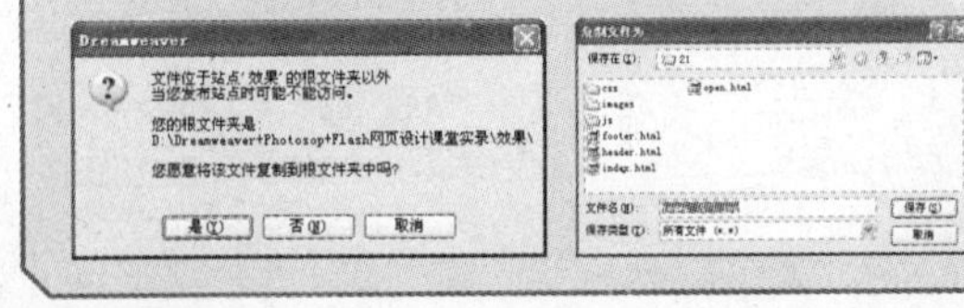

高手支招

使用以下方法也可以插入图像。

- 执行“窗口”|“资源”命令，打开“资源”面板，在面板中单击按钮，展开图像文件夹，选定图像文件，然后用鼠标拖动该图像文件到网页中合适的位置。
- 单击“常用”插入栏中的按钮，弹出“选择图像源文件”对话框，在对话框中选择需要的图像文件。

3.1.2 设置图像属性

原始文件	原始文件/CH03/3.1.2/index.html
最终文件	最终文件/CH03/3.1.2/index1.html

下面通过实例讲述图像属性的设置，设置效果如图3-5所示，具体操作步骤如下所述。

图3-5 设置图像属性后的效果

指点迷津

如何加快页面图片下载速度？

有一种情况，首页图片过少，而其他页面图片过多，为了提高效率，当访问者浏览首页时，后台进行其他页面的图片下载。方法是在首页语句中加入<img src="1.jpg" width=0 height=0>，其中width，height要设置为0，1.jpg为提前下载的图片名。

01 打开网页文档，选中插入的图像，如图3-6所示。

02 单击鼠标右键，在弹出的下拉菜单中执行“对齐”|“右对齐”命令，如图3-7所示。

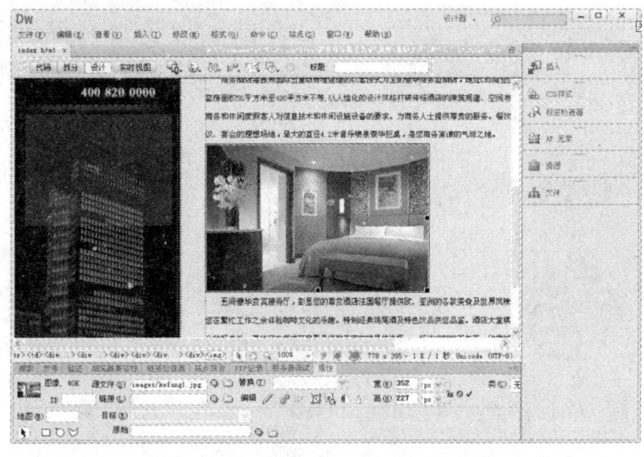

图3-6 打开网页文档

图3-7 设置图像对齐方式

03 还可以根据需要设置图像的其他属性。保存文档，按F12键在浏览器中预览，效果如图3-5所示。

知识要点

图像属性面板中可以进行如下设置。

- 宽和高：以像素为单位设定图像的宽度和高度。当在网页中插入图像时，Dreamweaver自动使用图像的原始尺寸。可以使用以下单位指定图像大小：点、英寸、毫米和厘米。在HTML源代码中，Dreamweaver将这些值转换为以像素为单位。
- 源文件：指定图像的具体路径。
- 链接：为图像设置超级链接。可以单击按钮浏览选择要链接的文件，或直接输入图像的URL路径。
- 目标：链接时的目标窗口或框架。在其下拉列表中包括以下4个选项。

_blank：将链接的对象在一个未命名的新浏览器窗口中打开。

_parent：将链接的对象在含有该链接的框架的父框架集或父窗口中打开。

_self：将链接的对象在该链接所在的同一框架或窗口中打开。_self是默认选项，通常不需要单独指定。

_top：将链接的对象在整个浏览器窗口中打开，因而会替代所有框架。

■ 替换：图片的注释。当浏览器不能正常显示图像时，便在图像的位置用这个注释代替图像。

■ 编辑：启动“外部编辑器”首选参数中指定的图像编辑其并使用该图像编辑器打开选定的图像。

编辑：启动外部图像编辑器编辑选中的图像。

编辑图像设置：弹出“图像预览”对话框，在对话框中可以对图像进行设置。

重新取样：将“宽”和“高”的值重新设置为图像的原始大小。调整所选图像大小后，此按钮显示在“宽”和“高”文本框的右侧。如果没有调整过图像的大小，该按钮不会显示出来。

裁剪：修剪图像的大小，从所选图像中删除不需要的区域。

亮度和对比度：调整图像的亮度和对比度。

锐化：调整图像的清晰度。

■ 地图：名称和“热点工具”标注和创建客户端图像地图。

■ 垂直边距：图像在垂直方向与文本域或其他页面元素的间距。

■ 水平边距：图像在水平方向与文本域或其他页面元素的间距。

■ 原始：指定在载入主图像之前应该载入的图像。

3.1.3 课堂练一练：创建鼠标经过图像

原始文件	原始文件/CH03/3.1.3/index.html
最终文件	最终文件/CH03/3.1.3/index1.html

在浏览器中查看网页时，当鼠标指针经过图像时，该图像就会变成另外一幅图像；当鼠标移开时，该图像就又变回原来的图像。这种效果在Dreamweaver中可以非常方便地做出来。

鼠标未经过图像时的效果如图3-8所示，当鼠标经过图像时的效果如图3-9所示，具体操作步骤如下所述。

图3-8 鼠标未经过图像时的效果

图3-9 鼠标经过图像时的效果

01 打开网页文档，将光标置于插入鼠标经过图像的位置，如图3-10所示。

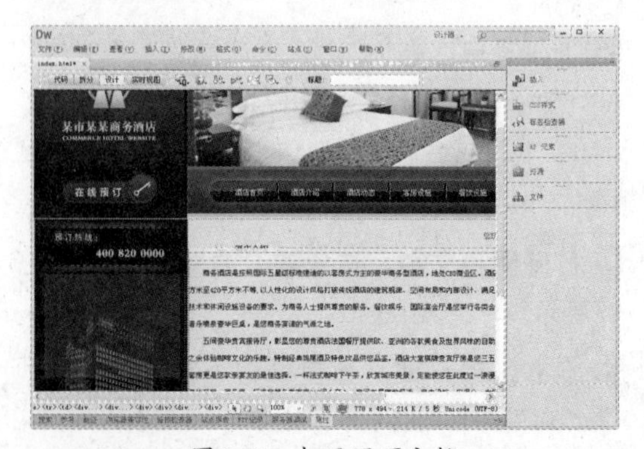

图3-10 打开网页文档

02 执行“插入”|“图像对象”|“鼠标经过图像”命令，弹出“插入鼠标经过图像”对话框，如图3-11所示。

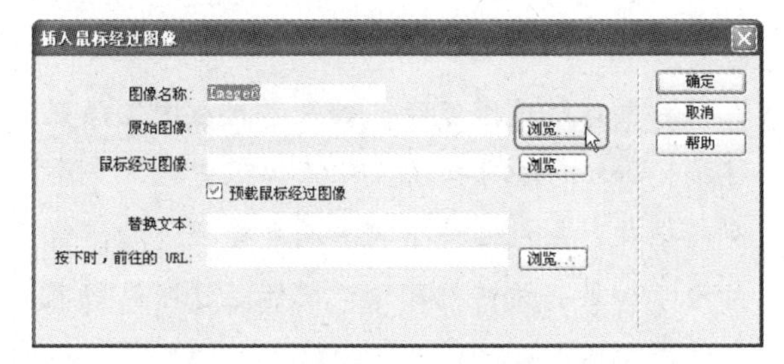

图3-11 “插入鼠标经过图像” 对话框

知识要点

在“插入鼠标经过图像”对话框中可以进行如下设置。

- 图像名称：设置这个滚动图像的名称。
- 原始图像：滚动图像的原始图像，在其后的文本框中输入此原始图像的路径，或单击“浏览”按钮，打开“原始图像”对话框，在“原始图像”对话框中可选择图像。
- 鼠标经过图像：用来设置在鼠标经过图像时，原始图像替换成的图像。
- 预载鼠标经过图像：选中该复选项，网页打开时就会预先下载替换图像到本地。当鼠标经过图像时，能迅速地切换到替换图像；如果取消该复选项，当鼠标经过该图像时才下载替换图像，替换可能会出现不连贯的现象。
- 替换文本：用来设置图像的替换文本，当图像不显示时，显示这个替换文本。
- 按下时，前往的URL：用来设置滚动图像上应用的超链接。

03 单击“原始图像”文本框右边的“浏览”按钮，弹出“原始图像：”对话框，在对话框中选择相应的图像“mages/kefang1.jpg”，如图3-12所示，单击“确定”按钮，添加到对话框。

04 单击“鼠标经过图像”文本框右边的“浏览”按钮，弹出“鼠标经过图像：”对话框，在对话框中选择相应的图像“images/kefang2.jpg”，如图3-13所示。

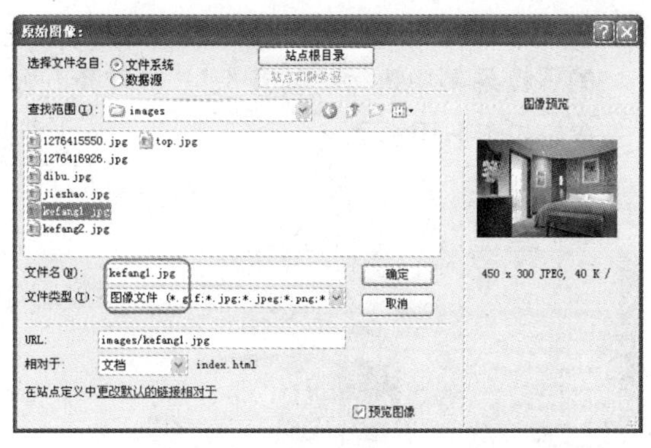

图3-12 “原始图像：”对话框

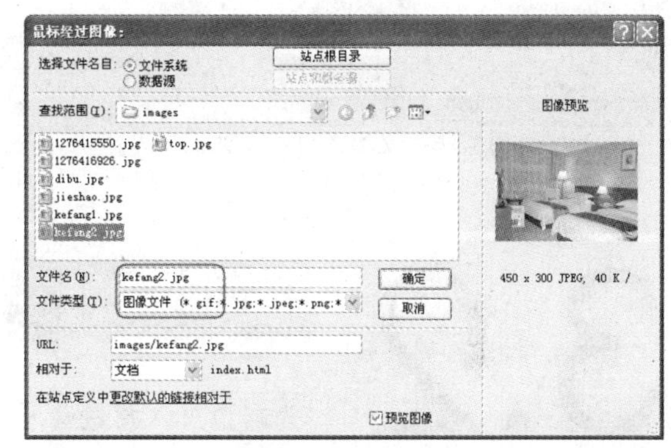

图3-13 “鼠标经过图像：”对话框

05 单击“确定”按钮，添加到对话框，如图3-14所示。

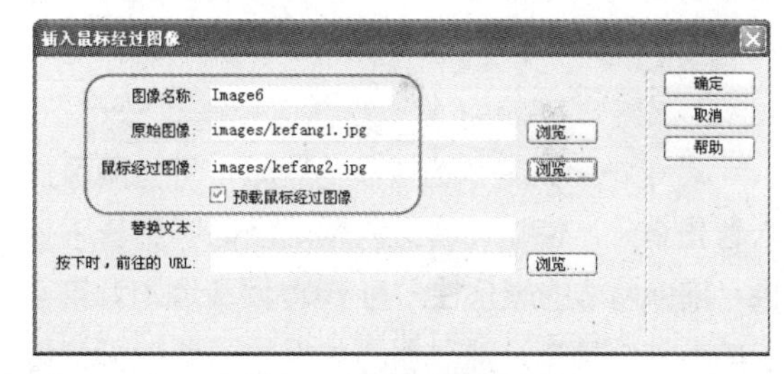

图3-14 添加到对话框

06 单击“确定”按钮，插入鼠标经过图像，如图3-15所示。

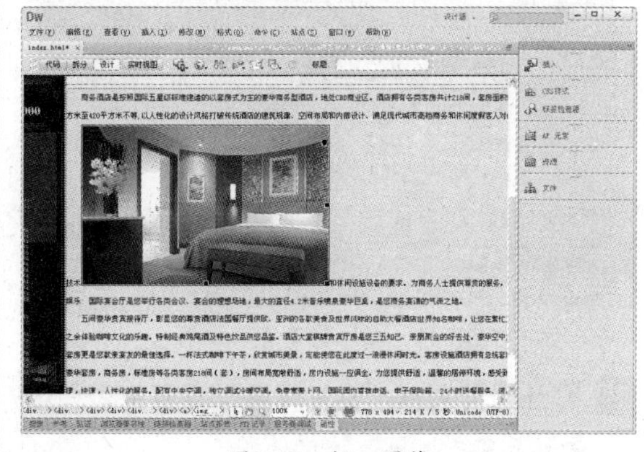

图3-15 插入图像

07 选中插入的图像，单击鼠标右键，在弹出的下拉菜单中执行“对齐”|“右对齐”命令，如图3-16所示。

图3-16 设置图像对齐方式

08 保存文档，按F12键在浏览器中预览，鼠标未经过图像时的效果如图3-8所示，鼠标经过图像时的效果图3-9所示。

提示

在插入鼠标经过图像时，如果不为该图像设置链接，Dreamweaver将在HTML源代码中插入一个空链接#，在该链接上将附加鼠标经过的图像行为，如果将该链接删除，鼠标经过图像将不起作用。

3.2 添加声音

为网页加入背景音乐，使访问者一进入网站就能听到优美的音乐，可以大大增强网站的娱乐性。为网页添加背景音乐的方法很简单，既可以通过内置行为添加，也可以通过代码提示添加，下面分别进行讲述。

3.2.1 课堂练一练：在文档中插入背景音乐

原始文件	原始文件/CH03/3.2.1/index.html
最终文件	最终文件/CH03/3.2.1/index1.html

若是一个以音乐为主题的网站，可为网页加入背景音乐，使访问者进入网站便能听到音乐效果，增强网站的娱乐性。为Web网页添加背景音乐的方法很简单，通过网页的属性设置即可快速完成,效果如图3-17所示。具体操作步骤如下所述。

图3-17 插入背景音乐效果

01 打开网页文档，将光标置于页面中，如图3-18所示。

图3-18 打开网页文档

02 执行“插入”|“媒体”|“插件”命令，弹出“选择文件”对话框，在对话框中选择音乐文件“yinyue.mid”，如图3-19所示。

图3-19 “选择文件”对话框

03 单击“确定”按钮，插入插件，如图3-20所示。

图3-20 插入插件

04 选中插入的插件，在“属性”面板中设置插件的相关属性，如图3-21所示。

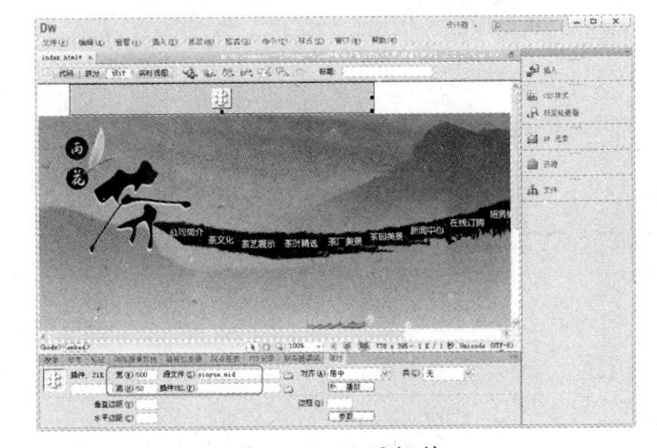

图3-21 设置插件

05 保存文档，在浏览器中预览，可以听到音乐的效果，如图3-17所示。

3.2.2 课堂练一练：使用代码提示添加背景音乐

原始文件	原始文件/CH03/3.2.2/index.html
最终文件	最终文件/CH03/3.2.2/index1.html

通过代码提示，可以在代码视图中插入音乐文件。在输入某些字符时，将显示一个列表，列出完成条目所需要的选项。下面通过代码提示讲述背景音乐的插入，效果如图3-22所示，具体操作步骤如下所述。

图3-22 插入背景音乐效果

01 打开网页文档，如图3-23所示。

图3-23 打开网页文档

02 切换到“代码”视图，在“代码”视图中找到标签<body>，并在其后面输入“<”以显示标签列表，输入“<”时会自动弹出一个列表框，向下滚动该列表并选中标签bgsound，如图3-24所示。

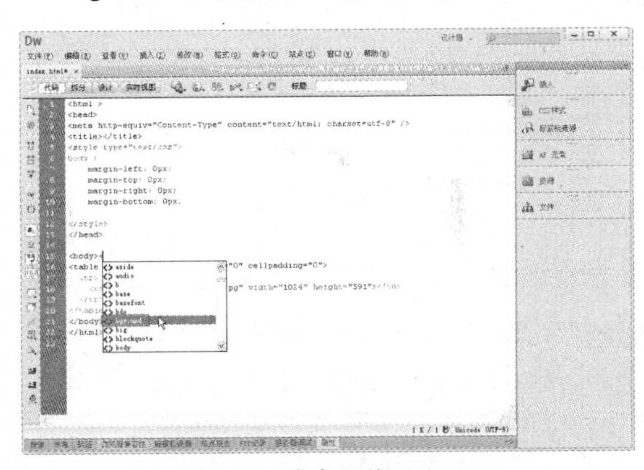

图3-24 选中标签bgsound

指点迷津

Bgsound标签共有5个属性，其中balance用于设置音乐的左右均衡，delay用于设置进行播放过程中的延时，loop用于控制循环次数，src用于存放音乐文件的路径，volume用于调节音量。

03 双击插入该标签，如果该标签支持属性，则按空格键以显示该标签允许的属性列表，从中选择属性src，如图3-25所示。这个属性用来设置背景音乐文件的路径。

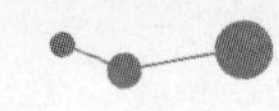

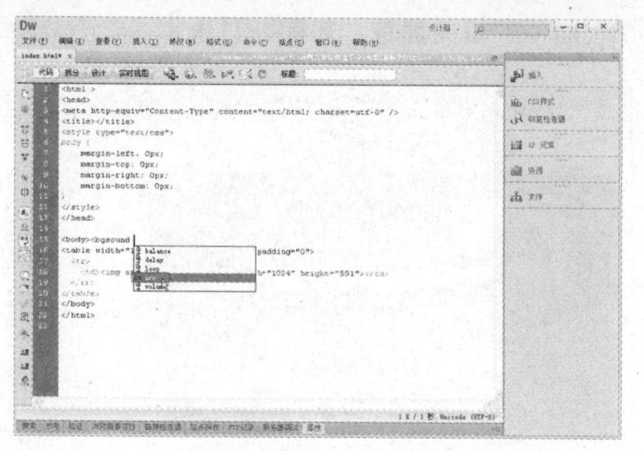

图3-25 选择属性src

04 按Enter键后，出现“浏览”字样，单击以弹出“选择文件”对话框，在对话框中选择音乐文件，如图3-26所示。

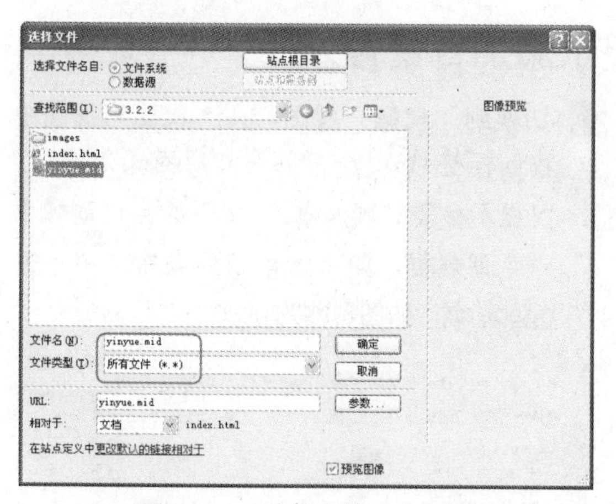

图3-26 “选择文件”对话框

指点迷津

播放背景音乐文件容量不要太大，否则很可能发生整个网页都已经浏览完了，而声音却还没有下载完的情况。在背景音乐格式方面，mid格式是最好的选择，它不仅拥有不错的音质，最关键的是它的容量非常小，一般只有几十KB。

05 选择音乐文件后，单击“确定”按钮。在新插入的代码后按空格键，在属性列表中选择属性loop，如图3-27所示。

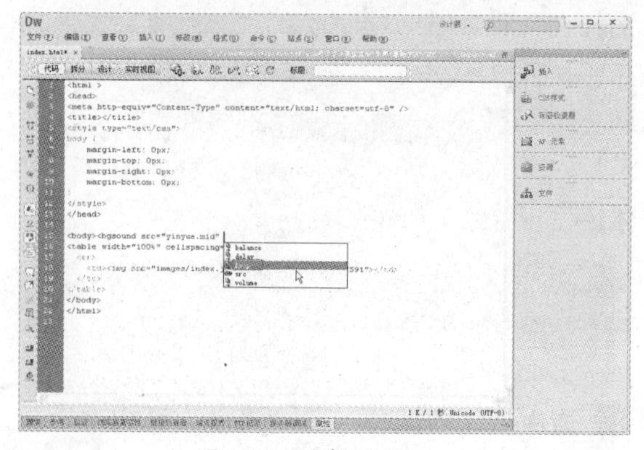

图3-27 选择属性loop

06 出现“-1”并选中。在最后的属性值后，为该标签输入“>”，如图3-28所示。

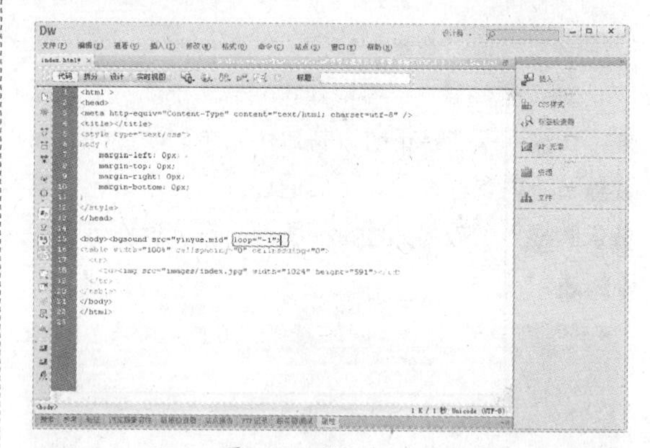

图3-28 输入“>”

07 保存文档，按F12键在浏览器中预览，效果如图3-22所示。

提示

浏览器可能需要某种附加的音频支持来播放声音，因此，具有不同插件的不同浏览器所播放声音的效果通常会有所不同。

3.3 插入动态媒体元素

多媒体技术的发展使网页设计者能轻松地在页面中加入声音、动画、影片等内容，给访问者增添了几分欣喜，媒体对象在网页上一直是一道亮丽的风景线，正因为有了多媒体，网页才丰富起来。

3.3.1 课堂练一练：插入Flash动画

原始文件	原始文件/CH03/3.3.1/index.html
最终文件	最终文件/CH03/3.3.1/index1.html

在网页中插入Flash影片可以增加网页的动感性，使网页更具吸引力，因此多媒体元素在网页中应用越来越广泛。下面通过如图3-29所示的网页效果讲述在网页中插入Flash影片，具体操作步骤如下所述。

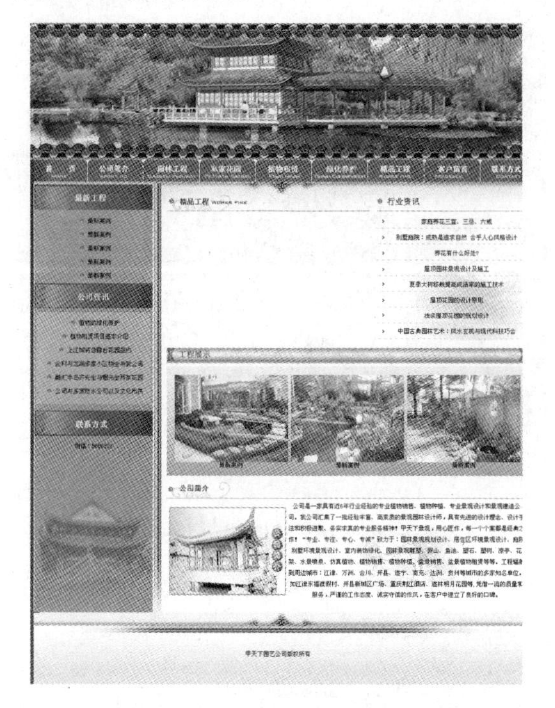

图3-29 插入Flash影片效果

01 打开原始网页文档，将光标置于要插入Flash影片的位置，如图3-30所示。

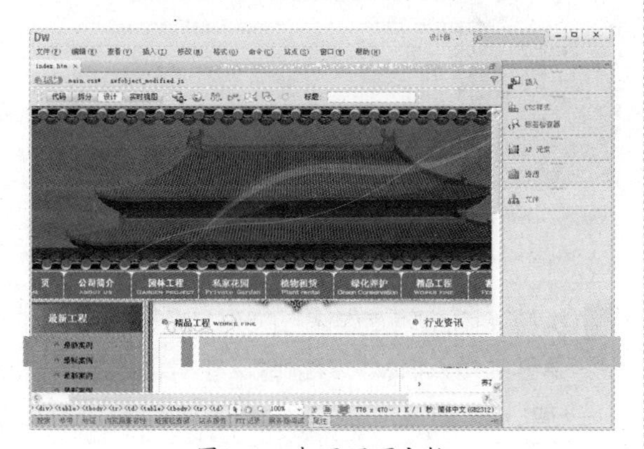

图3-30 打开网页文档

02 执行“插入”|“媒体”| SWF命令，弹出“选择SWF”对话框，在对话框中选择相应的Flash文件，如图3-31所示。

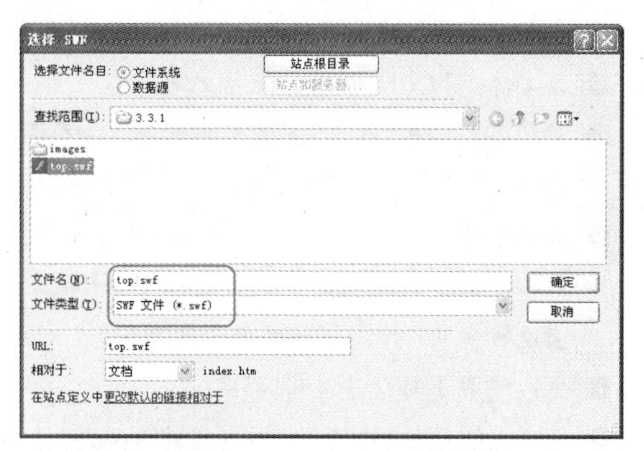

图3-31 “选择SWF”对话框

03 在对话框中选择top.swf，单击“确定”按钮，插入Flash影片，如图3-32所示。

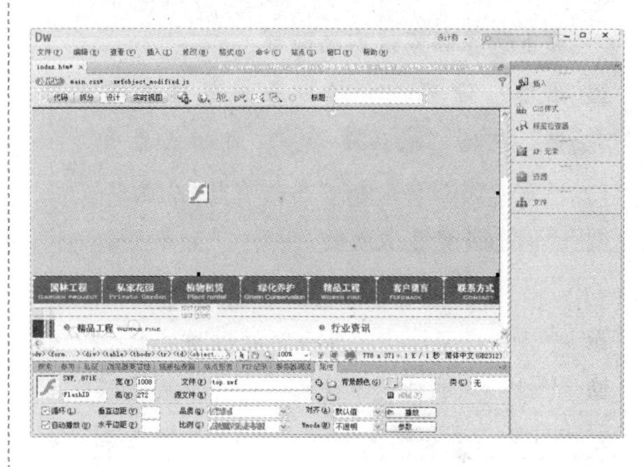

图3-32 插入Flash影片

04 保存文档，按F12键在浏览器中预览，效果如图3-29所示。

提示

插入Flash动画还有以下两种方法。

- 单击“常用”插入栏中的Flash按钮，弹出“选择文件”对话框，在该对话框中也可以插入Flash影片。
- 拖曳“常用”插入栏中的按钮至所需要的位置，弹出“选择文件”对话框，在该对话框中也可以插入Flash影片。

知识要点

Flash属性面板的各项设置。

- Flash文本框：输入Flash动画的名称。
- 宽、高：设置文档中Flash动画的尺寸，可以输入数值改变其大小，也可以在文档中

拖动缩放手柄来改变其大小。

- 文件：指定Flash文件的路径。
- 源文件：指定Flash源文档.fla的路径。
- 背景颜色：指定影片区域的背景颜色。在不播放影片时(在加载时和在播放后)也显示此颜色。
- 编辑[编辑(E)]：启动Flash以更新FLA文件(使用Flash创作工具创建的文件)。如果计算机上没有安装Flash，则会禁用此选项。
- 类：可用于对影片应用CSS类。
- 循环：勾选此复选项可以重复播放Flash动画。
- 自动播放：勾选此复选项，当在浏览器中载入网页文档时，自动播放Flash动画。
- 垂直边距和水平边距：指定动画边框与网页上边界和左边界的距离。
- 品质：设置Flash动画在浏览器中播放质量，包括“低品质”、“自动低品质”、“自动高品质”和“高品质”4个选项。
- 比例：设置显示比例，包括“全部显示”、“无边框”和“严格匹配”3个选项。
- 对齐：设置Flash在页面中的对齐方式。
- Wmode：默认值是不透明，这样在浏览器中，DHTML元素就可以显示在SWF文件的上面。如果SWF文件包括透明度，并且希望DHTML元素显示在它们的后面，则选择“透明”选项。
- 播放：在“文档”窗口中播放影片。
- 参数：打开一个对话框，可在其中输入传递给影片的附加参数。影片必须已设计好，可以接收这些附加参数。

3.3.2 课堂练一练：插入视频文件

原始文件	原始文件/CH03/3.3.2/index.html
最终文件	最终文件/CH03/3.3.2/index1.html

随着宽带技术的发展和推广，互联网上出现了许多视频网站。越来越多的人选择观看在线视频，同时也有很多的网站提供在线视频服务。

下面通过如图3-33所示的页面效果讲述在网页中插入Flash视频，具体操作步骤如下所述。

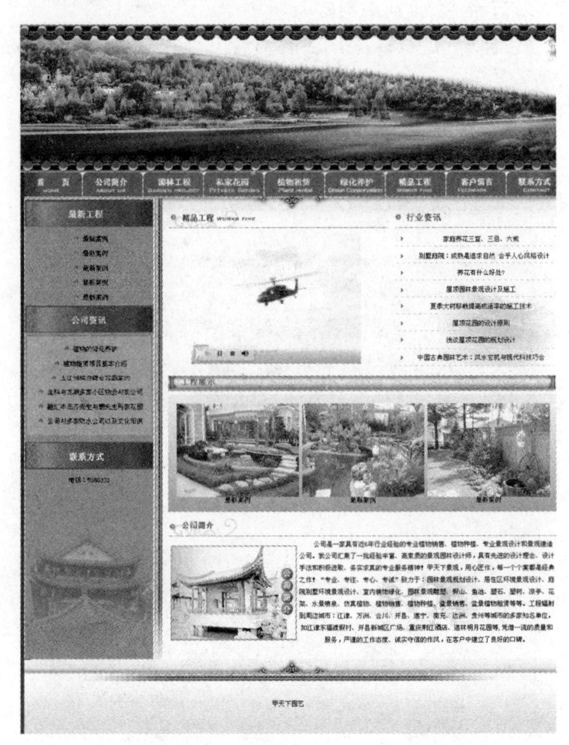

图3-33　插入Flash视频效果

01 打开网页文档，将光标置于要插入视频的位置，如图3-34所示。

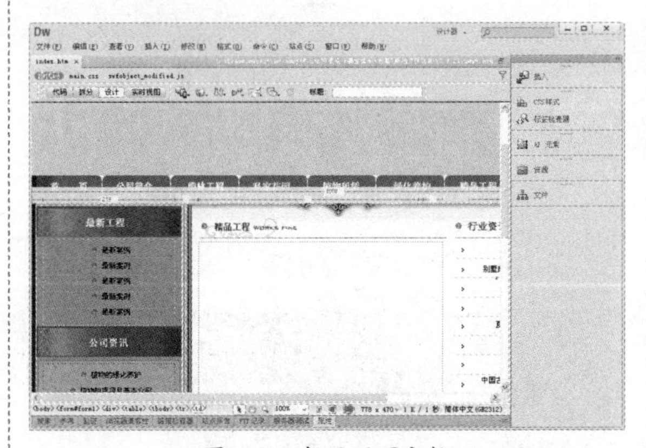

图3-34　打开网页文档

02 执行“插入”|“媒体”|“FLV视频”命令，弹出“插入FLV”对话框，在对话框中单击URL后面的“浏览”按钮，如图3-35所示。

03 在弹出的“选择FLV”对话框中选择视频文件，如图3-36所示。

图3-35 “插入FLV”对话框

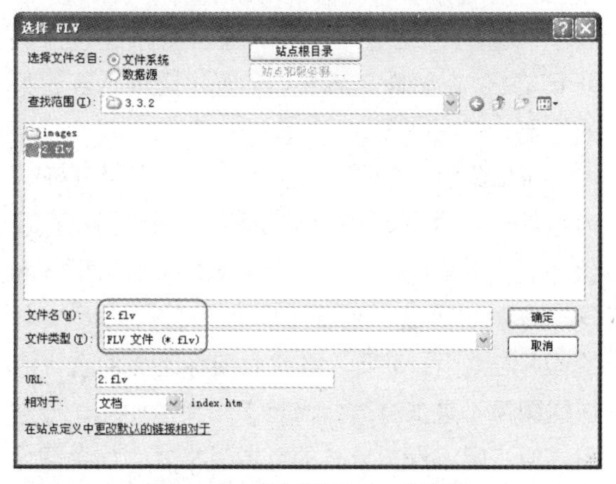

图3-36 “选择FLV”对话框

04 单击“确定”按钮，返回到“插入FLV”对话框，在对话框中进行相应的设置，如图3-37所示。

图3-37 “插入FLV”对话框

05 单击“确定”按钮，插入视频，如图3-38所示。

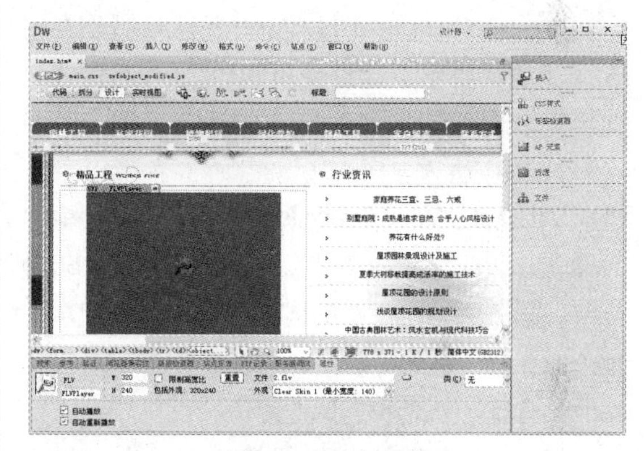

图3-38 插入视频

06 保存文档，按F12键在浏览器中预览效果，如图3-33所示。

3.4 技术拓展

3.4.1 把网页中的Flash背景设置为透明

网页中Flash背景透明不是在做Flash的时候设置的，而是在网页中插入Flash时设置的，在插入的时候默认为不透明的。

需要将Flash动画的背景设置为透明，在Flash动画的“属性”面板中有个Wmode参数，在其下拉列表中设置参数的值为透明，如图3-39所示。

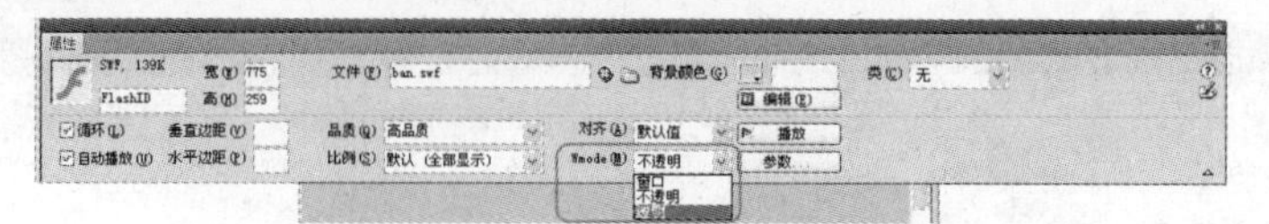

图3-39 Flash背景设置为透明

Wmode参数有窗口、不透明和透明三个参数值。“窗口”选项用来在网页上用影片自己的矩形窗口来播放应用程序，表明 Flash 应用程序与 HTML的层没有任何交互，并且始终位于最顶层；“不透明” 选项使应用程序隐藏页面上位于它后面的所有内容；“透明”选项使 HTML 页的背景可以透过应用程序的所有透明部分进行显示。

3.4.2 网页中图像的常见格式

网页中图像的格式通常有3种，即GIF、JPEG和PNG。目前GIF和JPEG 文件格式的支持情况最好，大多数浏览器都可以查看这两种格式的文件。由于PNG文件具有较大的灵活性并且文件较小，所以它对于几乎任何类型的网页图像都是最适合的。但是Microsoft Internet Explorer和Netscape Navigator只能部分支持PNG图像的显示。建议使用GIF或JPEG格式以满足更多人的需求。

1．GIF格式

GIF是英文单词Graphic Interchange Format的缩写，即图像交换格式，文件最多使用256种颜色，最适合显示色调不连续或具有大面积单一颜色的图像，例如导航条、按钮、图标、徽标或其他具有统一色彩和色调的图像。

GIF格式的最大优点就是制作动态图像，可以将数张静态文件作为动画帧串联起来，转换成一张动画文件。

GIF格式的另一优点就是可以将图像以交错的方式在网页中呈现。所谓交错显示，就是当图像尚未下载完成时，浏览器会先以马赛克的形式将图像慢慢显示，让浏览者可以大略猜出下载图像的雏形。

2．JPEG格式

JPEG是英文单词Joint Photographic Experts Group的缩写，它是一种图像压缩格式。文件格式是用于摄影或连续色调图像的高级格式，这是因为JPEG文件可以包含数百万种颜色。随着JPEG文件品质的提高，文件的大小和下载时间也会随之增加。通常可以通过压缩JPEG文件在图像品质和文件大小之间达到良好的平衡。

JPEG 格式是一种压缩格式，专门用于不含大色块的图像。JPEG 的图像有一定的失真度，但是在正常的损失下，肉眼分辨不出 JPEG 和 GIF 图像的区别，而 JPEG 文件只有 GIF 文件的 1/4 倍大小。JPEG 格式对图标之类的含大色块的图像不是很有效，而且不支持透明图、动态图，但它能够保留全真的色调板格式。如果图像需要全彩模式才能表现效果，JPEG 就是最佳的选择。

3．PNG格式

PNG 是英文单词 Portable Network Graphic 的缩写，即便携网络图像，是一种替代 GIF 格式的无专利权限制的格式，它包括对索引色、灰度、真彩色图像以及 alpha 通道透明的支持。PNG 是 Fireworks 固有的文件格式。PNG 文件可保留所有原始层、矢量、颜色和效果信息，并且在任何时候所有元素都是可以完全编辑的。文件必须具有 .png 文件扩展名才能被 Dreamweaver 识别为 PNG 文件。

3.5 实战应用

可以使用Dreamweaver中的可视化工具向页面添加各种内容，包括文本、图像、影片、声音和其他媒体形式等。在本课中学习了图像和多媒体的添加，本节将通过实例来讲述具体的应用。

3.5.1 课堂练一练：创建图文并茂的“好看”网页

原始文件	原始文件/CH03/实战1/index.html
最终文件	最终文件/CH03/实战1/index1.html

文字和图像是网页中最基本的元素，在网页中插入图像就使得网页更加生动形象，在网页中创建图文混排网页的方法非常简单，图3-40所示的是图文混排的效果，具体操作步骤如下所述。

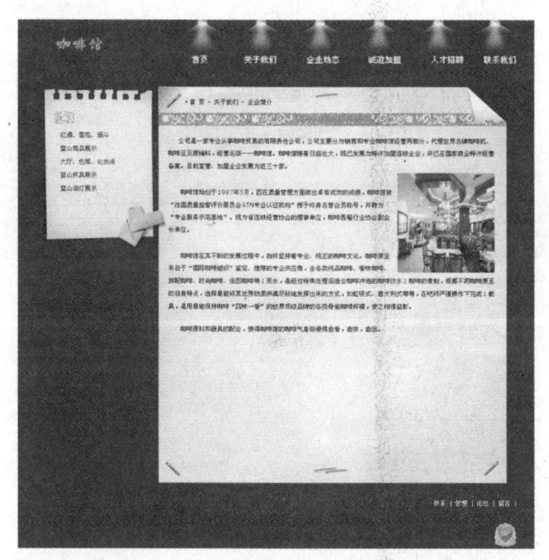

图3-40 图文并茂的“好看”网页

指点迷津

如何使文字和图片内容共处？

在Dreamweaver中，图片对象是需要独占一行的，那么文字内容只能在与其平行的一行的位置上，怎么样才可以让文字围绕着图片显示呢？需要选中图片，单击鼠标右键，在弹出的菜单中执行“对齐”|“右对齐”命令，这时会发现文字已均匀地排列在图片的右边了。

01 打开网页文档，将光标置于要插入图像的位置，如图3-41所示。

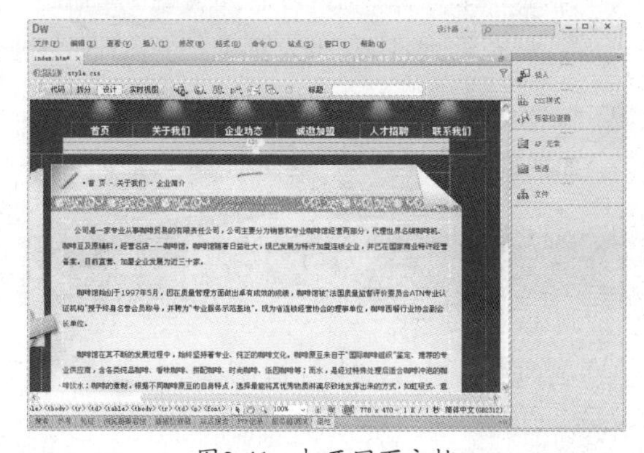

图3-41 打开网页文档

02 执行“插入”|“图像”命令，弹出“选择图像源文件”对话框，在对话框中选择图像“images/storeb.jpg”，如图3-42所示。

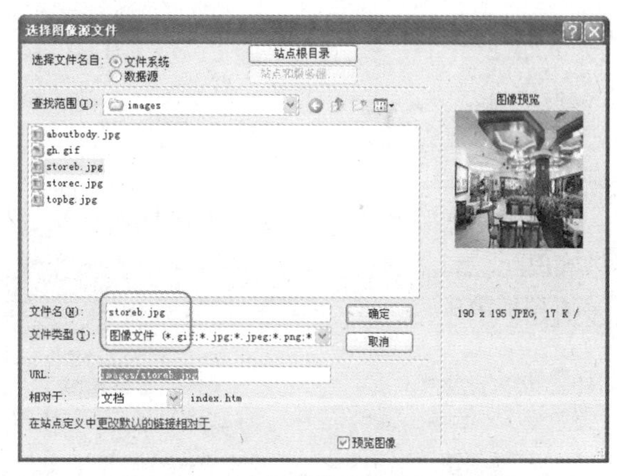

图3-42 “选择图像源文件”对话框

03 单击“确定”按钮，插入图像，如图3-43所示。

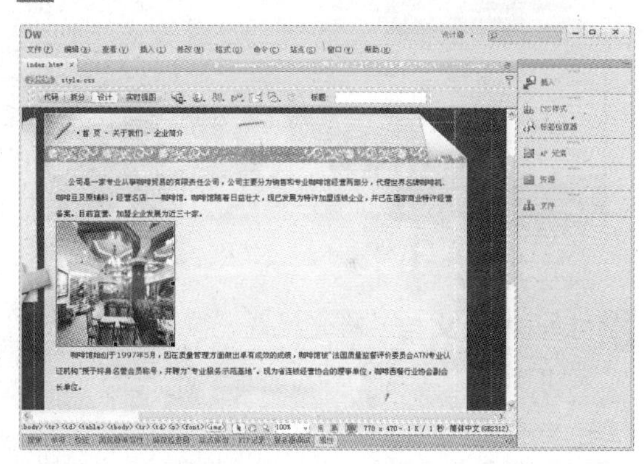

图3-43 插入图像

04 选中插入的图像，单击鼠标右键，在弹出的下拉菜单中执行“对齐”|“右对齐”命令，如图3-44所示。

图3-44 设置图像的对齐方式

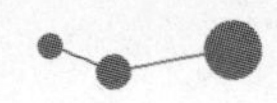

高手支招

修改图像的高度和宽度的值可以改变图像的显示尺寸，但是这并不能改变图像下载所用的时间，因为浏览器是先将图像数据下载，然后才改变图像尺寸的。要想减少图像下载所需要时间并使图像无论什么时候都显示相同的尺寸，建议在图像编辑软件中，重新处理该图像，这样得到的效果将是最好的。

05 保存文档，按F12键在浏览器中预览，效果如图3-40所示。

3.5.2 课堂练一练：在网页中插入媒体实例

原始文件	原始文件/CH03/实战2/index.html
最终文件	最终文件/CH03/实战2/index1.html

下面通过实例，讲述在网页中插入背景音乐和Flash动画，效果如图3-45所示，具体操作步骤如下所述。

图3-45 在网页中插入媒体的效果

01 打开网页文档，将光标置于要插入flash动画的位置，如图3-46所示。

图3-46 打开网页文档

02 执行"插入"|"媒体"|SWF命令，弹出"选择SWF"对话框，在对话框中选择文件top.swf，如图3-47所示。

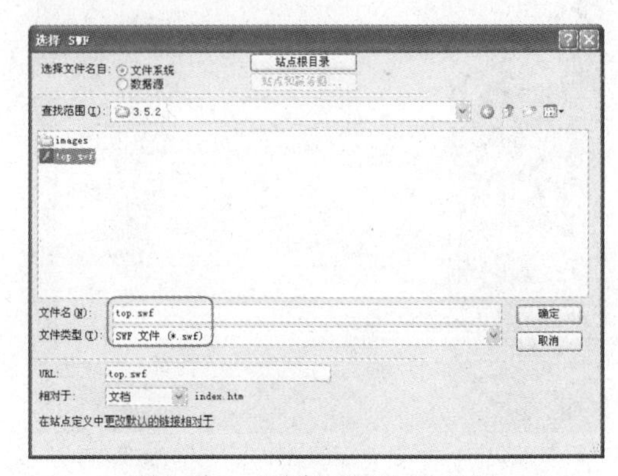

图3-47 "选择SWF"对话框

03 单击"确定"按钮，插入SWF动画，如图3-48所示。

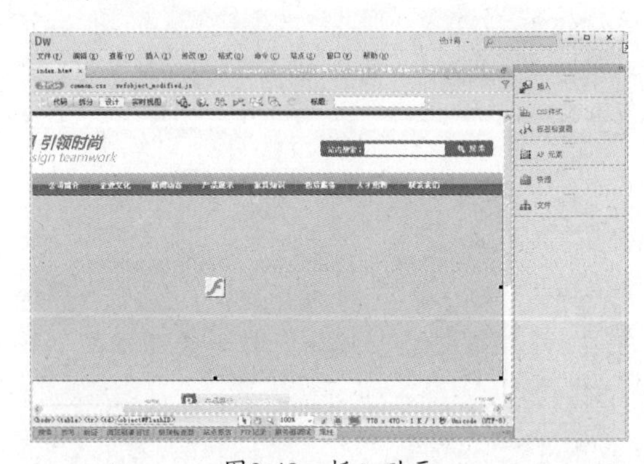

图3-48 插入动画

04 保存文档，按F12键在浏览器中预览，效果如图3-45所示。

3.6 习题测试

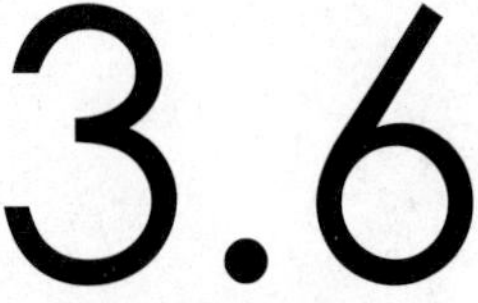

1. 填空题

(1) 网页中图像的格式通常有3种，即________、________和________。目前________和________文

件格式的支持情况最好，大多数浏览器都可以查看这两种格式的文件。

(2) 在网页中插入________可以增加网页的动感性，使网页更具吸引力，因此多媒体元素在网页中应用越来越广泛。

2．操作题

(1) 给如图3-49所示的网页创建鼠标经过图像效果，鼠标经过时的效果如图3-50所示。

原始文件	原始文件/CH03/操作题1/index.html
最终文件	最终文件/CH03/操作题1/index1.html

图3-49 起始文件

图3-50 鼠标经过时的效果

01 将光标置于要插入鼠标经过图像的位置，执行“插入”|“图像对象”|“鼠标经过图像”命令，弹出“插入鼠标经过图像”对话框，如图3-51所示。

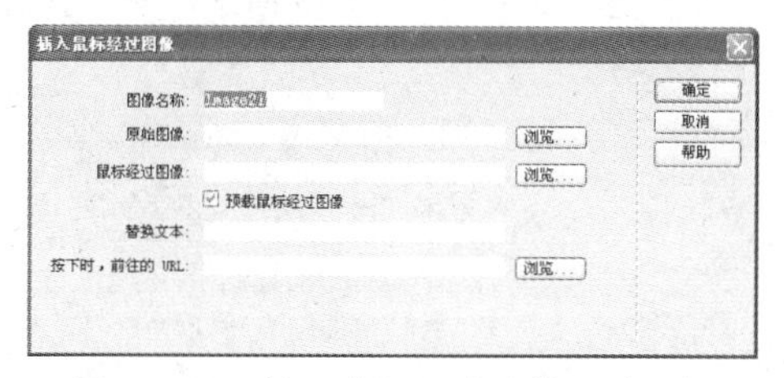

图3-51 “插入鼠标经过图像”对话框

02 在对话框中单击“原始图像”文本框右边的“浏览”按钮，在弹出的“原始图像：”对话框中选择图像“images/200933091340937.jpg”，如图3-52所示。

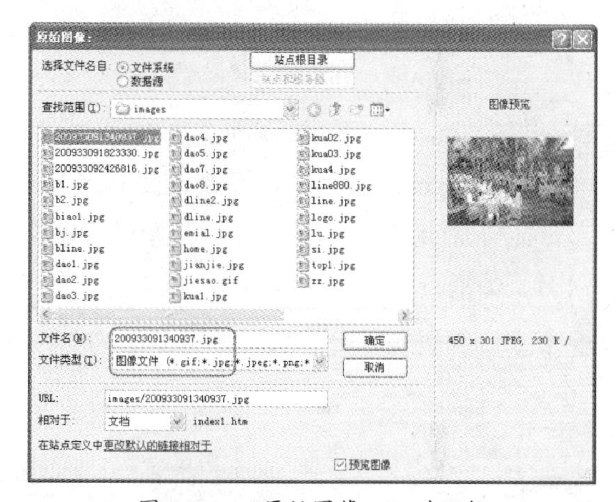

图3-52 “原始图像：”对话框

03 单击“确定”按钮，在对话框中单击“鼠标经过图像”文本框右边的“浏览”按钮，在弹出的“鼠标经过图像：”对话框中选择图像“images/200933091823330.jpg”，如图3-53所示。

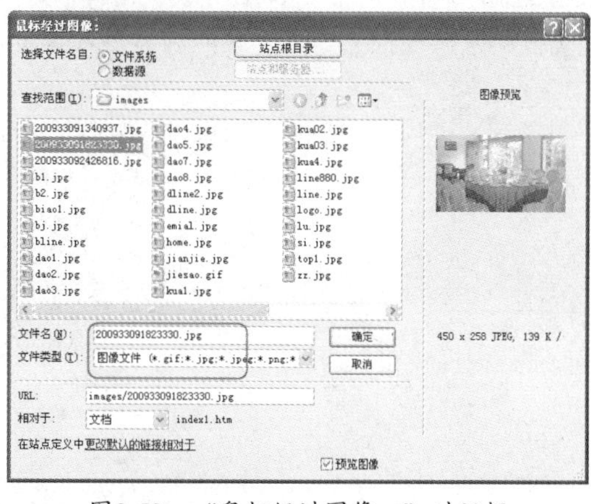

图3-53 “鼠标经过图像：”对话框

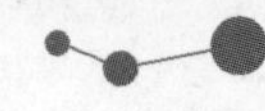

04 单击“确定”按钮，返回到“插入鼠标经过图像”对话框，单击“确定”按钮，即可插入鼠标经过图像。

(2) 给图3-54所示的网页插入Flash动画，效果如图3-55所示。

原始文件	原始文件/CH03/操作题2/index.html
最终文件	最终文件/CH03/操作题2/index1.html

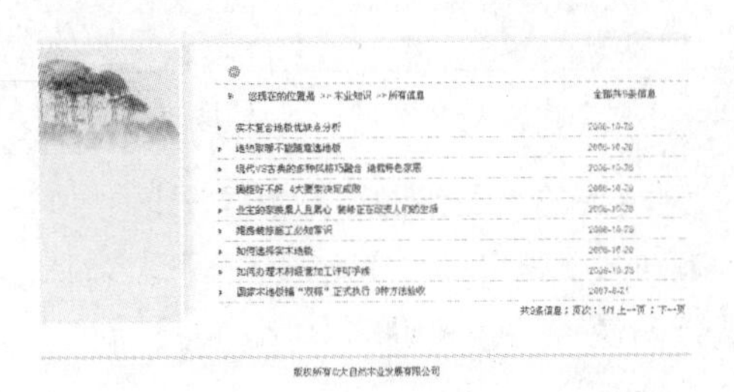

图3-54 原始文件

01 将光标置于要插入Flash动画的位置，执行“插入”|“媒体”|SWF命令，弹出“选择SWF”对话框，在对话框中选择top.swf文件，如图3-56所示。

02 单击“确定”按钮，即可插入Flash动画。

图3-55 插入Flash动画效果

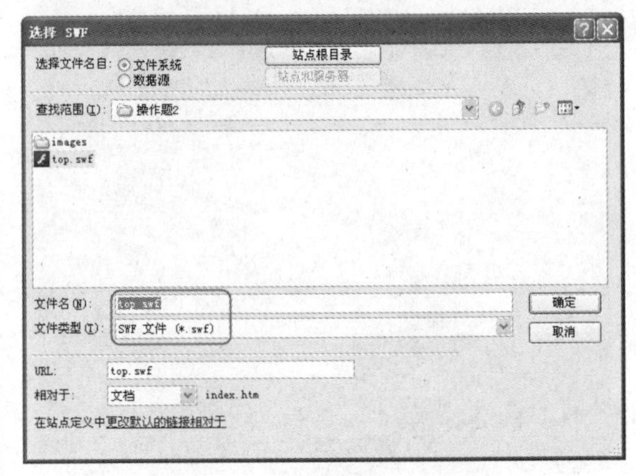

图3-56 “选择SWF”对话框

3.7 本课小结

在网页的适当位置放置一些图像和多媒体，不仅使内容清晰易懂，而且更具吸引力。本课主要学习了网页中图像的基本操作、特殊图像效果的插入、网页背景音乐的添加、Flash影片的使用、在网页中插入视频文件和其他媒体对象的插入等。本课的重点是图像的插入和使用、Flash的插入和使用以及Java Applet的使用。图像和多媒体作为网页的重要元素，可以使页面的效果更加生动、网站的内容更加丰富，读者一定要好好掌握其操作要领。

第4课 创建网页链接

本课导读

超级链接是构成网站最为重要的部分之一，单击网页中的超级链接，即可跳转到相应的网页，因此可以非常方便地从一个网页到达另一个网页。在网页上创建超级链接，就可以把Internet上众多的网站和网页联系起来，构成一个有机的整体。本课主要讲述超级链接的基本概念和各种类型超级链接的创建。

技术要点

◎ 掌握超链接概念
◎ 掌握管理网页超级链接
◎ 掌握创建各种链接

4.1 超链接概念

链接是从一个网页或文件到另一个网页或文件的访问路径，不但可以指向图像或多媒体文件，还可以指向电子邮件地址或程序等。当网站访问者单击链接时，将根据目标的类型执行相应的操作，即在Web浏览器中打开或运行相关程序。

要正确地创建链接，就必须了解链接与被链接文档之间的路径，每一个网页都有一个唯一的地址，称为统一资源定位符(URL)。网页中的超级链接按照链接路径的不同，可以分为相对路径和绝对路径两种链接形式。

4.1.1 绝对路径

绝对路径是包括服务器规范在内的完全路径，绝对路径不管源文件在什么位置，都可以非常精确地找到，除非目标文档的位置发生变化，否则链接不会失败。

采用绝对路径的好处是，它同链接的源端点无关，只要网站的地址不变，则无论文档在站点中如何移动，都可以正常实现跳转而不会发生错误。另外，如果希望链接到其他的站点上的文件，就必须用绝对路径。

采用绝对路径的缺点在于，这种方式的链接不利于测试，如果在站点中使用绝对地址，要想测试链接是否有效，就必须在Internet服务器端对链接进行测试，它的另一个缺点是不利于站点的移植。

4.1.2 相对路径

相对路径对于大多数的本地链接来说，是最适用的路径。在当前文档与所链接的文档处于同一文件夹内，文档相对路径特别有用。文档相对路径还可用来链接到其他的文件夹中的文档，方法是利用文件夹层次结构，指定从当前文档到所链接的文档的路径，文档相对路径省略掉对于当前文档和所链接的文档都相同的绝对URL部分，而只提供不同的路径部分。

使用相对路径的好处在于，可以将整个网站移植到另一个地址的网站中，而不需要修改文档中的链接路径。

4.2 自动更新链接

超链接是网页中不可缺少的一部分，通过超链接可以使各个网页连接在一起，使网站中众多的网页构成一个有机整体，通过管理网页中的超链接，也可以对网页进行相应的管理。

每当在本地站点内移动或重命名文档时，Dreamweaver可更新起自及指向该文档的链接，当将整个站点储存在本地硬盘上时，自动更新链接功能最适合用Dreamweaver，而不更改远程文件夹中的文件。

自动更新链接具体操作步骤如下所述。

01 执行“编辑”|“首选参数”命令，在对话框的对话框中的“分类”列表中选择“常规”选项，如图4-1所示。

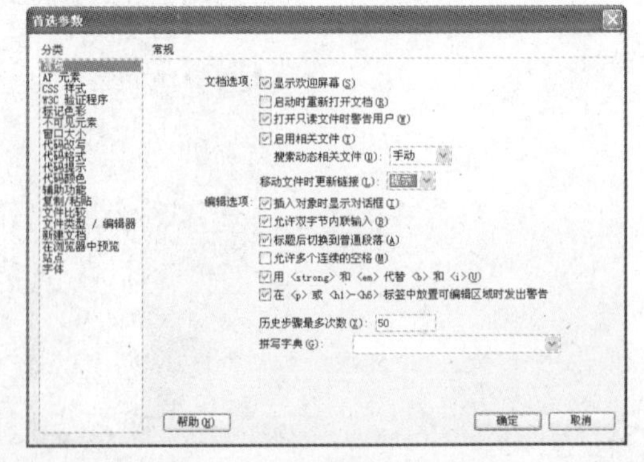

图4-1 “首选参数”对话框

02 在“文档选项”区域，从“移动文件时更新链接”下拉列表框中选择“总是”或“提示”。若选择“总是”，则每当移动或重命名选定的文档时，Dreamweaver将自动更新起自和指向该文档的所有链接；如果选择“提示”，则在移动文档时，Dreamweaver将显示一个对话框，在对话框中列出此更改影响到的所有文件，如图4-2所示。

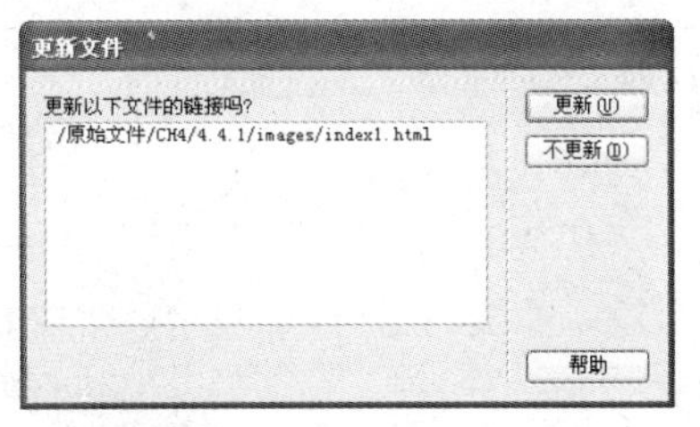

图4-2 “更新文件”对话框

4.3 检查站点中的链接错误

“检查链接”功能用于搜索断开的链接和孤立文件(文件仍然位于站点中，但站点中没有任何其他文件链接到该文件)。可以搜索打开的文件、本地站点的某一部分或者整个本地站点。Dreamweaver验证仅指向站点内文档的链接；Dreamweaver将出现在选定文档中的外部链接编辑成一个列表，但并不验证它们。检查站点中链接错误的具体操作步骤如下所述。

01 执行“站点”|“检查站点范围的链接”命令，打开“链接检查器”面板。如图4-3所示。

图4-3 “链接检查器”面板

02 在“链接检查器”面板中，从“显示”弹出菜单中选择“断掉的链接”选项，报告出现在“链接检查器”面板中，如图4-4所示。

图4-4 选择“断掉的链接”选项

03 在“链接检查器”面板中，从“显示”弹出菜单中选择“外部链接”选项，报告出现在“链接检查器”面板中，如图4-5所示。

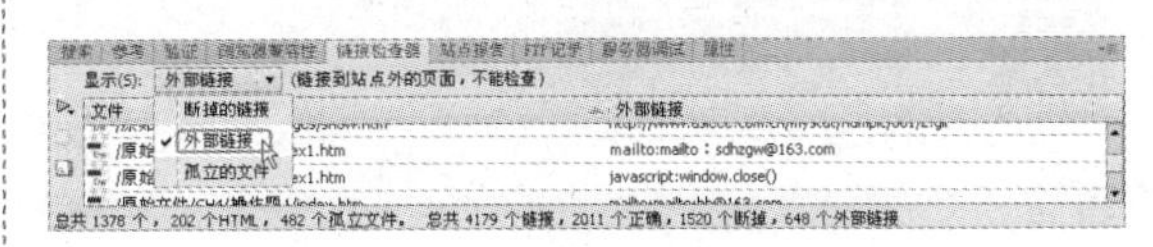

图4-5 选择“外部链接”选项

04 在“链接检查器”面板中，从“显示”弹出菜单中选择“孤立的文件”选项，报告出现在“链接检查器”面板中，如图4-6所示。

图4-6 选择“孤立的文件”选项

4.4 实战应用——创建各种链接

前面讲述了超级链接的基本概念和创建超级链接的方法，通过前面的学习，读者已经对超级链接有了大概的了解，下面将讲述各种类型超链接的创建。

4.4.1 课堂练一练：创建图像热点链接

原始文件	原始文件/CH04/实战1/index.html
最终文件	最终文件/CH04/实战1/index1.html

创建过程中，首先选中图像，然后在“属性”面板中选择热点工具在图像上绘制热区，创建图像热点链接后，当鼠标单击图像“首页”时，效果如图4-7所示，会出现一个手的图标，具体操作步骤如下所述。

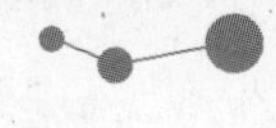

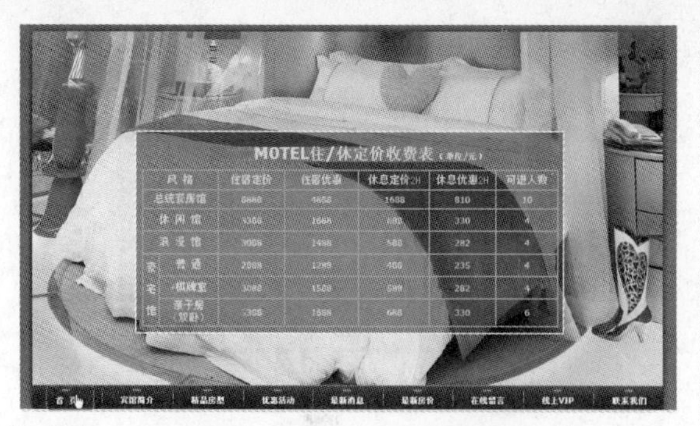

图4-7 图像热点链接效果

提示

当预览网页时，热点链接不会显示，当鼠标光标移至热点链接上时会变为手形，以提示浏览者该处为超链接。

01 打开网页文档，选中创建热点链接的图像，如图4-8所示。

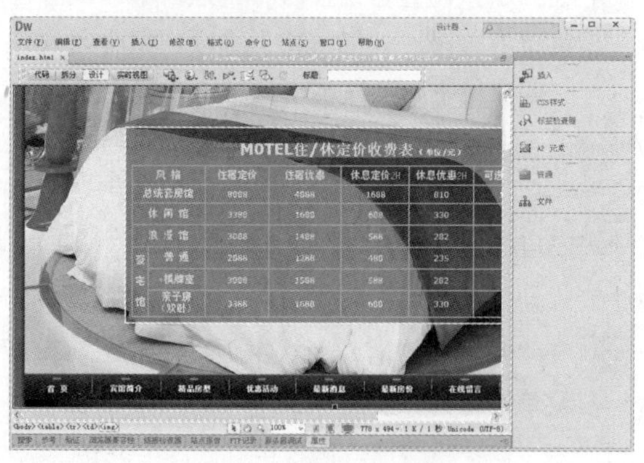

图4-8 打开网页文档

02 执行“窗口”|“属性”命令，打开“属性”面板，在“属性”面板中单击“矩形热点工具”按钮□，选择“矩形热点工具”，如图4-9所示。

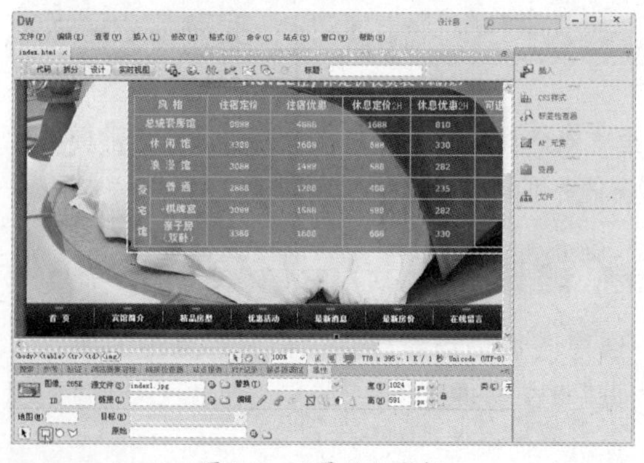

图4-9 “属性”面板

指点迷津

除了可以使用“矩形热点工具”外，还可以使用“椭圆形热点工具”和“多边形热点工具”来绘制“椭圆形热点区域”和“多边形热点区域”，绘制的方法和“矩形热点”操作一样。

03 将光标置于图像上要创建热点的部分，绘制一个矩形热点，如图4-10所示。

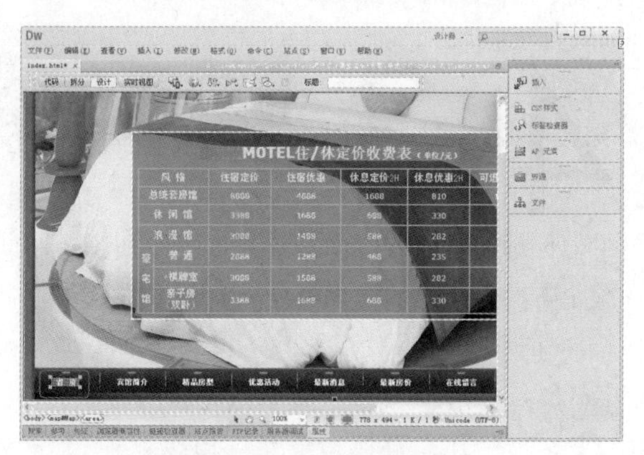

图4-10 绘制一个矩形热点

04 同以上步骤绘制其他热点并设置热点链接，如图4-11所示。

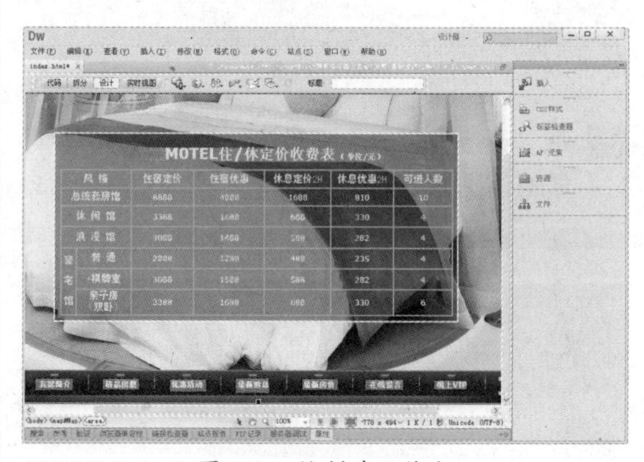

图4-11 绘制其他热点

05 保存文档，按F12键在浏览器中预览，当单击图像“首页”后，效果如图4-7所示。

指点迷津

图像热点链接和图像链接有很多相似之处，在浏览器中有时甚至都分辨不出它们。虽然它们的最终效果基本相同，但两者实现的原理还是有很大差异的。读者在为自己的网页加入链接之前，应根据具体的实际情况，选择和使用适合的链接方式。

4.4.2 课堂练一练：创建锚点链接

原始文件	原始文件/CH04/实战2/index.html
最终文件	最终文件/CH04/实战2/index1.html

有时网页很长，需要上下拖动滚动条来查看文档内容，为了找到其中的目标，不得不将整个文档内容浏览一遍，这样就浪费了很多时间。利用锚点链接能够更精确地控制访问者在单击超链接之后到达的位置，使访问者能够快速浏览到选定的位置，提高信息检索速度。创建锚点链接的效果如图4-12所示，具体操作步骤如下所述。

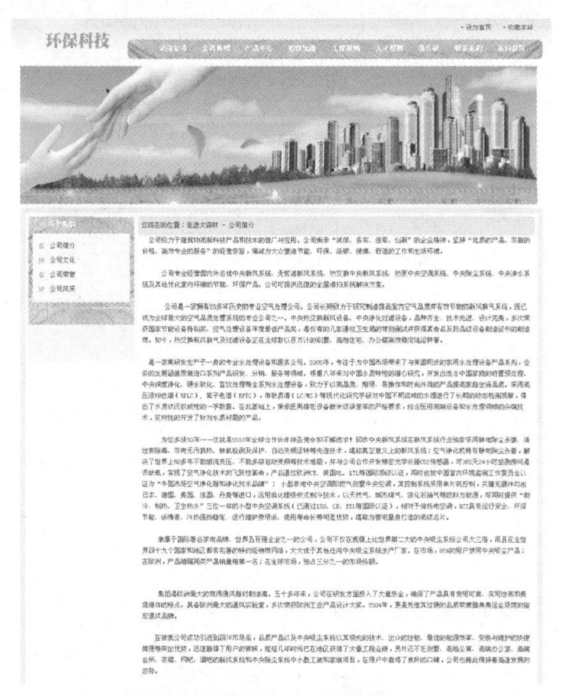

图4-12 创建锚点链接

01 打开原始网页文档，将光标置于要插入命名锚记的位置，如图4-13所示。

图4-13 打开网页文档

02 执行“插入”|“命名锚记”命令，弹出“命名锚记”对话框，在对话框中的“锚记名称”文本框中输入“jianjie”，如图4-14所示。

图4-14 “命名锚记”对话框

提示

还可以单击“常用”插入栏中的“命名锚记”按钮，弹出“命名锚记”对话框。

03 单击“确定”按钮，即可插入命名锚记，如图4-15所示。

图4-15 插入命名锚记

04 选中左侧导航栏中的文字“公司简介”，打开属性面板，在面板中的“链接”文本框中输入链接“#jianjie”，如图4-16所示。

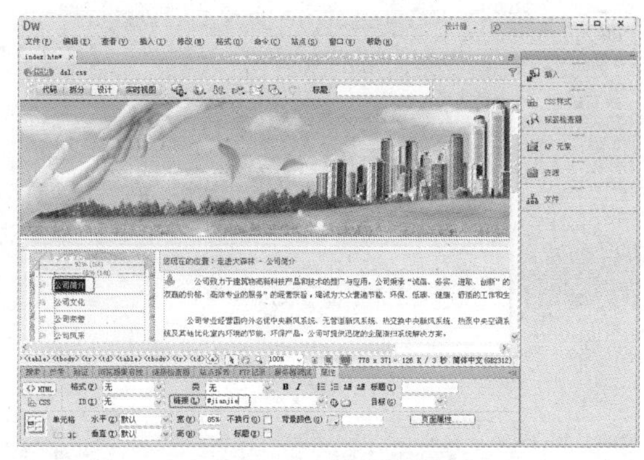

图4-16 输入链接

05 将光标置于相应文字的前面，执行“插入”|“命名锚记”命令，弹出“命名锚记”对话框，在对话框中的“锚记名称”中输入“wenhua”，如图4-17所示。

图4-17 “命名锚记”对话框

06 单击“确定”按钮，插入命名锚记，如图4-18所示。

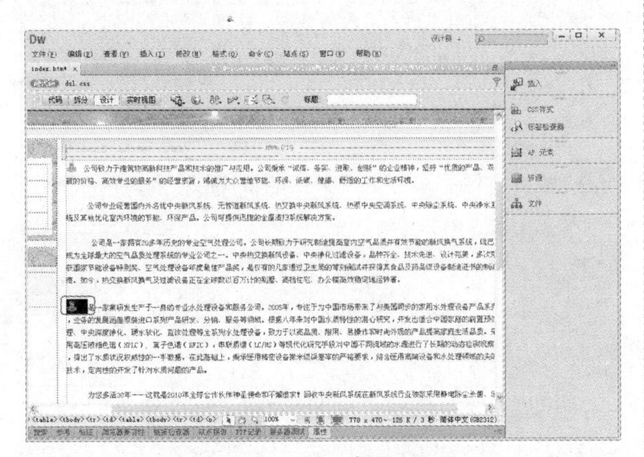

图4-18 插入命名锚记

提示

锚记名称要区分大小写，不能包含空白字符，而且锚记不要放置在AP元素中。

07 选中左侧导航栏中的文字“公司文化”，打开属性面板，在面板中的“链接”文本框中输入链接“#wenhua”，如图4-19所示。

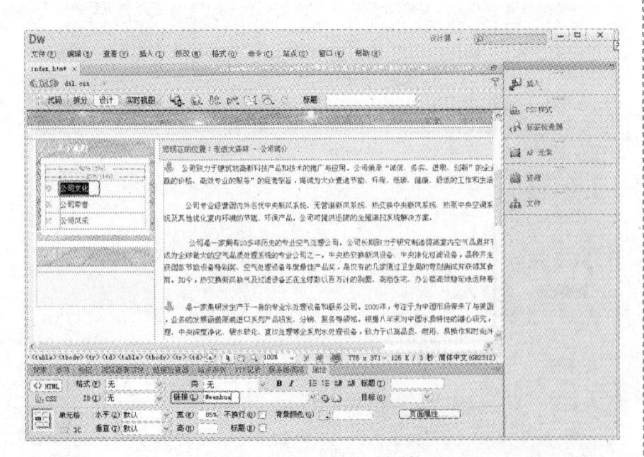

图4-19 输入链接

08 将光标置于相应的位置，执行“插入”|“命名锚记”命令，弹出“命名锚记”对话框，在“锚记名称”文本框中输入名称“rongyu”，如图4-20所示。

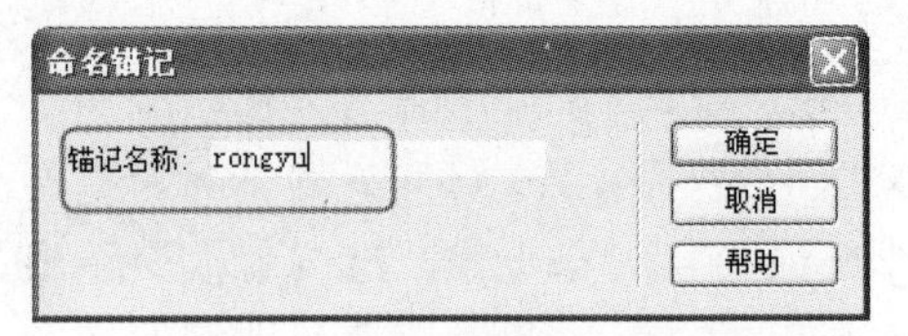

图4-20 “命名锚记”对话框

09 单击“确定”按钮，插入命名锚记，如图4-21所示。

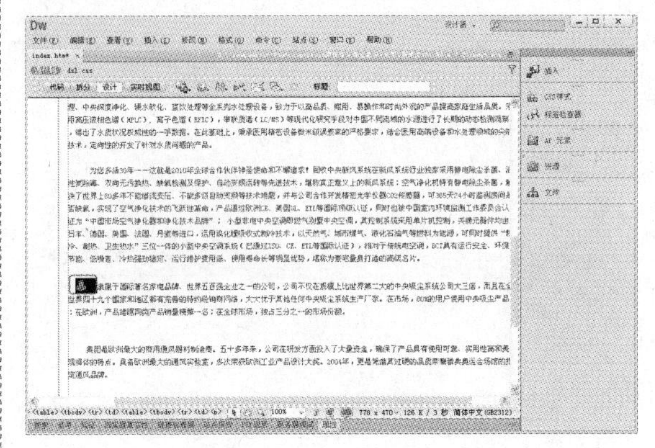

图4-21 插入命名锚记

10 选中左侧导航栏中的文字“公司荣誉”，打开属性面板，在属性面板中的“链接”文本框中输入链接“#rongyu”，如图4-22所示。

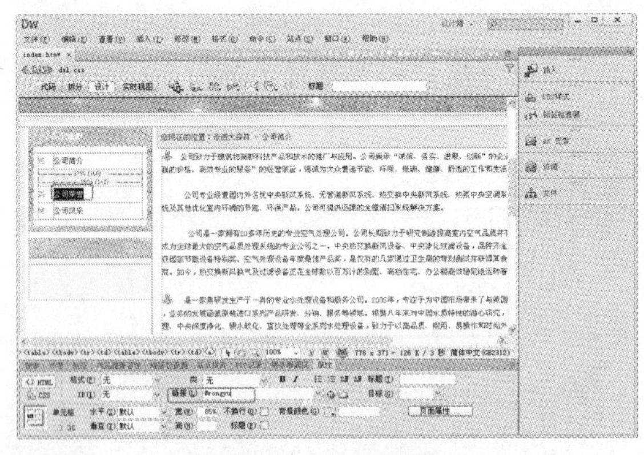

图4-22 输入链接

11 将光标置于相应的位置，执行“插入”|“命名锚记”命令，弹出“命名锚记”对话框，在对话框中的“锚记名称”文本框中输入“fengcai”，如图4-23所示。

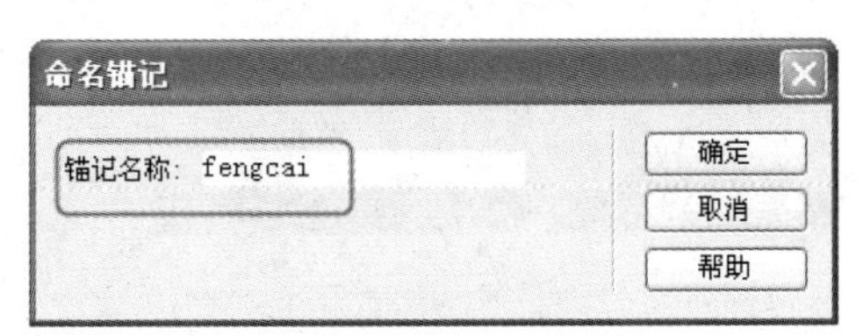

图4-23 命名锚记

12 单击“确定”按钮，插入命名锚记，如图4-24所示。

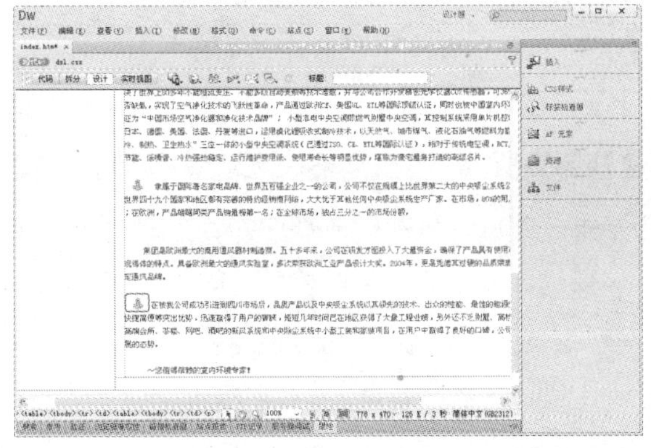

图4-24 插入命名锚记

13 选中左侧导航栏中的文字“公司风采”，打开属性面板，在面板中的“链接”文本框中输入链接“#fengcai”，如图4-25所示。

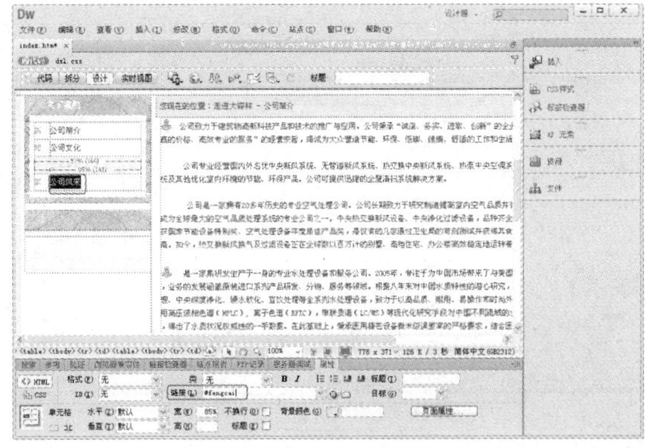

图4-25 输入链接

14 保存文档，按F12键，在浏览器中预览，当单击某一个链接时，会跳转到相应的内容处，效果如图4-12所示。

4.4.3 课堂练一练：创建E-mail链接

原始文件	原始文件/CH04/实战3/index.html
最终文件	最终文件/CH04/实战3/index1.html

E-mail链接也叫电子邮件链接，电子邮件地址作为超链接的链接目标与其他链接目标不同。当用户在浏览器上单击指向电子邮件地址的超链接时，将会打开默认的邮件管理器的新邮件窗口，在其中会提示用户输入信息并将该信息传送给指定的E-mail地址。下面对文字“联系我们”创建电子邮件链接，当单击文字“联系我们”时，效果如图4-26所示，具体操作步骤如下所述。

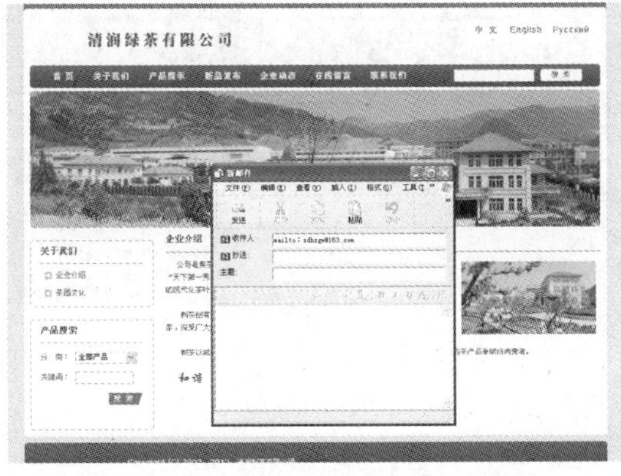

图4-26 创建电子邮件链接的效果

提示

单击电子邮件链接后，系统将自动启动电子邮件软件，并在收件人地址中自动填写上电子邮件链接所指定的邮箱地址。

01 打开网页文档，将光标置于要创建电子邮件链接的位置，如图4-27所示。

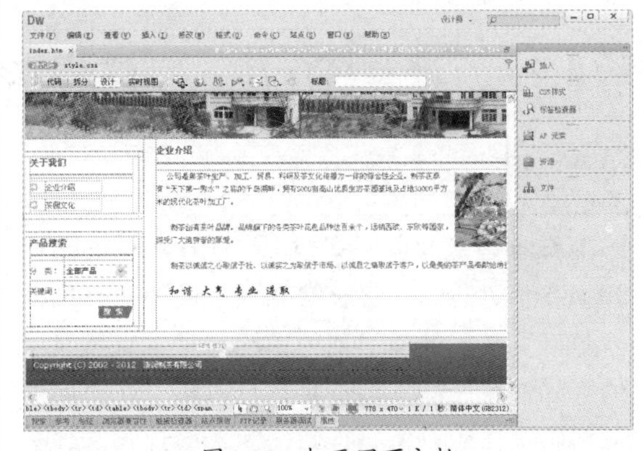

图4-27 打开网页文档

02 执行“插入”|“电子邮件链接”命令，如图4-28所示。

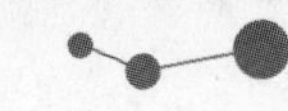

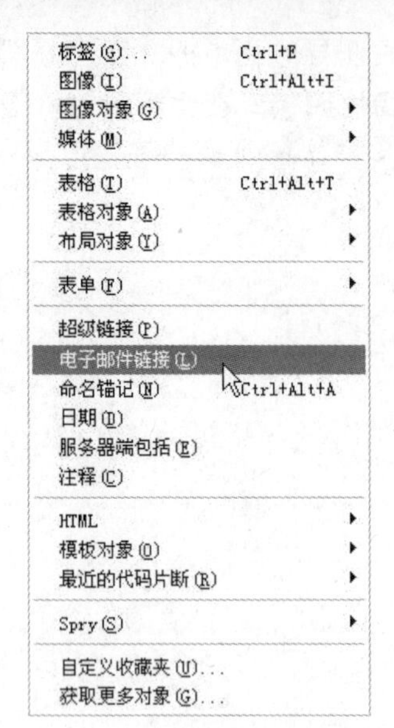

图4-28 执行“电子邮件链接”命令

03 弹出“电子邮件链接”对话框，在对话框的“文本”文本框中输入“联系我们”，在E-mail文本框中输入“mailto：sdhzgw@163.com”，如图4-29所示。

图4-29 “电子邮件链接”对话框

04 单击“确定”按钮，创建电子邮件链接，如图4-30所示。

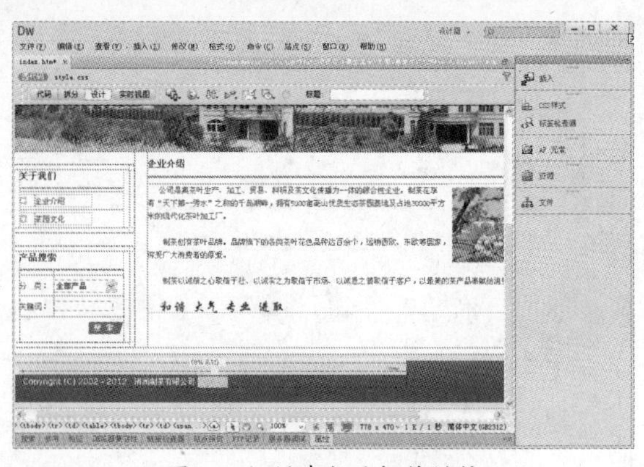

图4-30 创建电子邮件链接

高手支招

单击“常用”插入栏中的“电子邮件链接”按钮，也可以弹出“电子邮件链接”对话框。

05 保存文档，按F12键在浏览器中预览，单击“联系我们”链接文字，效果如图4-26所示。

指点迷津

如何避免页面电子邮件地址被搜索到？

用户经常会收到不请自来的垃圾信，如果拥有一个站点并发布了E-mail链接，那么其他人会利用特殊工具搜索到这个地址并加入到他们的数据库中。要想避免E-mail地址被搜索到，可以在页面上不按标准格式书写E-mail链接，如yourname at mail.com，它等同于yourname@mail.com。

4.4.4 课堂练一练：创建脚本链接

原始文件	原始文件/CH04/实战4/index.html
最终文件	最终文件/CH04/实战4/index1.html

脚本超链接执行JavaScript代码或调用JavaScript函数，它非常有用，能够在不离开当前网页文档的情况下为访问者提供有关某项的附加信息。脚本超链接还可以用于在访问者单击特定项时，执行计算、表单验证和其他处理任务，如图4-31所示，是创建脚本关闭网页的效果，具体操作步骤如下所述。

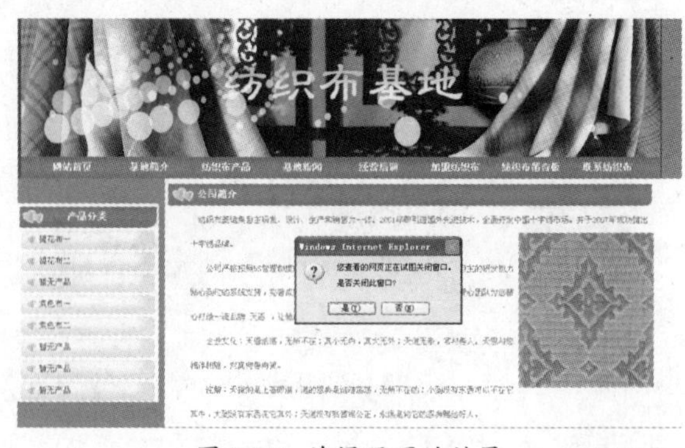

图4-31 关闭网页的效果

01 打开网页文档，选中文本“关闭窗口”，如图4-32所示。

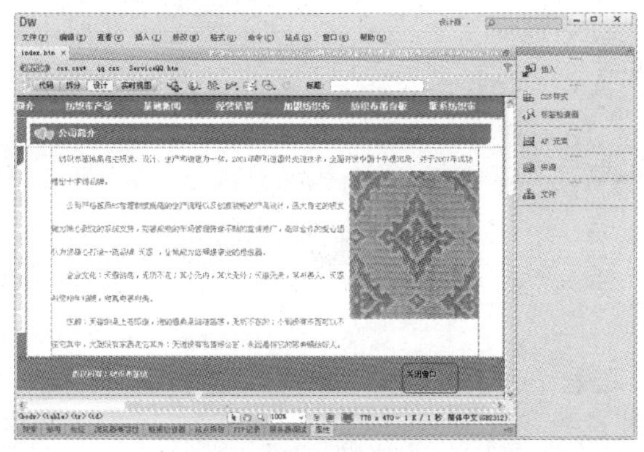

图4-32 打开网页文档

02 在“属性”面板中的“链接”文本框中输入“javascript:window.close()”，如图4-33所示。

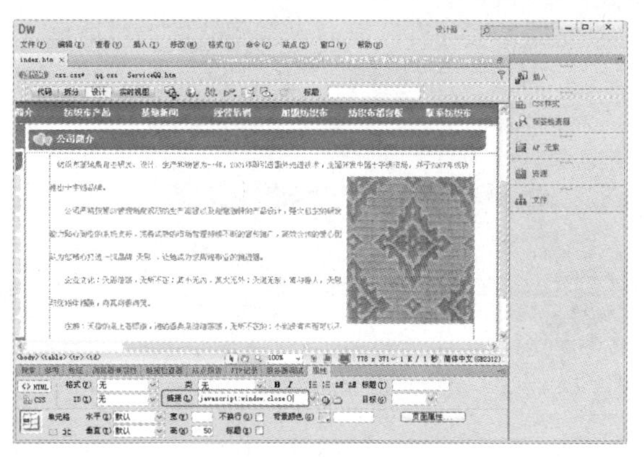

图4-33 输入链接

03 保存文档，按F12键在浏览器中浏览，单击“关闭窗口”超文本链接会自动弹出一个提示对话框，提示是否关闭窗口，单击“是”按钮，即可关闭窗口，如图4-31所示。

4.4.5 课堂练一练：创建下载文件链接

原始文件	原始文件/CH04/实战5/index.html
最终文件	最终文件/CH04/实战5/index1.html

如果要在网站中提供下载资料，就需要为文件提供下载链接。如果超级链接指向的不是一个网页文件，而是其他文件例如zip、mp3、exe文件等，单击链接的时候就会下载文件。创建下载文件的链接效果如图4-34所示，具体操作步骤如下所述。

图4-34 下载文件的链接效果

提示

网站中每个下载文件必须对应一个下载链接，而不能为多个文件或一个文件夹建立下载链接，如果需要对多个文件或文件夹提供下载，只能利用压缩软件将这些文件或文件夹压缩为一个文件。

01 打开网页文档，选中要创建链接的文字，如图4-35所示。

图4-35 打开网页文档

02 执行“窗口”|“属性”命令，打开“属性”面板，在面板中单击“链接”文本框

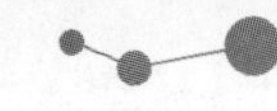

右边的按钮，弹出“选择文件”对话框，在对话框中选择要下载的文件，如图4-36所示。

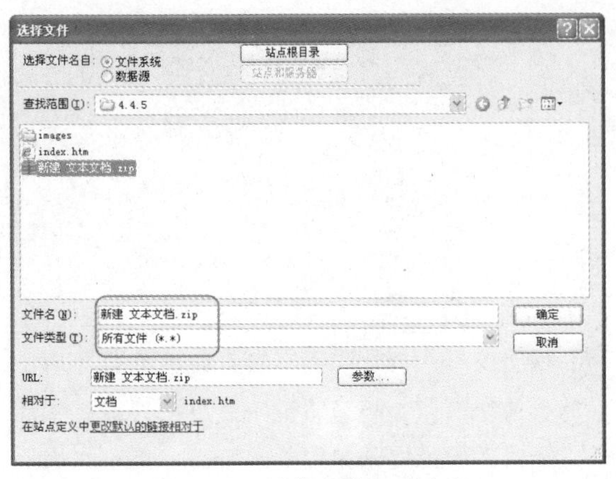

图4-36 “选择文件”对话框

03 单击“确定”按钮，添加到“链接”文本框中，如图4-37所示。

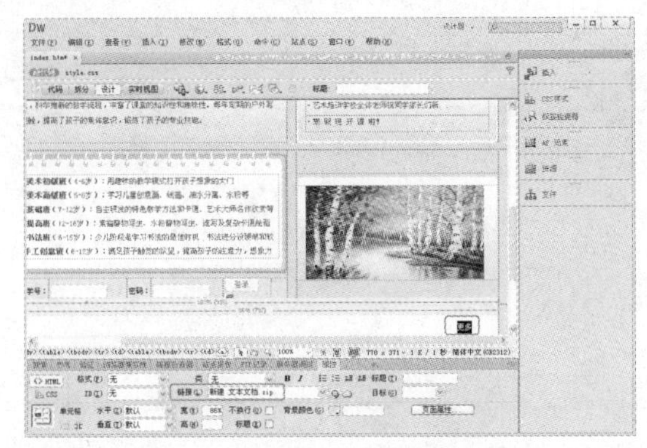

图4-37 添加到“链接”文本框中

04 保存文档，按F12键在浏览器中预览，单击文字“文件下载”，效果如图4-34所示。

4.5 习题测试

1．填空题

(1) 通过______可以使各个网页连接在一起，使网站中众多的网页构成一个有机整体，通过管理网页中的______，也可以对网页进行相应的管理。

(2) 利用________能够更精确地控制访问者在单击超链接之后到达的位置，使访问者能够快速浏览到选定的位置，加快信息检索速度。

2．操作题

(1) 给如图4-38所示的网页创建电子邮件链接，效果如图4-39所示。

原始文件	原始文件/CH04/操作题1/index.html
最终文件	最终文件/CH04/操作题1/ index1.html

图4-38 原始文件

图4-39 电子邮件链接效果

将光标置于要创建电子邮件链接的位置。执行“插入”|“电子邮件链接”命令，弹出“电子邮件链接”对话框，如图4-40所示。

图4-40 “电子邮件链接”对话框

(2) 给如图4-41所示网页创建图像热点链接，效果如图4-42所示。

原始文件	原始文件/CH04/操作题2/index.html
最终文件	最终文件/CH04/操作题2/index1.html

图4-41 原始文件

图4-42 图像热点链接效果

01 选中要创建热点链接的图像，在“属性”面板中选择“矩形热点工具”，如图4-43所示。

图4-43 选择“矩形热点工具”

02 在要绘制热点的位置按住鼠标左键拖动绘制矩形热点，如图4-44所示。

图4-44 绘制矩形热点

03 按照步骤2的方法绘制其他的热点，效果如图4-42所示。

4.6 本课小结

超级链接是网页中最重要，最根本的元素之一。网站中的一个个网页是通过超级链接的形式关联在一起的，如果页面之间彼此是独立的，那么这样的网站是无法运行的。正是因为有了网页之间的链接才形成了这样纷繁复杂的网络世界。Dreamweaver提供多种创建超文本链接的方法，本课主要讲述网页中各种链接的创建方法。

第5课 使用表格轻松排列网页数据

本课导读

表格是网页布局设计的常用工具，表格在网页中不仅可以用来排列数据，而且可以对页面中的图像、文本等元素进行准确的定位，使得页面在形式上既丰富多彩又有条理，从而也使页面显得更加整齐有序。使用表格排版的页面在不同平台、不同分辨率的浏览器中都能保持原有的布局，所以表格是网页布局中最常用的工具。本课主要讲述表格的创建、表格属性的设置、表格的基本操作、表格的排序和导入表格式数据等内容。

技术要点

◎ 掌握插入表格和表格元素
◎ 掌握选择表格元素
◎ 掌握表格的基本操作
◎ 掌握排序及整理表格内容
◎ 掌握网页圆角表格的制作
◎ 掌握利用表格排列数据
◎ 掌握网页细线表格的制作

5.1 插入表格和表格元素

表格由行、列和单元格3部分组成。行贯穿表格的左右，列则是以上下方式排列的。单元格是行和列交汇的部分，它是输入信息的地方。单元格会自动扩展到与输入信息的相适应尺寸。

5.1.1 课堂练一练：插入表格

在Dreamweaver中，表格可以用于制作简单的图表，还可以用于安排网页文档的整体布局，起着非常重要的作用。在网页中插入表格的方法非常简单，具体操作步骤如下所述。

01 打开网页文档，执行“插入”|“表格”命令，如图5-1所示。

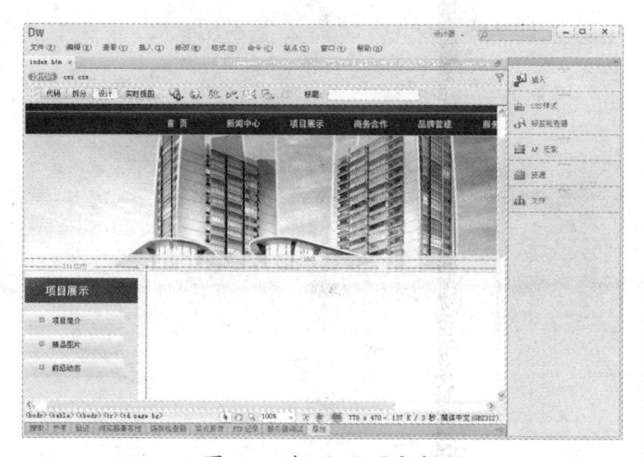

图5-1 打开网页文档

02 弹出“表格”对话框，在对话框中将“行数”设置为3，“列”设置为4，“表格宽度”设置为60%，如图5-2所示。

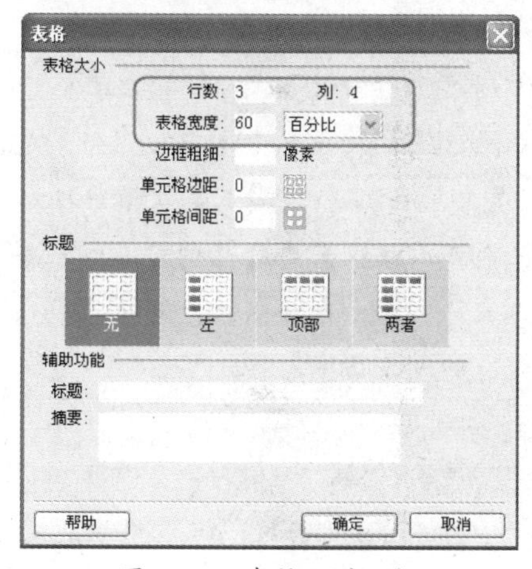

图5-2 “表格”对话框

03 单击“确定”按钮，插入表格，如图5-3所示。

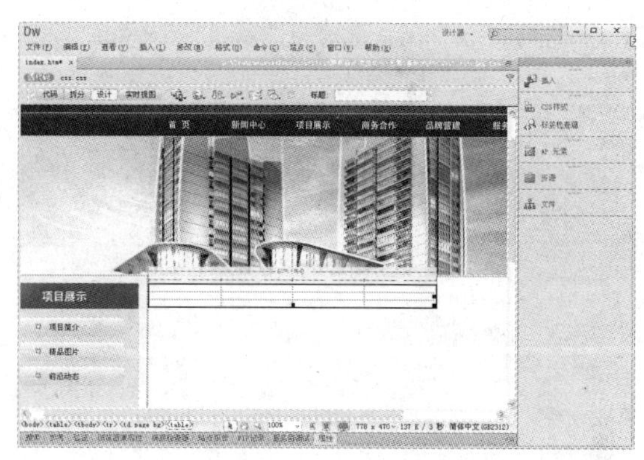

图5-3 插入表格

提示

在“常用”插入栏中单击表格按钮，弹出“表格”对话框。

在“表格”对话框中可以进行如下设置。

- 行数：在文本框中输入新建表格的行数。
- 列：在文本框中输入新建表格的列数。
- 表格宽度：用于设置表格的宽度，其中右边的下拉列表中包含百分比和像素两个选项。
- 边框粗细：用于设置表格边框的宽度，如果设置为0，在浏览时则看不到表格的边框。
- 单元格边距：用于设置单元格内容和单元格边界之间的像素数。
- 单元格间距：用于设置单元格之间的像素数。
- 标题：可以定义表头样式，4种样式可以任选一种。
- 辅助功能：用于定义表格的标题。
- 对齐标题：用来定义表格标题的对齐方式。
- 摘要：用来对表格进行注释。

提示

如果没有明确指定单元格间距和单元格边距的值，大多数浏览器都将单元格边距设置为1，将单元格间距设置为2来显示表格。若要确保浏览器不显示表格中的边距和间距，可以将单元格边距和间距设置为0。大多数浏览器按边框设置为1显示表格。

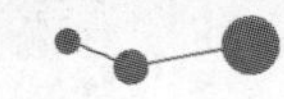

5.1.2 设置表格属性

创建完表格后可以根据实际需要对表格的属性进行设置，如宽度、边框、对齐等，也可只对某些单元格设置。

设置表格属性之前首先要选中表格，在"属性"面板中将显示表格的属性，并进行相应的设置，如图5-4所示。

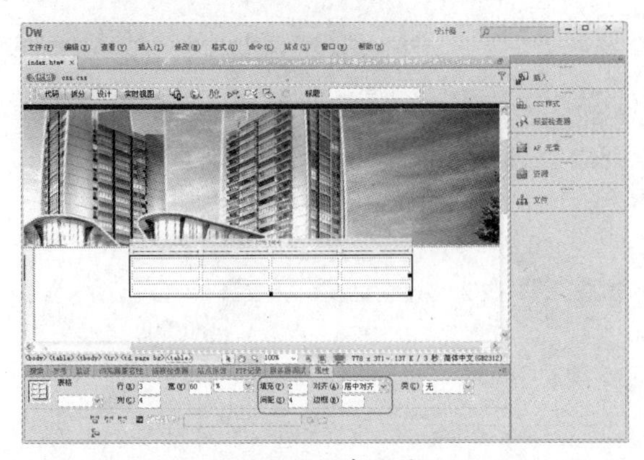

图5-4 设置表格属性

表格"属性"面板参数如下。

- 表格：输入表格的名称。
- 行和列：输入表格的行数和列数。
- 宽：输入表格的宽度，其单位可以是"像素"或"百分比"。
- 像素：选择该项，表明该表格的宽度值是像素值。这时表格的宽度是绝对宽度，不随浏览器窗口的变化而变化。
- 百分比：选择该项，表明该表格的宽度值是表格宽度与浏览器窗口宽度的百分比数值。这时表格的宽度是相对宽度，会随着浏览器窗口大小的变化而变化。
- 填充：用于设定单元格内容和单元格边界之间的像素数。
- 间距：用于设定相邻的表格单元格间的像素数。
- 对齐：用于设置表格的对齐方式，有"默认"、"左对齐"、"居中对齐"和"右对齐"4个选项。
- "边框"：用来设置表格边框的宽度。
- 用于清除列宽。
- 将表格宽由百分比转为像素。
- 将表格宽由像素转换为百分比。
- 用于清除行高。

5.1.3 添加内容到单元格

表格建立以后，就可以向表格中添加各种元素了，如文本、图像、表格等。在表格中添加文本就同在文档中操作一样，除了直接输入文本，还可以先利用其他文本编辑器编辑文本，然后再将文本拷贝到表格里，这也是在文档中添加文本的一种简洁而快速的方法。

在单元格中插入图像时，如果单元格的尺寸小于插入图像的尺寸，则插入图像后，单元格的尺寸自动增高或者加宽。

将光标置于单元格中，然后在每个单元格中分别输入相应的文字，如图5-5所示。

图5-5 输入文字

提示

怎样才能将800×600分辨率显示环境下生成的网页在1024×768显示环境下居中显示？

把页面内容放在一个宽为778的大表格中，把大表格的对齐方式设置为居中对齐。宽度设定为778是为了在800×600下窗口不出现水平滚动条，也可以根据需要进行调整。如果要加快关键内容的显示，也可以把内容拆开放在几个竖向相连的大表格中。

5.2 选择表格元素

处理表格时经常要选择表格中的一个或多个单元格，或者选择整行、整列单元格，这时可以根据具体情况使用不同的方法来选择单元格。

5.2.1 选取表格

要想对表格进行编辑，那么首先选择它，主要有以下5种方法选取整个表格。

- 将光标置于表格的左上角，按住鼠标的左键不放，拖拽鼠标指针到表格的右下角，将整个表格中的单元格选中，单击鼠标的右键，在弹出的菜单中选择“表格”|“选择表格”选项，如图5-6所示。

图5-6 执行“选择表格”命令

- 单击表格边框线的任意位置，即可选中表格，如图5-7所示。

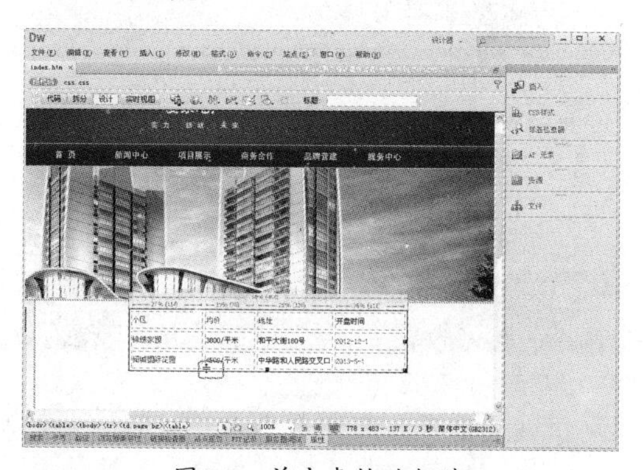

图5-7 单击表格边框线

- 将光标置于表格内任意位置，执行“修改”|“表格”|“选择表格”命令，如图5-8所示。

图5-8 执行“选择表格”命令

- 将光标置于表格内任意位置，单击文档窗口左下角的<table>标签，如图5-9所示。

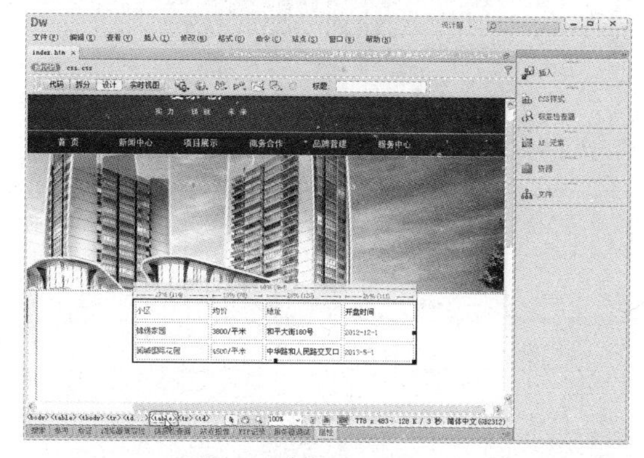

图5-9 选择<table>标签

5.2.2 选取行或列

选择表格的行与列也有两种不同的方法。

- 当鼠标位于要选择行首或列顶时，鼠标指针形状变成了黑箭头，单击鼠标左键即可以选中列或行，如图5-10和图5-11所示。

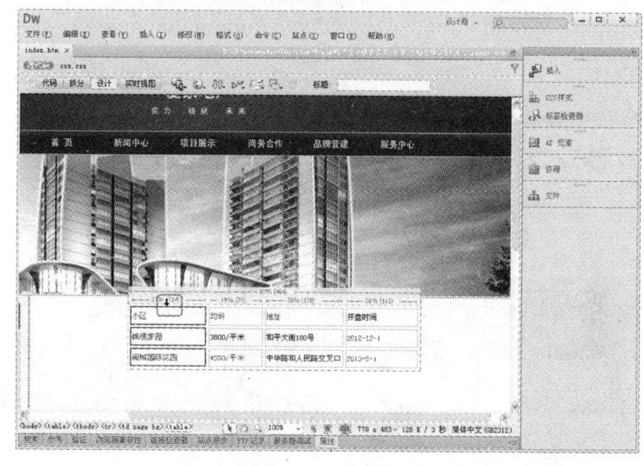

图5-10 选择列

图5-11 选择行

- 按住鼠标左键不放从左至右或者从上至下拖曳，即可选中列或者行，如图5-12和图5-13所示。

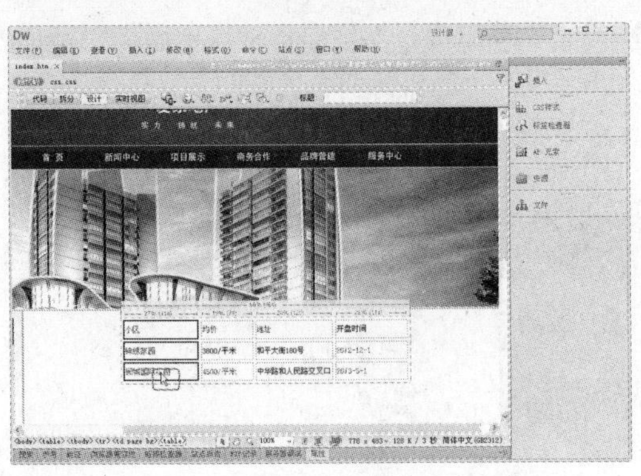

图5-12 选择列

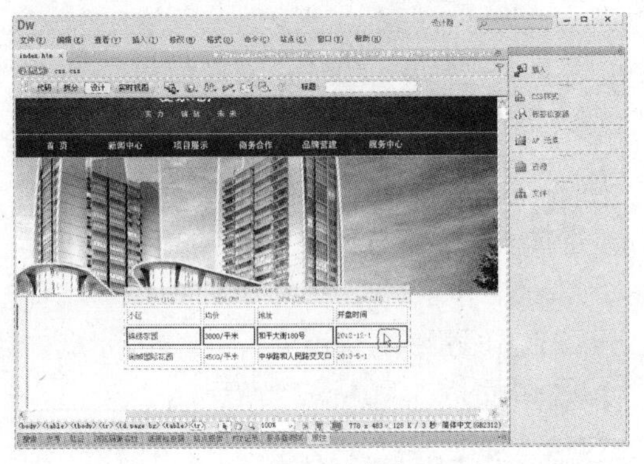

图5-13 选择行

5.2.3 选取单元格

选择表格中的单元格有两种方式，一种是选择单个单元格，另一种是选择多个单元格。

- 按住Ctrl键，然后单击要选中的单元格即可。
- 将光标移到要选中的单元格中并单击释放，按住Ctrl＋A组合键，即可选中该单元格。
- 将光标置于要选中的单元格中，执行“编辑”|“全选”命令，即可选中该单元格。
- 将光标置于要选择的单元格内，单击文档窗口左下角的<td>标签可以将单元格选择。
- 按住Shift键不放并单击选择多个单元格中的第一个和最后一个，可以选择多个相邻的单元格。
- 按住Ctrl键不放单击并选择多个单元格，可以选择多个相邻或不相邻的单元格，如图5-14所示。

图5-14 选择不相邻的单元格

5.3 表格的基本操作

创建了表格后，用户要根据网页设置需要对表格进行处理，例如调整表格和单元格的大小、添加或删除行或列、拆分单元格、剪切、复制和粘贴单元格等，熟练掌握表格的基本操作，可以提高制作网页速度。

5.3.1 调整表格和单元格的大小

用“属性”面板中的“宽”和“高”文本框能精确地调整表格的大小，而用鼠标拖动调整则显得更为方便快捷，调整表格大小的方法如下所述。

- 调整表格的宽：选中整个表格，将光标置于表格右边框控制点上，当光标变成双箭头时，如图5-15所示，拖动鼠标即可调整表格整体宽度，调整后的效果如图5-16所示。

图5-15 调整表格的宽度

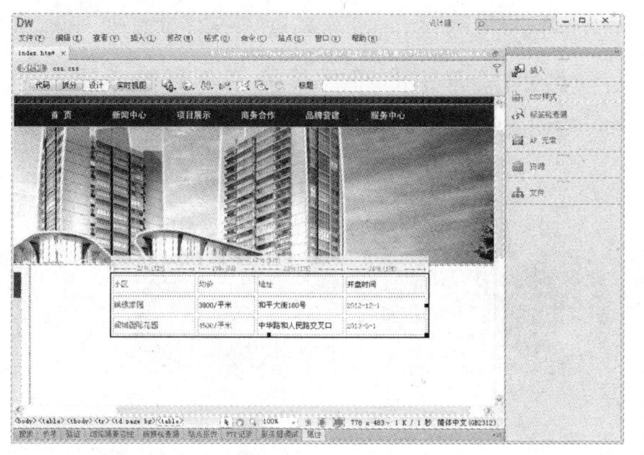

图5-16 调整表格的宽度后的效果

- 调整表格的高：选中整个表格，将光标置于表格底边框控制点上，当光标变成双箭头时，如图5-17所示，拖动鼠标即可调整表格整体高度，调整后的效果如图5-18所示。

图5-17 调整表格高

图5-18 调整表格高后的效果

- 同时调整表格的宽和高：选中整个表格，将光标置于表格右下角控制点上，当光标变成双箭头时，如图5-19所示，拖动鼠标即可调整表格整体高度和宽度，各列会被均匀调整，调整后的效果如图5-20所示。

图5-19 调整表格的宽和高

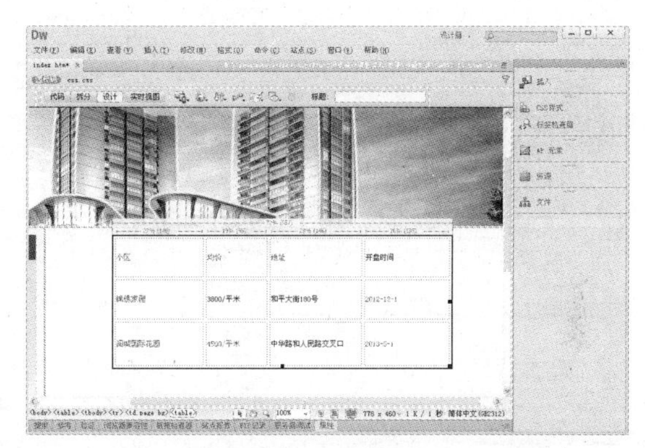

图5-20 调整表格的宽和高后的效果

指点迷津

使用布局表格排版时应注意什么？

在Dreamweaver中有一个非常重要的功能，即利用布局模式来给网页排版。在布局模式下，可以在网页中直接拖出表格与单元格，还可以再进行自由拖动。利用布局模式对网页定位非常方便，但生成的表格比较复杂，不适合大型网站使用，一般只应用于中小型网站。

将光标置于要设置大小的单元格中，用“属性”面板中的“宽”和“高”文本框能精确地调整单元格的大小，而用鼠标拖动调整则显得更为方便快捷，调整单元格大小的方法如下所述。

01 调整列宽：将光标置于表格右边的边框上，当鼠标变成为时，拖动鼠标即可调整最后一列单元格的宽度，如图5-21所示。调整后的效果，如图5-22所示。同时也调整表格的宽度，对于其他的行不影响，将光标置于表格中间列的边框上，当鼠标变成时，拖动鼠标可以调整中间列边框两边列单元格的宽度

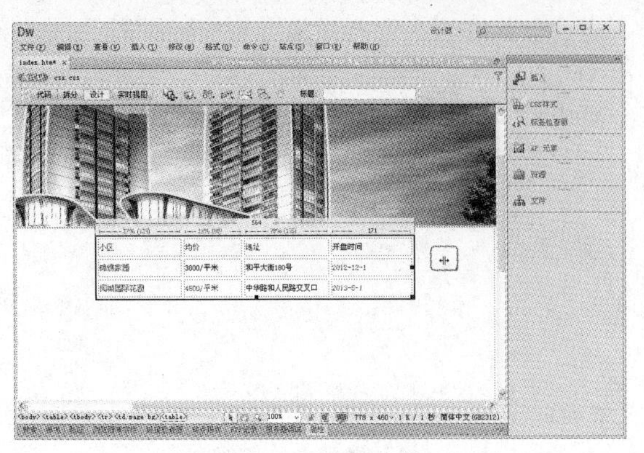

图5-21 调整列宽

图5-22 调整列宽后的效果

02 调整行高：将光标置于表格底部边框或者中间行线上，当光标变成÷时，拖动鼠标即可调整该上面一行单元格的高度，如图5-23所示，对于其他的行不影响，调整行高后的效果，如图5-24所示。

图5-23 调整行高

图5-24 调整行高后的效果

5.3.2 添加或删除行或列

可以执行“修改”|“表格”菜单中的子命令，增加或减少行与列。增加行与列可以用以下方法来实现。

- 将光标置于相应的单元格中，执行“修改”|“表格”|“插入行”命令，即可插入一行。
- 将光标置于相应的位置，执行“修改”|“表格”|“插入列”命令，即可在相应的位置插入一列。
- 将光标置于相应的位置，执行“修改”|“表格”|“插入行或列”命令，弹出“插入行或列”对话框，在对话框中进行相应的设置，如图5-25所示。单击“确定”按钮，即可在相应的位置插入行或列，如图5-26所示。

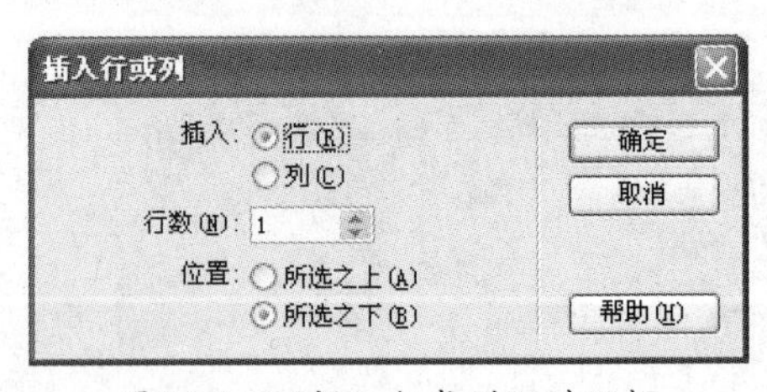

图5-25 “插入行或列”对话框

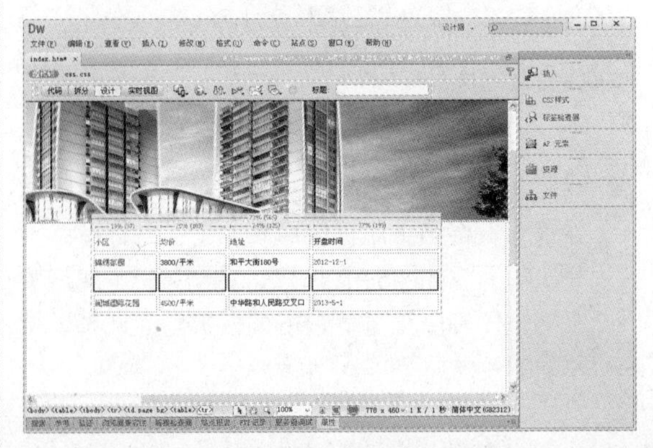

图5-26 插入行

在“插入行或列”对话框中可以进行如下设置。

- 插入：包含“行”和“列”两个单选按钮，一次只能选择其中一项来插入行或者列。该选项组的初始状态选择的是“行”选项，所以下面的选项就是“行数”。如果选择的是“列”选项，那么下面的选项就变成了“列数”，在“列数”选项的文本框内可以直接输入要插入的列数。
- 位置：包含“所选之上”和“所选之下”两个单选按钮。如果“插入”选项选择的是“列”选项，那么“位置”选项后面的两个单选按钮就会变成“在当前列之前”和“在当前列之后”。

删除行或列有以下几种方法。

- 将光标置于要删除行或列的位置，执行“修改”|“表格”|“删除行”命令，或执行“修改”|“表格”|“删除列”命令，即可删除行或列，如图5-27所示。
- 选中要删除的行或列，执行“编辑”|“清除”命令，即可删除行或列。
- 选中要删除的行或列，按Delete键或按BackSpace键也可删除行或列。

图5-27　删除行

5.3.3 拆分单元格

在使用表格的过程中，有时需要拆分单元格以达到自己所需的效果。拆分单元格就是将选中的表格单元格拆分为多行或多列，具体操作步骤如下所述。

01 将光标置于要拆分的单元格中，执行“修改”|“表格”|“拆分单元格”命令，弹出“拆分单元格”对话框，如图5-28所示。

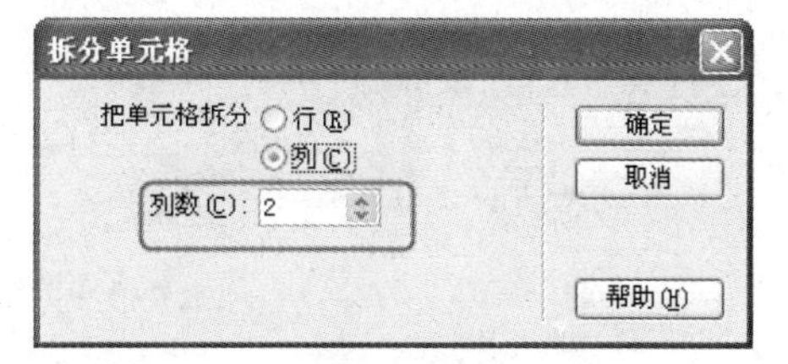

图5-28　“拆分单元格”对话框

02 在对话框中的“把单元格拆分”选择“列”，“列数”设置为2，单击“确定”按钮，即可将单元格拆分，如图5-29所示

图5-29　拆分单元格

提示

拆分单元格还有以下两种方法。

- 将光标置于拆分的单元格中，单击鼠标右键，在弹出的菜单中选择“表格”|“拆分单元格”选项，弹出“拆分单元格”对话框，然后进行相应的设置。
- 单击属性面板中的“拆分单元格为行或列”按钮，它往往是创建复杂表格的重要步骤。

5.3.4 合并单元格

合并单元格就是将选中表格单元格的内容合并到一个单元格。合并单元格，首先将要合并的单元格选中，然后执行“修改”|“表格”|“合并单元格”命令，将多个单元格合并成一个单元格。或选中单元格并单击鼠标右键，在弹出的菜单中执行“表格”|“合并单元格”命令，将多个单元格合并成一个单元格，如图5-30所示。

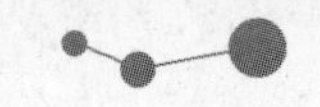

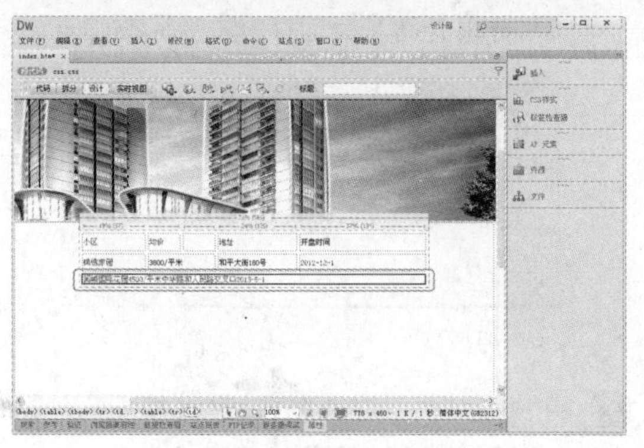

图5-30　合并单元格

提示

也可以单击“属性”面板中的“合并所选单元格，使用跨度”按钮□，它往往是创建复杂表格的重要步骤。

5.3.5　剪切、复制、粘贴单元格

选中表格后执行“编辑”|“拷贝”命令，或者按Ctrl+C组合键就可将选中的表格复制到剪贴板上，而执行“编辑”|“剪切”命令，或者按Ctrl+X组合键也可以将选中的表格复制到剪贴板上，如图5-31所示。执行“编辑”|“粘贴”命令，或者按Ctrl+V组合键即可完成复制，如图5-32所示。

图5-31　选择“拷贝”命令

图5-32　粘贴表格

5.4　排序及整理表格内容

为了更加快速而有效地处理网页中的表格和内容，Dreamweaver CS6提供了多种自动处理功能，包括导入表格数据和排序表格等。本节将介绍表格自动化处理技巧，以提升网页表格设计技能。

5.4.1　课堂练一练：导入表格式数据

原始文件	原始文件/CH05/5.4.1/index.html
最终文件	最终文件/CH05/5.4.1/index1.html

在Dreamweaver中，导入表格式数据功能能够根据素材来源的结构，为网页自动建立相应的表格，并自动生成表格数据。因此，当遇到大篇幅的表格内容编排，而手头又拥有相关表格式素材时，便可使网页编排工作轻松得多。

下面通过实例讲述导入表格式数据，效果如图5-33所示，具体操作步骤如下所述。

图5-33　导入表格式数据效果

01 打开网页文档，将光标置于要导入表格式数据的位置，如图5-34所示。

图5-34 打开网页文档

02 执行“插入”|“表格对象”|“导入表格式数据”命令，弹出“导入表格式数据”对话框，在对话框中单击“数据文件”文本框右边的“浏览”按钮，如图5-35所示。

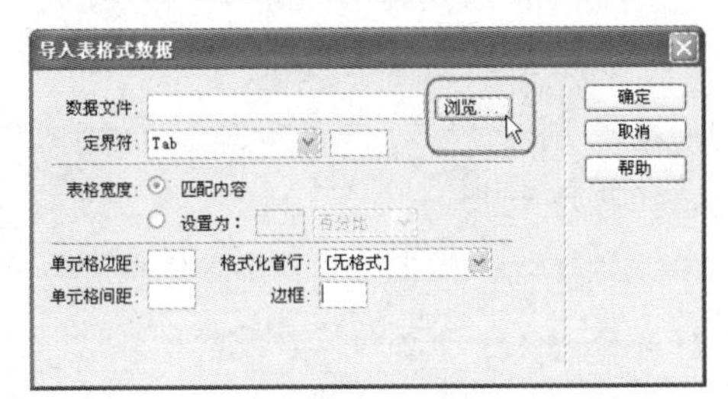

图5-35 “导入表格式数据”对话框

提示

在“导入表格式数据”对话框中可以进行如下设置。

- 数据文件：输入要导入的数据文件的保存路径和文件名。或单击右边的“浏览”按钮进行选择。
- 定界符：选择定界符，使之与导入的数据文件格式匹配。有“Tab”、“逗点”、“分号”、“引号”和“其他”5个选项。
- 表格宽度：设置导入表格的宽度。
- 匹配内容：选中此单选按钮，创建一个根据最长文件进行调整的表格。
- 设置为：选中此单选按钮，在后面的文本框中输入表格的宽度以并设置其单位。
- 单元格边距：用于设置单元格内容和单元格边界之间的像素数。
- 单元格间距：用于设置相邻的表格单元格间的像素数。
- 格式化首行：设置首行标题的格式。
- 边框：以像素为单位设置表格边框的宽度。

03 弹出“打开”对话框，在对话框中选择数据文件，如图5-36所示。

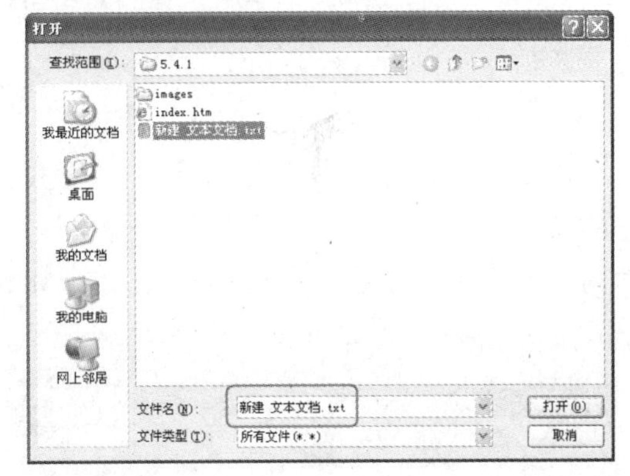

图5-36 “打开”对话框

04 单击“打开”按钮，添加到文本框中，在对话框中的“定界符”下拉列表中选择“逗点”选项，“表格宽度”选中“匹配内容”单选按钮，如图5-37所示。

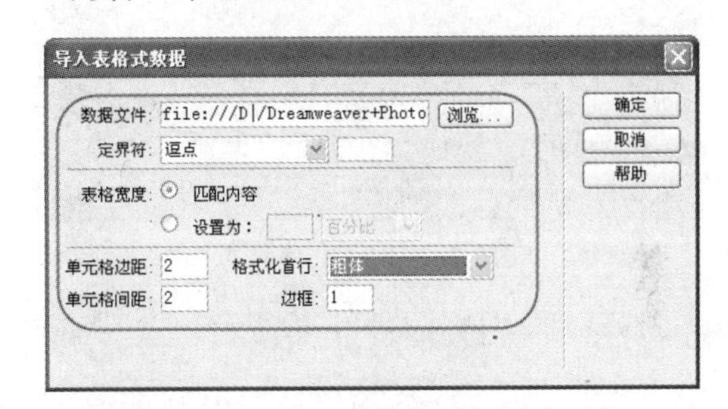

图5-37 “导入表格式数据”对话框

05 单击“确定”按钮，导入表格式数据，如图5-38所示。

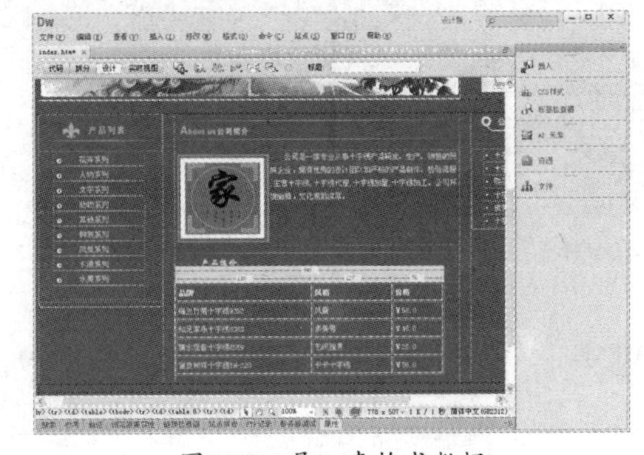

图5-38 导入表格式数据

06 保存文档，按F12键在浏览器中预览，效果如图5-33所示。

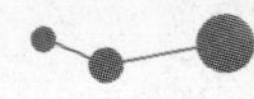

在导入数据表格时，注意定界符必须是逗点，否则可能会造成表格格式的混乱。

5.4.2 课堂练一练：排序表格

原始文件	原始文件/CH05/5.4.2/index.html
最终文件	最终文件/CH05/5.4.2/index1.html

排序表格的主要功能是针对具有格式数据的表格而言，是根据表格列表中的数据来排序的。下面通过实例讲述排序表格，效果如图5-39所示，具体操作步骤如下所述。

图5-39 排序表格效果

01 打开网页文档，如图5-40所示。

图5-40 打开网页文档

02 执行“命令”|“排序表格”命令，弹出“排序表格”对话框，在对话框中将“排序按”设置为“列3”，“顺序”设置为“按数字顺序”，在右边的下拉列表中选择“降序”，如图5-41所示。

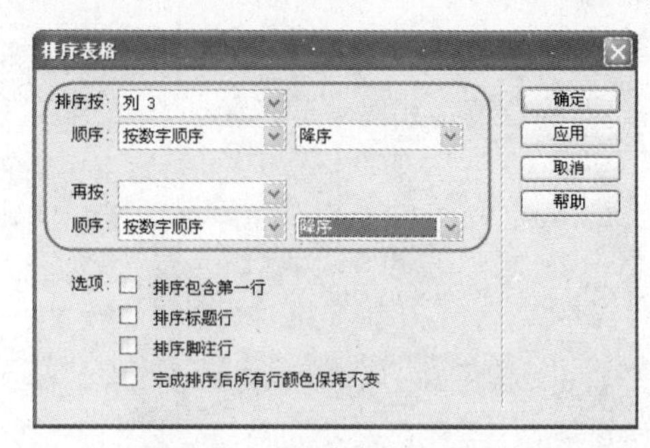

图5-41 “排序表格”对话框

提示

在“排序表格”对话框中可以设置如下内容。

- 排序按：确定哪个列的值将用于对表格排序。
- 顺序：确定是按字母还是按数字顺序以及升序还是降序对列进行排序。
- 再按：确定在不同列上第二种排列方法的排列顺序。在其后面的下拉列表中指定应用第二种排列方法的列，在后面的下拉列表中指定第二种排序方法的排序顺序。
- 排序包含第一行：指定表格的第一行应该包括在排序中。
- 排序标题行：指定使用与body行相同的条件对表格thead部分中的所有行排序。
- 排序脚注行：指定使用与body行相同的条件对表格tfoot部分中的所有行排序。
- 完成排序后所有行颜色保持不变：指定排序之后表格行属性应该与同一内容保持关联。

03 单击“确定”按钮，对表格进行排序，如图5-42所示。

图5-42 对表格进行排序

04 保存文档，按F12键在浏览器中预览，效果如图5-39所示。

5.5 实战应用

表格最基本的作用就是让复杂的数据变得更有条理，让人容易看懂。在设计页面时，往往要利用表格来布局定位网页元素。下面通过两个实例掌握表格的使用方法。

5.5.1 课堂练一练：创建圆角表格

原始文件	原始文件/CH05/实战1/index.html
最终文件	最终文件/CH05/实战1/index1.html

先把这个圆角做成图像，然后再插入到表格中来，下面通过实例讲述创建圆角表格，效果如图5-43所示，具体操作步骤如下所述。

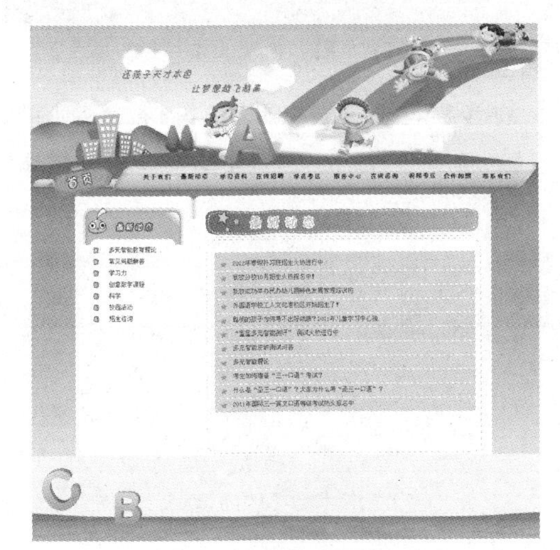

图5-43 创建圆角表格效果

01 打开网页文档，将光标置于页面中，如图5-44所示。

图5-44 打开网页文档

02 执行“插入”|“表格”命令，弹出“表格”对话框，在对话框中将“行数”设置为3，“列数”设置为1，“表格宽度”设置为100%，如图5-45所示。

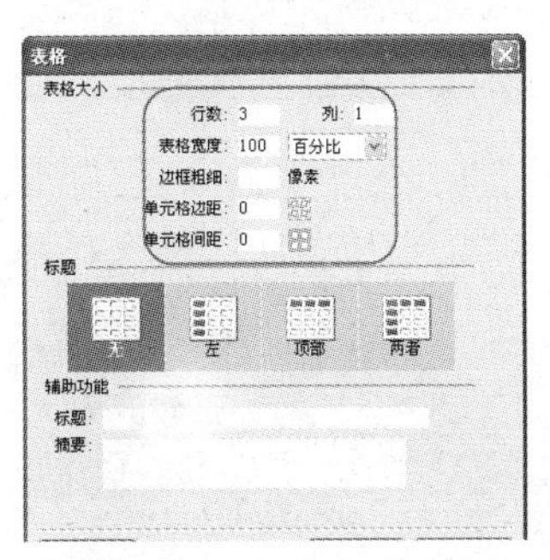

图5-45 “表格”对话框

03 单击“确定”按钮，插入表格，此表格记为“表格1”，将光标置于“表格1”的第1行单元格中，如图5-46所示。

图5-46 插入“表格1”

04 执行“插入”|“图像”命令，弹出“选择图像源文件”对话框，在对话框中选择相应的圆角图像文件“images/hj.jpg”，如图5-47所示。

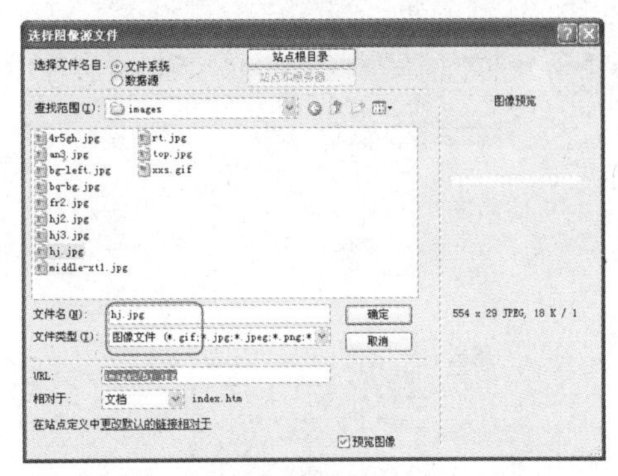

图5-47 “选择图像源文件”对话框

05 单击“确定”按钮，插入圆角图像，如图5-48所示。

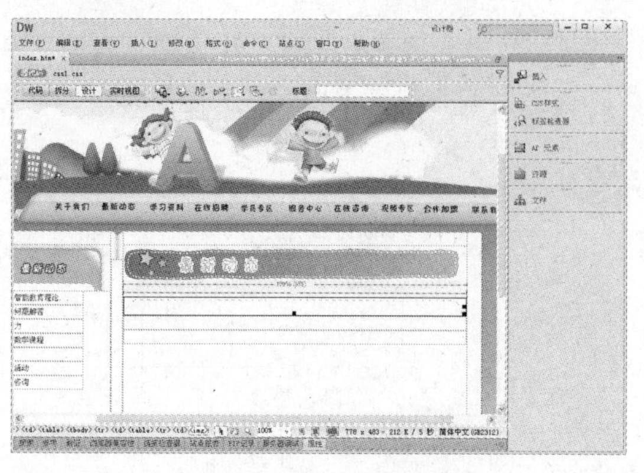

图5-48 插入圆角图像

06 将光标置于“表格1”的第2行中，打开代码视图，在代码中输入背景图像代码“background=images/hj2.jpg”，如图5-49所示。

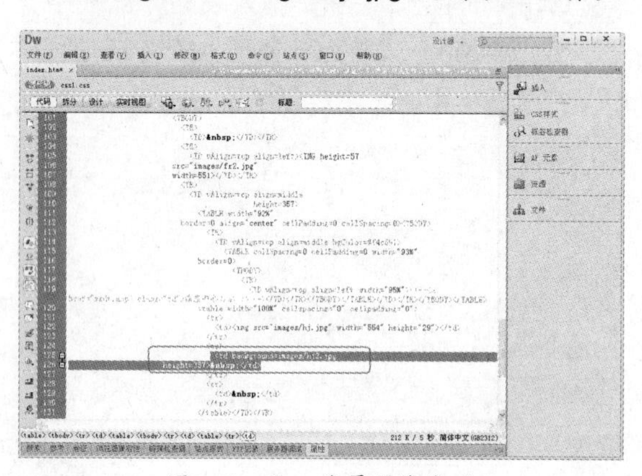

图5-49 输入背景图像代码

07 返回设计视图，将光标置于背景图像上，插入1行1列的表格，此表格记为“表格2”，将单元格的背景颜色设置为#F4C591，如图5-50所示。

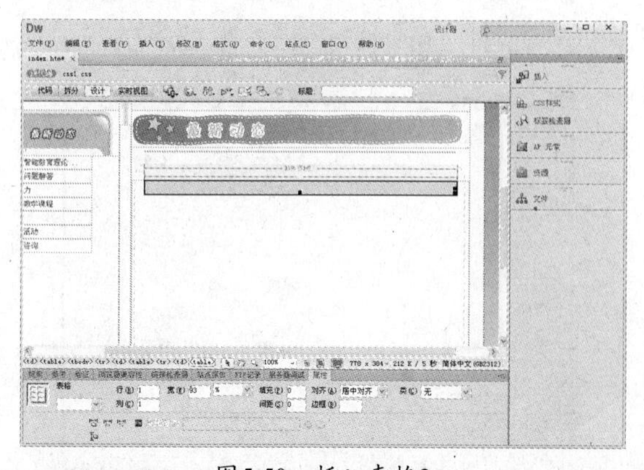

图5-50 插入表格2

08 将光标置于“表格2”的单元格中，插入23行2列的表格，此表格记为“表格3”，如图5-51所示。

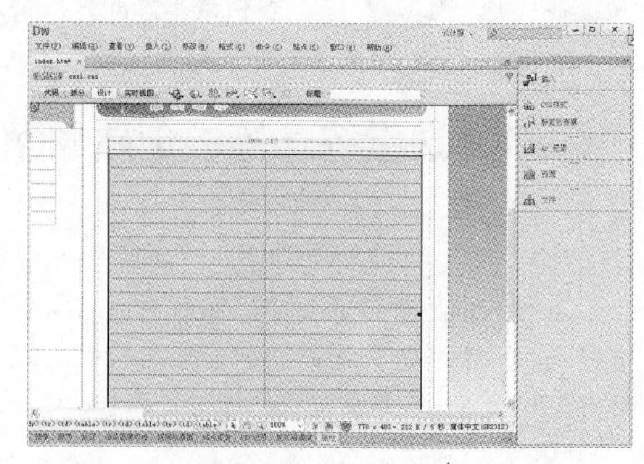

图5-51 插入表格3

09 将光标置于“表格3”的第1行第1列单元格中，插入图像“images/xxs.gif”，如图5-52所示。

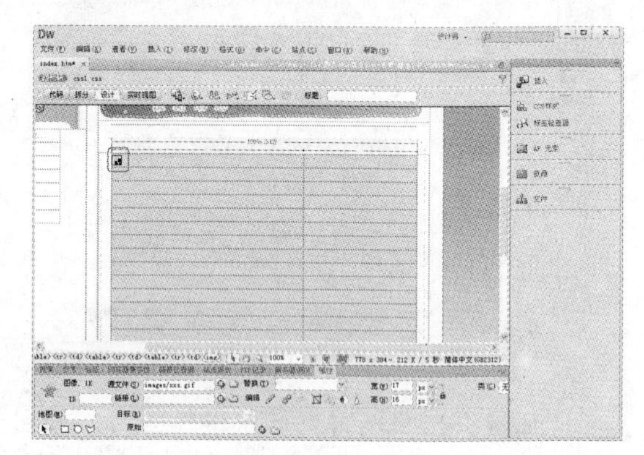

图5-52 插入图像

10 将光标置于“表格3”的第1行第2列单元格中，输入相应的文字，如图5-53所示。

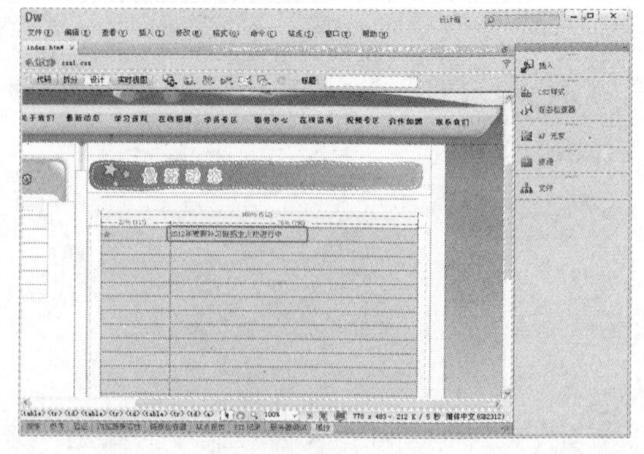

图5-53 输入文字

11 将光标置于“表格3”的第2行单元格中，将第2行单元格合并，如图5-54所示。

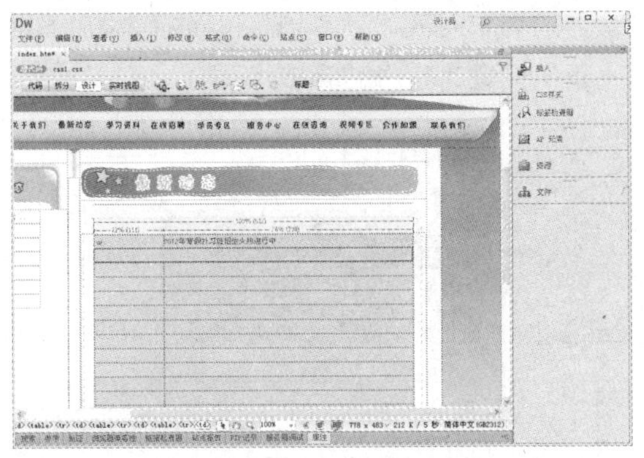

图5-54　合并单元格

12 将光标置于合并后的单元格中，打开代码视图，在代码中输入背景图像代码"background=images/rt.jpg"，如图5-55所示。

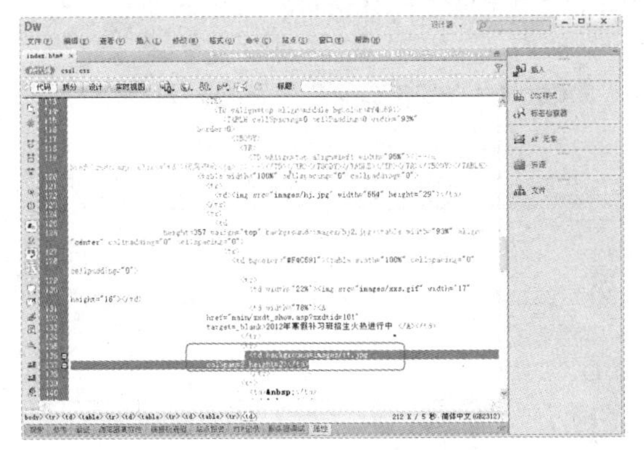

图5-55　输入背景图像代码

13 返回设计视图，可以看到插入的背景图像，如图5-56所示。

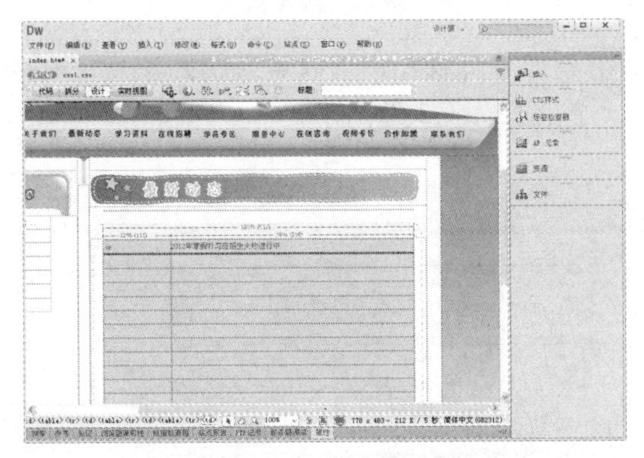

图5-56　插入背景图像

14 同步骤10~13，在"表格3"的其他单元格中也输入相应的内容，如图5-57所示。

15 将光标置于"表格1"的第3行单元格中，执行"插入"|"图像"命令，插入圆角图像，如图5-58所示。

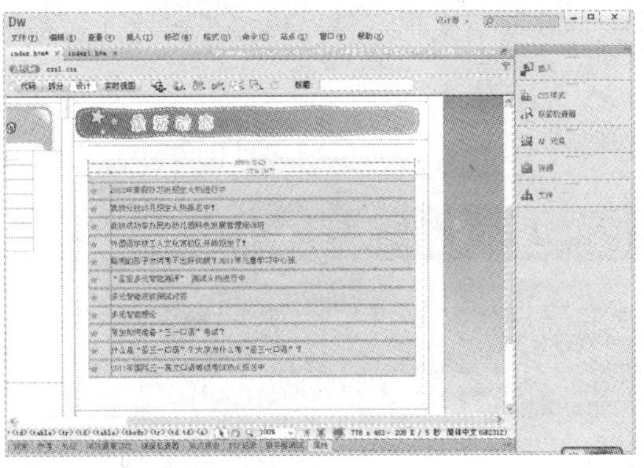

图5-57　输入内容

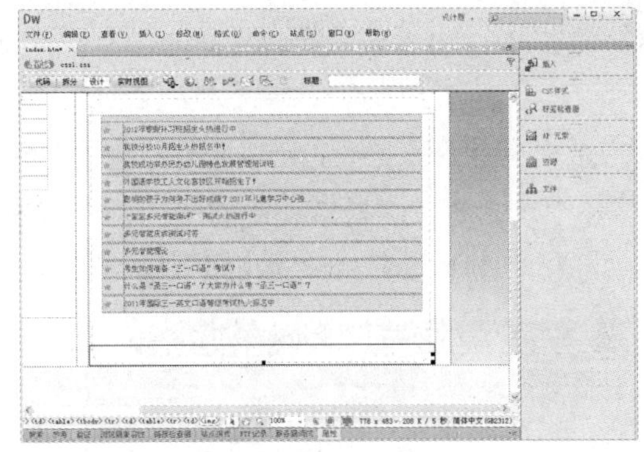

图5-58　插入圆角图像

16 保存文档，按F12键在浏览器中预览，效果如图5-43所示。

5.5.2　课堂练一练：创建细线表格

原始文件	原始文件/CH05/实战2/index.html
最终文件	最终文件/CH05/实战2/index1.html

网页上很多的表格都是细线表格，因此读者也一定要熟练掌握这部分知识。下面通过实例讲述创建细线表格，效果如图5-59所示，具体操作步骤如下所述。

图5-59　创建细线表格效果

01 打开网页文档，将光标置于要插入表格的位置，如图5-60所示。

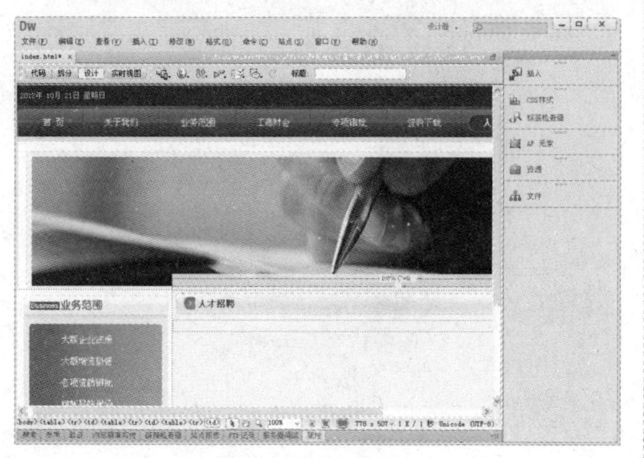

图5-60 打开网页文档

02 执行“插入”|“表格”命令，弹出“表格”对话框，在对话框中将“行数”设置为4，“列”设置为5，如图5-61所示。

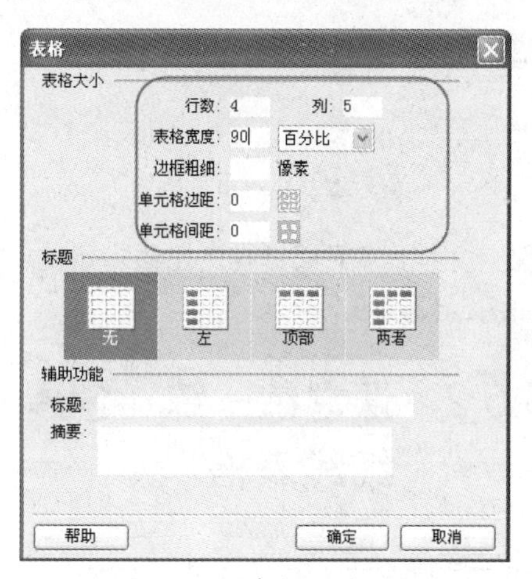

图5-61 “表格”对话框

03 单击“确定”按钮，插入表格，选中插入表格，如图5-62所示。

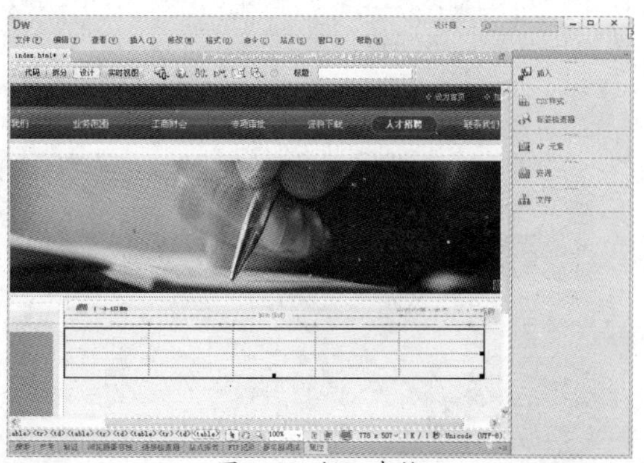

图5-62 插入表格

04 打开属性面板，在面板中将“对齐”设置为“居中对齐”，“填充”设置为5，“间距”设置为1，如图5-63所示。

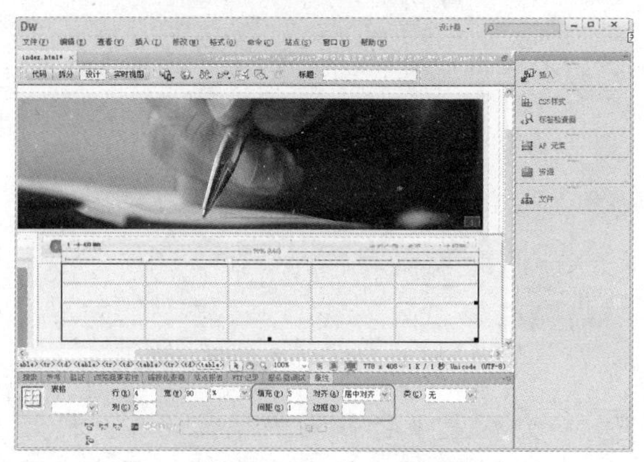

图5-63 设置表格属性

05 选中插入的表格，打开代码视图，在代码中设置表格的背景颜色为bgcolor="#66CCCC"，如图5-64所示。

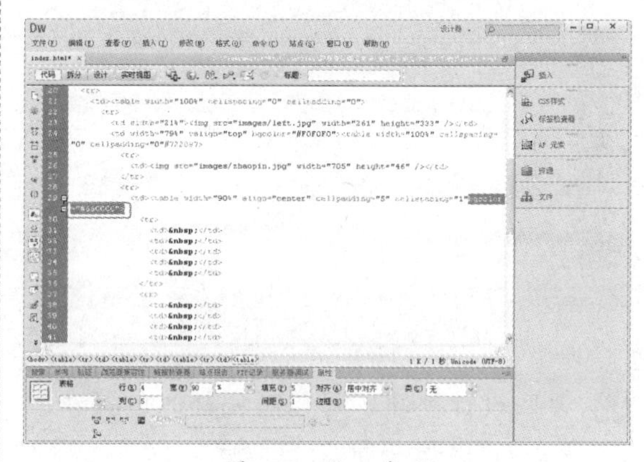

图5-64 输入代码

06 返回设计视图，可以看到设置表格的背景颜色，如图5-65所示。

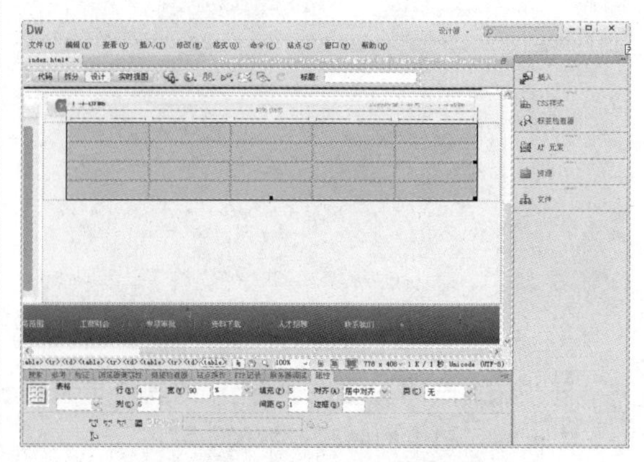

图5-65 设置表格的背景颜色

07 选中表格的所有单元格，将单元格的“背景颜色”设置为#FFFFFF，如图5-66所示。

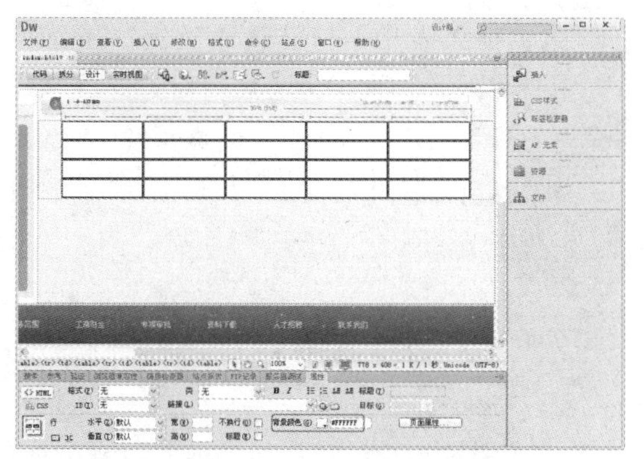

图5-66 设置单元格的背景颜色

08 选中表格的第1行单元格，单击鼠标右键，在弹出的菜单中执行"表格"|"合并单元格"命令，将单元格合并，如图5-67所示。

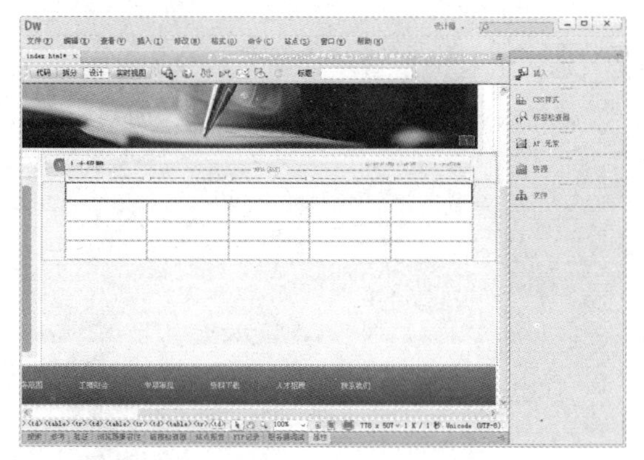

图5-67 合并单元格

09 在表格的单元格中分别输入相应的文字，如图5-68所示。

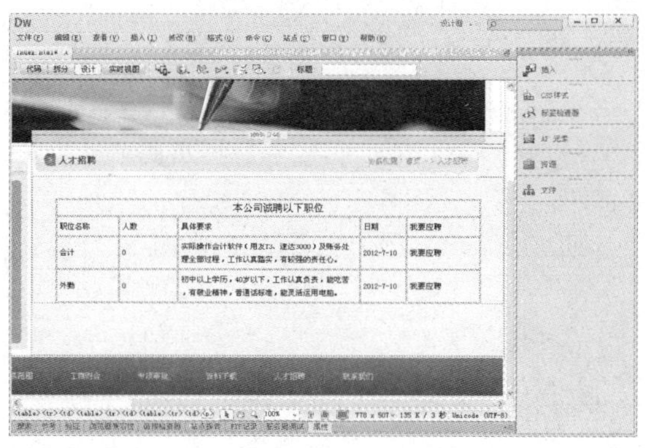

图5-68 输入文字

提示

还可以利用如下方法制作细线表格。

第1种：选中一个1行1列的表格，设置它的"填充"为0，"边框"为0，"间距"为1，"背景颜色"为要显示的边框线的颜色。之后将光标置入表格内，设置单元格的"背景颜色"与网页的底色相同即可。

第2种：选中一个1行1列的表格，设置它的"填充"为1，"边框"为0，"间距"为0，"背景颜色"为要显示的边框线的颜色。之后将鼠标置入表格内，插入一个与该表格"宽"和"高"都相等的嵌套表格，嵌套表格的"填充"、"边框"和"间距"均为0，"背景颜色"与网页的底色相同即可。

10 保存文档，按F12键在浏览器中预览，效果如图5-59所示。

5.6 习题测试

1．填空题

(1) 表格由________、________和________3部分组成。________贯穿表格的左右，________则是上下方式的，________是输入信息的地方。

(2) 为了更加快速而有效地处理网页中的表格和内容，Dreamweaver CS6提供了多种自动处理功能，包括________和________等。

2．操作题

(1) 给如图5-69所示的网页创建细线表格效果，如图5-70所示。

原始文件	原始文件/CH05/操作题1/index.html
最终文件	最终文件/CH05/操作题1/index1.html

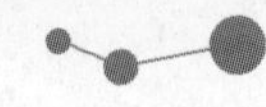

图5-69　原始文件

材料	名称	绒高(mm)	针距/10cm	背胶
尼龙	弯头	13	32	丁苯乳胶
聚丙烯	弯头	15	32	丁苯乳胶
聚丙烯	弯头	13	32	丁苯乳胶
聚丙烯	弯头	10	28～36	丁苯乳胶
聚丙烯	弯头	8	36	丁苯乳胶

图5-70　细线表格效果

01 将光标置于要插入表格的位置，执行“插入”|“表格”命令，弹出“表格”对话框，在对话框中将“行数”设置为6，“列”设置为5，如图5-71所示。

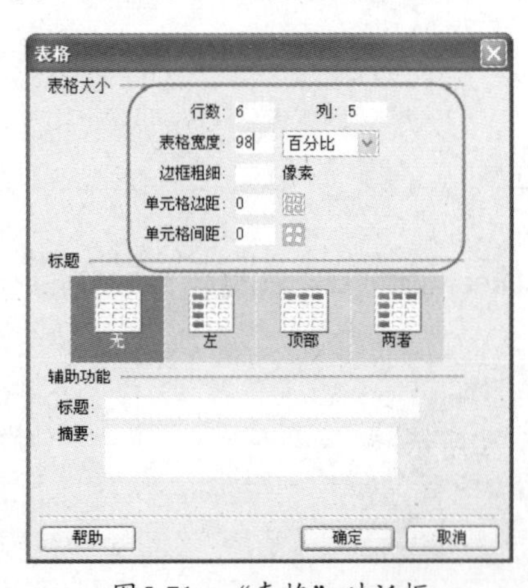

图5-71　“表格”对话框

02 选中插入表格，打开属性面板，在面板中将“对齐”设置为“居中对齐”，“填充”设置为5，“间距”设置为1，表格的背景颜色设置为bgcolor="#00AEEF"，如图5-72所示。

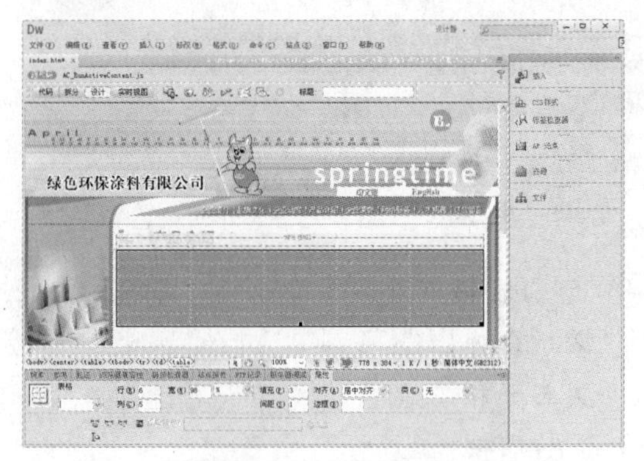

图5-72　设置表格属性

03 选中表格的所有单元格，将单元格的背景颜色设置为#FFFFFF，如图5-73所示。

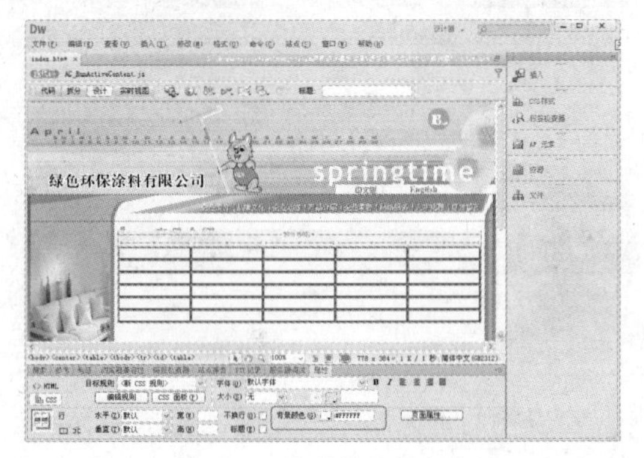

图5-73　设置单元格颜色

04 在表格的单元格中分别输入相应的文字，如图5-74所示。

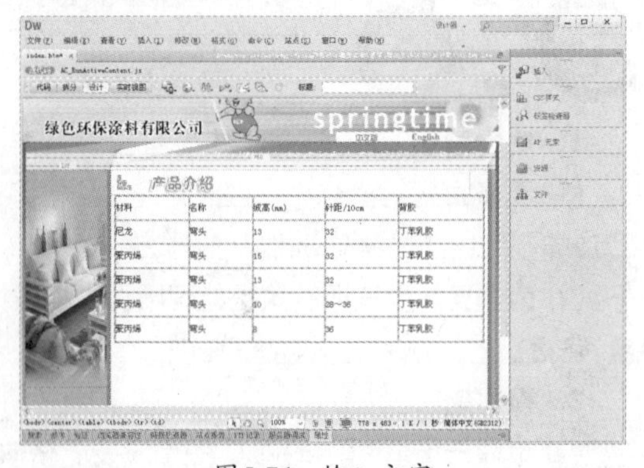

图5-74　输入文字

(2) 给如图5-75所示的表格，创建利用表格排列数据效果，效果如图5-76所示。

原始文件	原始文件/CH05/操作题2/index.html
最终文件	最终文件/CH05/操作题2/index1.html

图5-75 原始文件

图5-76 排列数据效果

提示

执行“命令”|“排序表格”命令，弹出“排序表格”对话框，在对话框中将“排序按”设置为列2，“顺序”设置为“按数字顺序”，在右边的下拉列表中选择“降序”。

5.7 本课小结

表格在网页设计中的地位非常重要，可以说如果表格使用不好的话，就不可能设计出出色的网页。Dreamweaver提供的表格工具，不但可以实现一般功能的数据组织，还可以用于定位网页中的各种元素和设计规划页面的布局。本课主要学习了表格的基本知识和操作，最后的几个综合实例，通过一步一步详细的讲解，读者可以学习到如何利用表格来进行网页的排版布局，并且还会学到一些表格的高级应用和制作时的注意事项等内容。

第6课 使用模板、库和插件提高网页制作效率

本课导读

本课主要学习如何提高网页的制作效率，包括“模板”、“库”和“插件”等内容。它们不是网页设计师在设计网页时必须要使用的技术，但是如果合理地使用它们将会大大提高工作效率。合理地使用模板和库也是创建整个网站的重中之重。

技术要点

- ◎ 熟悉创建模板
- ◎ 掌握应用模板创建网页
- ◎ 掌握创建和应用库
- ◎ 掌握Dreamweaver的插件扩展功能

6.1 创建模板

在网页制作中，很多劳动是重复的，如页面的顶部和底部在很多页面中都一样，而同一栏目中除了某一块区域外，版式、内容完全一样。如果将这些工作简化，就能够大幅度提高工作效率，而Dreamwever中的模板就可以解决这一问题，模板主要用于同一栏目中的页面制作。

6.1.1 课堂练一练：从现有文档创建模板

原始文件	原始文件/CH06/6.1.1/index.html
最终文件	最终文件/CH06/6.1.1/Templates/moban.dwt

在Dreamweaver中，有两种方法可以创建模板。一种是将现有的网页文件另存为模板，然后再根据需要进行修改；另外一种是直接新建一个空白模板，再在其中插入需要显示的文档内容。

从现有文档中创建模板的具体操作步骤如下所述。

01 打开网页文档，如图6-1所示。

图6-1 打开网页文档

02 执行“文件”|“另存为模板”命令，弹出“另存模板”对话框，在对话框中的“站点”下拉列表中选择“6.1.1”，“另存为”文本框中输入“moban”，如图6-2所示。

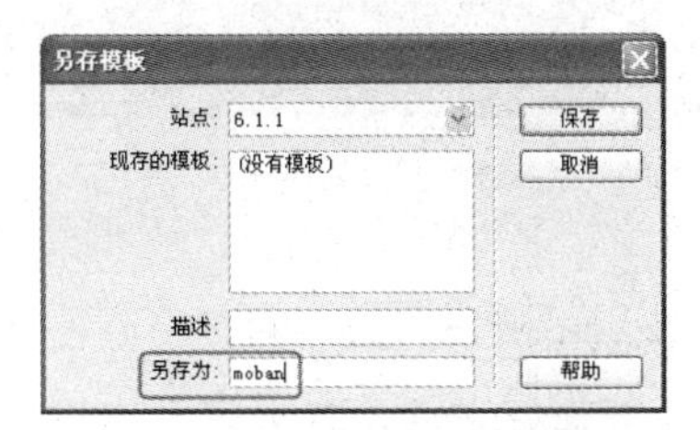

图6-2 “另存模板”对话框

03 单击“保存”按钮，弹出Adobe Dreamweaver CS6提示对话框，如图6-3所示，单击“是”按钮，即可将现有文档另存为模板。

图6-3 Adobe Dreamweaver CS6提示对话框

提示

不要随意移动模板到Templates文件夹之外或者将任何非模板文件放在Templates文件夹中。此外，不要将Templates文件夹移动到本地根文件夹之外，以免引用模板时路径出错。

6.1.2 课堂练一练：创建可编辑区域

可编辑区域就是基于模板文档的未锁定区域，是网页套用模板后，可以编辑的区域。在创建模板后，模板的布局就固定了，如果要在模板中针对某些内容进行修改，即可为该内容创建可编辑区。创建可编辑区域的具体操作步骤如下所述。

01 打开网页文档，如图6-4所示。

图6-4 打开文档

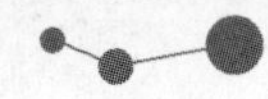

02 将光标置于要创建可编辑区域的位置，执行“插入”|“模板对象”|“可编辑区域”命令，弹出“新建可编辑区域”对话框，如图6-5所示。

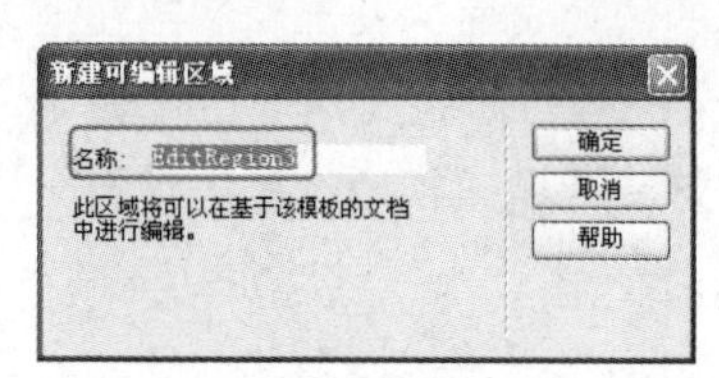

图6-5 “新建可编辑区域”对话框

03 单击“确定”按钮，创建可编辑区域，如图6-6所示。

图6-6 创建可编辑区域

提示

作为一个模板，Dreamweaver会自动锁定文档中的大部分区域。模板设计者可以定义基于模板的文档中哪些区域是可编辑的。创建模板时，可编辑区域和锁定区域都可以更改。但是，在基于模板的文档中，模板用户只能在可编辑区域中进行修改，至于锁定区域则无法进行任何操作。

提示

模板中除了可以插入最常用的“可编辑区域”外，还可以插入一些其他类型的区域，它们分别为：“可选区域”、“重复区域”、“可编辑的可选区域”和“重复表格”。由于这些区域类型需要使用代码操作，并且在实际的工作中并不经常使用，因此这里我们只简单地介绍一下。

- “可选区域”是用户在模板中指定为可选的区域，用于保存有可能在基于模板的文档中出现的内容。使用可选区域，可以显示和隐藏特别标记的区域。在这些区域中用户将无法编辑内容。
- “重复区域”是可以根据需要在基于模板的页面中复制任意次数的模板区域。使用重复区域，可以通过重复特定项目来控制页面布局，如目录项、说明布局或者重复数据行。重复区域本身不是可编辑区域，要使重复区域中的内容可编辑，请在重复区域内插入可编辑区域。
- “可编辑的可选区域”是可选区域的一种，模板可以设置显示或隐藏所选区域，并且可以编辑该区域中的内容，该可编辑的区域是由条件语句控制的。
- “重复表格”是重复区域的一种，使用重复表格可以创建包含重复行的表格格式的可编辑区域，可以定义表格属性并设置哪些表格单元格可编辑。

6.2 应用模板创建网页

原始文件	原始文件/CH06/6.2/Templates/moban.dwt
最终文件	最终文件/CH06/6.2/index1.html

模板实际上也是一种文档，它的扩展名为.dwt，存放在根目录下的Templates文件夹中。如果该Templates文件夹在站点中尚不存在，Dreamweaver将在保存新建模板时自动将其创建。模板创建好之后，就可以应用模板快速、高效地设计风格一致的网页。下面通过图6-7所示的效果，讲述应用模板创建网页，具体操作步骤如下所述。

图6-7 利用模板创建网页

提示

在创建模板时，可编辑区和锁定区域都可以进行修改。但是，在利用模板创建的网页中，只能在可编辑区中进行更改，而无法修改锁定区域中的内容。

01 执行“文件”|“新建”命令，弹出“新建文档”对话框，在对话框中选择“模板中的页”|6.2|moban选项，如图6-8所示。

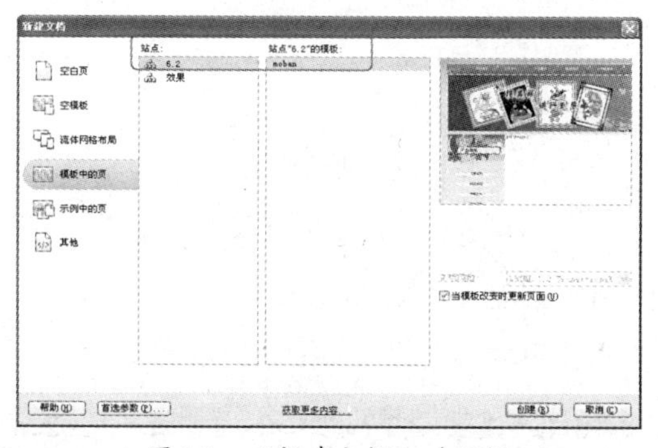

图6-8 “新建文档”对话框

02 单击“创建”按钮，利用模板创建网页，如图6-9所示。

图6-9 利用模板创建网页

03 将光标置于可编辑区域中，执行“插入”|“表格”命令，弹出“表格”对话框，在对话框中将“行数”设置为2，“列”设置为1，“表格宽度”设置为100%，如图6-10所示。

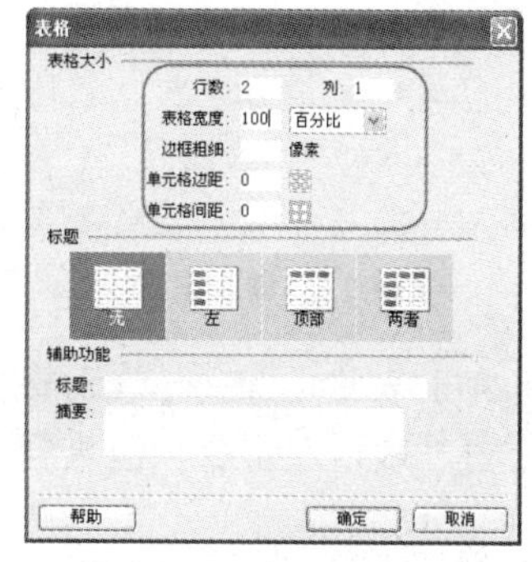

图6-10 “表格”对话框

04 单击“确定”按钮，插入表格，如图6-11所示。

图6-11 插入表格

05 将光标置于表格的第1行单元格中，执行“插入”|“图像”命令，弹出“选择图像源文件”对话框，在对话框中选择图像文件“jiejian.jpg”，如图6-12所示。

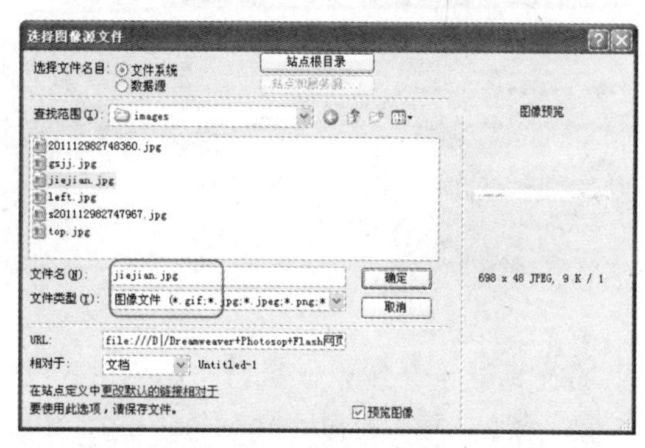

图6-12 “选择图像源文件”对话框

06 单击“确定”按钮，插入图像，如图6-13所示。

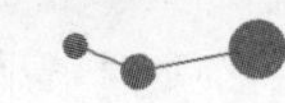

图6-13　插入图像

07 将光标置于表格的第2行单元格中，执行“插入”|“表格”命令，插入1行1列的表格，如图6-14所示。

图6-14　插入表格

08 将光标置于刚插入表格的单元格中，输入相应的文字，如图6-15所示。

图6-15　输入文字

09 将光标置于文字中，执行“插入”|“图像”命令，插入图像images/gsjj.jpg，如图6-16所示。

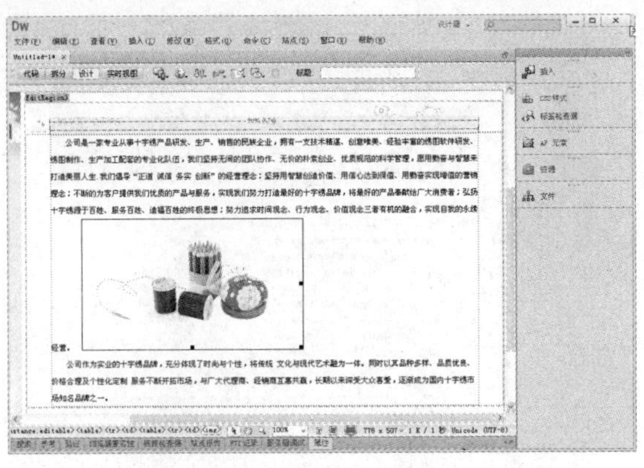

图6-16　插入图像

10 选中插入的图像，单击鼠标右键，在弹出的菜单中选择“对齐”|“右对齐”命令，如图6-17所示。

图6-17　设置对齐方式

11 执行“文件”|“保存”命令，弹出“另存为”对话框，在对话框中的“文件名”文本框中输入名称，如图6-18所示。

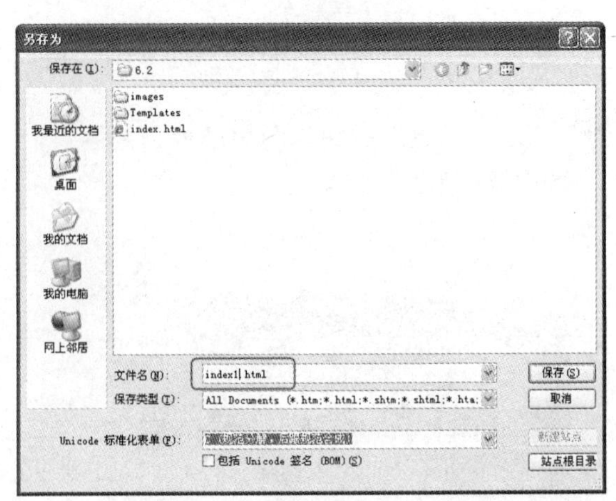

图6-18　“另存为”对话框

12 单击“保存”按钮，保存文档，按F12键，在浏览器中预览，效果如图6-7所示。

6.3 将模板应用到已有的网页以及删除模板

创建了模板以后，还要知道怎么去管理模板，例如删除模板、把模板应用到现有页面等。

6.3.1 课堂练一练：将模板应用到已有的网页

原始文件	原始文件/CH06/6.3.1/index.html
最终文件	最终文件/CH06/6.3.1/index1.html

将模板应用到已有的网页，效果如图6-19所示，具体操作步骤如下所述。

图6-19　将模板应用到已有的网页效果

01 打开网页文档，如图6-20所示。

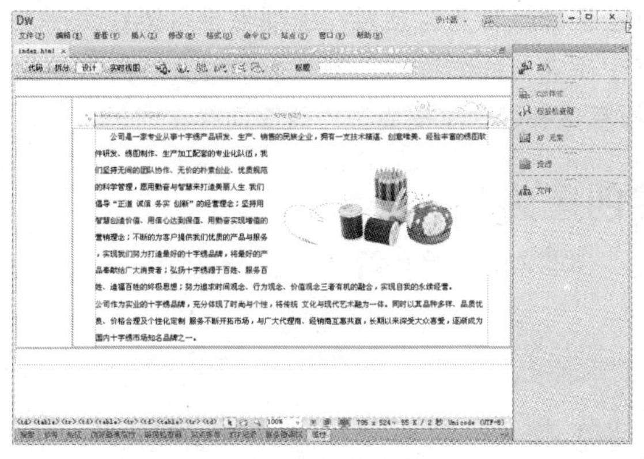

图6-20　打开文档

02 执行“修改”|“模板”|“应用模板到页”命令，弹出“选择模板”对话框，在对话框的“站点”下拉列表中选择“6.3.1”，在“模板”列表框中选择“moban”，如图6-21所示。

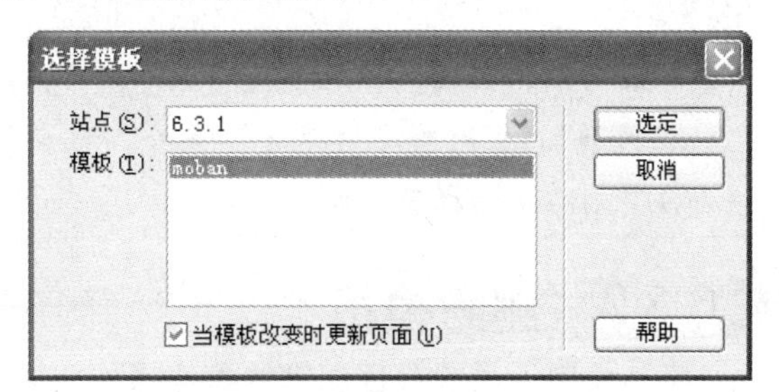

图6-21　“选择模板”对话框

03 单击“选定”按钮，弹出“不一致的区域名称”对话框，在对话框中进行相应的设置，如图6-22所示。

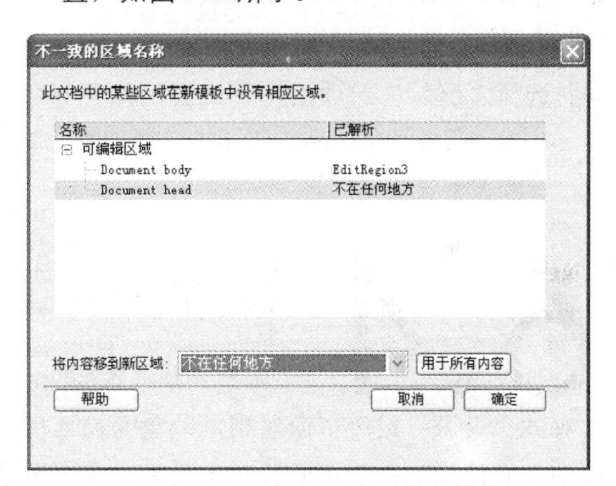

图6-22　“不一致的区域名称”对话框

04 单击“确定”按钮，将模板应用到已有的网页，如图6-23所示。

图6-23　应用模板

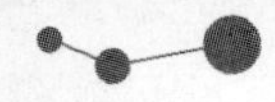

提示

打开已有的网页，在“资源”面板中选中一个模板，然后将其拖动到文档窗口中或者单击左下角的“应用”按钮，即可将模板应用到已有的网页。

提示

将模板应用到网页后，如果对其结果不满意，执行“编辑”|“撤销应用模板”命令，可将网页恢复到原来的样子。

6.3.2 删除模板

将站点中不用的模板删除的具体操作步骤如下所述。

01 在“资源”面板中选中要删除的模板文件。

02 单击“资源”面板右下角的“删除”按钮或单击鼠标右键，在弹出的菜单中执行“删除”命令，如图6-24所示。

03 选择“删除”选项后，弹出图6-25所示的Adobe Dreamweaver CS6提示对话框，提示是否要删除文件。

图6-24 执行“删除”命令

图6-25 Adobe Dreamweaver CS6提示对话框

04 单击“是”按钮，即可将模板从站点中删除。

6.4 创建和应用库

库是一种特殊的Dreamweaver文件，其中包含已创建以便放在网页上的单独的“资源”或“资源”副本的集合，库里的这些资源被称为库项目。库项目是可以在多个页面中重复使用的存储页面的对象元素。每当更改某个库项目的内容时，都可以同时更新所有使用了该项目的页面。不难发现，在更新这一点上，模板和库都是为了提高工作效率而存在的。

6.4.1 课堂练一练：将现有内容创建为库

原始文件	原始文件/CH06/6.4.1/index.html
最终文件	最终文件/CH06/6.4.1/top.lbi

在库中，读者可以存储各种各样的页面元素，如图像、表格、声音和Flash影片等。将现有内容创建库的具体操作步骤如下所述。

01 打开网页文档，执行“文件”|“另存为”命令，如图6-26所示。

02 弹出“另存为”对话框，在对话框中的“保存类型”下拉列表中选择“Library Files(.lbi)”，在“文件名”文本框中输入top.lbi，如图6-27所示。

图6-26 打开文档

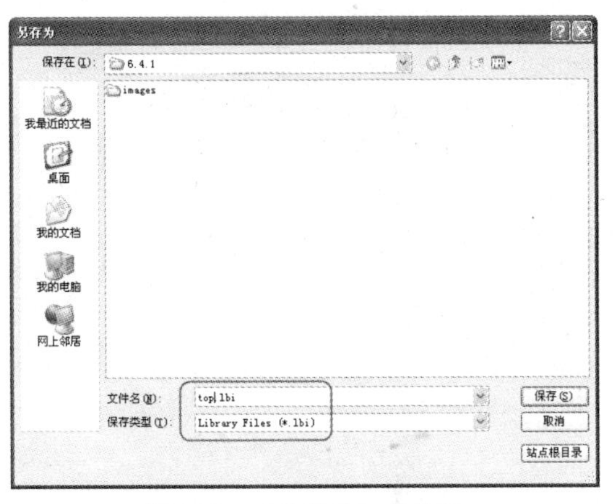

图6-27 "另存为"对话框

03 单击"保存"按钮，即可将文件保存为库文件，如图6-28所示。

图6-28 保存为库文件

提示

设置时必须先关闭数据库，否则会出现"不能使用；文件已在使用中"的错误信息。

6.4.2 课堂练一练：在网页中应用库

原始文件	原始文件/CH06/6.4.2/index.html
最终文件	最终文件/CH06/6.4.2/index1.html

库是一种存放整个站点中重复使用或频繁更新的页面元素(如图像、文本和其他对象)的文件，这些元素被称为库项目。如果使用了库，就可以通过改动库来更新所有采用库的网页，不用逐个地修改网页元素或重新制作网页。如图6-29所示的网页为应用库效果，具体操作步骤如下所述。

图6-29 在网页中应用库效果

01 打开网页文档，执行"窗口"|"资源"命令，如图6-30所示。

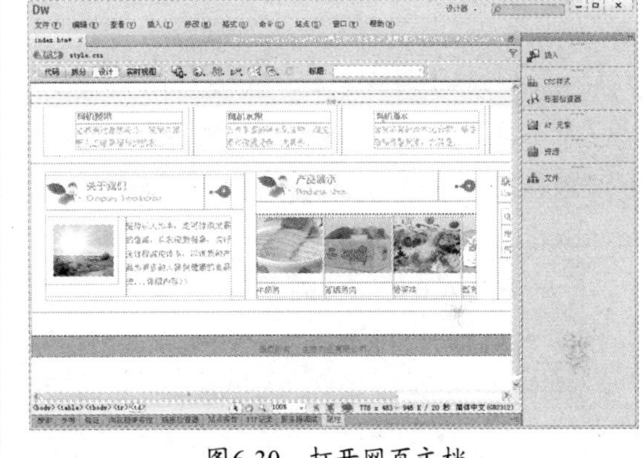

图6-30 打开网页文档

02 打开"资源"面板，在面板中单击"库"按钮，显示库项目，如图6-31所示。

图6-31 显示库项目

03 将光标置于要插入库的位置，选中top，单击左下角的"插入"按钮，插入库项目，如图6-32所示。

提示

如果希望仅仅添加库项目内容对应的代码，而不希望它作为库项目出现，则可以按住Ctrl键，再将相应的库项目从“资源”面板中拖到文档窗口。这样插入的内容就以普通文档的形式出现。

04 保存文档，按F12键在浏览器中预览，效果如图6-29所示。

图6-32 插入库项目

6.5 Dreamweaver的插件扩展功能

插件是Dreamweaver中最迷人的地方。正如使用图像处理软件一样，可利用滤境特效让图像的处理效果更神奇；又如玩游戏，可利用俗称的外挂软件，让游戏玩起来更简单。所以在Dreamweaver中使用插件，将使网页制作更轻松，功能更强大，效果更绚丽。

6.5.1 Dreamweaver插件简介

插件也叫扩展，插件管理器是开放的应用程序接口，开发人员可以通过HTML和JavaScript对其进行扩展。

Dreamweaver的真正特殊之处在于它强大的无限扩展性。Dreamweaver中的插件可用于扩展Dreamweaver的功能。Dreamweaver中的插件主要有3种：Command命令、Object对象和Behavior行为。在Dreamweaver中插件的扩展名为.mxp。开发Dreamweaver的Adobe公司专门在网站上开辟了Adobe Extension Manager，为用户提供交流自己插件的场所。

6.5.2 课堂练一练：安装插件

安装插件的具体操作步骤如下所述。

01 执行“开始”|“所有程序”|Adobe|Adobe Extension Manager CS6命令，打开“Adobe Extension Manager CS6”对话框，如图6-33所示。

02 单击“安装新扩展”按钮，打开“选取要安装的扩展”对话框，如图6-34所示。在对话框中选取要安装的扩展包文件(.mxp)或者插件信息文件(.mxi)，单击“打开”按钮，也可以直接双击扩展包文件，系统将自动启动扩展管理器进行安装。

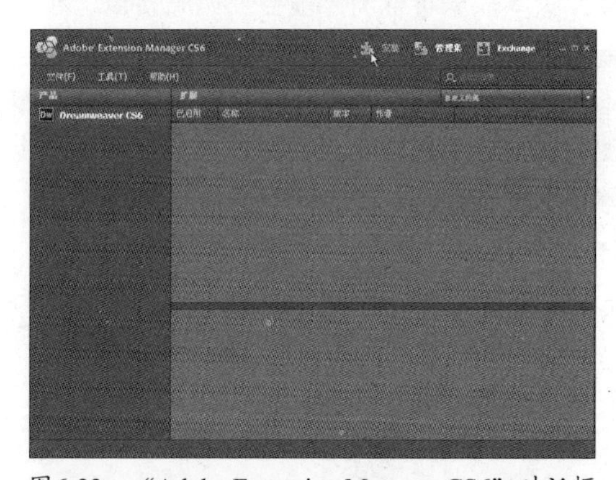

图6-33 “Adobe Extension Manager CS6”对话框

图6-34 “选取要安装的扩展”对话框

03 打开“安装声明”对话框，单击“接受”按钮，继续安装插件，如图6-35所示。如果已经安装了另一个版本(较旧或较新，甚至相同版本)的插件，扩展管理器会询问是否替换已安装的插件，单击“是”按钮，将替换已安装的插件。

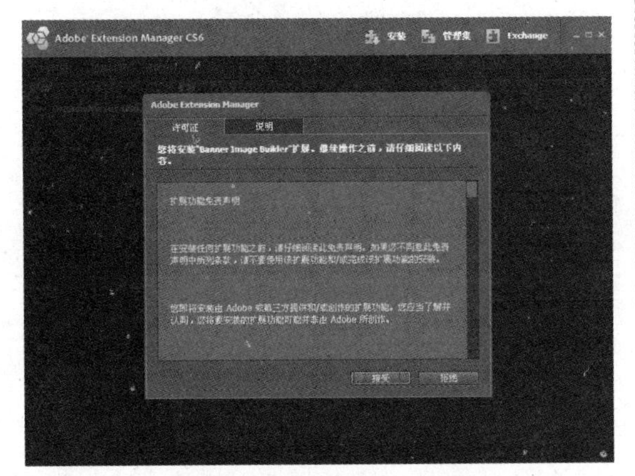

图6-35　“安装声明”对话框

提示

执行“命令”|“扩展管理”命令，打开“Adobe Extension Manager CS6”对话框。

04 打开“提示”对话框，单击“安装”按钮，如图6-36所示。

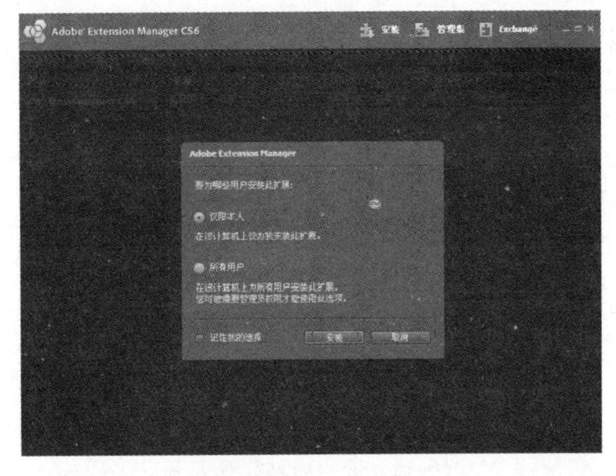

图6-36　提示对话框

05 提示插件安装成功，即可完成插件的安装，如图6-37所示。

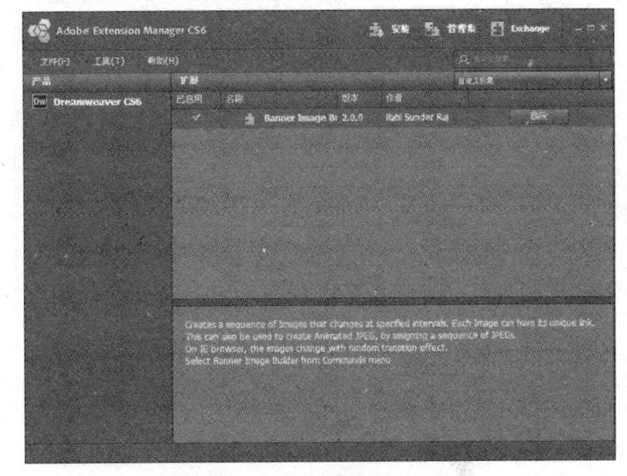

图6-37　插件安装成功

提示

通常，安装新的插件都将改变Dreamweaver的菜单系统，即会对menu.xml文件进行修改。在安装时，扩展管理器会为menus.xml文件创建一个meuns.xbk的备份。这样如果meuns.xml文件再被一个插件意外地破坏，就可以用meuns.xbk替换meuns.xml，从而将菜单系统恢复为先前的状态。

6.6 实战应用

在网页中使用模板可以统一整个站点的页面风格，使用库项目可以使页面的局部统一风格。在制作网页时使用库和模板可以节省大量的工作时间，并且给日后的升级带来很大的方便。下面通过实例讲述模板的创建和应用以及插件的应用。

6.6.1　课堂练一练：创建企业网站模板

最终文件	最终文件/CH06/实战1/moban.dwt

创建企业网站模板，效果如图6-38所示，具体操作步骤如下所述。

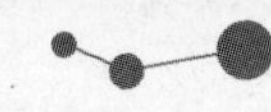

图6-38 企业网站模板效果

01 执行“文件”|“新建”命令，弹出“新建文档”对话框，在对话框中选择“空模板”|“HTML模板”|“无”选项，如图6-39所示。

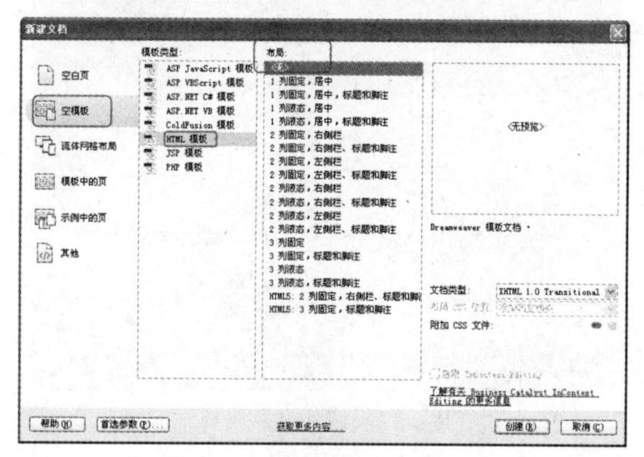

图6-39 “新建文档”对话框

02 单击“创建”按钮，创建一空白文档网页，如图6-40所示。

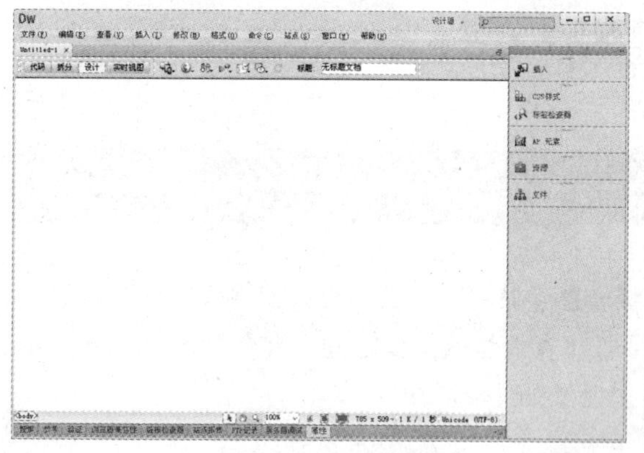

图6-40 新建文档

03 执行“文件”|“保存”命令，弹出Adobe Dreamweaver CS6提示对话框，如图6-41所示。

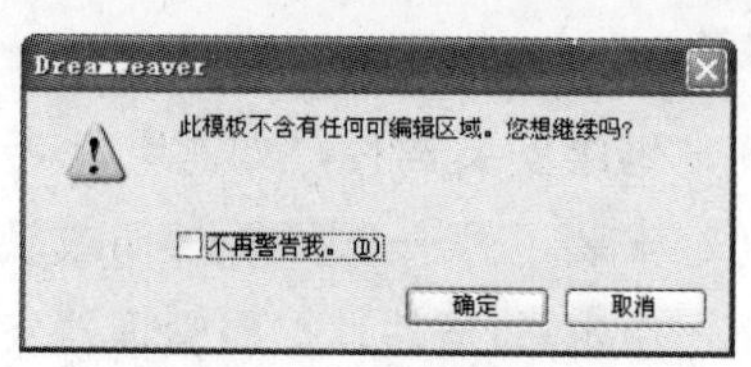

图6-41 提示对话框

04 单击“确定”按钮，弹出“另存模板”对话框，在对话框的“另存为”文本框中输入名称，如图6-42所示。

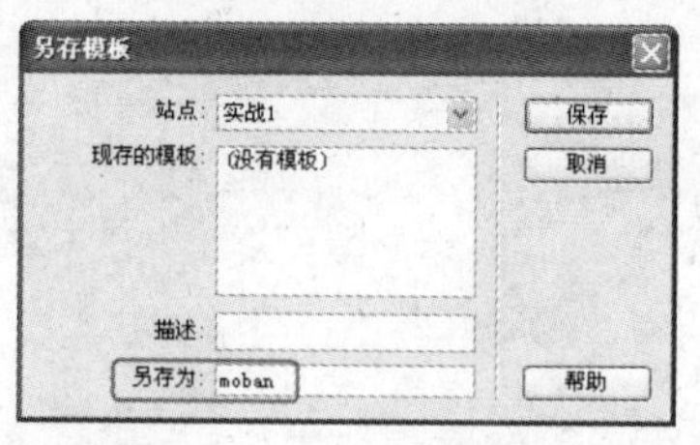

图6-42 “另存模板”对话框

05 将光标置于页面中，执行“修改”|“页面属性”命令，弹出“页面属性”对话框，在对话框中将“上边距”、“下边距”、“左边距”、“右边距”分别设置为0，如图6-43所示。

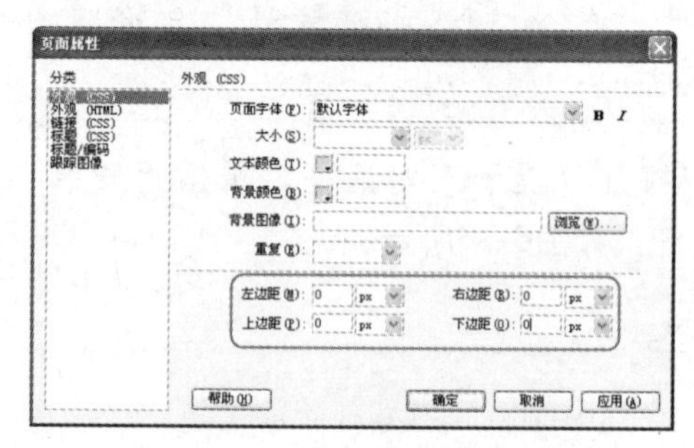

图6-43 “页面属性”对话框

06 单击“确定”按钮，修改页面属性，执行“插入”|“表格”命令，弹出“表格”对话框，在对话框中将“行数”设置为3，“列”设置为1，“表格宽度”设置为997像素，如图6-44所示。

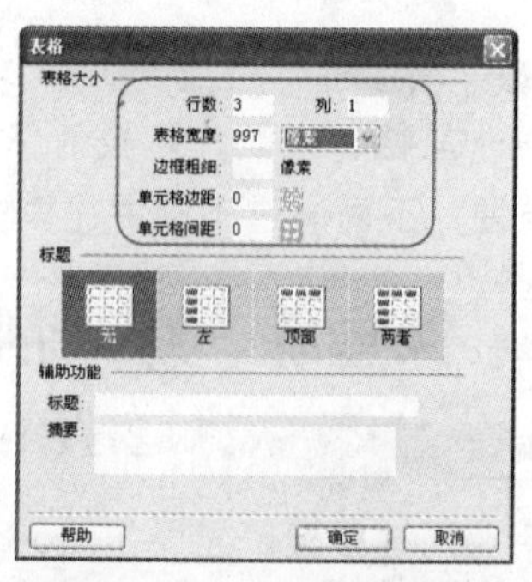

图6-44 “表格”对话框

07 单击“确定”按钮，插入表格，此表格记为“表格1”，如图6-45所示。

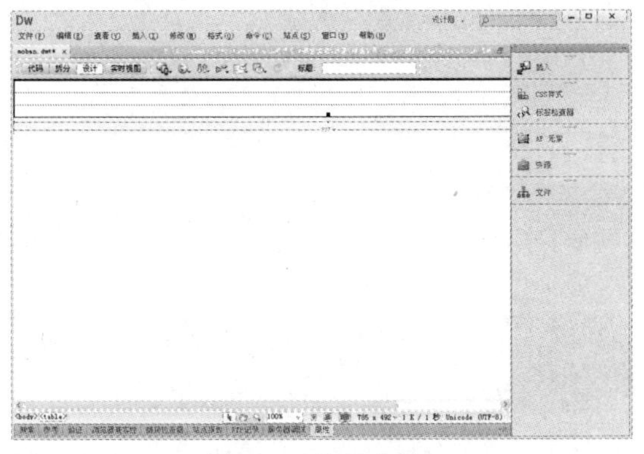

图6-45　插入表格1

08 将光标置于“表格1”的第1行单元格中，执行“插入”|“图像”命令，弹出“选择图像源文件”对话框，在对话框中选择图像文件“./images/top.jpg”，如图6-46所示。

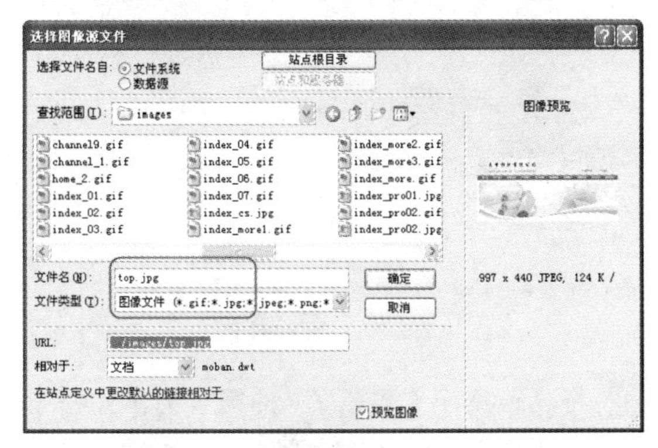

图6-46　“选择图像源文件”对话框

09 单击“确定”按钮，插入图像，如图6-47所示。

图6-47　插入图像

10 将光标置于“表格1”的第2行单元格中，执行“插入”|“表格”命令，插入1行2列的表格，此表格记为“表格2”，如图6-48所示。

图6-48　插入表格2

11 将光标置于“表格2”的第1列单元格中，执行“插入”|“表格”命令，插入2行1列的表格，此表格记为“表格3”，如图6-49所示。

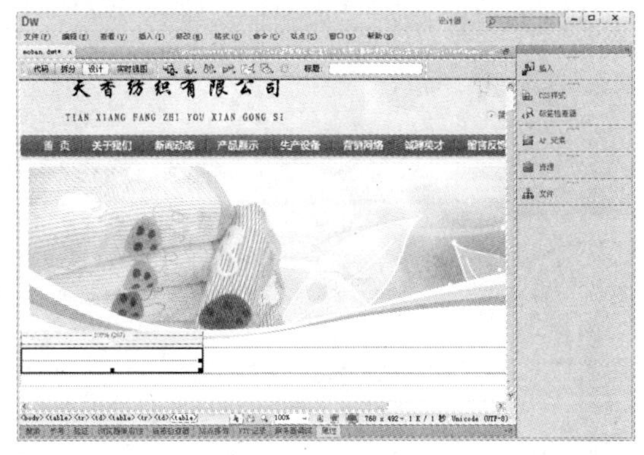

图6-49　插入表格3

12 将光标置于“表格3”的第1行单元格中，执行“插入”|“图像”命令，插入图像“../images/channel_1.gif”，如图6-50所示。

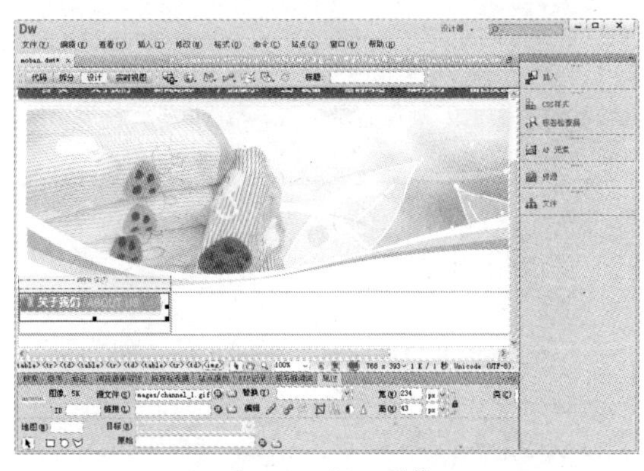

图6-50　插入图像

13 将光标置于“表格3”的第2行单元格中，执行“插入”|“表格”命令，插入4行1列的表格，此表格记为“表格4”，如图6-51所示。

图6-51　插入表格4

14 将光标置于“表格4”的第1行单元格中，打开代码视图，在代码中输入背景图像代码“height="30"background=../images/menusmall.gif”，如图6-52所示。

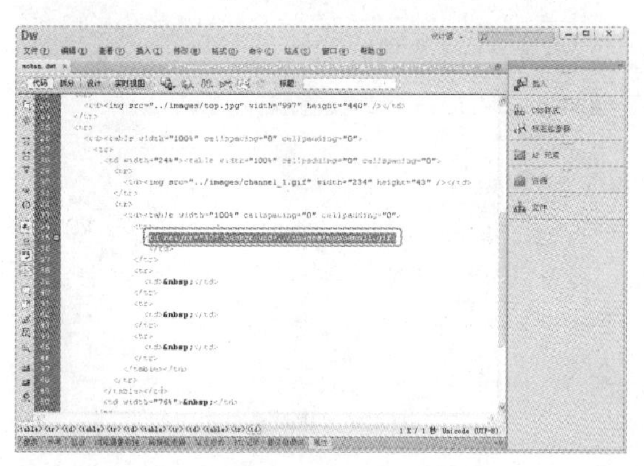

图6-52　输入代码

15 返回设计视图，可以看到插入的背景图像，如图6-53所示。

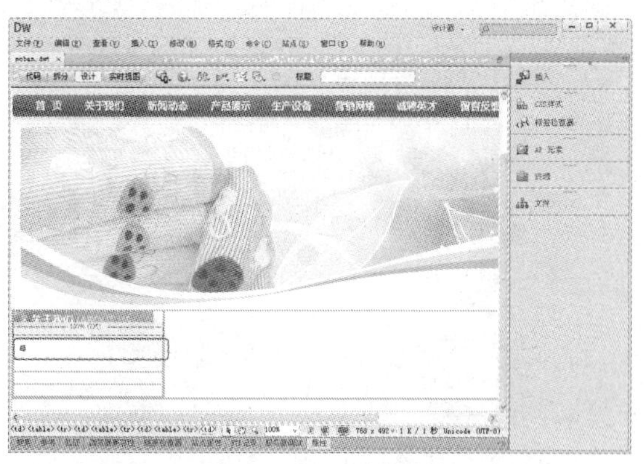

图6-53　输入背景图像

16 将光标置于背景图像上，输入相应的文字，如图6-54所示。

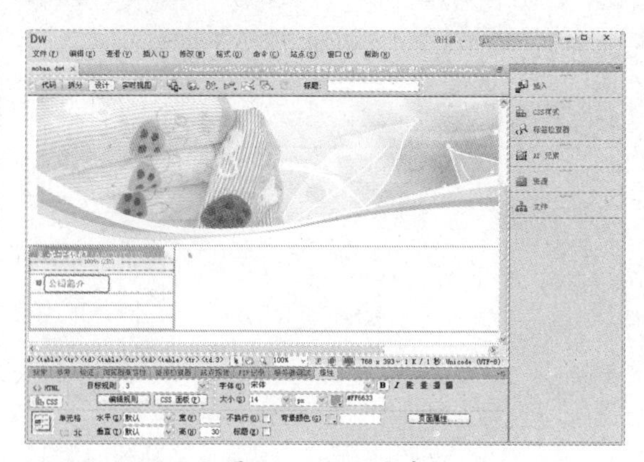

图6-54　输入文字

17 同步骤14~16，在“表格4”的其他单元格中输入相应的内容，如图6-55所示。

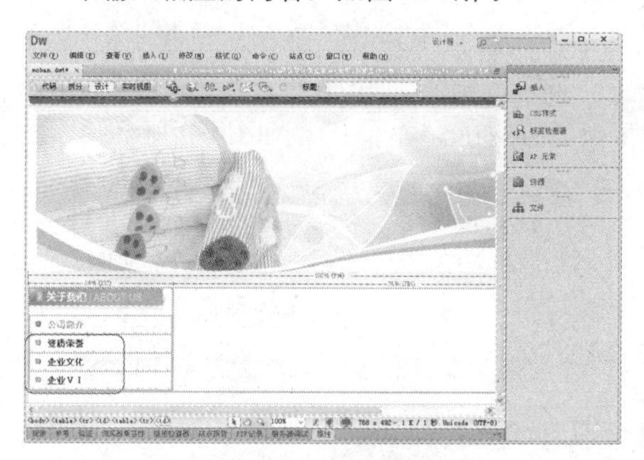

图6-55　输入内容

18 将光标置于“表格2”的第2列单元格中，执行“插入”|“模板对象”|“可编辑区域”命令，弹出“新建可编辑区域”对话框，在“名称”文本框中输入名称，如图6-56所示。

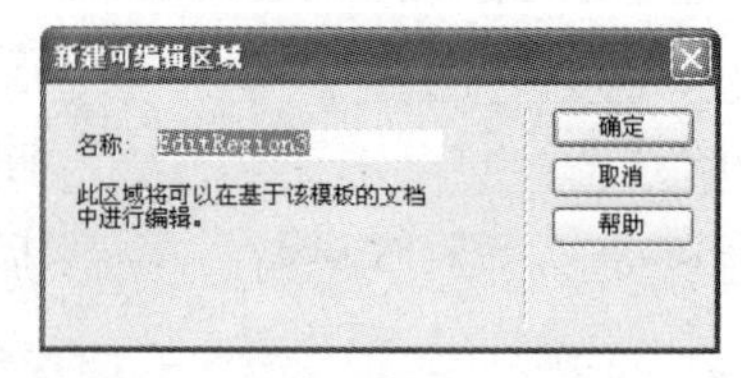

图6-56　“新建可编辑区域”对话框

19 单击“确定”按钮，插入可编辑区域，如图6-57所示。

20 将光标置于“表格1”的第3行单元格中，执行“插入”|“图像”命令，插入图像“../images/dibu.jpg”，如图6-58所示。

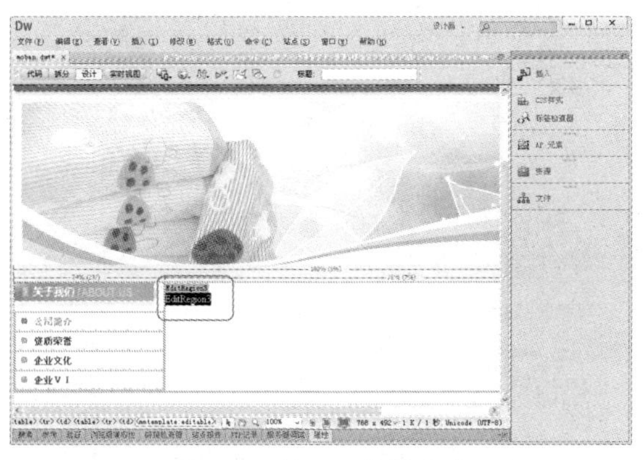

图6-57　插入可编辑区域

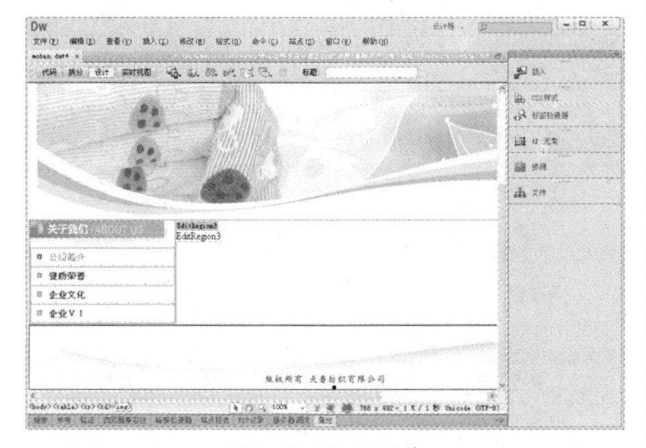

图6-58　插入图像

21 保存文档，按F12键，在浏览器中预览，效果如图6-38所示。

6.6.2 课堂练一练：利用模板创建网页

原始文件	原始文件/CH06/实战2/moban.dwt
最终文件	最终文件/CH06/实战2/index1.html

利用模板创建网页的效果如图6-59所示，具体操作步骤如下所述。

图6-59　利用模板创建网页效果

01 执行“文件”|“新建”命令，弹出“新建文档”对话框，在对话框中选择“模板中的页”|“站点实战2”|moban选项，如图6-60所示。

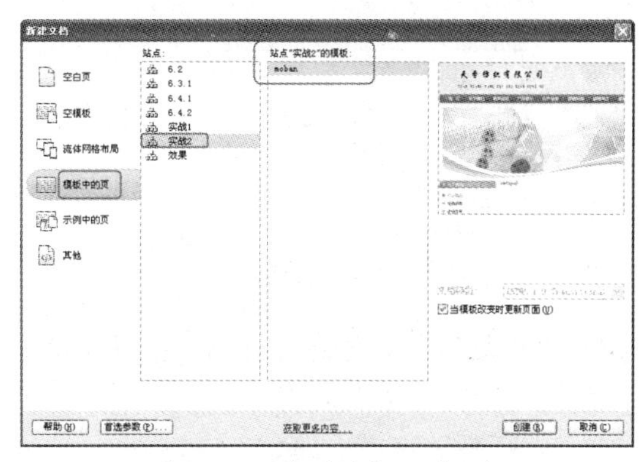

图6-60　“新建文档”对话框

02 单击“创建”按钮，利用模板创建文档，如图6-61所示。

图6-61　利用模板创建文档

03 执行“文件”|“保存”命令，弹出“另存为”对话框，在对话框中的“文件名”文本框中输入名称，如图6-62所示。单击“保存”按钮，保存文档。

图6-62　“另存为”对话框

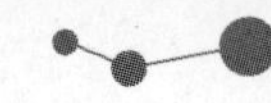

04 将光标置于可编辑区域中，执行“插入”|“表格”命令，弹出“表格”对话框，将“行数”设置为1，“列”设置为2，如图6-63所示。

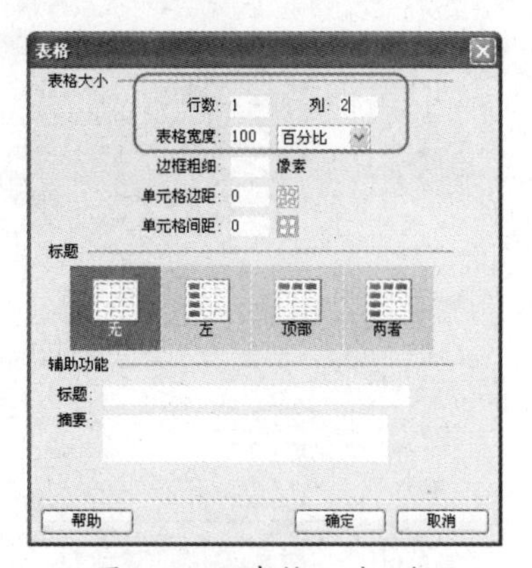

图6-63 “表格”对话框

05 单击“确定”按钮，插入表格，此表格记为“表格1”，如图6-64所示。

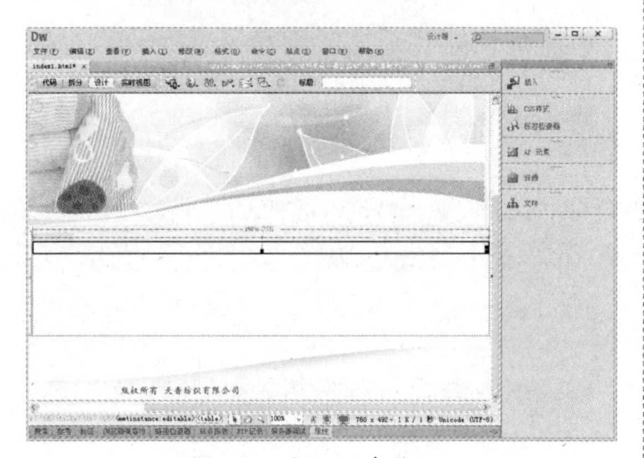

图6-64 插入“表格1”

06 将光标置于“表格1”的第1列单元格中，打开代码视图，输入背景图像代码“background=images/bg.gif”，如图6-65所示。

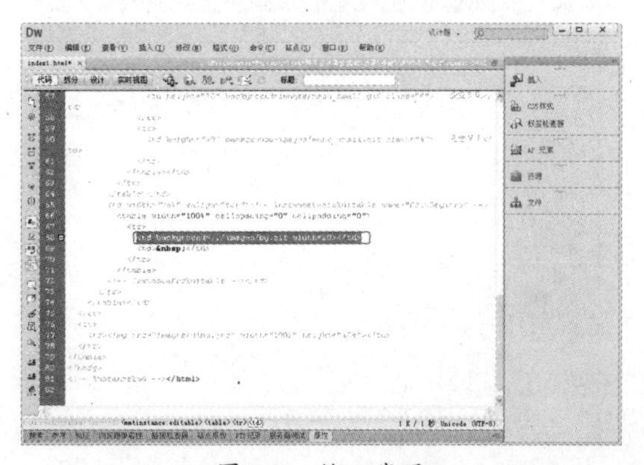

图6-65 输入代码

07 返回设计视图，可以看到插入的背景图像，如图6-66所示。

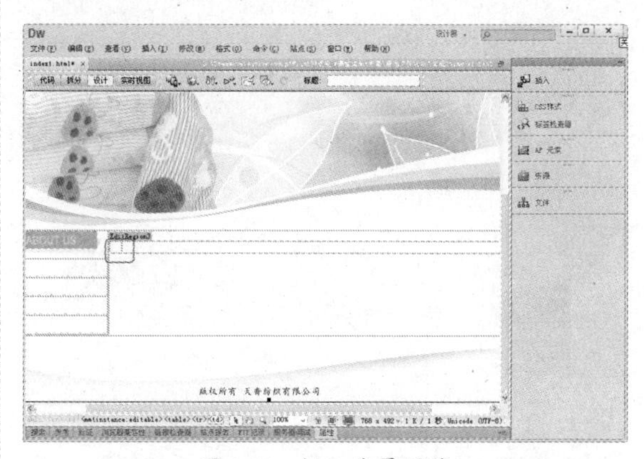

图6-66 插入背景图像

08 将光标置于“表格1”的第2列单元格中，执行“插入”|“表格”命令，插入3行1列的表格，此表格记为“表格2”，如图6-67所示。

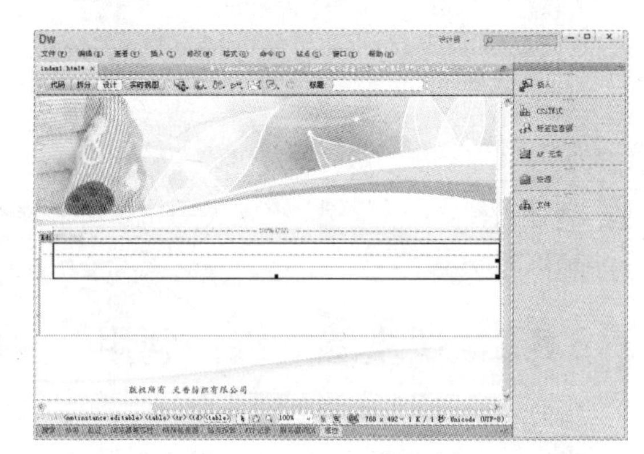

图6-67 插入“表格2”

09 将光标置于“表格2”的第1行单元格中，将单元格的“背景颜色”设置为#FFF8E1，并在单元格中输入相应的文字，如图6-68所示。

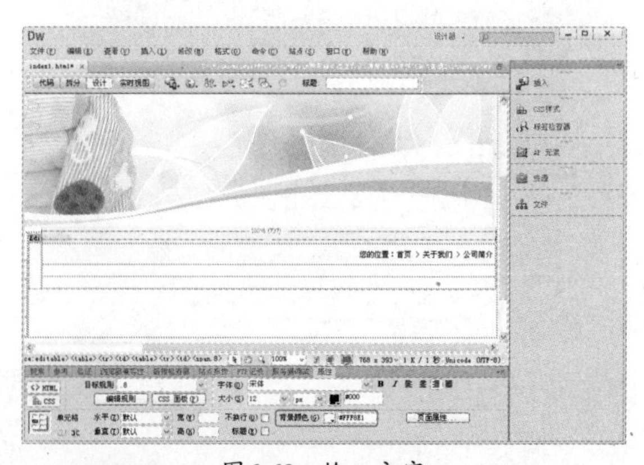

图6-68 输入文字

10 将光标置于“表格2”的第2行单元格中，执行“插入”|“图像”命令，插入图像“images/info_small_2.gif”，如图6-69所示。

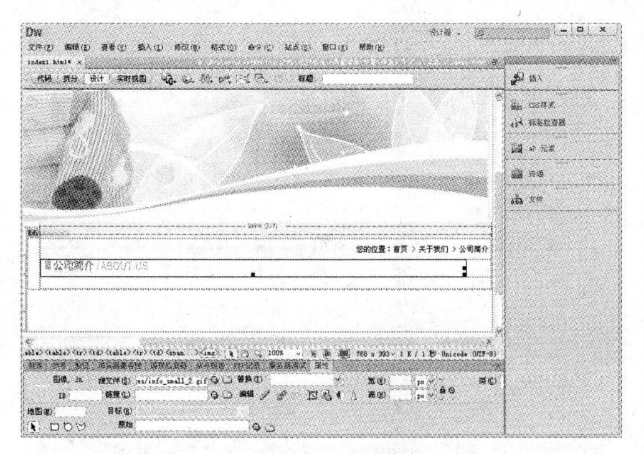

图6-69 插入图像

11 将光标置于“表格2”的第3行单元格中，执行“插入”|“表格”命令，插入1行1列的表格，此表格记为“表格3”，如图6-70所示。

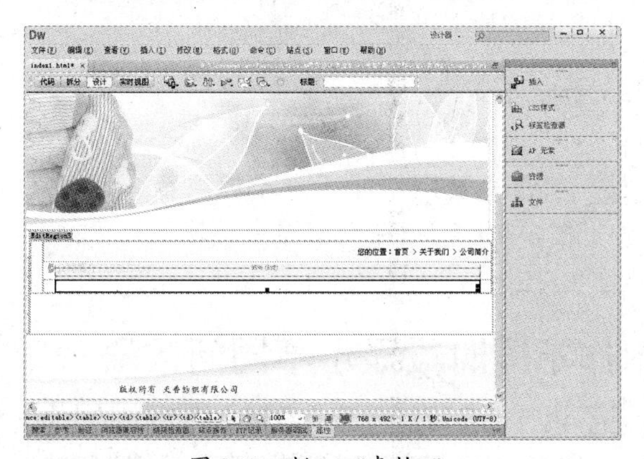

图6-70 插入“表格3”

12 将光标置于“表格3”的单元格中，输入相应的文字，如图6-71所示。

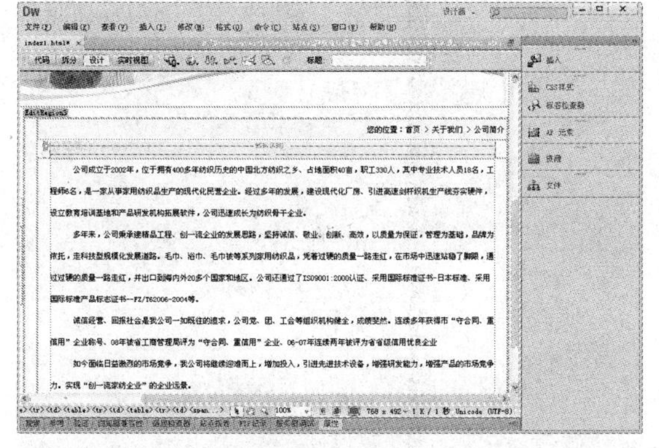

图6-71 输入文字

13 将光标置于文字中，执行“插入”|“图像”命令，插入图像images/index_cs.jpg，如图6-72所示。

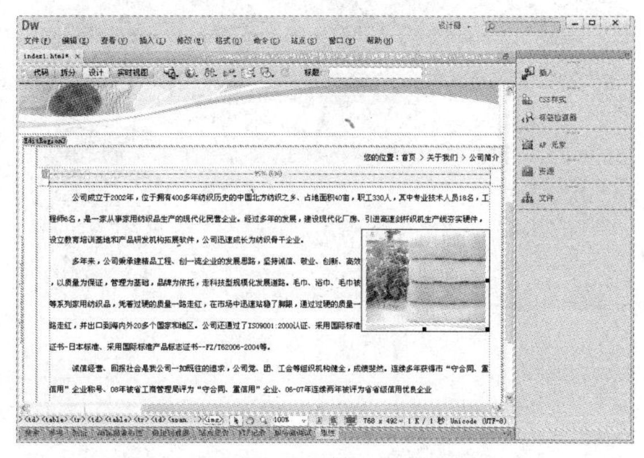

图6-72 插入图像

14 保存文档，完成利用模板创建网页文档的制作，效果如图6-59所示。

6.6.3 课堂练一练：使用插件制作背景音乐网页

原始文件	原始文件/CH06/实战3/index.html
最终文件	最终文件/CH06/实战3/index1.html

带背景音乐的网页可以增加吸引力，不但可以使用行为和代码提示实现，利用插件也可以实现。下面通过实例讲述使用插件制作背景音乐网页，效果如图6-73所示，具体操作步骤如下所述。

图6-73 背景音乐网页效果

01 执行“开始”|“所有程序”|Adobe|Adobe Extension Manager CS6命令，打开“Adobe Extension Manager CS6”对话框，根据提示，安装插件，如图6-74所示。

02 打开网页文档，如图6-75所示。

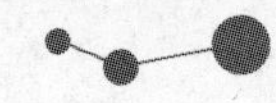

图6-74　安装插件

图6-75　打开网页文档

03 单击“常用”插入栏中按钮，弹出Sound对话框，在对话框中单击Browse按钮，弹出“选择文件”对话框，在对话框中选择声音文件“cldyg.mid”，如图6-76所示。

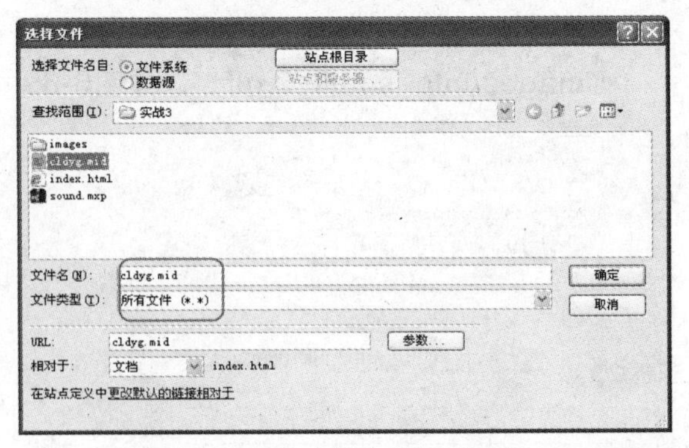

图6-76　“选择文件”对话框

04 单击“确定”按钮，将声音文件添加到文本框中，如图6-77所示。

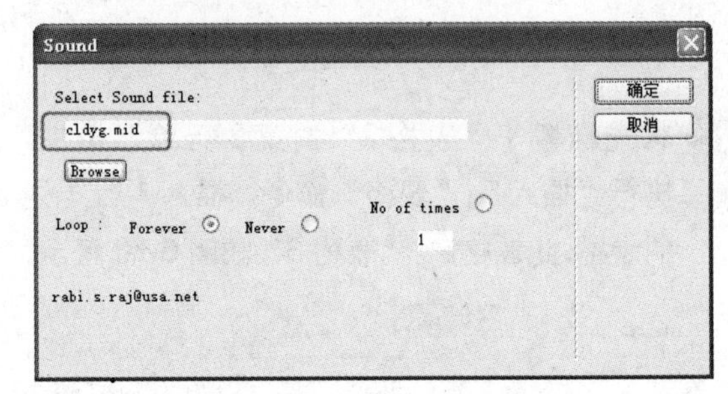

图6-77　“Sound”对话框

05 单击“确定”按钮，添加声音，保存文档，按F12键在浏览器中预览，效果如图6-73所示。

6.6.4　课堂练一练：利用插件制作不同时段显示不同问候语

原始文件	原始文件/CH06/实战4/index.html
最终文件	最终文件/CH06/实战4/index1.html

下面通过实例讲述利用插件制作不同时段显示不同问候语，效果如图6-78所示，具体操作步骤如下所述。

图6-78　不同时段显示不同问候语效果

01 执行“开始”|“所有程序”|Adobe|Adobe Extension Manager CS6命令，打开“Adobe Extension Manager CS6”对话框，根据提示，一步步安装插件，如图6-79所示。

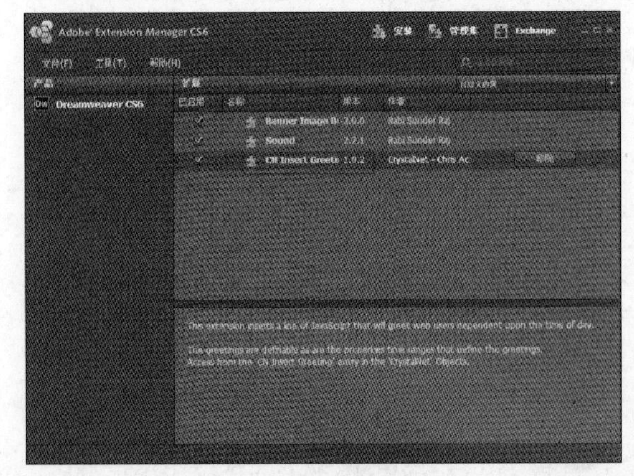

图6-79　安装插件

02 打开网页文档，将“常用”插入栏切换到CN Insert Greeting插入栏，单击CN Insert Greeting插入栏中的CN按钮，图6-80所示。

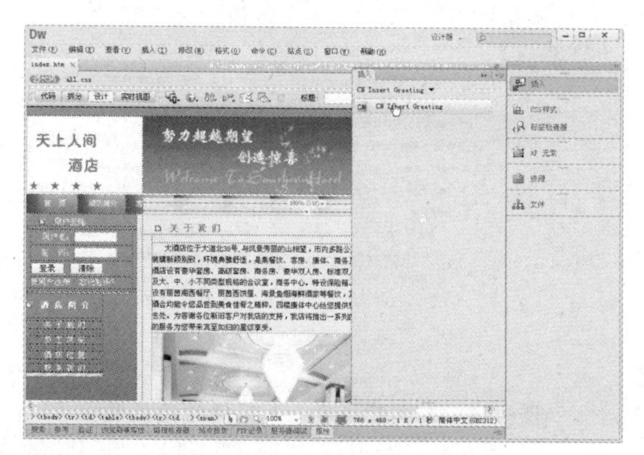

图6-80 打开文档

03 弹出CN Insert Greeting对话框，在对话框中进行相应的设置，如图6-81所示。

04 单击“确定”按钮，弹出Abode Dreamwever CS6提示对话框，如图6-82所示。

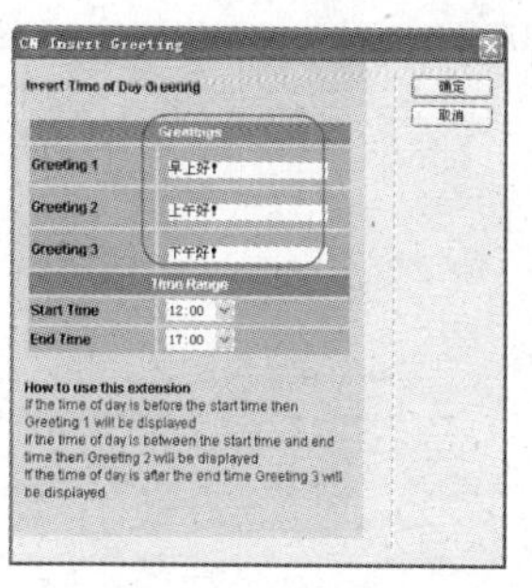

图6-81 “CN Insert Greeting”对话框

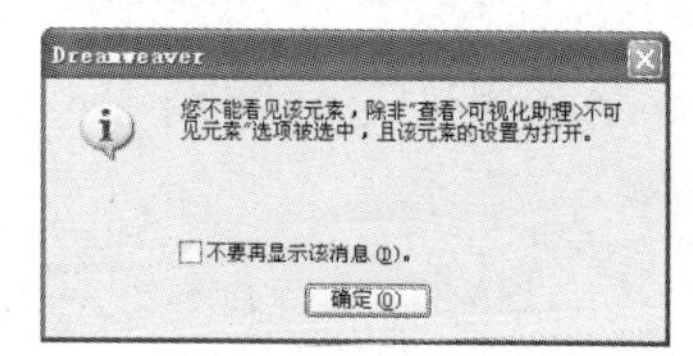

图6-82 提示对话框

05 单击“确定”按钮，保存文档，按F12键在浏览器中预览，效果如图6-78所示。

Dreamweaver重新启动前不可访问；可能会提示退出然后重新启动该应用程序。

6.7 习题测试

1. 填空题

(1) 本地站点用到的所有模板都保存在网站根目录下的________文件夹中，其扩展名为________。

(2) ________是Dreamweaver中最迷人的地方。正如使用图像处理软件一样，可利用滤境特效让图像的处理效果更神奇；又如玩游戏，可利用俗称的外挂软件，让游戏玩起来更简单。

2. 操作题

(1) 创建图6-83所示的模板效果。

最终文件	最终文件/CH06/操作题1/moban.dwt

提示

参考6.1节创建模板。

(2) 利用插件给图6-84所示的网页添加不同时段显示不同问候语效果，如图6-85所示。

参考6.6.4课堂练一练：利用插件制作不同时段显示不同问候语。

原始文件	原始文件/CH06/操作题2/index.html
最终文件	最终文件/CH06/操作题2/index1.html

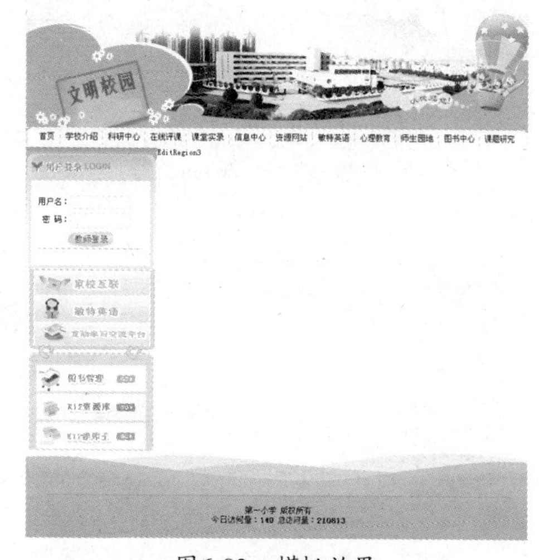

图6-83 模板效果

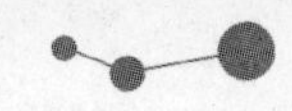

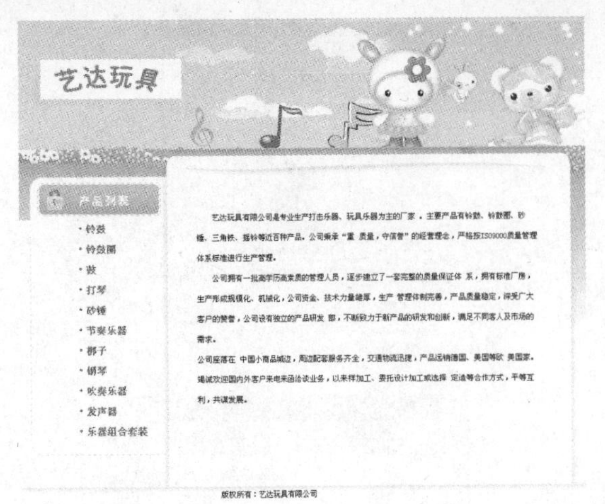

图6-84　原始文件

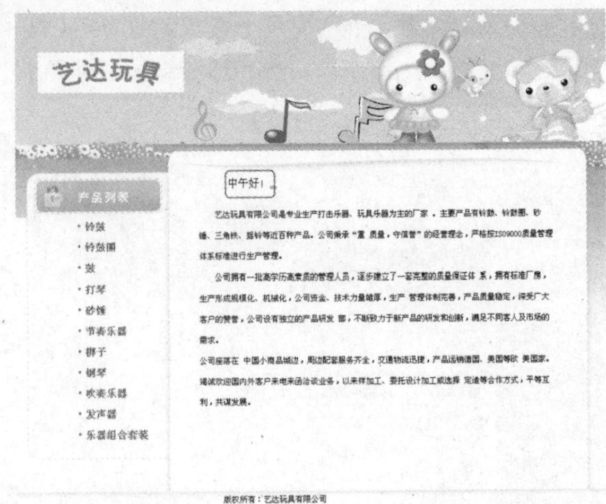

图6-85　不同时段显示不同问候语效果

6.8 本课小结

本课学习了Dreamweaver用于提高网站工作效率的强大工具——模板、库和插件。模板和库有相似的功能，有了它们就能够实现网页风格的统一，内容快速更新等目的。另外在本课最后通过几个实例中介绍了另外一种提高网页制作效率的工具——扩展插件，只是起到一种抛砖引玉的参考作用。读者在实际的制作时并不一定要使用它们，如果需要更多的扩展插件，可以登录Adobe的官方网站或第三方扩展插件支持网页来进行查找和下载。

第7课 使用CSS＋DIV布局美化网页

本课导读

CSS+DIV布局的最终目的是搭建完善的页面架构，通过新的符号Web标准的构建形成来提高网站设计的效率、可用性及其他实质性的优势，全站的CSS应用就成为了CSS布局应用的一个关键环节。

技术要点

◎ 熟悉CSS样式表
◎ 掌握设置CSS样式表属性
◎ 掌握链接到或导出外部CSS样式表
◎ 掌握CSS和DIV布局
◎ 掌握CSS布局方法

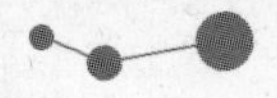

7.1 了解CSS样式表

CSS(Cascading Style Sheet，层叠样式表)是一种制作网页必不可少的技术之一，现在已经为大多数的浏览器所支持。实际上，CSS是一系列格式规格或样式的集合，主要用于控制页面的外观，是目前网页设计中的常用技术与手段。

CSS具有强大的页面美化功能。通过CSS，可以控制许多仅使用HTML标记无法控制的属性，并能轻而易举地实现各种特效。

CSS的每一个样式表都是由相对应的样式规则组成的，使用HTML中的<style>标签可以将样式规则加入到HTML中。<style>标签位于HTML的head部分，其中也包含网页的样式规则。可以看出，CSS的语句是可以内嵌在HTML文档内的，所以，编写CSS的方法和编写HTML的方法是一样的，其代码如下。

```
<head>
<meta http-equiv="Content-Type" content="text/html; charset=gb2312" />
<title></title>
<style type="text/css">
<!--
.y {
    font-size: 12px;
    font-style: normal;
    line-height: 20px;
    color: #FF0000;
    text-decoration: none;
}
-->
</style>
</head>
<body>
</body>
</html>
```

CSS还具有便利的自动更新功能。在更新CSS样式时，所有使用该样式的页面元素的格式都会自动地更新为当前所设定的新样式。

7.2 设置CSS样式表属性

控制网页元素外观的CSS样式用来定义字体、颜色、边距和字间距等属性，可以使用Dreamweaver来对所有的CSS属性进行设置。CSS属性被分为9大类：类型、背景、区块、方框、边框、列表、定位、扩展和过渡，下面分别进行介绍。

7.2.1 设置类型属性

在CSS样式定义对话框左侧的“分类”列表框中选择“类型”选项，在右侧可以设置CSS样式的类型参数，如图7-1所示。

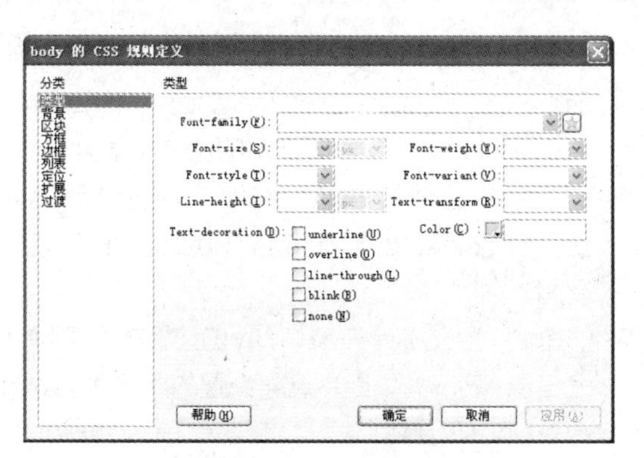

图7-1 选择“类型”选项

在“类型”中的各选项参数内容如下所述。

- Font-family：用于设置当前样式所使用的字体。
- Font-size：定义文本大小。可以通过选择数字和度量单位来选择特定的大小，也可以选择相对大小。
- Font-style：将“正常”、“斜体”或“偏斜体”指定为字体样式。默认设置是“正常”。
- Line-height：设置文本所在行的高度。该设置传统上称为“前导”。选择“正常”则自动计算字体大小的行高，或输入一个确切的值并选择一种度量单位来设定。
- Text-decoration：向文本中添加下划线、上划线或删除线，或使文本闪烁。正常文本的默认设置是“无”。“链接”的默认设置是“下划线”。将“链接”设置为“无”时，可以通过定义一个特殊的类删除链接中的下划线。
- Font-weight：对字体应用特定或相对的粗体量。“正常”等于400，“粗体”等于700。
- Font-variant：设置文本的小型大写字母变量。Dreamweaver不在文档窗口中显示该属性。
- Text-transform：将选定内容中的每个单词的首字母大写或将文本设置为全部大写或小写。
- color：设置文本颜色。

7.2.2 设置背景属性

使用“CSS规则定义”对话框的“背景”类别可以定义CSS样式的背景设置。可以对网页中的任何元素应用背景属性，如图7-2所示。

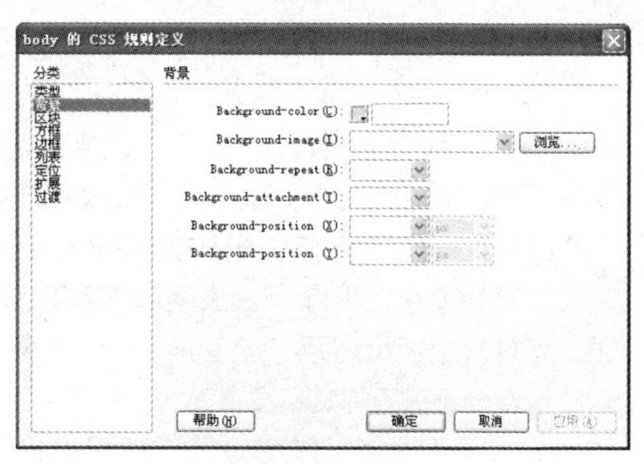

图7-2 选择“背景”选项

在CSS的“背景”选项中可以设置以下参数。

- Background-color：设置元素的背景颜色。
- Background-image：设置元素的背景图像。可以直接输入图像的路径和文件，也可以单击“浏览”按钮选择图像文件。
- Background repeat：确定是否以及如何重复背景图像。包含4个选项：“不重复”指在元素开始处显示一次图像；“重复”指在元素的后面水平和垂直平铺图像；“横向重复”和“纵向重复”分别显示图像的水平带区和垂直带区。
- Background attachment：确定背景图像是固定在它的原始位置还是随内容一起滚动。
- Background position (X)和Background position (Y)：指定背景图像相对于元素的初始位置，这可以用于将背景图像与页面中心垂直和水平对齐。如果附件属性为“固定”，则位置相对于文档窗口而不是元素。

7.2.3 设置区块属性

使用“CSS规则定义”对话框的“区块”类别可以定义标签和属性的间距和对齐设置，在对话框中左侧的“分类”列表中选择“区块”选项，在右侧可以设置相应的CSS样式，如图7-3所示。

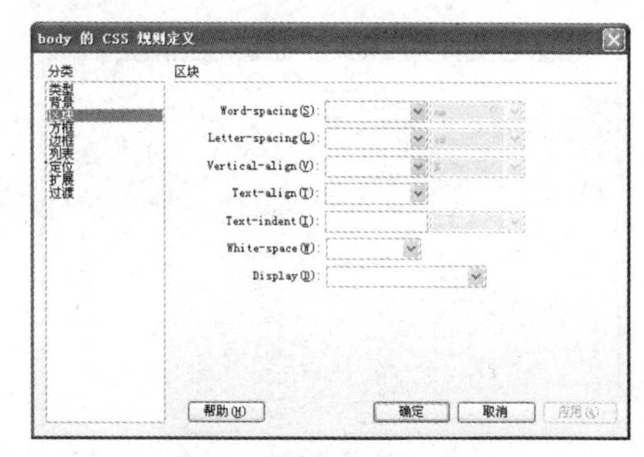

图7-3 选择“区块”选项

在CSS的“区块”各选项中参数内容如下撰述。

- word-spacing：设置单词的间距，若要设置特定的值，在下拉列表框中选择“值”，然后输入一个数值，在第二个下拉列表框中选择度量单位。
- letter-spacing：增加或减小字母或字符的间距。若要减少字符间距，指定一个负值，字母间距设置覆盖对齐的文本设置。
- Vertical-align：指定应用它的元素的垂直对齐方式。仅当应用于<img>标签时，Dreamweaver才在文档窗口中显示该属性。
- Text-align：设置元素中的文本对齐方式。
- Text-indent：指定第一行文本缩进的程度。可以使用负值创建凸出，但显示取决于浏览器。仅当标签应用于块级元素时，Dreamweaver才在文档窗口中显示该属性。
- White-space：确定如何处理元素中的空白。从下面3个选项中选择：“正常”指收缩空白；“保留”的处理方式与文本被括在<pre>标签中一样(即保留所有空白，包括空格、制表符和回车)；“不换行”指定仅当遇到
标签时文本才换行。Dreamweaver不在文档窗口中显示该属性。
- Display：指定是否以及如何显示元素。

7.2.4 设置方框属性

使用“CSS规则定义”对话框的“方框”类别可以为用于控制元素在页面上的放置方式的标签和属性定义设置。可以在应用填充和边距设置时将设置应用于元素的各个边，也可以使用“全部相同”设置将相同的设置应用于元素的所有边。

CSS的“方框”类别可以为控制元素在页面上的放置方式的标签和属性定义设置，如图7-4所示。

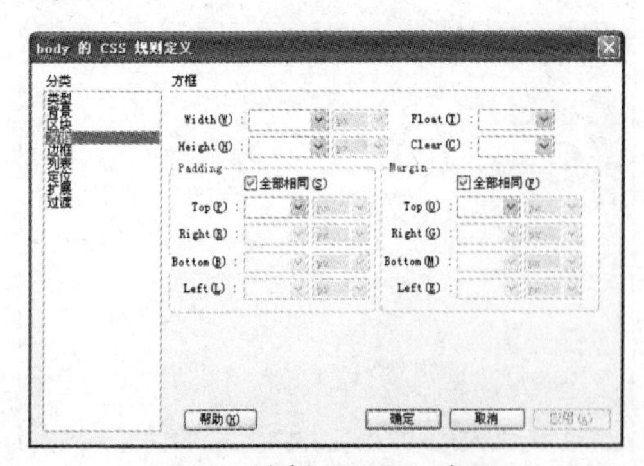

图7-4 选择“方框”选项

在CSS的“方框”各选项中的参数内容如下所述。

- Width和Height：设置元素的宽度和高度。
- Float：设置其他元素在哪个边围绕元素浮动。其他元素按通常的方式环绕在浮动元素的周围。
- Clear：定义不允许AP Div的边。如果清除边上出现AP Div，则带清除设置的元素将移到该AP Div的下方。
- Padding：指定元素内容与元素边框(如果没有边框，则为边距)之间的间距。取消选择“全部相同”选项可设置元素各个边的填充；“全部相同”将相同的填充属性应用于元素的top、right、bottom和left侧。
- Margin：指定一个元素的边框(如果没有边框，则为填充)与另一个元素之间的间距。仅当应用于块级元素(段落、标题和列表等)时，Dreamweaver才在文档窗口中显示该属性。取消选择“全部相同”可设置元素各个边的边距；“全部相同”将相同的边距属性应用于元素的top、right、bottom和left侧。

7.2.5 设置边框属性

CSS的“边框”类别可以定义元素周围边框的设置，如图7-5所示。

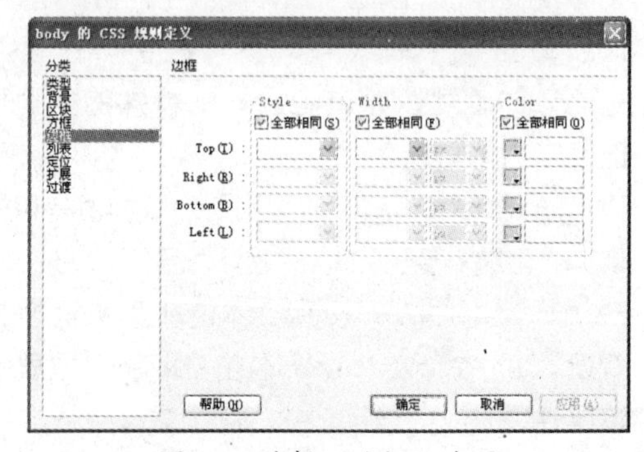

图7-5 选择“边框”选项

在CSS的“边框”各选项中的参数内容如下所述。

- Style：设置边框的样式外观。样式的显示方式取决于浏览器。Dreamweaver在文档窗口中将所有样式呈现为实线。取消选择“全部相同”复选框，可设置元素各个边的边框样式；选择“全部相同”复选项，将相同的边框样式属性应用于元素的top、right、bottom和left侧。
- Width：设置元素边框的粗细。取消选择“全部相同”复选项，可设置元素各个边的边框宽度；选择“全部相同”复选项，将相同的边框宽度应用于元素的 top、right、bottom 和 left 侧。

- Color：设置边框的颜色。可以分别设置每个边的颜色。取消选择“全部相同”复选项，可设置元素各个边的边框颜色；选择“全部相同”复选项将相同的边框颜色应用于元素的top、right、bottom和left侧。

7.2.6 设置列表属性

CSS的“列表”类别为列表标签定义列表设置，如图7-6所示。

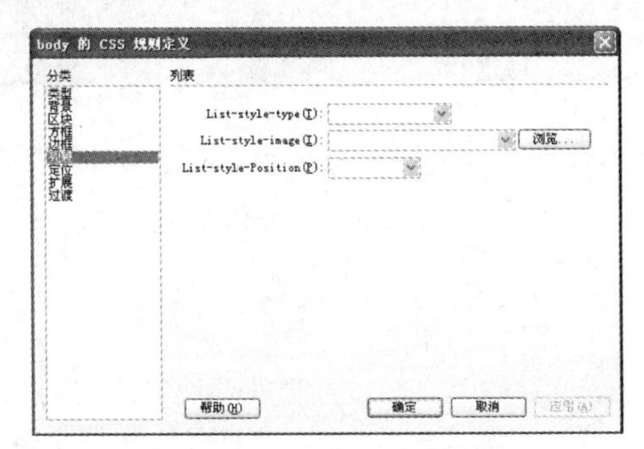

图7-6 选择“列表”选项

在CSS的“列表”各选项中的参数内容如下所述。

- List-style-type：设置项目符号或编号的外观。
- List-style-image：可以为项目符号指定自定义图像。单击“浏览”按钮选择图像，或输入图像的路径即可。
- List-style-Position：设置列表项文本是否换行和缩进(外部)以及文本是否换行到左边距(内部)。

7.2.7 设置定位属性

CSS的“定位”样式属性适用“层”首选参数中定义层的默认标签，将标签或所选文本块更改为新层，如图7-7所示。

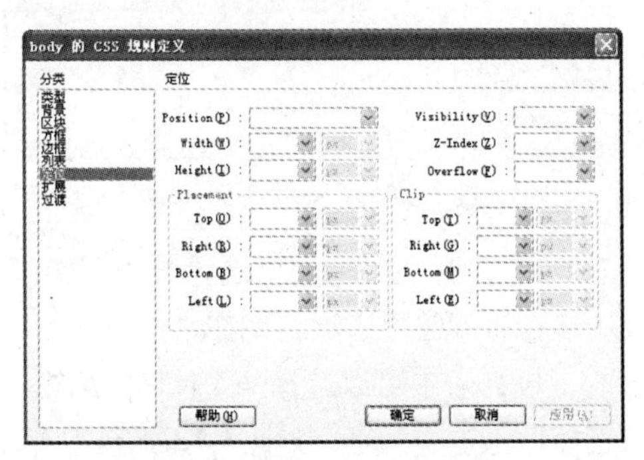

图7-7 选择“定位”选项

在CSS的“定位”选项中各参数内容如下所述。

- Position：在CSS布局中，Position发挥着非常重要的作用，很多容器的定位是用Position来完成。Position属性有4个可选值，它们分别是static、absolute、fixed和relative。
  - ◎ absolute：能够很准确地将元素移动到用户想要的位置，绝对定位元素的位置。
  - ◎ fixed：相对于窗口的固定定位。
  - ◎ relative：相对定位是相对于元素默认的位置的定位。
  - ◎ static：该属性值是所有元素定位的默认情况，在一般情况下，我们不需要特别地去声明它，但有时候遇到继承的情况，我们不愿意见到元素所继承的属性影响本身，因而可以用position:static取消继承，即还原元素定位的默认值。
- Visibility：如果不指定可见性属性，则默认情况下大多数浏览器都继承父级的值。
- Placement：指定AP Div的位置和大小。
- Clip：定义AP Div的可见部分。如果指定了剪辑区域，可以通过脚本语言访问它，并操作属性以创建像擦除这样的特殊效果。通过使用“改变属性”行为可以设置这些擦除效果。

7.2.8 设置扩展属性

“扩展”样式属性包含两部分，如图7-8所示。

- Page-break-before：这个属性的作用是为打印的页面设置分页符。
- Page-break-after：检索或设置对象后出现的页分割符。
- Cursor：当指针位于样式所控制的对象上时改变指针图像。
- Filter：对样式所控制的对象应用特殊效果。

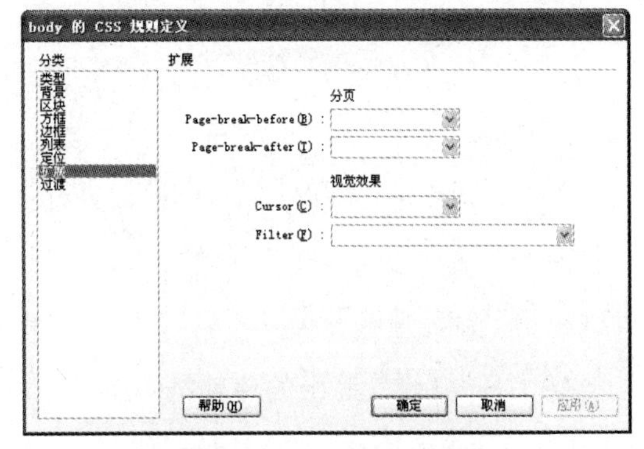

图7-8 选择“扩展”选项

7.2.9 设置过渡样式

“过渡”样式可以将元素从一种样式或状态更改为另一种样式或状态。“过渡”样式属性如图7-9所示。

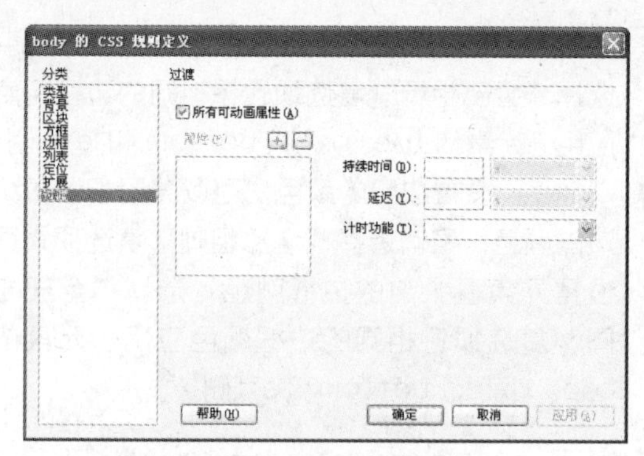

图7-9 选择“过渡”选项

7.3 链接到或导出外部CSS样式表

链接外部样式表可以方便地管理整个网站中的网页风格，它让网页的文字内容与版面设计分开，只要在一个CSS文档中定义好网页的外观风格，所有链接到此CSS文档的网页，便会按照定义好的风格显示网页。

7.3.1 创建内部样式表

内部样式表只包含在当前操作的网页文档中，并只应用于相应的网页文档，因此，在制作背景网页的过程中，可以随时创建内部样式表。创建CSS内部样式表的具体操作步骤如下所述。

01 执行“窗口”|“CSS样式”命令，打开“CSS样式”面板，如图7-10所示。

02 在“CSS样式”面板中单击“新建”按钮，如图7-11所示。

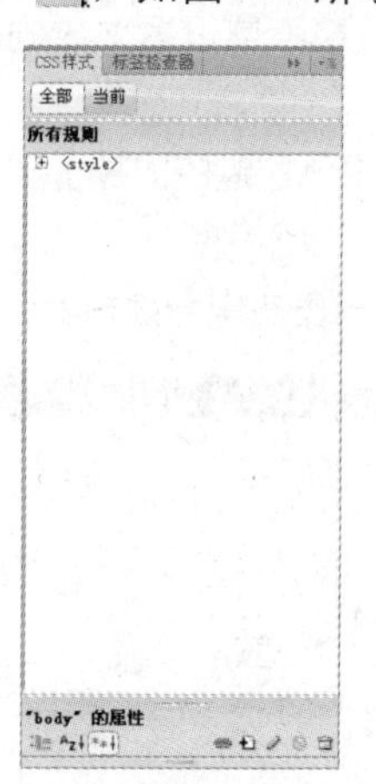

图7-10 “CSS样式”面板

图7-11 单击“新建”按钮

在“CSS样式”面板的底部排列有几个按钮，其含义如下所述。

“附加样式表”：在HTML文档中链接一个外部的CSS文件。

“新建CSS样式”按钮：编辑新的CSS样式文件。

“编辑样式表”按钮：编辑原有的 CSS 规则。

“删除CSS样式”按钮：删除选中的已有的CSS规则

03 弹出“新建 CSS 规则”对话框，如图 7-12 所示。

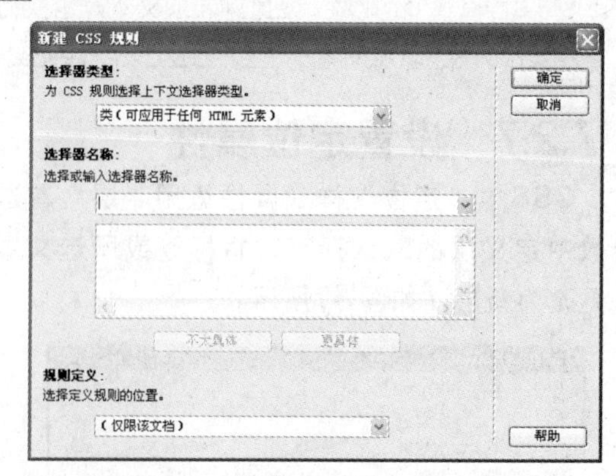

图7-12 “新建CSS规则”对话框

在对话框中，如果在“选择器类型”下拉列表中选择“标签”选项，则在“选择器名称”下方的下拉列表中可以选择一个HTML标签，也可以直接输入这个标签，如图7-13所示。

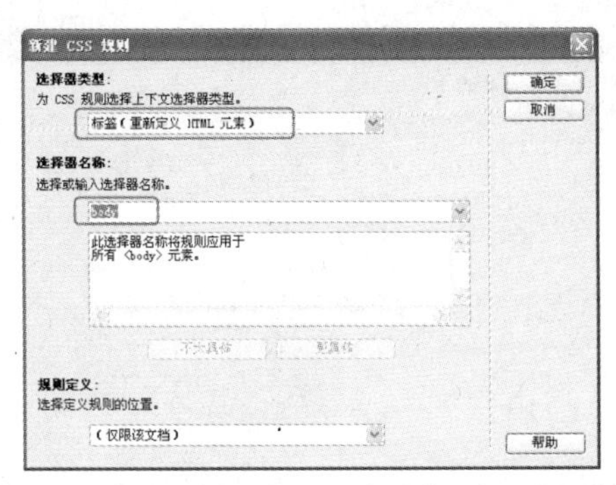

图7-13 在“选择器类型”中选择“标签”选项

“规则定义”下拉列表框用来设置新建的CSS语句的位置。CSS样式按照使用方法可以分为内部样式和外部样式。如果想把CSS语句新建在网页内部，可以选择“仅限该文档”选项。

如果在“选择器类型”下拉列表中选择“复合内容”选项，则要在“选择器名称”下拉列表中选择一种选择器名称，也可以直接输入一种选择器名称，如图7-14所示。

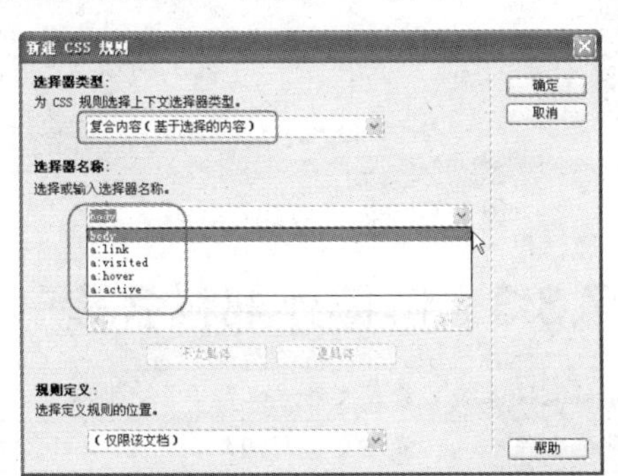

图7-14 在“选择器类型”中选择“复合内容”选项

04 在“选择器类型”下拉列表中选择“类”选项，然后在“选择器名称”中输入“.style”。由于创建的是CSS样式内部样式表，所以在“规则定义”下拉列表中选择“仅限该文档”选项，如图7-15所示。

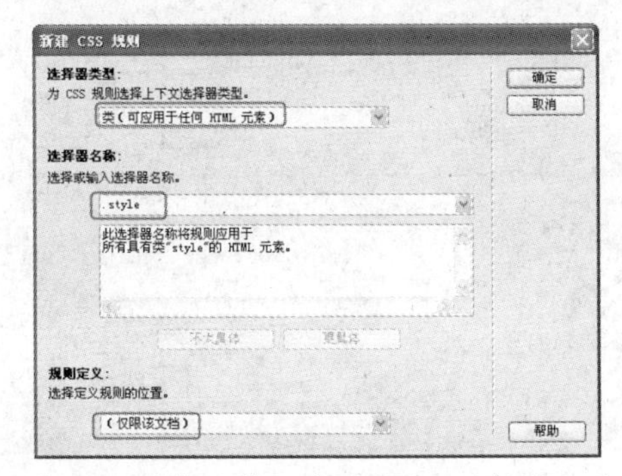

图7-15 选择“类”选项并输入选择器名称

05 单击“确定”按钮，弹出“.style的CSS规则定义”对话框，在对话框中将“Font-family”设置为“宋体”，“Font-size”设置为12像素，“Line-height”设置为150%，“Color”设置为“#000000”，如图7-16所示。

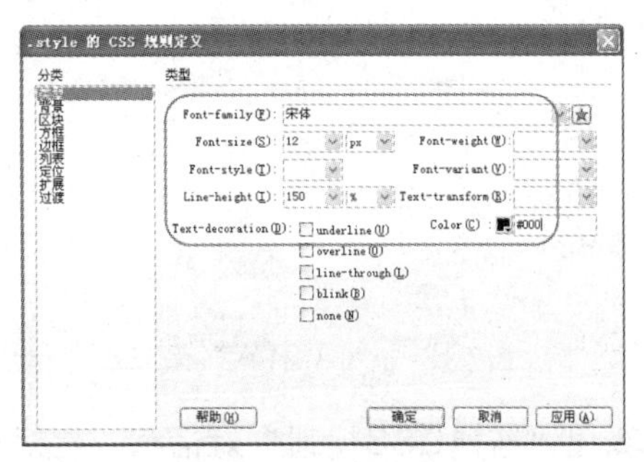

图7-16 “.style的CSS规则定义”对话框

06 单击“确定”按钮，在“CSS样式”面板中可以看到新建的样式表和属性，如图7-17所示。

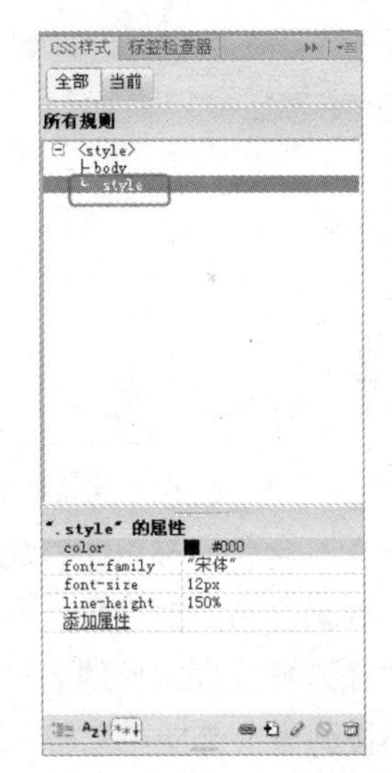

图7-17 新建的内部样式表

7.3.2 创建外部样式表

外部样式表是一个独立的样式表文件，保存在本地站点中，外部样式表不仅可以应用在当前的文档中，还可以根据需要应用在其他的网页文档中，甚至在整个站点中应用。

创建外部CSS样式表的具体操作步骤如下所示。

01 执行“窗口”|“CSS样式”命令，打开“CSS样式”面板。在“CSS样式”面板中单击“新建CSS规则”按钮，如图7-18所示。

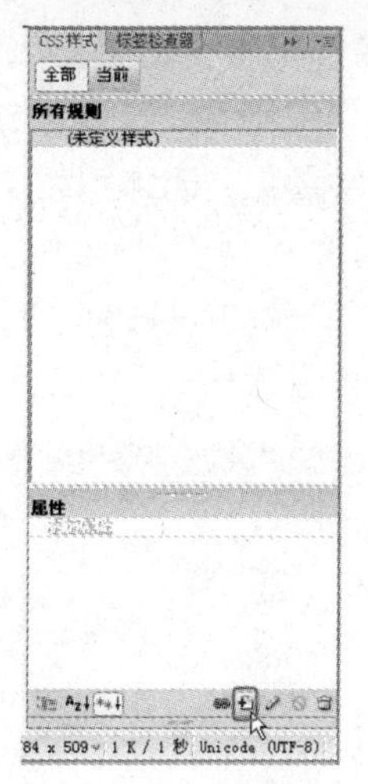

图7-18 “CSS样式”面板

02 弹出“新建CSS规则”对话框，在对话框中的“选择器类型”下拉列表中选择“标签”选项，在“选择器名称”下拉列表中选择“body”选项，“规则定义”设置为“新建样式表文件”，如图7-19所示。

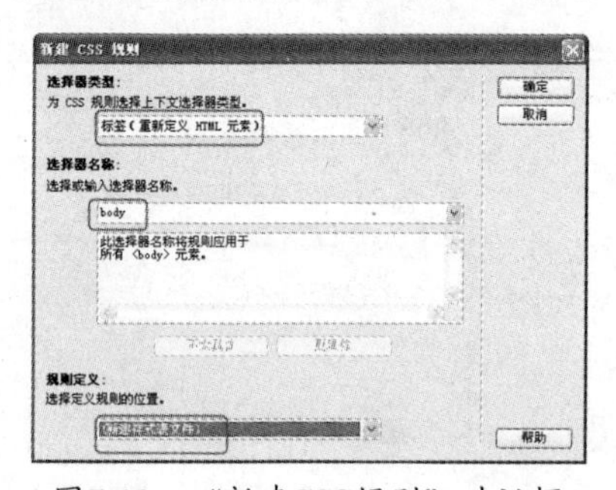

图7-19 “新建CSS规则”对话框

03 单击“确定”按钮，弹出图7-20所示的“将样式表文件另存为”对话框，在“文件名”文本框中输入样式表文件的名称，并在“相对于”下拉列表中选择“文档”选项。

图7-20 “将样式表文件另存为”对话框

04 单击“保存”按钮，弹出图7-21所示的对话框，在对话框中进行相应的设置。

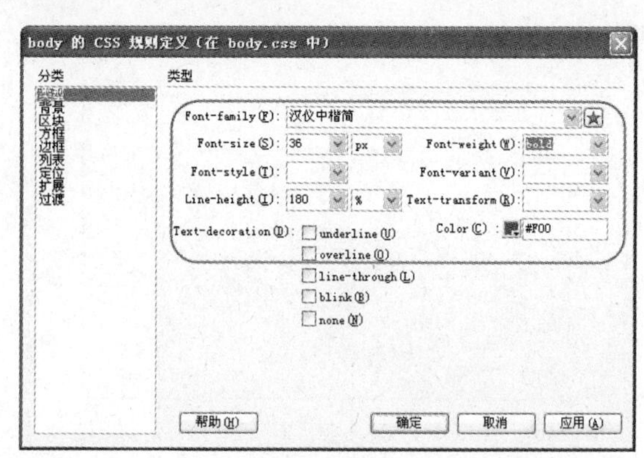

图7-21 “body的CSS规则定义”对话框

05 单击“确定”按钮，在文档窗口中可以看到新建的外部样式表文件，如图7-22所示。

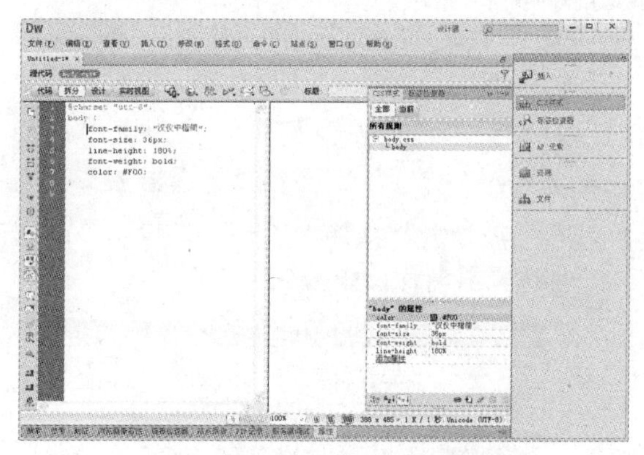

图7-22 新建的外部样式表文件

7.3.3 链接外部样式表

原始文件:	原始文件/CH07/7.3.3/index.html
最终文件:	最终文件/CH07/7.3.3/index1.html

编辑外部CSS样式表时，链接到该CSS样式表的所有文档都将会全部更新，以反映所做的修改。用户可以导出文档中包含的CSS样式以创建新的CSS样式表，然后附加或链接到外部样式表以应用那里所包含的样式。链接外部样式表的效果如图7-23所示，具体的操作步骤如下所述。

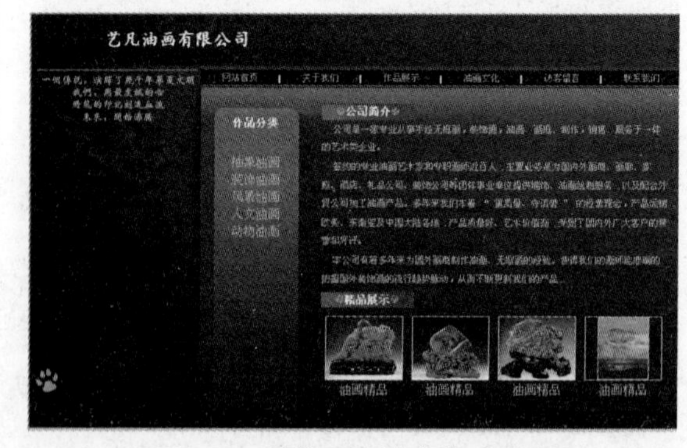

图7-23 链接外部样式表的效果

01 打开网页文档，执行“窗口”|“CSS样式”命令，如图7-24所示。

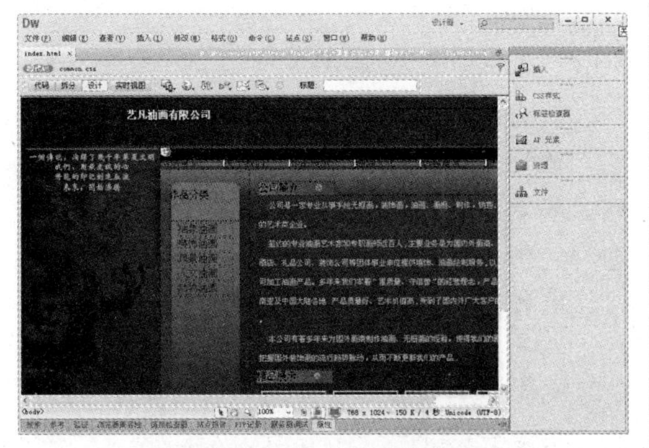

图7-24 打开网页文档

02 打开“CSS样式”面板，在面板中单击鼠标右键，在弹出的快捷菜单中执行“附加样式表”命令，如图7-25所示。

图7-25 执行“附加样式表”命令

03 弹出“链接外部样式表”对话框，在该对话框中单击“文件/URL”下拉列表框右侧的“浏览”按钮，如图7-26所示。

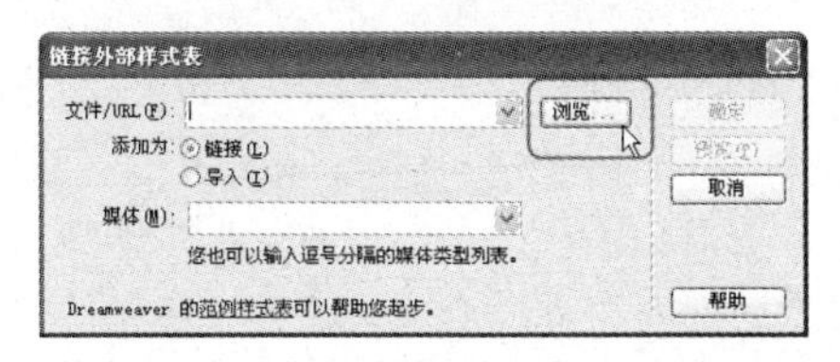

图7-26 “链接外部样式表”对话框

04 弹出“选择样式表文件”对话框，在对话框中选择“images”文件夹中的“common.css”文件，如图7-27所示。

图7-27 “选择样式表文件”对话框

05 单击“确定”按钮，将文件添加到对话框中，在“添加为”选区选中“链接”单选项，如图7-28所示。

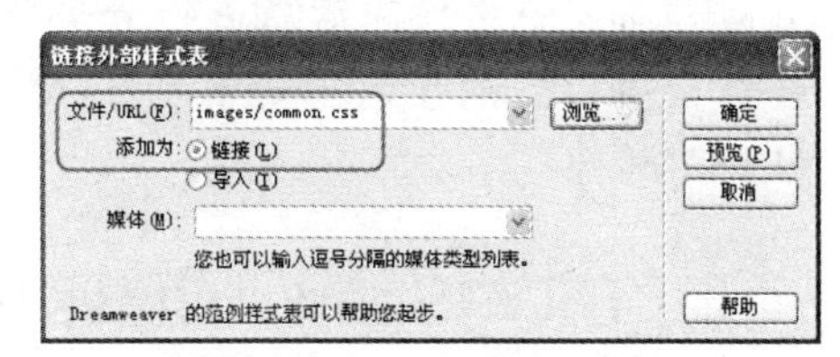

图7-28 添加文件

06 单击“确定”按钮，在“CSS样式”面板中可以看到链接到的外部样式表，如图7-29所示。

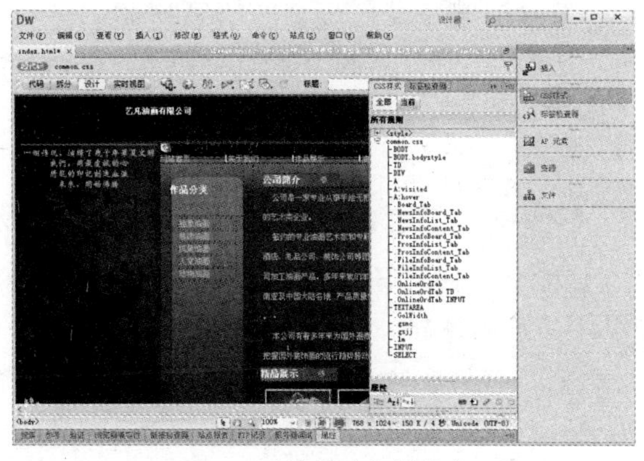

图7-29 链接外部样式表

07 保存网页，按F12键在浏览器中预览，如图7-23所示。

7.4 CSS和DIV布局

许多Web站点都使用基于表格的布局显示页面信息。表格对于显示表格数据很有用，并且很容易在页面上创建。但表格还会生成大量难以阅读和维护的代码。许多设计

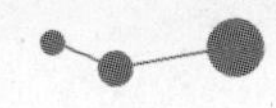

者首选基于CSS的布局，正是因为基于CSS的布局所包含的代码数量要比具有相同特性的基于表格的布局使用的代码数量少很多。

7.4.1 什么是Web标准

Web标准是由W3C和其他标准化组织制定的一套规范集合，Web标准的目的在于创建一个统一的用于Web表现层的技术标准，以便于通过不同浏览器或终端设备向最终用户展示信息内容。

Web标准由一系列规范组成，目前的Web标准主要由三大部分组成：结构(Structure)、表现(Presentation)和行为(Behavior)。真正符合Web标准的网页设计是指能够灵活使用Web标准对Web内容进行结构、表现与行为的分离。

1.结构(Structure)

结构对网页中用到的信息进行分类与整理。在结构中用到的技术主要包括HTML、XML和XHTML。

2.表现(Presentation)

表现用于对信息进行版式、颜色和大小等形式控制。在表现中用到的技术主要是CSS层叠样式表。

3.行为(Behavior)

行为是指文档内部的模型定义及交互行为的编写，用于编写交互式的文档。在行为中用到的技术主要包括DOM和ECMAScript。

- DOM(Document Object Model)文档对象模型：DOM是浏览器与内容结构之间的沟通接口，它可以访问页面上的标准组件。
- ECMAScript 脚本语言：ECMAScript 是标准脚本语言，它用于实现具体的界面上对象的交互操作。

7.4.2 Div与Span、Class与ID的区别

Div标记早在HTML3.0时代就已经出现，但在那时并不常用，直到CSS的出现，才逐渐发挥出它的优势。而Span标记直到HTML 4.0时才被引入，它是专门针对样式表而设计的标记。

Div简单而言是一个区块容器标记，即<div>与</div>之间相当于一个容器，可以容纳段落、标题、表格、图片，乃至课节、摘要和备注等各种HTML元素。因此，可以把<div>与</div>中的内容视为一个独立的对象，用于CSS的控制。声明时只需要对Div进行相应的控制，其中的各标记元素都会因此而改变。

Span是行内元素，Span的前后是不会换行的，它没有结构的意义，纯粹是应用样式，当其他行内元素都不合适时，可以使用Span。

7.4.3 为什么要使用CSS+Div布局

掌握基于CSS的网页布局方式，是实现Web标准的基础。在主页制作时采用CSS技术，可以有效地对页面的布局、字体、颜色、背景和其他效果实现更加精确的控制。只要对相应的代码做一些简单的修改，就可以改变网页的外观和格式。采用CSS布局有以下优点。

- 大大缩减页面代码，提高页面浏览速度，缩减带宽成本。
- 结构清晰，容易被搜索引擎搜索到。
- 缩短改版时间，只要简单地修改几个CSS文件就可以重新设计一个有成百上千页面的站点。
- 强大的字体控制和排版能力。
- CSS非常容易编写，可以像写HTML代码一样轻松地编写CSS。
- 提高易用性，使用CSS可以结构化HTML，如<p>标记只用来控制段落，<heading>标记只用来控制标题，<table>标记只用来表现格式化的数据等。
- 表现和内容相分离，将设计部分分离出来放在一个独立样式文件中。
- 更方便搜索引擎的搜索，用只包含结构化内容的HTML代替嵌套的标记，搜索引擎将更有效地搜索到内容。
- table的布局中，垃圾代码会很多，一些修饰的样式及布局的代码混合一起，很不直观。而div更能体现样式和结构相分离，结构的重构

性强。

- 可以将许多网页的风格格式同时更新，不用再一页一页地更新了。可以将站点上所有的网页风格都使用一个CSS文件进行控制，只要修改这个CSS文件中相应的行，那么整个站点的所有页面都会随之发生变动。

7.5 CSS布局方法

无论使用表格还是CSS，网页布局都是把大块的内容放进网页的不同区域里面。有了CSS，最常用来组织内容的元素就是<div>标签。CSS排版是一种很新的排版理念，首先要将页面使用<div>整体划分几个板块，然后对各个板块进行CSS定位，最后在各个板块中添加相应的内容。

7.5.1 将页面用Div分块

在利用CSS布局页面时，首先要有一个整体的规划，包括整个页面分成哪些模块，各个模块之间的父子关系等。以最简单的框架为例，页面由Banner、主体内容(content)、菜单导航(links)和脚注(footer)几个部分组成，各个部分分别用自己的id来标识，如图7-30所示。

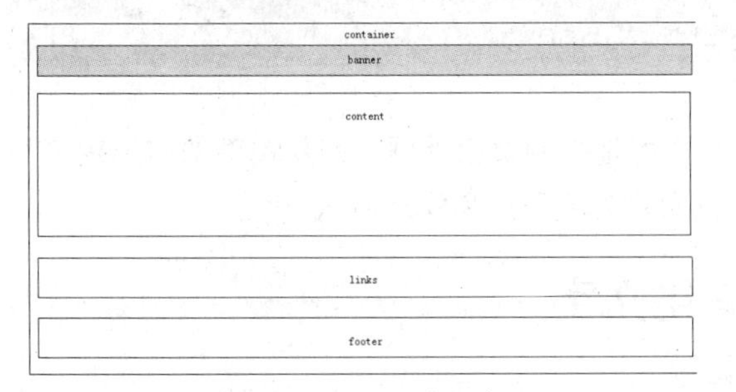

图7-30 页面内容框架

其页面中的HTML框架代码如下所示。

```
<div id="container">container
 <div id=”banner”>banner</div>
  <div id="content">content</div>
  <div id="links">links</div>
  <div id="footer">footer</div>
</div>
```

实例中每个板块都是一个<div>，这里直接使用CSS中的id来表示各个板块，页面的所有Div块都属于container，一般的Div排版都会在最外面加上这个父Div，便于对页面的整体进行调整。对于每个Div块，还可以再加入各种元素或行内元素。

7.5.2 用CSS定位各块的位置

当页面的内容已经确定后，则需要根据内容本身考虑整体的页面布局类型，如单栏、双栏或是三栏等，这里采用的布局如图7-31所示。

由图7-31可以看出，在页面外部有一个整体的框架container，banner位于页面整体框架中的最上方，content与links位于页面的中部，其中content占据着页面的绝大部分，最下面是页面的脚注footer。

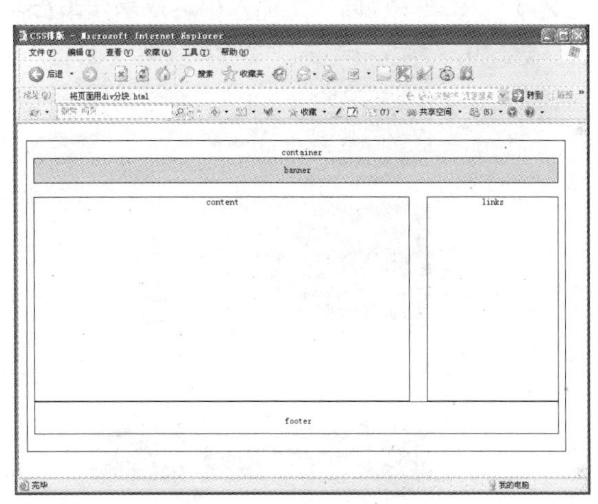

图7-31 简单的页面框架

7.6 CSS的基本语法

CSS的语法结构仅由3部分组成，分别为选择符、样式属性和值，基本语法如下所述。

选择符{样式属性:取值;样式属性:取值;样式属性:取值;……}

◎ 选择符(Selector)指这组样式编码所要针对的对象，可以是一个XHTML标签，如<body>、<hl>，也可以是定义了特定id或class的标签，如“#main”选择符表示选择<div id=main>，即一个被指定了main为id的对象。浏览器将对CSS选择符进行严格的解析，每一组样式均会被浏览器应用到对应的对象上。

◎ 属性(Property)是CSS样式控制的核心，对于每一个XHTML中的标签，CSS都提供了丰富的样式属性，如颜色、大小、定位和浮动方式等。

◎ 值(Value)是指属性的值，有两种形式，一种是指定范围的值，如float属性，只可以使用left、right和none三种值；另一种为数值，如width，能够取值的范围在0～9999px之间，或通过其他数学单位来指定。

在实际应用中，往往使用以下类似的应用形式。

```
Body {background-color:blue}
```

表示选择符为body，即选择了页面中的<body>标记，属性为background-color，这个属性用于控制对象的背景色，而值为blue。页面中的body对象的背景色通过使用这组CSS编码，被定义为蓝色。

7.7 实战应用

使用CSS样式可以灵活并更好地控制页面外观，即从精确的布局定位到特定的字体和文本样式。下面通过实例介绍如何在网页中创建及应用CSS样式。

7.7.1 课堂练一练：CSS样式美化文字

原始文件:	原始文件/CH07/实战1/index.html
最终文件:	最终文件/CH07/实战1/ index1.html

利用CSS可以固定字体大小，使网页中的文本始终不随浏览器改变而变化，总是保持着原有的大小，应用CSS固定字体大小的效果如图7-32所示，具体的操作步骤如下所述。

图7-32 应用CSS美化字体的效果

01 打开网页文档，执行“窗口”|“CSS样式”命令，如图7-33所示。

图7-33 打开网页文档

02 打开“CSS样式”面板，在“CSS样式”面板中单击鼠标右键，在弹出的快捷菜单中执行“新建”命令，如图7-34所示。

图7-34 执行“新建”命令

03 弹出“新建CSS规则”对话框，在对话框中的“选择器类型”中选择“类”，在“选择器名称”中输入名称，在“规则定义”中选择“仅限该文档”，如图7-35所示。

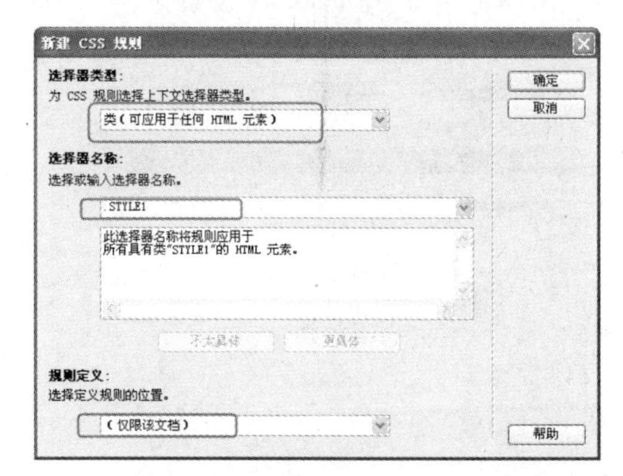

图7-35 “新建CSS规则”对话框

04 单击“确定”按钮，弹出“.STYLE1的CSS规则定义”对话框，在对话框中将“Font-family”设置为“宋体”，“Font-size”设置为12像素，“Color”设置为#060，“Line-height”设置为200%，如图7-36所示。

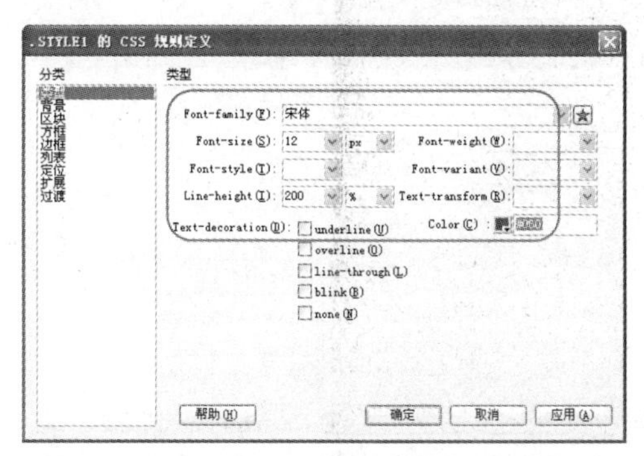

图7-36 “.STYLE1的CSS规则定义”对话框

05 单击“确定”按钮，新建CSS样式，选中应用样式的文本，单击鼠标的右键，在弹出的快捷菜单中执行“应用”命令，如图7-37所示。

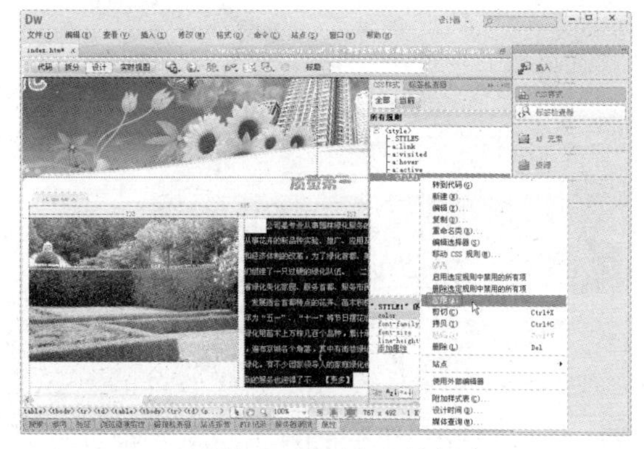

图7-37 应用CSS样式

06 保存文档，按F12键在浏览器中浏览，效果如图7-32所示。

7.7.2 课堂练一练：应用CSS样式制作阴影文字

原始文件：	原始文件/CH07/实战2/index.html
最终文件：	最终文件/CH07/实战2/index1.html

滤镜能对样式所控制的对象应用特殊效果(包括模糊和反转)，使用CSS样式制作阴影文字的效果如图7-38所示，具体的操作步骤如下所述。

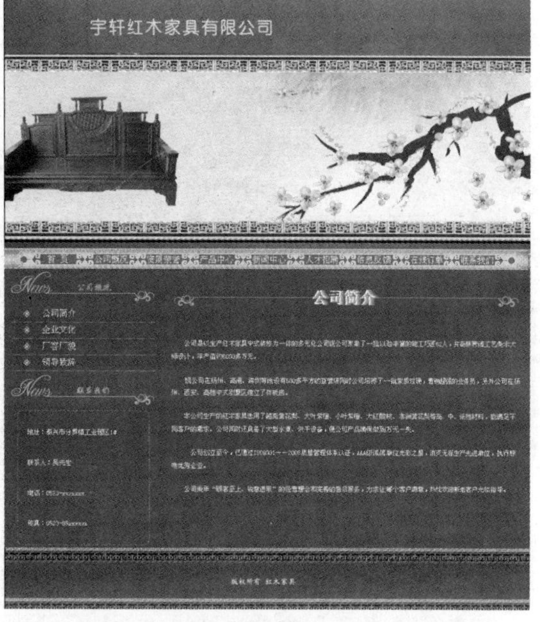

图7-38 使用CSS样式制作阴影文字的效果

01 打开网页文档，将光标置于页面中，如图7-39所示。

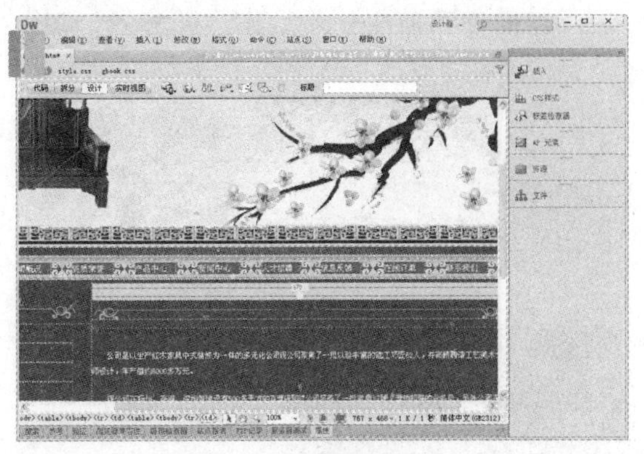

图7-39 打开网页文档

02 执行“插入”|“表格”命令，插入1行1列的表格，“表格宽度”设置为30%，单击“确定”按钮，插入表格，如图7-40所示。

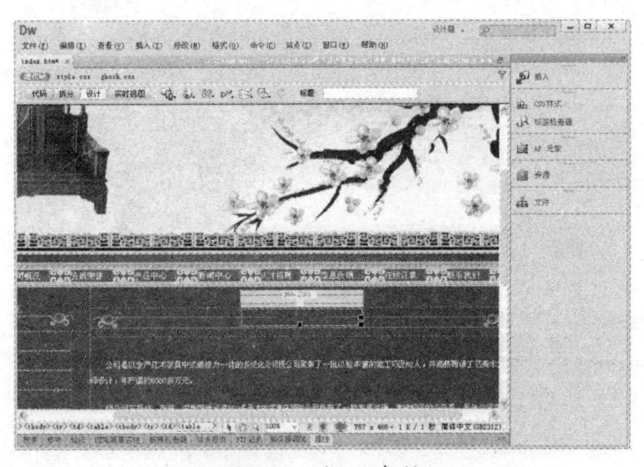

图7-40 插入表格

03 将光标置于表格内，输入文字，执行“窗口”|“CSS样式”命令，如图7-41所示。

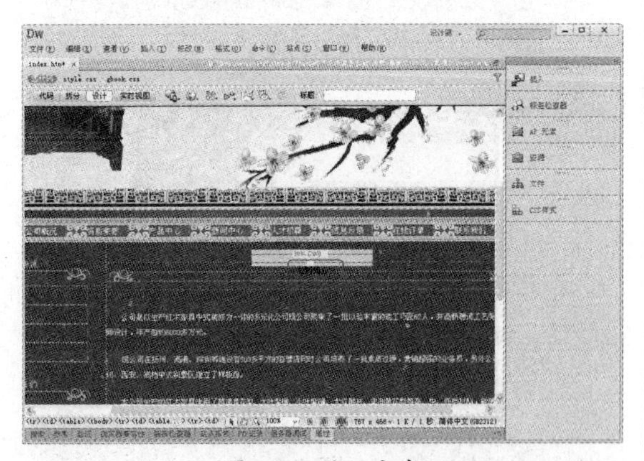

图7-41 输入文字

04 打开“CSS样式”面板，在“CSS样式”面板中单击鼠标右键，在弹出的快捷菜单中执行“新建”命令，弹出“新建CSS规则”对话框，在“选择器名称”文本框中输入“.yinying”，在“选择器类型”中选择“类”，“规则定义”选择“仅限该文档”，如图7-42所示。

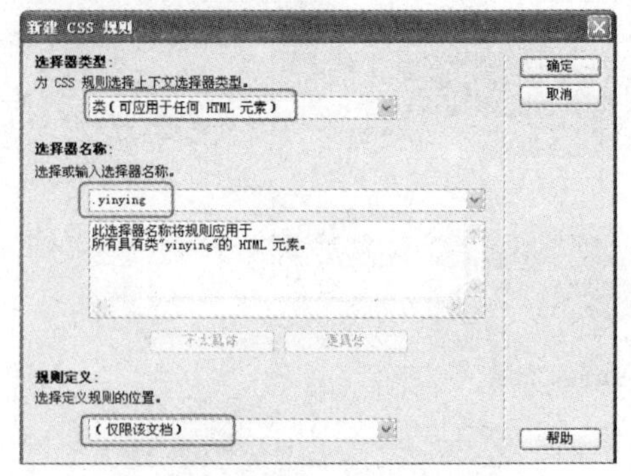

图7-42 “新建CSS规则”对话框

05 单击“确定”按钮，弹出“. yinying的CSS规则定义”对话框，选择“分类”中的“类型”选项，“Font-family”设置为“宋体”，“Font-size”设置为30，“Font-weight”设置为“bold”，“color”设置为“#FFF”，如图7-43所示。

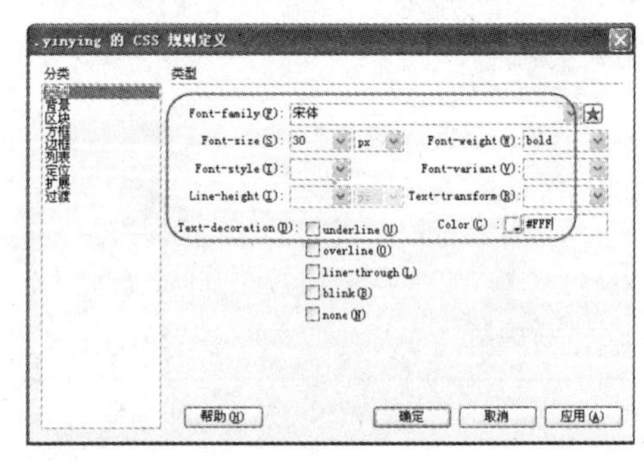

图7-43 “.yinying的CSS规则定义”对话框

06 单击“应用”按钮，再选择“分类”中的“扩展”选项，“Filter”设置为“Shadow(Color=？, Direction=？)”，如图7-44所示。

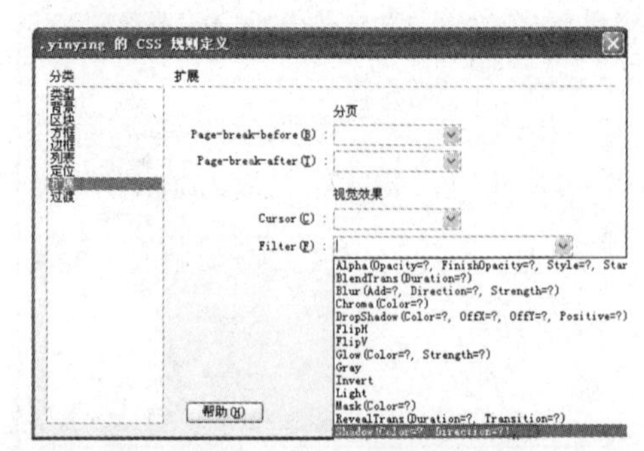

图7-44 选择“Shadow”选项1

Shadow滤镜可以使文字产生阴影效果，其语法格式为：Shadow(Color=?，Direction=?)。其中，Color为投影的颜色，Direction为投影的角度，共取值范围为0~360。最常用的取值是50，采用这个值，就可以看出明显的阴影效果。

07 在“Filter”中设置“Shadow(Color=#ccc333, Direction=100)”，如图7-45所示。

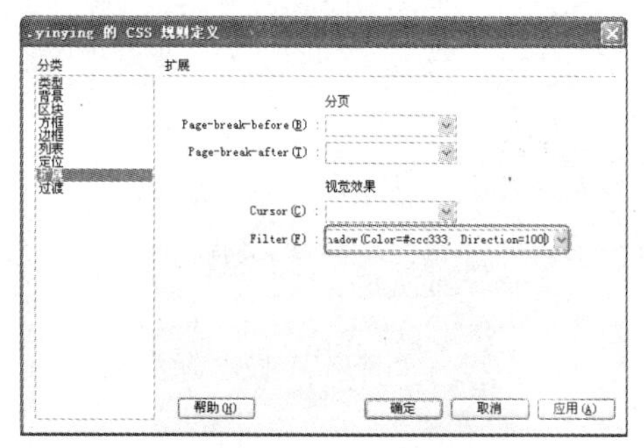

图7-45 设置阴影

08 单击“确定”按钮，在文档中选中表格，然后在“CSS样式”面板中用鼠标右键单击新建的样式，在弹出的快捷菜单中执行“应用”命令，如图7-46所示。

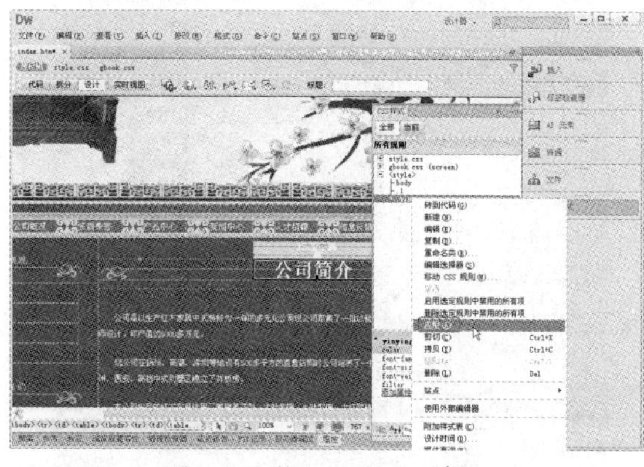

图7-46 执行“应用”命令

09 应用样式后，保存网页文档，按F12键在浏览器中预览阴影文字效果，如图7-38所示。

7.8 习题测试

1. 填空题

(1) 控制网页元素外观的CSS样式用来定义字体、颜色、边距和字间距等属性，可以使用Dreamweaver来对所有的CSS属性进行设置。CSS属性被分为9大类：________、________、________、________、________、________、________、________、和________。

(2) CSS的语法结构仅由3部分组成，分别为________、________和________。

2. 操作题

原始文件：	原始文件/CH07/操作题1/index.htm
最终文件：	最终文件/CH07/操作题1/index1.htm

(1) 利用链接外部CSS样式表给如图7-47所示的网页应用样式，应用后的效果如图7-48所示。

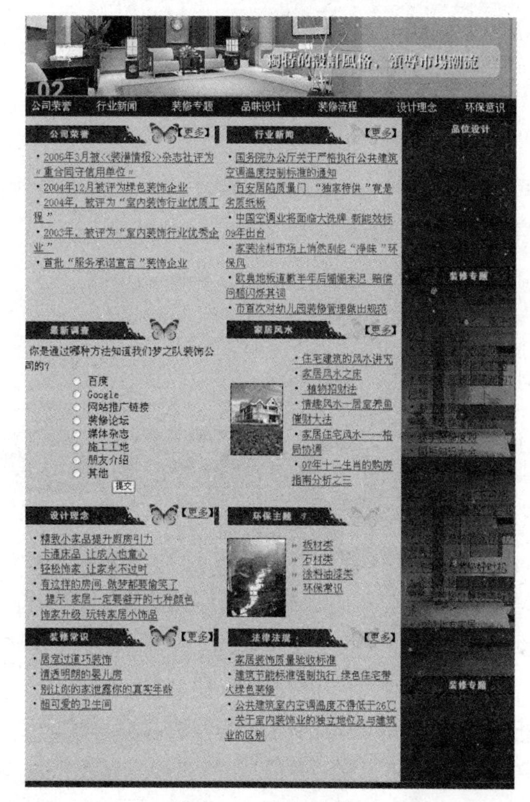

图7-47 原始文件

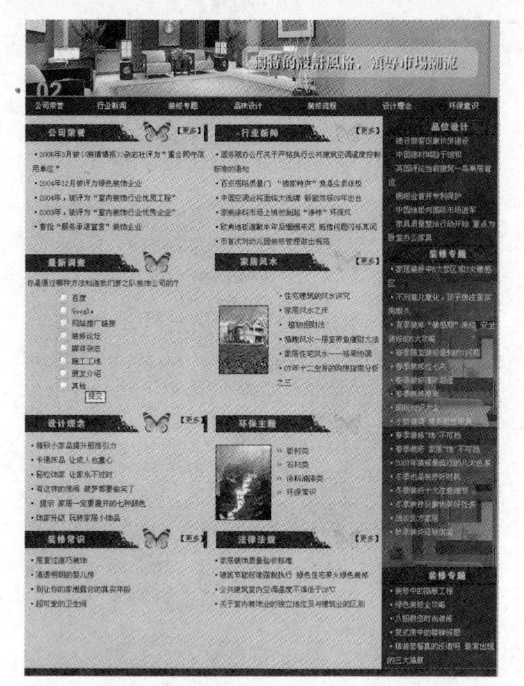

图7-48　链接外表样式表效果

提示

打开“CSS样式”面板，在面板中单击鼠标右键，在弹出的快捷菜单中执行“附加样式表”命令，弹出“链接外部样式表”对话框，在该对话框中单击“文件/URL”下拉列表框右侧的“浏览”按钮，选择“images”文件夹中的“link.css”文件。

(2) 利用CSS滤镜给如图7-49所示的“公司简介”文字创建动感阴影文字，创建后的效果如图7-50所示。

原始文件：	原始文件/CH07/操作题2/index.htm
最终文件：	最终文件/CH07/操作题2/index1.htm

图7-49　原始文件

图7-50　应用CSS动感阴影文字效果

提示

在“CSS规则定义”对话框中，选择“分类”中的“扩展”选项，设置“Filter”滤镜即可。

7.9 本课小结

设计网页的第一步是设计布局，好的网页布局会令访问者耳目一新，同样也可以使访问者比较容易在站点上找到他们所需要的信息。无论使用表格还是CSS，网页布局都是把大块的内容放进网页的不同区域里面。

传统表格布局的快速与便捷加速了网页设计师对于页面创意的激情，而忽视了代码的理性分析。迄今为止，表格仍然主导着视觉丰富的网站的设计方式，但它却阻碍了一种更好的、更有亲和力的、更灵活的，而且功能更强大的CSS布局方法。

第8课
利用行为轻易实现网页特效

本课导读

Dreamweaver CS6提供了快速制作网页特效的行为，可以让即使不会编程的设计者也能制作出漂亮的特效。本课将学习行为的使用。行为是Dreamweaver内置的JavaScript程序库。在页面中使用行为可以让不懂得编程的人也能将JavaScript程序添加到页面中，从而制作出具有动态效果与交互效果的网页。

技术要点

◎ 熟悉行为的概述
◎ 认识事件
◎ 认识动作
◎ 掌握行为的使用方法

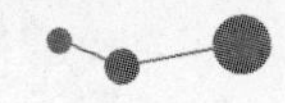

8.1 行为概述

在Dreamweaver中，行为是事件和动作的组合。事件是特定的时间或是用户在某时所发出的指令后紧接着发生的结果，而动作是事件发生后，网页所要做出的反应。

8.1.1 认识事件

事件用于指定选定的行为动作在何种情况下发生。如想应用单击图像时跳转到指定网站的行为，则需要把事件指定为单击瞬间onClick。表8-1所示是Dreamweaver中常见的事件。

表8-1 Dreamweaver中常见的事件

内　容	事　件
onAbort	在浏览器窗口中停止加载网页文档的操作时发生的事件
onMove	移动窗口或框架时发生的事件
onLoad	选定的对象出现在浏览器上时发生的事件
onResize	访问者改变窗口或帧的大小时发生的事件
onUnLoad	访问者退出网页文档时发生的事件
onClick	用鼠标单击选定元素的一瞬间发生的事件
onBlur	鼠标指针移动到窗口或帧外部，即在这种非激活状态下发生的事件
onDragDrop	拖动并放置选定元素的那一瞬间发生的事件
onDragStart	拖动选定元素的那一瞬间发生的事件
onFocus	鼠标指针移动到窗口或帧上，激活之后发生的事件
onMouseDown	单击鼠标右键一瞬间发生的事件
onMouseMove	鼠标指针指向字段并在字段内移动时发生的事件
onMouseOut	鼠标指针经过选定元素之外时发生的事件
onMouseOver	鼠标指针经过选定元素上方时发生的事件
onMouseUp	单击鼠标右键，然后释放时发生的事件
onScroll	访问者在浏览器上移动滚动条时发生的事件
onKeyDown	当访问者按下任意键时发生的事件
onKeyPress	当访问者按下和释放任意键时发生的事件
onKeyUp	在键盘上按下特定键并释放时发生的事件
onAfterUpdate	更新表单文档内容时发生的事件
onBeforeUpdate	改变表单文档项目时发生的事件
onChange	访问者修改表单文档的初始值时发生的事件
onReset	将表单文档重设置为初始值时发生的事件
onSubmit	访问者传送表单文档时发生的事件
onSelect	访问者选定文本字段中的内容时发生的事件
onError	在加载文档的过程中，发生错误时发生的事件
onFilterChange	运用于选定元素的字段发生变化时发生的事件
Onfinish Marquee	用功能来显示的内容结束时发生的事件
Onstart Marquee	开始应用功能时发生的事件

8.1.2 动作类型

所谓的动作就是设定更换图片、弹出警告信息框等特殊的JavaScript效果。在设定的事件发生时运行动作。表8-2所示是Dreamweaver提供的常见动作。

表8-2 Dreamweaver提供的常见动作

动　作	内　容
调用JavaScript	调用JavaScript函数
改变属性	改变选择对象的属性
检查浏览器	根据访问者的浏览器版本，显示适当的页面
检查插件	确认是否设有运行网页的插件
控制Shockwave或Flash	控制影片的播放
拖动AP元素	允许在浏览器中自由拖动AP Div
转到URL	可以转到特定的站点或网页文档上
隐藏弹出式菜单	隐藏在Dreamweaver上制作的弹出窗口
跳转菜单	可以创建若干个链接的跳转菜单
跳转菜单开始	在跳转菜单中选定要移动的站点之后，只有单击“GO”按钮才可以移动到链接的站点上
打开浏览器窗口	在新窗口中打开URL
播放声音	设置的事件发生之后，播放链接的音乐
弹出消息	设置的事件发生之后，弹出警告信息
预先载入图像	为了在浏览器中快速显示图片，事先下载图片之后显示出来
设置导航栏图像	制作由图片组成菜单的导航条
设置框架文本	在选定的帧上显示指定的内容
设置状态栏文本	在状态栏中显示指定的内容
设置文本域文字	在文本字段区域显示指定的内容
显示弹出式菜单	显示弹出式菜单
显示-隐藏元素	显示或隐藏特定的AP Div
交换图像	发生设置的事件后，用其他图片来取代选定的图片
恢复交换图像	在运用交换图像动作之后，显示原来的图片
时间轴	用来控制时间轴，可以播放、停止动画
检查表单	在检查表单文档有效性的时候使用

8.2 制作指定大小的弹出窗口

原始文件	原始文件/CH08/8.2/index.html
最终文件	最终文件/CH08/8.2/index1.html

使用“打开浏览器窗口”动作在打开当前网页的同时，还可以再打开一个新的窗口。创建打开浏览器窗口网页的效果如图8-1所示，具体操作步骤如下所述。

图8-1　打开浏览器窗口网页的效果

01 打开网页文档，执行“窗口”|“行为”命令，如图8-2所示。

图8-2　打开网页文档

02 打开“行为”面板，在“行为”面板中单击“添加行为”按钮+，在弹出的菜单中执行“打开浏览器窗口”命令，如图8-3所示。

图8-3　执行“打开浏览器窗口”命令

提示

按Shift+F4组合键也可以打开“行为”面板。

03 选中选项后，弹出“打开浏览器窗口”对话框，如图8-4所示。

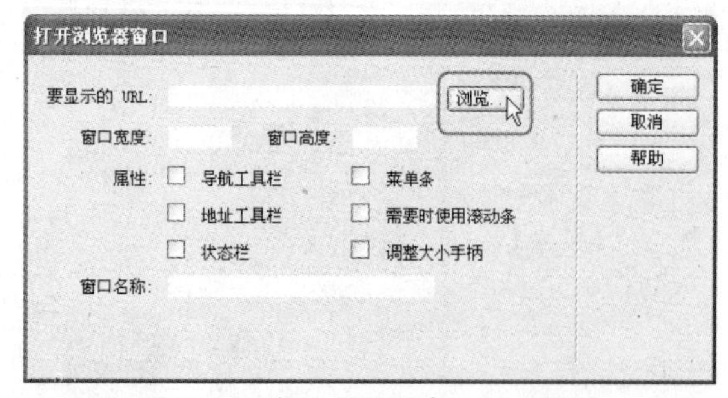

图8-4　“打开浏览器窗口”对话框

04 在对话框中单击“要显示的URL”文本框右边的“浏览”按钮，弹出“选择文件”对话框，在对话框中选择“guanggao.html”，如图8-5所示。

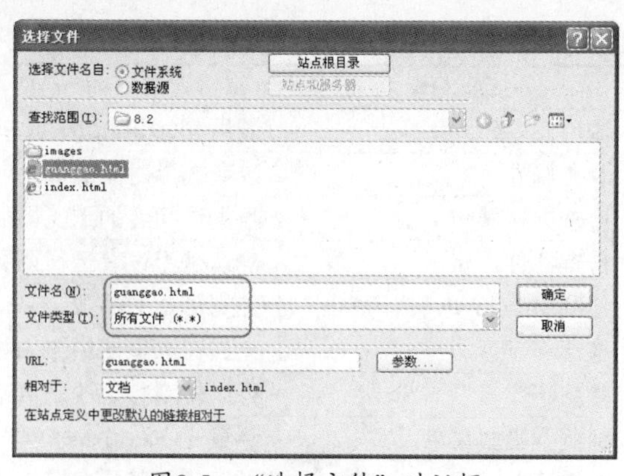

图8-5　“选择文件”对话框

指点迷津

在“打开浏览器窗口”对话框中可以进行如下设置。

- 要显示的URL：填入浏览器窗口中要打开链接的路径，可以单击“浏览”按钮找到要在浏览器窗口打开的文件。
- 窗口宽度：设置窗口的宽度。
- 窗口高度：设置窗口的高度。
- 属性：设置打开浏览器窗口的一些参数。选中“导航工具栏”为包含导航条；选中“菜单条”为包含菜单条；选中“地址工具栏”后在打开浏览器窗口中显示地址栏；选中“需要时使用滚动条”，如果窗口中内容超出窗口大小，则显示滚动条；选中“状态栏”后可以在弹出窗口中显示滚动条；选中“调整大小手柄”，浏览者可以调整窗口大小。
- 窗口名称：给当前窗口命名。

05 单击“确定”按钮，添加到文本框，将“窗口宽度”设置为560，“窗口高度”设置为500，在“窗口名称”文本框中输入名称，“属性”选择“调整大小手柄”、“菜单条”和“需要时使用滚动条”3个复选项，如图8-6所示。

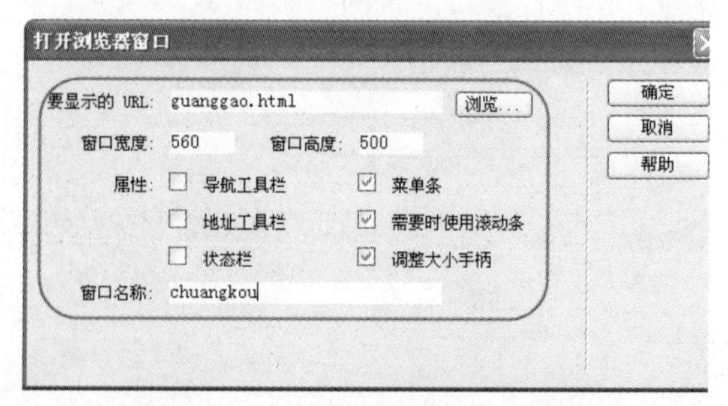

图8-6　“打开浏览器窗口”对话框

06 单击“确定”按钮，将行为添加到“行为”面板中，如图8-7所示。保存文档，按F12键在浏览器中可以预览效果，效果如图8-1所示。

图8-7 添加行为

8.3 调用JavaScript

“调用JavaScript”动作允许使用“行为”面板指定当发生某个事件时应该执行的自定义函数或JavaScript代码行。可以使用自己编写JavaScript代码或网络上多个免费的JavaScript库中提供的代码。使用此动作可以创建更加丰富的互动特效网页。

8.3.1 课堂练一练：利用JavaScript实现打印功能

原始文件	原始文件/CH08/8.3.1/index.html
最终文件	最终文件/CH08/8.3.1/index1.html

调用JavaScript打印当前页面，制作时先定义一个打印当前页函数printPage()，然后在<body>中添加代码OnLoad="printPage()"，当打开网页时调用打印当前页函数printPage()。利用JavaScript函数实现打印功能，效果如图8-8所示具体操作步骤如下所述。

图8-8 利用JavaScript实现打印功能的效果

01 打开网页文档，如图8-9所示。

图8-9 打开网页文档

02 切换到代码视图，在<body>和</body>之间输入相应的代码，如图8-10所示。

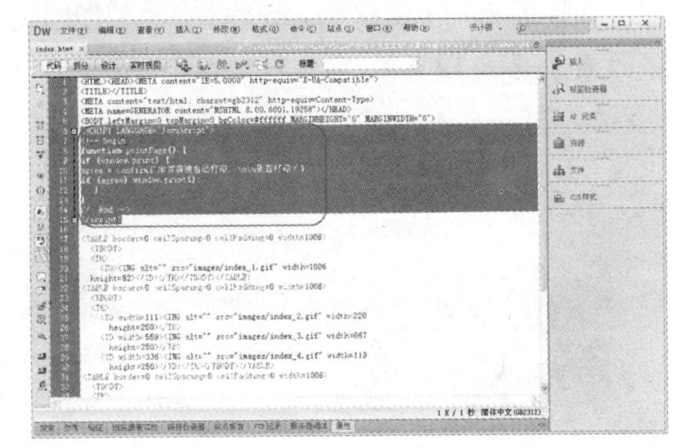
图8-10 输入代码

```
<SCRIPT LANGUAGE="JavaScript">
<!-- Begin
function printPage() {
if (window.print) {
agree = confirm('本页将被自动打印. \n\n是否打印?');
if (agree) window.print();
    }
}
//  End -->
</script>
```

03 切换到拆分视图，在<body>语句中输入代码OnLoad="printPage()"，如图8-11所示。

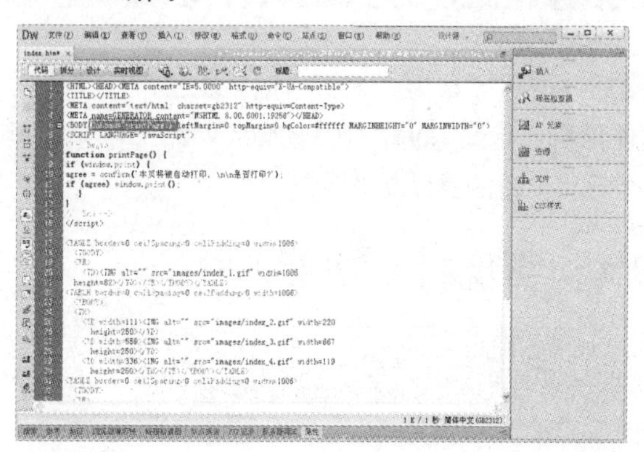

图8-11 输入代码

04 保存文档，按F12键在浏览器中预览，效果如图8-8所示。

8.3.2 课堂练一练：利用JavaScript实现关闭网页

原始文件	原始文件/CH08/8.3.2/index.html
最终文件	最终文件/CH08/8.3.2/index1.html

下面创建一个调用JavaScript自动关闭网页的效果，如图8-12所示。具体操作步骤如下所述。

图8-12 利用JavaScript自动关闭的网页的效果

01 打开网页文档，选择文档窗口中左下角的<body>标签，执行"窗口"|"行为"命令，如图8-13所示。

图8-13 打开网页文档

02 打开"行为"面板，在"行为"面板中单击"添加行为"按钮+，在弹出的菜单中执行"调用JavaScript"命令，如图8-14所示。

图8-14 执行"调用JavaScript"命令

03 执行命令后，弹出"调用JavaScript"对话框，在对话框中的JavaScript文本框中输入window.close()，如图8-15所示。保存文档，按F12键在浏览器中预览，效果如图8-12所示。

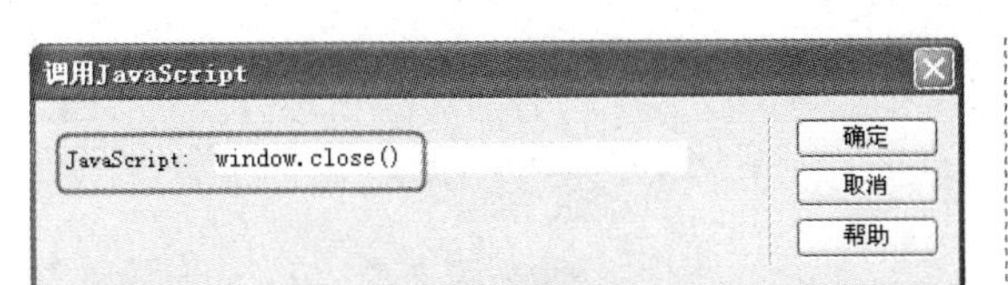

图8-15 "调用JavaScript"对话框输入代码

04 单击"确定"按钮，添加到"行为"面板中，将事件设置为onload，如图8-16所示。

图8-16 添加到"行为"面板

8.4 设置浏览器环境

使用"检查表单"动作、"检查插件"动作可以设置浏览器环境。下面就讲述这几个动作的使用。

8.4.1 课堂练一练：检查表单

原始文件：	原始文件/CH08/8.4.1/index.html
最终文件：	最终文件/CH08/8.4.1/index1.html

"检查表单"动作检查指定文本域的内容以确保用户输入了正确的数据类型。使用onBlur事件将此动作分别附加到各文本域，在用户填写表单时对文本域进行检查；或使用onSubmit事件将其附加到表单，在用户单击"提交"按钮时同时对多个文本域进行检查。将此动作附加到表单，防止表单提交到服务器后文本域包含无效的数据。"检查表单"动作的效果如图8-17所示，具体操作步骤如下所述。

图8-17 检查表单效果

01 打开网页文档，选中表单域，执行"窗口"|"行为"命令，如图8-18所示。

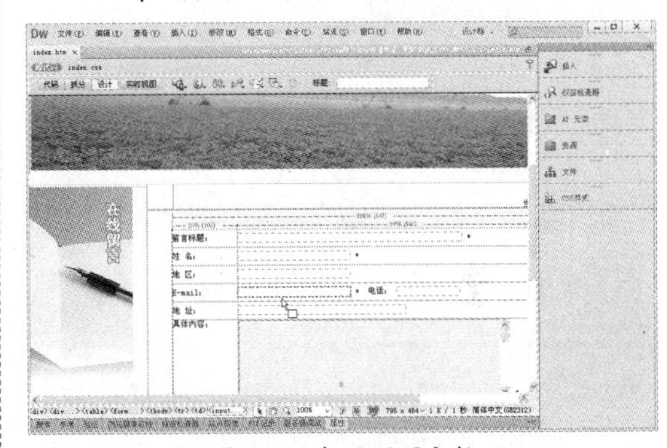

图8-18 打开网页文档

02 打开"行为"面板，在面板中单击"添加行为"按钮 +，在弹出菜单中执行"检查表单"命令，如图8-19所示。

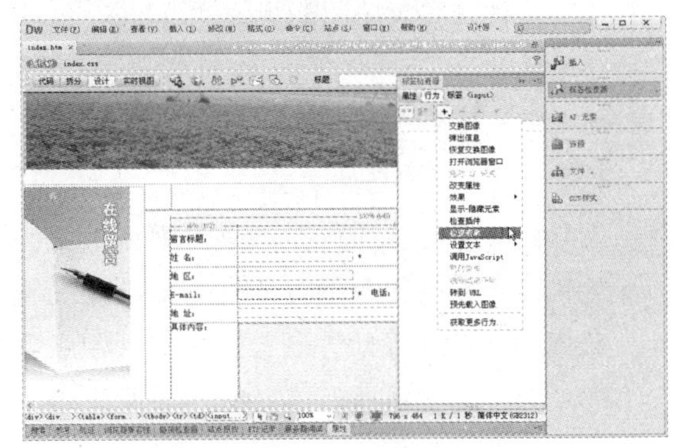

图8-19 执行"检查表单"命令

03 执行该命令后，弹出"检查表单"对话框，在对话框中进行相应的设置，如图8-20所示。

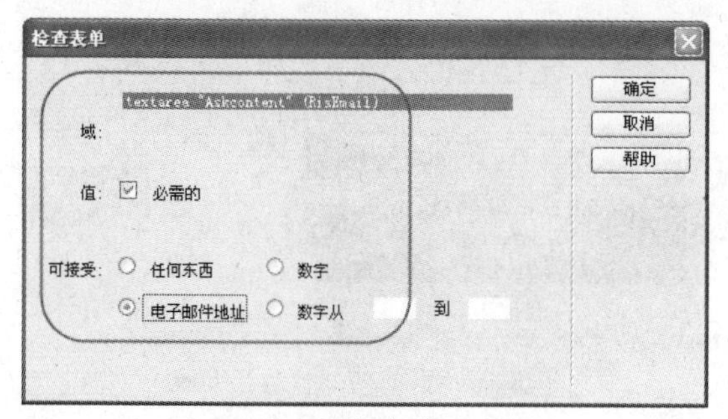

图8-20 “检查表单”对话框

04 单击“确定”按钮，添加到“行为”面板中，将事件设置为onSubmit，如图8-21所示。

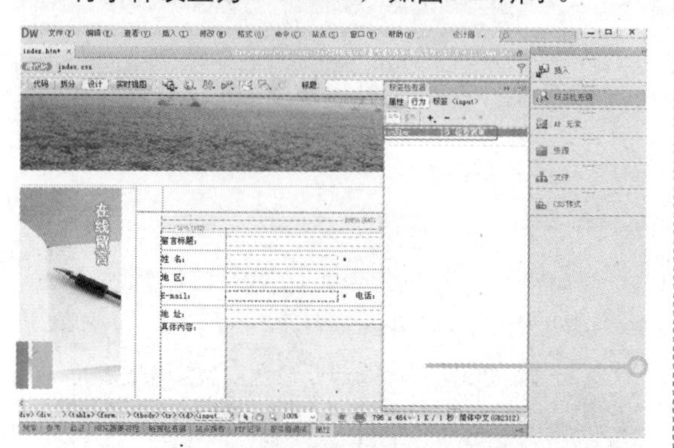

图8-21 添加到“行为”面板

知识要点

在该对话框的默认状态中，“可接受”选项组中可以进行如下设置。

- 任何东西：如果该文本域是必需的但不需要包含任何特定类型的数据，则使用“任何东西”选项。
- 电子邮件地址：使用“电子邮件地址”检查该域是否包含一个@符号。
- 数字：使用“数字”检查该文本域是否只包含数字。
- 数字从：使用“数字从”检查该文本域是否包含特定范围内的数字。

05 保存文档，按F12键在浏览器中预览效果。当在文本域中输入不规则电子邮件地址和姓名时，表单将无法正常提交到后台服务器，这时会出现提示信息框，并要求用户重新输入，如图8-17所示。

8.4.2 检查插件

“检查插件”动作用来检查访问者的计算机中是否安装了特定的插件，从而决定将访问者带到不同的页面，“检查插件”动作的具体使用方法如下所述。

提示

不能使用JavaScript在Internet Explorer中检测特定的插件。但是，选择Flash或Director会将相应的JavaScript代码添加到页面上，以便在Windows上的Internet Explorer中检测这些插件。

01 执行“窗口”|“行为”命令，打开“行为”面板，在面板中的单击“添加行为”按钮，在弹出的菜单中执行“检查插件”命令，弹出“检查插件”对话框，如图8-22所示。

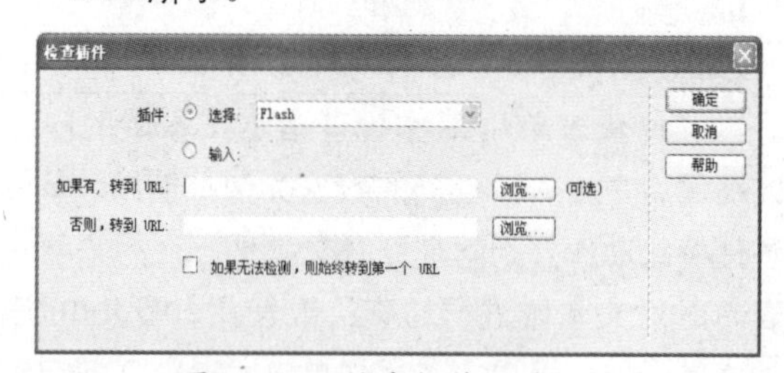

图8-22 “检查插件”对话框

在“检查插件”对话框中有以下参数。

- 插件：选中“选择”单选按钮并在右边的下拉列表框中选择一个插件，或选中“输入”单选按钮并在右边的文本框中输入插件的名称。
- 如果有，转到URL：为具有该插件的访问者指定一个URL。
- 否则，转到URL：为不具有该插件的访问者指定一个替代URL。

02 设置完成后，单击“确定”按钮。

提示

如果指定一个远程的URL，则必须在地址中包括http://前缀；若要让具有该插件的访问者留在同一页上，此文本框不必填写任何内容。

8.5 先载入图像

浏览网页时，经常碰到网页上插入大量图片的情况，使用“预先载入图像”动作和“交换图像”动作可以设置网页特效。

8.5.1 课堂练一练：预先载入图像

原始文件	原始文件/CH08/8.5.1/index.html
最终文件	最终文件/CH08/8.5.1/index1.html

“预先载入图像”动作将不会使网页中选中的图像(如那些将通过行为或JavaScript调入的图像)立即出现，而是先将它们载入到浏览器缓存中。这样做可以防止当图像应该出现时但由于下载而导致延迟。预先载入图片的效果如图8-23所示，具体操作步骤如下所述。

图8-23 预先载入图片的效果

01 打开网页文档，单击文档窗口中左下脚的<body>标签，如图8-24所示。

图8-24 打开网页文档

02 打开“行为”面板，在面板中单击“添加行为”按钮 +，在弹出的菜单中执行“预先载入图像”命令，如图8-25所示。

图8-25 执行“预先载入图像”命令

03 弹出“预先载入图像”对话框，在对话框中单击“图像源文件”文本框右边的“浏览”按钮，如图8-26所示。

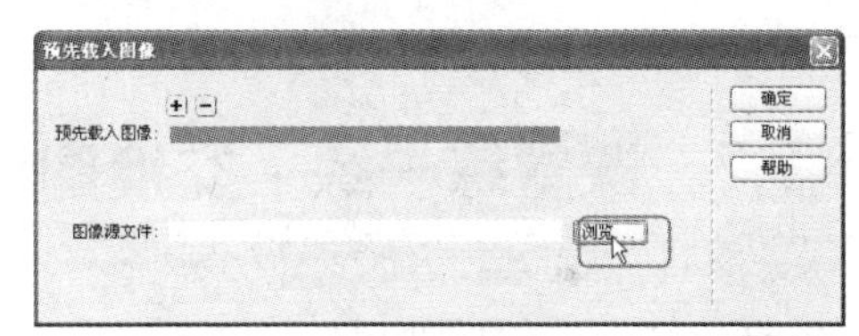

图8-26 “预先载入图像”对话框

04 在弹出的“选择图像源文件”对话框中选择预载入的图像，如图8-27所示。

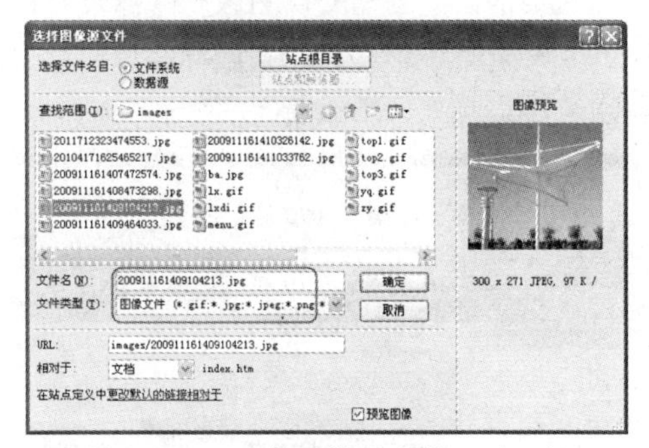

图8-27 “选择图像源文件”对话框

提示

如果在输入下一个图像之前，用户没有单击添加按钮，则列表中用户刚选择的图像将被所选择的下一个图像替换。

05 单击“确定”按钮，添加到文本框中，如图8-28所示。

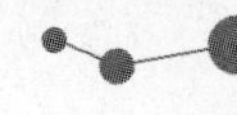

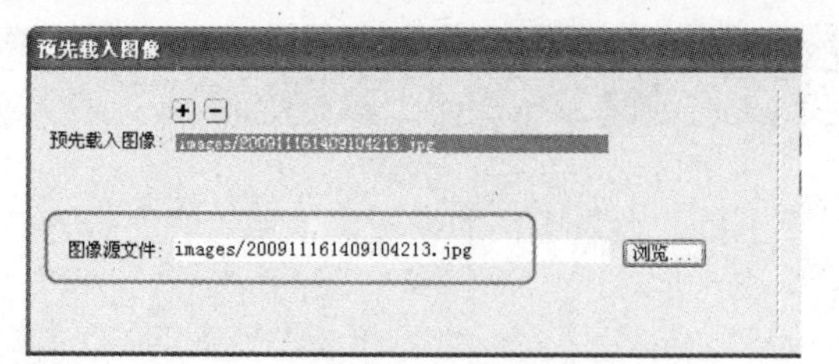

图8-28 “预先载入图像”对话框

06 单击“确定”按钮，添加行为到“行为”面板中，如图8-29所示。

图8-29 添加行为到“行为”面板

07 保存文档，按F12键在浏览器中预览，效果如图8-23所示。

8.5.2 课堂练一练：交换图像

原始文件	原始文件/CH08/8.5.2/index.html
最终文件	最终文件/CH08/8.5.2/index1.html

“交换图像”动作是将一幅图像替换成另外一幅图像，一个交换图像其实是由两幅图像组成的。下面通过实例讲述创建交换图像，鼠标未经过图像时的效果如图 8-30 所示，当鼠标经过图像时的效果如图 8-31 所示，具体操作步骤如下所述。

图8-30 鼠标未经过图像时的效果

图8-31 鼠标经过图像时的效果

01 打开网页文档，单击文档窗口中左下脚的<body>标签，如图8-32所示。

图8-32 打开网页文档

02 打开“行为”面板，在面板中单击“添加行为”按钮 +，在弹出的菜单中执行“交换图像”命令，如图8-33所示。

图8-33 执行“交换图像”命令

03 弹出“交换图像”对话框，在“图像”名称栏中输入交换图像的名称，在对话框中单击“设定原始档为”文本框右边的“浏览”按钮，如图8-34所示。

04 在弹出的“选择图像源文件”对话框中选择预载入的图像“images/2011712323474553.jpg”，如图8-35所示。

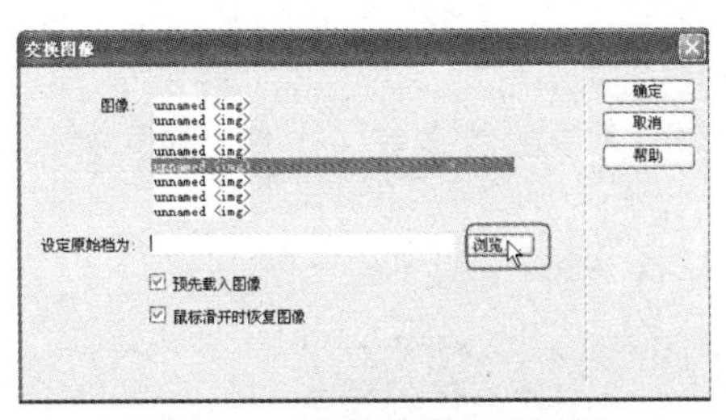

图8-34　“交换图像”对话框

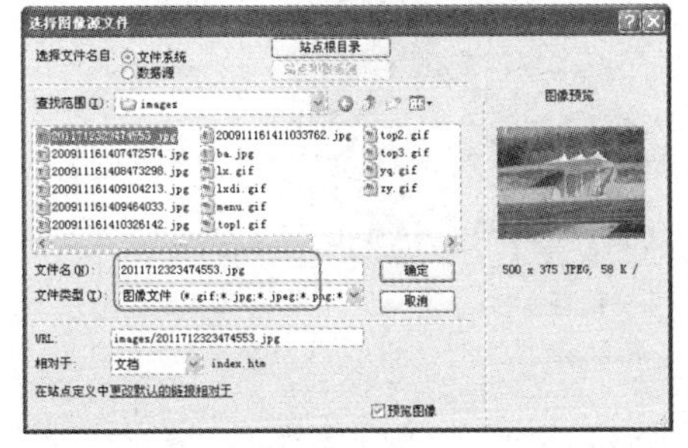

图8-35　“选择图像源文件”对话框

05 单击“确定”按钮，添加到文本框中，如图8-36所示。

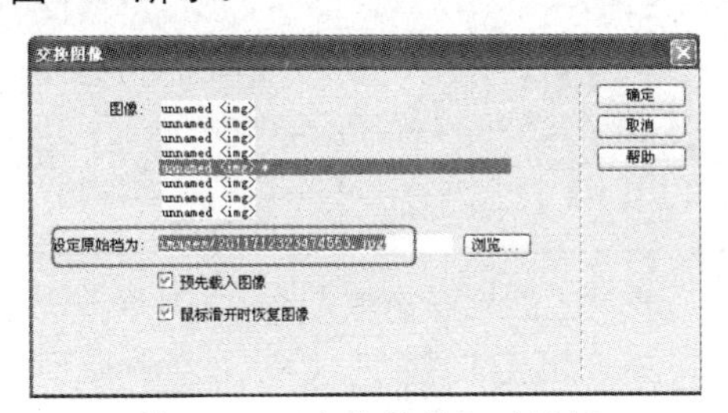

图8-36　“交换图像”对话框

06 单击“确定”按钮，添加行为到“行为”面板中，如图8-37所示。

图8-37　添加行为到“行为”面板

知识要点

“交换图像”对话框中可以进行如下设置。

- 图像：在列表中选择要更改其源的图像。
- 设定原始档为：单击“浏览“按钮选择新图像文件，文本框中显示新图像的路径和文件名。
- 预先载入图像：勾选该复选项，这样在载入网页时，新图像将载入到浏览器的缓冲区中，防止当图像该出现时而由于下载而导致的延迟。
- 鼠标滑开时恢复图像：勾选复选项表示当鼠标离开图片时，图片会自动恢复为原始图像。

提示

“交换图像”动作自动预先载入在“交换图像”对话框中选择“预先载入图像”选项时所有高亮显示的图像，因此当使用“交换图像”时，不需要手动添加预先载入图像。

07 保存文档，按F12键在浏览器中预览，鼠标指针未接近图像时的效果如图8-30所示，鼠标指针接近图像时的效果如图8-31所示。

指点迷津

如果没有为图像命名，“交换图像”动作仍将起作用；当将该行为附加到某个对象时，它将为未命名的图像自动命名。但是，如果所有图像都预先命名，则在“交换图像”对话框中更容易区分它们。

8.6 设置文本

“设置文本”行为中包含了4项针对不同类型的动作，分别为“设置状态栏文本”、“设置文本域文字”、“设置框架文本”和“设置层文本”。

8.6.1 课堂练一练：设置状态栏文本

原始文件	原始文件/CH08/8.6.1/index.html
最终文件	最终文件/CH08/8.6.1/index1.html

“设置状态栏文本”用于设置状态栏中显示的信息，在适当的触发事件触发后，在状态栏中显示信息。下面通过实例讲述状态栏文本的设置，效果如图8-38所示，具体操作步骤如下所述。

图8-38 设置状态栏文本的效果

提示

“设置状态栏文本”动作作用与弹出信息动作很相似，不同的是如果使用消息框来显示文本，访问者必须单击“确定”按钮才可以继续浏览网页中的内容。而在状态栏中显示的文本信息不会影响访问者的浏览速度。浏览者会常常忽略状态栏中的消息，如果消息非常重要，则考虑将其显示为弹出式消息或层文本。

01 打开网页文档，单击文档窗口中左下脚的<body>标签，如图8-39所示。

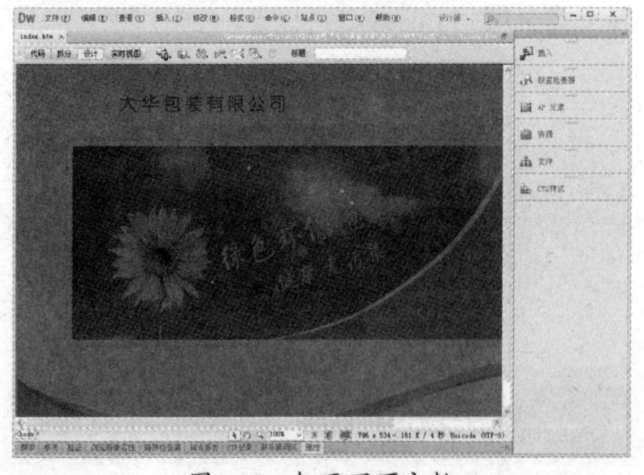

图8-39 打开网页文档

02 打开“行为”面板，单击“添加行为”按钮 +，在弹出的菜单中执行“设置文本”|“设置状态栏文本”命令，如图8-40所示。

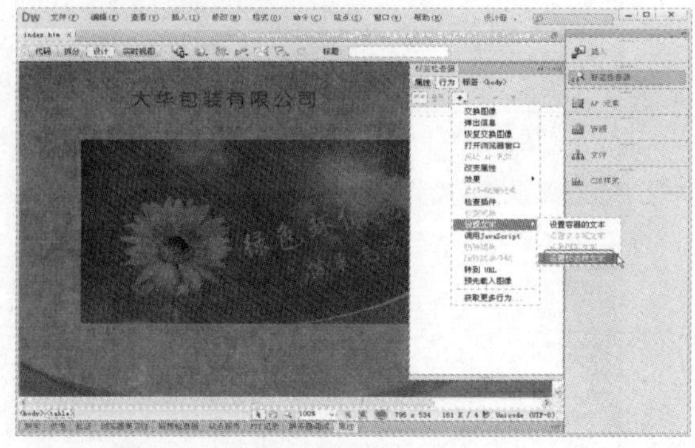

图8-40 执行“设置状态栏文本”命令

03 弹出“设置状态栏文本”对话框，在“消息”文本框中输入文本“欢迎光临我们的网站！”，如图8-41所示。

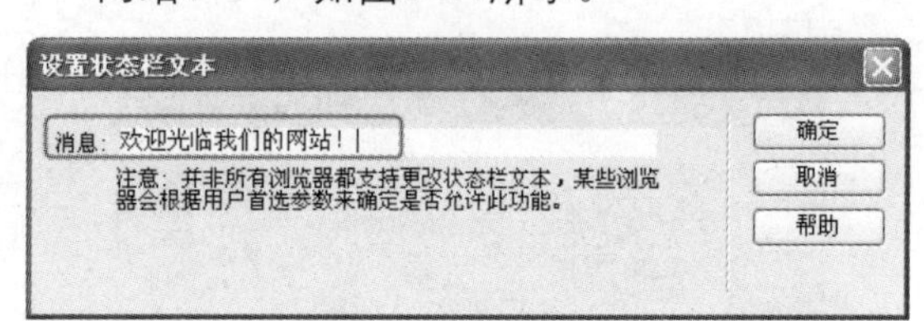

图8-41 “设置状态栏文本”对话框

04 单击“确定”按钮，将行为添加到“行为”面板中，如图8-42所示。

图8-42 “选择图像源文件”对话框

提示

在“设置状态栏文本”对话框中的“消息”文本框中输入消息，同时保持该消息简明扼要。如果消息不能完全放在状态栏中，浏览器将截断消息。

05 保存文档，按F12键在浏览器中预览，效果如图8-38所示。

8.6.2 课堂练一练：设置文本域文本

原始文件	原始文件/CH08/8.6.2/index.html
最终文件	最终文件/CH08/8.6.2/index1.html

使用“设置文本域文本”动作可以设置文本域的文字，当单击文本域时，文本域中会出现“王斌”字样的效果，如图8-43所示，具体操作步骤如下所述。

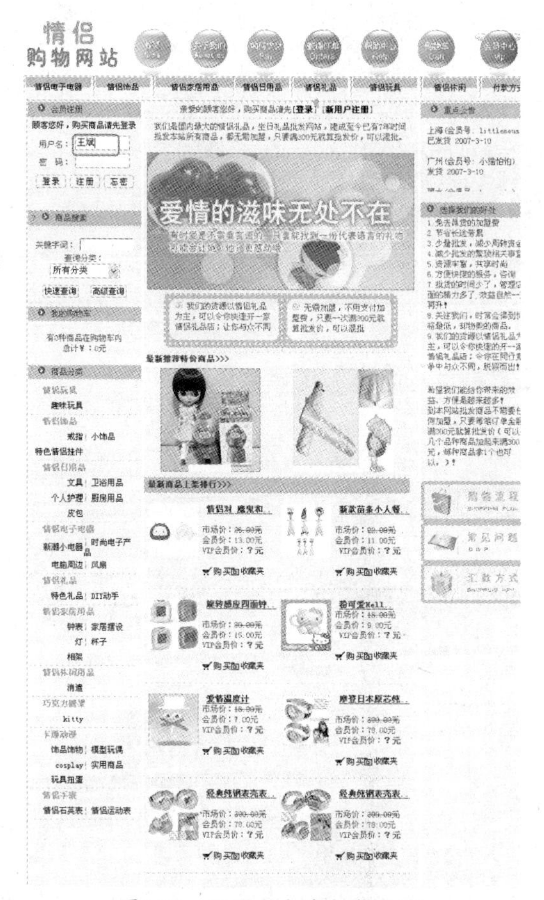

图8-43 设置文本域文本效果

01 打开网页文档，选中文本域，如图8-44所示。

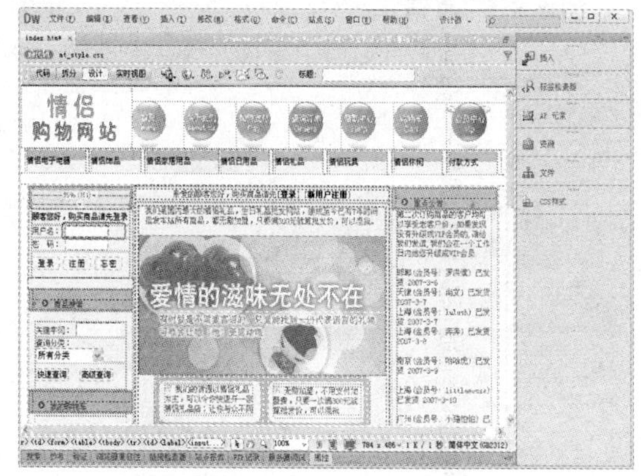

图8-44 打开网页文档

02 打开“行为”面板，在面板中单击“添加行为”按钮 +.，在弹出的菜单中执行“设置文本”|“设置文本域文本”命令，如图8-45所示。

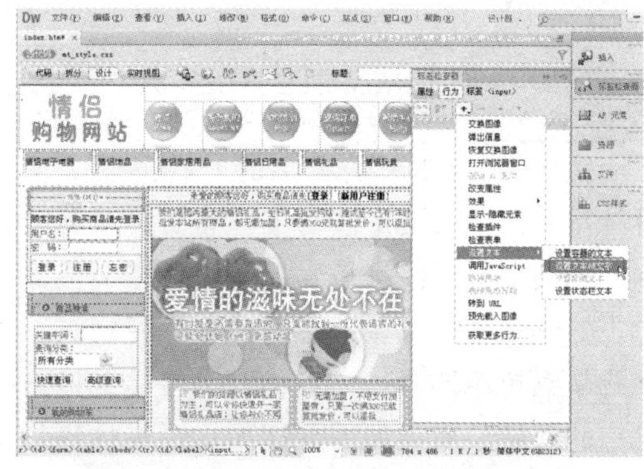

图8-45 执行“设置文本域文本”命令

03 弹出“设置文本域文字”对话框，在对话框中的“新建文本”文本框中输入“王斌”，如图8-46所示。

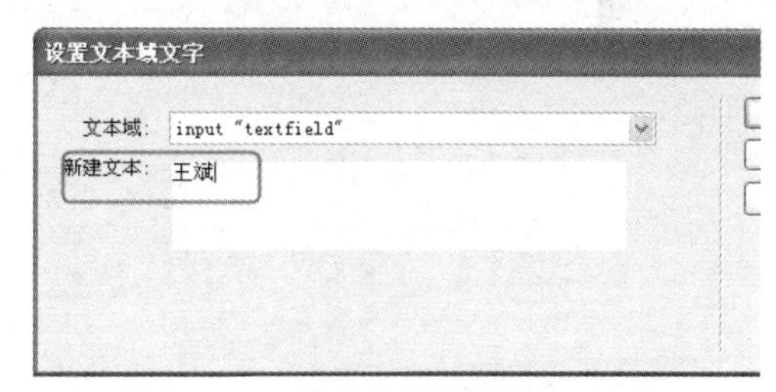

图8-46 “设置文本域文本”对话框

04 单击“确定”按钮，将行为添加到“行为”面板中，如图8-47所示。

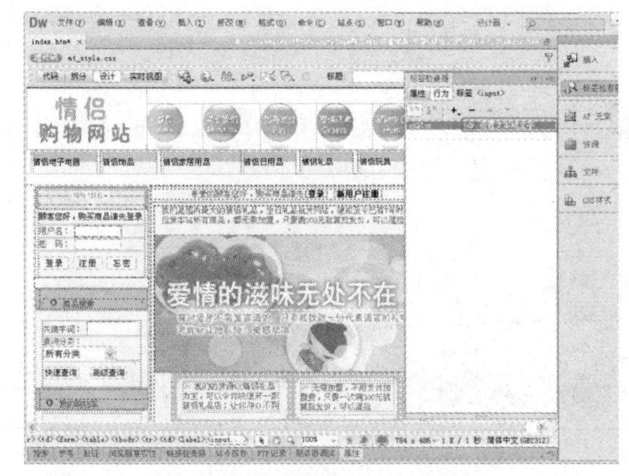

图8-47 添加到“行为”面板

知识要点

“设置文本域文本”对话框中可以进行如下设置。

- 文本域：选择要设置的文本域。
- 新建文本：在文本框中输入文本。

05 保存文档，按F12键在浏览器中预览，效果如图8-43所示。

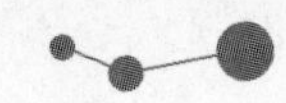

8.7 跳转菜单

原始文件	原始文件/CH08/8.7/index.html
最终文件	最终文件/CH08/8.7/index1.html

跳转菜 单是超级链接的一种形式，使用跳转菜单要比其他形式链接节省更多页面的空间，跳转菜单是从菜单发展而来，在浏览器中单击并选择下拉菜单时会跳转到目标网页。当从跳转菜单中选择一个名称时，就会链接到行相应的网站，效果如图8-48所示，具体操作步骤如下所述。

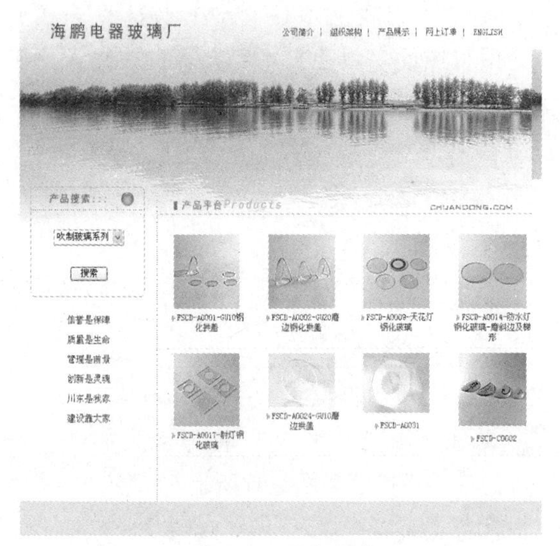

图8-48　预览效果

01 打开网页文档，将光标置于要插入跳转菜单的位置，如图8-49所示。

图8-49　打开网页文档

02 执行"插入"|"表单"|"跳转菜单"命令，弹出"插入跳转菜单"对话框，如图8-50所示。

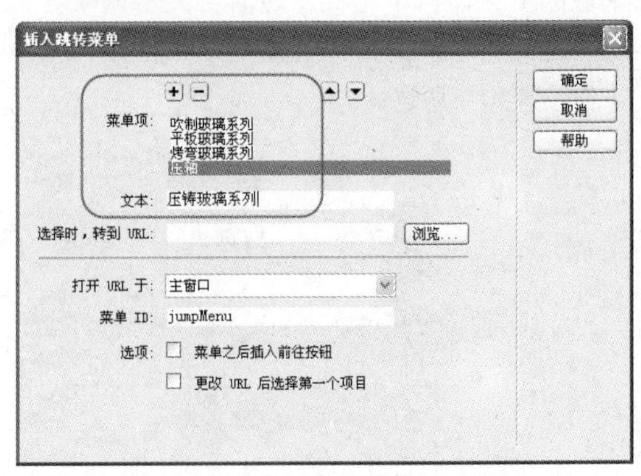

图8-50　"插入跳转菜单"对话框

03 单击"确定"按钮，插入跳转菜单，如图8-51所示。

图8-51　插入跳转菜单

04 选中插入的跳转菜单，打开"行为"面板，在面板中显示该菜单的事件和动作，如图8-52所示。

图8-52　"行为"面板

如果想修改跳转菜单，则需要在选择跳转菜单后，单击属性面板中的“列表值”按钮，弹出“列表值”对话框，在对话框中可以添加或删除跳转菜单。

05 双击事件后面的动作，弹出“跳转菜单”对话框，单击“菜单项”中的按钮，在“文本框”中输入该项的内容，在“选择时，转到URL”文本框中输入所指向的链接目标，如图8-53所示。

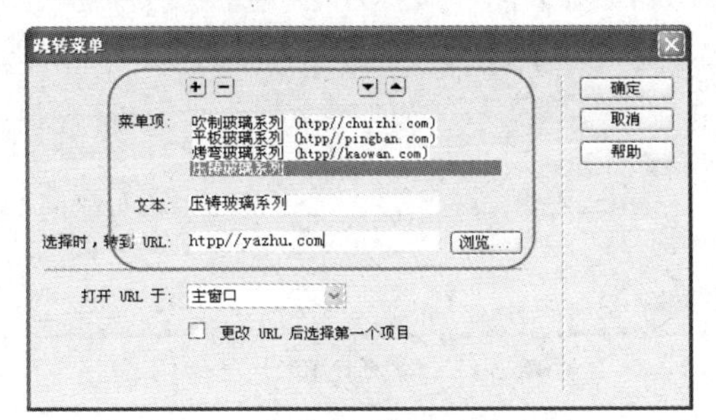

图8-53　“跳转菜单”对话框

06 单击“确定”按钮，将行为添加到“行为”面板，如图8-54所示。

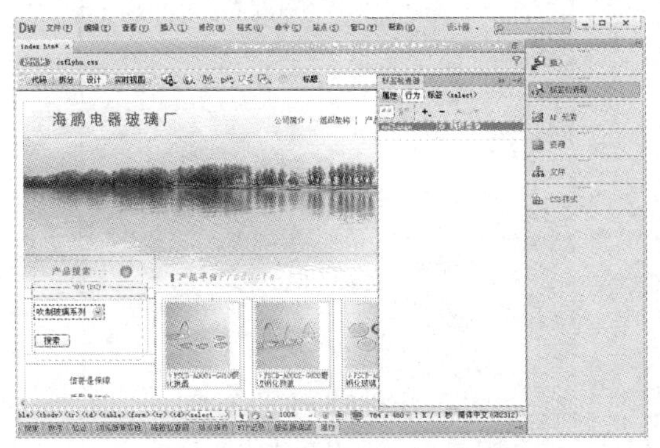

图8-54　添加到“行为”面板

知识要点

“插入跳转菜单” 对话框中可以进行如下设置。

- 单击按钮添加一个菜单项，再次单击该按钮添加另一个菜单项。选定一个菜单项，然后单击按钮将其删除。
- 选定一个菜单项，然后用箭头键在列表中向上或向下移动此菜单项。
- 在“文本”文本框中，为菜单项键入要在菜单列表中出现的文本。
- 在“选择时，转到 URL”域中，单击“浏览”按钮找到要打开的文件，或者在文本框中输入该文件的路径。
- 在“打开URL 于”下拉列表中，选择文件的打开位置：选择“主窗口”选项，则在同一窗口中打开文件。
- 在“菜单名称”文本框中，输入菜单项的名称。
- 选择“选项”下的“菜单之后插入前往按钮”，可添加一个“前往”按钮，而非菜单选择提示。
- 如果要使用菜单选择提示，选择“选项”下的“更改URL后选择第一个项目”即可。

07 保存文档，按F12键在浏览器中预览，效果如图8-48所示，当从跳转菜单中选择一个名称时，就会链接到相应的网站。

8.8 转到URL

原始文件	原始文件/CH08/8.8/index.html
最终文件	最终文件/CH08/8.8/index1.html

“转到URL”动作是设置链接的时候使用的动作。通常的链接是在单击后跳转到相应的网页文档中，但是“转到URL”动作在把鼠标放上后或者双击时，都可以设置不同的事件来加以链接。跳转前的效果和跳转后的效果分别是如图8-55和图8-56所示，具体操作步骤如下所述。

图8-55 跳转前的效果

图8-56 跳转后的效果

01 打开网页文档，单击文档窗口中的<body>标签，执行“窗口”|“行为”命令，如图8-57所示。

图8-57 打开网页文档

02 打开“行为”面板，在面板中单击“添加行为”按钮+，在弹出的菜单中执行“转到URL”执行，如图8-58所示。

03 执行该命令后，弹出“转到URL”对话框，在对话框中单击URL文本框右边的“浏览”按钮，如图8-59所示。

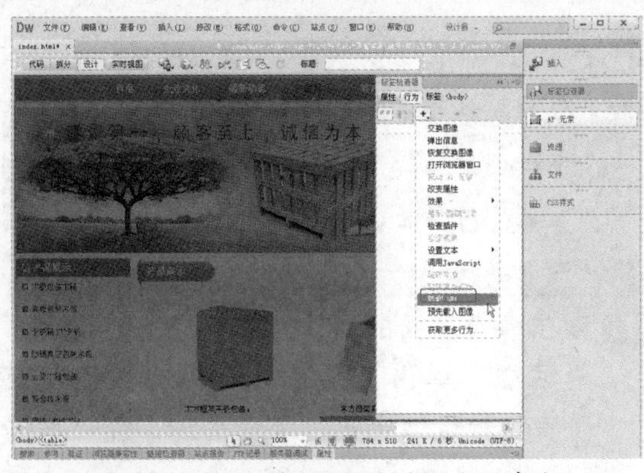

图8-58 执行“设置文本域文本”命令

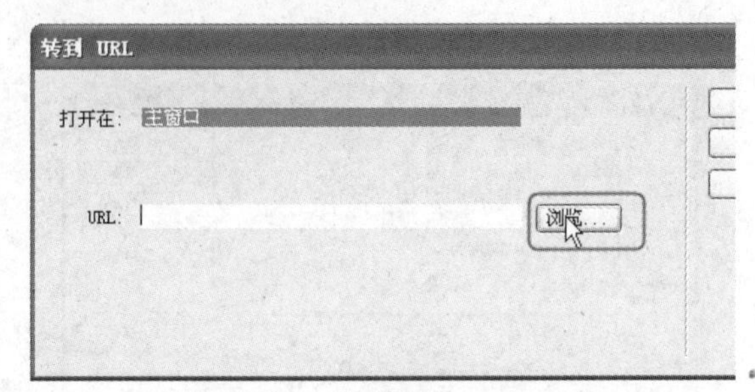

图8-59 “转到URL”对话框

04 弹出“选择文件”对话框，在对话框中选择“index1.htm”，如图8-60所示。

图8-60 “选择文件”对话框

知识要点

“转到URL”对话框中可以进行如下设置。

- 打开在：选择打开链接的窗口。如果是框架网页，选择打开链接的 框架。
- URL：输入链接的地址，也可以单击“浏览”按钮在本地硬盘中查找链接的文件。

05 单击“确定”按钮，添加到文本框中，如图8-61所示。

06 单击“确定”按钮，将行为添加到“行为”面板中，如图8-62所示。

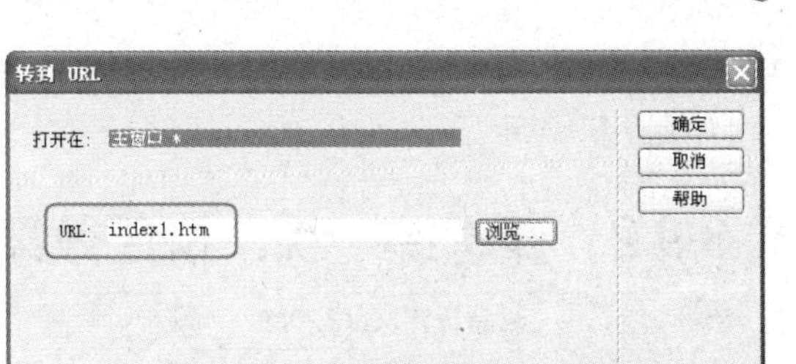

图8-61　设置“转到URL”对话框

07 保存文档，按F12键在浏览器中预览，跳转前的效果和跳转后的效果分别如图8-55和图8-56所示。

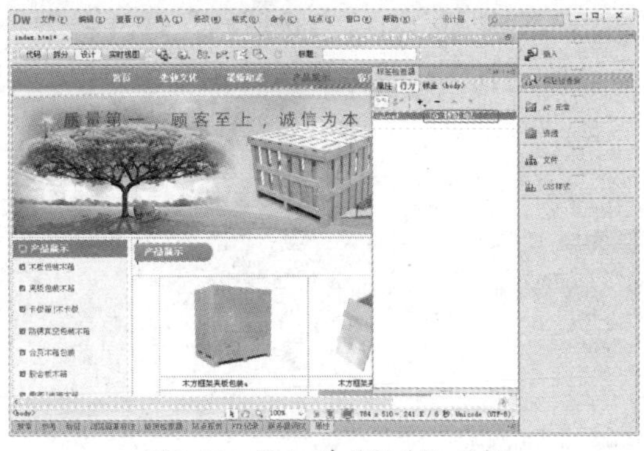

图8-62　添加到“行为”面板

8.9 设置效果

要向某个元素应用效果，该元素当前必须处于选定状态，或它必须具有一个ID。例如，如果要向当前未选定的Div标签应用高亮显示效果，该Div必须具有一个有效的ID值。如果该元素尚且没有有效的ID值，将需要在HTML代码中添加一个ID值。

8.9.1　课堂练一练：增大/收缩效果

原始文件	原始文件/CH08/8.9.1/index.html
最终文件	最终文件/CH08/8.9.1/index1.html

下面通过实例讲述增大/收缩效果，如图8-63所示。

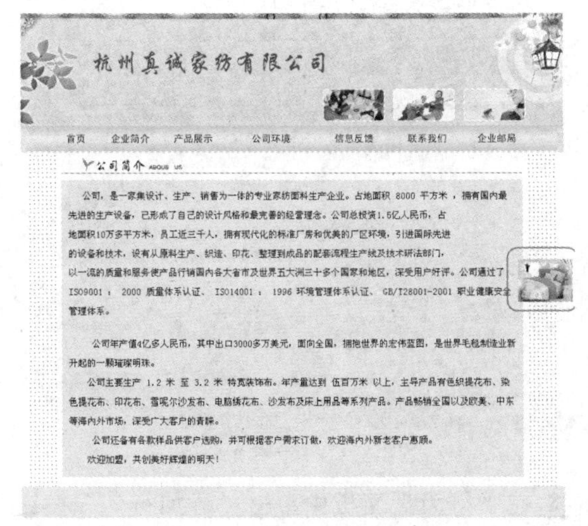

图8-63　“增大/收缩”效果

01 打开网页文档，选择要应用效果的内容或布局对象，如图8-64所示。

02 在“行为”面板中单击“添加行为”按钮 +，在弹出的菜单中执行“效果”|“增大/收缩”命令，如图8-65所示。

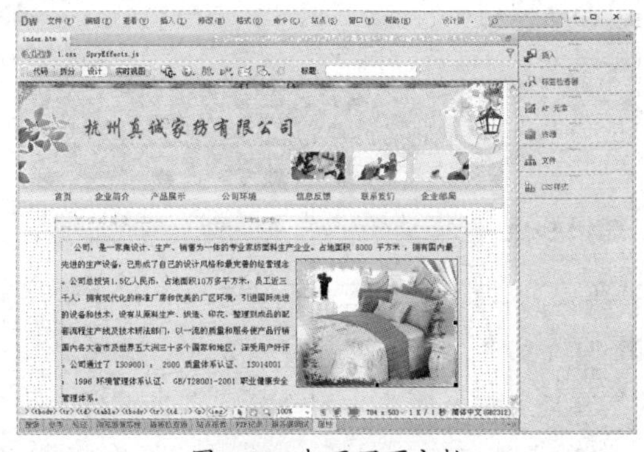

图8-64　打开网页文档

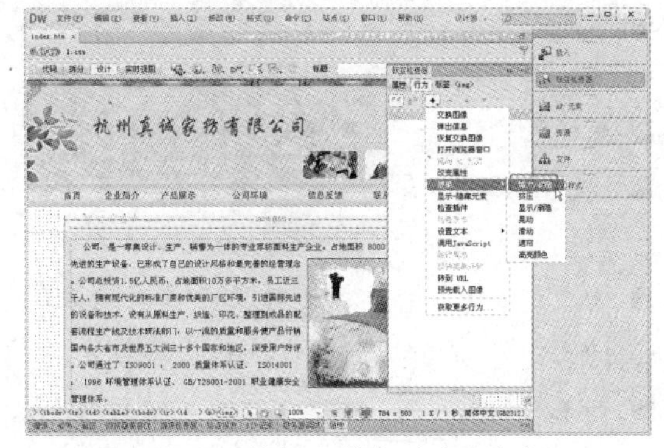

图8-65　执行“增大/收缩”命令

03 弹出“增大/收缩”对话框，在“目标元素”下拉列表中选择“<当前选定内容>”选项，“效果”设置为“收缩”，“收缩自”选择100%，“收缩到”选择30%，“收缩到”选择“居中对齐”，如图8-66所示。

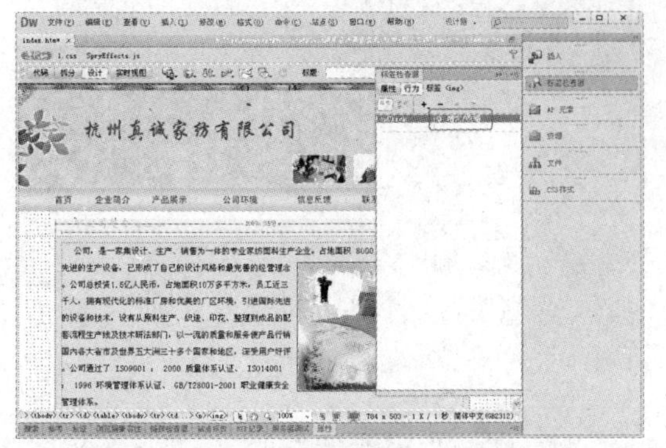

图8-66 “增大/收缩”对话框

04 单击“确定”按钮，将行为添加到“行为”面板中，如图8-67所示。

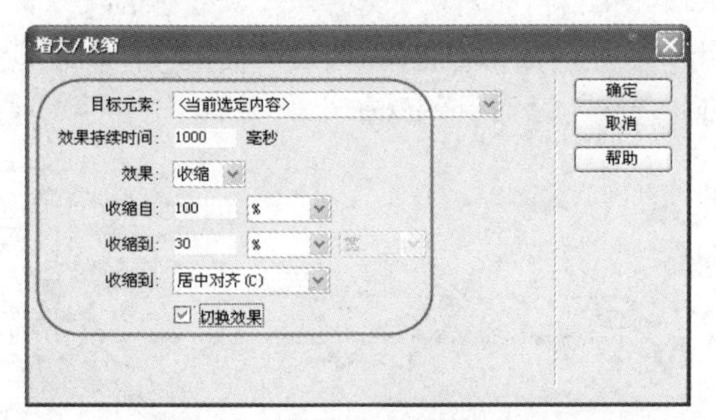

图8-67 添加到“行为”面板

知识要点

“增大/收缩”对话框中可以进行如下设置。

- 目标元素：选择某个对象的ID。如果已经选择了一个对象，则选择“<当前选定内容>”选项。
- 效果持续时间：定义出现此效果所需的时间，用毫秒表示。
- 选择要应用的效果：“增大”或“收缩”。
- 增大自/收缩自：定义对象在效果开始时的大小。该值为百分比大小或像素值。
- 增大到/收缩到：定义对象在效果结束时的大小。该值为百分比大小或像素值。
- 如果为“增大自/收缩自”或“增大到/收缩到”框选择像素值，“宽/高”域就会可见。元素将根据选择的选项相应地增大或收缩。
- 切换效果：勾选此复选项，效果是可逆的。

05 保存文档，按F12键在浏览器中预览，效果如图8-63所示。

8.9.2 课堂练一练：挤压效果

原始文件	原始文件/CH08/8.9.2/index.html
最终文件	最终文件/CH08/8.9.2/index1.html

下面使用“挤压”效果制作图片的挤压变形，如图8-68所示，具体操作步骤如下所述。

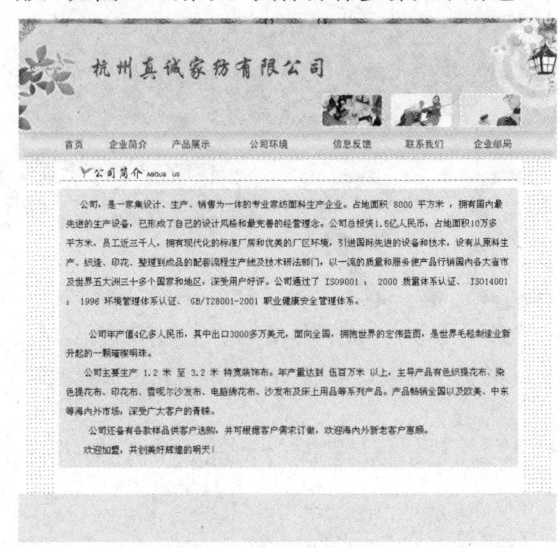

图8-68 挤压效果

01 打开网页文档，选择要应用效果的内容或布局对象，如图8-69所示。

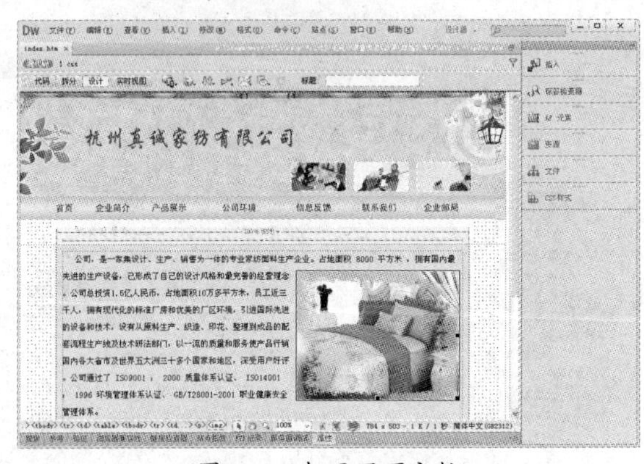

图8-69 打开网页文档

02 在“行为”面板中单击“添加行为”按钮 +，在弹出的菜单中执行“效果”|“挤压”命令，如图8-70所示。

03 弹出“挤压”对话框，在“目标元素”下拉列表中选择某个对象的ID。如果已经选择了一个对象，则选择“<当前选定内容>”，如图8-71所示。

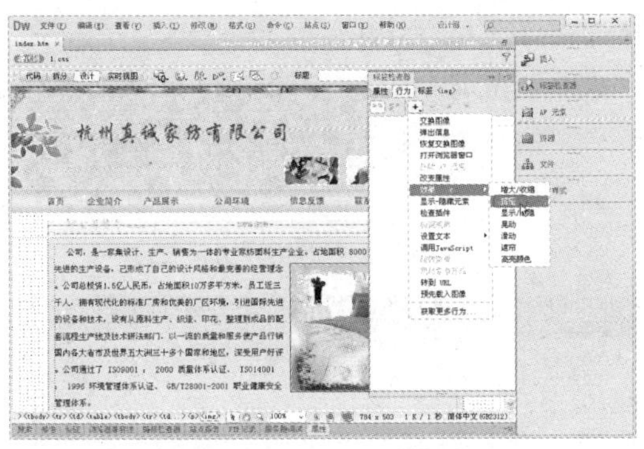

图8-70 选择“挤压”选项

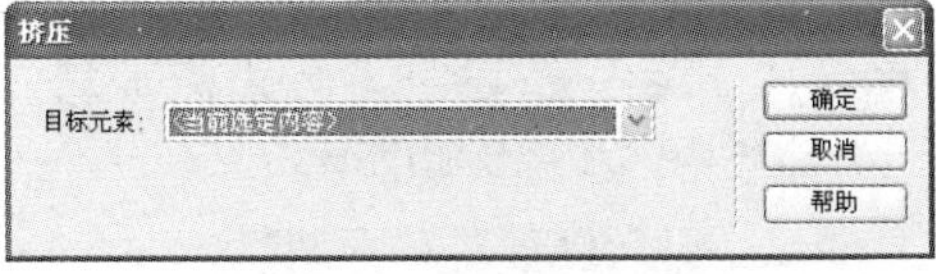

图8-71 “挤压”对话框

04 单击“确定”按钮，将行为添加到“行为”面板中，如图8-72所示。

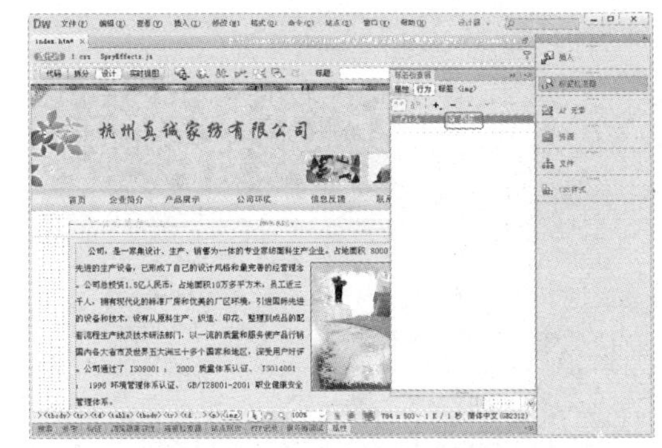

图8-72 添加到“行为”面板

05 保存文档，按F12键在浏览器中预览，效果如图8-68所示。

8.10 习题测试

1．填空题

(1) 在Dreamweaver中，行为是________和________的组合。________是特定的时间或是用户在某时所发出的指令后紧接着发生的，而________是事件发生后，网页所要做出的反应。

(2) 使用____________动作在打开当前网页的同时，还可以再打开一个新的窗口。

2．操作题

(1) 给如图8-73所示的网页创建设置状态栏文本效果，效果如图8-74所示。

原始文件	原始文件/CH08/操作题1/index.html
最终文件	最终文件/CH08/操作题1/index1.html

图8-73 起始文件

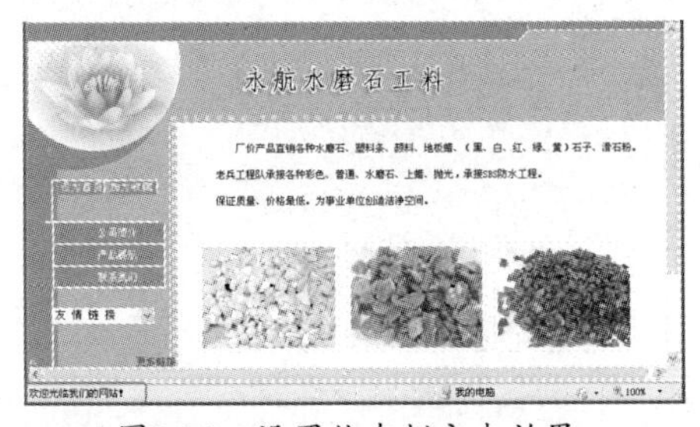

图8-74 设置状态栏文本效果

01 单击“行为”面板中的“添加行为”按钮 +, 在弹出的菜单中选择“设置文本”|“设置状态栏文本”选项，弹出“设置状态栏文本”对话框，在对话框中的“消息”文本框中输入“欢迎光临我们的网站！”，如图8-75所示。

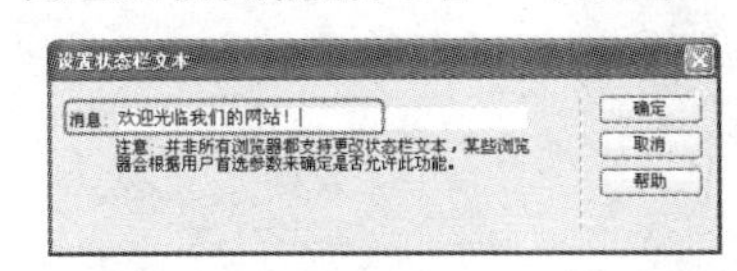

图8-75 “设置状态栏文本”对话框

02 单击“确定”按钮，将行为添加到“行为”面板中，如图8-76所示。

图8-76 添加到“行为”面板

（2）给如图8-77所示的网页创建调用JavaScript自动关闭网页的效果，效果如图8-78所示。

原始文件	原始文件/CH08/操作题2/index.html
最终文件	最终文件/CH08/操作题2/index1.html

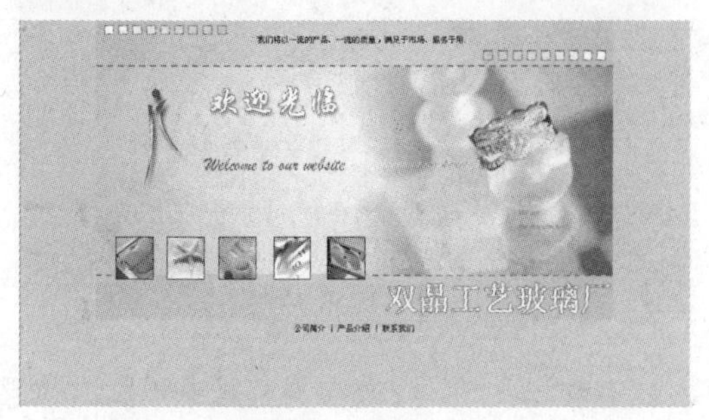

图8-77 起始文件

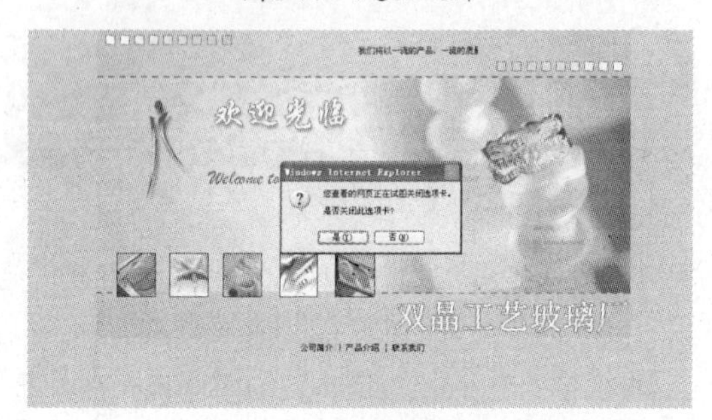

图8-78 关闭网页效果

01 单击“行为”面板中的“添加行为”按钮 +，在弹出的菜单中执行“调用JavaScript”命令，执行该命令后，弹出“调用JavaScript”对话框，在对话框中的JavaScript文本框中输入window.close()，如图8-79所示。

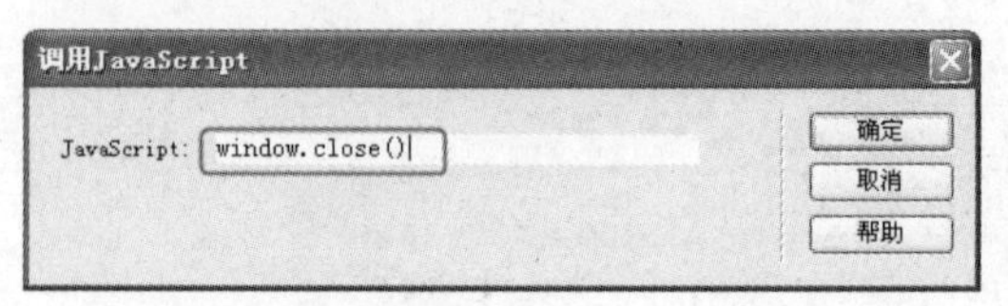

图8-79 “调用JavaScript”对话框

02 单击“确定”按钮，将行为添加到“行为”面板中，如图8-80所示。

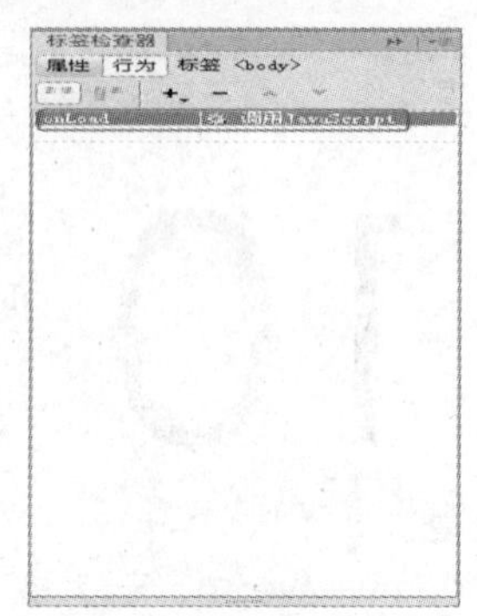

图8-80 添加到“行为”面板

8.11 本课小结

本课中主要讲解了“行为”的基本概念以及Dreamweaver内置的“行为”的操作方法。对于“行为”本身，读者在使用时一定要注意确保合理和恰当，并且一个网页中不要使用过多的“行为”。只有这样，设计工作才能够得到事半功倍的效果。

第9课 添加表单与动态网页基础

本课导读

在网站中，表单是实现网页上数据传输的基础，其作用就是实现访问者与网站之间的交互功能。利用表单，可以根据访问者输入的信息，自动生成页面反馈给访问者，还可以为网站收集访问者输入的信息。表单可以包含允许进行交互的各种对象，包括文本域、列表/菜单、复选项、单选按钮、图像域、按钮以及其他表单对象。本课主要讲述表单的使用、搭建服务器平台、网站数据库的创建、连接数据库、创建记录集和绑定动态内容等。

技术要点

◎ 了解创建表单

◎ 掌握搭建动态网页平台

◎ 了解创建数据库连接

◎ 掌握编辑数据表记录

◎ 掌握添加服务器行为

9.1 创建表单

表单是由窗体和控件组成的，一个表单一般应该包含用户填写信息的输入框、提交和按钮等，这些输入框和按钮称为控件，表单很像容器，它能够容纳各种各样的控件。

9.1.1 创建表单域

使用表单必须具备的条件有两个：一个是含有表单元素的网页文档，另一个是具备服务器端的表单处理应用程序或客户端脚本程序，它能够处理用户输入到表单的信息。下面创建一个基本的表单，具体操作步骤如下所述。

01 启动Dreamweaver CS6，打开原始文件，如图9-1所示。将光标置于文档中要插入表单的位置。

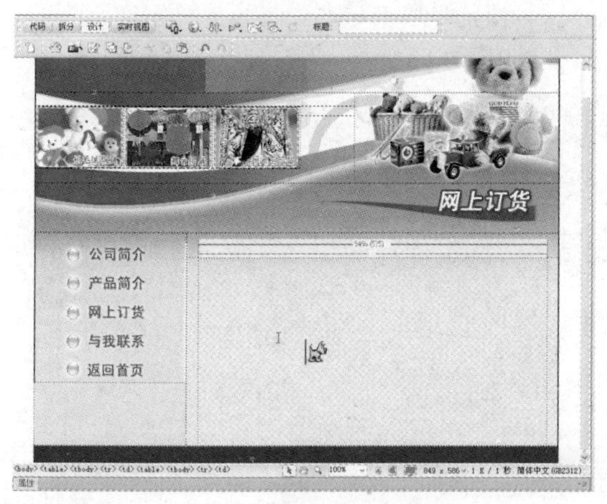

图9-1 打开原始文件

02 执行“插入”|“表单”|“表单”命令，页面中就会出现红色的虚线，这条虚线就是表单，如图9-2所示。

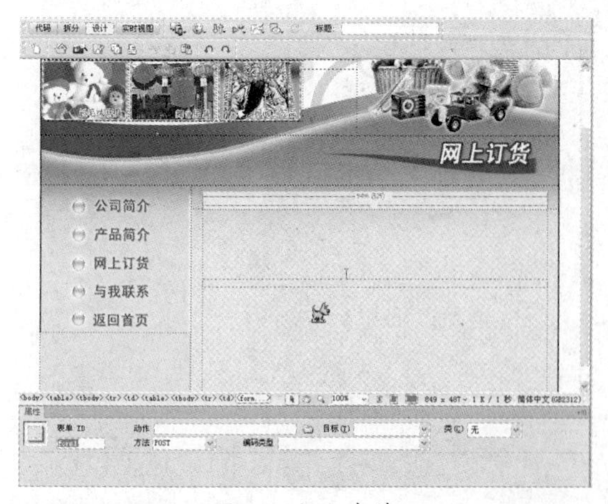

图9-2 插入表单

在表单的属性面板中可以设置以下参数。

- 表单ID：输入标识该表单的唯一名称。
- 动作：指定处理该表单的动态页或脚本的路径。可以在“动作”文本框中输入完整的路径，也可以单击文件夹图标浏览应用程序。
- 方法：在“方法”下拉列表中，选择将表单数据传输到服务器的传送方式，包括以下3个选项。
  - ◎ “POST”：用标准输入方式将表单内的数据传送给服务器，服务器用读取标准输入的方式读取表单内的数据。
  - ◎ “GET”：将表单内的数据附加到URL后面传送给服务器，服务器用读取环境变量的方式读取表单内的数据。
  - ◎ “默认”：用浏览器默认的方式，一般默认为GET。
- 编码类型：用来设置发送数据的MIME编码类型，一般情况下应选择application/x-www-form-urlencoded。
- 目标：使用“目标”下拉列表指定一个窗口，这个窗口中显示应用程序或者脚本程序，将表单处理完成后所显示的结果。
  - ◎ “_blank”：反馈网页将在新开窗口里打开。
  - ◎ “_parent”：反馈网页将在副窗口里打开。
  - ◎ “_self”：反馈网页将在原窗口里打开。
  - ◎ “_top”：反馈网页将在顶层窗口里打开。
- 类：在“类”下拉列表中选择要定义的表单样式。

9.1.2 课堂练一练：添加各种表单对象

原始文件	原始文件/CH09/index.html
最终文件	最终文件/CH09/index1.html

可以使用Dreamweaver创建带有文本域、密码域、单选按钮、复选项、弹出菜单、按钮以及其他输入类型的表单，这些输入类型又被称之为表单对象。下面给出一个完整的表单网页案例，使读者能够更深刻地了解到它在实际中的应用，具体操作步骤如下所述。

01 将光标置于表单中，执行“插入”|“表

格”命令，插入6行2列的表格，如图9-3所示。

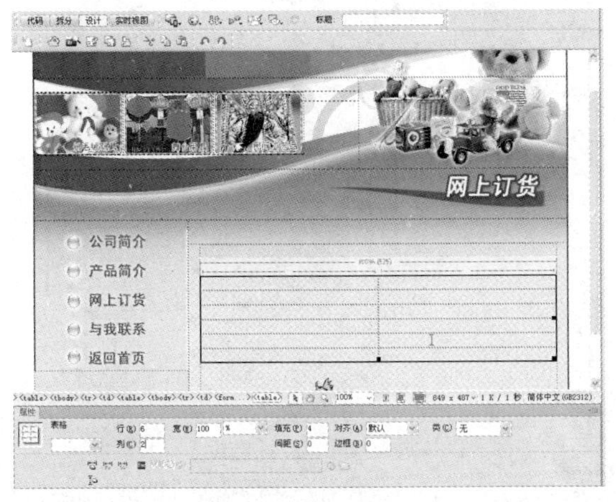

图9-3 插入表格

02 在单元格中输入相应的文字，如图9-4所示。

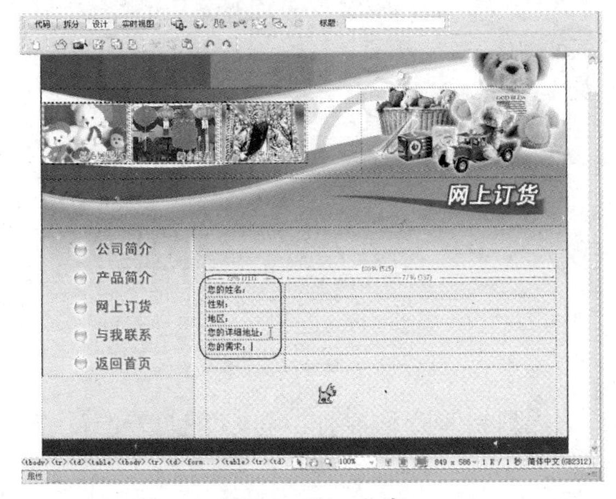

图9-4 输入文字

03 将光标置于第1行第2列中，执行“插入”|“表单”|“文本域”命令，插入文本域，如图9-5所示。

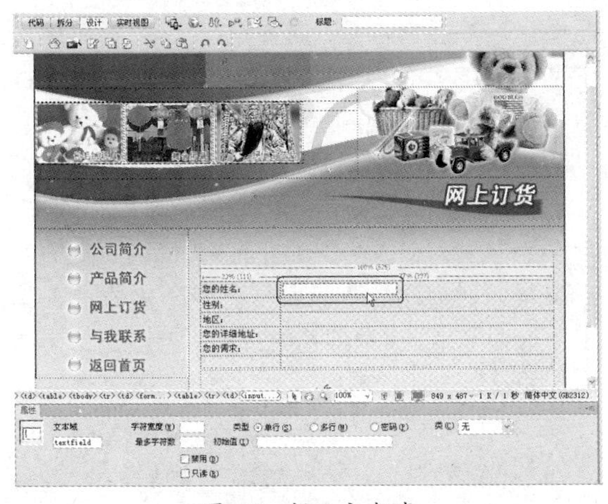

图9-5 插入文本域

在文本域属性面板中可以设置以下参数。

- 文本域：在“文本域”文本框中，为该文本域指定一个名称。每个文本域都必须有一个唯一名称，文本域名称不能包含空格或特殊字符，可以使用字母、数字、字符和下划线(_)的任意组合，所选名称最好与用户输入的信息要有所联系。
- 字符宽度：设置文本域一次最多可显示的字符数，它可以小于“最多字符数”。
- 最多字符数：设置单行文本域中最多可输入的字符数，使用“最多字符数”将邮政编码限制为6位数，将密码限制为10个字符等。如果将“最多字符数”文本框保留为空白，则用户可以输入任意数量的文本。如果文本超过域的字符宽度，文本将滚动显示，如果用户输入超过最大字符数，则表单产生警告音。
- 类型：文本域的类型，包括“单行”、“多行”和“密码”3个选项。
  - ◎ 选择“单行”，将产生一个type属性设置为text的input标签。“字符宽度”设置映射为size属性，“最多字符数”设置映射为maxlength属性。
  - ◎ 选择“密码”，将产生一个type属性设置为password的input标签。“字符宽度”和“最多字符数”设置映射的属性与在单行文本域中的属性相同。当用户在密码文本域中输入时，输入内容显示为项目符号或星号，以保护它不被其他人看到。
  - ◎ 选择“多行”，将产生一个 textarea 标签。
- 初始值：指定在首次载入表单时文本域中显示的值，例如，通过包含说明或示例值，可以指示用户在域中输入信息。

04 将光标置于第2行第2列中，执行“插入”|“表单”|“单选按钮”命令，插入单选按钮，在属性面板中将“初始状态”选择为“已勾选”，如图9-6所示。

05 在单选按钮的后面输入文字，再插入单选按钮，“初始状态”选择为“未选中”如图9-7所示。

图9-6　插入单选按钮

图9-7　插入单选按钮

在单选按钮“属性”面板中可以设置以下参数。

- 单选按钮：用来定义单选按钮名字，所有同一组的单选按钮必须有相同的名字。
- 选定值：用来判断单选按钮被选定与否。在提交表单时，单选按钮传送给服务端表单处理程序的值，同一组单选按钮应设置不同的值。
- 初始状态：用来设置单选按钮的初始状态是“已勾选”还是“未选中”，同一组内的单选按钮只能有一个初始状态，即“已勾选”。

06 将光标置于第3行第2列中，执行“插入”|“表单”|“选择(列表/菜单)”命令，插入列表/菜单，如图9-8所示。

07 单击属性面板中的“列表值”按钮，弹出“列表值”对话框，单击“+”可以添加列表值，单击“确定”按钮，添加到属性面板中，如图9-9所示。

图9-8　插入列表/菜单

图9-9　插入列表/菜单

在列表/菜单“属性”面板中可以设置以下参数。

- 列表/菜单：设置列表/菜单的名称，这个名称是必需的，也是唯一的。
- 类型：指的是将当前对象设置为下拉菜单还是滚动列表。
- 单击“列表值”按钮，弹出“列表值”对话框，在对话框中可以增减和修改列表/菜单。当列表或者菜单中的某项内容被选中，在提交表单时它对应的值就会被传送到服务器端的表单处理程序；若没有对应的值，则传送标签本身。
- 初始化时选定：此文本框首先显示“列表/菜单”对话框内的列表菜单内容，然后可在其中设置列表/菜单的初始选择，方法是单击要作为初始选择的选项，若“类型”选项为“列表”，则可初始选择多个选项；若“类型”选项为“菜单”，则只能选择一个选项。

08 将光标置于第4行第2列中，执行“插入”|“表单”|“文本域”命令，插入文本域，如图9-10所示。

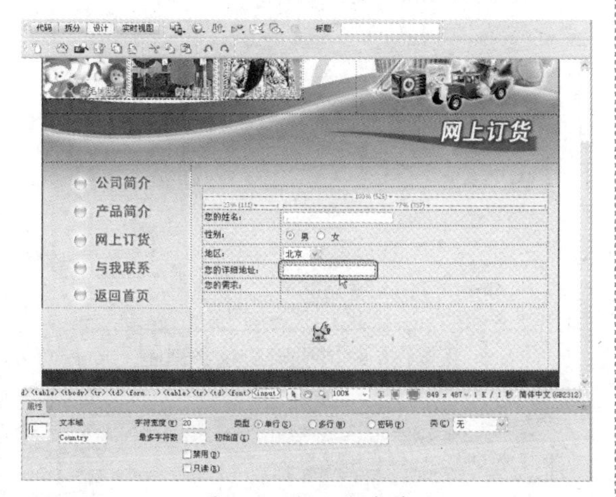

图9-10 插入文本域

09 将光标置于第5行第2列中，执行“插入”|“表单”|“文本区域”命令，插入文本区域，如图9-11所示。

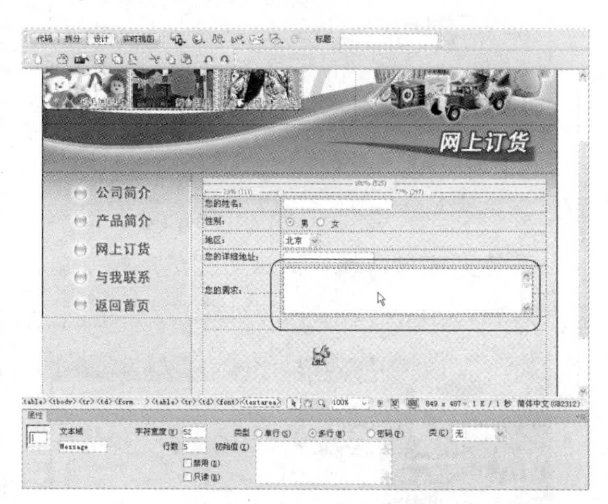

图9-11 插入文本区域

10 将光标置于第4行第2列中，执行“插入”|“表单”|“按钮”命令，插入提交按钮，如图9-12所示。

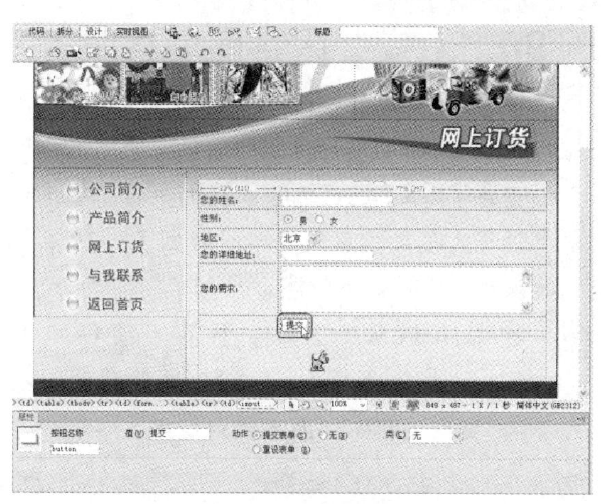

图9-12 插入按钮

11 将光标置于第4行第2列中，执行“插入”|“表单”|“按钮”命令，插入重新填写按钮，如图9-13所示。

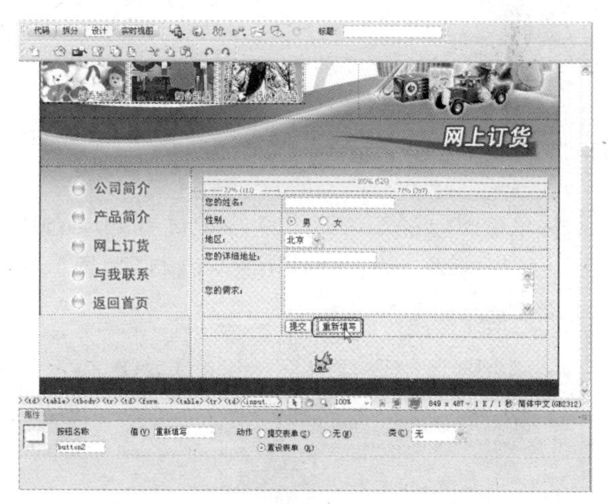

图9-13 插入按钮

在按钮“属性”面板中可以进行以下设置。

- 按钮名称：在文本框中设置按钮的名称，如果想对按钮添加功能效果，则必须在命名后采用脚本语言来控制执行。
- 值：在“值”文本框中输入文本，为在按钮上显示的文本内容。
- 动作：有3个选项，分别是“提交表单”、“重设表单”和“无”。

9.2 搭建动态网页平台

要建立具有动态的Web应用程序，必需建立一个Web服务器，选择一门Web应用程序开发语言，为了应用的深入还需要选择一款数据库管理软件。同时，因为是在Dreamweaver中开发的，还需要建立一个Dreamweaver站点，该站点能够随时调试动态页面。

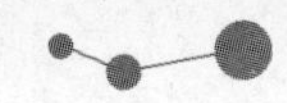

9.2.1 安装因特网信息服务器(IIS)

要在Windows XP下安装IIS，首先应该确保Windows XP中已经用SP1或更高版本，同时必须安装了IE6.0或更高版本的浏览器，相信这两者对于大多数读者来说早已做到了。安装IIS的具体操作步骤如下所述。

01 在Windows XP系统下，执行“开始”|“控制面板”|“添加/删除程序”命令，弹出如图9-14所示的对话框。

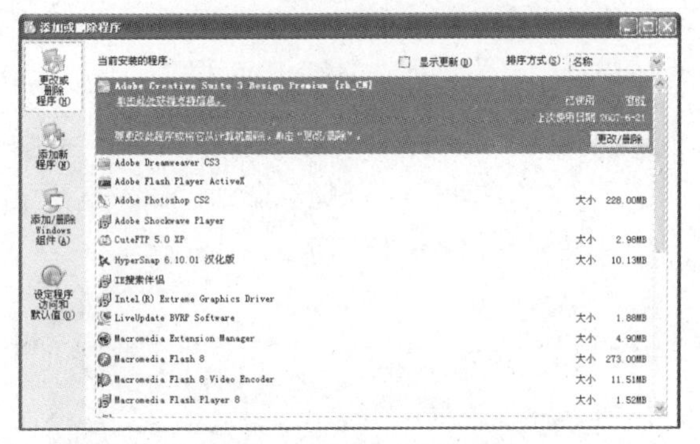

图9-14 添加/删除程序

02 单击图9-14左边的“添加/删除Windows组件”选项，弹出“Windows组件向导”对话框，如图9-15所示。

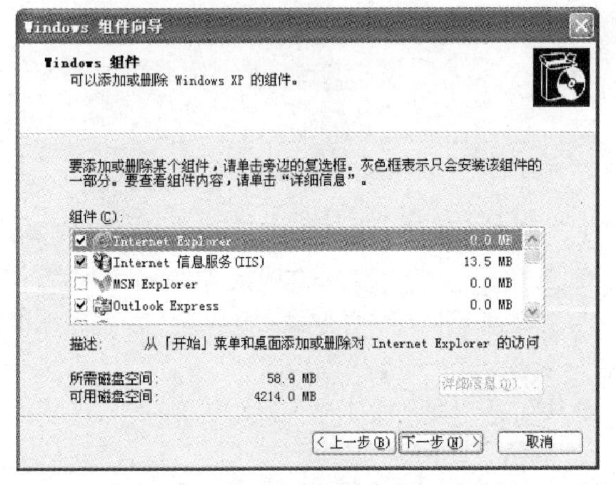

图9-15 “Windows组件向导”对话框

03 在每个组件之前都有一个复选框☑，若该复选框显示为☑，则代表该组件内还含有子组件供选择，双击“Internet信息服务(IIS)”选项，弹出如图9-16所示的对话框。

04 当选择完成所有希望使用的组件以及子组件后，单击“确定”按钮，弹出如图9-17所示的“Windows组件向导”窗口。

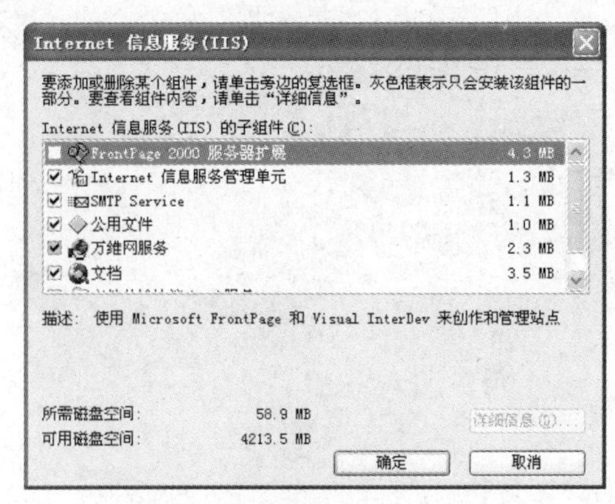

图9-16 IIS子组件的选择画面

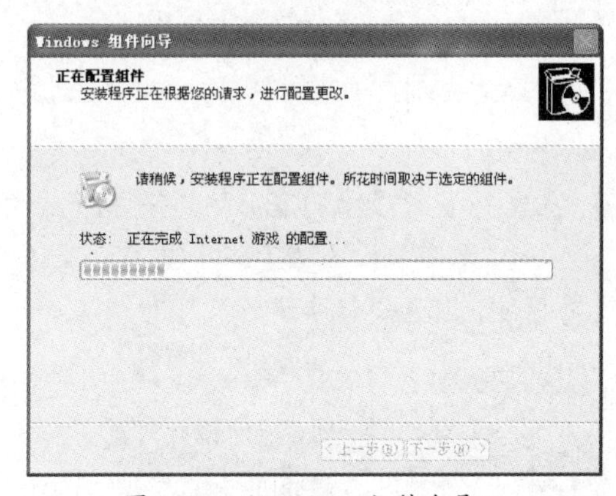

图9-17 “Windows组件向导”

05 安装完毕，会显示“Windows组件向导”安装完成对话框，单击“完成”按钮就可以完成IIS的安装过程，如图9-18所示。

图9-18 IIS安装完成

06 安装完毕后，启动IE浏览器，在地址栏中输入http://localhost，如果能够显示IIS欢迎字样，表示安装成功。要注意不同版本的Windows操作系统在安装成功后所显示的信息样式是不同的，如图9-19所示。

图9-19　安装成功后的显示信息

9.2.2　设置因特网信息服务器(IIS)

IIS提供了更为方便的安装/管理功能和增强的应用环境、基于标准的分布协议、改进的性能表现和扩展性，以及更好的稳定性和易用性。在Windows XP中，可以利用IIS来构建WWW服务器、FTP服务器和SNMP服务器等。

01 执行“开始”|“控制面板”命令，打开“控制面板”窗口，在“控制面板”窗口中选择“管理工具”图标，如图9-20所示。双击“管理工具”图标，进入“管理工具”窗口。

图9-20　选择“管理工具”图标

02 双击“Internet信息服务”图标。在弹出的“Internet 信息服务”对话框中选择“网站”，用鼠标右键单击“默认网站”，在弹出菜单中执行“属性”命令，如图9-21所示。

03 弹出“默认网站 属性”对话框，在对话框中切换到“网站”选项卡，在“IP地址”文本框中输入127.0.0.1，如图9-22所示。

图9-21　“网站”选项卡

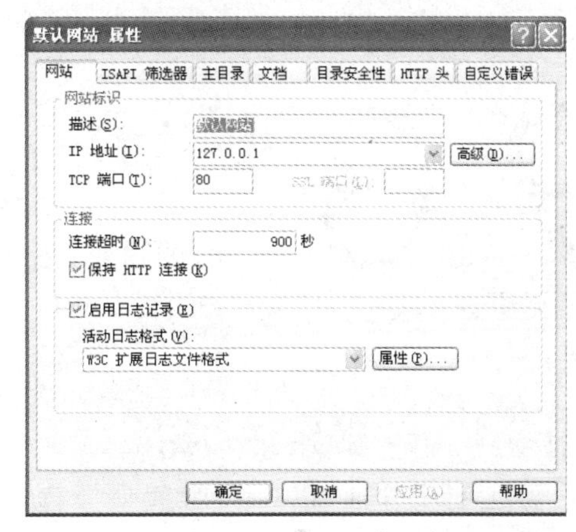

图9-22　“网站”选项卡

04 在“主目录”选项卡中可以设置IIS的本地路径以及网站权限，如图9-23所示。该选项卡还可以配置IIS的应用程序的设置。

图9-23　“主目录”选项卡

05 在“文档”选项卡中可以设置网站默认首页文件名和后缀名，如图9-24所示，可修改浏览器默认主页及调用顺序。

图9-24 “文档”选项卡

06 可以在“自定义错误”选项卡中设置每个错误页的显示信息，如图9-25所示。可以设置错误页的默认值，也可以根据路径浏览错误页并修改其中的错误信息。

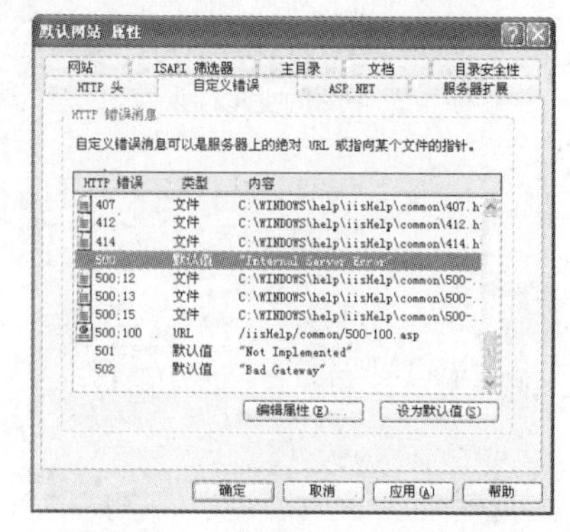

图9-25 “自定义错误”选项卡

9.3 创建数据库连接

动态页面最主要的就是结合后台数据库，自动更新网页，所以离开数据库的网页也就谈不上什么动态页面。任何内容的添加、删除、修改、检索都是建立在连接基础上进行的，可以想象连接的重要性了。下面就讲述利用Dreamweaver CS6设置数据库连接。

9.3.1 定义系统DSN

要在ASP中使用ADO对象来操作数据库，首先要创建一个指向该数据库的ODBC连接。在Windows系统中，ODBC的连接主要通过ODBC数据源管理器来完成。下面就以Windows XP为例讲述ODBC数据源的创建过程，具体操作步骤如下所述。

01 执行“控制面板”|“管理工具”|“数据源(ODBC)”命令，弹出“ODBC数据源管理器”对话框，在对话框中切换到“系统DSN”选项卡，如图9-26所示。

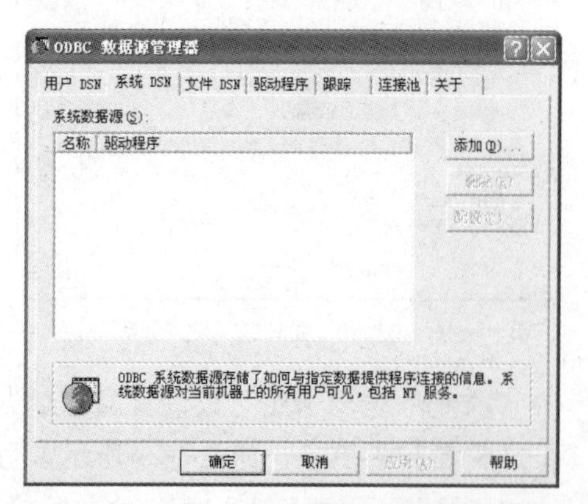

图9-26 “系统DSN”选项卡

02 单击“添加”按钮，弹出“创建新数据源”对话框，选择图9-27所示的设置后，单击“完成”按钮。

图9-27 “创建新数据源”对话框

03 弹出如图9-28所示的“ODBC Microsoft Access安装”对话框，选择数据库的路径，在“数据源名”文本框中输入数据源的名称，单击“确定”按钮，在图9-29所示的对话框中可以看到创建的数据源mdb。

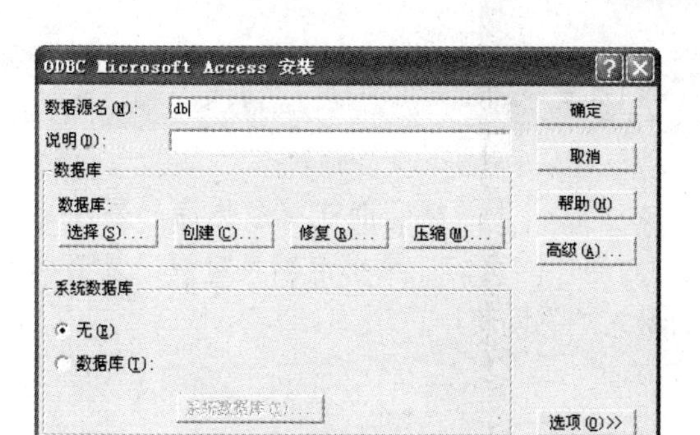

图9-28 “ODBC Microsoft Access安装”对话框

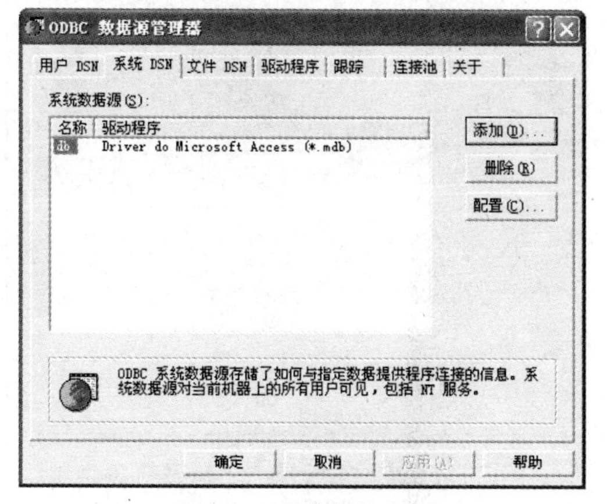

图9-29 创建的数据源

9.3.2 建立系统DSN连接

DSN(Data Source Name，数据源名称)，表示用于将应用程序和数据库相连接的信息集合。ODBC数据源管理器使用该信息来创建指向数据库的连接。通常DSN可以保存在文件或注册表中。简而言之，所谓构建ODBC连接，实际上就是创建同数据源的连接，也就是创建DNS。一旦创建了一个指向数据库的ODBC连接，同该数据库连接的有关信息就被保存在DNS中，而在程序中如果要操作数据库，也必须通过DSN来进行。准备工作都做好后，就可以连接数据库了。

创建DSN连接的具体操作步骤如下所述。

01 启动Dreamweaver，执行“窗口”|“数据库”命令，打开“数据库”面板，在面板中单击[+]按钮，在弹出的菜单中执行“数据库名称(DSN)”命令，如图9-30所示。

02 弹出图9-31所示的“数据源名称(DSN)”对话框，在对话框中的“连接名称”文本框中输入conn，在“数据源名称(DSN)”下拉列表中选择liuyan。

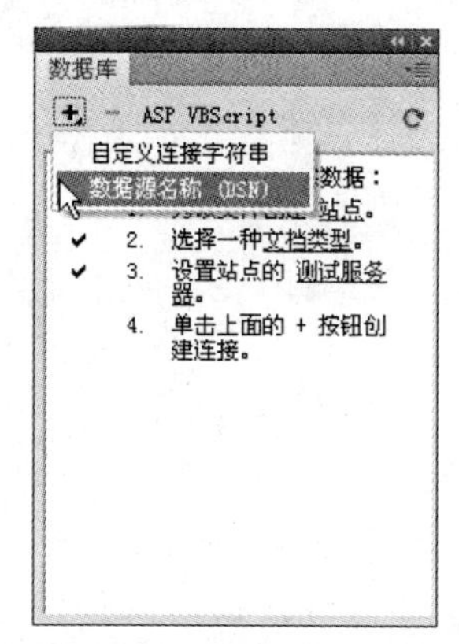

图9-30 “数据库”面板

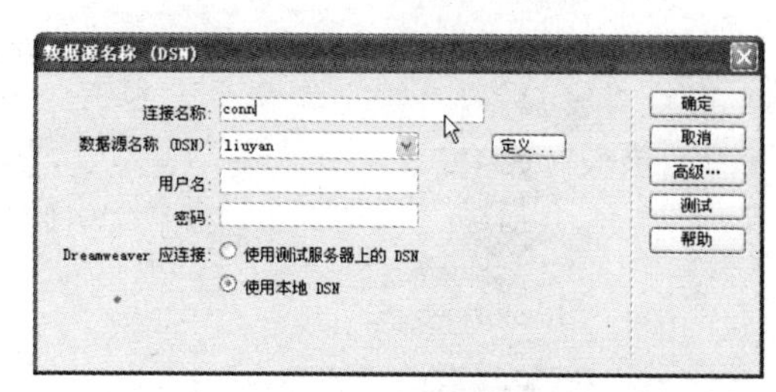

图9-31 “数据源名称(DSN)”对话框

03 单击“测试”按钮，如果成功弹出图9-32所示的对话框，就表明数据库连接好了。单击“确定”按钮返回到“数据库”面板，就可以看到新建的数据源，如图9-33所示。接下来就是要通过它到数据库中读取数据了。

图9-32 测试成功

图9-33 “数据库”面板

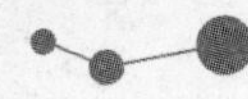

9.4 编辑数据表记录

动态网页需要从数据库表中读取相关数据，而连接数据库只是个最基本的前提。所以每个需要对数据库表及字段进行操作的动态网页，还需绑定相关查询记录集。当然，在绑定记录集的同时，数据库的连接也会被自动纳入动态网页中。

9.4.1 创建记录集

记录集是通过数据库查询得到的数据库中记录的子集。记录集由查询来定义，查询则由搜索条件组成，这些条件决定记录集中应该包含的内容，创建记录集具体操作步骤如下所述。

01 执行“窗口”|“绑定”命令，打开“绑定”面板，如图9-34所示。

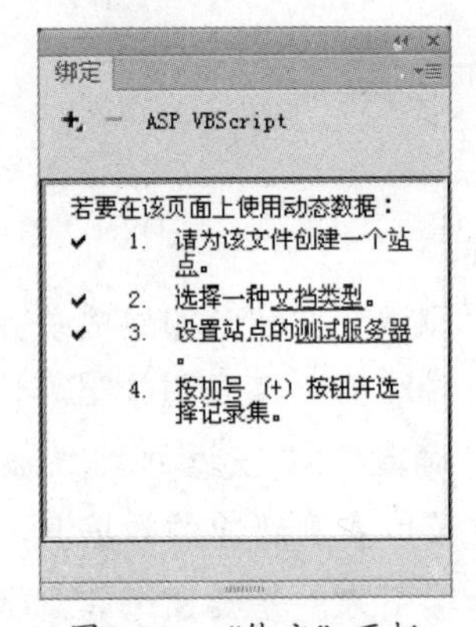

图9-34 “绑定”面板

02 在面板中单击[+]按钮，在弹出的菜单中执行“记录集(查询)”命令，如图9-35所示。

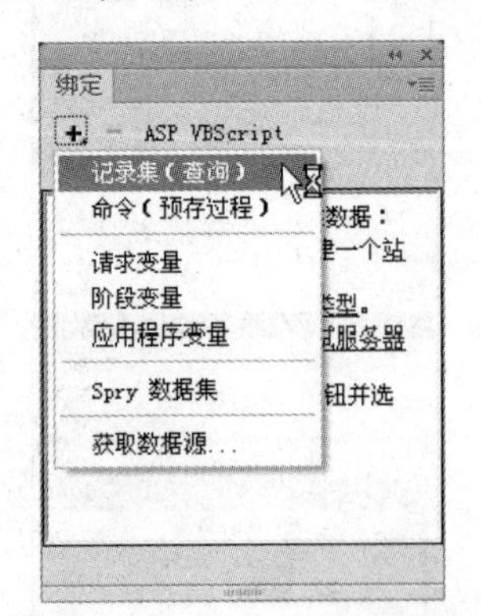

图9-35 执行“记录集(查询)”命令

03 弹出“记录集”对话框，在对话框中的“名称”文本框中输入“Recordset1”，在“连接”下拉列表中选择“liuyan”，“列”勾选“全部”单选按钮，如图9-36所示。

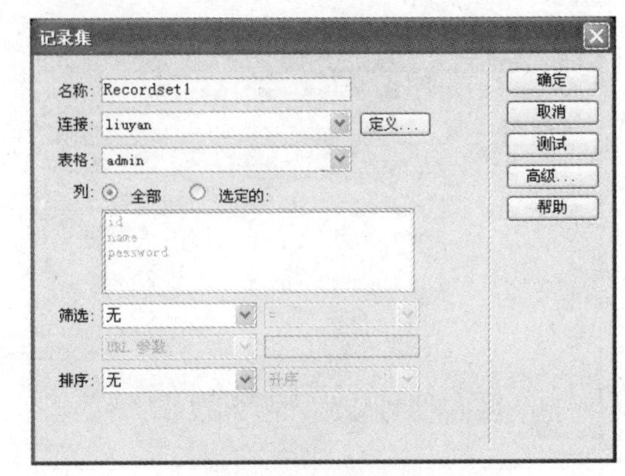

图9-36 “记录集”对话框

04 单击“确定”按钮，即可创建记录集，如图9-37所示。

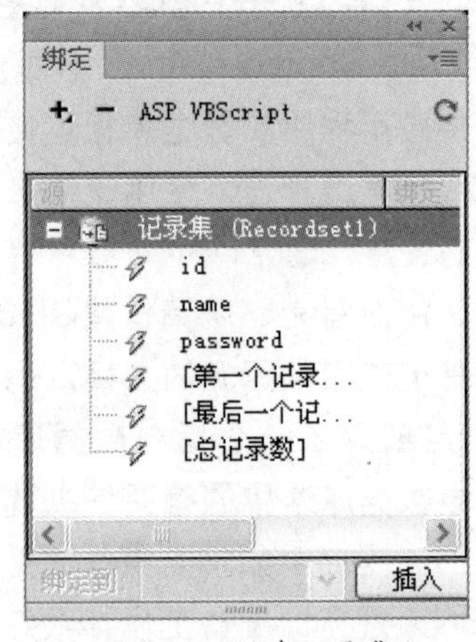

图9-37 创建记录集

知识要点

在“记录集”对话框中主要有以下参数。

- 名称：创建的记录集的名称。
- 连接：用来指定一个已经建立好的数据库连接，如果在“连接”下拉列表中没有可用的连接出现，则可单击其右边的“定义”按钮建立一个连接。

■ 表格：在下拉列表中选择连接的数据库中的表。
■ 列：选择需要查询数据库表中的哪些字段，勾选“全部”单选按钮，表示查询数据库中的所有字段；勾选“选定的”单选按钮，表示可以对数据库表的字段进行有目的的查询。
■ 筛选：设置记录集仅包括数据表中的符合筛选条件的记录。它包括4个下拉列表，这4个下拉列表分别可以完成过滤记录条件字段、条件表达式、条件参数以及条件参数的对应值。
■ 排序：设置记录集的显示顺序。它包括两个下拉列表，在第1个下拉列表中可以选择要排序的字段，在第2个下拉列表中可以设置升序或降序。

9.4.2 插入记录

一般来说，要通过动态页面向数据库中添加记录，需要提供输入数据的页面，可以通过创建包含表单对象的页面来实现。利用Dreamweaver CS6的“插入记录”服务器行为，就可以向数据库中添加记录，具体操作步骤如下所述。

01 打开要创建插入服务器行为的页面，该页面应包含具有“提交”按钮的HTML表单。

02 单击文档窗口左下角状态栏中的<form>标签选中表单，执行“窗口”|“属性”命令，打开“属性”面板，在“表单名称”文本框中输入名称。

03 执行“窗口”|“服务器行为”命令，打开“服务器行为”面板，在面板中单击+按钮，在弹出的菜单中执行“插入记录”命令，如图9-38所示。

04 执行该命令后，弹出“插入记录”对话框，如图9-39所示。在对话框中设置相应的参数，单击“确定”按钮，即可创建插入服务器行为。

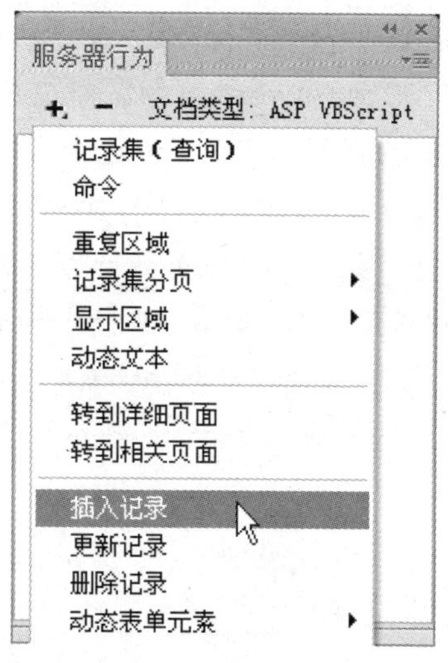

图9-38 执行“插入记录”命令

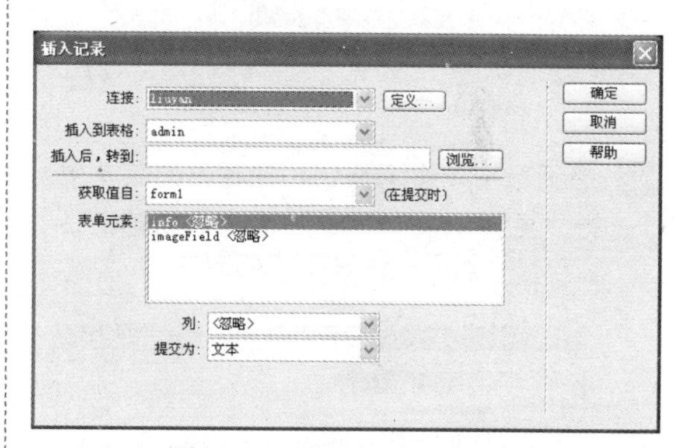

图9-39 “插入记录”对话框

知识要点

“插入记录”对话框中主要有以下参数。
■ 连接：用来指定一个已经建立好的数据库连接，如果在“连接”下拉列表中没有可用的连接出现，则可单击其右边的“定义”按钮建立一个连接。
■ 插入到表格：选择要插入表的名称。
■ 插入后，转到：输入一个文件名或单击“浏览”按钮选择相应的文件。如果不输入文件，则插入后刷新该页面。
■ 获取值自：指定存放记录内容的HTML表单。
■ 表单元素：指定数据库中要更新的表单元素。
■ 列：选择字段。
■ 提交为：显示提交元素的类型。如果表单对象的名称和被设置字段的名称一致，Dreamweaver会自动地建立对应关系。

9.4.3 更新记录

利用Dreamweaver的更新记录服务器行为，可以在页面中实现更新记录操作，创建更新记录服务器行为的具体操作步骤如下所述。

01 执行“窗口”|“服务器行为”命令，打开“服务器行为”面板，如图9-40所示。

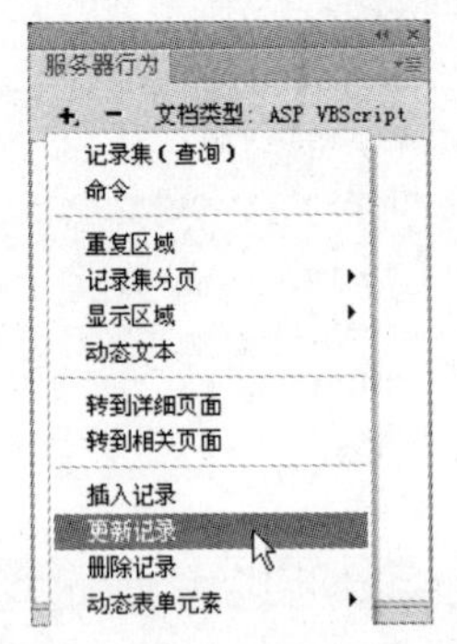

图9-40 选择“更新记录”选项

02 在面板中单击+按钮，在弹出的菜单中执行“更新记录”命令，弹出“更新记录”对话框，如图9-41所示。

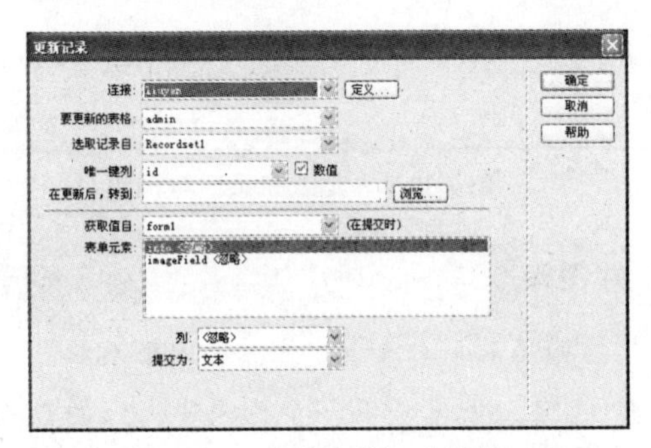

图9-41 “更新记录”对话框

知识要点

“更新记录”对话框中主要有以下参数。

- 连接：用来指定一个已经建立好的数据库连接，如果在“连接”下拉列表中没有可用的连接出现，则可单击其右边的“定义”按钮建立一个连接。
- 要更新的表格：在下拉列表中选择要更新的表的名称。
- 选取记录自：在下拉列表中指定页面中绑定的“记录集”。
- 唯一键列：在下拉列表中选择关键列，以识别在数据库表单上的记录。如果值是数字，则应该勾选“数值”复选项。
- 在更新后，转到：在文本框中输入一个URL，这样表单中的数据在更新之后将转向这个URL。
- 获取值自：在下拉列表中指定页面中表单的名称。
- 表单元素：在列表中指定HTML表单中的各个字段域名称。
- 列：在下拉列表中选择与表单域对应的字段列名称，在“提交为”下拉列表中选择字段的类型。

03 在对话框中设置相应的参数，单击“确定”按钮，即可创建更新记录服务器行为。

9.4.4 删除记录

利用Dreamweaver CS6的删除记录服务器行为，可以在页面中实现删除记录的操作，具体操作步骤如下所述。

01 执行“窗口”|“服务器行为”命令，打开“服务器行为”面板，在面板中单击+按钮，在弹出的菜单中执行“删除记录”命令，如图9-42所示。

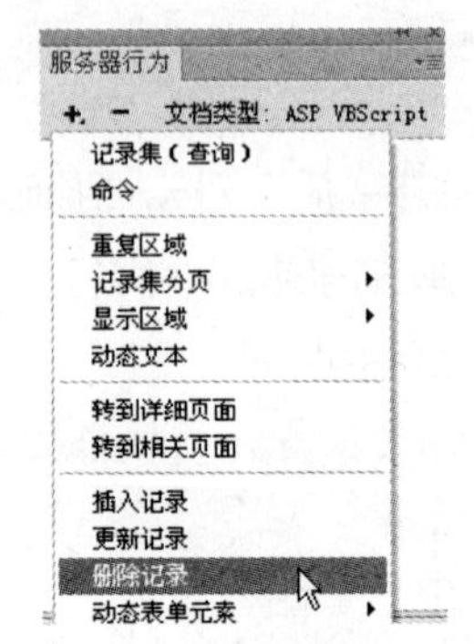

图9-42 执行“删除记录”命令

02 执行“删除记录”命令后，弹出“删除记录”对话框，如图9-43所示。

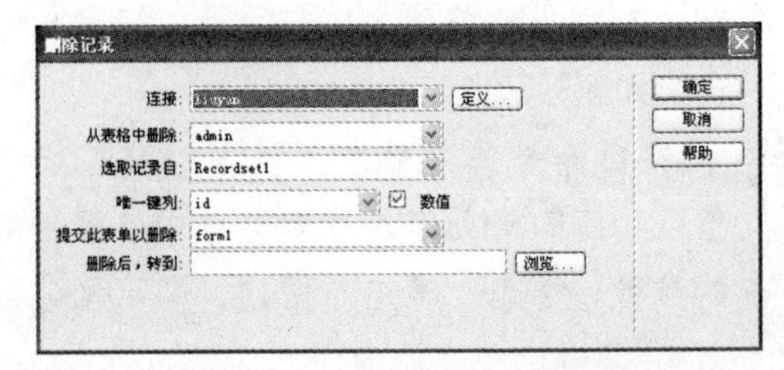

图9-43 “删除记录”对话框

知识要点

“删除记录”对话框中主要有以下参数。

- 连接：用来指定一个已经建立好的数据库连接，如果在“连接”下拉列表中没有可用的连接出现，则可单击其右边的“定义”按钮建立一个连接。
- 从表格中删除：在下拉列表中选择从哪个表中删除记录。
- 选取记录自：在下拉列表中选择使用的记录集的名称。
- 唯一键列：在下拉列表中选择要删除记录所在表的关键字字段，如果关键字字段的内容是数字，则需要勾选其右侧的“数值”复选项。
- 提交此表单以删除：在下拉列表中选择提交删除操作的表单名称。
- 删除后，转到：在文本框中输入该页面的URL地址。如果不输入地址，更新操作后则刷新当前页面。

03 在对话框中设置相应的参数，单击“确定”按钮，即可创建删除记录服务器行为。

9.5 添加服务器行为

服务器行为是一些典型、常用的可定制的Web应用代码模块，向页面中添加服务器行为的方法非常简单，即可以通过“数据”插入栏，也可以通过“服务器行为”面板。

9.5.1 插入重复区域

重复区域主要是使动态数据源所在的区域进行重复，以使得记录集中的所有记录都能被显示出来，创建重复区域的具体操作步骤如下所述。

01 执行“窗口”|“服务器行为”命令，打开“服务器行为”面板，在面板中单击[+]按钮，在弹出的菜单中执行“重复区域”命令，如图9-44所示。

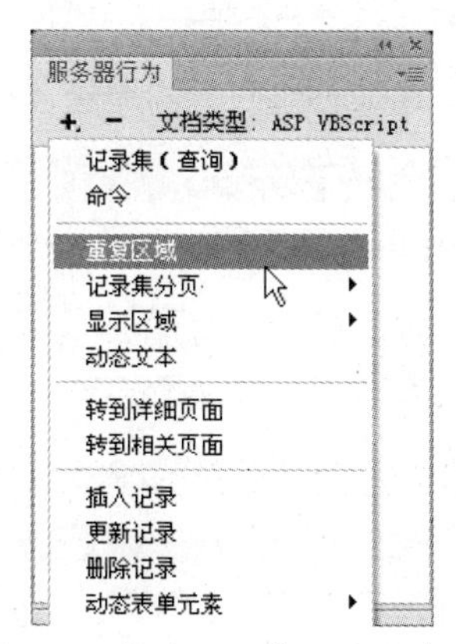

图9-44 执行“重复区域”命令

02 执行“重复区域”命令后，弹出“重复区域”对话框，如图9-45所示。

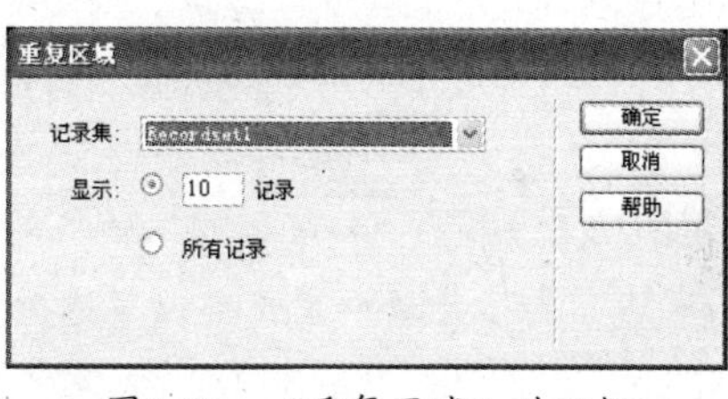

图9-45 “重复区域”对话框

03 在对话框中的“记录集”下拉列表中选择相应的记录集，在“显示”文本框中输入要预览的记录数，默认值为10个记录。单击“确定”按钮，即可创建重复区域服务器行为。

9.5.2 插入显示区域

当需要显示某个区域时，Dreamweaver可以根据条件动态显示相关区域，如记录导航链接。当把“前一个”和“下一个”链接增加到结果页面之后指定“前一个”链接应该在第一个页面被隐藏(记录集指针已经指向头部)，“下一个”链接应该在最后一页被隐藏(记录集指针已经指向尾部)。插入显示区域的具体操作步骤如下所述。

01 执行“窗口”|“服务器行为”命令，打开“服务器行为”面板，在面板中单击按钮，在弹出的菜单中执行“显示区域”命令，如图9-46所示。

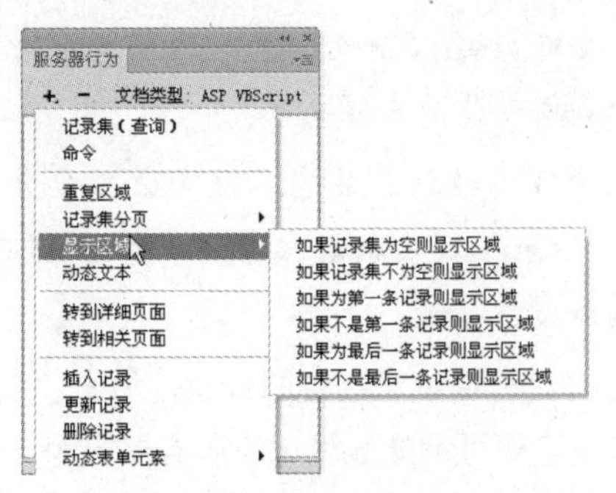

图9-46 “显示区域”选项

02 在弹出的子菜单中可以根据需要选择，如图9-47所示是“如果记录集为空则显示区域”对话框，在对话框中的“记录集”下拉列表中选择记录集。

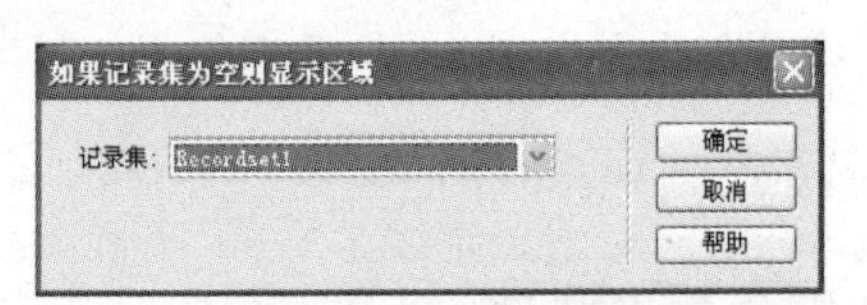

图9-47 “如果记录集为空则显示区域”对话框

知识要点

“显示区域”的子菜单中主要有以下选项。

- 如果记录集为空则显示区域：只有当记录集为空时才显示所选区域。
- 如果记录集不为空则显示区域：只有当记录集不为空时才显示所选区域。
- 如果为第一条记录则显示区域：当处于记录集中的第一条记录时，显示选中区域。
- 如果不是第一条记录则显示区域：当当前页中不包括记录集中第一条记录时显示所选区域。
- 如果为最后一条记录则显示区域：当当前页中包括记录集最后一条记录时显示所选区域。
- 如果不是最后一条记录则显示区域：当当前页中不包括记录集中最后一条记录时显示所选区域。

03 单击“确定”按钮，即可创建显示区域服务器行为。

显示区域服务器行为除“如果记录集为空则显示区域”和“如果记录集不为空则显示区域”两个服务器行为之外，其他4个服务器行为在使用之前都需要添加移动记录的服务器行为。

9.5.3 记录集分页

Dreamweaver CS6提供的记录集分页服务器行为，实际上是一组将当前页面和目标页面的记录集信息整理成URL地址参数的程序段。

01 执行“窗口”|“服务器行为”命令，打开“服务器行为”面板，在面板中单击按钮，在弹出的菜单中执行“记录集分页”命令，在弹出的子菜单中可以根据需要选择，如图9-48所示。

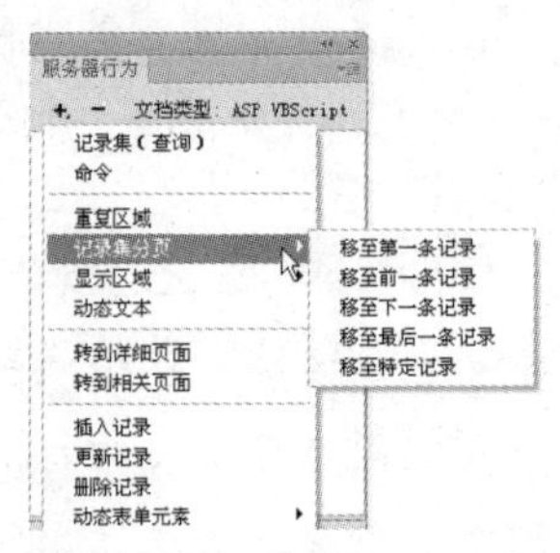

图9-48 “记录集分页”选项

02 如图9-49所示是“移至第一条记录”对话框，在对话框中的“记录集”下拉列表中选择记录集。移至特定记录服务器行为与其他4个移动记录服务器行为对话框不同，该对话框如图9-50所示。单击“确定”按钮，即可创建记录集分页服务器行为。

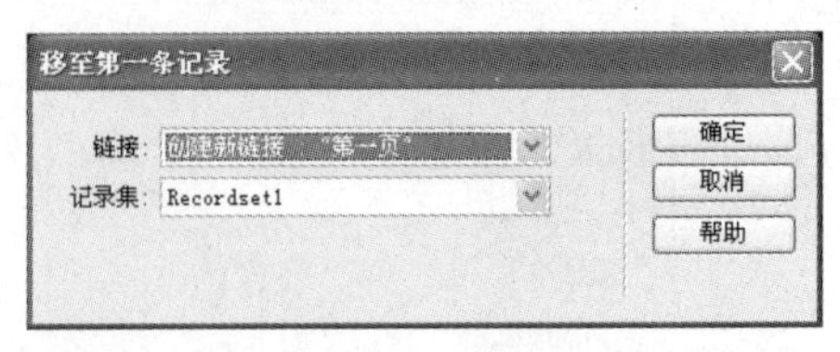

图9-49 “移至第一条记录”对话框

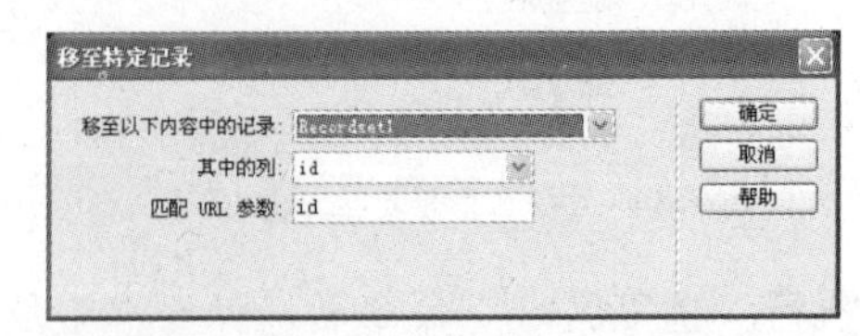

图9-50 “移至特定记录”对话框

知识要点

"移至特定记录"对话框中主要有以下参数。

■ 移至以下内容中的记录：在下拉列表中选择记录集。

■ 其中的列：在下拉列表中选择记录集中的一个字段。

■ 匹配URL参数：输入该URL参数。

9.5.4 转到详细页面

转到详细页面服务器行为可以将信息或参数从一个页面传递到另一个页面。创建转到详细页面服务器行为的具体操作步骤如下所述。

01 在列表页面中选中要设置为指向详细页上的动态内容。

02 执行"窗口"|"服务器行为"命令，打开"服务器行为"面板，在面板中单击+按钮，在弹出的菜单中执行"转到详细页面"命令，执行该命令后，弹出"转到详细页面"对话框，如图9-51所示。

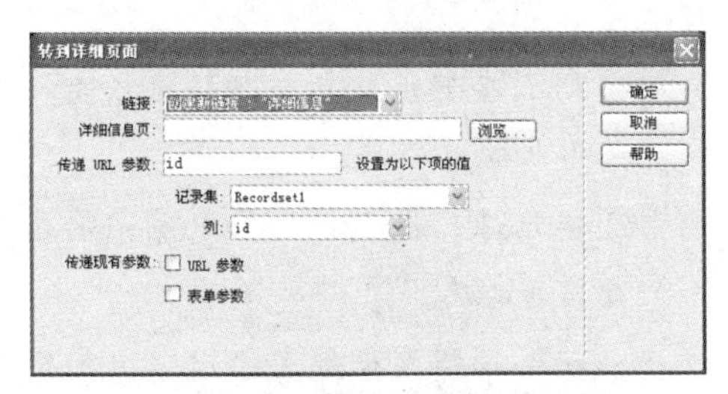

图9-51 "转到详细页面"对话框

知识要点

"转到详细页面"对话框中主要有以下参数。

■ 链接：在下拉列表中可以选择要把行为应用到哪个链接上。如果在文档中选择了动态内容，则会自动选择该内容。

■ 详细信息页：在文本框中输入细节页面对应页面的URL地址，或单击右边的"浏览"按钮选择。

■ 传递URL参数：在文本框中输入要通过URL传递到细节页中的参数名称，然后设置以下选项的值。

- 记录集：选择通过URL传递参数所属的记录集。
- 列：选择通过URL传递参数所属记录集中的字段名称，即设置URL传递参数的值的来源。

■ URL参数：勾选此复选项，表明将结果页中的URL参数传递到细节页上。

■ 表单参数：勾选此复选项，表明将结果页中的表单值以URL参数的方式传递到细节页上。

03 在对话框中设置相应的参数，单击"确定"按钮，即可创建转到详细页面记录服务器行为。

9.5.5 转到相关页面

转到相关页面可以建立一个链接打开另一个页面而不是它的子页面，并且传递信息到该页面。创建转到相关页面的具体操作步骤如下所述。

01 在要传递参数的页面中选中要实现转到相关页的文字。

02 执行"窗口"|"服务器行为"命令，打开"服务器行为"面板，在面板中单击+按钮，在弹出的菜单中执行"转到相关页面"命令，执行该命令后，弹出"转到相关页面"对话框，如图9-52所示。

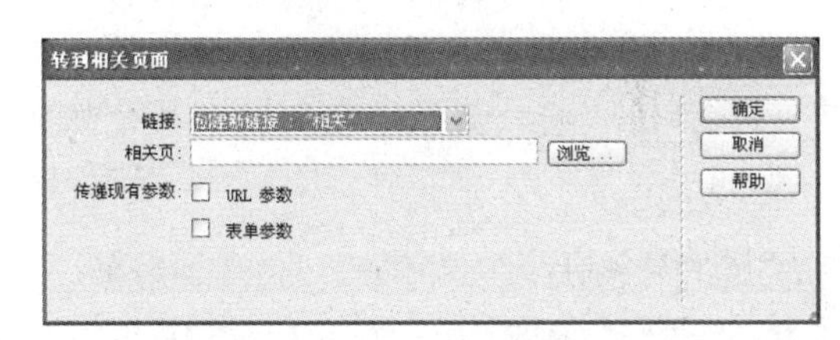

图9-52 "转到相关页面"对话框

知识要点

"转到相关页面"对话框中主要有以下参数。

■ 链接：在下拉列表中选择某个现有的链接，该行为将被应用到该链接上。如果在该页面上选中了某些文字，该行为将把选中的文字设置为链接。如果没有选中文字，那么在默认状态下Dreamweaver CS6会创建一个名为"相关"的超文本链接。

■ 相关页：在文本框中输入相关页的名称或单击"浏览"按钮选择相关页。

■ URL参数：勾选此复选项，表明将当前页面中的URL参数传递到相关页上。

■ 表单参数：勾选此复选项，表明将当前页面中的表单参数值以URL参数的方式传递到相关页上。

03 在对话框中设置相应的参数，单击“确定”按钮，即可创建转到相关页面服务器行为。

9.5.6 用户身份验证

为了更能有效地管理共享资源的用户，需要规范化访问共享资源的行为。通常采用注册(新用户取得访问权)→登录(验证用户是否合法并分配资源)→访问授权的资源→退出(释放资源)这一行为模式来实施管理。

01 在定义“检查新用户名”之前需要先定义一个“插入”服务器行为。其实“检查新用户名”行为是限制“插入”行为的，它用来验证插入的指定字段的值在记录集中是否唯一。

02 执行“窗口”|“服务器行为”命令，打开“服务器行为”面板，在面板中单击按钮，在弹出的菜单中执行“用户身份验证”|“检查新用户名”命令，执行该命令后，弹出“检查新用户名”对话框，如图9-53所示。

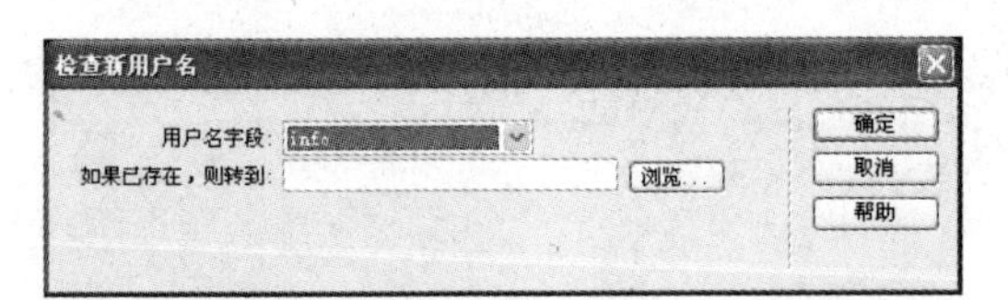

图9-53 “检查新用户名”对话框

03 在对话框中的“用户名字段”下拉列表中选择需要验证的记录字段(验证该字段在记录集中是否唯一)，如果字段的值已经存在，那么可以在“如果存在，则转到”文本框中指定引导用户所去的页面。

04 在对话框中设置相应的参数，单击“确定”按钮即可。

05 单击“服务器行为”面板中的按钮，在弹出的菜单中执行“用户身份验证”|“登录用户”命令，弹出“登录用户”对话框，如图9-54所示。

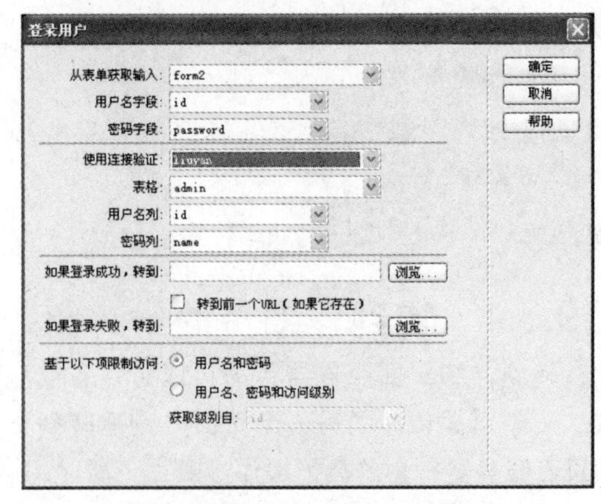

图9-54 “登录用户”对话框

知识要点

“登录用户”对话框中主要有以下参数。

■ 从表单获取输入：在下拉列表中选择接受哪一个表单的提交。

■ 用户名字段：在下拉列表中选择用户名所对应的文本框。

■ 密码字段：在下拉列表中选择用户密码所对应的文本框。

■ 使用连接验证：在下拉列表中确定使用哪一个数据库连接。

■ 表格：在下拉列表中确定使用数据库中的哪一个表格。

■ 用户名列：在下拉列表中选择用户名对应的字段。

■ 密码列：在下拉列表中选择密码对应的字段。

■ 如果登录成功(验证通过)那么就将用户引导至“如果登录成功，转到”文本框所指定的页面。

■ 如果存在一个需要通过当前定义的登录行为验证才能访问的页面，则应勾选“转到前一个URL(如果它存在)”复选项。

■ 如果登录不成功那么就将用户引导至“如果登录失败，转到”文本框所指定的页面。

■ 在“基于以下项限制访问”选项提供的一组单选按钮中，可以选择是否包含级别验证。

06 单击“服务器行为”面板中的+按钮，在弹出的菜单中选择“用户身份验证”|“限制对页的访问”选项，弹出“限制对页的访问”对话框，如图9-55所示。

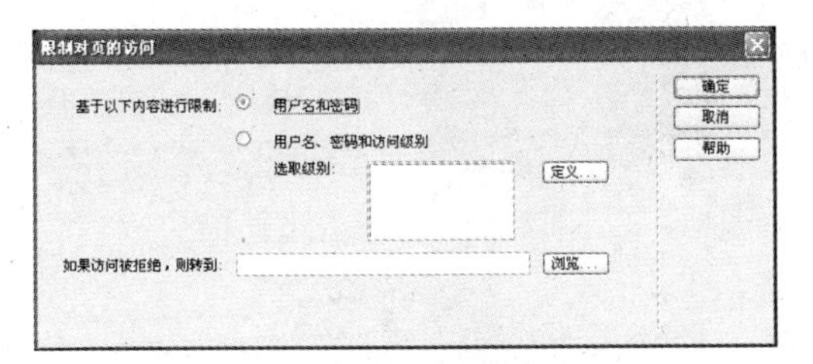

图9-55 “限制对页的访问”对话框

知识要点

“限制对页的访问”对话框中主要有以下参数。

- 在“基于以下内容进行限制”选项提供的一组单选按钮中，可以选择是否包含级别验证。
- 如果没有经过验证，那么就将用户引导至“如果访问被拒绝，则转到”文本框所指定的页面。
- 如果需要经过验证，可以单击“定义”按钮，弹出“定义访问级别”对话框，其中+按钮用来添加级别，-按钮用来删除级别，“名称”文本框用来指定级别的名称。

07 在对话框中设置相应的参数，单击“确定”按钮即可。

08 单击“服务器行为”面板中的+按钮，在弹出的菜单中选择“用户身份验证”|“注销用户”选项，弹出“注销用户”对话框，如图9-56所示。

图9-56 “注销用户”对话框

知识要点

“注销用户”对话框中主要有以下参数。

- 单击链接：指的是当用户指定的链接时运行。
- 页面载入：指的是加载本页面时运行。
- 在完成后，转到：用来指定运行“注销用户”行为后引导用户所至的页面。

9.6 习题测试

1．填空题

(1) 可以使用Dreamweaver创建带有________、________、________、________、________、________以及其他输入类型的表单，这些输入类型又被称之为表单对象。

(2) IIS提供了更为方便的安装/管理功能和增强的应用环境、基于标准的分布协议、改进的性能表现和扩展性，以及更好的稳定性和易用性。在Windows XP中，可以利用IIS来构建________、________和________等。

2．操作题

原始文件	原始文件/CH09/操作题/index.html
最终文件	最终文件/CH09/操作题/index1.html

制作一个如图9-57所示的表单网页。

参考9.1节创建表单。

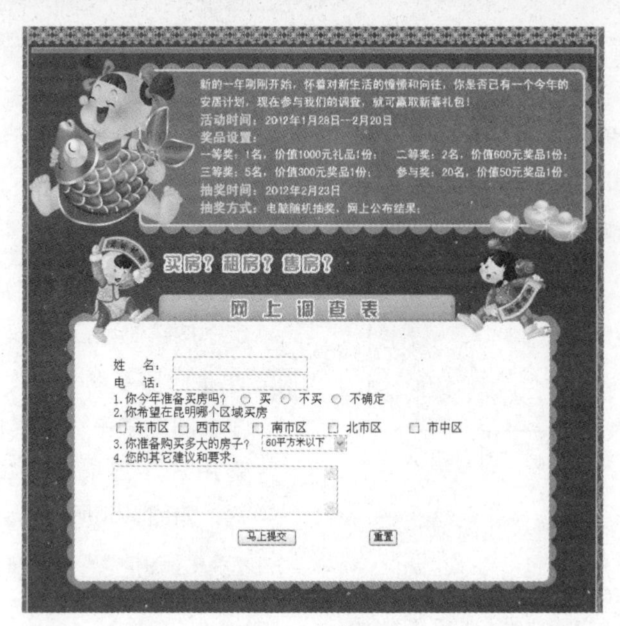

图9-57　表单网页

9.7 本课小结

动态页面最主要的作用就是结合后台数据库，自动更新Web页面。建立数据库的连接是Web页面通向数据的桥梁，任何形式的添加、删除、修改、检索都是建立在连接的基础上进行的。本课主要讲述表单的使用、搭建服务器平台、网站数据库的创建、连接数据库、创建记录集和绑定动态内容等。

第10课 进入Flash魔幻动画世界

本课导读

Flash是一款多媒体动画制作软件，它是一种交互式动画设计工具，用它可以将音乐、声效、动画以及富有新意的界面融合在一起，以制作出高品质的Flash动画。Flash动画节省了文件的大小，提高了网络传送的速度，大大增强了网站的视觉冲击力，从而吸引了越来越多的浏览者访问网站。

技术要点

◎ Flash动画概述
◎ Flash动画的应用
◎ Flash动画制作流程
◎ 认识Flash CS6
◎ 优化与测试动画
◎ 发布Flash动画

10.1 认识Flash动画

Flash动画是专为网页服务的画像或动画。主要含有矢量图形，但是也可以包含导入的位图和音效，还可以把浏览者输入的信息同交互性联系起来，从而产生交互效果，也可以生成非线性电影动画。该动画可以同其他的Web程序产生交互作用。网页设计师可以利用Flash来创建导航控制器、动态Logo、含有同步音效的长篇动画、甚至可以产生完整的、富有敏感性的网页。

10.1.1 Flash动画概述

随着网络技术的发展，网页上出现了越来越多的Flash动画。Flash是一款矢量图形编辑和交互式动画创作软件。Flash有友好的工作环境，加上强大的视频、多媒体和应用程序开发功能，使设计和开发人员能够创建出丰富的动画效果。Flash在网页动画创作领域独领风骚，如今它已经成为专业动画制作人员的必备工具，深得专业人员和业余爱好者的喜爱。

Flash在多媒体产品设计方面，将在网络动画设计及网页组织上显示出巨大的生命力。各领域都开始使用Flash动画，它的应用前景令人鼓舞。

基于矢量图形的Flash动画，即使随意调整缩放其尺寸，也不会影响图像的质量和文件的大小，流式技术允许用户在动画文件全部下载完之前播放已下载的部分，并在不知不觉中下载完剩余的动画。

Flash提供的物体变形和透明技术使得创建动画更加容易，并为Web动画设计者的丰富想象提供了实现手段；交互设计让用户可以随心所欲地控制动画，赋予用户更多的主动权；优化的界面设计和强大的工具使Flash CS6更简单实用。同时Flash还具有导出独立运行程序的能力。

与其他的网页动画制作类软件相比，Flash有如下几个优点。

- 利用Flash制作的动画是矢量的，而不像一般的GIF和JPEG文件，不论把它放大多少倍都不会失真。
- 利用Flash生成的文件是带保护的。
- 利用Flash生成的动画文件体积很小，相同功能的菜单用Java实现要30KB以上，而Flash只用不到10KB就可以实现。
- Flash的播放是流式技术，动画是边下载边播放，如果速度控制得好则用户根本感觉不到文件的下载过程。

10.1.2 Flash动画的应用

Flash软件已经成为网上活力的标志，应用这一技术与电视、广告、卡通、MTV制作方面相结合，进行商业推广，把Flash从个人爱好推广为一种阳光产业。这样，Flash将作为一种产业渗透到音乐、传媒、IT广告房地产游戏等各个领域，开拓发展无限的商业机会。

1. Flash动画短片

相信绝大多数人都是通过观看网上精彩的动画短片知道Flash的。Flash动画短片经常以其感人的情节或是搞笑的对白吸引着绝大多数的上网者进行观看。图10-1所示为Flash动画短片。

图10-1 Flash动画短片

2. 制作互动游戏

使用Flash的动作脚本功能可以制作一些有趣的在线小游戏，如看图识字游戏、贪吃蛇游戏、棋牌类游戏等。因为Flash游戏具有体积小的优点，一些手机厂商已在手机中嵌入Flash游戏。图10-2所示为精彩的Flash小游戏。

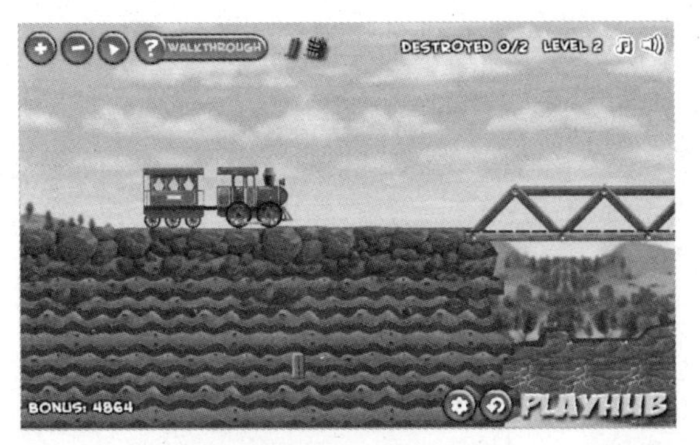

图10-2 互动游戏

3．流媒体视频

在互联网上，由于网络传输速度的限制，所以不适合一次性读取大容量的视频数据，因此便需要逐帧传送要播放的内容，这样才能在最少的时间内播放完所有的内容。Flash文件正是应用了这种流媒体数据传输方式，因此在互联网的视频播放中被广泛应用。图10-3所示为利用流媒体技术制作的视频。

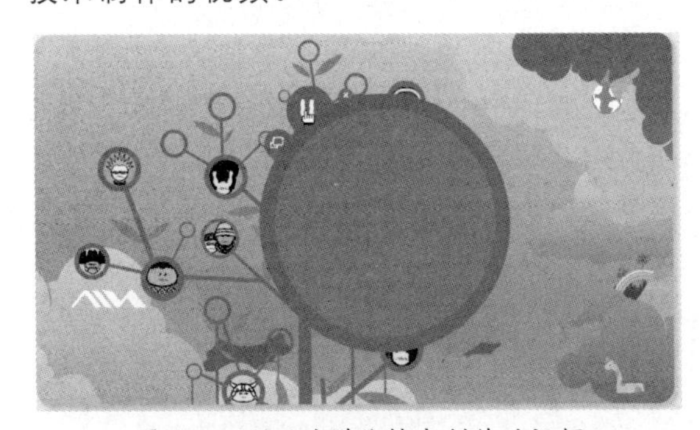

图10-3 利用流媒体技术制作的视频

4．制作教学用课件

随着网络教育的逐渐普及，网络授课不再只是以枯燥的文字为主，更多的教学内容被制作成了动态影像，或者将教师的知识点讲解录音进行在线播放。可是这些教学内容都只是生硬地播放事先录制好的内容，学习者只能被动地点击播放，而不能主动参与到其中。但是Flash的出现改变了这种状况，由Flash制作的课件具有很高的互动性，使学习者能够真正融入到在线学习中，亲身参与每一个实验，就好像自己真正在动手一样，使原本枯燥的学习变得活泼生动。图10-4所示为教学用课件。

图10-4 利用Flash制作的课件

5．Flash电子贺卡

在快节奏发展的今天，每当重要的节日或者纪念日，更多的人选择借助发电子贺卡来表达自己对对方的祝福和情感。而在这些特别的日子里，一张别出心裁的Flash电子贺卡往往能够为人们的祝福带来更加意想不到的效果。图10-5所示为Flash电子贺卡。

图10-5 精美的Flash电子贺卡

6．搭建Flash动态网站

Flash建站具有互动性强，视觉震撼力大，看后印象深刻等优点，是传统网站无法相比的。适合电影，电器和企业新产品的展示。由于制作精良的Flash动画可以具有很强的视觉冲击力和听觉冲击力，因此一些公司在网站发布新的产品时，往往会采用Flash制作相关的页面，借助Flash的精彩效果吸引客户的注意力，从而达到比以往静态页面更好的宣传效果。图10-6所示为搭建Flash动态网站。

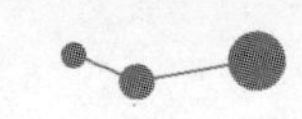

图10-6　效果出色的Flash动态网站

7．制作光盘多媒体界面

Flash与其他多媒体软件结合使用，可以制作出多媒体光盘的互动界面，图10-7所示为光盘多媒体界面。

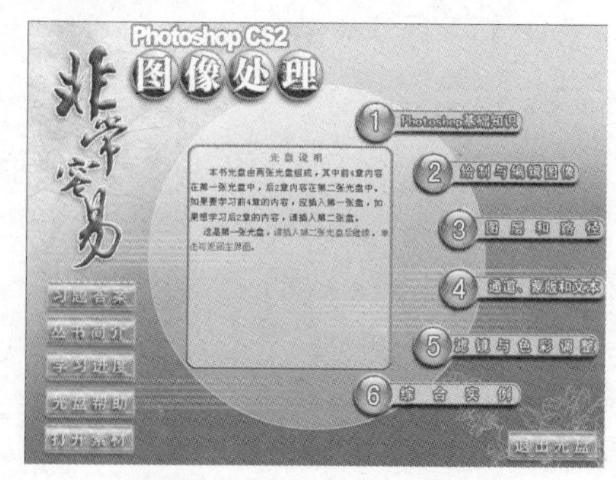

图10-7　多媒体光盘互动界面

10.2 Flash动画制作流程

就像拍一部电影一样，创作一个优秀的Flash动画作品也要经过很多环节，每一个环节都关系到作品的最终质量。Flash动画的创作流程并非一成不变的，这里所说的流程，是指一般情况下的步骤，具有一定的通用性。

1．前期策划

在着手制作动画前，我们应首先明确制作动画的目的以及要达到的效果。然后确定剧情和角色，有条件的话可以请别人编写剧本。准备好这些后，还要根据剧情确定创作风格。比如，比较严肃的题材，我们应该使用比较写实的风格；如果是轻松愉快的题材，可以使用Q版造型来制作动画。

2．准备素材

做好前期策划后，便可以开始根据策划的内容准备素材。素材的准备直接影响到动画作品的整体效果。素材包括：图片、文字、音效和视频剪辑等。当然，也可以从网上搜集动画中要用到的素材，比如声音素材、图像素材和视频素材等。

3．制作动画

一切准备就绪就可以开始制作动画了。用户可以根据自己的想法或已经设计好的场景、情节来制作动画，在时间轴中合理地规划和编排已经准备好的素材。创作动画的手法依具体情况而定，可使用逐帧动画、动作或形状补间、时间轴特效等。必要时还可以为按钮加入音效，为场景配以背景音乐。如果希望为动画添加交互能力，使用脚本代码也是必不可少的。这一步最能体现出制作者的水平，想要制作出优秀的Flash作品，不但要熟练掌握软件的使用，还需要掌握一定的美术知识以及运动规律。

4．后期调试

后期调试包括调试动画和测试动画两方面内容。调试动画主要是对动画的各个细节，例如动画片段的衔接、场景的切换、声音与动画的协调等进行调整，使整个动画显得流畅、和谐。在动画制作初步完成后便可以调试动画以保证作品的质量。测试动画是对动画的最终播放效果、网上播放效果进行检测，以保证动画能完美地展现在欣赏者面前。

5．发布作品

动画制作好并调试无误后，Flash能够发布或导出SWF、AVI、MOV、FLV等众多格式，而无需重新制作或进行任何更改。用户也可以把它打包成EXE可执行文件，这样在其他机器上播放时就不必再安装任何插件。

10.3 认识Flash CS6

Adobe Flash Professional CS6是Adobe推出知名动画制作软件的最新版本，使用它可以创建各种逼真的动画和绚丽的多媒体。Flash CS6软件是用于创建动画和多媒体内容的强大的创作平台。设计身临其境、而且在台式计算机和平板电脑、智能手机和电视等多种设备中都能呈现一致效果的互动体验。

10.3.1 启动Flash CS6

启动Flash CS6的具体操作步骤如下所述。

01 在桌面上选中安装好的Flash CS6软件，如图10-8所示。

图10-8 选中软件

02 双击该图标即可启动该软件，如图10-9所示。

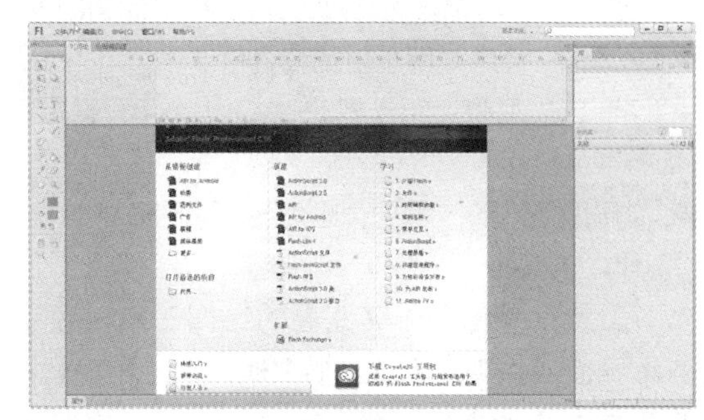

图10-9 启动软件

10.3.2 Flash CS6工作界面介绍

Adobe Flash Professional CS6软件内含强大的工具集，具有排版精确、版面保真和丰富的动画编辑功能，能清晰地传达创作构思。Flash CS6的工作界面由菜单栏、工具箱、时间轴、舞台和面板等组成，如图10-10所示。

图10-10 Flash CS6的工作界面

1. 菜单栏

菜单栏是最常见的界面要素，它包括“文件”、“编辑”、“视图”、“插入”、“修改”、“文本”、“命令”、“控制”、“调试”、“窗口”和“帮助”等一系列的菜单，如图10-11所示。根据不同的功能类型，可以快速地找到所要使用的各项功能选项。

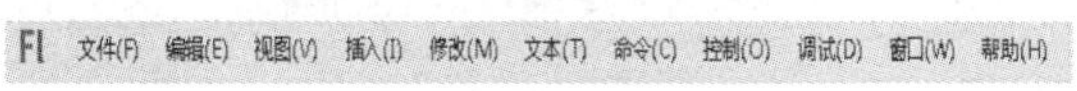

Fl 文件(F) 编辑(E) 视图(V) 插入(I) 修改(M) 文本(T) 命令(C) 控制(O) 调试(D) 窗口(W) 帮助(H)

图10-11 菜单栏

- “文件”菜单：用于文件操作，如创建、打开和保存文件等。

- “编辑”菜单：用于动画内容的编辑操作，如复制、剪切和粘贴等。
- “视图”菜单：用于对开发环境进行外观和版式设置，包括放大、缩小、显示网格及辅助线等。
- “插入”菜单：用于插入性质的操作，如新建元件、插入场景和图层等。
- “修改”菜单：用于修改动画中的对象、场景甚至动画本身的特性，主要用于修改动画中各种对象的属性，如帧、图层、场景以及动画本身等。
- “文本”菜单：用于对文本的属性进行设置。
- “命令”菜单：用于对命令进行管理。
- “控制”菜单：用于对动画进行播放、控制和测试。
- “调试”菜单：用于对动画进行调试。
- “窗口”菜单：用于打开、关闭、组织和切换各种窗口面板。
- “帮助”菜单：用于快速获得帮助信息。

2. 工具箱

工具箱中包含一套完整的绘图工具，位于工作界面的左侧，如图10-12所示。如果想将工具箱变成浮动工具箱，可以拖动工具箱最上方的位置，这时屏幕上会出现一个工具箱的虚框，释放鼠标即可将工具箱变成浮动工具箱。

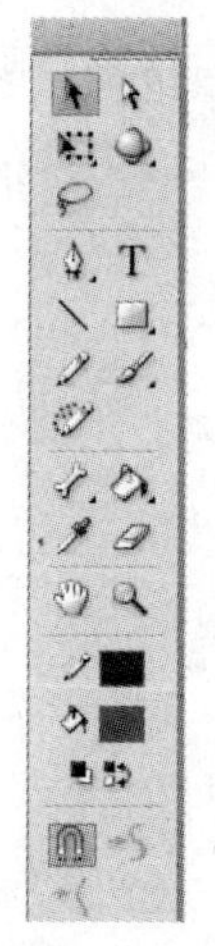

图10-12　工具箱

3. “时间轴”面板

“时间轴”面板是Flash界面中重要的部分，用于组织和控制文档内容在一定时间内播放的图层数和帧数，如图10-13所示。

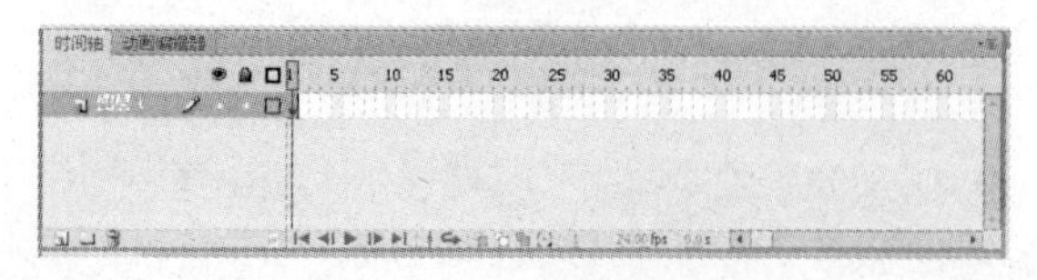

图10-13　“时间轴”面板

在“时间轴”面板中，其左边的上方和下方的几个按钮用于调整图层的状态和创建图层。在帧区域中，其顶部的标题指示了帧编号，动画播放头指示了舞台中当前显示的帧。

时间轴状态显示在“时间轴”面板的底部，它包括若干用于改变帧显示的按钮，指示当前帧编号、帧频和到当前帧为止的播放时间等。其中，帧频直接影响动画的播放效果，其单位是“帧/秒(fps)”，默认值是12帧/秒。

4. 舞台

舞台是放置动画内容的区域，可以在整个场景中绘制或编辑图形，但是最终动画仅显示场景白色区域中的内容，而这个区域就是舞台。舞台之外的灰色区域称为工作区，在播放动画时不显示此区域，如图 10-14 所示。舞台中可以放置的内容包括矢量插图、文本框、按钮和导入的位图图形或视频剪辑等。工作时，可以根据需要改变舞台的属性和形式。

图10-14　舞台

5. “属性”面板

“属性”面板默认情况下处于展开状态，在Flash CS6中，“属性”面板、“滤镜”面板和“参数”面板整合到了一个面板。

“属性”面板的内容取决于当前选定的内容，可以显示当前文档、文本、元件、形状、位图、视频、帧或工具的信息和设置。如当选择工具箱中的“文本”工具时，在“属性”面板中将显示有关文本的一些属性设置，如图 10-15 所示。

图10-15　文本“属性”面板

10.3.3 退出Flash CS6

退出Flash CS6文档的具体操作步骤如下所述。

01 在要关闭的窗口中单击右上角的“关闭”按钮 × ，即可关闭当前文件，如图 10-16 所示。

图10-16 关闭文档

02 若当前文件没有被保存则会弹出如图10-17所示的对话框。

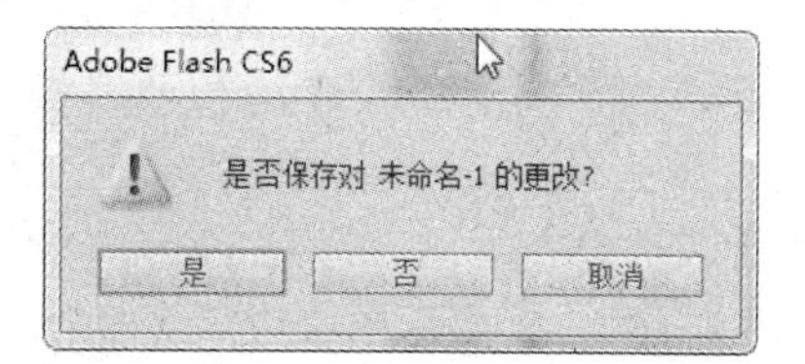

图10-17 提示框

03 若想保存该文档则单击“是”按钮，若不想保存直接单击“否”按钮即可。

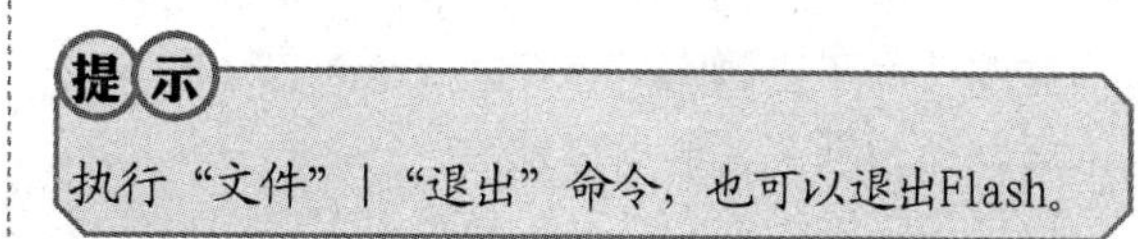

提示

执行“文件”|“退出”命令，也可以退出Flash。

10.4 优化与测试动画

Flash作为动画创作的专业软件，操作简便，功能强大，现已成为交互式矢量图形和Web动画方面的标准。但是，如果制作的Flash文件较大，就常常会让网上浏览者在不断等待中失去耐心。因此对Flash进行优化显得很有必要，但前提是不能有损其播放质量。

10.4.1 优化动画

下面讲述优化Flash动画，具体操作步骤如下所述。

01 执行“文件”|“打开”命令，打开文件“优化动画.fla”，如图10-18所示。

图10-18 打开动画

提示

打开相应的文件夹，然后双击“优化文件.fla”也可以打开文件。

02 执行“文件”|“发布设置”命令，打开“发布设置”对话框，在该对话框中单击“Html包装器”选项，打开相应的参数页面，在该参数中设置页面的大小和品质，如图10-19所示。

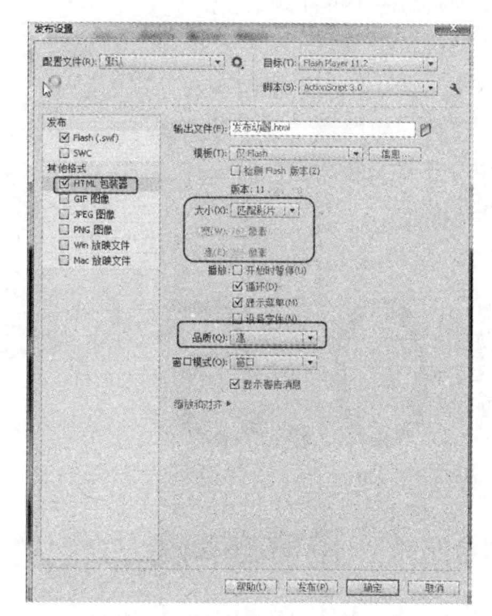

图10-19 “发布设置”对话框

下面是优化Flash动画时的一些注意事项。

● 制作动画时，应多采用补间动画，尽量避免使用逐帧动画，因为关键帧的多少是决定文件大小的重要因素。

- 绘制线条时，多采用实线，少用虚线。限制特殊线条类型如短划线、虚线和波浪线等的数量。由于实线的线条构图最简单，因此使用实线将使文件更小。
- 多使用符号。如果电影中的元素使用一次以上，则应考虑将其转换为符号。重复使用符号并不会使电影文件明显增大，因为电影文件只需储存一次符号的图形数据。
- 多用矢量图形，少用位图图像。矢量图可以任意缩放而不影响Flash的画质，而位图图像一般只作为静态元素或背景图，Flash并不擅长处理位图图像的动作，应避免使用位图图像元素的动画。
- 导入的图片格式最好是*.jpg或*.gif格式。
- 导入音乐文件时，最好是MP3格式的文件，这样不仅可以保证一定质量的音质，还可以缩小文件尺寸。
- 限制字体和字体样式的数量。尽量不要使用太多不同的字体。使用的字体越多，电影文件就越大。应尽可能使用Flash内置的字体。
- 尽量不要将字体和图形打散。因为打散后的字体就不再以字体的形式保存下来，而是以图形的形式保存。对于图形，也尽量不要打散，最好把图形组合在一起，构成图形群组，这样也能大大地缩小文件尺寸。
- 尽量避免在同一时间内安排多个对象同时产生动作。有动作的对象也不要与其他静态对象安排在同一图层里。应该将有动作的对象安排在各自专属的图层内，以便加速Flash动画的处理过程。
- 动画的长宽尺寸越小越好。尺寸越小，动画文件就越小。
- 在动画导出之前，查看库中是否有无用的元件，如果有则将其删除。

10.4.2 测试动画

测试Flash动画的具体操作步骤如下所述。

01 打开制作好的Flash动画，执行“控制”|“测试影片”|“测试”命令，如图10-20所示。

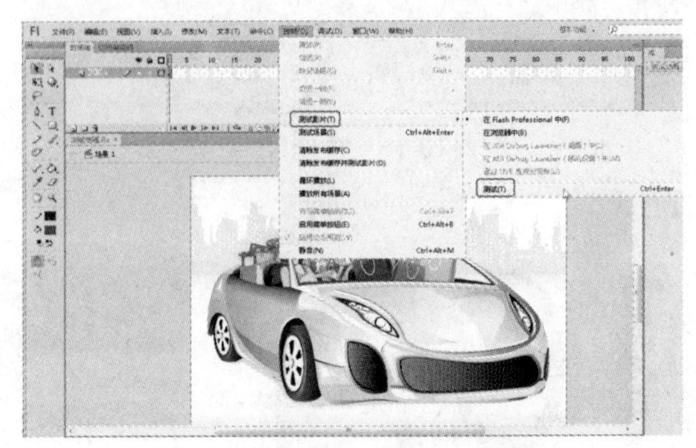

图10-20 选择“测试”选项

02 选择测试命令以后即可测试预览动画，如图10-21所示。

图10-21 测试动画

10.5 发布Flash动画

将制作好的动画进行测试、优化和导出后，就可以利用发布命令将制作的Flash动画文件进行发布，以便于动画的推广和传播。

10.5.1 设置动画发布格式

在发布Flash动画前应进行发布设置，执行“文件”|“发布设置”命令，弹出“发布设置”对话框，如图10-22所示。在左侧的发布列表中可以选择发布的格式。除了以SWF格式发布Flash播放影片以外，也可以用其他文件格式发布Flash影片，如GIF、 JPEG、PNG格式，以及在浏览器窗口中显示这些文件所需的HTML文件。

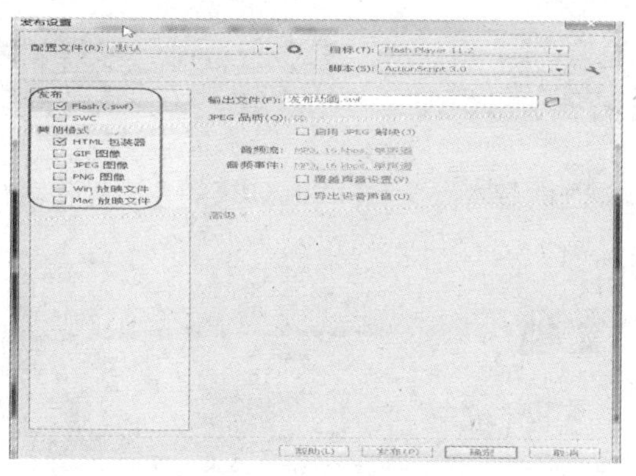

图10-22 “发布设置”对话框

10.5.2 预览发布效果

使用发布预览，可以从发布预览菜单中，选择一种文件类型输出，在预览菜单中可以选择的类型都是已在发布设置中指定输入的文件类型。

设置好发布的格式后，执行“文件”|“发布预览”|HTML命令，如图10-23所示，选择以后即预览发布后的效果，如图10-24所示。

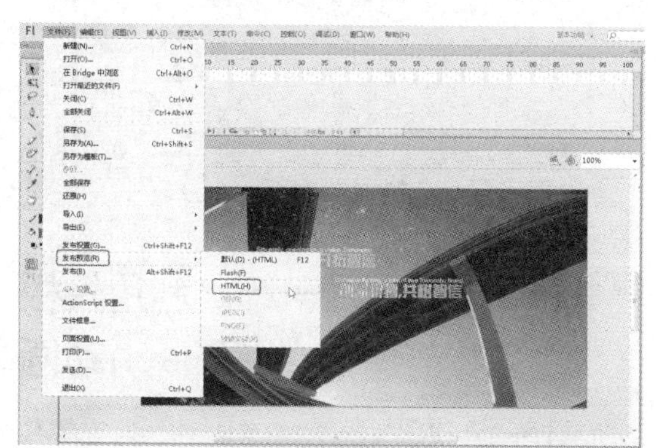

图10-23 选择“HTML”命令

图10-24 预览效果

10.5.3 发布动画

执行“文件”|“发布”命令，即可发布动画，如图10-25所示。

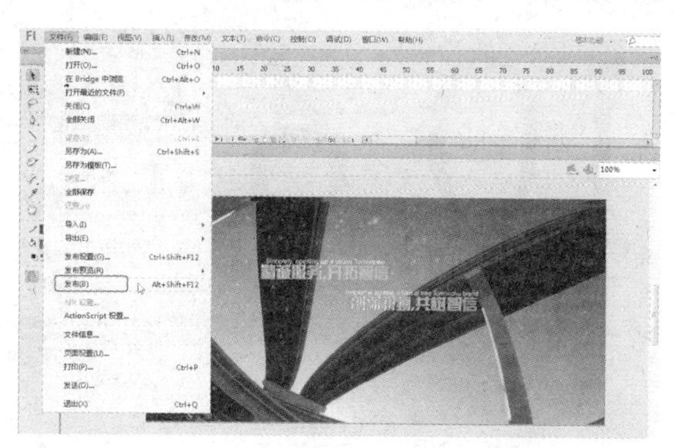

图10-25 执行“发布”命令

10.5.4 创建独立播放器

使用独立播放器播放Flash影片与用Web浏览器或ActiveX主机应用程序播放的效果一样。独立播放器随Flash一同安装(在Windows中是指独立Flash Player，而在Macintosh 中是指Flash Player)。当用户双击Flash影片时，操作系统会启动独立播放器，后者就会播放影片。用户可以使用独立播放器让那些没有使用Web浏览器或ActiveX主机应用程序的用户也能够观看影片。

打开发布后的文件，如图10-26所示，执行“文件”|“创建播放器”命令，选择以后打开“另存为”对话框，将文件“保存类型”设置为“播放器exe格式”，如图10-27所示，单击“保存”按钮即可。

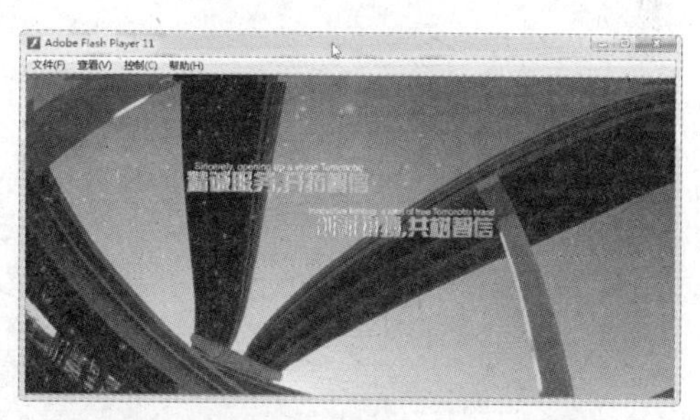

图10-26 打开发布文件

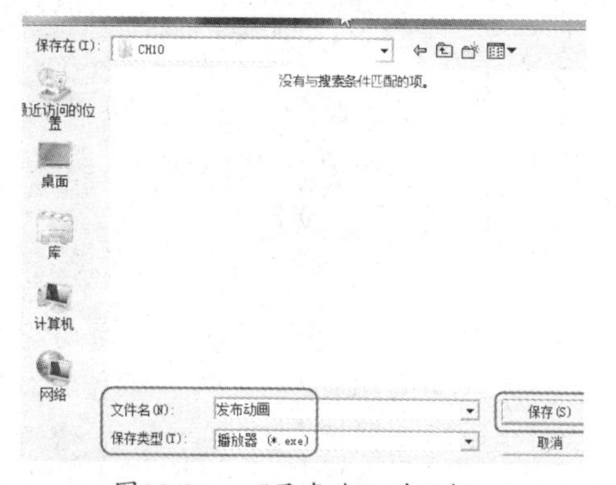

图10-27 “另存为”对话框

10.6 实战应用

前面讲述了Flash动画的基本概念和Flash CS6的启动优化发布等，下面将通过实例讲述优化发布和创建简单的模板动画。

10.6.1 课堂练一练：优化与发布文档

原始文件	原始文件/CH10/优化发布.fla
最终文件	最终文件/CH10/优化发布.fla

将Flash动画以Flash文件格式优化发布的效果如图10-28所示，具体操作步骤如下所述。

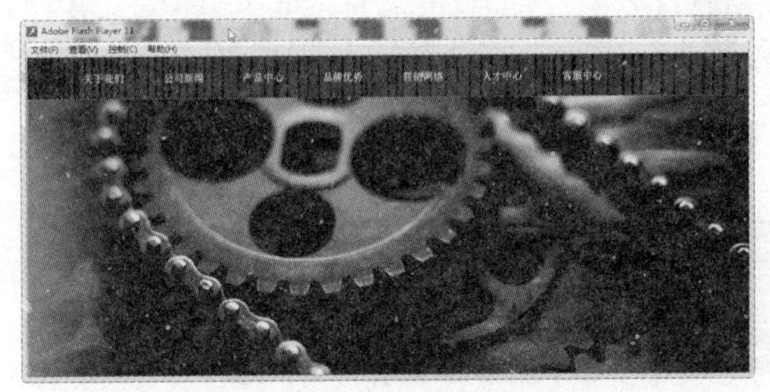

图10-28　优化发布文档

01 打开制作完毕的Flash动画，执行“文件”|“发布设置”命令，如图10-29所示。

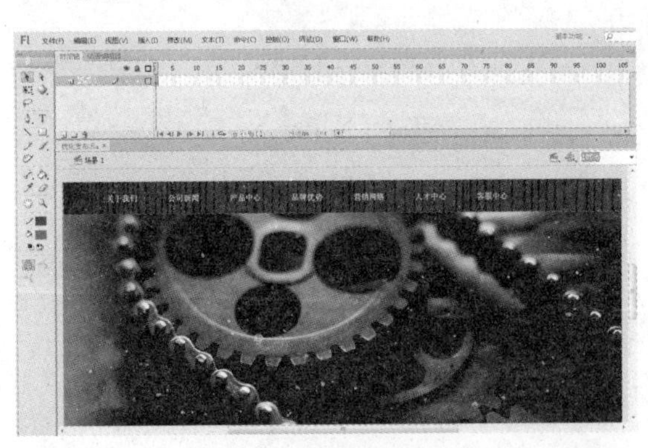

图10-29　打开网页文档

02 打开“发布设置”对话框。在“发布”选项卡中选择“Flash(.swf)”类型，将“JPEG品质”设置为80，如图10-30所示。

03 单击“发布”按钮，即可发布Flash动画，效果如图10-28所示。

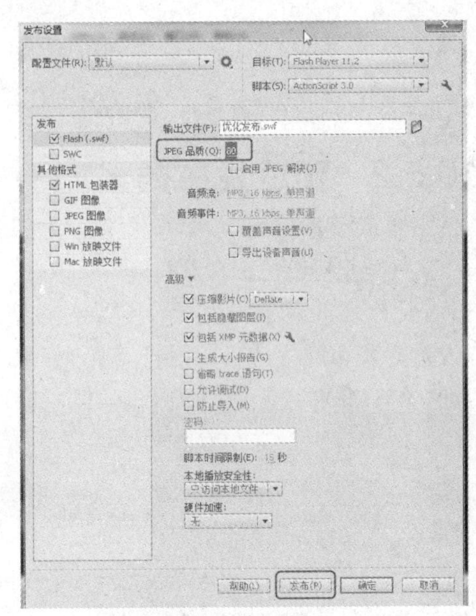

图10-30　“发布设置”对话框

10.6.2 课堂练一练：利用模板创建简单的Flash动画

原始文件	原始文件/CH10/模板.jpg
最终文件	最终文件/CH10/模板动画.fla

Flash CS6提供了很多种实用的模板，使影片文档的创建更加简便快捷。利用模板制作动画，效果如图10-31所示，具体操作步骤如下所述。

图10-31　下雨效果

01 启动Flash CS6，执行“文件”|“新建”命令，打开“从模板新建”对话框，在该对话框中单击“模板”选项，“类别”选择为“动画”，“模板”选择为“雨景脚本”选项，如图10-32所示。

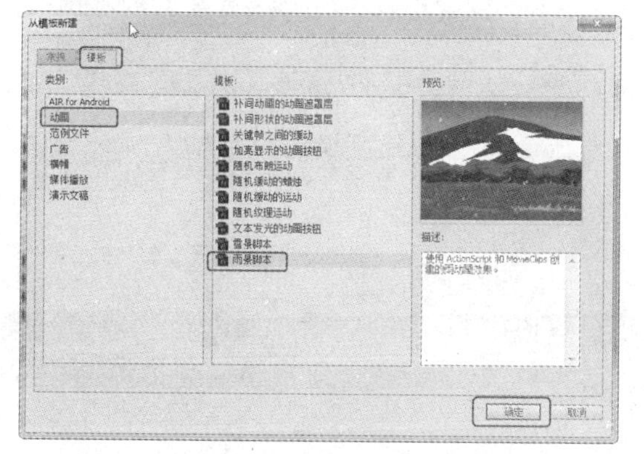

图10-32 “从模板新建”对话框

02 单击“确定”按钮，创建Flash动画，如图10-33所示。

图10-33 创建Flash动画

03 单击选择“背景层”，按Delete键删除背景图像，如图10-34所示。

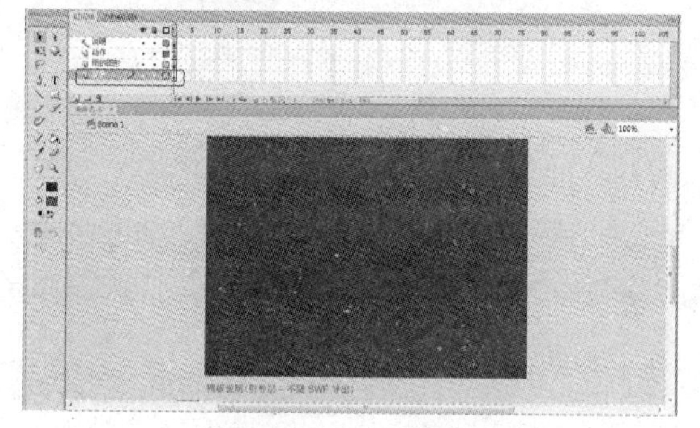

图10-34 删除背景图像

04 执行“文件”|“导入”|“导入到舞台”命令，打开“导入”对话框，在该对话框中选择“模板.jpg”图像，如图10-35所示。

图10-35 “导入”对话框

05 单击“打开”按钮，将图像导入到舞台中，如图10-36所示。

图10-36 导入图像

06 单击选中“说明层”，按Delete键删除说明文本，如图10-37所示。

图10-37 删除文本

07 执行“文件”|“另存为”命令，打开“另存为”对话框，选择文件存储的位置，将“文件名”设置为“模板动画.fla”，如图10-38所示。

08 单击“保存”按钮保存文档，按Ctrl+Enter组合键测试动画效果，如图10-39所示。

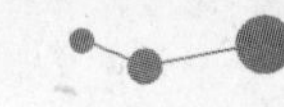

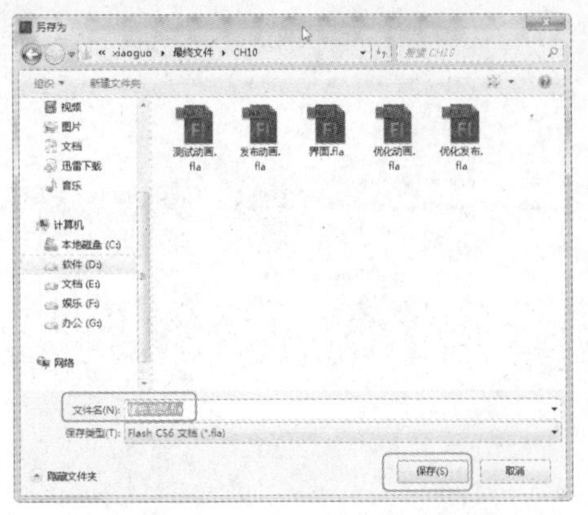

图10-38 “另存为”对话框

图10-39 测试动画效果

10.7 习题测试

1．填空题

(1) Adobe Flash Professional CS6软件内含强大的工具集，具有排版精确、版面保真和丰富的动画编辑功能，能清晰地传达创作构思。Flash CS6的工作界面由__________、__________、__________、舞台和面板等组成。

(2) __________是Flash界面中重要的部分，用于组织和控制文档内容在一定时间内播放的图层数和帧数。

2．操作题

利用模板制作简单的Flash动画，最终效果如图10-40所示。

最终文件	最终文件/CH10/习题.fla

提示

启动Flash CS6，执行“文件”|“新建”命令，打开“新建文档”对话框，在该对话框中单击“模板”选项，“类别”选择为“动画”，在“模板”中选择相应的选项即可。

图10-40 最终效果

10.8 本课小结

Flash动画有别于GIF动画，节省了文件的大小。同时提高了网络传送的速度，超强的平面设计功能，大大地提高了设计的效率。极高的程序功能(Action Script)以及互动性极佳的网页，引起了越来越多人的兴趣。本课介绍了认识Flash动画、Flash动画制作流程、优化与测试动画以及利用模板快速创建Flash动画的方法。通过本课学习，主要帮助大家确立学习的重点以及了解Flash的工作界面和制作流程。

第11课
使用Flash CS6绘制矢量图形

本课导读

作为一款优秀的交互性矢量动画制作软件，丰富的矢量绘图和编辑功能是必不可少的。熟练掌握绘图工具的使用是Flash学习的关键。在学习和使用过程中，应当清楚各种工具的用途，灵活运用这些工具，可以绘制出栩栩如生的矢量图，为后面的动画制作做好准备工作。

技术要点

◎ “工具”面板
◎ 绘制线条
◎ 绘制矩形和椭圆
◎ 绘制多边形和星形
◎ 给图形填充颜色
◎ 选择图形

11.1 “工具”面板

在Flash 中，创建和编辑矢量图形主要是通过绘图工具箱提供的绘图工具，Flash提供了多种绘图工具，利用它们可以很方便地绘制出栩栩如生的矢量图形。“工具”面板如图11-1所示，要使用“工具”面板中的某个工具，只需单击该工具即可。

图11-1 “工具”面板

- “选择”工具：用于选定对象、拖动对象等操作。
- “部分选取”工具：可以选取对象的部分区域。
- “任意变形”工具：对选取的对象进行变形。
- “3D旋转”工具：3D旋转功能只能对影片剪辑发生作用。
- “套索”工具：选择一个不规则的图形区域，还可以处理位图图形。
- “钢笔”工具：可以使用此工具绘制曲线。
- “文本”工具T：可以在舞台上添加文本或编辑现有的文本。
- “线条”工具：使用此工具可以绘制各种形式的线条。
- “矩形”工具：用于绘制矩形，也可以绘制正方形。
- “铅笔”工具：用于绘制折线、直线等。
- “刷子”工具：可以像刷子一样绘制填充图形。
- “Deco”工具：Deco工具添加了许多新脚本，帮助用户创建出吸引眼球的新效果。
- “骨骼”工具：可以像3D软件一样，为动画角色添加上骨骼，可以很轻松地制作各种动作的动画。
- “颜料桶”工具：用于编辑填充区域的颜色。
- “滴管”工具：用于将图形的填充颜色或线条属性复制到其他图形线条上，还可以采集位图作为填充内容。
- “橡皮擦”工具：用于擦除舞台上的内容。
- “手形”工具：当舞台上的内容较多时，可以用该工具平移舞台以及各个部分的内容。
- “缩放”工具：用于缩放舞台中的图形。
- “笔触颜色”工具：用于设置线条的颜色。
- “填充颜色”工具：用于设置图形的填充区域。

11.2 绘制线条

“线条”工具的使用愈发频繁，因而它在绘图过程中的重要性也越来越明显。使用“线条”工具可以绘制不同的颜色、宽度和形状的线条。

11.2.1 “线条”工具

在工具箱中选择“线条”工具，这时鼠标移动到工作区后将变成一个十字，这说明此时已经激活了工具，如图11-2所示。在“属性”面板中可设置线条的属性，如图11-3所示。

图11-2 选择“线条”工具

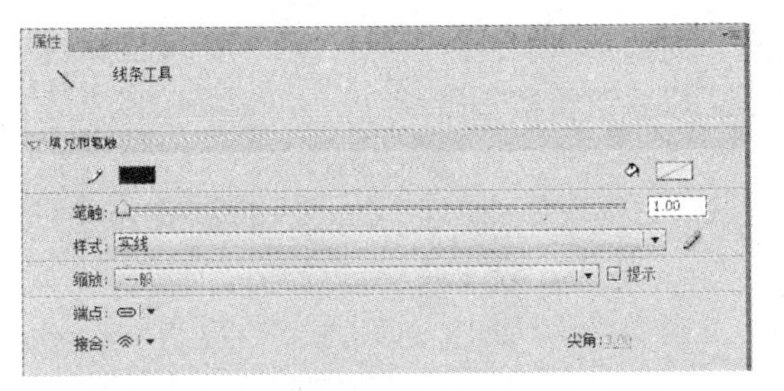

图11-3 “线条”工具的“属性”面板

在“属性”面板中可以设置以下参数。

- 笔触：用于设置线条的粗细。
- 样式：包括“实线”、“虚线”、“点状线”、“锯齿状”、“点描”和“斑马线”6个选项。
- 缩放：可以自定义笔触的缩放倍数。
- 尖角：用于设置尖角大小。

“线条”工具＼的具体使用方法如下所述。

01 打开原始文件，如图11-4所示。

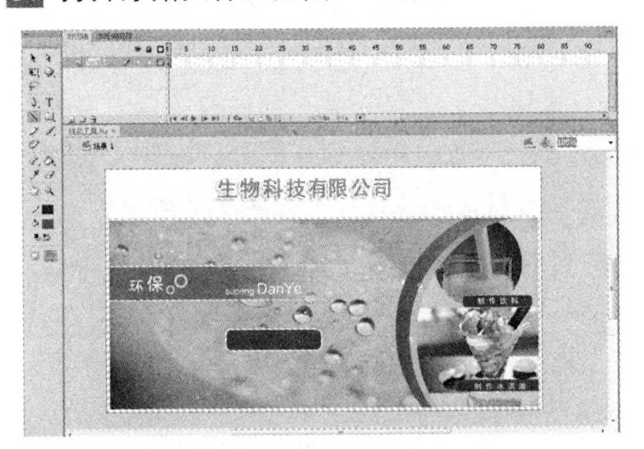

图11-4 打开原始文件

02 在时间轴中单击“新建图层”按钮，新建“图层2”，如图11-5所示。

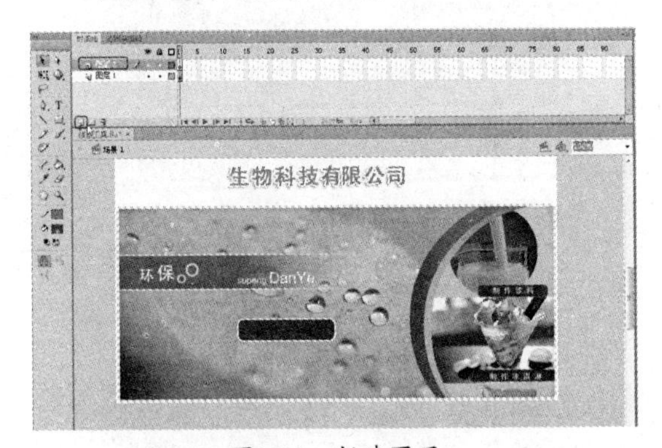

图11-5 新建图层

03 选择“工具”面板中的“线条”工具＼，在属性面板中将笔触颜色设置为#619C02，“笔触大小”设置为3，如图11-6所示。

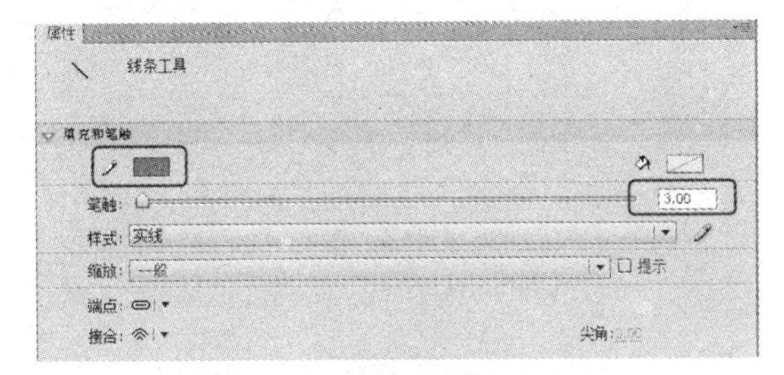

图11-6 设置笔触颜色和大小

04 在图像上按住Shift键，拖动鼠标左键到合适的位置，释放鼠标左键，绘制一个线条，如图11-7所示。

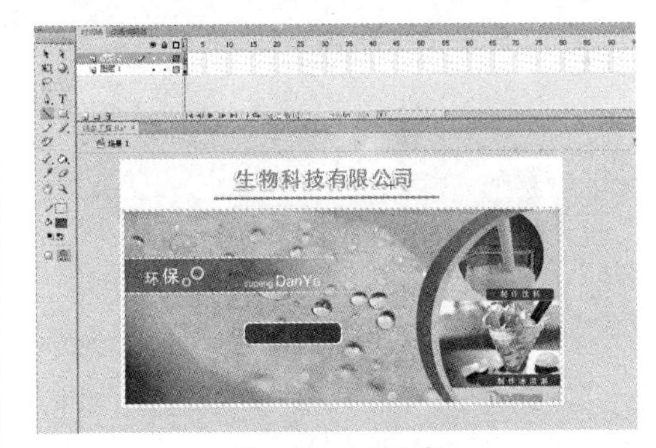

图11-7 绘制线条

11.2.2 “铅笔”工具

使用“铅笔”工具可以绘制任意形状的线条。选中“铅笔”工具时会出现“铅笔模式”附属工具选项，通过它可以修改所绘笔触的模式，有3种模式可供选择，如图11-8所示。

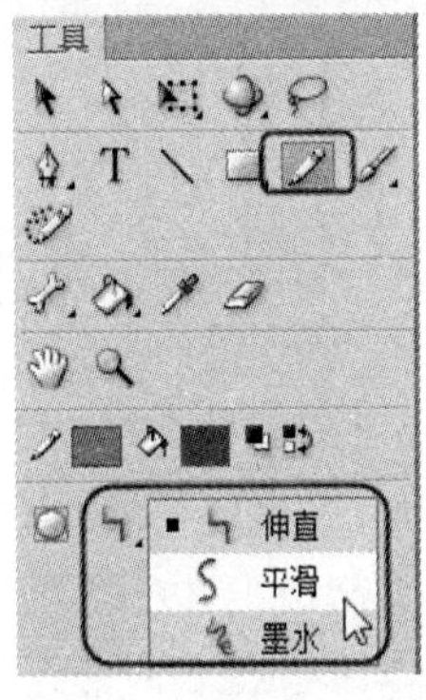

图11-8 “铅笔”工具

- 伸直：在绘图过程中使用此模式，会将线条转换成接近形状的直线，绘制的图形趋向平直、规整。
- 平滑：适用于绘制平滑图形，在绘制过程中会自动将所绘图形的棱角去掉，转换成接近形状的平滑曲线，使绘制的图形趋于平滑、流畅。

- 墨水：可随意地绘制各类线条，这种模式不对笔触进行任何修改。

使用“铅笔”工具绘制图形的具体操作步骤如下所述。

01 打开原始文件，选择工具箱中的“铅笔工具”，在属性面板中将“填充颜色”设置为#FF0000，“笔触”设置为20，“样式”设置为“点刻线”，如图11-9所示。

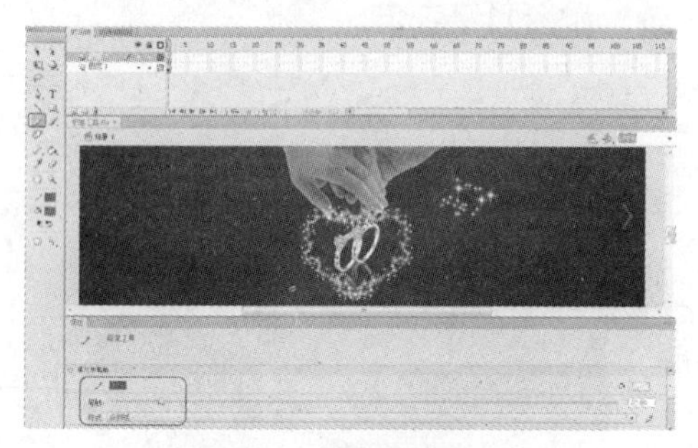

图11-9 打开图像文件

02 在舞台中按住鼠标左键拖动鼠标，绘制相应的形状，如图11-10所示。

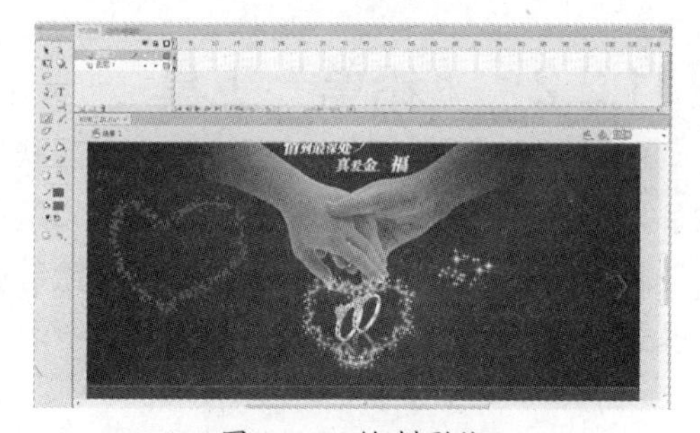

图11-10 绘制形状

11.2.3 “钢笔”工具

“钢笔”工具用于绘制路径，可以创建直线或曲线段，然后调整直线段的角度和长度以及曲线段的斜率，是比较灵活的形状创建工具。

在“工具”面板中选择“钢笔”工具，这时鼠标在工作区中将变为一个钢笔形状。单击选择“工具”面板中的“钢笔工具”，如图11-11所示，执行“窗口”|“属性”命令，其“属性”面板将出现，如图11-12所示。使用“属性”面板可以设置线条的颜色、宽度和笔触样式等内容。设置好“钢笔”工具的笔触颜色、宽度和笔触样式等参数后，即可在舞台中绘制相应的线条。

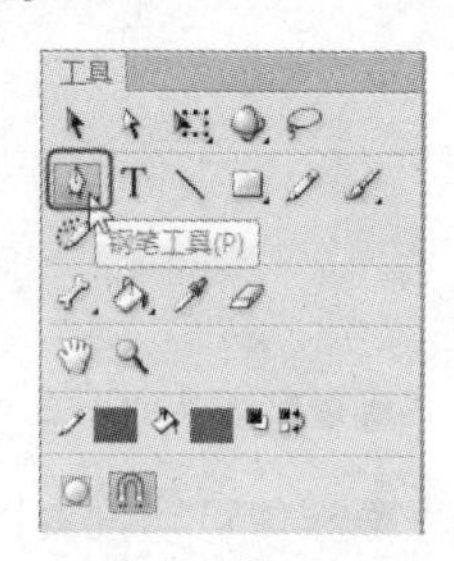

图11-11 单击选择“钢笔工具”

图11-12 “钢笔”工具的“属性”面板

使用“钢笔”工具可以绘制直线、曲线、直线与曲线混合等几种情况，并且还可以调整绘制的曲线和轮廓的形状。使用“钢笔”工具绘制线段的具体操作步骤如下所述。

01 打开文档，选择“工具”面板中“钢笔”工具，在舞台上单击确定一个锚记点，如图11-13所示。

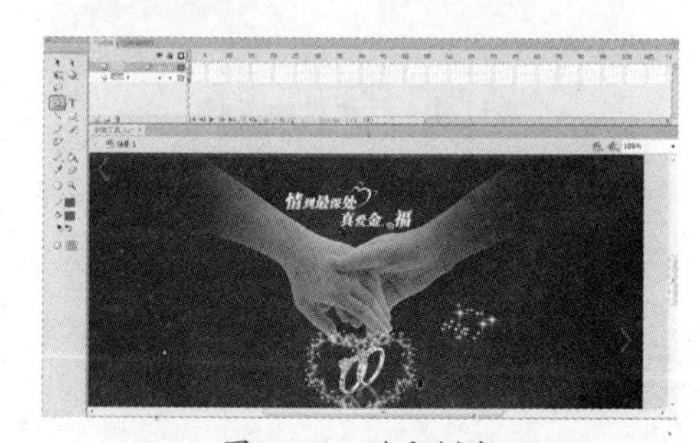

图11-13 确定锚点

02 在确定点的左右方向单击确定另外一个锚点，可以绘制一条形状，如图11-14所示。

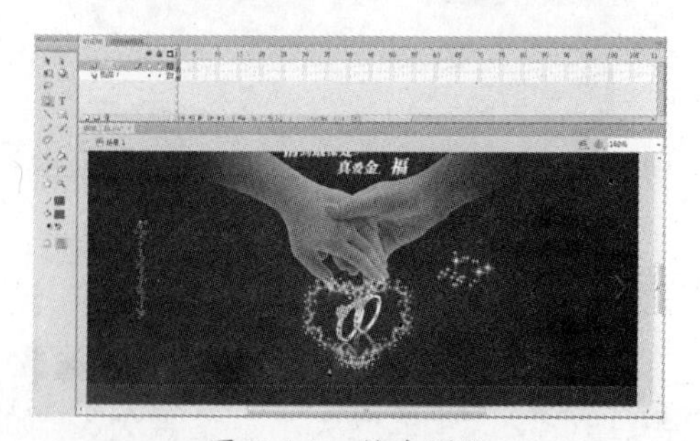

图11-14 绘出形状

11.3 绘制矩形和椭圆

"椭圆"工具绘制的图形是椭圆或圆形图案。"椭圆"工具可用来绘制椭圆和正圆，不仅可以任意选择轮廓线的颜色、线宽和线型，还可以任意选择圆的填充色。但是边界线只能使用单色，而填充区域则可以使用单色或渐变色。

单击"工具"面板中的"椭圆"工具，这时舞台中的鼠标将变成十字，这说明此时已经激活了椭圆工具，可以在舞台中绘制椭圆了。

当选中"椭圆"工具时，Flash的属性面板中将出现与"椭圆"工具有关的属性，如图11-15所示。

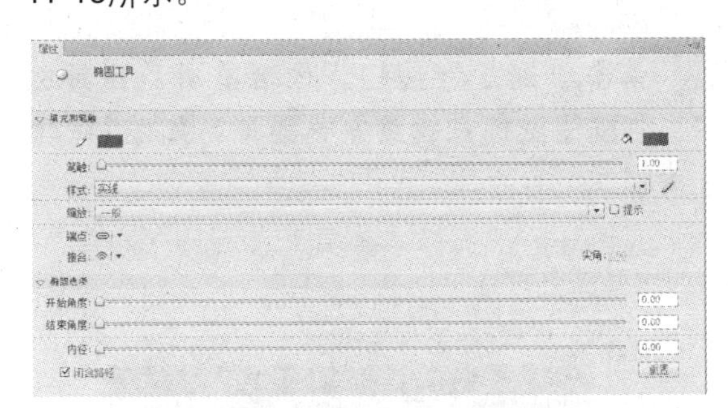

图11-15 "椭圆"工具的"属性"面板

"矩形"工具用于创建各种比例的矩形和多边形，其使用方法与"椭圆"工具相似。下面讲述"矩形"工具和"椭圆"工具的具体用法。

01 打开文档，选择"工具"面板中"椭圆"工具，如图11-16所示。

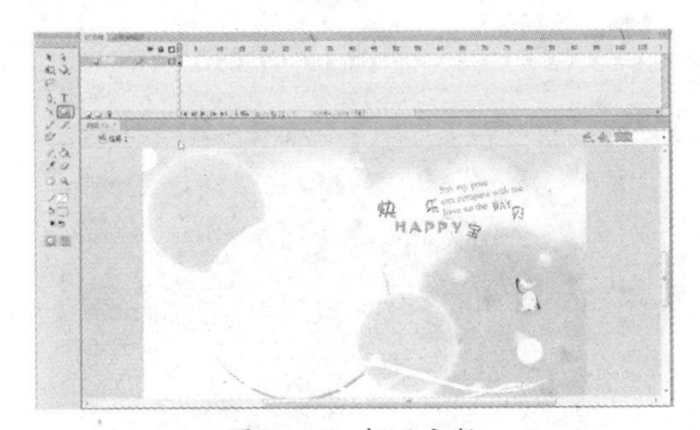

图11-16 打开文档

02 按住鼠标左键在舞台中绘制一椭圆，如图11-17所示。

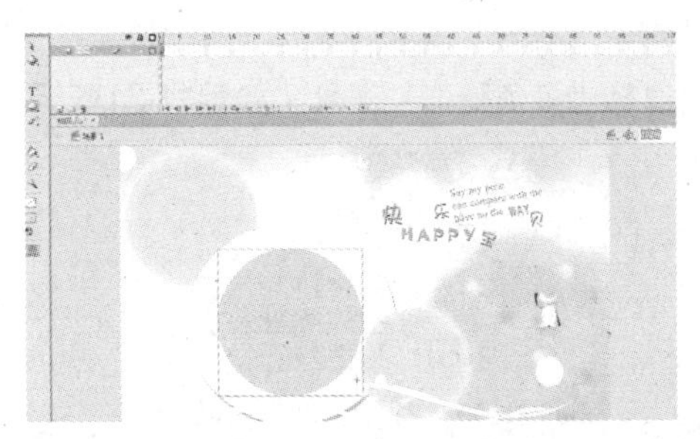

图11-17 绘出椭圆

03 单击选择"工具"面板中的"矩形"工具，如图11-18所示。

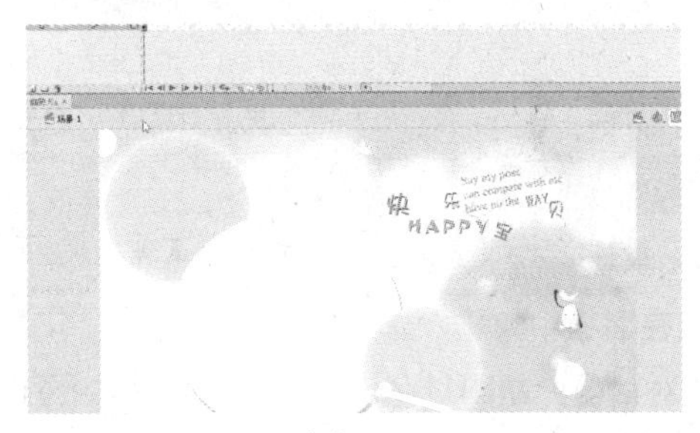

图11-18 选择"矩形"工具

04 将填充颜色设置为白色，按住鼠标左键在舞台中绘制一矩形，如图11-19所示。

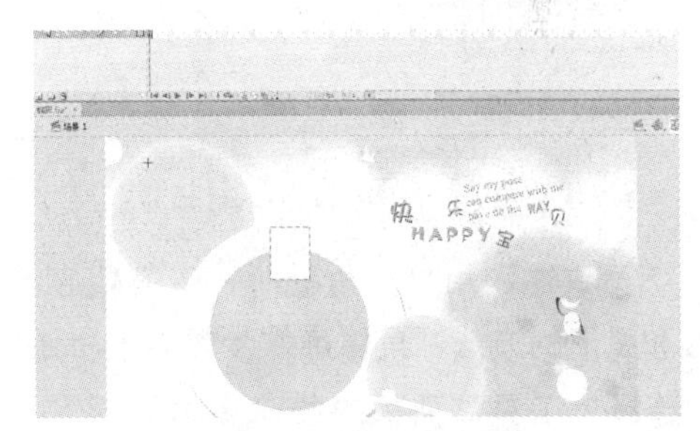

图11-19 绘出矩形

05 同步骤3~4，按住鼠标左键在舞台中绘制其他3个矩形，如图11-20所示。

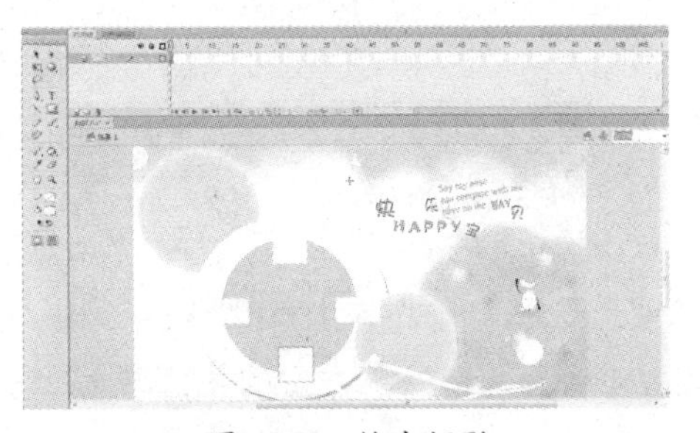

图11-20 绘出矩形

11.4 绘制多角星形

"多角星形"工具的用法与"矩形"工具基本一样，所不同的是前者在"属性"面板中多了一个"选项"按钮。在"工具"面板中单击"矩形"工具，在弹出的列表中选择"多角星形"工具，如图11-21所示。"多角星形"工具"属性"面板如图11-22所示。

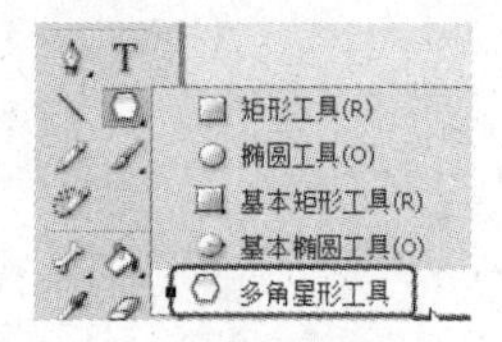

图11-21 选择"多角星形"工具

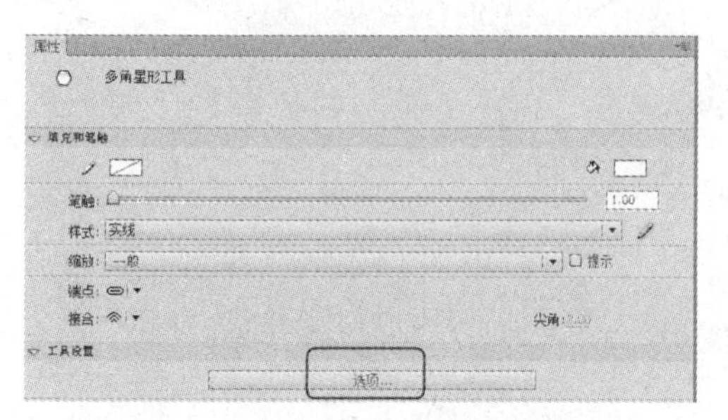

图11-22 "多角星形"工具的属性面板

在面板中单击"选项"按钮，弹出"工具设置"对话框，如图11-23所示，在对话框中可以设置多边形的样式、边数及星形顶点角度的大小。

图11-23 "工具设置"对话框

下面讲述利用"多角星形"工具创建多边形和星形的方法，具体操作步骤如下所述。

01 选择"工具"面板中的"多角星形"工具。在要绘制多边形的位置，按住鼠标左键绘制多角星形，如图11-24所示。

图11-24 绘制多边形

02 在"属性"面板中单击"选项"按钮，弹出"工具设置"对话框，在对话框中的"样式"下拉列表中选择"星形"，如图11-25所示。

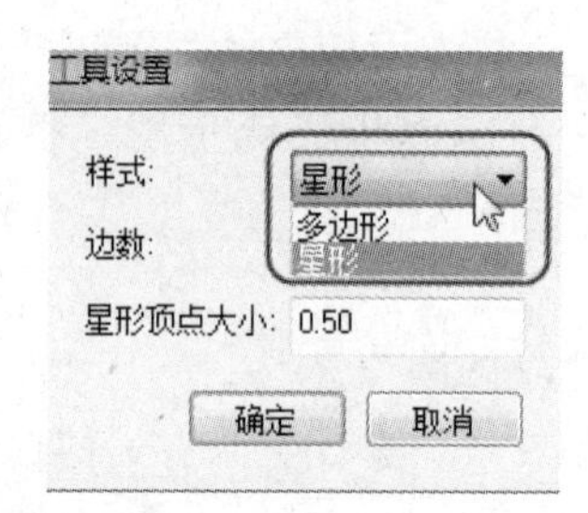

图11-25 "工具设置"对话框

03 单击"确定"按钮，设置星形，在舞台中按住鼠标左键绘制一星形，如图11-26所示。

图11-26 绘制星形

04 同步骤2~3可以绘制其余的星形，如图11-27所示。

图11-27 绘出星形

11.5 给图形填充颜色

除了前面讲述的基本图形绘制工具外，还有填充图形的工具，下面就进行详细介绍。

11.5.1 “颜料桶”工具

使用“颜料桶”工具可以为封闭区域填充颜色。此工具还可以更改已涂色区域的颜色。这里可以使用纯色、渐变填充和位图填充涂色。可以使用“颜料桶”工具填充未完全封闭的区域。

选择“颜料桶”工具后，在“工具”面板的下部会出现“空隙大小”附属工具选项，如图11-28所示。

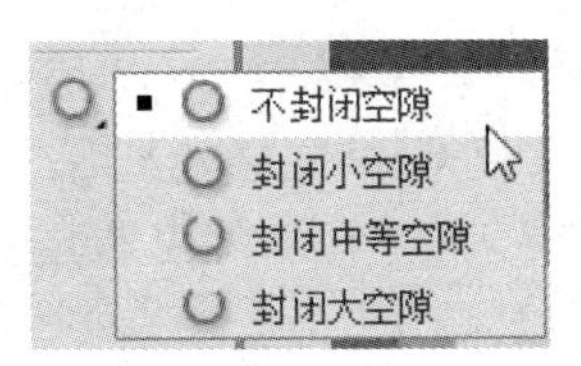

图11-28 附属工具

- 不封闭空隙：不允许有空隙，只限于封闭区域。
- 封闭小空隙：如果所填充区域不是完全封闭的，但是空隙很小，则Flash会近似地将其判断为完全封闭而进行填充。
- 封闭中等空隙：如果所填充区域不是完全封闭的，但是空隙大小中等，则Flash会近似地将其判断为完全封闭而进行填充。
- 封闭大空隙：如果所填充区域不是完全封闭的，而且空隙尺寸比较大，则Flash会近似地将其判断为完全封闭而进行填充。

使用“颜料桶”工具的具体操作步骤如下所述。

01 打开文档，在“工具”面板中选择“颜料桶”工具，在附属工具选项中选择需要的空隙模式，如图11-29所示。

02 将鼠标指针移到舞台中，将发现它变成了一个颜料桶，在填充区域内部单击并填充颜色，或者在轮廓内单击填充，如图11-30所示。

图11-29 选择“颜料桶”工具

图11-30 填充颜色

11.5.2 “墨水瓶”工具

使用“墨水瓶”工具可以更改线条或者形状轮廓的笔触颜色、宽度和样式。但仅限于应用纯色，而不能应用渐变或位图。

“墨水瓶”工具用于创建形状边缘的轮廓，并可设定轮廓的颜色、宽度和样式，此工具仅影响形状对象。当选中“墨水瓶”工具时，属性面板上将出现与“墨水瓶”工具有关的属性，如图11-31所示。

要添加轮廓设置，可先在“铅笔”工具中设置笔触属性，再使用“墨水瓶”工具。

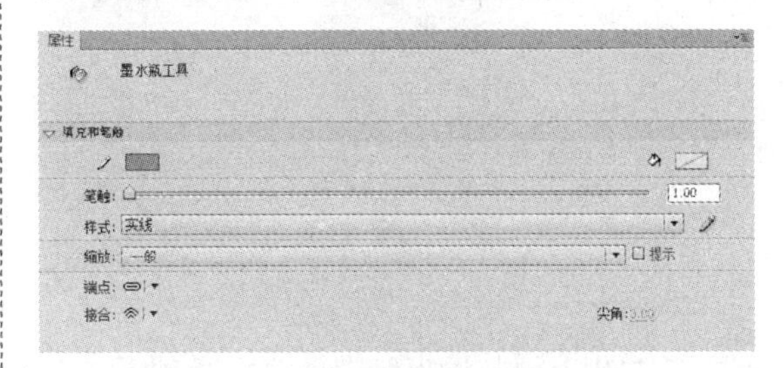

图11-31 “墨水瓶”工具“属性”面板

11.6 选择图形

这些工具用来选取对象或某一范围。“选择”工具除了选取功能之外，还可以用来移动对象或使对象变形。

11.6.1 “选择”工具

“选择”工具用于选择或移动直线、图形、元件等一个或多个对象，也可以拖动一些未选定的直线、图形、端点或曲线来改变直线或图形的形状。

选择“选择”工具会出现3个附属工具选项，如图11-32所示。

图11-32 附属工具

- 贴紧至对象：选择此选项，绘图、移动、旋转以及调整的对象将自动对齐。
- 平滑：对直线和开头进行平滑处理。
- 伸直：对直线和开头进行平直处理。

使用“选择”工具的具体操作步骤如下所述。

01 在“工具”面板中选择“选择”工具。如果要选择对象，直接单击相应的对象即可，如图11-33所示。

图11-33 选中对象

02 按住Shift键并单击其他对象，可以选中多个对象，如图11-34所示。

图11-34 选中多个对象

11.6.2 “套索”工具

“套索”工具是比较灵活的选取工具，使用“套索”工具可以自由选定要选择的区域。选择“套索”工具会出现3个附属工具选项，如图11-35所示。

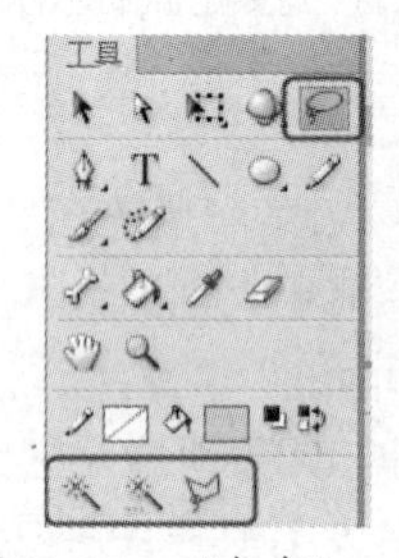

图11-35 “套索”工具

- “魔术棒”：根据颜色的差异选择对象的不规则区域。
- “魔术棒设置”：调整魔术棒工具的设置，单击此按钮，弹出“魔术棒设置”对话框，如图11–36所示。

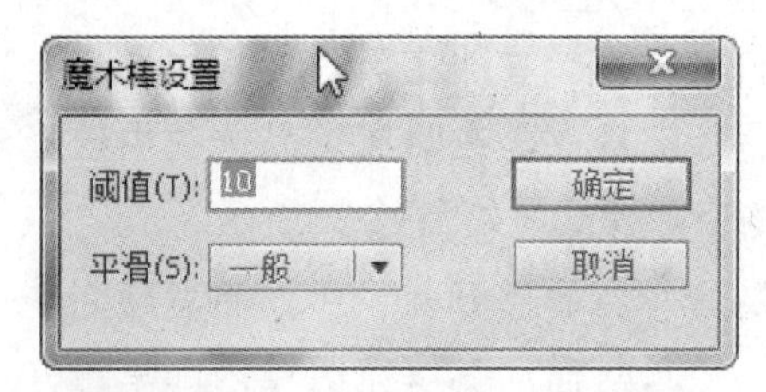

图11-36 “魔术棒设置”对话框

◎ 阈值：用来设置所选颜色的近似程度，只能输入0～200之间的整数，数值越大，差别大的其他邻接颜色就越容易被选中。

◎ “平滑”：所选颜色近似程度的单位，默认为“一般”。

- “多边形模式”：选择多边形区域及不规则区域。

使用“套索”工具具体操作步骤如下所述。

01 启动Flash，执行“文件”|“打开”命令，在弹出的对话框中打开相应的文件，按Ctrl+B组合键分离图像，如图11-37所示。

图11-37 分离图像

02 在“工具”面板中选择“套索”工具，单击“多边形模式”按钮，将光标置于要圈选的位置，按住鼠标不放并拖动，直到全部将所选的图像选择，如图11-38所示。

图11-38 圈选图像

03 释放鼠标即可将鼠标拖动的区域选中，如图11-39所示。

图11-39 选中对象

11.7 实战应用

通过本课的学习，读者应该已经掌握了绘图工具的使用方法。在本节中，通过两个矢量图绘制实例的讲解，帮助读者熟练掌握矢量图绘制的技巧及绘图工具的综合应用。

11.7.1 课堂练一练：绘制精美网站LOGO

最终文件	最终文件/CH11/精美网站LOGO.fla

下面制作精美的网站LOGO，如图11-40所示，具体操作步骤如下所述。

01 启动Flash CS6，执行“文件”|“新建”命令，打开“新建文档”对话框，将“宽”设置为550，“高”设置为400，如图11-41所示。

02 单击“确定”按钮，新建空白文档，如图11-42所示。

图11-40 logo

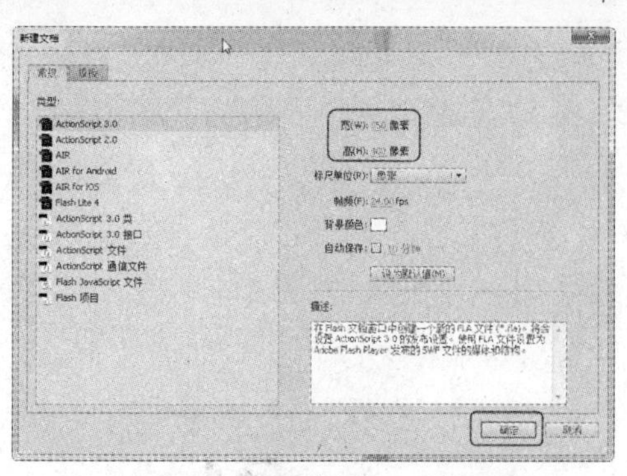
图11-41 “新建文档”对话框

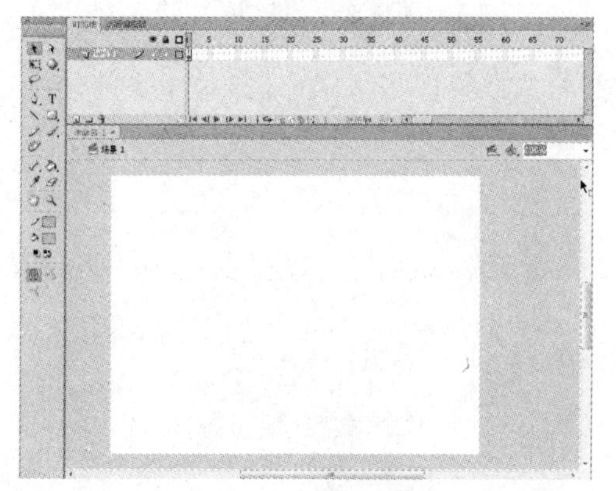
图11-42 新建文档

03 选择“工具”面板中的“椭圆”工具，将“填充”颜色设置为#669900，按住鼠标左键在舞台中绘制椭圆，如图11-43所示。

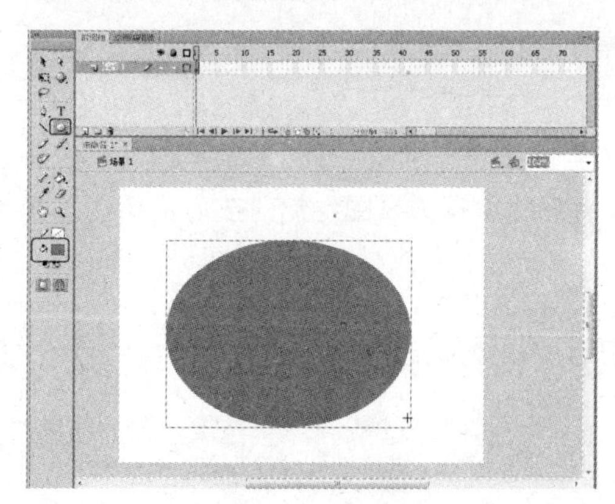
图11-43 绘制椭圆

04 选择“矩形”工具，打开“属性”面板，将“填充”颜色设置为#FFCC99，“笔触”颜色设置为#FF9900，在舞台中绘制矩形，如图11-44所示。

05 选择“工具”面板中的“部分选取”工具，单击选中绘制的矩形，调整矩形的形状，如图11-45所示。

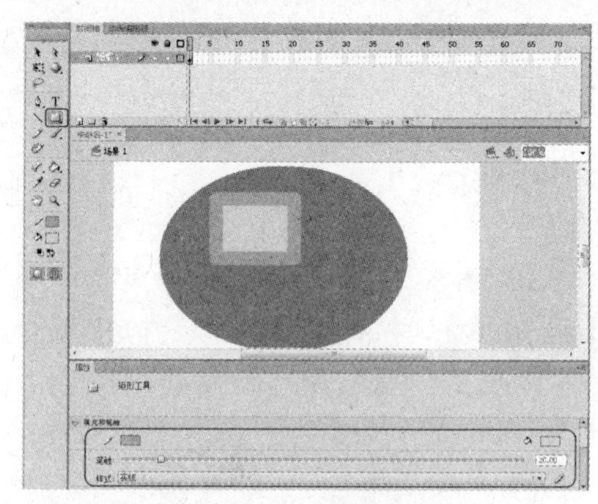
图11-44 绘制矩形

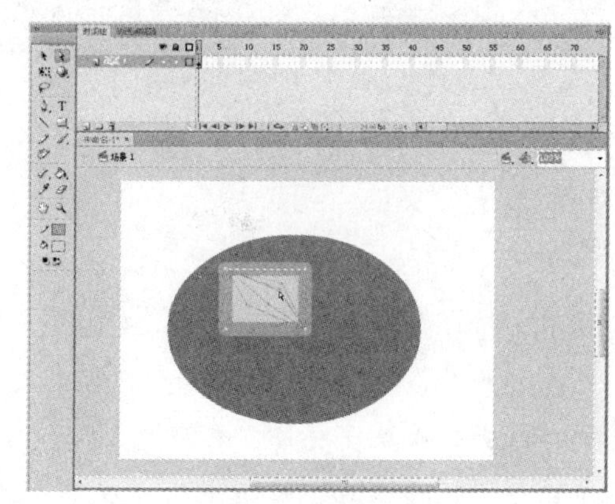
图11-45 调整形状

06 选择“工具”面板中的“任意变形”工具，调整矩形的形状和位置，如图11-46所示。

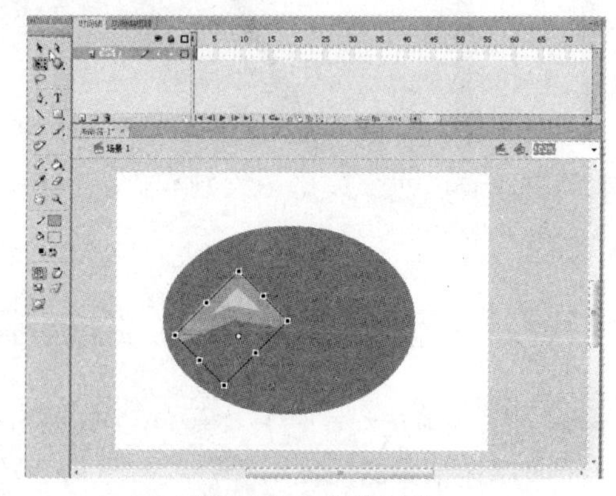
图11-46 调整形状

07 选中调整后的矩形，按Ctrl+C组合键复制图像，按Ctrl+Enter组合键粘贴图像，然后用“选择”工具，将其移动到相应的位置，如图11-47所示。

08 选中粘贴的图像，打开“属性”面板，将“笔触”颜色设置为#CC3300，“填充”颜色设置为#66FFFF，如图11-48所示。

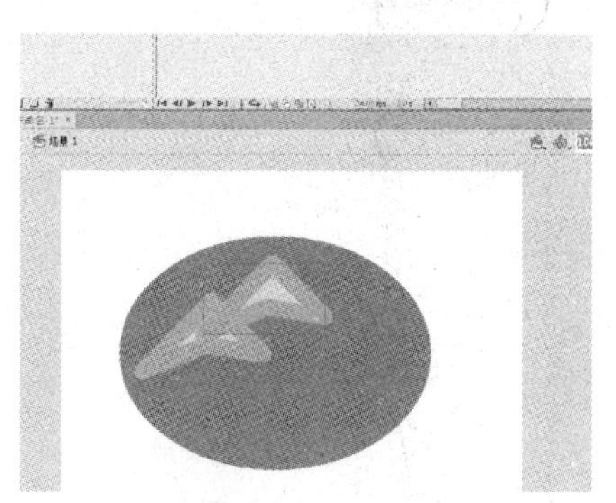

图11-47 粘贴图形

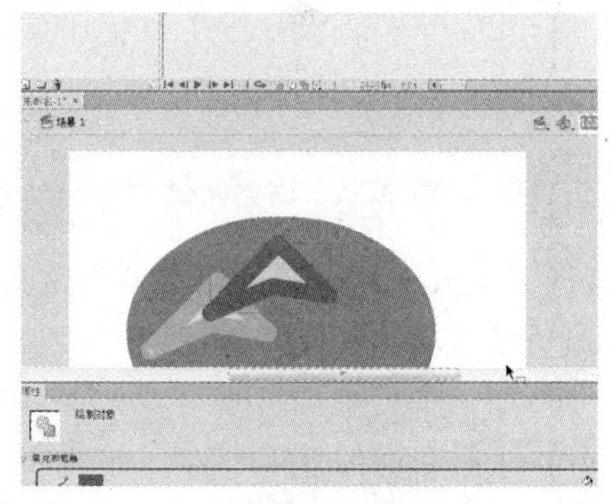

图11-48 设置“笔触”颜色和“填充”颜色

09 同步骤7~8粘贴另外一个调整后的矩形，并设置相应的“笔触”颜色和“填充”颜色，如图11-49所示。

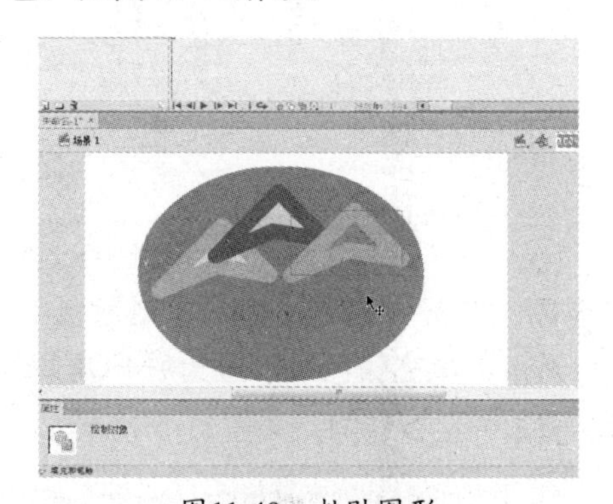

图11-49 粘贴图形

10 选择“工具”面板中的“文本”工具，在舞台中输入文字“青丝秀”，如图11-50所示。

图11-50 输入文本

11 打开“属性”面板中的“滤镜”选项，单击“添加滤镜”按钮，在弹出的列表中选择“投影”选项，如图11-51所示。

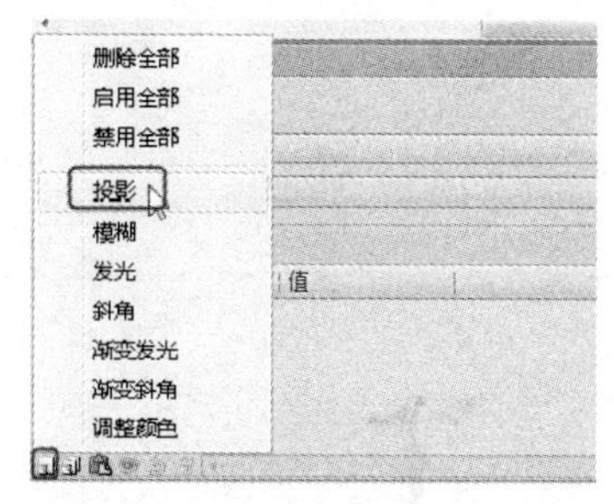

图11-51 选择“投影”选项

12 选择以后设置投影效果，如图11-52所示。保存文档，预览效果如图11-40所示。

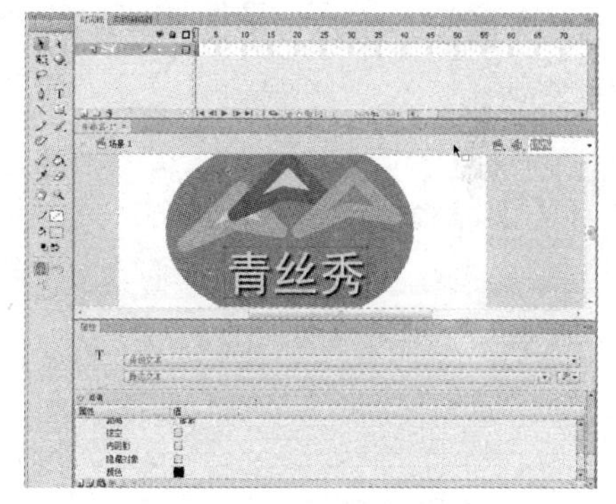

图11-52 设置投影效果

11.7.2 课堂练一练：绘制卡通动画

最终文件	最终文件/CH11/卡通动画.fla

下面讲述绘制卡通头像动画，效果如图11-53所示，具体操作步骤如下所述。

图11-53 卡通效果

01 启动Flash CS6，执行“文件”|“新建”命令，打开“新建文档”对话框，将

“宽”设置为550，“高”设置为400，“背景颜色”设置为#FFCFCE，如图11-54所示。

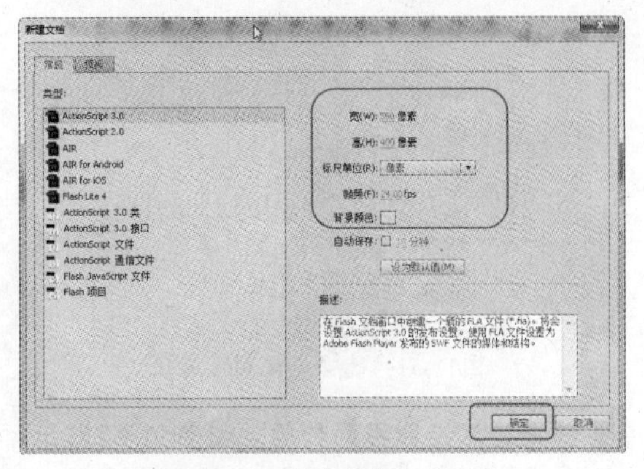

图11-54 “新建文档”对话框

02 单击“确定”按钮，新建空白文档，如图11-55所示。

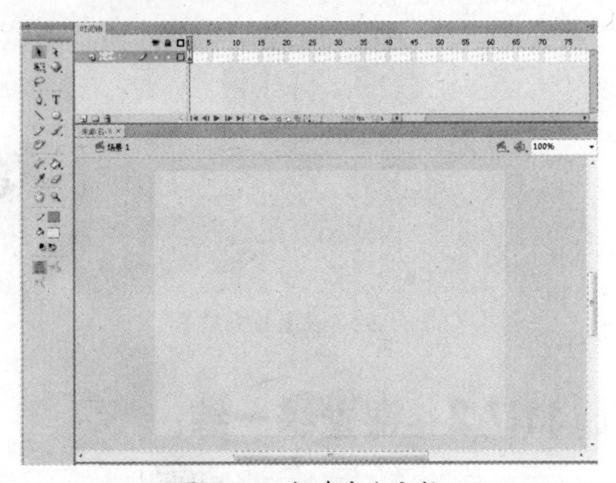

图11-55 新建空白文档

03 选择“工具”面板中的“椭圆”工具，将“填充颜色”设置为#FFFFFF，“笔触颜色”设置为#D67D7B，按住鼠标左键在舞台中绘制椭圆，如图11-56所示。

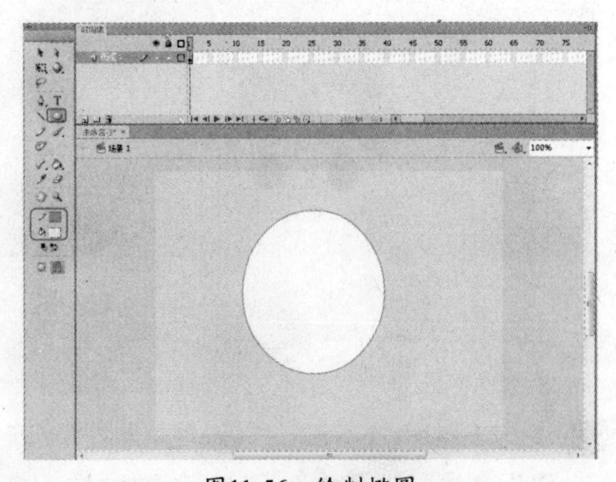

图11-56 绘制椭圆

04 选择“工具”面板中的“选择”工具，稍微调整椭圆的形状，如图11-57所示。

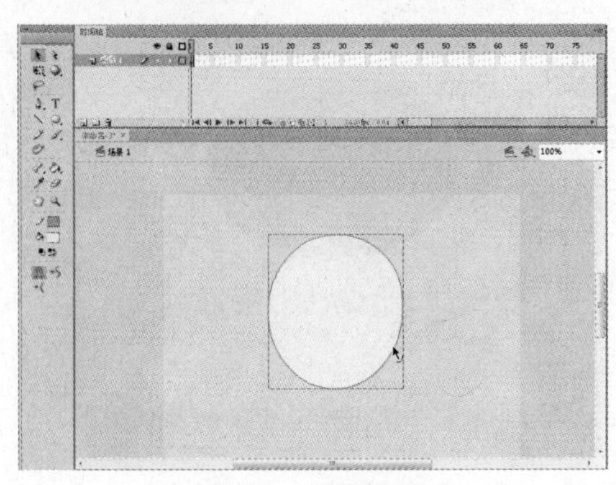

图11-57 调整椭圆

05 选择“工具”面板中的“椭圆”工具，绘制一个小椭圆，如图11-58所示。

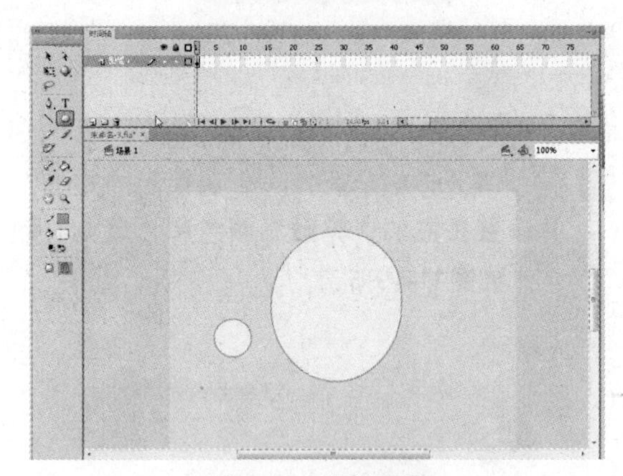

图11-58 绘制椭圆

06 选择“椭圆”工具，将“笔触颜色”设置为无，“填充颜色”设置为#FFCFCE，在小椭圆内绘制椭圆，如图11-59所示。

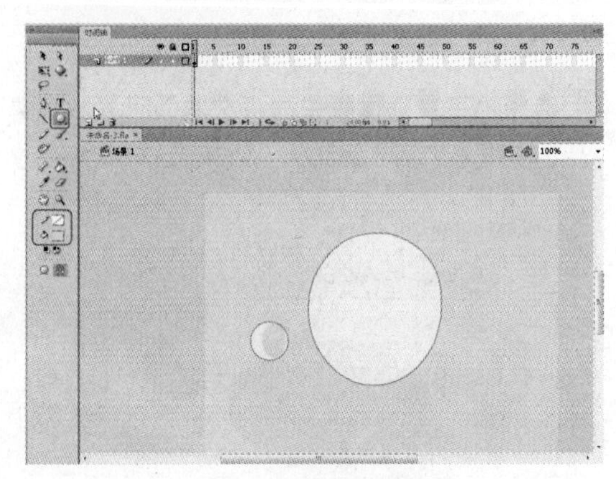

图11-59 绘制椭圆

07 选中绘制的两个小椭圆，将其移动到大椭圆的左边，作为耳朵，如图11-60所示。

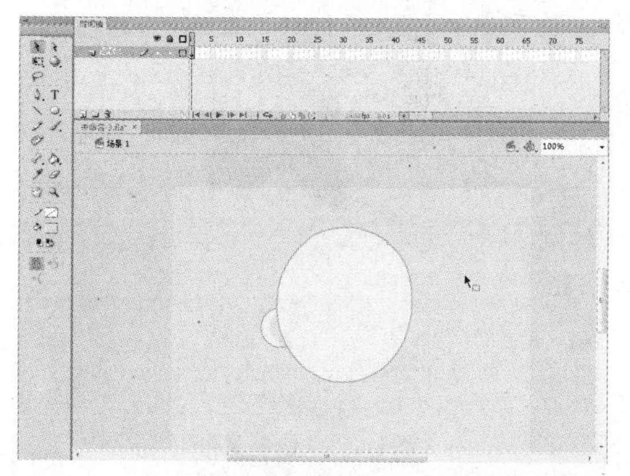

图11-60 绘制耳朵

08 同步骤3~7绘制另外一只耳朵，如图11-61所示。

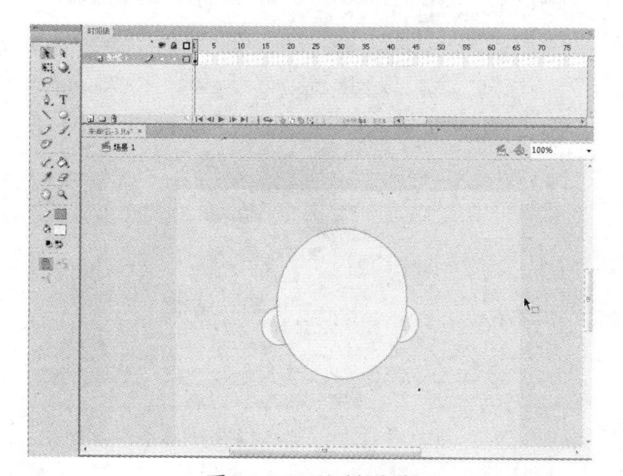

图11-61 绘制耳朵

09 单击“新建图层”按钮，在“图层1”的上面新建“图层2”，选择“椭圆”工具，将“填充颜色”设置为#CC0066，绘制椭圆，如图11-62所示。

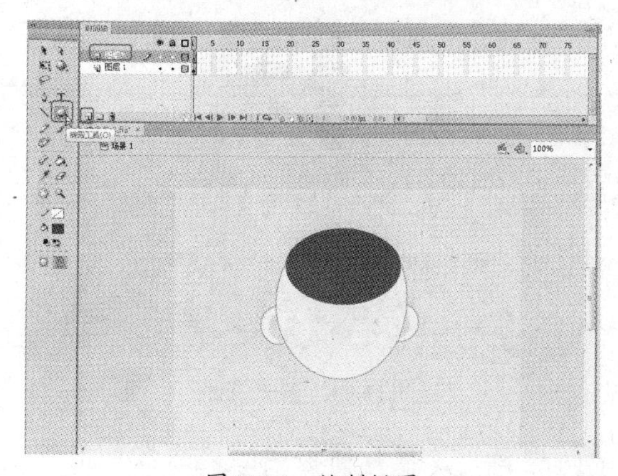

图11-62 绘制椭圆

10 选择“工具”面板中的“部分选择”工具，将椭圆调整相应的形状，如图11-63所示。

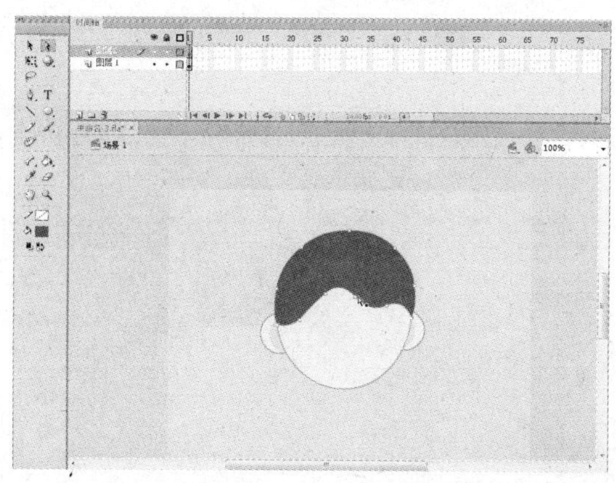

图11-63 调整形状

11 选择“工具”面板中的“矩形”工具，在舞台中绘制矩形，如图11-64所示。

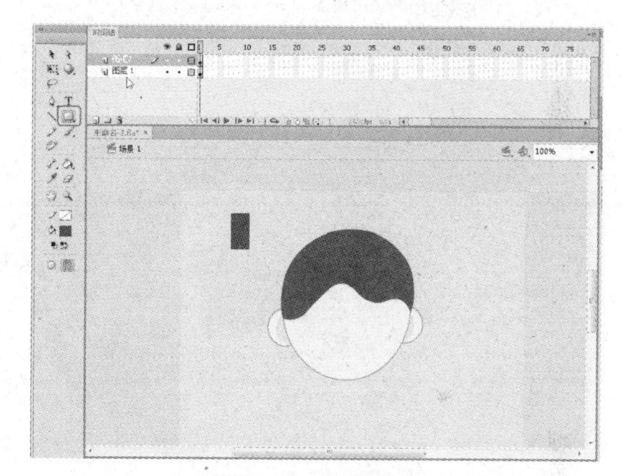

图11-64 绘制矩形

12 选择“工具”面板中的“部分选择”工具和“任意变形”工具，将矩形调整相应的头发形状，如图11-65所示。

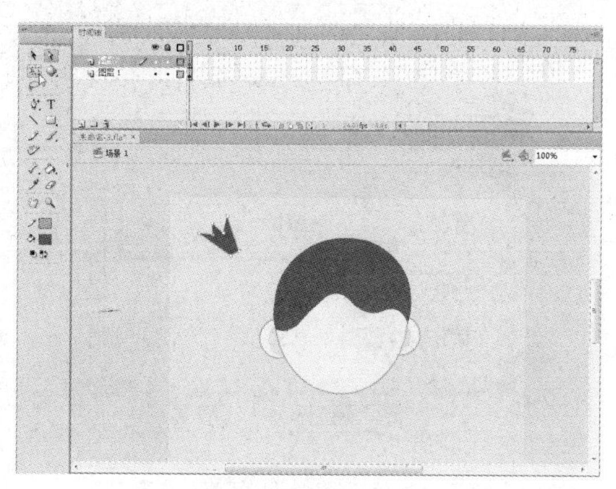

图11-65 调整形状

13 选择“工具”面板中的“选择”工具，将其移动到相应的位置，同步骤11~12可以制

作另外一个头发形状，如图11-66所示。

图11-66 调整形状

14 选择“工具”面板中的“线条”工具，绘制两条线条作为头发绳，如图11-67所示。

图11-67 绘制线条

15 选择“工具”面板中的“多角星形”工具，在“属性”面板中单击“选项”按钮，打开“工具设置”对话框，“样式”选择为“星形”选项，如图11-68所示。

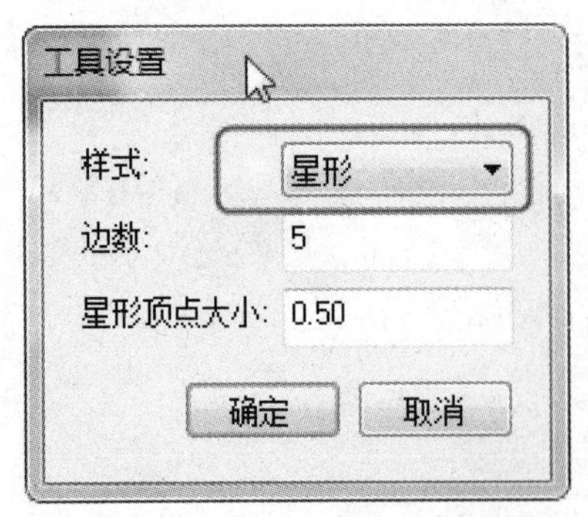

图11-68 “工具设置”对话框

16 单击“确定”按钮，设置参数。在舞台中绘制星形，如图11-69所示。

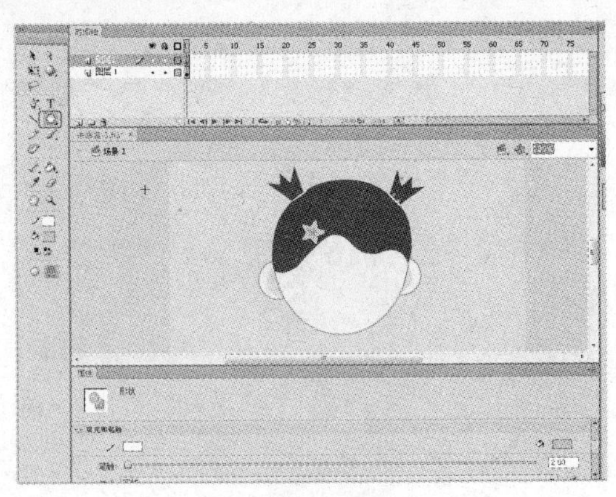

图11-69 绘制星形

17 同步骤15~16绘制另外一个不同颜色的星形，如图11-70所示。

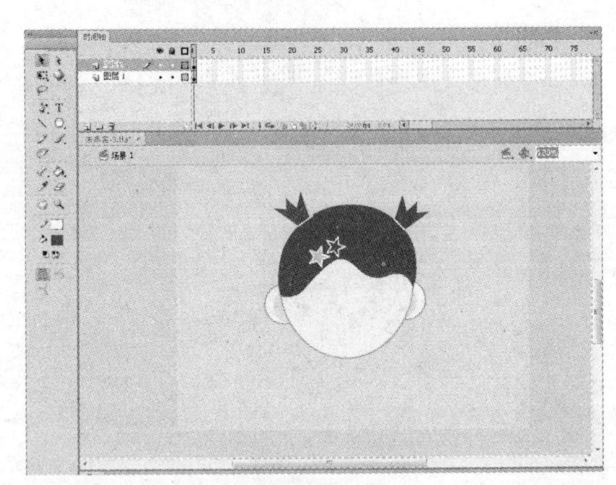

图11-70 绘制星形

18 选择“工具”面板中的“线条”工具，在“属性”面板中将“笔触”设置为5，在舞台中绘制直线，如图11-71所示。

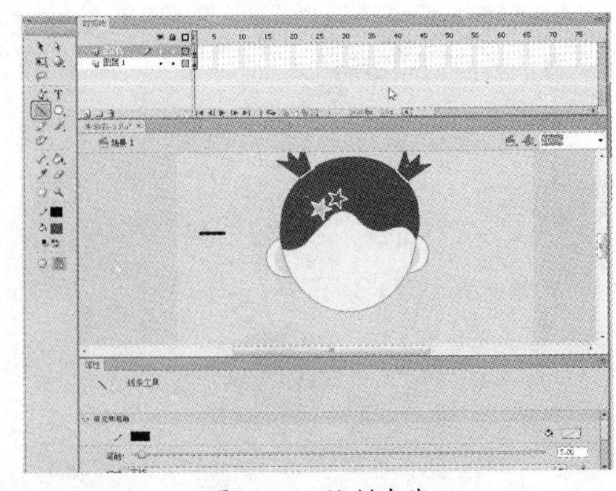

图11-71 绘制直线

19 选择“工具”面板中的“选择”工具，调整直线的形状，并将其拖动到相应的位置，如图11-72所示。

图11-72 调整形状

20 选择“工具”面板中的“椭圆”工具，在舞台中绘制一个黑色的椭圆和一个白色的椭圆作为眼睛，如图11-73所示。

图11-73 绘制椭圆

21 同步骤18~20绘制另外一只眼睛，如图11-74所示。

图11-74 绘制眼睛

22 选择“工具”面板中的“线条”工具，在舞台中绘制直线，然后用“选择”工具调整其形状作为嘴巴，如图11-75所示。

图11-75 绘制嘴巴

23 选择“工具”面板中的“椭圆”工具，执行“窗口”|“颜色”命令，打开“颜色”面板，将填充颜色设置为“径向渐变”，设置渐变颜色，如图11-76所示。

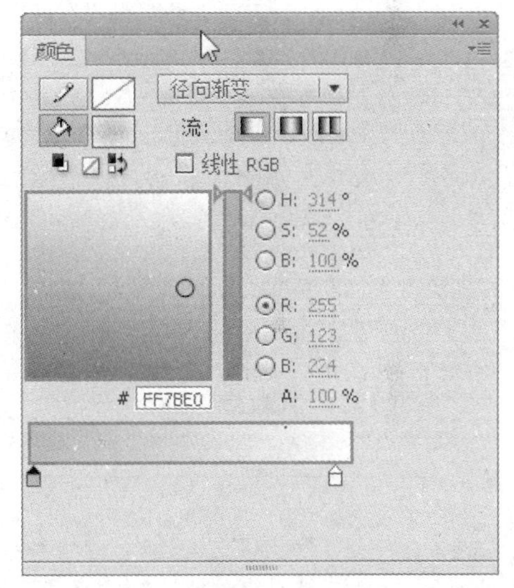

图11-76 设置渐变颜色

24 选择“工具”面板中的“椭圆”工具，在舞台中绘制两个椭圆，如图11-77所示。

图11-77 绘制椭圆

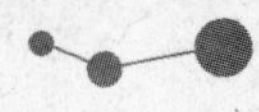

11.8 习题测试

1．填空题

(1) “多角星形”工具的用法与“矩形”工具基本一样，所不同的是前者在“属性”面板中多了一个________。

(2) 使用“墨水瓶”工具可以更改线条或者形状轮廓的笔触颜色、宽度和样式。但仅限于应用纯色，而不能应用________或________。

2．操作题

(1) 利用“工具”面板中的矩形工具绘制矩形，如图11-78所示。

最终文件	最终文件/CH11/习题1.fla

图11-78　绘制矩形和星形

提示

选择“工具”面板中的“矩形”工具，将填充颜色设置为黄色，按住鼠标左键在舞台中绘制矩形。

(2) 绘制如图11-79所示的网页标志。

最终文件	最终文件/CH11/习题2.fla

图11-79　网页标志效果

提示

选择“工具”面板中的“椭圆”工具，打开“颜色”面板，在面板中选择“填充颜色”，“类型”设置为“放射状”，并调整放射状的相关颜色，绘制一绿色椭圆。接着选择“工具”面板中的“椭圆”工具绘制3个蓝色椭圆，并利用“选择”工具调整其形状。选择“工具”面板中的“线条”工具，在正圆的下方绘制3条长短不一的线条，在线条下面输入文字即可。

11.9 本课小结

本课主要介绍了Flash矢量绘图工具的使用。熟练掌握绘图工具的使用是Flash学习的关键。在学习和使用过程中，应当清楚各种工具的用途，例如绘制曲线时可以使用椭圆和钢笔工具。灵活运用这些工具，可以绘制出栩栩如生的矢量图，为后面的动画制作做好准备工作。

第12课 编辑文本和操作对象

本课导读

可以通过多种方式在Adobe Flash CS6 Professional中使用文本。可以创建包含静态文本的文本字段。

在Flash中，图形对象是舞台中的项目，Flash允许对图形对象进行各种编辑操作。Flash提供了各种基本的操作方法，包括选取对象、移动对象、复制对象和删除对象等。

技术要点

◎ 文本的基本操作
◎ 对象的选取、复制与移动
◎ 变形处理

12.1 文本的基本操作

在Flash中包含了3种文本对象，分别是静态文本、动态文本和输入文本。

12.1.1 课堂练一练：创建静态文本

原始文件	原始文件/CH12/静态文本.fla
最终文件	最终文件/CH12/静态文本.fla

静态文本就是在动画制作阶段创建的，在动画播放阶段不能改变的文本。在静态文本框中，可以创建横排或竖排文本。输入静态文本的效果如图12-1所示，具体操作步骤如下所述。

图12-1 静态文本

01 新建Flash文档，选择“工具”面板中的“文本”工具T，如图12-2所示。

图12-2 选择“文本”工具

02 打开“属性”面板，在“文本类型”下拉列表中选择“静态文本”，“系列”设置为“黑体”，字体“大小”设置为70，字体“颜色”设置为#FFCC99，如图12-3所示。

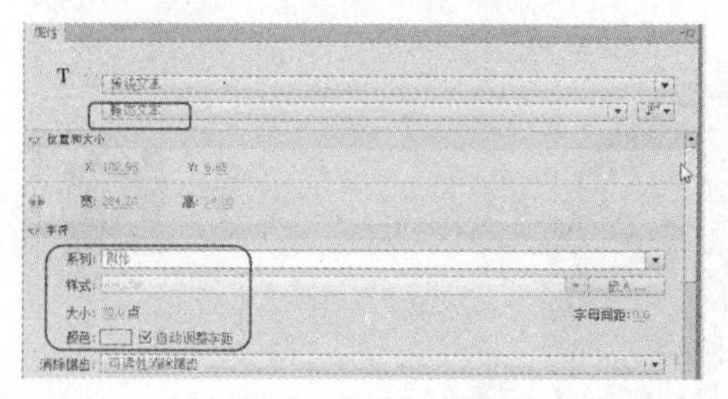

图12-3 设置文本类型

03 在舞台上单击并输入文字“圣诞快乐”，如图12-4所示。

图12-4 输入文字

12.1.2 课堂练一练：创建动态文本

原始文件	原始文件/CH12/动态文本.fla
最终文件	最终文件/CH12/动态文本.fla

动态文本框用来显示动态可更新的文本。下面通过实例讲述动态文本的创建，效果如图12-5所示，具体操作步骤如下所述。

图12-5 动态文本

01 选择“工具”面板中的“文本”工具，在“属性”面板中的“文本类型”下拉列表中选择“动态文本”选项，如图12-6所示。

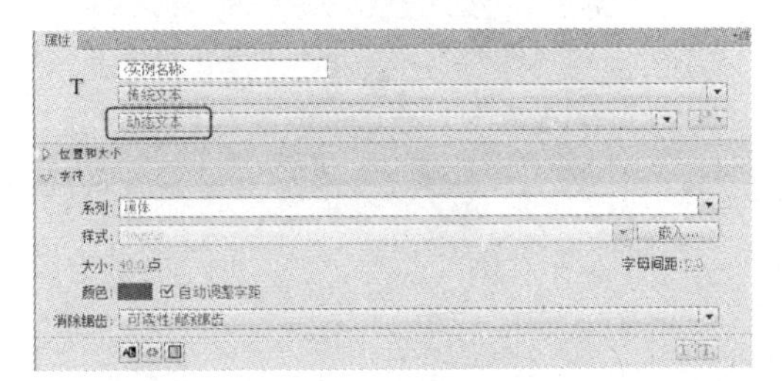

图12-6 选择“动态文本”选项

02 在文档中单击鼠标不放，拖出一个文本输入框，如图12-7所示。

图12-7 输入框

03 输入文字“为你写诗”，在“属性”面板中的“链接”文本框中可输入要链接的地址，如图12-8所示。

图12-8 输入文字

12.1.3 课堂练一练：创建输入文本

原始文件	原始文件/CH12/输入文本.fla
最终文件	最终文件/CH12/输入文本.fla

输入文本是在动画设计中作为一个输入文本框来使用，在动画播放时，输入的文本展现更多信息。输入文本的效果如图12-9所示，具体操作步骤如下所述。

图12-9 输入文本

01 选择“工具”面板中的“文本”工具，在文档中输入静态文本，如图12-10所示。

图12-10 输入静态文本

02 在“属性”面板中的“文本类型”下拉列表中选择“输入文本”，在“线条类型”下拉列表中选择“多行”，如图12-11所示。

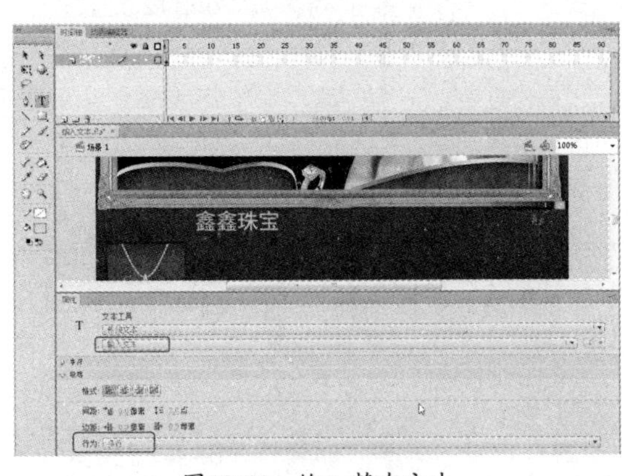

图12-11 输入静态文本

03 在文档中单击鼠标左键并拖出一个文本框，如图12-12所示。

04 按Ctrl+Enter组合键测试影片，在输入框中可以输入相应的文本即可，如图12-9所示。

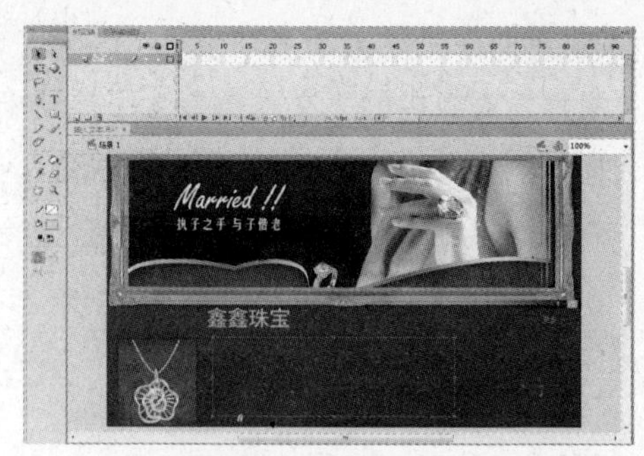

图12-12　拖出文本框

12.2 对象的移动、复制与删除

下面分别来讲述移动对象、复制对象和删除对象。

12.2.1 移动对象

移动对象的方法通常有4种，分别是利用鼠标、方向键、属性面板和信息面板进行移动。

1．利用鼠标移动对象

通过鼠标移动对象是最常用、最简单的一种方法。利用鼠标移动对象的具体方法如下所述。

选取一个或多个对象。将鼠标移动到被选中的对象上，按住鼠标左键不放进行拖动，可以将对象移动到相应的位置。如果在拖动的同时，按住Shift键不放，则只能进行水平、垂直或45°角方向的移动。

2．利用方向键移动对象

使用鼠标移动对象的缺点是不够精确，不容易进行细微的操作，而使用方向键来移动对象则要精确得多。利用方向键移动对象的具体方法如下所述。

选取一个或多个对象。按相应的方向键(上、下、左、右)来移动对象，按一次方向键移动1个像素。如果在按住方向键的同时按住Shift键，则一次可以移动8个像素。

3．利用“属性”面板移动对象

选取一个或多个对象。在“属性”面板中的X和Y文本框中输入相应的数值，然后按Enter键即可将对象移动到指定的位置，如图12-13所示。

4．利用“信息”面板移动对象

选取一个或多个对象。执行“窗口”|“信息”命令，打开“信息”面板，如图12-14所示。在X和Y文本框中输入相应的数值，然后按Enter键即可将对象移动到指定的位置。

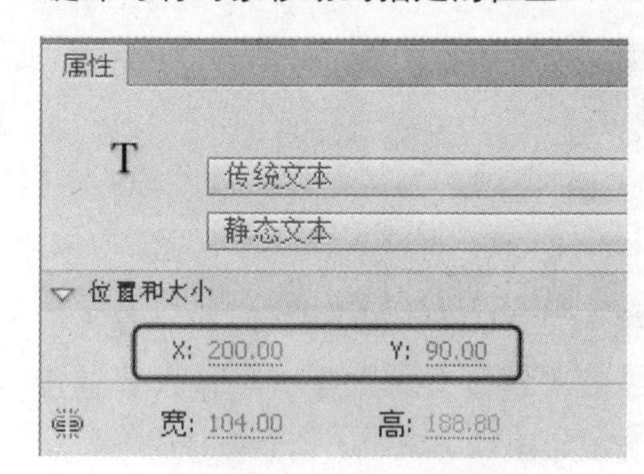

图12-13　“属性”面板

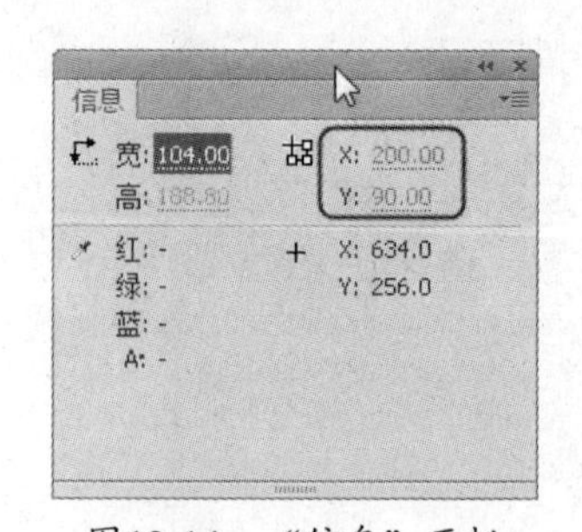

图12-14　“信息”面板

12.2.2 复制对象

复制对象的具体操作步骤如下所述。

01 选中需要复制的对象，执行“编辑”|“复制”命令，或者按Ctrl+C组合键复制对象。

02 执行“编辑”|“粘贴”命令，或者按Ctrl+V组合键，粘贴对象，如图12-15所示。

图12-15 复制对象

提示

复制对象还可以利用以下方法。

- 在需要复制的对象上，单击鼠标右键，在弹出的菜单中执行“复制”命令，再单击鼠标右键执行“粘贴”命令，即可复制对象。
- 执行“编辑”|“复制”命令，然后再执行“编辑”|“粘贴到中心位置”、“粘贴到当前位置”或选择“选择性粘贴”命令，即可复制对象。

12.2.3 删除对象

删除对象的具体操作步骤如下所述。

01 选择删除的对象。

02 执行“编辑”|“剪切”命令，即可将选中的对象删除。

删除对象还可以利用以下方法。

- 选中删除的对象，按Delete键或BackSpace键，即可删除对象。
- 执行“编辑”|“清除”命令，即可删除对象。
- 在删除的对象上单击鼠标右键，在弹出的菜单中执行“删除”命令，即可删除对象。

根据对象的不同，删除的结果也不同。如果删除的是矢量图或文字对象，则从文档中删除。如果删除的是外部导入对象或是元件的实例，则仅仅是从整个作品中删除该对象，可直接打开库，然后在删除的对象上单击鼠标右键，在弹出的菜单中执行“删除”命令，如图12-16所示，即可删除对象。

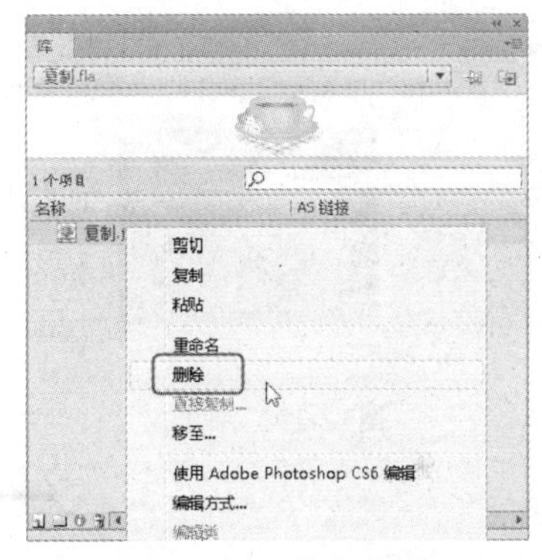

图12-16 删除对象

12.3 变形处理

可以单独执行变形操作，也可以将旋转、缩放、倾斜和扭曲等多种变形操作组合在一起执行。

12.3.1 缩放对象

缩放对象是将选中的图形对象按比例放大或缩小，也可在水平或垂直方向分别放大或缩小对象。

01 打开文档，选中缩放对象，将鼠标移动至矩形框各边中点的控制点上，然后按下左键不放进行拖动，可以单独地调整对象的长度和宽度，如图12-17和图12-18所示。

图12-17 水平缩放

图12-18　垂直缩放

02 选中缩放对象，当指针变为倾斜的双向箭头形状时按下左键不放进行拖动，可以同时对对象的长度和宽度进行缩放，如图12-19和图12-20所示。

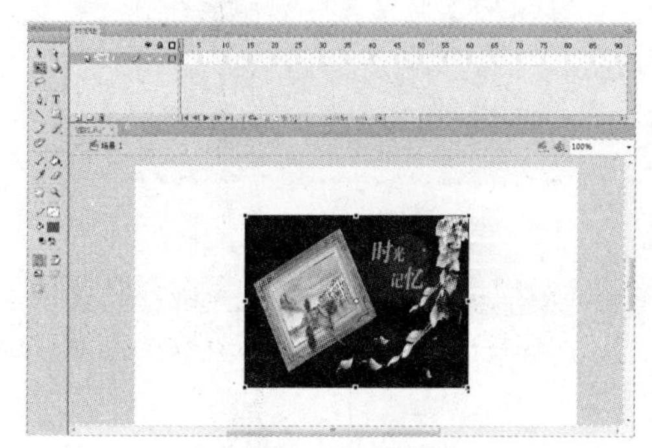

图12-19　缩小

图12-20　放大

12.3.2　旋转对象

旋转就是将对象转动一定的角度，旋转对象的具体操作步骤如下所述。

01 选择“工具”面板中的“任意变形”工具，在“工具”面板下方的选项中按下“旋转与倾斜”按钮，如图12-21所示。

02 将鼠标移动到矩形框顶点旁边，当鼠标指针变为形状时，按住鼠标左键不放进行旋转，如图12-22所示。

图12-21　选择“任意变形”工具

图12-22　旋转对象

提示

还可以利用以下任意一种方法旋转对象。

- 执行“窗口”|“变形”命令，打开“变形”面板，在面板中单击“旋转”按钮，并输入旋转角度。
- 选中旋转的对象，执行“修改”|“变形”|“顺时针旋转90度”命令或者执行“修改”|“变形”|“逆时针旋转90度”命令，进行旋转。

12.3.3　扭曲对象

扭曲变形不是缩放、旋转等简单的变形，而是使对象的形状本身发生本质性的变化，具体操作步骤如下所述。

01 选中要扭曲的位图对象，执行“修改”|“位图”|“转换位图为矢量图”命令，弹出“转化位图为矢量图”对话框，如图12-23所示。

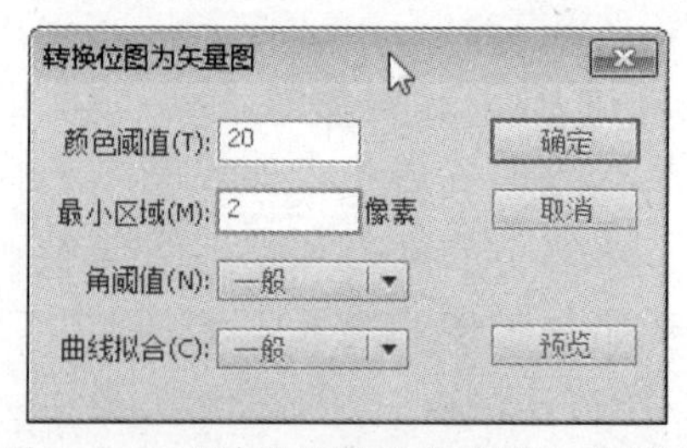

图12-23　“转换位图为矢量图”对话框

02 单击“确定”按钮，完成转换后的图形，如图12-24所示。

图12-24 转换位图为矢量图

03 选择“工具”面板中的“任意变形”工具，在下面的附属选项中选择“扭曲”工具，在对象的周围出现了控制点，如图12-25所示。

04 用鼠标按照控制点拖动，可以扭曲对象，如图12-26所示。

图12-25 选择“扭曲”工具

图12-26 扭曲对象

12.4 技术拓展

12.4.1 创建文字链接

创建文字链接效果如图12-27所示，具体操作步骤如下所述。

图12-27 文字链接

01 打开文档“文本链接.fla”，选择“工具”面板中的“文本”工具，如图12-28所示。

02 在图像上输入文本“立即抢购”，如图12-29所示。

03 选中文本，在“属性”面板中的“选项”中的“链接”文本框中输入“http://www.qinggou.com”，设置链接地址，如图12-30所示。

图12-28 选择文本工具

图12-29 输入文本

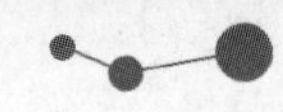

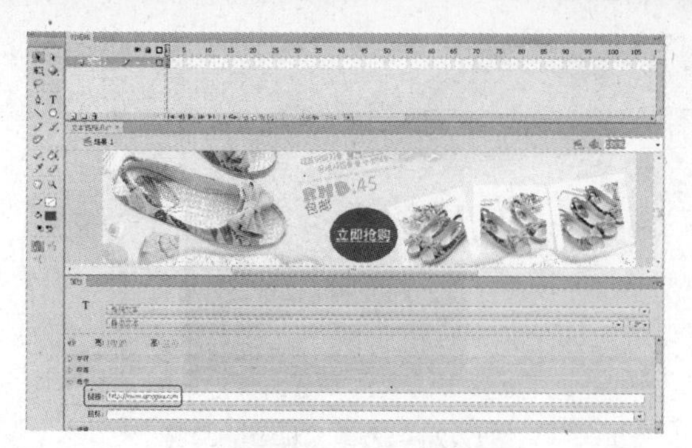

图12-30 输入连接

04 按Ctrl+Enter组合键测试影片，当鼠标指针指向链接的文字时，鼠标会变成手状，如图12-27所示，单击即可打开链接的网站。

12.4.2 组合对象与分离对象

组合操作涉及对象的并组与解组两部分操作，并组后的对象可以被同时移动、复制、缩放和旋转等。组合对象的具体操作步骤如下所述。

01 打开文档，按住Shift键，选中需要组合的对象，如图12-31所示。

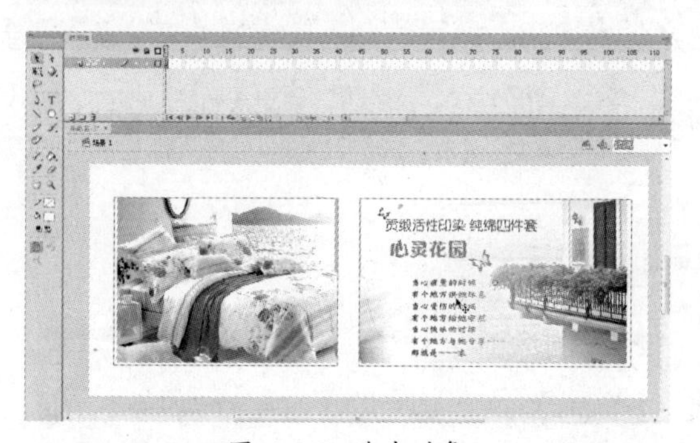

图12-31 选中对象

02 执行“修改”|“组合”命令或按Ctrl+G组合键，将选中的对象进行组合，如图12-32所示。

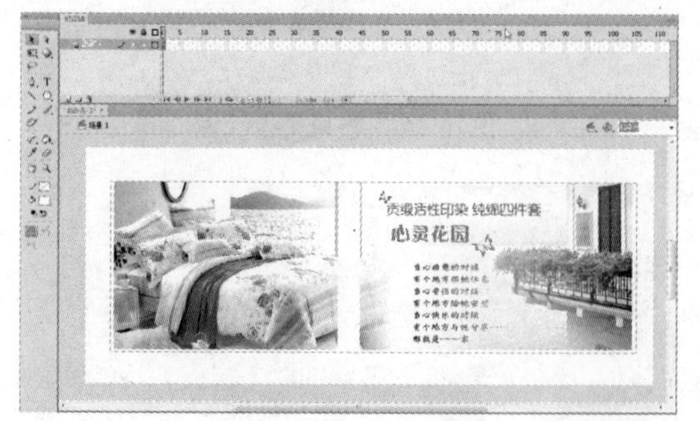

图12-32 组合对象

高手支招

如果要对单个对象进行编辑时，选中要进行编辑的对象，执行“修改”|“取消组合”命令或者按Ctrl+Shift+G组合键取消组合的对象。还有一种方法是在组合后的对象上双击，即可进入单个对象的编辑状态。

使用分离命令，可以分离组合对象、文本块、实例、位图，使之成为分离的可编辑元素。分离对象的具体操作步骤如下所述。

01 打开文档，选中组合后的对象，如图12-33所示。

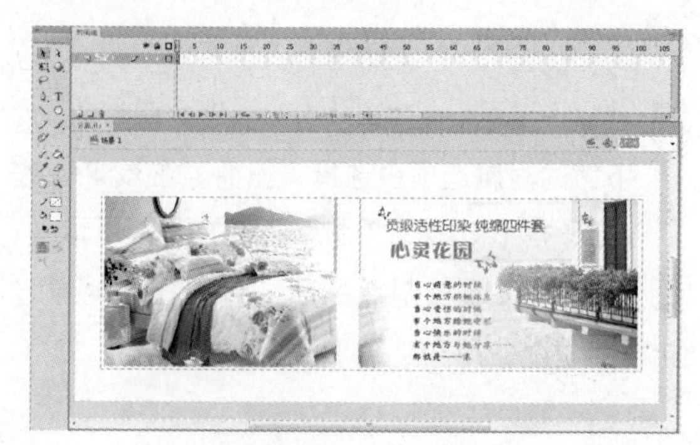

图12-33 选择对象

02 执行“修改”|“分离”命令，将组合的对象分离为单个对象，如图12-34所示。

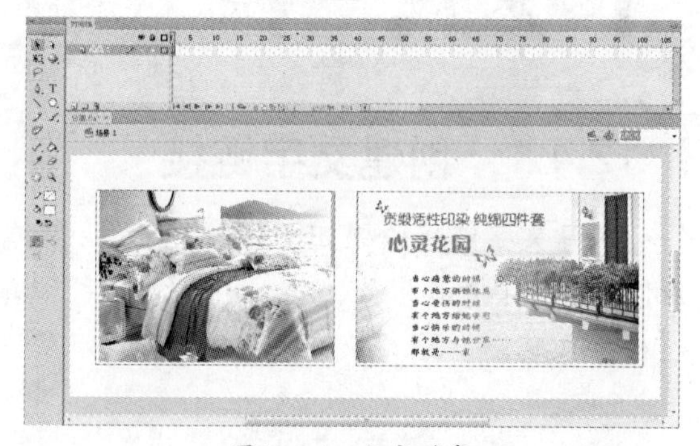

图12-34 分离对象

03 再次执行“修改”|“分离”命令，将单个对象分离为形状，如图12-35所示。

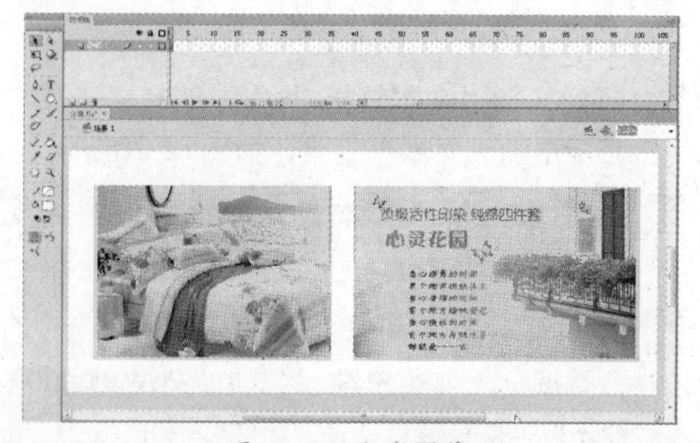

图12-35 分离图像

12.5 实战应用

文字是信息的核心，在动画中很好地应用文字显示效果，可以制作出具有新奇感，从而给人留下深刻印象的作品。

12.5.1 课堂练一练：制作多彩的变形文字

原始文件	原始文件/CH12/变形文字.jpg
最终文件	最终文件/CH12/多彩的变形文字.fla

下面制作动画多彩的变形文字，效果如图12-36所示，具体操作步骤如下所述。

图12-36 多彩文字效果

01 启动Flash CS6，执行“文件”|“新建”命令，打开“新建文档”对话框，在该对话框中单击“常规”选项，将“宽”设置为950，“高”设置为450，如图12-37所示。

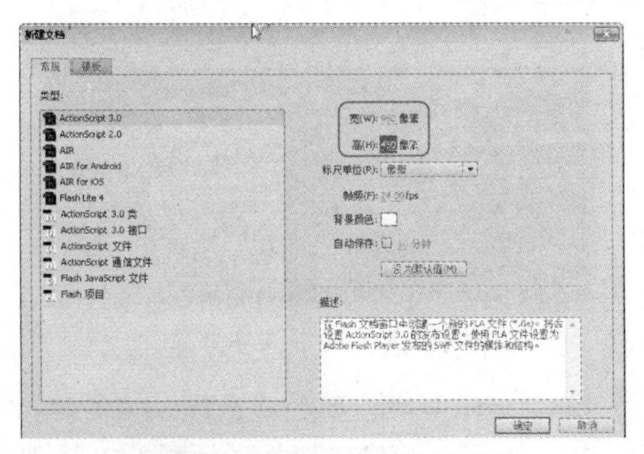

图12-37 “新建文档”对话框

02 单击“确定”按钮，新建空白文档，如图12-38所示。

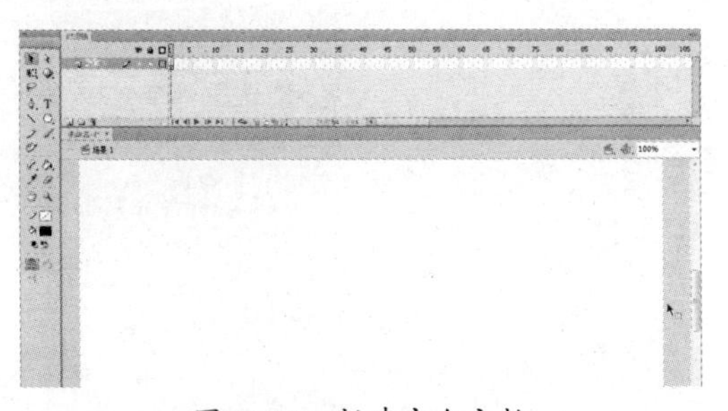

图12-38 新建空白文档

03 执行“文件”|“导入”|“导入到舞台”命令，打开“导入”对话框，在该对话框中选择图像“变形文字.jpg”，如图12-39所示。

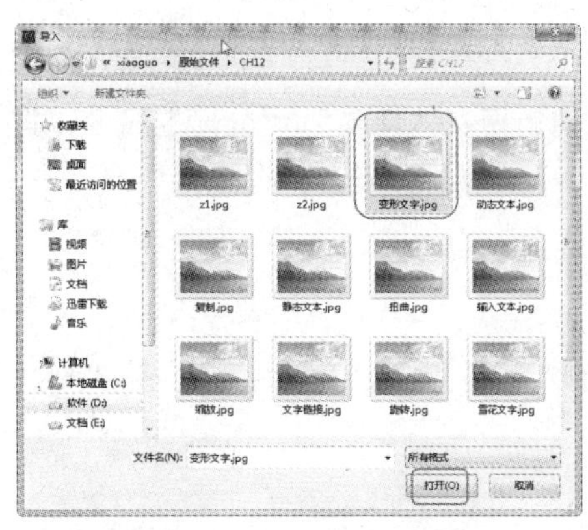

图12-39 “导入”对话框

04 单击“打开”按钮，将图像导入到舞台中，如图12-40所示。

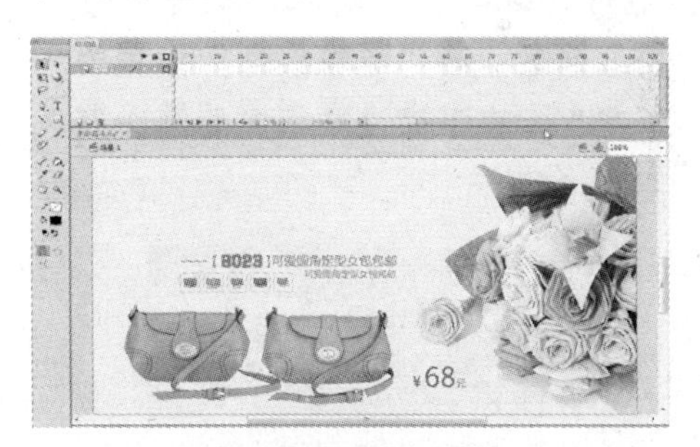

图12-40 导入图像

05 单击“时间轴”面板中的“新建图层”按钮，在图层1的上面新建图层2，如图12-41所示。

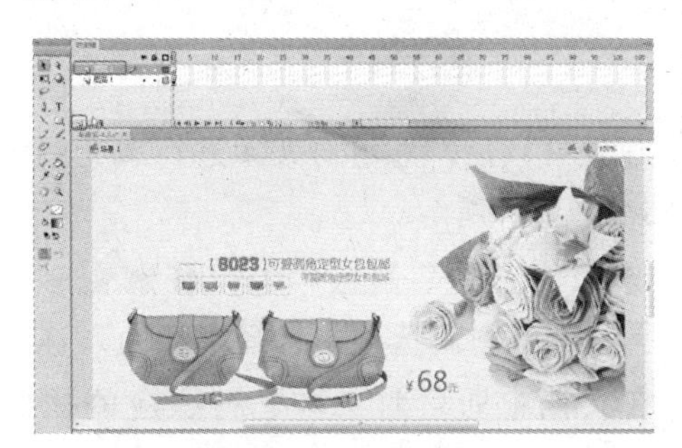

图12-41 新建图层

06 选择“工具”面板中的“文本”工具，在舞台中输入文本“春光洋溢女人包”，如图12-42所示。

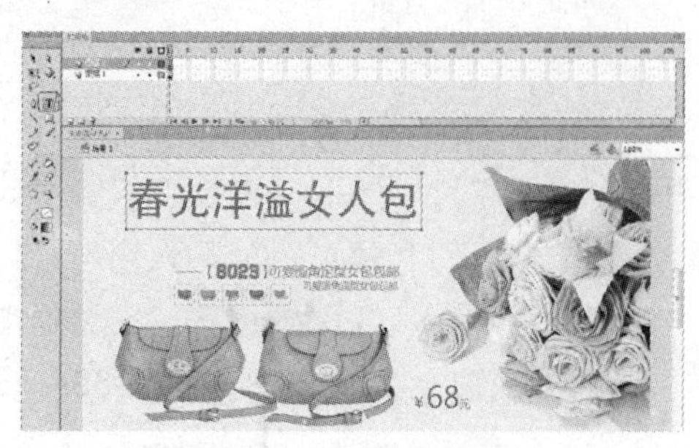

图12-42 输入文本

07 执行两次“修改”|“分离”命令，将文本分离，如图12-43所示。

图12-43 分离文本

08 执行“窗口”|“颜色”命令，打开“颜色”面板，将“颜色类型”设置为“线性渐变”，在下面设置相应的渐变颜色，如图12-44所示。

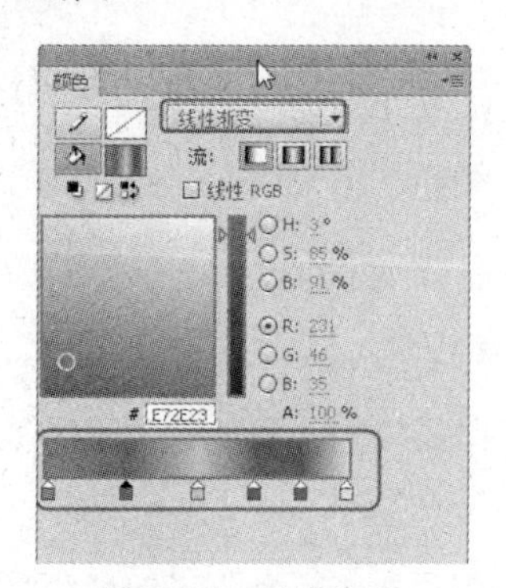

图12-44 设置渐变

09 设置好以后，即可对文本进行填充颜色，如图12-45所示。

10 选择“工具”面板中的“任意变形”工具，在其附属选项中选择“扭曲”选项，在文档中即可对文本进行相应的扭曲处理，如图12-46所示。

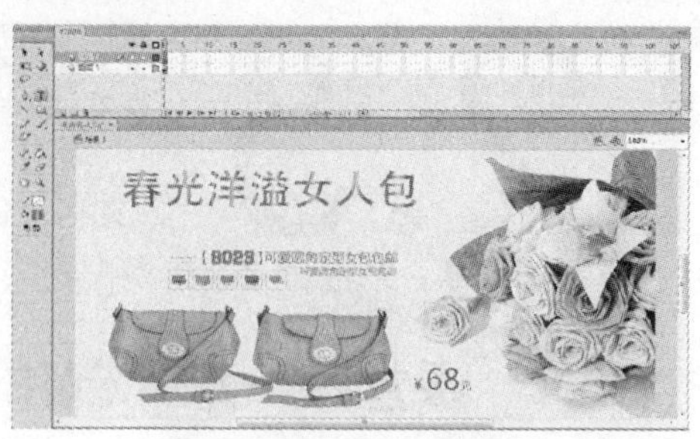

图12-45 对文本填充颜色

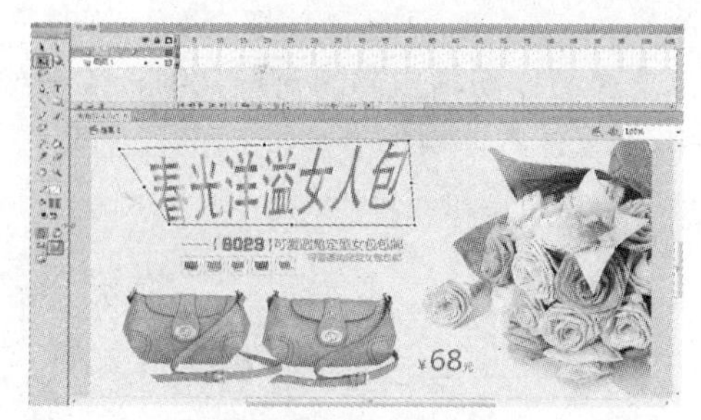

图12-46 扭曲文本

12.5.2 课堂练一练：制作雪花文字

原始文件	原始文件/CH12/雪花文字.jpg
最终文件	最终文件/CH12/雪花文字.fla

制作雪花文字，效果如图12-47所示，具体操作步骤如下所述。

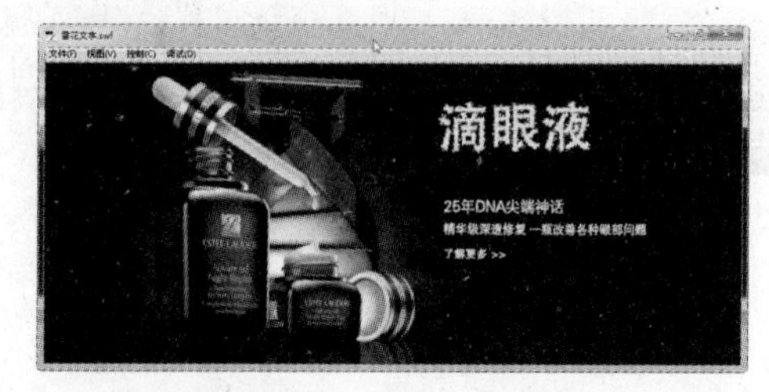

图12-47 雪花文字效果

01 启动Flash CS6，执行“文件”|“新建”命令，打开“新建文档”对话框，在该对话框中单击“常规”选项，将“宽”设置为950，“高”设置为400，如图12-48所示。

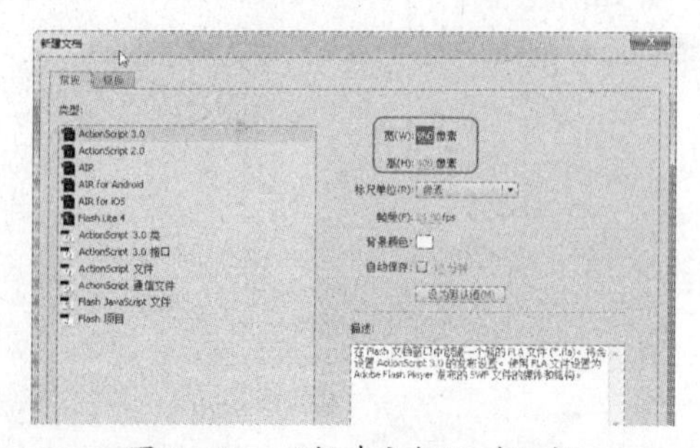

图12-48 “新建文档”对话框

02 单击“确定”按钮，新建空白文档，如图12-49所示。

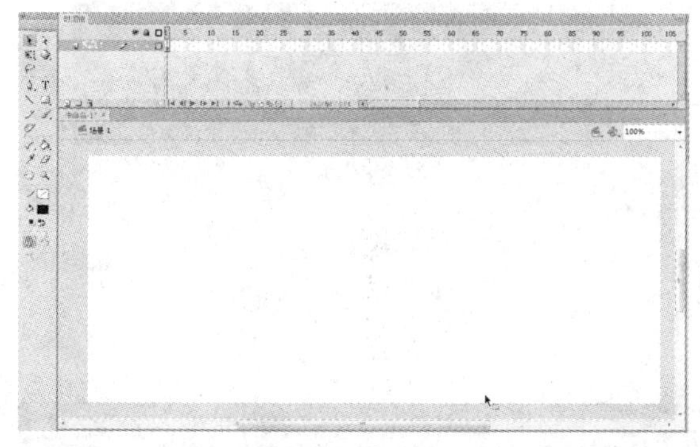

图12-49 新建空白文档

03 执行“文件”|“导入”|“导入到舞台”命令，打开“导入”对话框，在该对话框中选择图像“雪花文字.jpg”，如图12-50所示。

图12-50 “导入”对话框

04 单击“打开”按钮，将图像导入到舞台中，如图12-51所示。

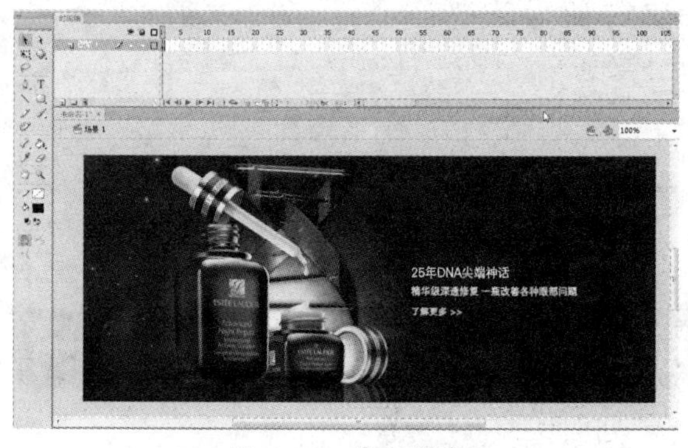

图12-51 导入图像

05 单击“时间轴”面板中的“新建图层”按钮，在图层1的上面新建图层2，如图12-52所示。

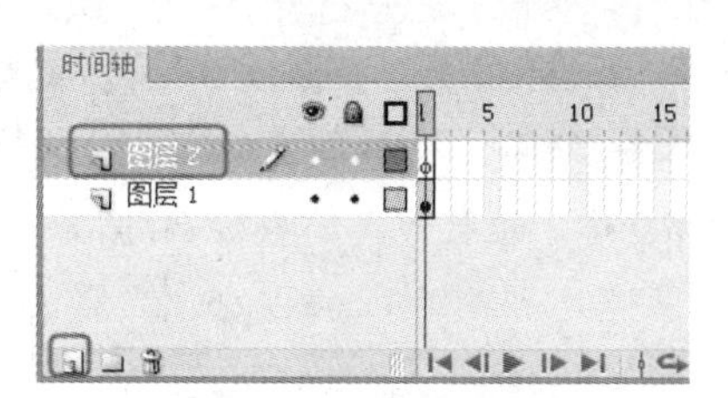

图12-52 新建图层

06 选择“工具”面板中的“文本”工具，在舞台中输入文本“滴眼液”，如图12-53所示。

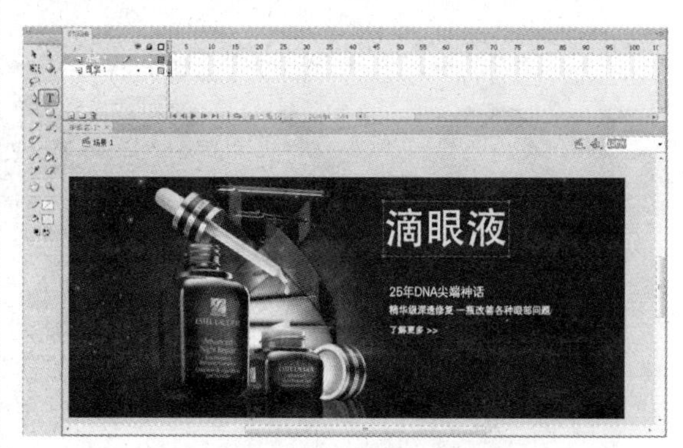

图12-53 输入文本

07 执行两次“修改”|“分离”命令，将文本分离，如图12-54所示。

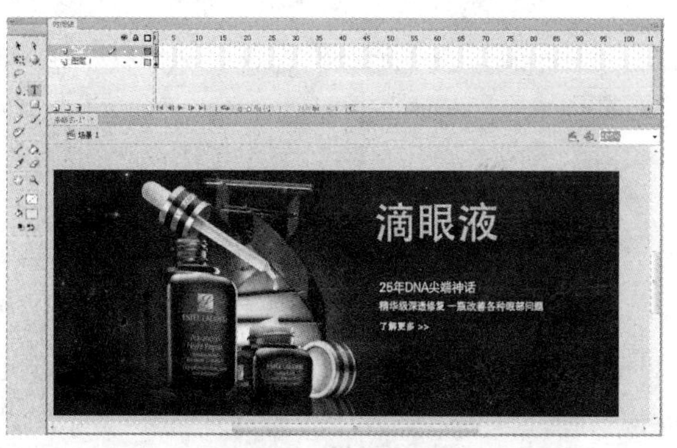

图12-54 分离文本

08 选择“工具”面板中的“墨水瓶”工具，在文本边缘进行点击，文本效果如图12-55所示。

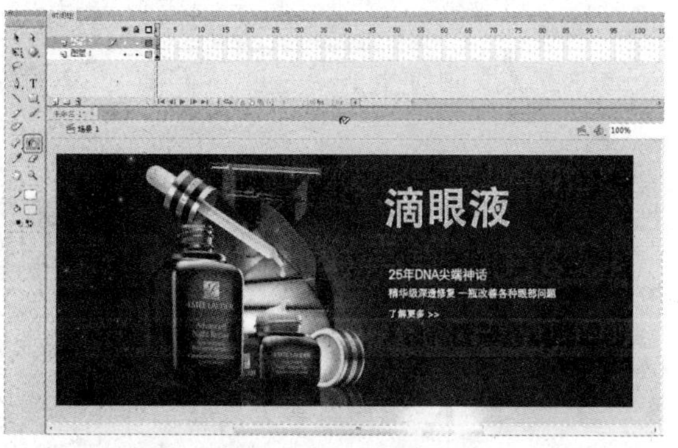

图12-55 点击文本

09 打开“属性”面板，在面板中设置“笔触”为6，设置“样式”为点刻线，如图12-56所示。

10 保存文档，预览效果如图12-47所示。

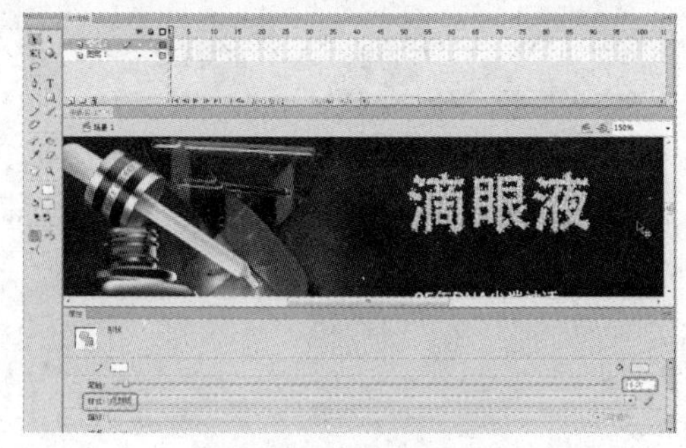

图12-56 设置笔触

12.6 习题测试

1. 填空题

(1) 在Flash中包含了3种文本对象，分别是________、________和输入文本。

(2) 移动对象的方法通常有4种，分别是利用________、________、________和________进行移动。

2. 操作题

(1) 制作空心文字，效果如图12-57所示。

最终文件	最终文件/CH12/习题1.fla

图12-57 空心文字

提示

选择“工具”面板中的“文本”工具 ，输入文字，将文字分离；选择“工具”面板中的“墨水瓶”工具，在文本边缘进行单击，为文本添加边框；选择“工具”面板中的“选择”工具 ，选中文本的内部颜色，按Delete键将其删除。

(2) 制作如图12-58所示的输入文本效果。

最终文件	最终文件/CH12/习题2.fla

图12-58 输入文本效果

提示

选择“工具”面板中的“文本”工具，在文档中输入静态文本，在“属性”面板中的“文本类型”下拉列表中选择“输入文本”。

12.7 本课小结

本课主要介绍了文本工具的使用及其属性设置、特效文本的制作。读者应该学会使用文本工具在工作区创建文字，并会设置最常见的文字属性，例如大小、颜色、字体、行间距和字间距等，掌握文字特效的设置，可以使网页更加丰富生动。

第13课
认识元件与“库”面板

本课导读

使用Flash制作动画影片的一般流程是先制作动画中所需的各种元件，然后在场景中引用元件实例，并对实例化的元件进行适当的组织和编排，最终完成影片的制作。合理地使用元件和库可以提高影片的制作效率。

技术要点

◎ 位图的导入
◎ 转为矢量图形
◎ 认识元件
◎ 创建元件
◎ 认识“库”面板
◎ 库的管理和使用

13.1 导入外部素材

制作一个复杂的动画仅仅使用Flash软件自带的绘图工具是远远不够的，还需要从外部导入创作时所需要的素材。即使Flash软件能全部提供所需素材，使用现有的外部资源也会极大地提高工作的效率，缩短工作流程。

13.1.1 课堂练一练：导入图像

Flash 提供了强大的导入功能，几乎胜任各种文件类型的导入，特别是对Photoshop图像格式的支持，极大地拓宽了Flash素材的来源，人们不再会对那些精美的图片望洋兴叹了。导入图像的具体操作步骤如下所述。

01 启动Flash CS6，执行“文件”|“新建”命令，打开“新建文档”对话框，在该对话框中设置相应的参数，如图13-1所示。

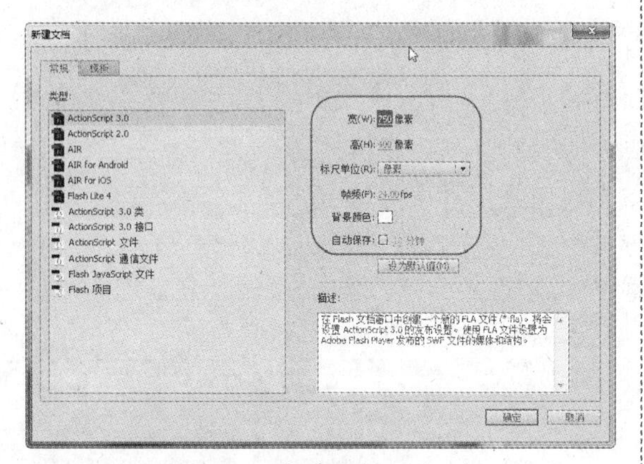

图13-1 “新建文档”对话框

02 单击“确定”按钮，新建空白文档，如图13-2所示。

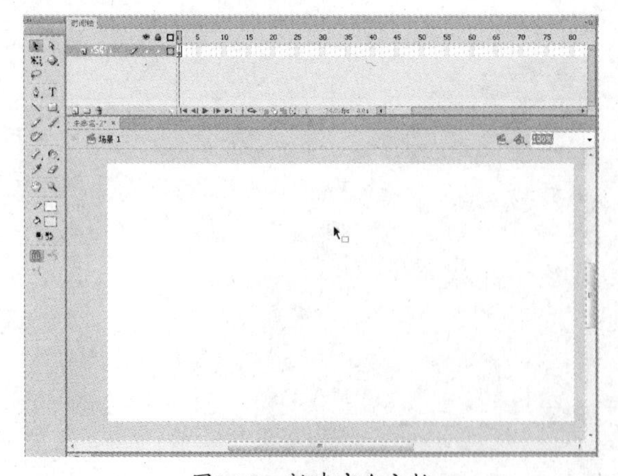

图13-2 新建空白文档

03 执行“文件”|“导入”|“导入到舞台”命令，打开“导入”对话框，在该对话框中选择图像“导入位图.jpg”，如图13-3所示。

图13-3 “导入”对话框

04 单击“打开”按钮，将图像导入到舞台中，如图13-4所示。

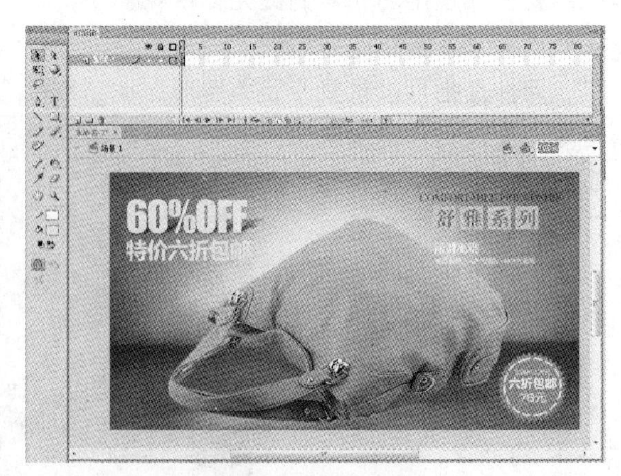

图13-4 导入图像

13.1.2 课堂练一练：转为矢量图形

下面讲述将位图转化为矢量图的具体操作步骤。

01 打开文档，选中导入的图像，执行“修改”|“位图”|“转换位图为矢量图”命令，如图13-5所示。

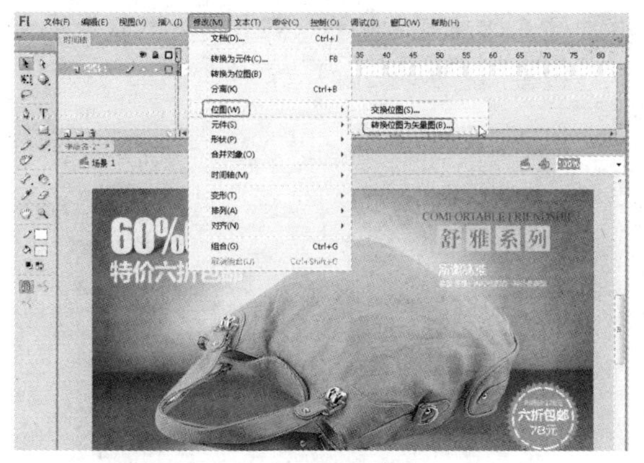

图13-5 打开图像

图13-6 “转换位图为矢量图”对话框

02 选择以后打开“转换位图为矢量图”对话框，在该对话框中根据需要设置相应的参数，如图13-6所示。

03 单击“确定”按钮，将图像转换为矢量图，如图13-7所示。

图13-7 转换为矢量图

13.2 认识与创建元件

元件是指在Flash中创建且保存在库中的图形、按钮或影片剪辑。元件可以自始至终在影片或其他影片中被重复使用，是Flash动画中最基本的元素。

13.2.1 认识元件

在影片中使用元件可以大大地减小最后生成文件的大小，使用元件其实就是采用了一种资源共享的方式。在编辑影片的过程中，可以将需要多次使用的元素制成元件，在需要时直接从“库”面板中调用即可。

元件是指可以重复使用的图形、按钮或动画。由于对元件的编辑和修改可以直接应用于动画中所有应用该元件的实例，所以对于一个具有大量重复元素的动画来说，只要对元件做了修改，系统将自动地更新所有使用该元件的实例。元件的类型分为3种，分别为影片剪辑元件、按钮元件和图形元件。

- 图形元件：主要用于定义静态的对象，它包括静态图形元件与动态图形元件两种。静态图形元件中一般只包含一个对象，在播放影片的过程中，静态图形元件始终是静态的；动态图形元件中可以包含多个对象或一个对象的各种效果，在播放影片的过程中，动态图形元件可以是静态的，也可以是动态的。
- 按钮元件：通过绘制与鼠标事件相对应的对象，按钮元件主要用于创建响应鼠标事件的交互式按钮。鼠标事件包括鼠标触及与单击两种。将绘制的图形转换为按钮元件，在播放影片时，当鼠标靠近图形时，光标就会变成小手状态，为按钮元件添加脚本语言，即可实现对影片的控制。
- 影片剪辑元件：可以创建可重复使用的动画片段。可以把影片剪辑看作一个小型动画，该片段有它自己的时间轴，可独立于主时间轴播放。影片剪辑可以包含按钮、图形、甚至其他影片剪辑实例。

13.2.2 课堂练一练：创建图形元件

在Flash中，可以通过两种方式制作元件，分别为创建新元件与将对象转换为元件。下面以制作图形元件为例，说明元件的两种制作方式。图形元件非常适用于静态图像的重复使用。创建图形元件的具体操作步骤如下所述。

01 新建一文档，执行“插入”|“新建元件”命令或者按Ctrl+F8组合键，弹出“创建新元件”对话框，在对话框中的“名称”文本框中输入元件的名称，“类型”选择为“图形”，如图13-8所示。

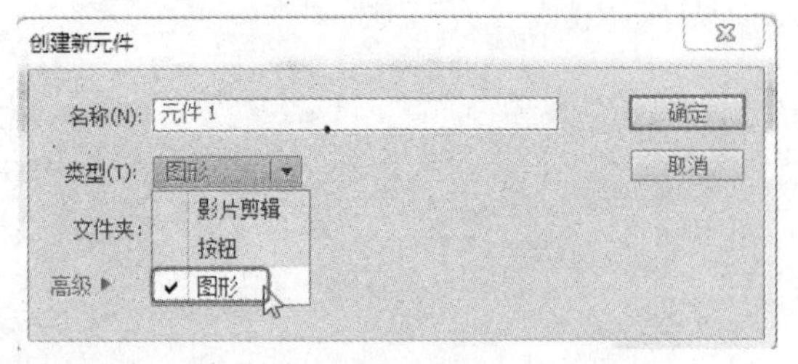

图13-8 “创建新元件”对话框

02 单击“确定”按钮，进入图形元件的编辑模式，如图13-9所示。

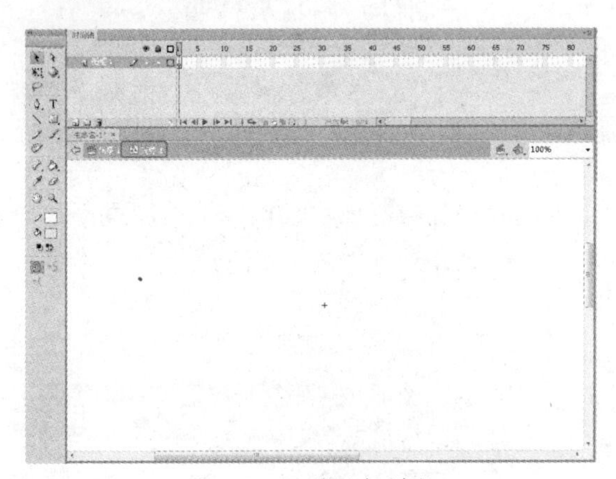

图13-9 元件编辑模式

03 执行“文件”|“导入”|“导入到舞台”命令，打开“导入”对话框，在该对话中选择图像“图形元件.jpg”，如图13-10所示。

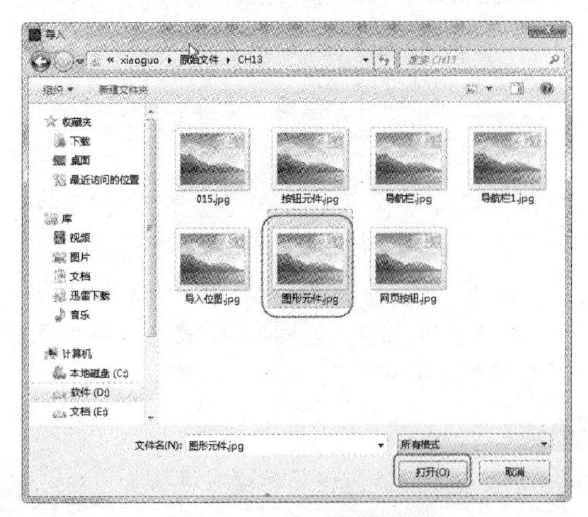

图13-10 “导入”对话框

04 单击“打开”按钮，将其导入到舞台中，如图13-11所示。

图13-11 图形元件

05 执行“窗口”|“库”命令，打开“库”面板，在“库”面板中显示创建的图形元件，如图13-12所示。

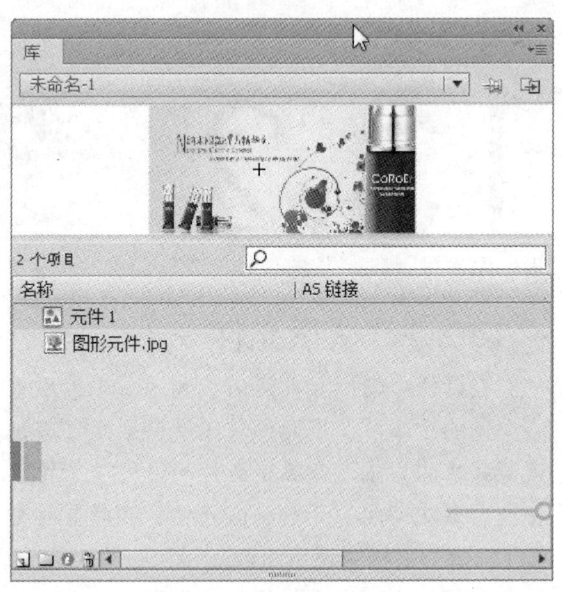

图13-12 图形元件

13.2.3 课堂练一练：创建影片剪辑元件

影片剪辑元件可以创建可重复使用的动画片段。可以把影片剪辑看作一个小型动画，有它自己的时间轴，可独立于主时间轴播放。创建影片剪辑的具体操作步骤如下。

01 新建一文档，执行“插入”|“新建元件”命令，弹出“创建新元件”对话框，在对话框中的“名称”文本框中输入元件的名称，“类型”选择为“影片剪辑”，如图13-13所示。

图13-13 “创建新元件”对话框

02 单击“确定”按钮，进入影片剪辑元件的编辑模式，如图13-14所示。

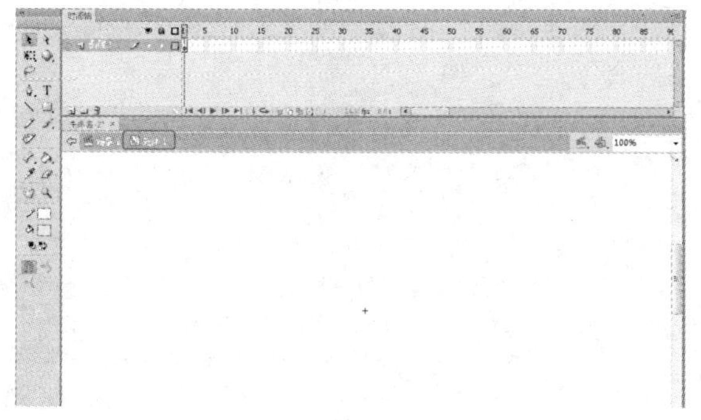

图13-14 元件的编辑模式

03 选择“工具”面板中的“矩形”工具，在舞台中绘制一个矩形，如图13-15所示。

图13-15 绘制图形

04 选中第30帧，按F6键插入关键帧，并在舞台上绘制一个椭圆形，如图13-16所示。

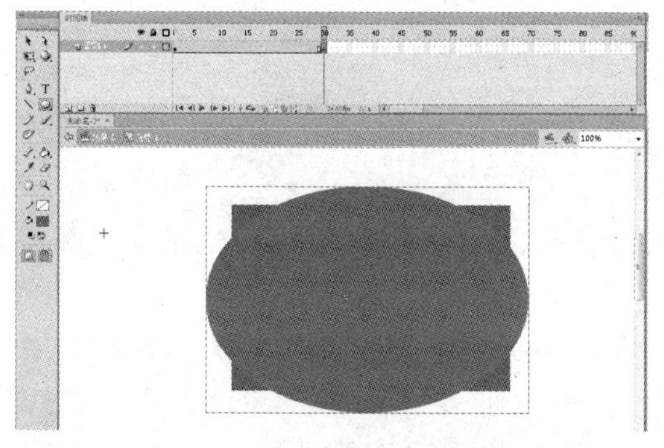

图13-16 插入关键帧并绘制图形

05 将光标放置在第1~30帧之间的帧，单击鼠标右键，在弹出的菜单中执行“创建补间形状”命令，如图13-17所示。

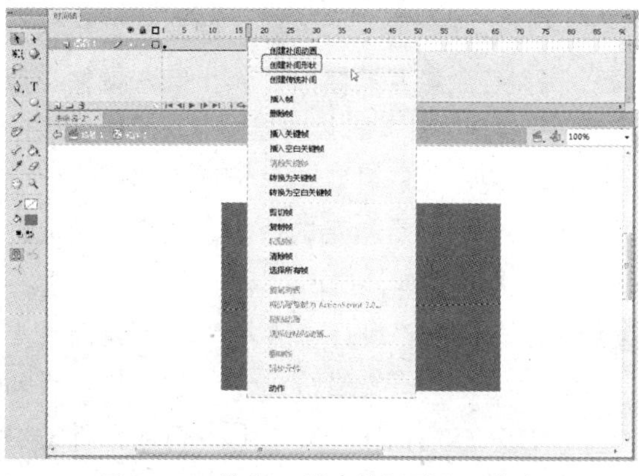

图13-17 执行“创建补间形状“命令

06 执行该命令以后创建补间动画，在“库”面板中显示创建的影片剪辑元件，如图13-18所示。

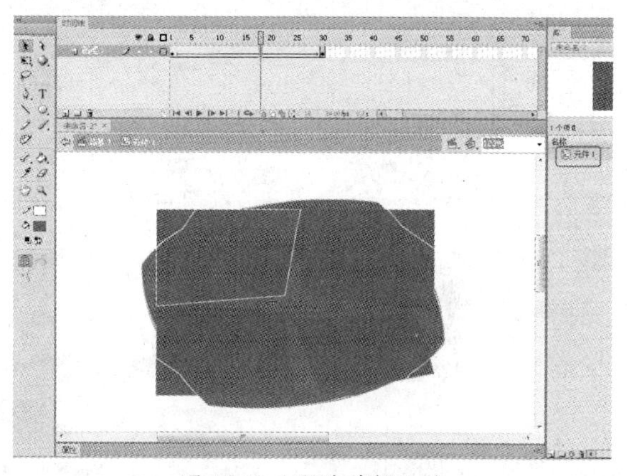

图13-18 影片剪辑元件

指点迷津

影片剪辑是Flash中最具有交互性、用途最多以及功能最强的部分。它基本上是一个小的独立电影，可以包含交互式控件、声音甚至其他影片剪辑实例。用户可以将影片剪辑实例放在按钮元件的时间轴内，以创建动画按钮。不过，由于影片剪辑具有独立的时间轴，所以它们在Flash中是相互独立的。如果主场景中存在影片剪辑，即使主电影的时间轴已经停止，影片剪辑的时间轴仍可以继续播放，这里可以将影片剪辑设想为主电影中嵌套的小电影。

13.2.4 课堂练一练：创建按钮元件

按钮元件是用来控制相应的鼠标事件的交互性特殊元件。它和平常在网页中出现的按钮一样，可以通过对它的设置来触发某些特殊效果，例如控制影片的播放、停止等。按钮实质上是一个4帧的交互影片剪辑。可以根据按钮的弹出和出现的每一种状态显示不同的图像、响应鼠标动作和执行指定的行为。创建按钮元件的具体操作步骤如下所述。

01 新建一文档，执行“插入”|“新建元件”命令，弹出“创建新元件”对话框，在对话框中的“名称”文本框中输入元件的名称，“类型”选择为“按钮”，如图13-19所示。

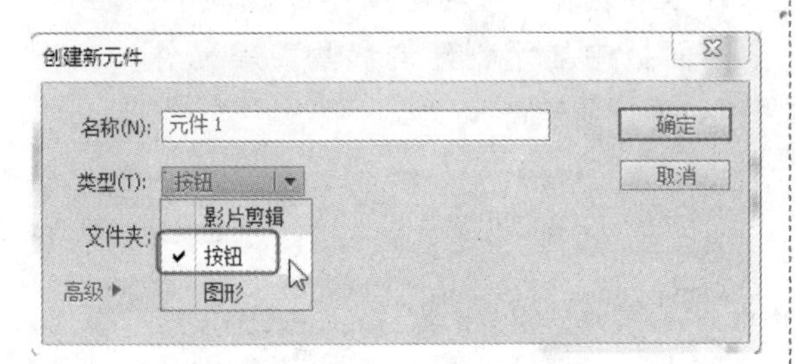

图13-19 “创建新元件”对话框

02 单击“确定”按钮，进入按钮元件的编辑模式，如图13-20所示。

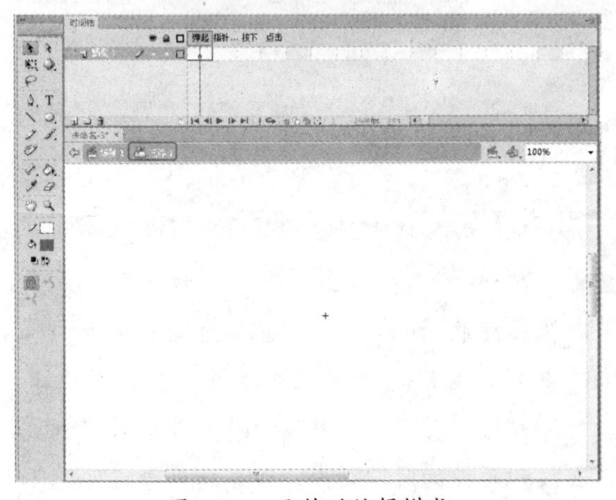

图13-20 元件的编辑模式

03 选中时间轴中的“弹起”帧，选择“工具”面板中的“椭圆工具”，在舞台中绘制椭圆，如图13-21所示。

04 选择“工具”面板中的“文本”工具，在舞台中输入文本“点击进入”，如图13-22所示。

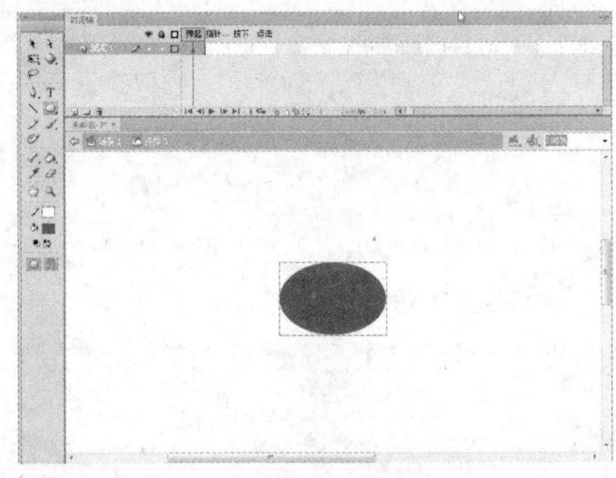

图13-21 绘制图形

图13-22 输入文本

05 选中时间轴中的“指针经过”帧，按F6键插入关键帧，在文档中改变图形及文字的颜色，如图13-23所示。

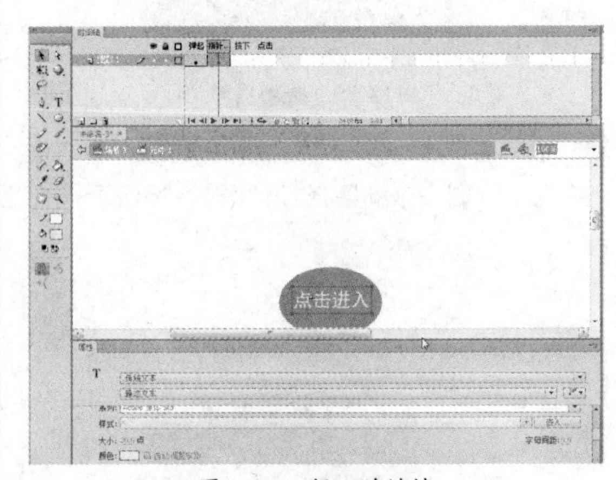

图13-23 插入关键帧

06 选中时间轴中的“按下”帧，按F6键插入关键帧，在“库”面板中显示创建的按钮元件，如图13-24所示。

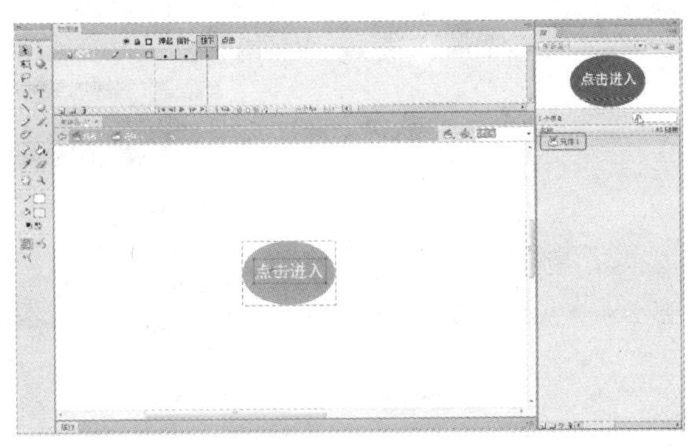

图13-24 按钮元件

13.3 使用“库”面板

库用来存储可重复使用的对象，包括元件、位图、视频或声音等众多资源。当导入位图或声音时，会自动被存储到库里面。而元件则需要建立后才存储在库中，每个Flash文档都拥有一个库。

13.3.1 认识“库”面板

“库”面板是存储和组织在Flash中创建的各种元件的地方。“库”面板中的元件包括位图文件、声音文件和视频剪辑等。此外，“库”面板还可以用来组织文件夹中的库项目，查看项目在文档中的使用信息，并按照类型对项目排序，如图13-25所示。

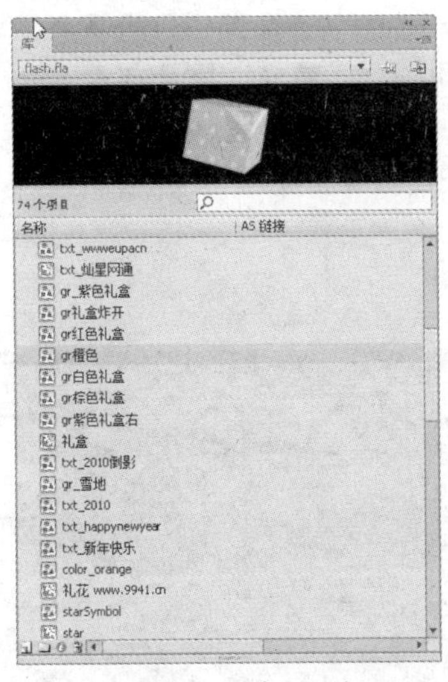

图13-25 “库”面板

“库”面板包括以下几部分内容。

- 名称：库元素的名称与源文件的文件名称对应。
- 选项菜单：单击右上角的 按钮，弹出如图13-26所示的菜单，可以执行其中的命令。

图13-26 弹出菜单

13.3.2 库的管理和使用

在“库”窗口的元素列表中，看见的文件类型是图形、按钮、影片剪辑、媒体声音、视频、字体和位图。

创建库元件可以选择以下任意一种操作来完成。

- 执行“插入”|“新建元件”命令，如图13-27所示。

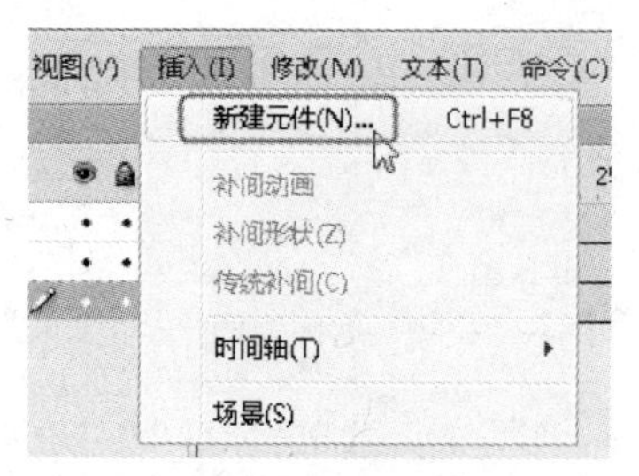

图13-27　执行“新建元件”命令

- 单击“库”面板中的按钮，在弹出的菜单中执行“新建元件”命令，如图13-28所示。

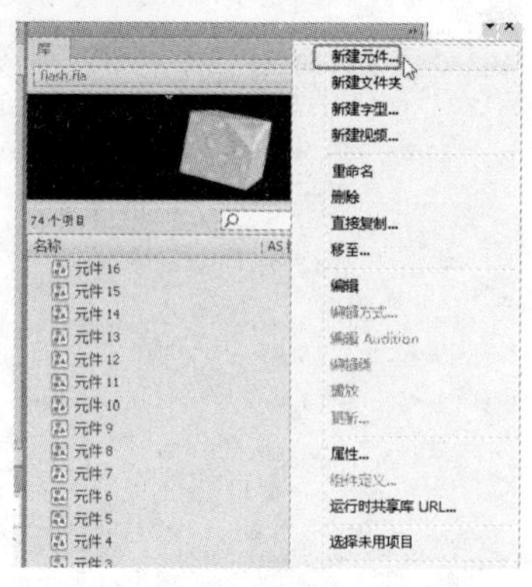

图13-28　执行“新建元件”命令

在“库”面板中不需要使用的库项目，可以在“库”面板中对其进行删除，删除库项目的具体操作步骤如下所述。

01 执行“窗口”|“库”命令，打开“库”面板。

02 选中不需要使用的项目，单击鼠标右键在弹出的菜单中执行“删除”命令，即可将选中的项目删除，如图13-29所示。

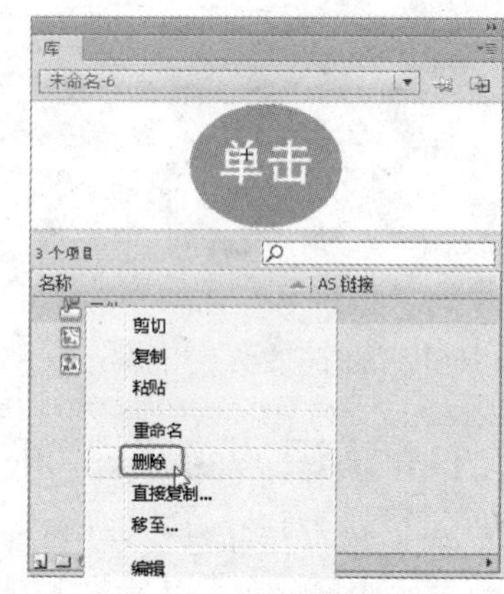

图13-29　删除项目

13.4 实战应用

学完本课，读者应该对元件的创建和编辑进行重点练习，这是在以后的动画制作中要反复使用到的东西。特别是影片剪辑元件，要结合脚本语言中动画的层次课节来理解影片剪辑在动画中是如何应用的。对于按钮元件而言，主要弄清各帧之间的关系，这对于在以后使用脚本命令时选择鼠标事件是非常重要的。下面将通过实例讲述Flash导航栏和按钮的制作。

13.4.1 课堂练一练：制作导航栏

原始文件	原始文件/CH13/导航栏.jpg
最终文件	最终文件/CH13/导航栏. fla

按钮除了可以用来制作交互特效外，还常常被用在网页中用于导航。下面将讲述利用Flash制作导航栏，效果如图13-30所示，具体操作步骤如下所述。

图13-30　导航栏

01 启动Flash CS6，执行“文件”|“新建”命令，打开“新建文档”对话框，在该对话框中单击“常规”选项，将“宽”设置为950，将“高”设置为450，如图13-31所示。

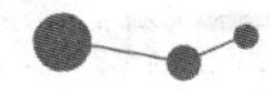

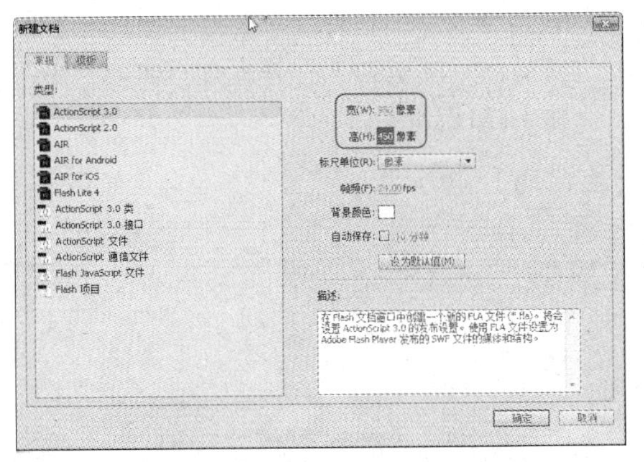

图13-31 “新建文档”对话框

02 单击“确定”按钮，新建空白文档。执行“文件”|“导入”|“导入到舞台”命令，导入图像“导航栏.jpg”，如图13-32所示。

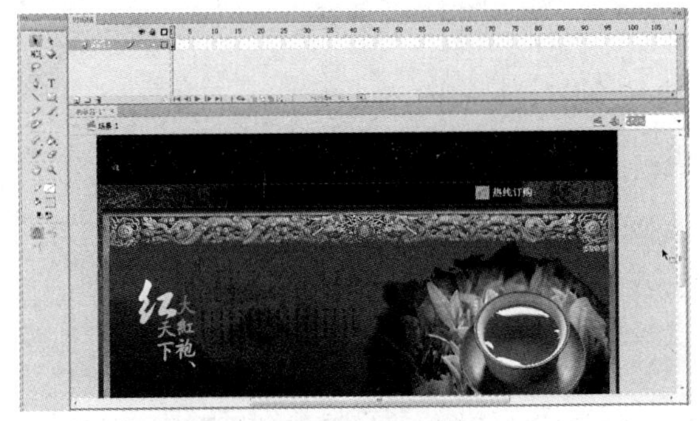

图13-32 导入图像

03 执行“插入”|“新建元件”命令，打开“创建新元件”对话框，在该对话框中将“类型”选择为“按钮”选项，如图13-33所示。

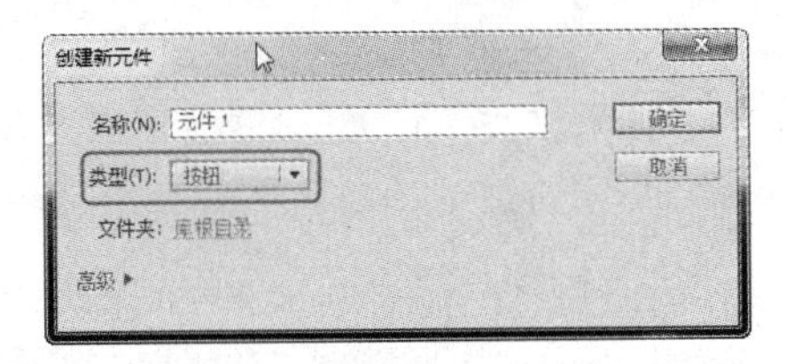

图13-33 “创建新元件”对话框

04 单击“确定”按钮，进入元件编辑模式，如图13-34所示。

05 选择“工具”面板中的“矩形”工具，在“属性”面板中将笔触颜色设置为#FFFF33，填充颜色设置为#8D191A，“笔触”设置为2，“样式”设置为“点状线”，“矩形选项”设置为5，如图13-35所示。

06 按住鼠标左键在舞台中绘制矩形，如图13-36所示。

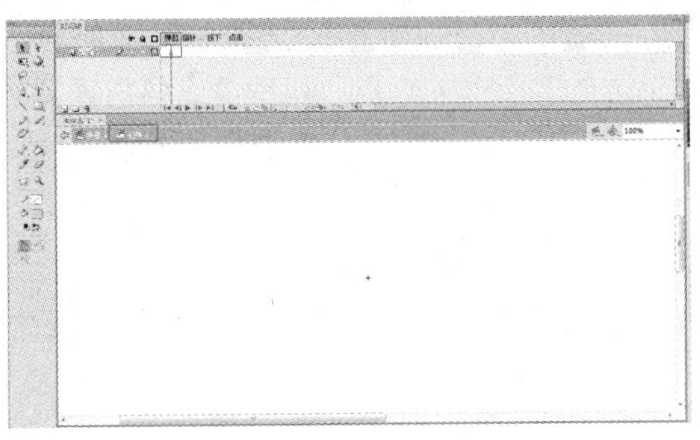

图13-34 元件编辑模式

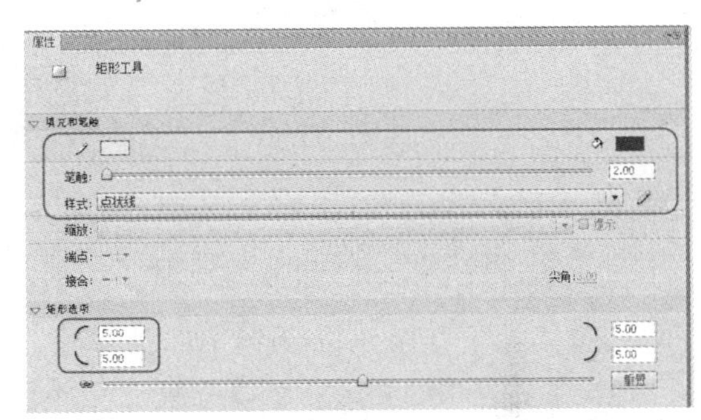

图13-35 设置“矩形”选项

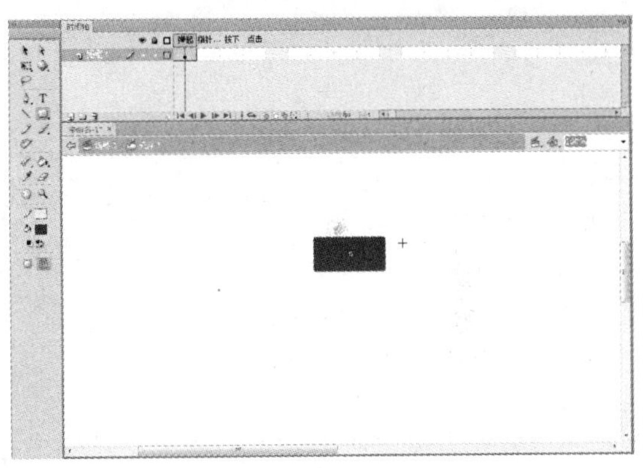

图13-36 绘制矩形

07 选择“工具”面板中的“文本”工具，在舞台中输入文字“首页”，如图13-37所示。

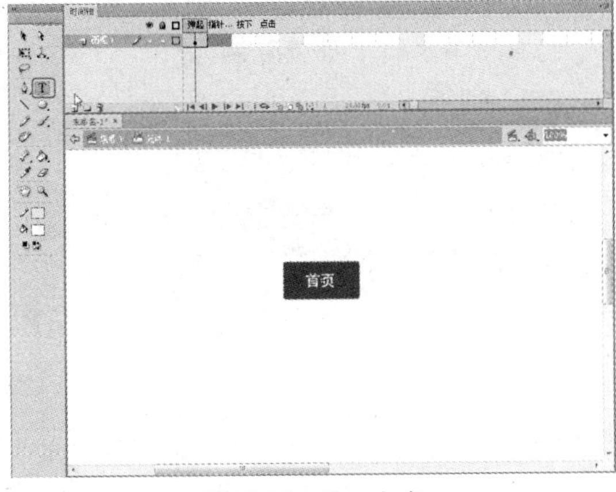

图13-37 输入文本

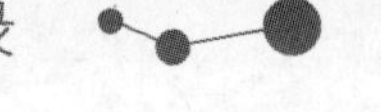

08 选择“指针”帧，按F6键插入关键帧，选择工具箱中的矩形，将填充颜色设置为#663300，如图13-38所示。

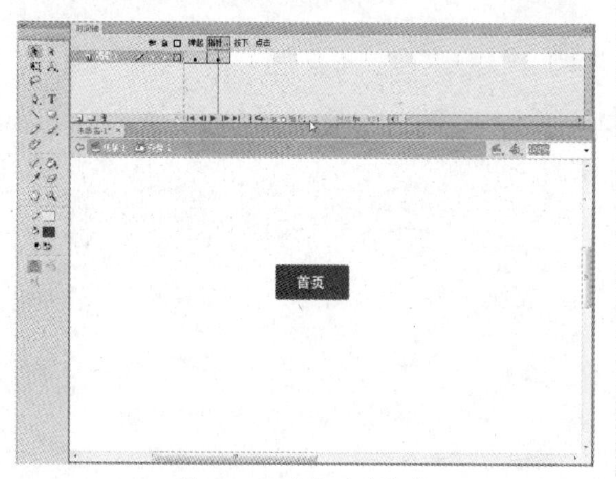

图13-38 改变填充颜色

09 选择“按下”帧，按F6键插入关键帧，选择工具箱中的矩形，将填充颜色设置为#CC3300，如图13-39所示。

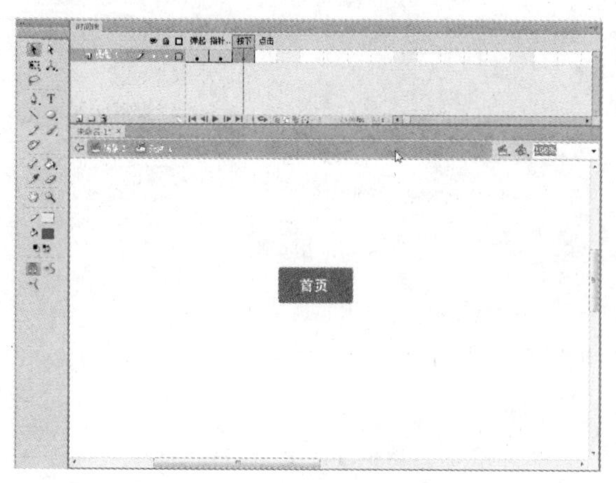

图13-39 改变填充颜色

10 执行“窗口”|“库”命令，打开“库”面板，单击选择“元件1”，右击鼠标在弹出的菜单中执行“直接复制元件”命令，如图13-40所示。

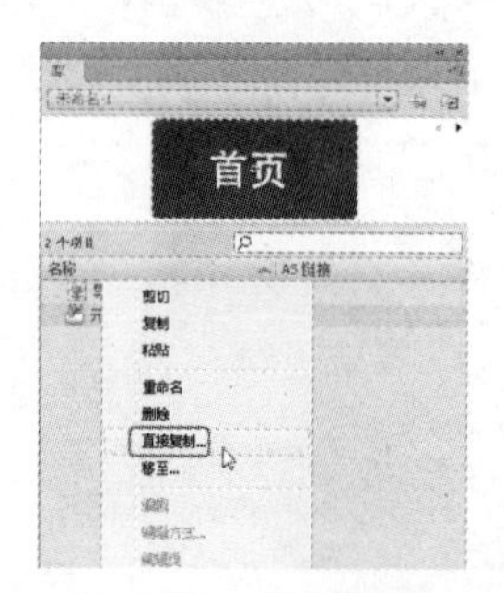

图13-40 复制元件

11 执行该命令以后打开“直接复制元件”对话框，将“名称”设置为“公司简介”，如图13-41所示。

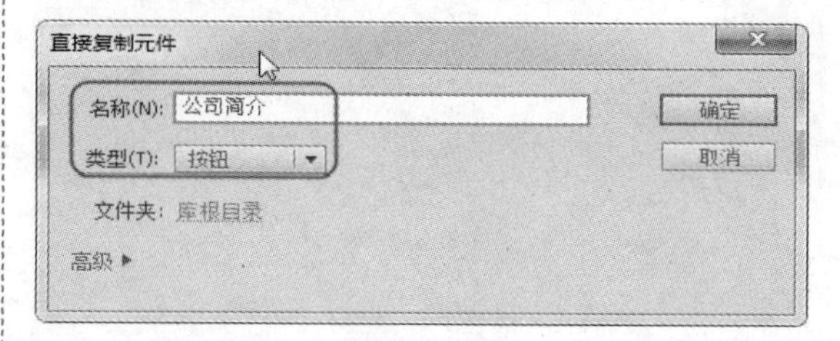

图13-41 “直接复制元件”对话框

12 单击“确定”按钮，在“库”面板中新建一个“公司简介”按钮元件，双击该按钮进入元件编辑模式，如图13-42所示。

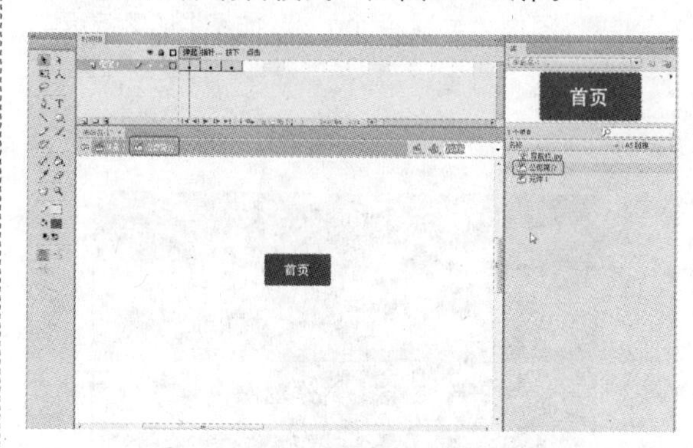

图13-42 “公司简介”按钮元件

13 选择“弹起”帧，将文本“首页”删除，输入文本“公司简介”，按Ctrl+C组合键复制文本，如图13-43所示。

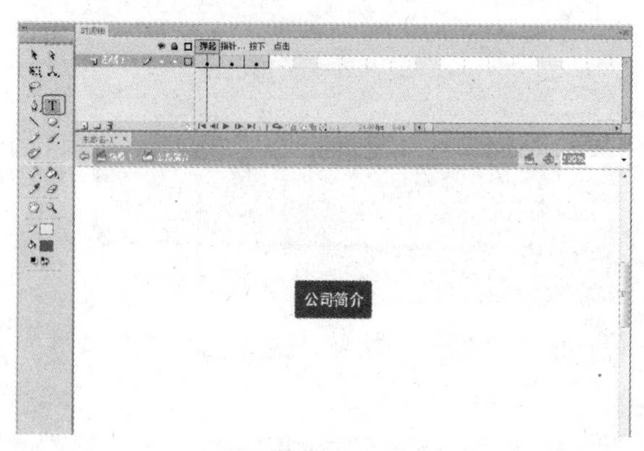

图13-43 输入文本

14 选择“指针”帧和“按下”帧，删除文本“首页”，执行“编辑”|“粘贴到当前位置”，即可粘贴文本，如图13-44所示。

15 同步骤10~14制作其余的4个按钮元件，如图13-45所示。

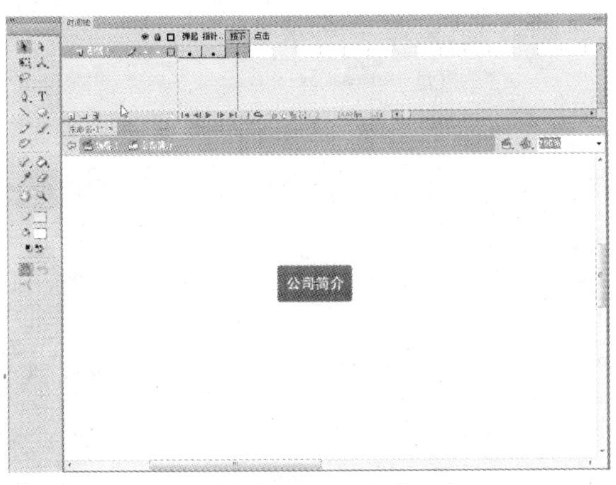

图13-44 粘贴文本

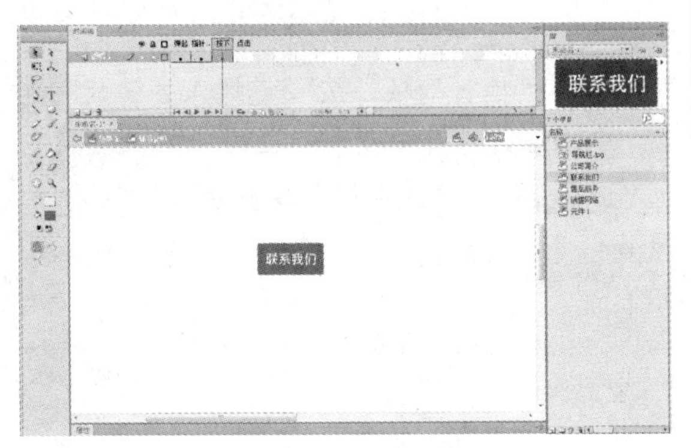

图13-45 制作元件

16 单击“场景1”按钮，返回到主场景，将“库”面板中制作好的按钮元件拖动到舞台中相应的位置，如图13-46所示。

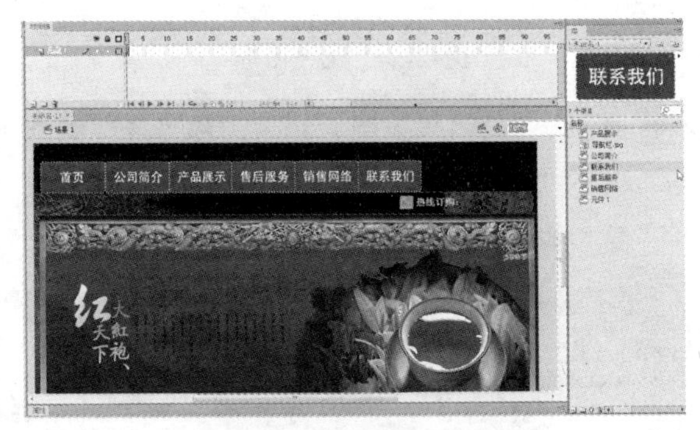

图13-46 拖入按钮元件

13.4.2 课堂练一练：制作网页按钮

利用元件制作按钮，效果如图13-47所示。具体操作步骤如下所述。

原始文件	原始文件/CH13/网页按钮.jpg
最终文件	最终文件/CH13/网页按钮.fla

图13-47 网页按钮效果

01 新建一空白文档，执行“文件”|“导入”|“导入到舞台”命令，导入图像，如图13-48所示。

图13-48 导入图像

02 执行“插入”|“新建元件”命令，打开“创建新元件”对话框，在对话框中的“名称”文本框中输入“按钮”，“类型”设置为“按钮”，如图13-49所示。

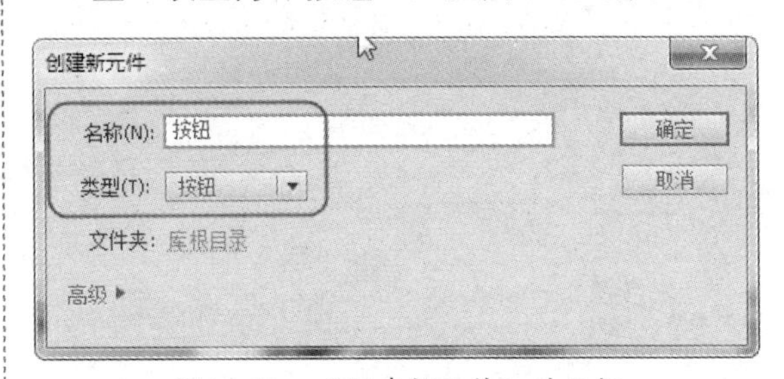

图13-49 “创建新元件”对话框

03 单击“确定”按钮，进入元件编辑模式，选择“工具”面板中的“多角星形”工具，如图13-50所示。

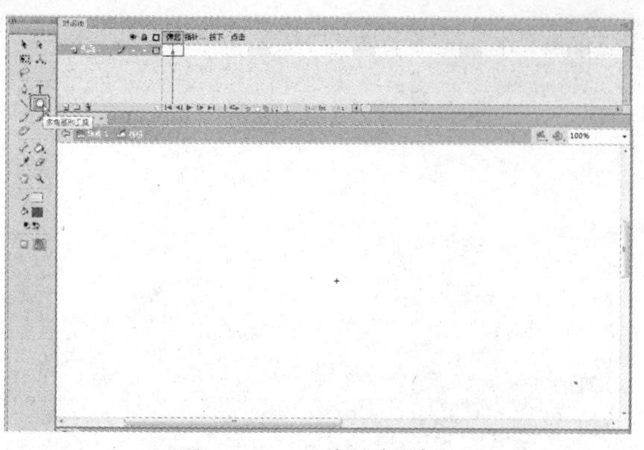

图13-50　元件编辑模式

04 在“属性”面板中单击“选项”按钮，弹出“工具设置”对话框，在对话框中的“样式”下拉列表中选择“星形”，“边数”设置为20，“星形顶点大小”设置为1，如图13-51所示。

图13-51　“工具设置”对话框

05 单击“确定”按钮，将“填充颜色”设置为#FF9999，选中“弹起”帧，在文档中绘制图形，如图13-52所示。

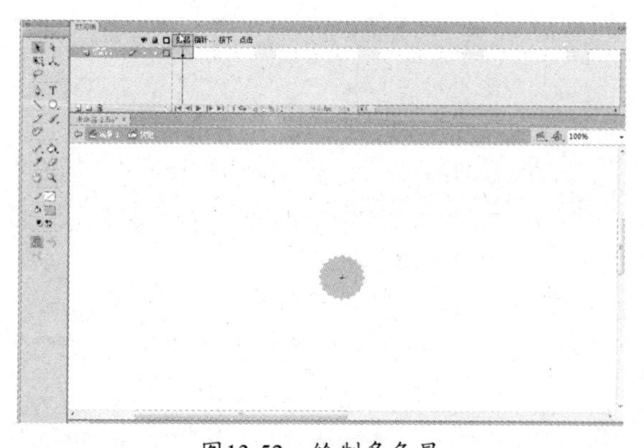

图13-52　绘制多角星

06 选中“工具”面板中的“文本”工具，在“属性”面板中将字体设置为“黑体”，“字体大小”设置为16，“文本颜色”设置为黑色，在图形的上方输入文字“进入网站”，如图13-53所示。

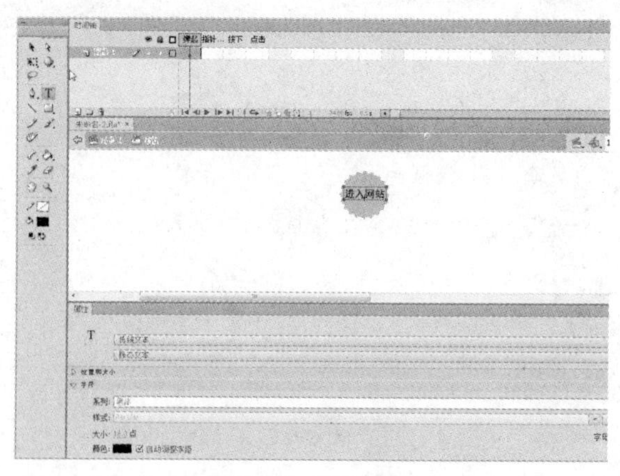

图13-53　输入文本

07 选中“指针”帧，按F6键插入关键帧，选中图形，选择“工具”面板中的“任意变形”工具，将图形放大，如图13-54所示。

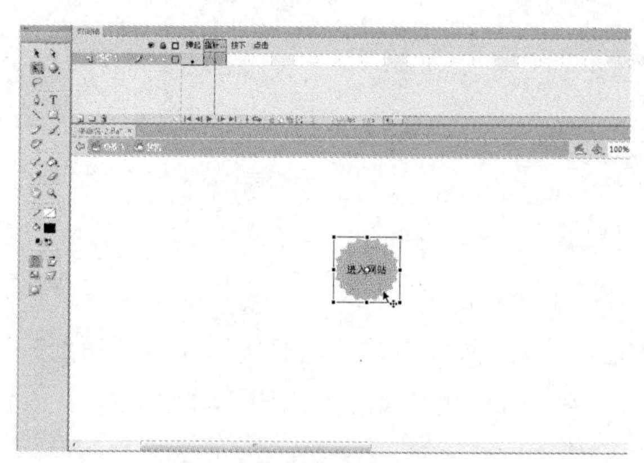

图13-54　放大图形

08 单击“场景1”返回主场景，将“库”面板中的“按钮”元件拖入到文档中相应的位置，如图13-55所示。

图13-55　拖入元件

09 保存文档，按Ctrl+Enter组合键测试动画，效果如图13-47所示。

13.5 习题测试

1．填空题

(1) 元件的类型分为3种，分别为________、________和________。

(2) ________是存储和组织在Flash中创建的各种元件的地方。________中的元件包括位图文件、声音文件和视频剪辑等。

2．操作题

(1) 利用元件制作按钮，效果如图13-56所示。

最终文件	最终文件/CH13/习题1.fla

提示

执行“插入”|“新建元件”命令，弹出“创建新元件”对话框，在对话框中的“名称”文本框中输入元件的名称，将“类型”选择为“按钮”，进入按钮元件的编辑模式。在时间轴的“弹起”帧、“指针经过”帧、“按下”帧分别设置不同的颜色背景。

(2) 利用元件制作动画实例，效果如图13-57所示。

提示

首先创建一个元件，然后根据自己的需要创建动画。

最终文件	最终文件/CH13/习题2.fla

图13-56　按钮效果

图13-57 动画实例效果

13.6 本课小结

实例是动画最基本的元素之一，所有的动画都是由一个又一个实例组织起来的。而元件这个概念的出现使创作者能够重复使用该元件的实例而几乎不增加动画文件的大小，这个特性使得Flash动画在网络上普及起来，大大丰富了互联网的内容，增加了网络对人们的吸引力，也引发了一次又一次的Flash热潮。库则是管理元件最常用的工具了，通过库的管理使元件的应用更加灵活了。学完本课读者应该对元件的创建和编辑进行重点练习，这是在以后的动画制作中要反复使用到的东西。

第14课 创建基本Flash动画

本课导读

在Flash中，用户可以轻松地创建丰富多彩的动画效果。本课通过详细的实例讲解，主要介绍Flash中几种简单动画的创建方法，包括逐帧动画和补间动画，也包含引导动画和遮罩动画这两种特殊的动画效果。

为动画添加声音可以起到烘托动画效果的作用，使动画更加生动，更具有表现力。利用Flash提供的一些控制音频的方法可以使声音独立于时间轴循环播放，也可以专门为动画配上一段音乐，或为按钮添加某种声音，还可以设置声音的渐入渐出效果。

技术要点

◎ 时间轴与帧

◎ 创建基本动画

◎ 创建引导动画和遮罩动画

◎ 制作多媒体Flash动画

◎ 导入视频

14.1 时间轴与帧

时间轴是Flash中最重要、最核心的部分，所有的动画顺序、动作行为、控制命令以及声音等都是在时间轴中编排的。

14.1.1 时间轴

在Flash中，时间轴位于工作区的右下方，是进行Flash动画创建的核心部分。时间轴是由图层、帧和播放头组成，影片的进度通过帧来控制。时间轴可以分为两个部分：左侧的图层操作区和右侧的帧操作区，如图14-1所示。

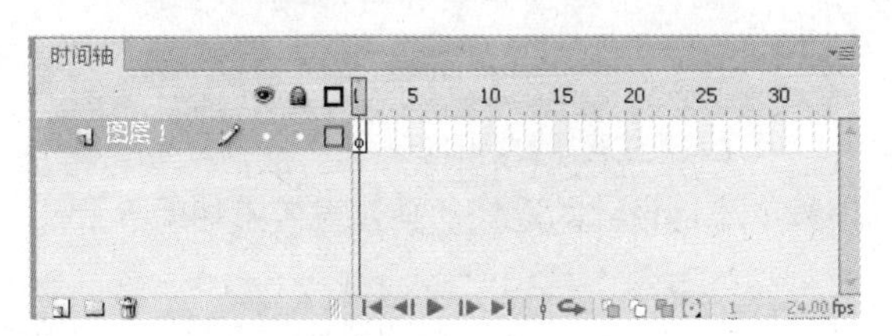

图14-1 “时间轴”面板

14.1.2 帧

帧是创建动画的基础，也是构建动画最基本的元素之一。在“时间轴”面板中可以很明显地看出帧与图层是一一对应的。

在时间轴中，帧分为3种类型，分别是普通帧、关键帧、空白关键帧。

1．普通帧

普通帧起着过滤和延长关键帧内容显示的作用。在时间轴中，普通帧一般是以空心方格表示，每个方格占用一个帧的动作和时间，如图14-2所示是在第20帧处插入了普通帧。

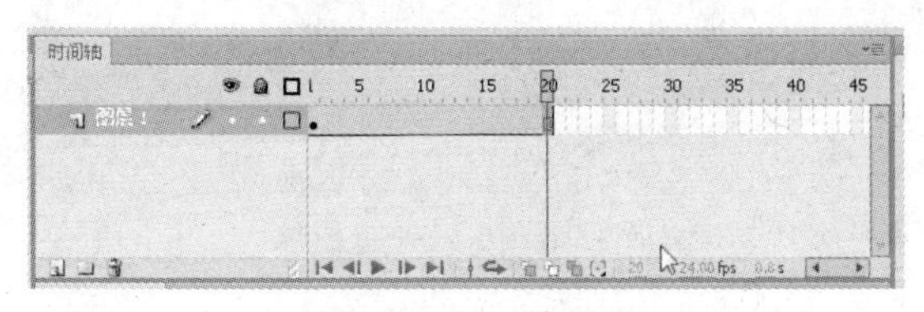

图14-2 插入普通帧

2．空白关键帧

空白关键帧是以空心圆表示。空白关键帧是特殊的关键帧，它没有任何对象存在，可以在其上绘制图形，如果在空白关键帧中添加对象，它会自动转化为关键帧。一般新建图层的第1帧都为空白关键帧，一旦在其中绘制图形后，则变为关键帧。同样的道理，如果将某关键帧中的全部对象删除，则此关键帧会转化为空白关键帧，如图14-3所示。

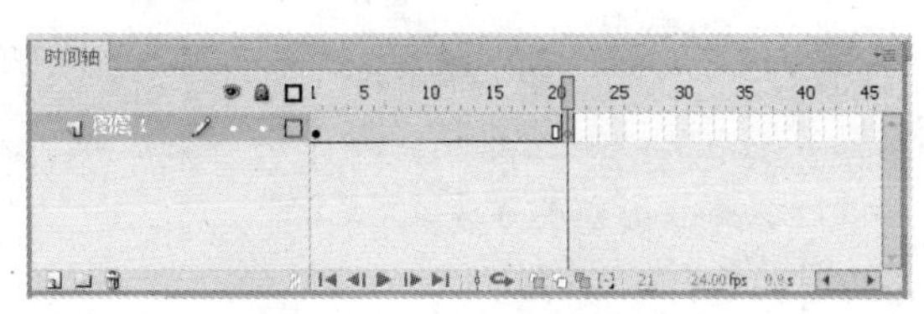

图14-3 空白关键帧

3．关键帧

关键帧是用来定义动画变化的帧。在动画播放的过程中，关键帧会呈现出关键性的动作或内容上的变化。在时间轴中的关键帧显示为实心的小圆球，存在于此帧中的对象与前后帧中的对象的属性是不同的，在“时间轴”面板中插入关键帧，如图14-4所示。

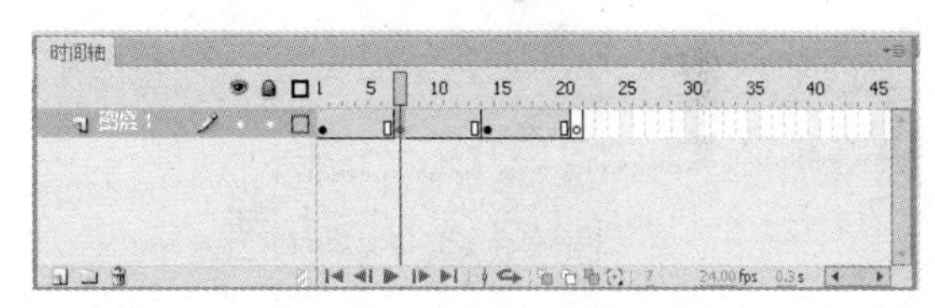

图14-4 插入关键帧

提示

在Flash中可以进行插入、选择、删除、移动和复制帧等基本操作，还能在各种类型帧之间进行相互转化。

14.1.3 帧频

帧频在Flash动画中用来衡量动画播放的速度，通常以每秒播放的帧数为单位(fps，帧/秒)。由于网络传输速率不同，每部Flash的帧频设置也可能不同，但在因特网上12帧/秒的帧频通常会得到最佳的效果。QuickTime和AVI影片通常的帧频就是12帧/秒，但是标准的运动图像速率是24帧/秒，如电视机中播放的影片。

在播放Flash动画时，将按照制作时设置的播放帧频进行播放。如果播放动画的计算机的配置比制作动画的那台计算机的配置低，不能足够快地按照预设帧频播放动画的话(通常是以比预设帧频低的速度播放动画)，影片看上去就会出现停顿感。如果播放动画的计算机的配置比制作动画的那台计算机的配置高，也不能按照预设帧频播放动画的话(通常是以比预设帧频高的速度播放动画)，这样会使动画的细节变得模糊，这些都会直接影响到影片的播放效果。由于动画的复杂程度和播放动画的计算机速度将直接影响动画回放的流畅程度，所以一部动画需要在各种配置的计算机上进行测试，以确定最佳的帧频。

14.2 创建基本动画

在Flash CS6中，可以轻松地创建丰富多彩的动画效果，并且只需要通过更改时间轴每一帧中的内容，就可以在舞台上制作出移动对象、更改颜色、旋转、淡入淡出或更改形状的效果。

提示

Flash创建动画序列的基本方法有两种，逐帧动画和补间动画。逐帧动画也叫“帧帧动画”，顾名思义，它需要具体定义每一帧的内容，以完成动画的创建。补间动画包含了运动渐变动画和形状渐变动画两大类动画效果，也包含了引导动画和遮罩动画这两种特殊的动画效果。在补间动画中，用户只需要创建起始帧和结束帧的内容，而让Flash自动创建中间帧的内容。

14.2.1 课堂练一练：创建逐帧动画

原始文件	原始文件/CH14/逐帧动画.jpg
最终文件	最终文件/CH14/逐帧动画.fla

逐帧动画是最基本的动画方式，与传统动画的制作方式相同，通过向每一帧添加不同的图像来创建简单的动画，每一帧都是关键帧，在每一帧都有内容。逐帧动画是一种非常简单的动画方式，不设置任何补间，直接将连续的若干帧都设置为关键帧，然后在其中分别绘制内容，这样在连续播放的时候就会产生动画效果了。

提示

使用逐帧动画可以制作出复杂而且出色的动画效果，但制作逐帧动画需要给出动画中每一帧的具体内容，因此用这种方法制作动画，工作量非常大。

下面通过实例的制作来说明逐帧动画的制作流程，本例设计的逐帧动画效果如图14-5所示。

图14-5 逐帧动画效果

01 新建一个空白文档，导入一张图像文件“逐帧动画.jpg”，并调整图像的大小，如图14-6所示。

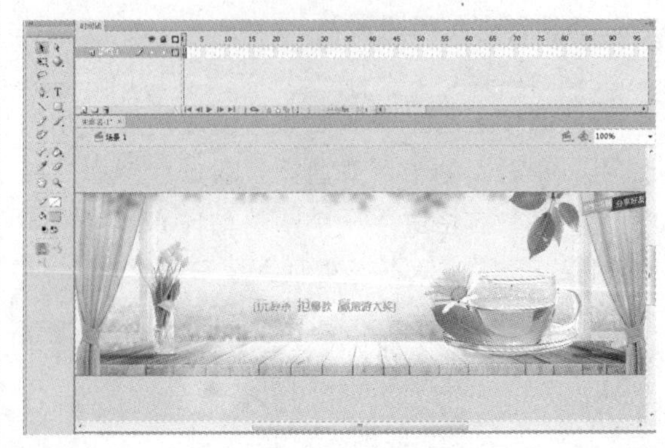

图14-6 导入一张图像

02 执行“视图”|“标尺”命令，在舞台中即可显示相应的标尺，然后拖曳出一条标尺线，如图14-7所示。

03 选中第2帧，按F6键插入关键帧。选择“工具”面板中的“文本”工具，然后在舞台中输入文字“传”，在“属性”面板中其参数设置，如图14-8所示。

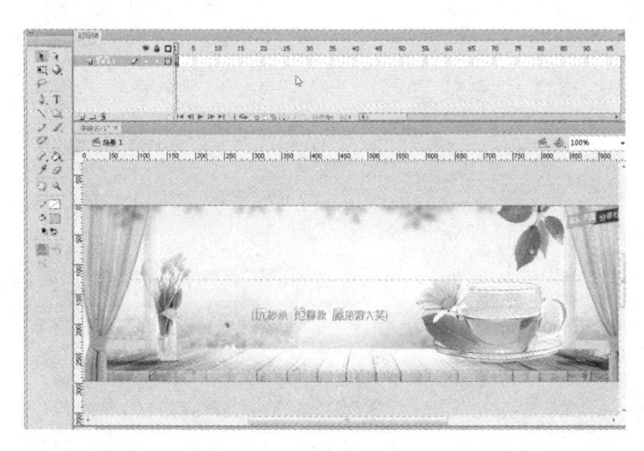

图14-7 显示标尺线

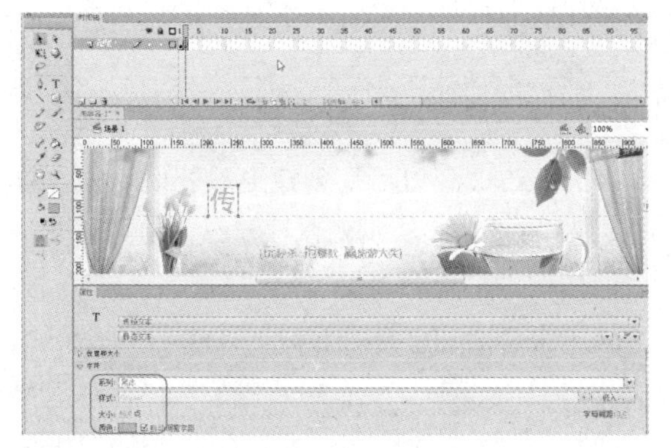

图14-8 输入文本

04 选中第3帧，按F6键插入关键帧。在“工具”面板中选择“文本”工具，然后在舞台中输入文字“承”，在“属性”面板中设置其参数，如图14-9所示。

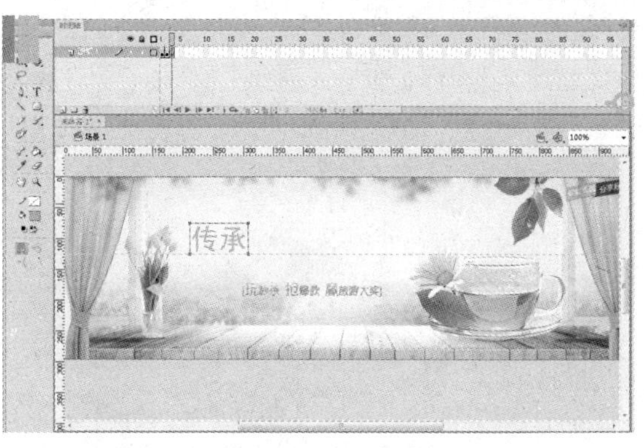

图14-9 输入文本

05 分别在第4~12帧按F6键插入关键帧，并且分别输入不同的文字，如图14-10所示。

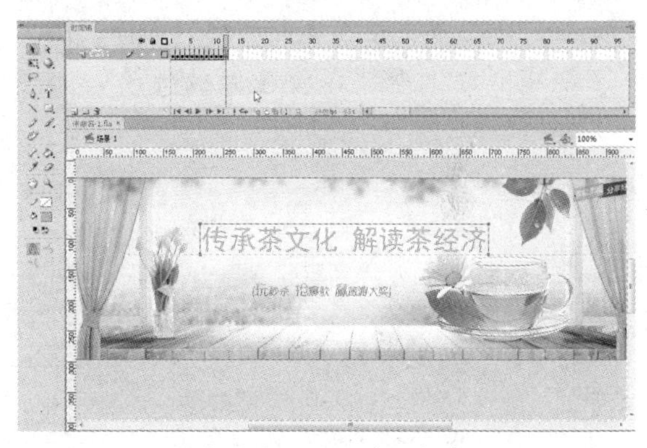

图14-10 输入其他文本

06 保存文档，按Ctrl+Enter组合键可以预览效果，如图14-5所示。

14.2.2 课堂练一练：创建补间形状动画

原始文件	原始文件/CH14/补间形状.jpg
最终文件	最终文件/CH14/补间形状.fla

补间形状动画适用于图形对象。在两个关键帧之间可以制作出图形变形效果，让一种形状可以随时间变化成另一个形状；还可以使形状的位置、大小和颜色进行渐变。创建形状补间动画的具体操作步骤如下所述。创建补间形状动画，效果如图14-11所示。

图14-11 补间形状动画效果

01 新建一个空白文档，导入一张图像文件“补间形状.jpg”，如图14-12所示。

图14-12 新建文档

02 按Ctrl+B组合键分离图像，在“图层1”的第60帧按F6键插入关键帧，如图14-13所示。

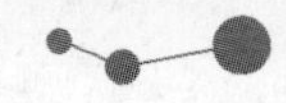

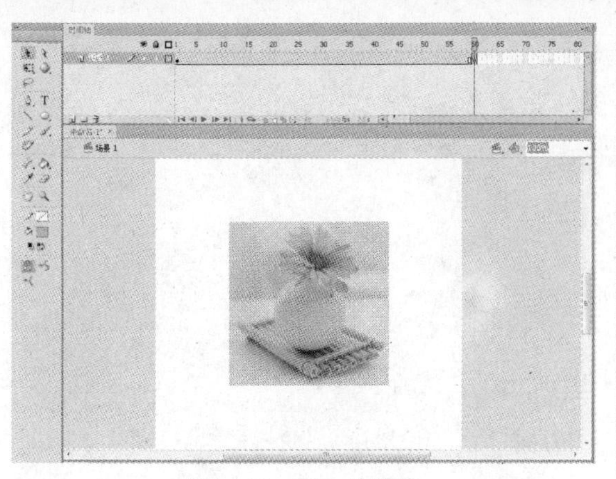

图14-13 插入关键帧

03 选择“工具”面板中的“任意变形”工具，在此单击图像文件，此时图像四周出现矩形块调整，调整图像的大小，如图14-14所示。

图14-14 调整图像大小

04 单击1~50帧之间的任意一帧，在弹出的快捷菜单中执行“创建补间形状”命令，如图14-15所示。

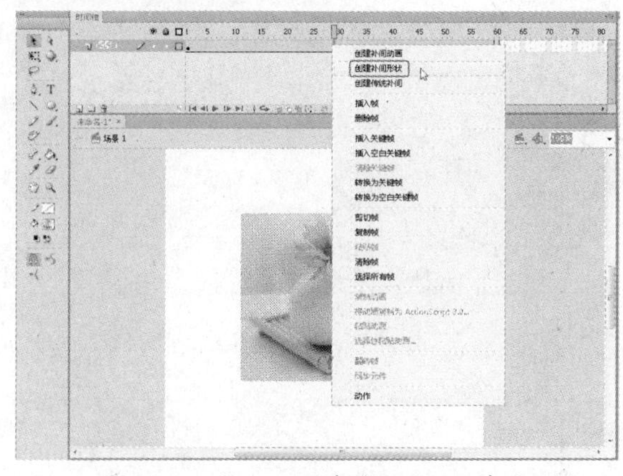

图14-15 执行“创建补间形状”命令

05 执行该命令以后，创建形状补间动画，效果如图14-16所示。保存动画，预览动画，效果如图14-11所示。

图14-16 创建形状动画

14.2.3 课堂练一练：创建传统补间动画

原始文件	原始文件/CH14/传统补间.jpg、liwu.png
最终文件	最终文件/CH14/传统补间.fla

传统补间需要在一个点定义实例的位置、大小及旋转角度等属性，然后才可以在其他位置改变这些属性，从而由这些变化产生动画。创建传统补间动画效果如图14-17所示。

图14-17 传统补间动画

01 新建一个空白文档，导入一张图像文件“传统补间.jpg”，并调整图像的大小，如图14-18所示。

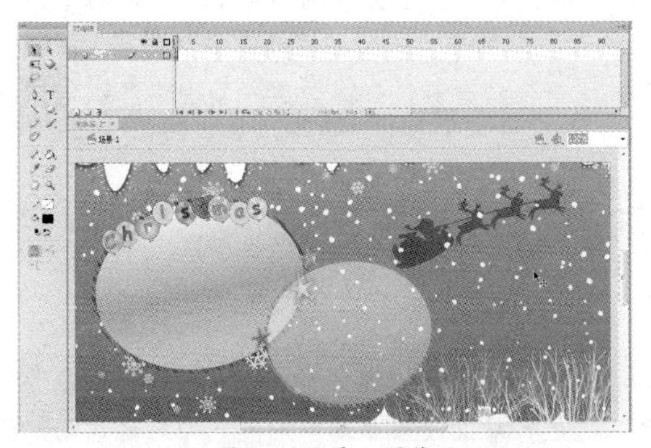

图14-18 导入图像

02 在该层的第50帧按F6键插入关键帧，单击“新建图层”按钮，在“图层1”的上面新建一个“图层2”，如图14-19所示。

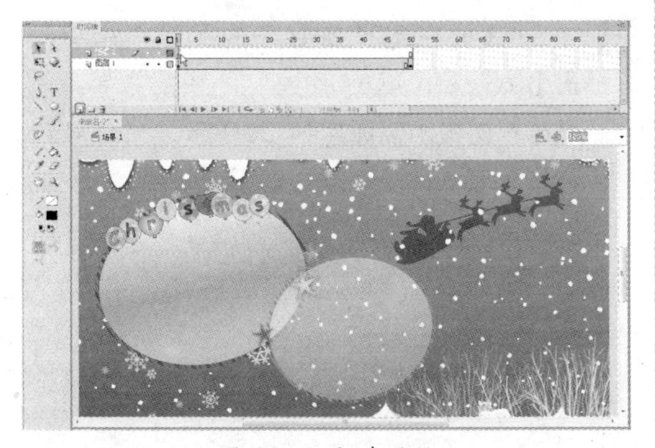

图14-19 新建图层

03 执行“导入”|“导入”|“导入到舞台”命令，导入图像liwu.png，如图14-20所示。

图14-20 导入图像

04 在“图层2”的第50帧按F6键插入关键帧，将图像往左上角移动，如图14-21所示。

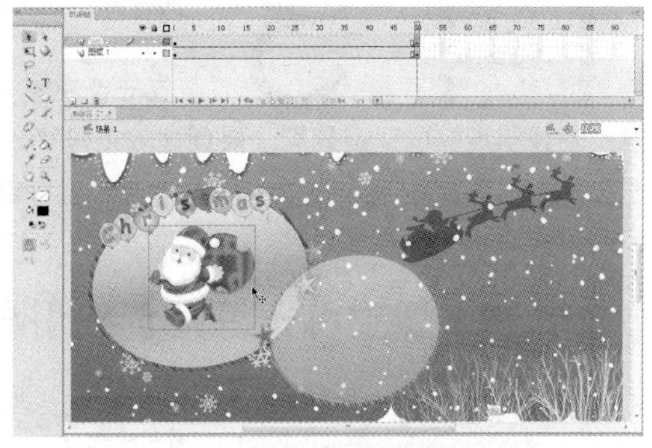

图14-21 移动对象

05 在1~50帧之间单击鼠标右键，在弹出的菜单中执行“创建传统补间动画”命令，如图14-22所示。

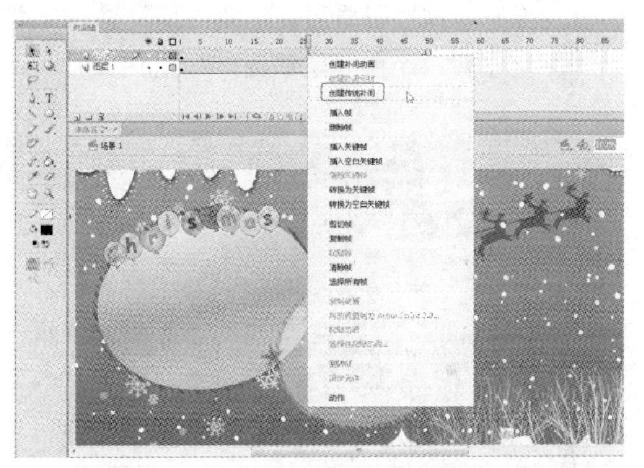

图14-22 执行“创建传统补间动画”命令

06 执行该命令后，创建传统补间动画效果，效果如图14-23所示。按Ctrl+Enter组合键测试动画，动画效果如图14-17所示。

图14-23 创建传统补间动画

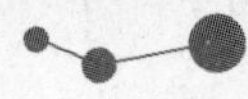

14.3 创建引导动画和遮罩动画

在一个完整的Flash动画中，往往会应用到多个图层，每个图层分别控制不同的动画效果。要创建效果较好的Flash动画就需要为一个动画创建多个图层，以便于在不同的图层中制作不同的动画，通过多个图层的组合形成复杂的动画效果。下面讲述引导层和遮罩层动画的制作。

14.3.1 课堂练一练：创建引导动画

原始文件	原始文件/CH14/引导动画.jpg、帆船.png
最终文件	最终文件/CH14/引导动画.fla

运动引导层使用户可以创建特定路径的补间动画效果，实例、组或文本块均可沿着这些路径运动。在影片中也可以将多个图层链接到一个运动引导层，从而使多个对象沿同一条路径运动，链接到运动引导层的常规图层相应地就成为引导层。

在引导层中，可以像其他层一样制作各种图形和引入元件，但最终发布时引导层中的对象不会显示出来，按照引导层的功能分为两种，分别是普通引导层和运动引导层。

下面创建一个引导层动画，如图14-24所示，具体操作步骤如下所述。

图14-24　引导动画

01 新建一个空白文档，执行“文件”|“导入”|“导入到库”命令，弹出“导入到库”对话框，如图14-25所示。

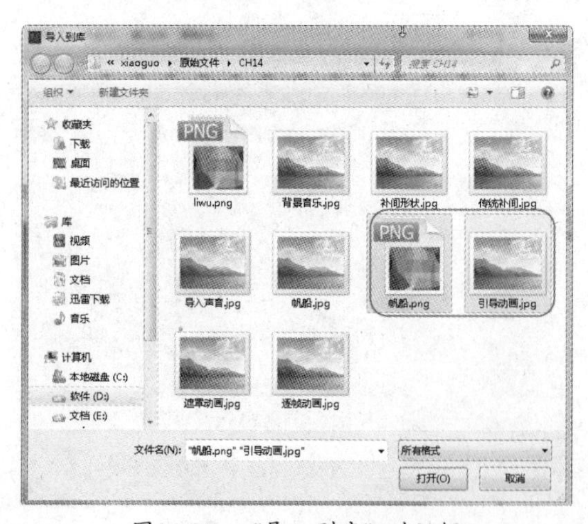

图14-25　“导入到库”对话框

02 在对话框中选择要导入的图像“引导动画.jpg”和“帆船.png”，将图像导入到“库”面板中，如图14-26所示。

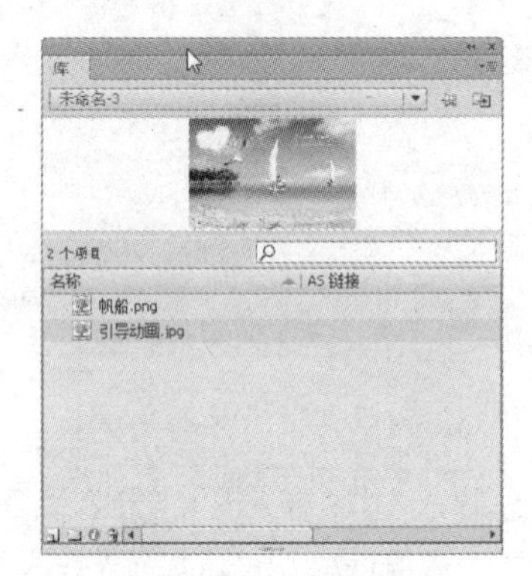

图14-26　“库”面板

03 将“库”面板中的图像“引导动画.jpg”拖到舞台中，并调整其位置，如图14-27所示。

图14-27　拖入图像

04 单击“时间轴”面板左下角的“新建图层”按钮，新建一个“图层2”，将“库”面板中的图像“帆船.png”拖到舞台中的相应位置，如图14-28所示。

图14-28 拖入图像

05 选中图像，执行“修改”|“转换为元件”命令，弹出“转换为元件”对话框，在对话框的“名称”文本框中输入名称，“类型”选择为“图形”，如图14-29所示。

图14-29 “转换为元件”对话框

06 单击“确定”按钮，将图像转换为图形元件，如图14-30所示。

图14-30 将图像转换为图形元件

07 选中“图层1”的第30帧，按F5键插入帧，选中“图层2”的第30帧，按F6键插入关键帧，如图14-31所示。

图14-31 插入帧和关键帧

08 在“图层2”上单击鼠标右键，在弹出的菜单中执行“添加传统运动引导层”命令，如图14-32所示。

图14-32 执行“添加传统运动引导层”命令

09 创建运动引导层，选中运动引导层的第1帧，选择“工具”面板中的“铅笔”工具，在运动引导层中绘制一条路径，如图14-33所示。

图14-33 绘制路径

10 选中“图层2”的第1帧，将图形元件拖动到路径的起始点，如图14-34所示。

图14-34　移动元件位置

图14-35　调整元件的大小

11 选中“图层2”的第30帧，将图形元件拖动到路径的终点，并选择“工具”面板中“任意变形”工具，调整元件的大小，如图14-35所示。

12 将光标放置在“图层2”中第1帧至第30帧之间的任意位置，单击鼠标右键，在弹出的菜单中执行“创建传统补间”命令，创建补间动画，如图14-36所示。

图14-36　创建传统补间动画

14.3.2　课堂练一练：创建遮罩动画

原始文件	原始文件/CH14/遮罩动画.jpg
最终文件	最终文件/CH14/遮罩动画.fla

遮罩动画也是Flash中常用的一种技巧。遮罩动画就好比在一个板上打了各种形状的孔，透过这些孔，可以看到下面的图层。遮罩项目可以是填充的形状、文字对象、图形元件的实例或影片剪辑。

用户还可以利用动作和行为，让遮罩层动起来，这样便可以创建各种各样的动态效果的动画。对于用做遮罩的填充形状，可以使用补间形状功能。对于文字对象、图形实例或影片剪辑，可以使用补间动画。当使用影片剪辑实例作为遮罩时，还可以让遮罩沿着路径运动。总之，可以利用前面学过的各种动画制作的技巧配合遮罩动画，发挥自己的创意，制作出各种不同的效果。下面利用遮罩层制作动画，效果如图14-37所示，具体操作步骤如下所述。

01 新建一个空白文档，新建一个空白文档，执行“文件”|“导入”|“导入到舞台”命令，导入图像“遮罩动画.jpg”，如图14-38所示。

图14-37　遮罩动画

图14-38　导入图像

02 单击“时间轴”面板左下角的“新建图层”按钮，新建一个“图层2”，如图14-39所示。

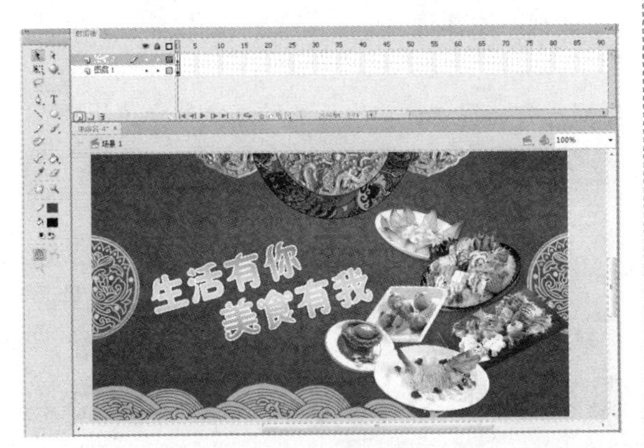

图14-39 新建图层

03 选择“工具”面板中的“椭圆”工具，在图像上绘制2个椭圆，效果如图14-40所示。

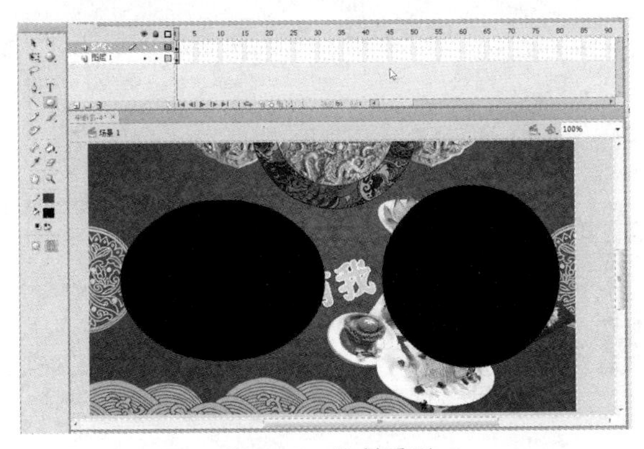

图14-40 绘制图形

04 在“图层2”上单击鼠标右键，在弹出的菜单中执行“遮罩层”命令，如图14-41所示。

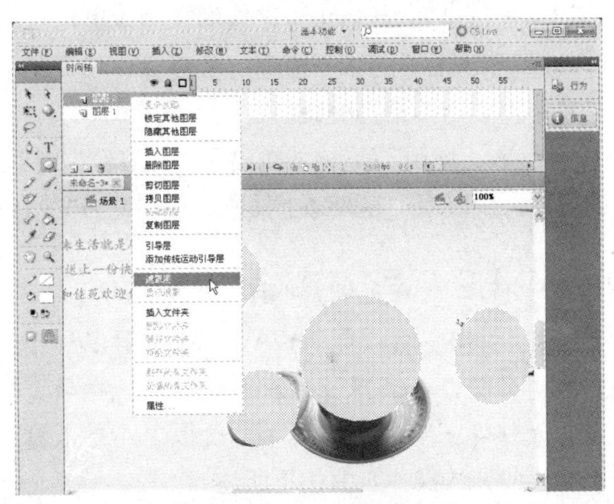

图14-41 选择“遮罩层”

05 执行该命令后，遮罩效果如图14-42所示。

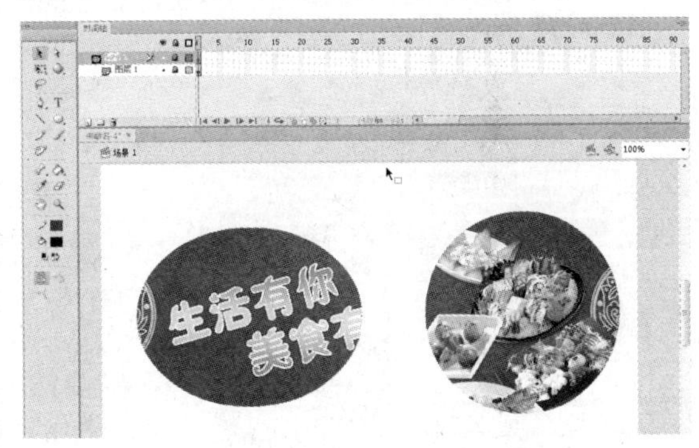

图14-42 遮罩效果

06 保存文档，按Ctrl+Enter组合键测试影片，效果如图14-37所示。

14.4 制作多媒体Flash动画

Flash是多媒体动画制作软件，声音是多媒体中不可缺少的重要部分，因此要判断一款动画制作软件是否优秀，其对声音的支持程度是一项相当重要的指标。Flash对声音的支持非常出色，可以在Flash中导入各种声音文件。

14.4.1 Flash导入的声音文件

存储音频文件的格式是多种多样的，在Flash中可以直接引用的主要有WAV和MP3两种音频格式的文件，AIFF和AU格式的音频文件使用频率不是很高。在Flash中不能使用MIDI格式的音频文件，如果要使用此格式则必须使用JavaScript脚本语言来处理。

WAV格式的音频文件支持立体声和单道声，在Flash中可以导入各种音频软件创建的WAV格式的音频文件。

MP3：MP3是大家熟悉的一种数字音频格式。相同长度的音频文件用MP3格式存储，一般只有WAV格式的1/10。虽然MP3格式是一种破坏性的压缩格式，但是因为其取样与编码的技术

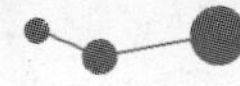

优异，其音质接近CD，体积小，传输方便，拥有较好的声音质量，所以目前的电脑音乐大多是以MP3格式输出的。Flash中默认的音频输出格式就是MP3格式。

ADPCM：ADPCM格式的音频文件使用的是一种音频的压缩模式，可以将声音转换为二进制信息，主要用于语言处理。

RAW：使用RAW格式输出是不对音频文件进行任何压缩，经这样输出后的动画文件会占用很大的空间，所以很难在Web上播放。使用此格式的好处是可以保持与Flash旧版本的兼容性。

14.4.2 导入声音

在Flash中可以导入WAV、MP3等多种格式的声音文件。当声音导入到文档后，将与位图、元件等一起保存在“库”面板中。导入音频文件的具体操作步骤如下所述。

01 打开文档，执行“文件”|“导入”|“导入到库”命令，弹出“导入”对话框，如图14-43所示。

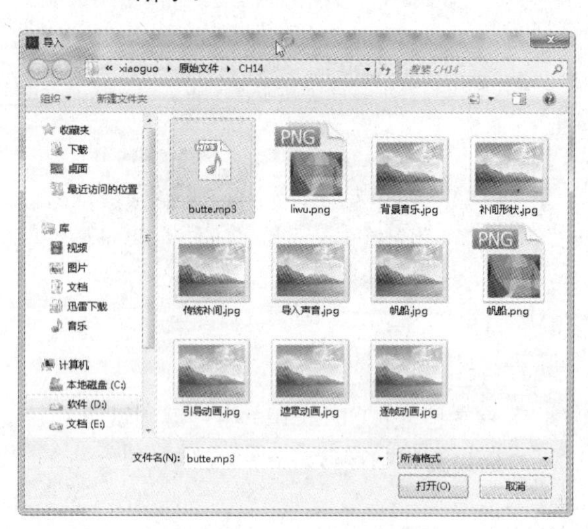

图14-43 “导入”对话框

02 在对话框中选择导入的音频文件，单击“打开”按钮，即可将文件导入到“库”面板中，如图14-44所示。

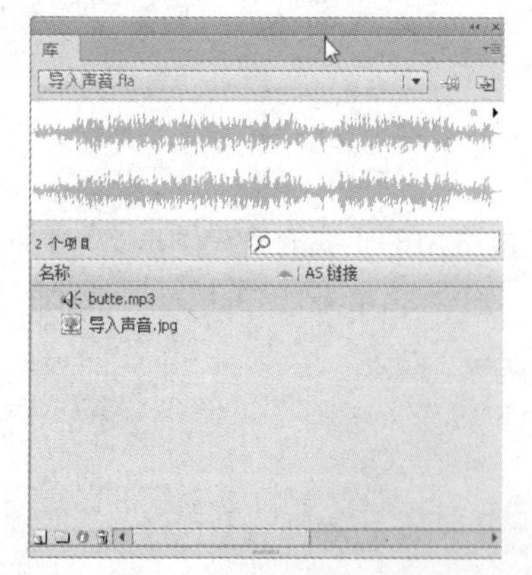

图14-44 导入声音文件

14.4.3 使用声音

将声音导入到库中，然后就可以将声音文件添加到动画中。添加声音的具体操作步骤如下所述。

01 打开文档“导入声音.fla”，如图14-45所示。

图14-45 打开文档

02 打开“库”面板，将制作声音文件拖入到舞台，如图14-46所示。

图14-46 拖入声音

14.4.4 设置声音效果

同一个声音可以做出多种效果，可以在“效果”下拉列表中进行选择以让声音发生变化，还可以让左右声道产生出各种不同的变化。在“属性”面板中的“效果”下拉列表中提供了多种播放声音的效果选项，如图14-47所示。

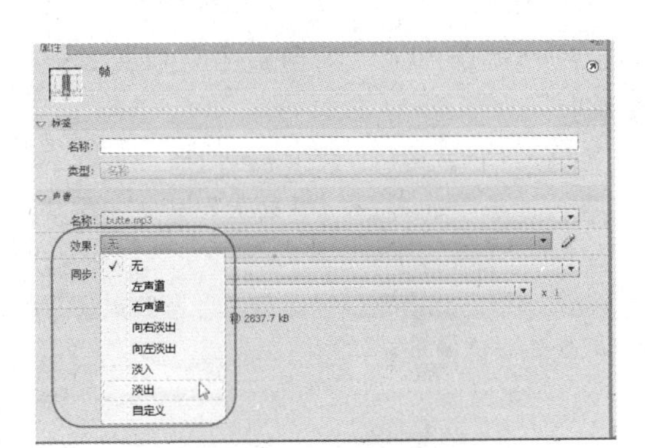

图14-47 声音效果选项

"效果"选项用来设置声音的音效，其下拉列表中有以下几个选项。

- 无：不设置声道效果。
- 左声道：控制声音在左声道播放。
- 右声道：控制声音在右声道播放。
- 从左到右淡出：降低左声道的声音，同时提高右声道的声音，控制声音从左声道过渡到右声道播放。
- 从右到左淡出：控制声音从右声道过渡到左声道播放。
- 淡入：在声音的持续时间内逐渐增强其幅度。
- 淡出：在声音的持续时间内逐渐减小其幅度。
- 自定义：允许创建自己的声音效果，可以从"编辑封套"对话框中进行编辑，如图14-48所示。

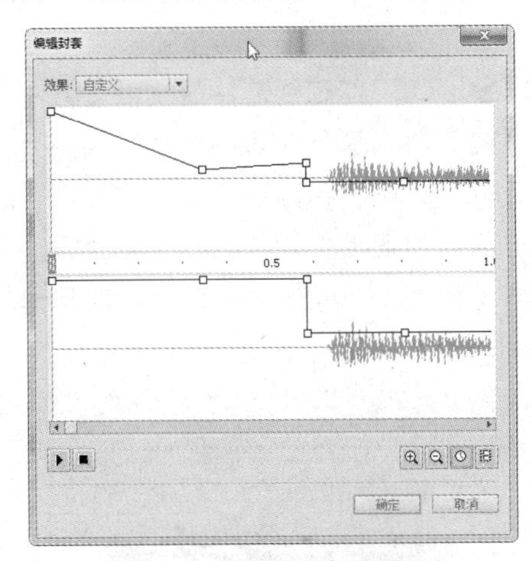

图14-48 "编辑封套"对话框

对话框中分为上下两个编辑区，上方代表左声道波形编辑区，下方代表右声道编辑区，在每一个编辑区的上方都有一条左侧带有小方块的控制线，可以通过控制线调整声音的大小、淡出和淡入等效果。

在"编辑封套"对话框中可以设置以下参数。

- 停止声音按钮■：停止当前播放的声音。
- 播放声音按钮▶：对"编辑封套"对话框中设置的声音文件进行播放。
- 放大按钮：对声道编辑区中的波形进行放大显示。
- 缩小按钮：对声道编辑区中的波形进行缩小显示。
- 秒按钮：以秒为单位设置声道编辑区中的声音。
- 帧按钮：以帧为单位设置声道编辑区中的声音。

14.4.5 编辑声音事件和重复

同步是指影片和声音文件的配合方式。可以决定声音与影片是同步还是自行播放。在"同步"下拉列表中提供了4种方式，如图14-49所示。

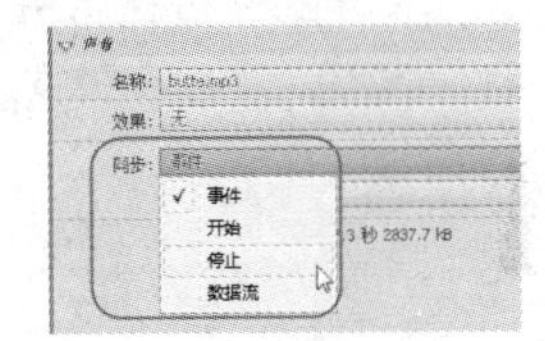

图14-49 同步方式

- 事件：必须等声音全部下载完毕后才能播放动画。
- 开始：如果选择的声音实例已在时间轴上的其他地方播放过了，Flash将不会再播放这个实例。
- 停止：可以使正在播放的声音文件停止。
- 数据流：将使动画与声音同步，以便在Web站点上播放。Flash强制动画和音频流同步，将声音完全附加到动画上。

在"声音"属性中的"声音循环"下拉列表中可以控制声音的重复播放。在"声音循环"下拉列表中有两个选项，如图14-50所示。

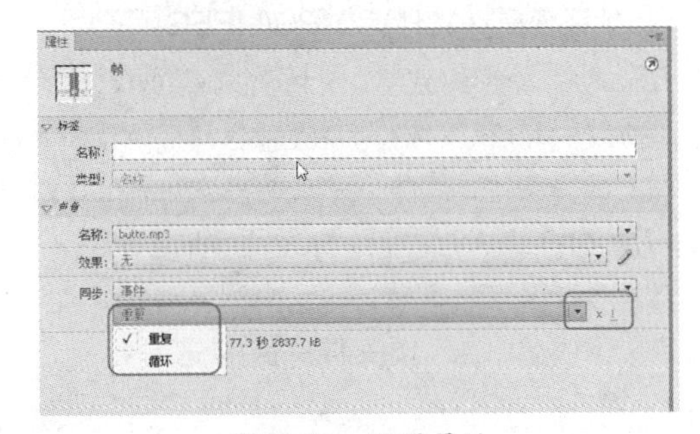

图14-50 设置属性

提示

当光标放置在"声音循环"按钮上时就会显示，当光标单击"声音循环"按钮时就不显示"声音循环"字样。

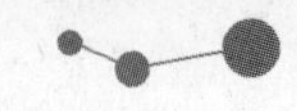

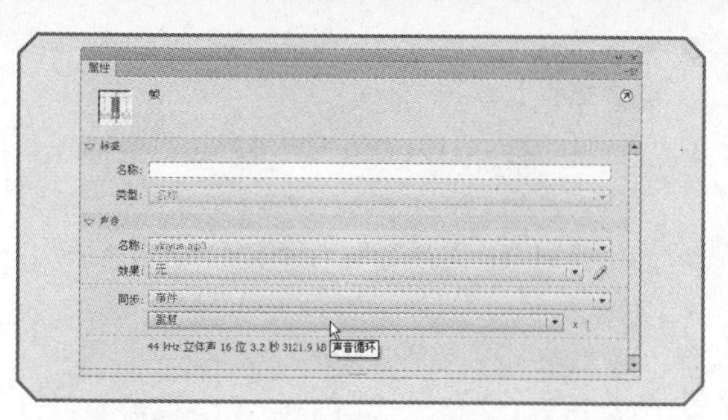

● 重复：在其文本框中输入播放的次数，默认的是播放1次。

● 循环：声音可以一直不停地循环播放。

14.4.6 设置声音属性

打开“库”面板，在面板中选择已经导入的声音文件，单击鼠标右键，在弹出的菜单中执行“属性”命令，弹出“声音属性”对话框，如图14-51所示。

在“声音属性”对话框中可以设置以下参数。

● 更新：单击此按钮，可以更新声音。

● 导入：单击此按钮，可以重新导入一个声音文件。

● 测试：单击此按钮，可以测试声音效果。

● 停止：单击此按钮，可以停止声音测试。

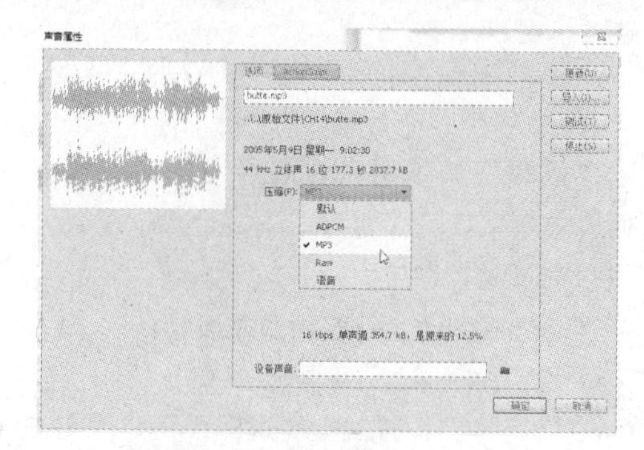

图14-51 “声音属性”对话框

14.5 导入视频

Flash视频具备创造性的技术优势，允许把视频、数据、图形、声音和交互式控制融为一体，从而创造出引人入胜的丰富体验。Flash视频允许将视频以几乎任何人都可以查看的格式轻松地放在网页上。

14.5.1 可导入的视频格式

如果在系统上安装了QuickTime 4以上的版本或者DirectX 7以上版本，则可以导入各种文件格式的视频剪辑，包括MOV(QuickTime影片)、AVI(音频视频交叉文件)和MPG/MPEG。

● QuickTime影片文件：扩展名为*.mov。

● Windows视频文件：扩展名为*.avi。

● MPEG影片文件：扩展名为*.mpg和*.mpeg。

● 数字视频文件：扩展名为*.dv和*.dvi。

● Windows Media文件：扩展名为*.asf和*.wmv。

● Macromedia Flash视频文件：扩展名为*.flv。

14.5.2 课堂练一练：导入视频的操作

原始文件	原始文件/CH14/视频.flv
最终文件	最终文件/CH14/视频.fla

Flash CS6具有创造性的技术优势，可以将视频镜头融入基于Web的演示文稿，允许把视频、数据、图形、声音和交互式控制等融为一体，从而创造出引人入胜的丰富经验。导入视频效果如图14-52所示，具体操作步骤如下所述。

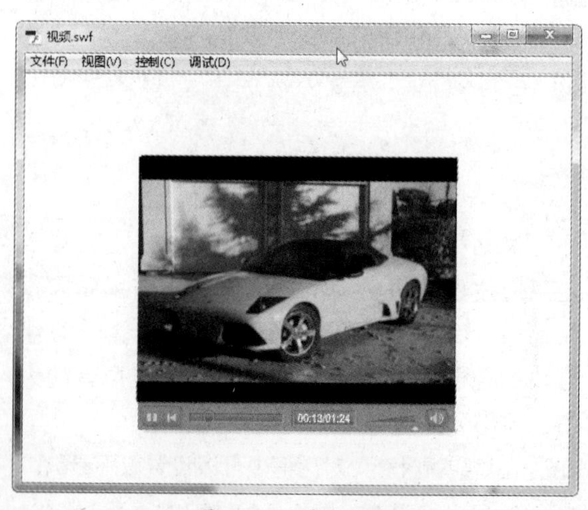

图14-52 导入视频

01 新建文档，执行“文件”|“导入”|“导入视频”命令，弹出“导入视频”对话框，如图14-53所示。

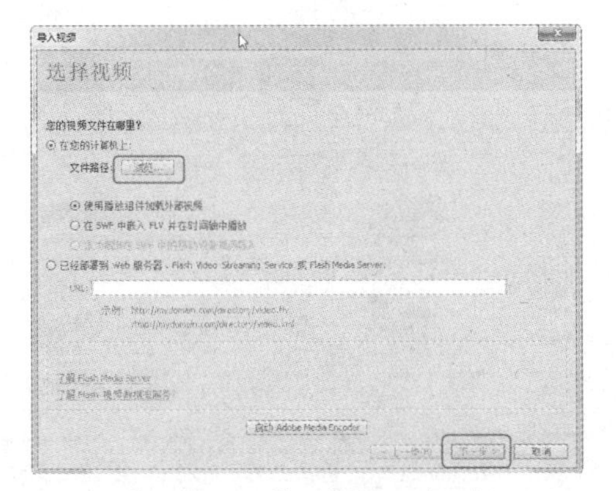

图14-53 “导入视频”对话框

02 单击“文件路径”文本框后面的“浏览”按钮，弹出“打开”对话框，在对话框中选中要导入的视频文件，如图14-54所示。

图14-54 “打开”对话框

03 设置完毕以后，单击“下一步”按钮，进入“设定外观”界面，如图14-55所示。

04 在对话框中设置外观的颜色和外观，单击“下一步”按钮，切换至“完成视频导入”界面，如图14-56所示。

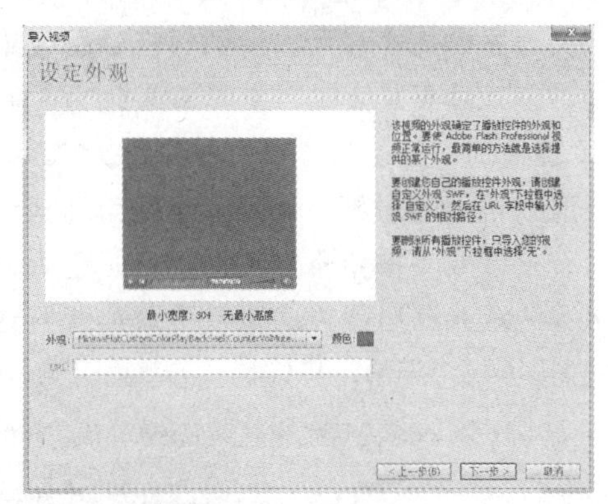

图14-55 “设定外观”界面

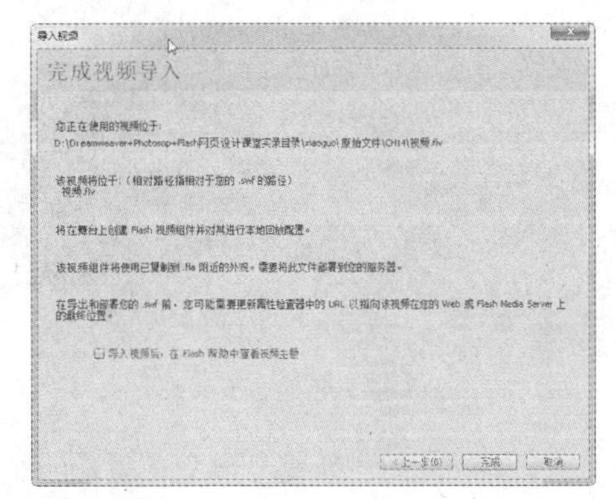

图14-56 “完成视频导入”界面

05 单击“完成”按钮，将视频文件导入到舞台中，如图14-57所示。

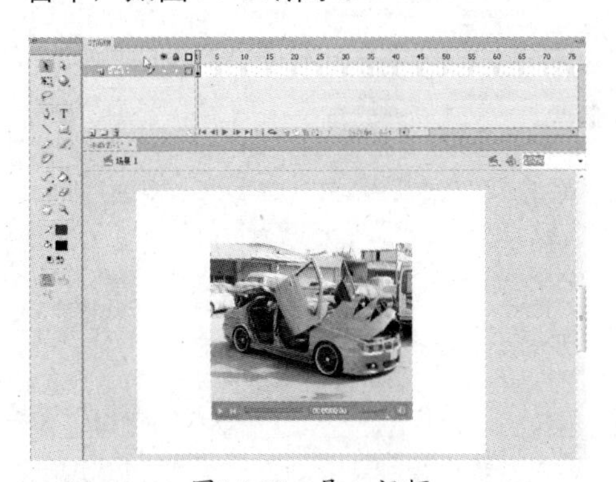

图14-57 导入视频

06 保存文档，按Ctrl+Enter组合键测试影片，效果如图14-52所示。

14.6 实战应用——为首页添加背景音乐

原始文件	原始文件/CH14/背景音乐.jpg
最终文件	最终文件/CH14/背景音乐.fla

为动画添加声音可以起到烘托动画效果的作用，使动画更加生动，更具有表现力。利用Flash提供的一些控制音频的方法可以使声音独立于时间轴循环播放，也可以专门为动画配上一段音乐，或为按钮添加某种声音，还可以设置声音的渐入渐出效果。为首页添加背景音乐效果如图14-58所示，具体操作步骤如下所述。

图14-58　背景音乐效果

01 执行“文件”|“新建”命令，新建一个空白文档，如图14-59所示。

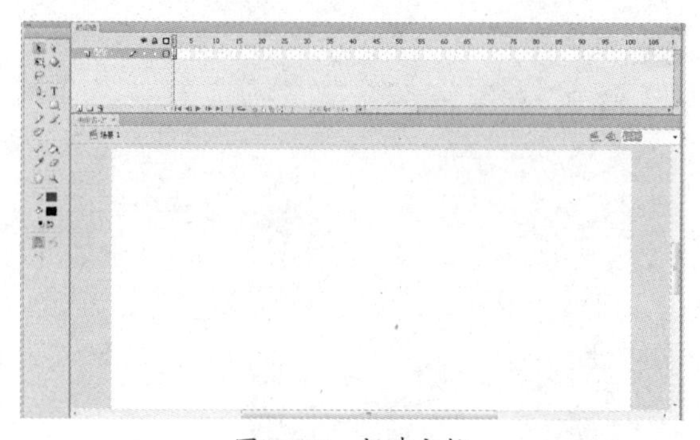

图14-59　新建文档

02 执行“文件”|“导入”|“导入到舞台”命令，导入图像“背景音乐.jpg”，如图14-60所示。

图14-60　导入图像

03 执行“文件”|“导入”|“导入到库”命令，弹出“导入到库”对话框，如图14-61所示。

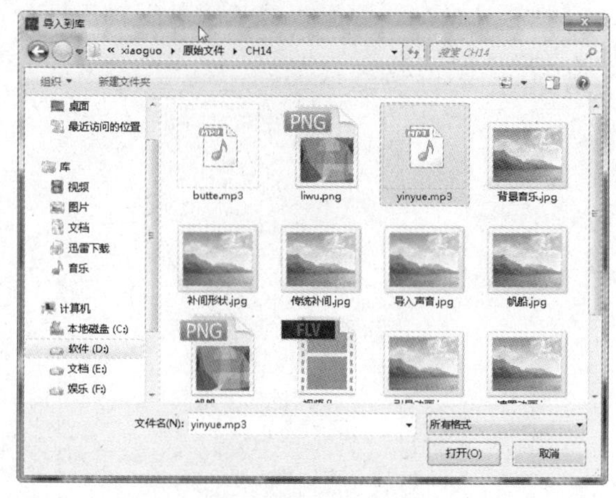

图14-61　“导入到库”对话框

04 在对话框中选择声音文件“yinyue.mp3”，再单击“打开”按钮，将其导入到“库”面板中，如图14-62所示。

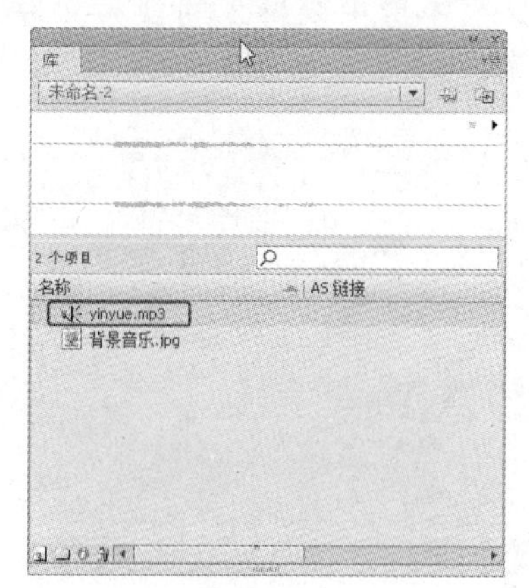

图14-62　“库”面板

05 单击“时间轴”面板底部的“新建图层”按钮，新建一个“图层2”，如图14-63所示。

图14-63　新建“图层2”

06 选中新建的“图层2”，在“库”面板中将声音文件拖入到文档中，如图14-64所示。

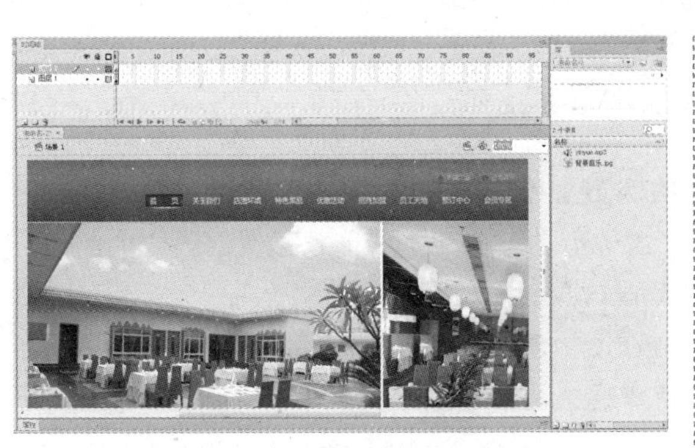

图14-64 拖入声音文件

07 选中插入声音文件的帧，在“属性”面板中的“同步”右边的下拉列表框中设置为“循环”，如图14-65所示。

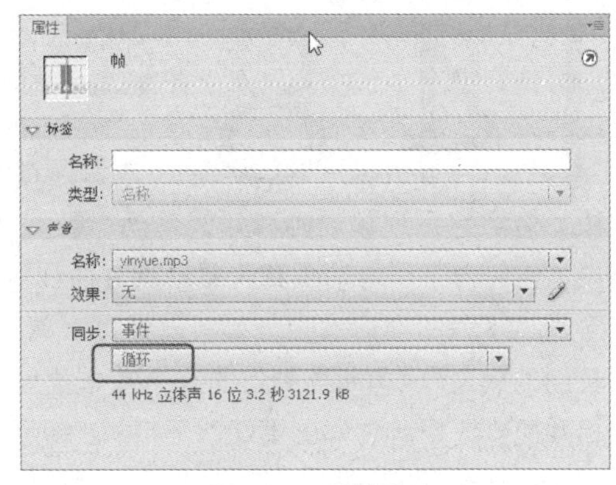

图14-65 设置属性

08 保存文档，按Ctrl+Enter组合键测试影片，效果如图14-58所示。

14.7 习题测试

1．填空题

(1) 在Flash中，时间轴位于工作区的右下方，是进行Flash动画创建的核心部分。时间轴是由________、________和________组成，影片的进度通过帧来控制。

(2) 形状补间动画适用于图形对象。在两个关键帧之间可以制作出图形变形效果，让一种形状可以随时间变化成另一个形状；还可以使形状的________、________和颜色进行渐变。

2．操作题

(1) 制作简单的逐帧动画，效果如图14-66所示。

提示

具体参考14.2.1节中的课堂练一练：创建逐帧动画。

最终文件	最终文件/CH14/习题1.fla

(2) 制作小车运动效果，如图14-67所示。

提示

具体参考14.3.1节中课堂练一练：创建引导动画。

最终文件:	最终文件/CH14/习题2.fla

图14-66 逐帧动画

图14-67 引导运动效果

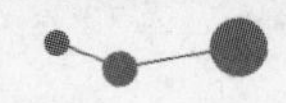

14.8 本课小结

本课通过详细的例子主要介绍了Flash中几种简单动画的创建方法。内容包括逐帧动画和补间动画。补间动画包含了运动渐变动画和形状渐变动画两大类动画效果，也包含了引导动画和遮罩动画这两种特殊的动画效果。

通过本课的学习，相信读者已经可以独立地进行Flash动画的简单设计和制作了。不过本课所涉及到的只是Flash动画制作的几个基本类型，只有掌握并体会这些基本类型中的要领，才能将它们相互配合使用，创作出更好、更精彩的动画作品。

第15课 动作脚本的应用

本课导读

除了前几课所介绍的Flash出众的动画制作功能外，Flash还提供了一个最为主要的功能，即交互功能。也就是使动画的内容可以根据观看者所触发的动作事件而产生不同的结果，使观看者和动画影片之间产生了互动的效果。实现这种交互功能就是本课要介绍的内容——ActionScript(动态脚本编程)。

技术要点

◎ 动作脚本入门
◎ 数据类型
◎ 常量与变量
◎ 运算符
◎ 控制语句
◎ 掌握利用脚本制作动画

15.1 动作脚本入门

ActionScript是Flash专用的一种程序语言，ActionScript语言自从形成以来已经发展了多年。随着Flash的每次新发行，更多的关键字、对象、方法和其他的语言元件已经被增加到该语言中。

15.1.1 什么是ActionScript

ActionScript是一种专用的Flash程序语言，是Flash的重要组成部分，它的出现给设计和开发人员带来了很大方便。ActionScript 语言自从形成以来已经发展了多年。随着Flash的每次新发行，更多的关键字、对象、方法和其他的语言元件已经被增加到该语言中。

Flash利用ActionScript编程的目的就是更好地与用户进行交互，通常用Flash制作页面，可以很轻易地制作出华丽的Flash特效，如遮罩、淡入淡出以及动态按钮等。使用简单的Flash编程可以实现场景的跳转、与HTML网页的链接、动态装载SWF文件等。而高级的Flash编程可以实现复杂的交互游戏，根据用户的操作响应不同的电影，与后台数据库及各种程序进行交流，如ASP、PHP、SQL Server等。庞大的数据库系统及各种程序与Flash内置的编程语句的结合，可以制作出很多人机交互的网页、游戏以及在线商务系统。

Flash的脚本编程语言整合了很多新的语法，它看起来很像JavaScript。这是因为Flash的ActionScript采用了和JavaScript一样的语法标准，所以使编写的脚本以更接近和遵守被用于其他的面向对象语言的标准并支持所有的标准 ActionScript 语言的元件。如果熟悉JavaScript，那么理解Flash的ActionScript会容易得多。

15.1.2 ActionScript的编辑环境

“动作”面板是ActionScript编程的专用环境。在学习ActionScript脚本之前，首先来熟悉一下“动作”面板的界面，“动作”面板如图15-1所示。

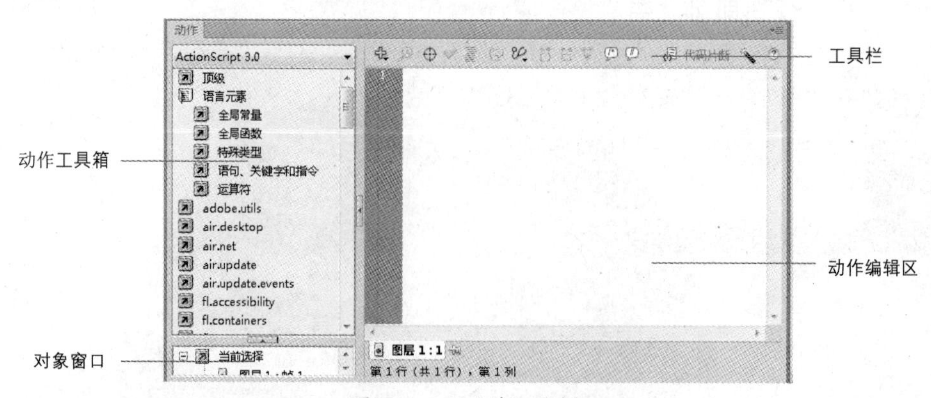

图15-1 “动作”面板

1. 动作工具箱

该工具箱中包含了所有的ActionScript动作命令和相关的语法。在列表中，图标是命令夹，单击它可以打开该命令夹；图标表明是一个可使用的命令、语法或者其他的相关工具，双击它或者用鼠标拖动它到动作编辑区即可进行引用。动作工具箱中的命令很多，在使用中可以不断积累和总结。

2. 对象窗口

在动作工具箱的下方显示当前ActionScript

程序添加的对象。

3．动作编辑区

该区是进行ActionScript编程的主区域，针对当前对象的所有脚本程序都在该区显示，程序内容也要在这里进行编辑。

4．工具栏

在动作编辑区上方，有一个编辑工具栏，其中的工具是在ActionScript命令编辑时经常用到的。

：将新项目添加到脚本中，单击此图标下的小三角，弹出如图15-2所示的菜单，选择项目即可将项目添加到脚本中。

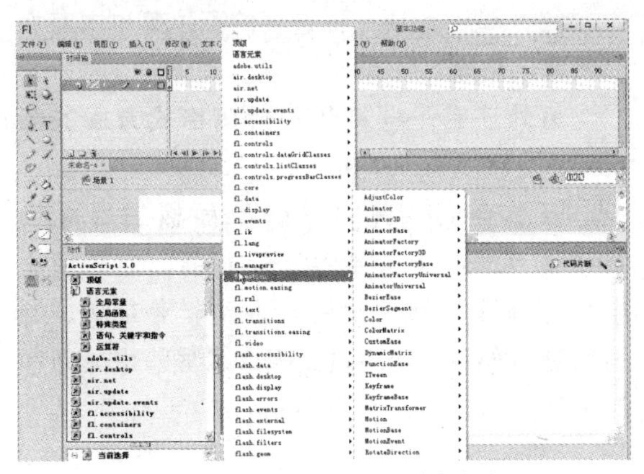

图15-2　将新项目添加到脚本中

：查找。单击后会弹出如图15-3所示的对话框。要查找内容，只需在其中的“查找内容”文本框中输入要查找的名称，单击“查找下一个”按钮即可。要替换内容，只需在其中的“查找内容”文本框中输入要查找的内容，在“替换为”文本框中输入要“替换为”的内容，然后单击右侧的“替换”按钮即可。

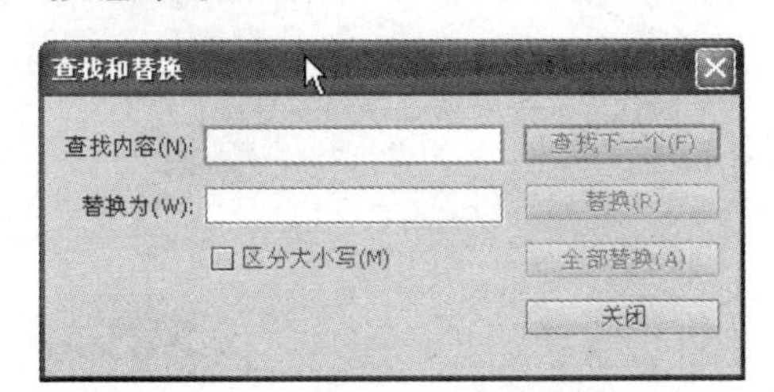

图15-3　“查找和替换”对话框

：插入目标路径，将光标移动到要插入目标的地方，如图15-4所示，单击该按钮将弹出如图15-5所示对话框，选择要插入的对象，单击“确定”按钮。

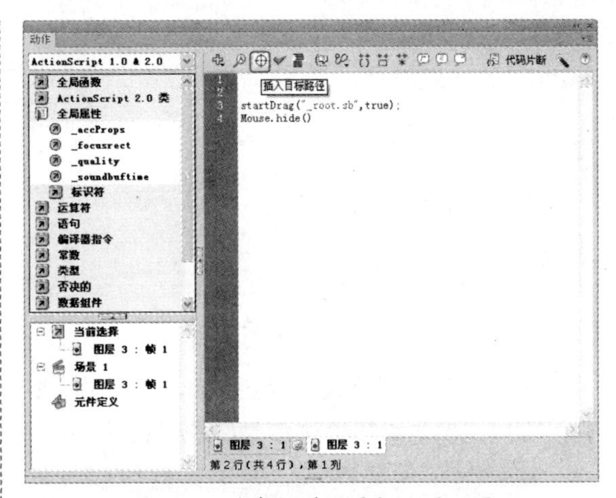

图15-4　将光标移至需插入的位置

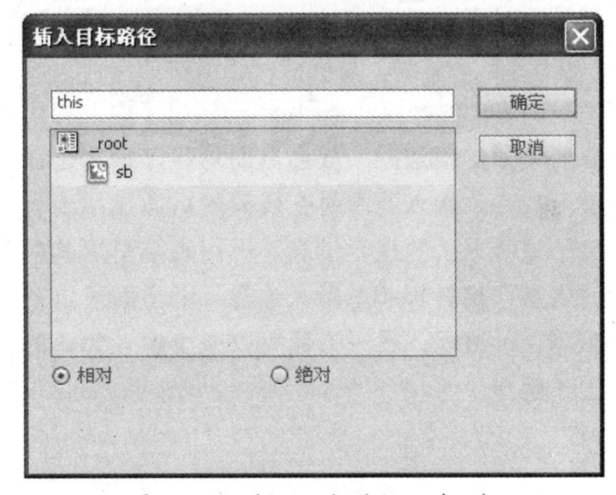

图15-5　“插入目标路径”对话框

：语法检查，使用该选项可以检查脚本程序中的错误，单击该按钮，即可进行语法检查，如图15-6所示。

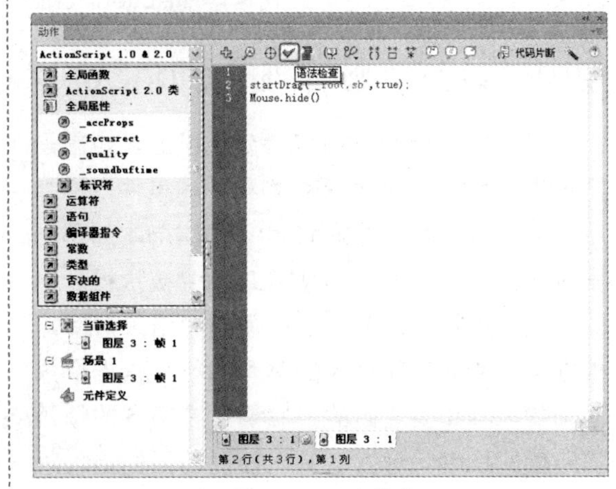

图15-6　语法检查

如果有错，将显示该段含有错误，错误将显示在“编译器错误”窗口中，如图15-7所示。

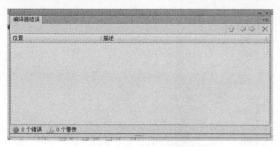

图15-7 错误描述

![]: 自动套用格式，设置ActionScript的格式以实现正确的编码语法和更好的可读性。

![]: 显示代码提示，在编写程序的过程中，无论是初学者还是资深的动画制作人员都会遇到忘记代码的情况。其实这不用担心，Flash在默认情况下会启动代码提示功能，实时地检测输入的程序。当Flash辨认出了输入的代码所使用的语法时，就会自动对程序输入过程进行提示，输入的同时在代码的后面显示出有关于这种语法的提示信息，可以直接引用其中的内容，如图15-8所示。这样，一方面可以减少错误的出现，另一方面可以减少输入代码的工作量。

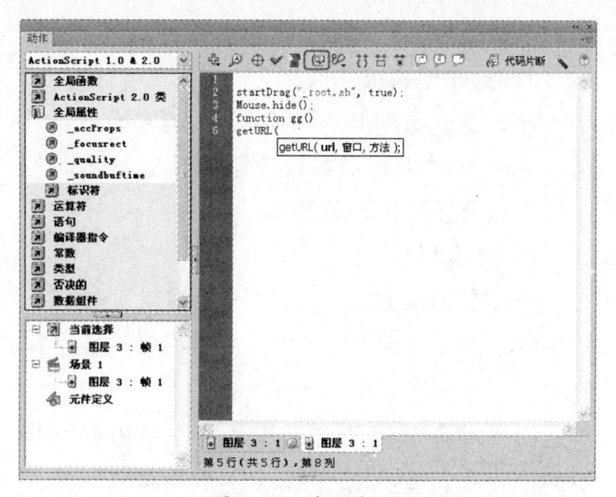

图15-8 代码提示

![]: 调试选项，该选项的下拉菜单中有切换断点以及删除所有断点选项。

另外还有一些其他的代码格式方面的图标，这里就不再一一讲述。

以上介绍的是“动作”面板的界面情况。该界面看上去虽然比较复杂，但在使用中会逐渐体会到，使用它可以非常方便、顺利地进行ActionScript程序的编写和相关动作的设计。

15.2 添加ActionScript

根据添加ActionScript脚本的不同目的，在具体的动画设计中可以在下列3个不同的地方加入相应的ActionScript程序。

15.2.1 为帧添加ActionScript

将ActionScript添加在指定的帧上，也就是将该帧作为激活ActionScript程序的事件。添加后，当动画播放到添加ActionScript脚本的那一帧时，相应的ActionScript程序就会被执行。它的典型应用就是控制动画的播放和结束时间，根据需要使动作在相应的时间进行。根据播放动画的内容和要达到的控制要求在相应的帧添加所需的程序，可以有效地控制动画的播放时间和内容。为帧添加ActionScript的具体操作步骤如下所述。

01 单击选中要添加动作的关键帧，如图15-9所示。

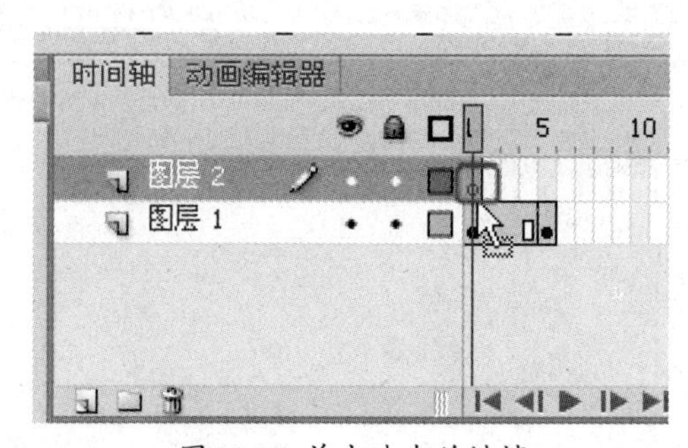

图15-9 单击选中关键帧

02 执行“窗口”|“动作”命令，打开“动作”面板，从动作工具箱中拖入脚本到编辑窗口中，然后在脚本编辑窗口中进行参数设置即可，如图15-10所示。

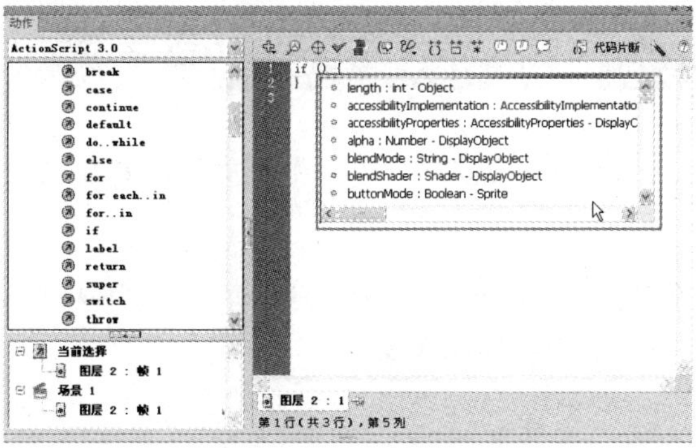

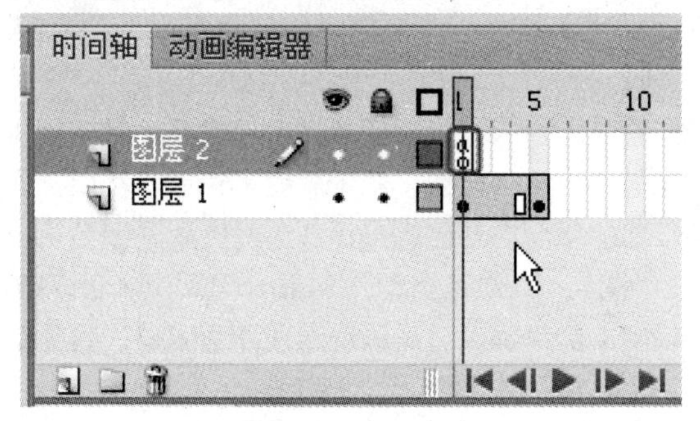

图15-10 设置参数

03 添加完代码，在时间轴中的帧可以看到出现图标，如图15-11所示。

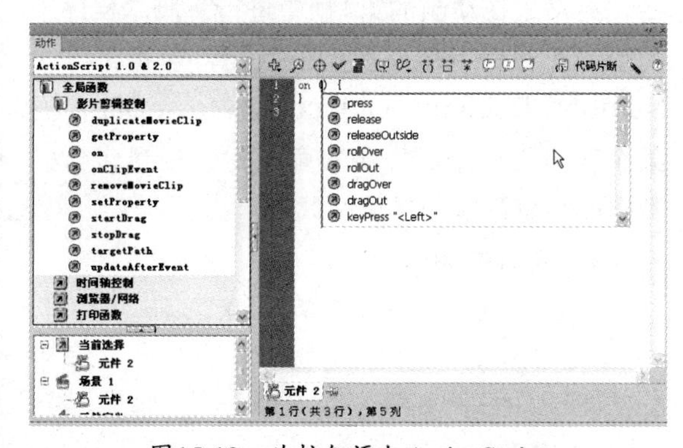

图15-11 添加动作

15.2.2 为按钮添加ActionScript

新建文档的时候选择AS2.0，就可以直接在元件上添加动作。为按钮添加动作的具体操作步骤如下所述。

01 在舞台中选中要添加动作的按钮。

02 执行“窗口”|“动作”命令，打开“动作”面板，从“动作”面板的左侧列表框中拖入脚本到编辑窗口，然后在脚本编辑窗口中进行参数设置即可，如图15-12所示。

图15-12 为按钮添加ActionScript

按钮的各类鼠标事件如下所述。

- press：鼠标左键按下。
- release：鼠标左键按下后放开。
- releaseOutside：鼠标左键按下后，在按钮外部放开。
- rollOver：鼠标滑过。
- rollOut：鼠标滑出。

15.2.3 为影片剪辑添加ActionScript

为影片剪辑添加动作是在电影片段被载入或为了在某些过程中获取相关信息才执行的。另外，任何一个图片体现在舞台上的所有实例都可以有自己不同的ActionScript程序和不同的动作，执行中并不相互影响。

01 在舞台中选中要添加动作的影片剪辑。

02 执行“窗口”|“动作”命令，打开“动作”面板，从“动作”面板的左侧列表框中拖入脚本到编辑窗口，然后在脚本编辑窗口中进行参数设置即可，如图15-13所示。

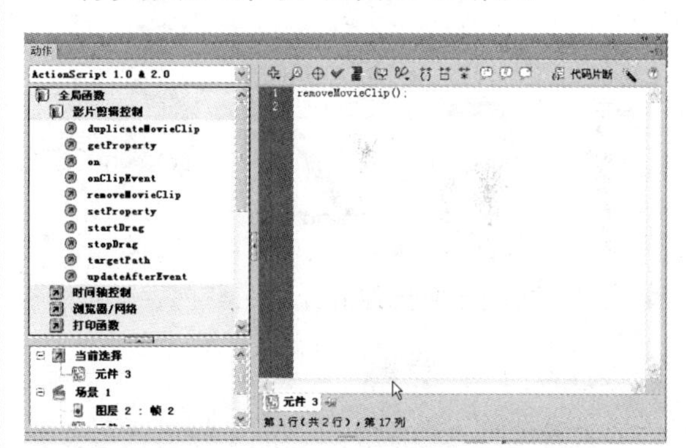

图15-13 为影片剪辑添加ActionScript

指点迷津

Flash动画中的影片剪辑元件拥有独立的时间轴，每个影片剪辑元件都有自己唯一的名称。为影片剪辑元件添加语句并指定触发事件后，当事件发生时就会执行设置的语句动作。

以上介绍的是ActionScript常用的3种添加方式，也是我们在动画制作中要用到的3处可以进行Flash 脚本程序添加的地方。如果能够灵活应用这3种方法，在实际制作的过程中积累经验并不断提高，同时结合设计者的巧妙构思，就肯定能制作出互动效果强烈的、精彩的动画作品。

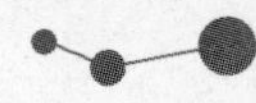

15.3 数据类型

数据类型用于定义一组值，例如Boolean数据类型所定义的一组值中仅包含两个值：true 和false。

1. 原始数据类型

原始数据类型包括布尔(Boolean)、数字(Number)和字符串(String)等。

- 布尔(Boolean)：布尔值常用于逻辑运算。布尔数据类型只包括true和false两个值，在ActionScript中可以将true转化为1，将false转化为0。
- 数字(Number)：数字类型可以表示整数、无符号整数和浮点数。可以使用算术运算符对其进行数学运算。
- 字符串(String)：String数据类型表示16位字符的序列，可能包括字母、数字和标点符号。可以将一系列字符串放置在单引号或是双引号之间，赋值给某个变量，例如：Year=2005。

也可以使用加号运算符将两个字符串连接起来，如：NowDate=2005+年+12+月+28+日。

2. 复杂数据类型

复杂数据类型并不是原始数据类型，但它引用原始数据类型。通常，复杂数据类型也称之为引起数据类型，其中包括影片剪辑(MovieClip)和对象(Object)。还有两类特殊的数据类型：空值(Null)和未定义(Undefined)。

- 影片剪辑(MovieClip)数据类型允许使用MovieClip类的方法控制影片剪辑元件。
- 对象(Object)：对象是属性的集合，属于用于描述对象的特性。每个属性都有名称和值。属性的值可以是任何Flash数据类型，甚至可以是Object数据类型。Object类可用作所有类定义的基类，它可以使对象包含对象。若要指定对象及其属性，可以使用点运算符。

15.4 常量与变量

同其他语言一样，ActionScript也具有编程所需的规范，如变量、常量等。下面来详细介绍这些内容。

15.4.1 常量

常量就是在程序中保持不变的值，与变量的区别是，变量可以放置任何数值，而常量是不变的。

常量值有3种类型：数值型、字符串和逻辑型。

- 数值型：由具体的数值来表示的参数，例如，“setProperty("/nube2", _y, "100");”语句中的“100”就是一个典型的数值型常量。
- 字符串型：字符串型常量是一个字符序列，要在ActionScript语句中输入字符串，应用英文单引号或双引号将其括住。
- 逻辑型：又称为布尔型，它用于表明一个条件是否成立，如果成立则为“真”，在脚本语言中用1值或True来表示，如果不成立则为“假”，在脚本语言中用0或False来表示。

15.4.2 变量

在脚本程序中，变量是一个重要的概念，变量看成是一个容器，可以在里面装各种各样的数据。在电影播放的时候，通过这些数据就可以进行判断、记录和储存信息等。变量的初始化经常是在动画的第1帧中进行。脚本程序中的变量可以保存所有类型的数据，包括String, Number, Boolean, Object以及MovieClip，当某个变量在一个脚本中被赋值时，变量包含的数据类型将影响变量值的改变。

1. 变量的命名

变量的命名主要遵循以下3条规则。

- 变量必须是以字母或者下划线开头，其中可以包括$、数字、字母或者下划线，如_myAge、_x2。

- 变量不能和关键字同名，并且不能是true或者false。
- 变量在自己的有效区域里必须唯一。

2．变量的作用域

变量只能在其作用域中被引用。在脚本程序中可将变量分为全局变量或局部变量。一个全局变量可以在所有的时间轴中共享，而一个局部变量仅在它所属的代码块(即大括号)内可用。

3．变量声明

声明全局变量，可以使用“set variables”动作或赋值操作符；声明局部变量，可以在函数体内部使用“var”语句来实现，局部变量的作用域被限定在所处的代码块中，并在块结束处终结。如果没有在块的内部被声明的局部变量将在其脚本结束处终结。

4．变量的赋值

在Flash中，当把一个数据赋给一个变量的时候，这个变量的数据类型就已经确定下来了。如：

```
myAge=18
myName="jodan"
```

变量myAge的赋值为18，所以变量myAge是Number类型的变量。而变量myName的类型则是String。但如果声明一个变量，该变量又没有被赋值的话，那么这个变量不属于任何类型，在Flash中它被称为“Undefined”未定义类型。

15.5 运算符

在ActionScript中，运算符用于指定表达式中的值将如何被联合、比较或者是改变，操作符的动作对象称为操作数。“动作”工具箱中的“运算符”工具夹中包含了ActionScript的各种操作符。

15.5.1 数值运算符

数值运算符可以执行加、减、乘、除以及其他的数学运算。增量运算符最常见的用法是i++，可以在操作数前后使用增量运算符。数值运算符如表15-1所示，数值运算符的优先级别与一般的数学公式中的优先级别相同。

表15-1 数值运算符

运算符	执行的运算
+	加法
*	乘法
/	除法
%	求模(除后的余数)
—	减法
++	递增
--	递减

15.5.2 关系运算符

使用关系运算符可以对两个表达式进行比较，根据比较结果，得到一个true或false值。如a<b返回的值为true，c>b返回的值为false。关系运算符如表15-2所示，该表内的所有运算符的优先级别相同。

表15-2 比较运算符

运算符	执行的运算
<	小于
>	大于
<=	小于或等于
>=	大于或等于

15.5.3 逻辑运算符

逻辑运算符对布尔值(true或false)进行比较，然后返回第3个布尔值。

如果两个操作数都为true，则使用逻辑“与”运算符(&&)返回true，除此以外的情况都返回false。如(a>b)&&(b>c)两边的操作数均为true，那么返回的值也为true。又如将该表达式改为(a<b)&&(b>c)，第1个操作数为false，那么即使第2个操作数为true，最终返回的值仍然为false。

如果其中一个或两个操作数都为true，则逻辑“或”运算符(‖)将返回true。

逻辑运算符如表15-3所示，该表按优先级递减的顺序列出了逻辑运算符。

表15-3 逻辑运算符

运算符	执行的运算
&&	逻辑“与”
||	逻辑“或”
!	逻辑“非”

15.5.4 赋值运算符

赋值运算符主要用来将数值或表达式的计算结果赋给变量。在Flash中大量应用赋值运算符，这样可以使设计的动作脚本更为简洁。赋值运算符如表15-4所示。

表15-4 赋值运算符

运算符	执行的运算
=	赋值
+=	相加并赋值
—=	相减并赋值
*=	相乘并赋值
%=	求模并赋值
/=	相除并赋值
<<=	按位左移位并赋值
>>=	按位右移位并赋值
>>>=	右移位填零并赋值
^=	按位“异或”并赋值
|=	按位“或”并赋值
&=	按位“与”并赋值

15.6 对象和类

在目标导向脚本中，我们将通过分组组织起来的信息称为类别。用户可以建立成倍的类别，称为对象，在用户的脚本中使用。用户可以使用行为脚本的事先定义类别功能来建立脚本。

1. 对象

对象是属性的集合。每个属性都有名称和值。属性的值可以是任何的 Flash 数据类型，甚至可以是对象数据类型。这使动画工作人员可以将对象进行“嵌套”。要指定对象及其属性，可以使用点(.)运算符。例如：

```
jodan.finalExam.artScore;
```

在上述代码中，artScore是finalExam的属性，而finalExam则是jodan的属性。

另外可以使用内置动作脚本对象访问和处理特定种类的信息。例如，“Math”对象具有一些方法，这些方法可以对传递给它们的数字执行数学运算。例如：

```
squareRoot = Math.sqr.t(100);
```

例如使用ActionScript中“MovieClip”对象具有的一些方法控制舞台上的电影剪辑元件实例。

```
mc1InstanceName.stop();
mc2InstanceName.prevFrame();
```

除此之外还可以创建自己的对象来组织影片中的信息。但如果要使用动作脚本向影片添加交互操作，需要大量不同的信息。创建对象时可以将信息分组，简化脚本撰写过程。

2. 电影剪辑

电影剪辑其实是对象类型中的一种，但在整个Flash动画中，只有“MC”是真正指向了场景中的一个电影剪辑。通过该对象和它的方法以及对其属性的操作，就可以控制动画的播放和“MC”状态。例如：

```
onClipEvent(mouseDown){
myMC.nextFrame();
}
```

该语句的作用就是当鼠标按下这一事件发生时，电影剪辑元件的一个名为“myMC”实例，将会跳到后一帧。

3．字符串

字符串是由字母、数字、标点等组成的字符序列，在ActionScript中应用字符串时要将其放在单引号或双引号中。例如，下面语句中的“jodan”就是一个字符串。

```
myname="jodan";
```

可以使用加法(+)运算符连接或合并两个字符串。ActionScript会精确地保留在字符串的两端出现的空格作为该字符串的文本部分。例如：

```
myAge="18";
mySelfShow="I' m"+ myAge;
```

该程序被执行后得到的“mySelfShow”的值就是“I' m 18”，但要注意的是文本字符串是区分大小写的。例如：

```
invoice.display = "welcome";
invoice.display = "WELCOME";
```

这两个语句就会在指定的文本字段变量中放置不同的文本。

由于字符串以引号作为开始和结束的标记，所以要想在一个字符串中包括一个单引号或双引号，需要在其前面加上一个反斜杠字符“\”，这称为“转义”。在动作脚本中，还有一些必须用特殊的转义序列才能表示的字符，如表15-5所示。

表15-5 必须用特殊的转义序列才能表示的字符

转义序列	字 符
\b	退格符(ASCII 8)
\f	换页符(ASCII 12)
\n	换行符(ASCII 10)
\r	回车符(ASCII 13)
\t	制表符(ASCII 9)
\"	双引号
\'	单引号
\\	反斜杠
\000 - \377	以八进制指定的字节
\x00 - \xFF	以十六进制指定的字节
\u0000 - \uFFFF	以十六进制指定的16位 Unicode 字符

4．数字

数据类型中的数字是一个双精度的浮点型数字。可以使用算术运算符，比如+、－、*、/、%等，来对数字进行运算；也可以使用预定义的数学对象来操作字符。在Flash中，数字类型是很常见的类型。

5．布尔值

布尔值是true或false中的一个。在需要时，ActionScript也可以将true和false转化成1和0。布尔值最经常的用法是和逻辑操作符一起，用于进行比较和控制一个程序脚本的流向。例如：

```
onClipEvent(enterFrame){
    if(userName == true && password == true){
            gotoAndPlay(2);
    }
}
```

在上述语句中，如果客户名和密码都正确的话，那么将跳转到影片的第2帧并开始播放。

15.7 控制语句

在Flash中经常用到的语句是条件语句和循环语句。

15.7.1 条件控制语句

特殊条件判断语句一般用于赋值，本质是一种计算形式，语法格式为：

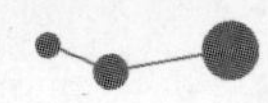

```
变量a=判断条件？表达式1：表达式2；
```

如果判断条件成立，那么a就取表达式1的值，如果不成立就取表达式2的值。例如：

```
Var a: Number=1
Var b: Number=2
Var max: Number=a>ab: b
```

执行以后，max就为a和b中较大的值，即值为2。

15.7.2 循环控制语句

通过For语句创建的循环，可在其中预先定义好决定循环次数的变量。

For语句创建循环的语法格式如下：

```
For(初始化 条件 改变变量){
语句
}
```

在“初始化”中定义循环变量的“初始值”，“条件”是确定什么时候退出循环，“改变变量”是指循环变量每次改变的值。例如：

```
trace=0
for(var i=1 i<=30 i++ {
trace = trace +i
}
```

以上实例中，初始化循环变量i为1，每循环一次，i就加1，并且执行一次“trace = trace +i”，直到i等于30，才停止增加trace。

15.8 函数

函数是指对常量和变量等进行某种运算的方法，它是ActionScript语句的基本组成部分之一。函数是一种能够完成一定功能的代码块，它可以在脚本中被事件或其他语句调用。在编写脚本的过程中，如果一段能够实现一个特定功能的代码需要经常被使用，可考虑编写一个函数来实现这个功能以代替这段代码。当需要使用这段代码时，只需直接调用这个函数即可。

在Flash中，可以通过函数传递参数，也可以通过函数实现程序模块和模块之间的通信。Flash中的函数分为自定义函数和系统函数。

- 自定义函数：在Flash中可以自定义函数，对传递的值执行一系列的语句。一旦定义了函数，就可以从任意时间轴中调用它。
- 系统函数：系统函数是ActionScript内部集成的函数，它已经完成了被定义函数的过程，可以直接调用它们。

15.9 利用ActionScript制作交互网页动画

通过前面课节的学习，读者对ActionScript已经有所了解。Flash的ActionScript脚本语句的用法，有些很简单的命令就能实现某种功能，现在就把一些Flash的常用Action语句的基本用法通过实例讲解一下。

15.9.1 课堂练一练：使用getURL跳转到网页

原始文件	原始文件/CH15/getURL.jpg
最终文件	最终文件/CH15/getURL.fla

getURL()函数的作用是将来自URL文档加载到窗口中，或将变量传递位于所定义URL的另一个应用程序。下面使用getURL制作跳转网页，效果如图15-14所示，具体操作步骤如下所述。

图15-14　跳转到网页效果

01 启动Flash CS6，执行“文件”|“新建”命令，新建一空白文档，并导入图像getURL.jpg，如图15-15所示。

图15-15　新建文档

02 执行“插入”|“新建元件”命令，弹出“创建新元件”对话框，在“名称”文本框中输入“按钮”，“类型”设置为“按钮”，如图15-16所示。

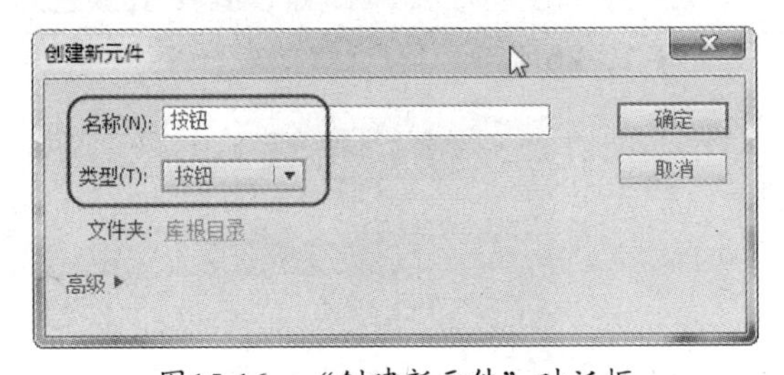

图15-16　“创建新元件”对话框

03 单击“确定”按钮，进入元件的编辑模式，选择“多角星形”工具，打开“属性”面板，单击“选项”按钮，弹出“工具设置”对话框，在对话框中将“样式”设置为“星形”，“边数”设置为5，“星形顶点大小”设置为1.00，如图15-17所示。

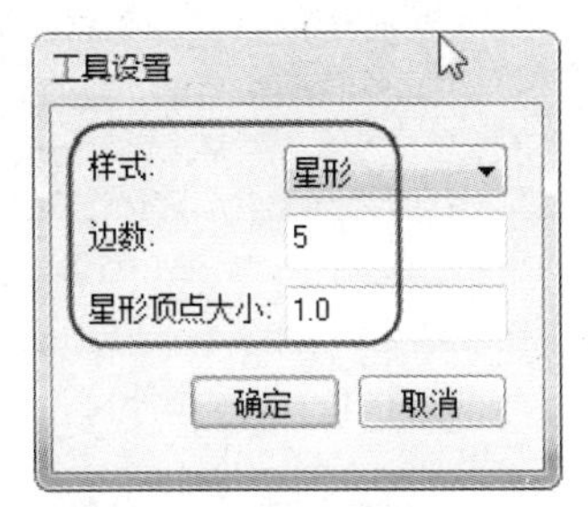

图15-17　“工具设置”对话框

04 单击“确定”按钮，在文档中绘制五角星形，如图15-18所示。

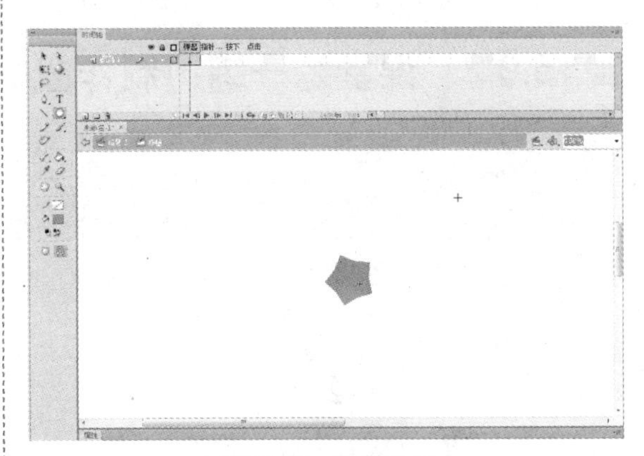

图15-18　绘制图形

05 选择“工具”面板中的“文本”工具，在绘制的形状上面输入文字“进入”，如图15-19所示。

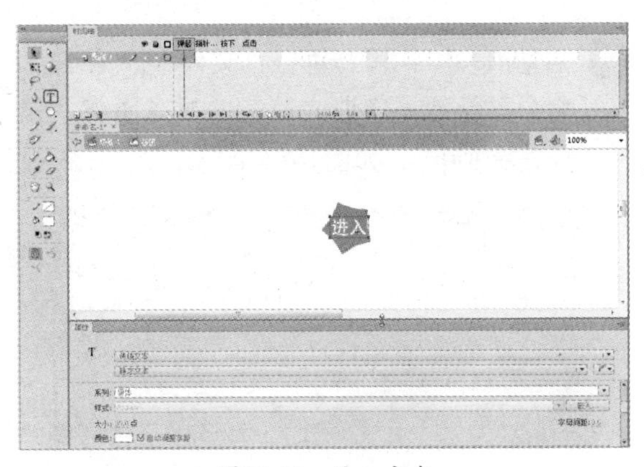

图15-19　输入文本

06 单击文档上方的“场景1”超链接，返回到“场景1”，并将按钮元件拖入到文档中的相应位置，如图15-20所示。

图15-20　拖入元件

07 选中按钮，打开“动作”面板，在面板中输入以下代码，如图15-21所示。保存文档，按Ctrl+Enter组合键测试影片，单击链接网页如图15-14所示。

```
on (release) {
getURL("D:/Dreamweaver+Photosop+Flash网页设计课堂实录目录/xiaoguo/最终文件/zhuye.html", "_blank");
}
```

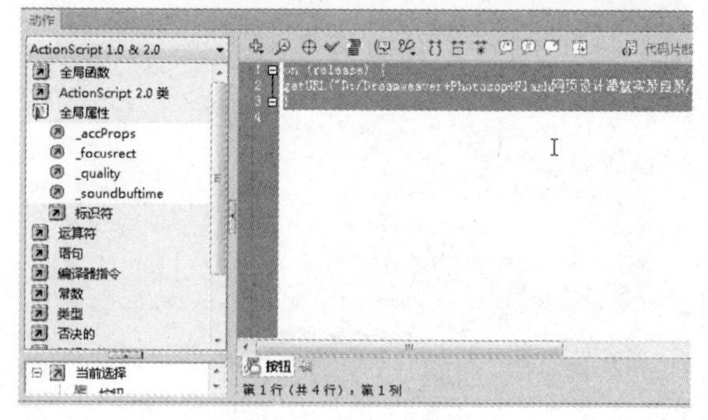

图15-21　输入代码

15.9.2　课堂练一练：制作鼠标跟随效果

原始文件	原始文件/CH15/鼠标跟随.jpg
最终文件	最终文件/CH15/鼠标跟随.fla

鼠标跟随是使用比较多的特效形式，这一节我们将学习一个简单的鼠标跟随动画。本例制作鼠标跟随，效果如图15-22所示。

图15-22　鼠标跟随效果

01 启动Flash CS6，执行“文件”|“新建”命令，新建一空白文档，并导入图像“鼠标跟随.jpg”，如图15-23所示。

图15-23　新建文档

02 执行“插入”|“新建元件”命令，弹出“创建新元件”对话框，在对话框中的“名称”文本框中输入“sb”，“类型”设置为“影片剪辑”，如图15-24所示。

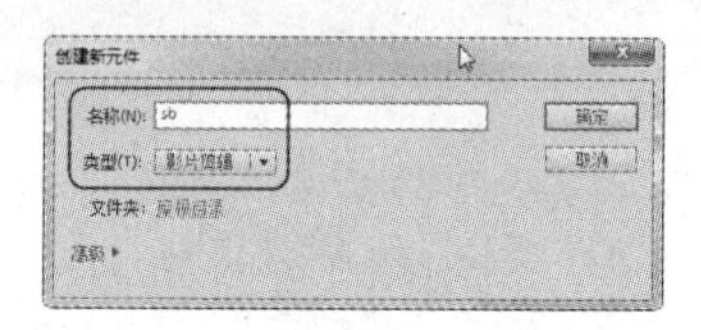

图15-24　“创建新元件”对话框

03 单击“确定”按钮，进入元件的编辑模式，打开“颜色”面板，将“颜色类型”设置为“径向渐变”，并设置渐变颜色，如图15-25所示。

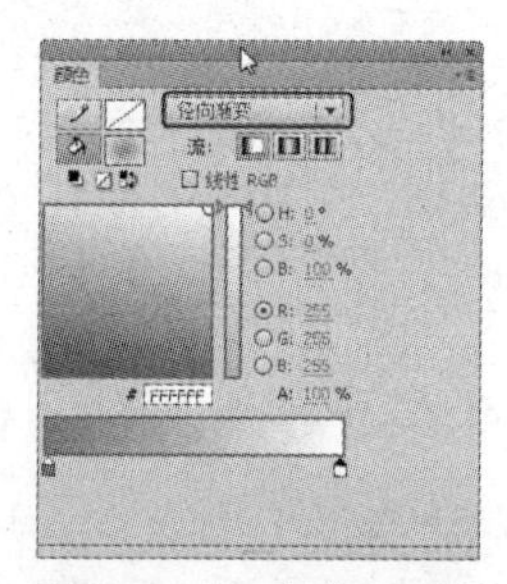

图15-25　“颜色”面板

04 选择“工具”面板中的“椭圆”工具，在文档中绘制椭圆，如图15-26所示。

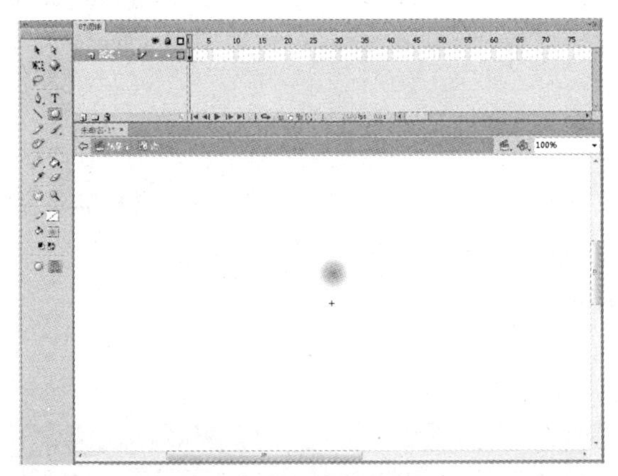

图15-26　绘制椭圆

05 单击“场景1”按钮，返回到主场景，单击“时间轴”面板中的“新建图层”按钮，新建“图层2”，如图15-27所示。

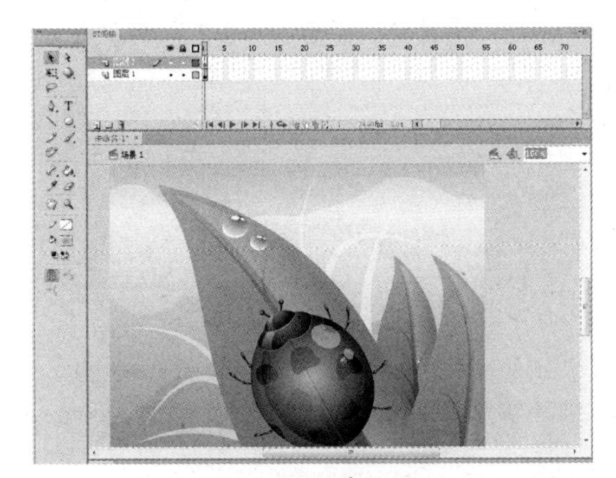

图15-27　新建图层2

06 打开“库”面板，将元件拖入到文档中的相应位置，如图15-28所示。

图15-28　拖入元件

07 选择拖入的元件，在“属性”面板中将“实例名称”设置为sb，如图15-29所示。

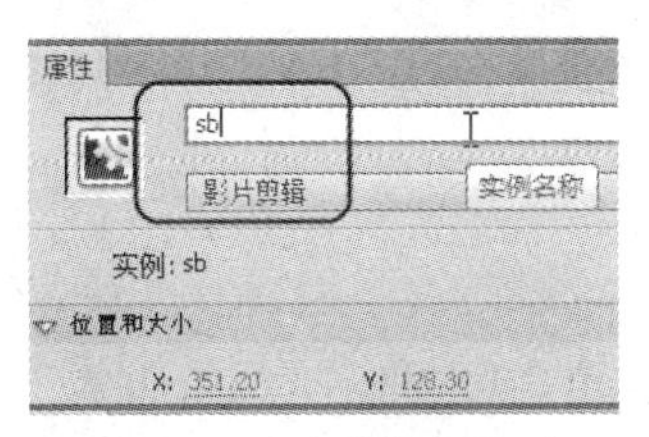

图15-29　设置实例名称

08 新建一个“图层3”，选中第1帧，打开“动作”面板，在面板中双击左侧的“全局函数”|“影片剪辑控制”|startDrag选项，插入startDrag函数，如图15-30所示。

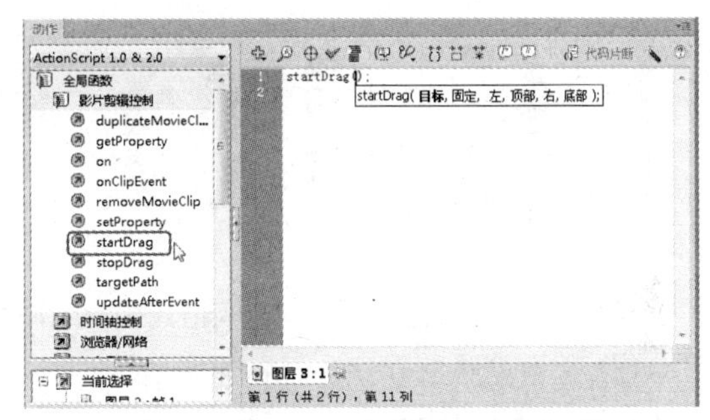

图15-30　插入startDrag函数

09 在括号内输入相应的代码，如图15-31所示。

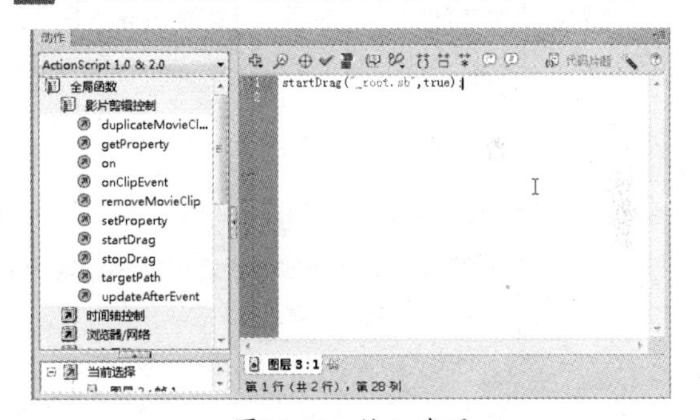

图15-31　输入代码

10 将光标放置在代码的后面，双击左侧的“ActionScript 2.0类”|“影片”|Mouse|“方法”|hide，插入hide，如图15-32所示。

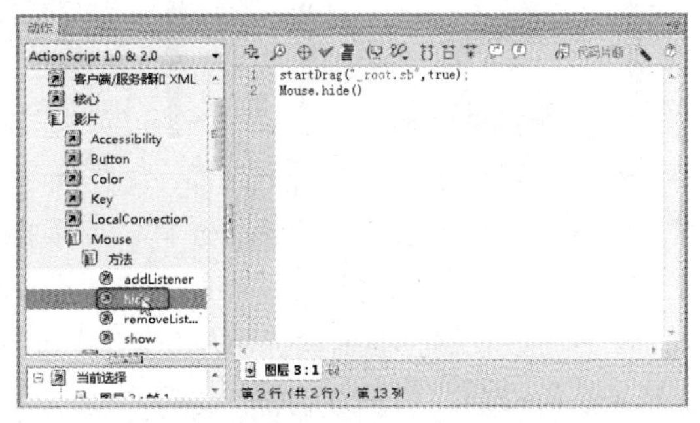

图15-32　插入hide

11 保存文档，执行“控制”|“测试影片”|“测试”命令，测试影片的效果如图15-22所示。

指点迷津

startDrag();动作，使目标影片剪辑在影片播放过程中可拖动。语法格式是：

myMovieClip.startDrag(lock, left, top, right, bottom);

myMovieClip是影片剪辑的实例名称。

lock：一个布尔值，用于指定鼠标位置。使光标锁定可拖动影片剪辑的中央时为true；使光标锁定用户首次单击该影片剪辑的位置上时为false。

left, top, right, bottom：用于指定鼠标位置。使光标锁定相对于影片剪辑父级坐标的值。

小括号中的这些参数是可选的。

15.10 习题测试

1．填空题

(1) ________类型的变量的取值用true或false表示，true或false也称为布尔值。

(2) 常量就是在程序中保持不变的值，与变量的区别是，变量可以放置任何数值，而常量是不变的。常量值有3种类型：________、________和________。

2．操作题

利用脚本制作发送邮件，效果如图15-33所示。

提示

首先创建一个按钮元件，然后选中按钮元件，打开“动作”面板，在面板中输入以下代码。

```
on (release) {
getURL("mailto:123@123.com");
}
```

最终文件	最终文件/CH15/习题1.fla

图15-33 发送邮件

15.11 本课小结

由于脚本语言是一门系统的语言，在这么短的篇幅内不可能详细地为大家讲解每一条命令、每一个语法，我们只是介绍了一些脚本编程的基本术语和常用的语法知识及语句。像外语一样，要掌握一门计算机语言也是一个长期而辛苦的过程。但是要制作出高级的动画效果，脚本知识是一个动画制作者不可缺少的。如果要更深入地学习这门语言，读者可以参阅一些专门介绍ActionScript语言的书籍，或从网上学习更丰富更新的脚本知识。使用系统的帮助功能一边编辑一边查看也是个很好的方法，帮助中有很详细的各种命令的描述、用法及实例等内容。

第16课 Photoshop CS6入门基础

本课导读

Adobe Photoshop是当今世界上最为流行的图像处理软件，其强大的功能和友好的界面深受广大用户的喜爱。在网页设计领域里Photoshop是不可缺少的一个设计软件，一个好的网页创意不会离开图片。只要涉及到图像，就会用到图像处理软件，Photoshop理所当然就会成为网页设计中的一员。使用Photoshop不仅可以将图像进行精确的加工，还可以将图像制作成网页动画并上传到网页中。

技术要点

◎ 网页图像基础知识
◎ Photoshop CS6工作界面
◎ 调整图像大小
◎ 美化图像
◎ 调整图像亮度与对比度
◎ 调整图像色相与饱和度

16.1 了解Photoshop中的基本概念

对于初学Photoshop的朋友来说，在学习的过程中会感到十分的迷茫，当看到网上好多优秀的Photoshop作品后，总是感到无从下手，那些优秀的作品是如何制作出来的呢？其实对于初学者来说，首先要了解Photoshop中的基本概念。

16.1.1 矢量图和位图

1. 矢量图

矢量图又叫向量图，是用一系列计算机指令来描述和记录一幅图，一幅图可以解为一系列由点、线、面等组成的子图，它所记录的是对象的几何形状、线条粗细和色彩等。生成的矢量图文件存储量很小，特别适用于文字设计、图案设计、版式设计、标志设计、计算机辅助设计(CAD)、工艺美术设计、插图等。如图16-1所示，将矢量图不断放大可看到图形仍保持为精确、光滑的图形。

图16-1 矢量图

矢量图只能表示有规律的线条组成的图形，如工程图、三维造型或艺术字等；对于由无规律的像素点组成的图像(风景、人物、山水)，难以用数学形式表达，不宜使用矢量图格式；其次矢量图不容易制作色彩丰富的图像，绘制的图像不很真实，并且在不同的软件之间交换数据也不太方便。

2. 位图

位图又叫点阵图或像素图，计算机屏幕上的图是由屏幕上的发光点(即像素)构成的，每个点用二进制数据来描述其颜色与亮度等信息，这些点是离散的，类似于点阵。多个像素的色彩组合就形成了图像，称之为位图。

位图在放大到一定限度时会发现它是由一个个小方格组成的，这些小方格被称为像素点，一个像素是图像中最小的图像元素，如图16-2所示。在处理位图图像时，所编辑的是像素而不是对象或形状，它的大小和质量取决于图像中的像素点的多少，每平方英寸中所含像素越多，图像越清晰，颜色之间的混和也越平滑。计算机存储位图像实际上是存储图像的各个像素的位置和颜色数据等信息，所以图像越清晰，像素越多，相应的存储容量也越大。

图16-2 位图图像

位图图像的主要优点在于表现力强、细腻、层次多、细节多，可以十分容易地模拟出像照片一样的真实效果。由于是对图像中的像素进行编辑，所以在对图像进行拉伸、放大或缩小等处理时，其清晰度和光滑度会受到影响。

16.1.2 分辨率

图像分辨率即图像中每单位长度所含有的像素的多少；分辨率越大，图像越清晰，图像文件也越大；但并不是所有的图像分辨率越高越好，不同用途的图像需要设定不同的分辨率，通常以“像素/英寸”为单位。如图像用于网页或喷绘制作等，可选择72像素/英寸，如图像用于印刷输出等，则需设置为300像素/英寸。图16-3所示为设置图像分辨率。

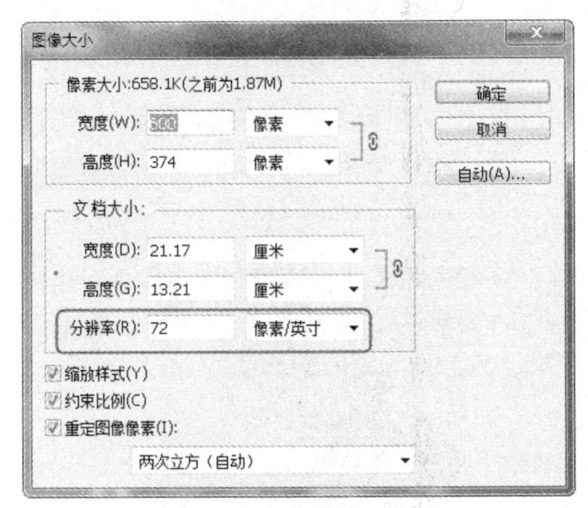

图16-3 设置图像分辨率

16.1.3 颜色模式

颜色模式是图像设计的最基本知识,它决定了如何描述和重现图像的色彩。在Photoshop中，常用的颜色模式有RGB、CMYK、Lab、位图模式、灰度模式、索引模式、双色调模式、多通道模式等，在图像模式中，可以转换其颜色模式。

1. RGB模式

RGB色彩就是常说的三原色，R代表Red(红色)，G代表Green(绿色)，B代表Blue(蓝色)。之所以称为三原色，是因为在自然界中，肉眼所能看到的任何色彩都可以由这三种色彩混合叠加而成，因此也称为加色模式。它是Photoshop最常用的一种颜色模式，以红色、绿色、蓝色三种原色作为图像色彩的显示模式；彩色图像中每个像素的RGB分量都被分配了一个从0(黑色)到255(白色)范围的强度值。

2. CMYK颜色模式

CMYK颜色模式是一种印刷模式，由青色、洋红色、黄色、黑色四种原色作为图像的色彩显示模式；在Photoshop的CMYK模式中，每个像素的每种印刷油墨会被分配一个百分比值。

3. LAB颜色模式

LAB颜色模式是Photoshop在不同颜色模式之间转换时使用的内部颜色模式，能毫无偏差地在不同系统和平台之间进行转换。L代表光亮度分量，范围0~100，A表示从绿到红的光谱变化，B表示从蓝到黄的光谱变化，两者范围都是+120~—120。

4. 索引模式

为了减小图像文件所占的存储空间，人们设计了一种“索引颜色”模式。由于这种模式可极大地减小图像文件的存储空间，所以多用于网页图像与多媒体图像。

5. 灰度模式

灰度图像的每个像素有一个0(黑色)到255(白色)之间的亮度值，也可以用黑色油墨覆盖的百分比来表示。当灰度模式向RGB转换时，像素的颜色值取决于其原来的灰色值。

6. 双色调模式

彩色印刷品在通常情况下都是以CMYK4种油墨来印刷的，但也有些印刷物，例如名片，往往只需要用两种油墨颜色就可以表现出图像的层次感和质感。因此，如果并不需要全彩色的印刷质量，可以考虑利用双色印刷来降低成本。

7. 位图模式

使用两种颜色值(黑白)来表示图像中的像素，因此也叫黑白图像。当图像要转换成位图模式时，必须先将图像转换成灰度模式后才能转换成位图模式。

8. 多通道模式

将图像转换为“多通道”模式后，系统将根据源图像产生相同数目的新通道，但该模式下的每个通道都为256级灰度通道(其组合仍为彩色)。这种显示模式通常被用于处理特殊打印，例如，将某一灰度图像以特别颜色打印。

16.1.4 图层

图层对于图像设计者而言，无疑是一个崭新的里程碑，它不但带给图像设计者的全新的创作概念，同时对于庞大的重复工作处理时，也减少了许多不必要的操作时间。如图16-4所示为“图层”面板。

在Photoshop中，越下方的图层所处的位置越在后面，系统会以此认定图层间的排列与遮蔽关系，依序组合成一张完整的图形。通常最下方的图层会以背景图层的形式存在，此种图层与一般图层的不同地方在于，背景图层无法进行位移以及混合模式等相关编辑操作。

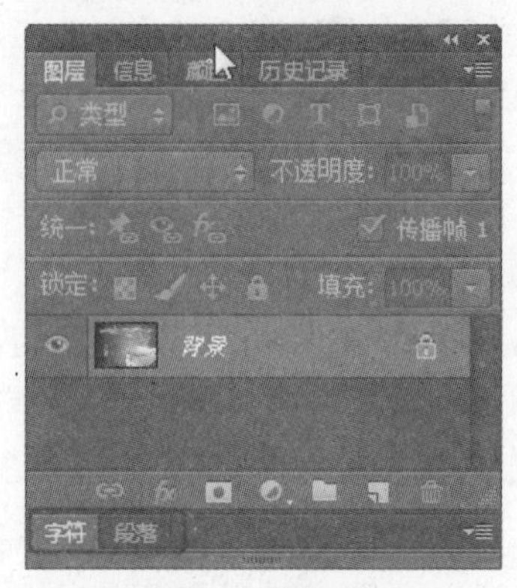

图16-4 图层面板

16.2 Photoshop CS6工作界面

Photoshop的工作界面提供了一个可充分表现自我的设计空间，在方便操作的同时也提高了工作效率。Adobe Photoshop CS6窗口环境是编辑、处理图形图像的操作平台，它主要由菜单栏、工具箱、工具选项栏、面板组、文档窗口和时间轴等组成，工作界面如图16-5所示。

图16-5 Photoshop CS6工作界面

16.2.1 菜单栏

Photoshop CS6包括“文件”、“编辑”、“图像”、“图层”、“文字”、“选择”、“滤镜”、“视图”、“窗口”和“帮助”10个菜单，如图16-6所示。

Ps	文件(F)	编辑(E)	图像(I)	图层(L)	文字(Y)	选择(S)	滤镜(T)	视图(V)	窗口(W)	帮助(H)

图16-6 菜单栏

- “文件”菜单：对所修改的图像进行打开、关闭、存储、输出、打印等操作。
- “编辑”菜单：为编辑图像过程中所用到的各种操作，如拷贝、粘贴等一些基本操作。

- “图像”菜单：用来修改图像的各种属性，包括图像和画布的大小、图像颜色的调整、修正图像等。
- “图层”菜单：图层基本操作命令。
- “文字”菜单：用于设置文本的相关属性。
- “选择”菜单：可以对选区中的图像添加各种效果或进行各种变化而不改变选区外的图像，该菜单还提供各种控制和变换选区的命令。
- “滤镜”菜单：用来添加各种特殊效果。
- “视图”菜单：用于改变文档的视图，如放大、缩小、显示标尺等。
- “窗口”菜单：用于改变活动文档，以及打开和关闭Photoshop CS6的各个浮动面板。
- “帮助”菜单：用于查找帮助信息。

16.2.2 工具箱及工具选项栏

Photoshop的“工具箱”包含了多种工具，要使用这些工具，只要单击“工具箱”中的工具按钮即可，如图16-7所示。

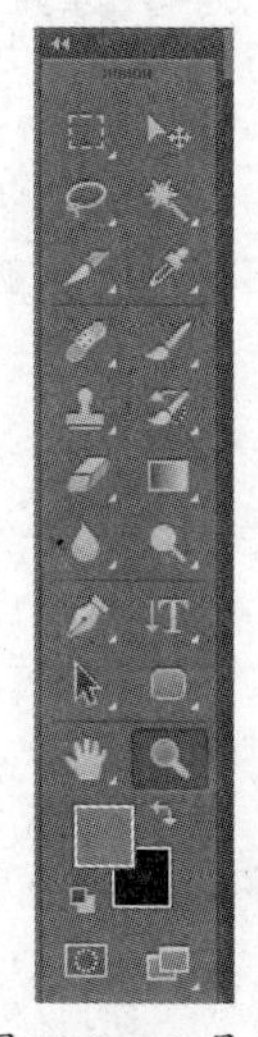

图16-7 工具箱

使用Photoshop CS6绘制图像或处理图像时，需要在“工具箱”中选择工具，同时需要在“工具选项栏”中进行相应的设置，如图16-8所示。

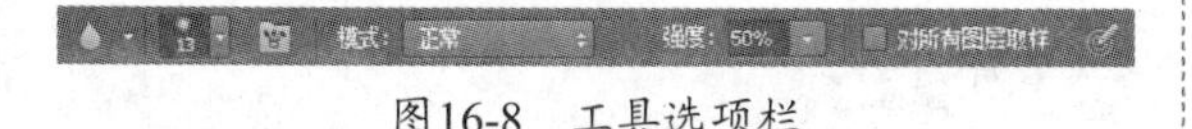

图16-8 工具选项栏

16.2.3 文档窗口及状态栏

图像文件窗口就是显示图像的区域，也是编辑和处理图像的区域。在图像窗口中可以实现Photoshop中所有的功能，也可以对图像窗口进行多种操作，如改变窗口大小和位置，对窗口进行缩放等。文档窗口如图16-9所示。

图16-9 文档窗口

状态栏位于图像文件窗口的最底部，主要用于显示图像处理的各种信息，如图16-10所示。

图16-10 状态栏

16.2.4 面板

在默认情况下，面板位于文档窗口的右侧，其主要功能是查看和修改图像。一些面板中的菜单提供其他命令和选项。可使用多种不同方式组织工作区中的面板。可以将面板存储在“面板箱”中，以使它们不干扰工作且易于访问，或者可以将常用面板在工作区中保持打开状态。另一个选项是将面板编组，或将一个面板停放在另一个面板的底部，如图16-11所示。

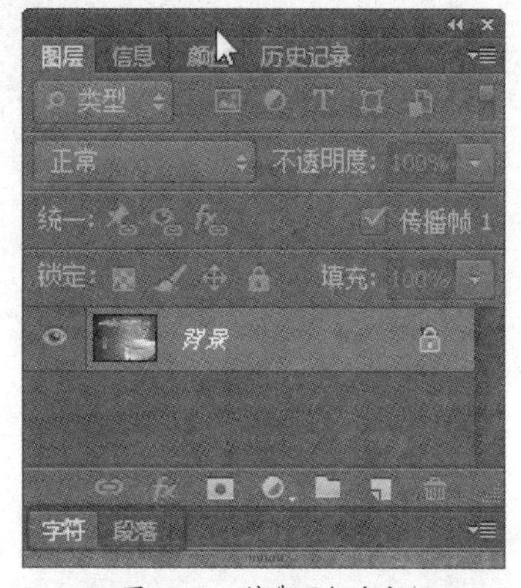

图16-11 停靠面板底部

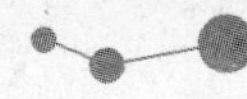

16.3 调整网页图像文件

在Photoshop CS6中最基本的技巧就是对图像文件的调整，这也是Photoshop雄踞其他图形处理软件之上的一项看家本领。要想做出精美的网页图像，图像色彩的调整是必不可少的。

16.3.1 课堂练一练：调整图像大小

原始文件	原始文件/CH16/调整图像大小.jpg
最终文件	最终文件/CH16/调整图像大小.jpg

下面讲述调整图像大小的具体操作步骤。

01 执行"文件"|"打开"命令，弹出"打开"对话框，如图16-12所示。

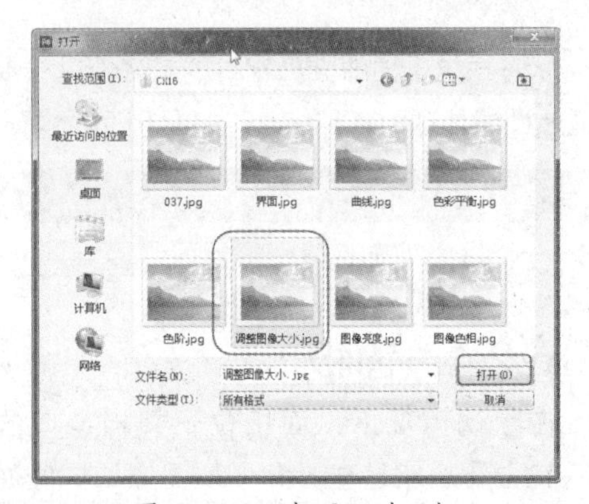

图16-12 "打开"对话框

02 在该对话框中选择"调整图像大小.jpg"文件，单击"打开"按钮以打开图像，如图16-13所示。

图16-13 打开图像

03 执行"图像"|"图像大小"命令，打开"图像大小"对话框，在该对话框中将"宽度"设置为600，如图16-14所示。

04 单击"确定"按钮，修改图像大小，如图16-15所示。

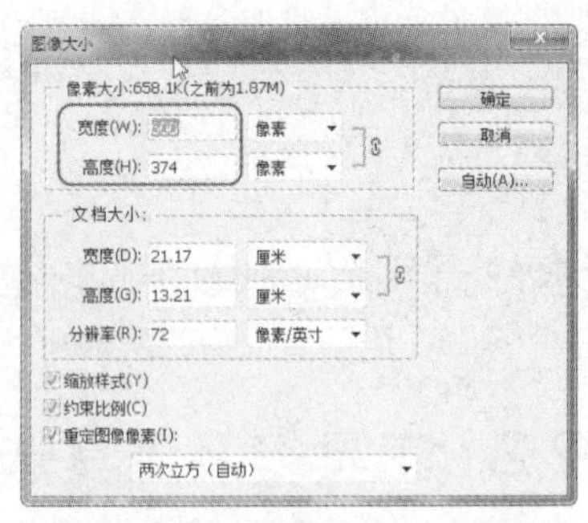

图16-14 "图像大小"对话框

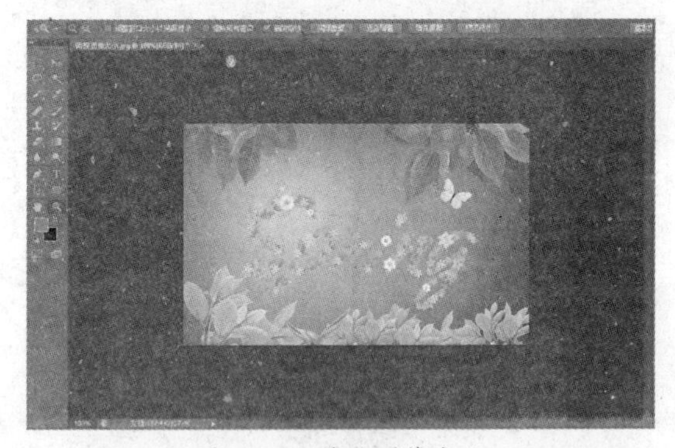

图16-15 修改图像大小

16.3.2 课堂练一练：使用色阶命令美化图像

原始文件	原始文件/CH16/色阶.jpg
最终文件	最终文件/CH16/色阶.jpg

"色阶"调整命令允许通过修改图像的阴影区、中间色调区和高光区的亮度水平来调整图像的色调范围和颜色平衡，并可随时用"吸管工具"精确地读出各位置在变化前后的色调值。

使用"色阶"命令美化图像的具体操作步骤如下所述。

01 打开原始图像文件"色阶.jpg"，如图16-16所示。

02 执行"图像"|"调整"|"色阶"命令，打开"色阶"对话框，在该对话框中设置相

应的参数，如图16-17所示。

图16-16 打开图像文件

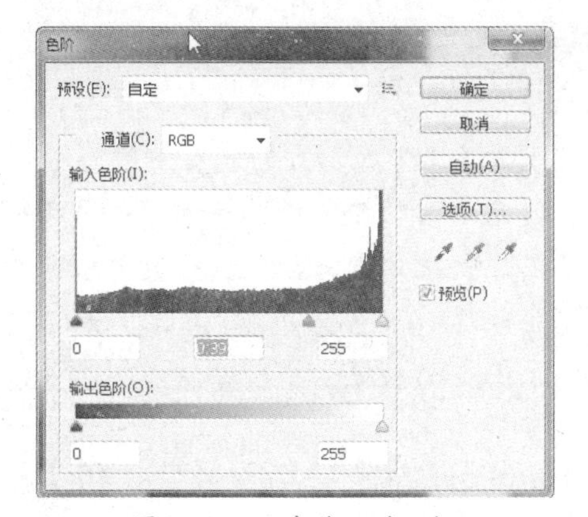

图16-17 “色阶”对话框

03 单击“确定”按钮，设置色阶，如图16-18所示。

图16-18 设置色阶效果

16.3.3 课堂练一练：使用曲线命令美化图像

原始文件	原始文件/CH16/曲线.jpg
最终文件	最终文件/CH16/曲线.jpg

“曲线”是许多专业美术人员最喜欢使用的色调修正工具。比起“色阶”命令来，用户可以更精确地控制每一个亮度层次光点的变化，不仅可以更有效地调整图像的色调，更可以制作出许多奇特的色彩效果。使用“曲线”命令美化图像的具体操作步骤如下所述。

01 打开原始图像文件“曲线.jpg”，如图16-19所示。

图16-19 打开图像文件

02 执行“图像”|“调整”|“曲线”命令，打开“曲线”对话框，在该对话框中设置相应的参数，如图16-20所示。

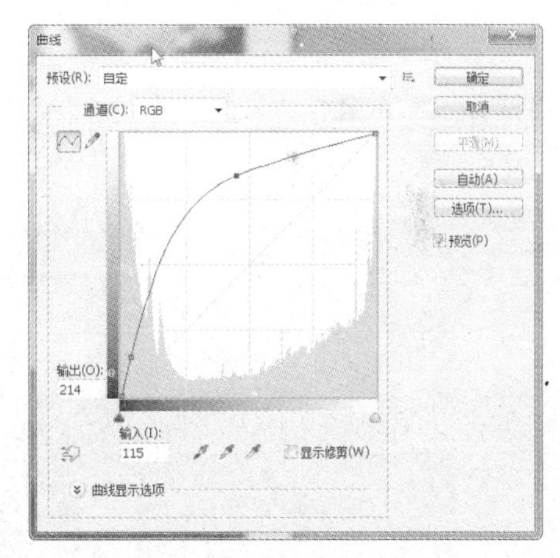

图16-20 “曲线”对话框

03 单击“确定”按钮，设置曲线，如图16-21所示。

提示

对于颜色过暗的图像，往往会导致图像细节的丢失，这时，可以在曲线中将阴影区曲线上扬，将阴暗区减少。这样调的同时中间色调区曲线和高光区曲线也会微微上扬，结果是图像的各色调区被按一定比例加亮，比起直接整体加亮显得更有层次感。

图16-21　设置曲线效果

16.3.4　课堂练一练：调整图像亮度与对比度

原始文件	原始文件/CH16/图像亮度.jpg
最终文件	最终文件/CH16/图像亮度.jpg

“亮度/对比度”命令操作比较直观，可以对图像的亮度和对比度进行直接的调整。但是使用此命令调整图像颜色时，将对图像中所有的像素进行相同程度的调整，从而容易导致图像细节的损失，所以在使用此命令时要防止过度调整图像。调整图像亮度/对比度具体操作步骤如下所述。

01 打开原始图像文件“图像亮度.jpg”，如图16-22所示。

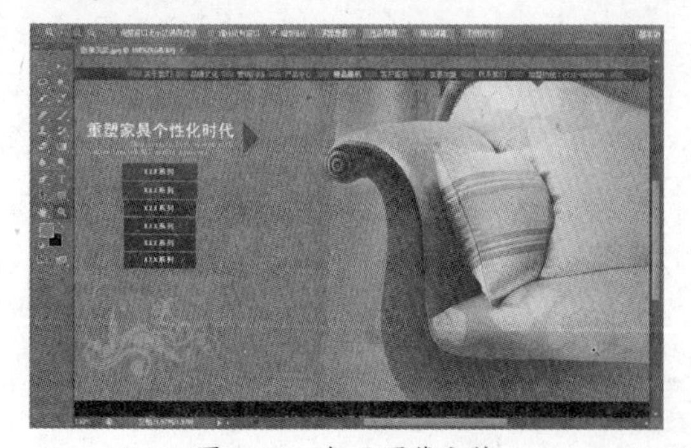

图16-22　打开图像文件

02 执行“图像”|“调整”|“亮度/对比度”命令，打开“亮度/对比度”对话框，在该对话框中设置相应的参数，如图16-23所示。

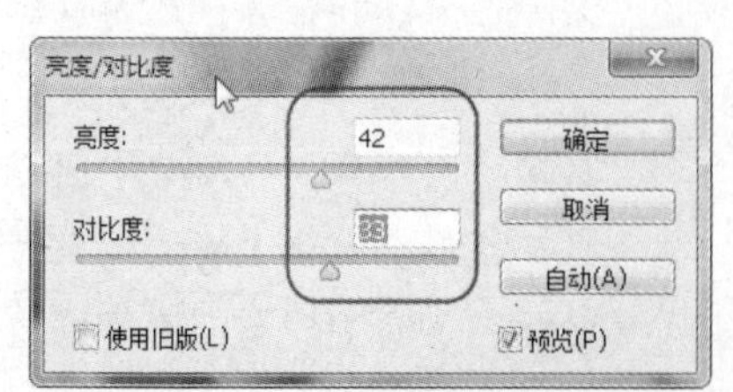

图16-23　“亮度/对比度”对话框

03 单击“确定”按钮，设置图像亮度，如图16-24所示。

图16-24　设置图像亮度/对比度效果

提示

“亮度/对比度”不考虑原图像中不同色调区的亮度/对比度差异的相对悬殊，对图像的任何色调区的像素都同样对待。因此它的调节虽然快捷方便，往往调整不出精确的图像。但对各色调区的亮度/对比度差异相对悬殊不太大的图像，还是能起到一些作用。

16.3.5　课堂练一练：使用色彩平衡

原始文件	原始文件/CH16/色彩平衡.jpg
最终文件	最终文件/CH16/色彩平衡.jpg

对于一个图像设计者来说，创建完美的色彩是至关重要的。颜色是一个强有力的、高刺激性的设计元素，用好了往往能收到事半功倍的效果。颜色能激发人的感情，完美的色彩可以使一幅图像充满了活力。当色彩运用得不正确的时候，表达的意思就不完整，甚至可能表达出一种错误的感觉。

使用“色彩平衡”命令可以更改图像的总体颜色混合，并且在暗调区、中间调区和高光区通过控制各个单色的成份来平衡图像的色彩。下面讲述使用色彩平衡调整图像效果的具体操作。

01 打开原始图像文件“色彩平衡.jpg”，如图16-25所示。

02 执行“图像”|“调整”|“色彩平衡”命令，打开“色彩平衡”对话框，在该对话框中设置相应的参数，如图16-26所示。

图16-25 打开图像文件

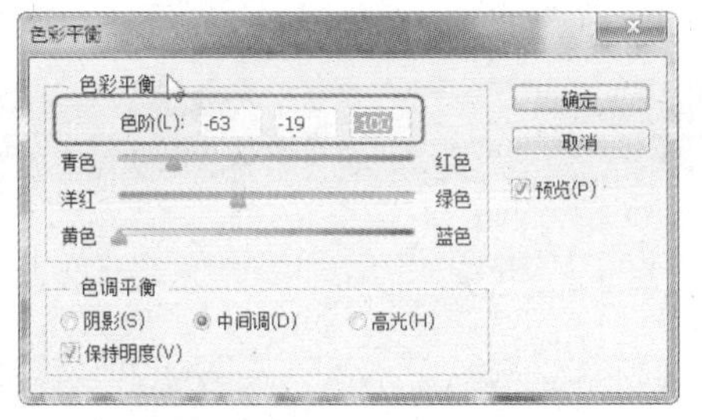

图16-26 “色彩平衡”对话框

03 单击“确定”按钮，设置图像色彩，如图16-27所示。

图16-27 调整图像色彩效果

提示

其实调节色彩平衡很简单，就是调节图中的三个滑块或在方框中输入-100到100之间的一个数值即可。而且可以看到，同一滑杆两端的颜色正好为互补色。

16.3.6 课堂练一练：调整图像色相与饱和度

原始文件	原始文件/CH16/图像色相.jpg
最终文件	最终文件/CH16/图像色相.jpg

“色相/饱和度”命令是较为常用的色彩调整命令，该命令功能非常齐全，既可以调整整个图像的色相、饱和度和明度，又可以调整图像中单个颜色成份的色相、饱和度和明度，具体操作步骤如下所述。

01 打开原始图像文件“色彩平衡.jpg”，如图16-28所示。

图16-28 打开图像文件

02 执行“图像”|“调整”|“色相/饱和度”命令，打开“色相/饱和度 ”对话框，在该对话框中设置相应的参数，如图16-29所示。

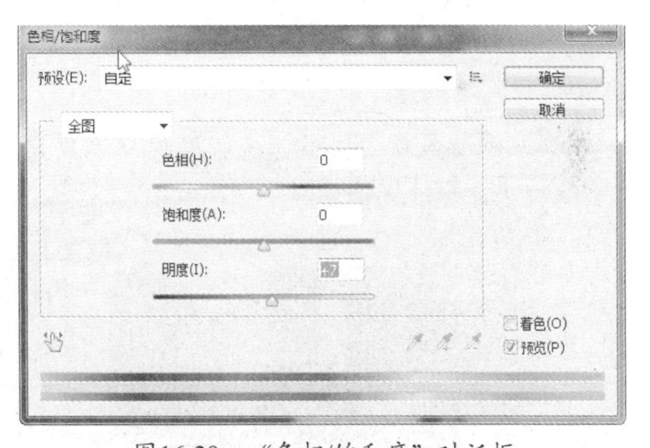

图16-29 “色相/饱和度”对话框

03 单击“确定”按钮，设置图像色相饱和度，如图16-30所示。

提示

所谓色相，即是在色谱上所能看到的红、橙、黄、绿、蓝、青、紫等不同的色彩特征。所谓饱和度，简单地说就是一种颜色的鲜艳程度，颜色越浓，饱和度越大，颜色越淡，饱和度越小。对于亮度，已经接触过多次了，就是明亮程度。

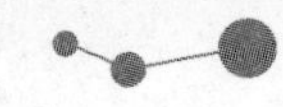

图16-30 设置图像饱和度

16.4 实战应用——调整图像

原始文件	原始文件/CH16/调整图像.jpg
最终文件	最终文件/CH16/调整图像.jpg

对图像的处理一向都是图像编辑工作的难点，相信在学习完本课之后，除了惊叹Photoshop 神奇的调整功能之外，读者还必须把“图像”菜单扎扎实实地弄懂，这样才能成为Photoshop的高手。下面讲述利用Photoshop CS6美化网页图像。

原始效果如图16-31所示，最终效果如图16-32所示，具体操作步骤如下所述。

图16-31 原始效果

图16-32 最终效果

01 执行“文件”|“打开”命令，打开原始图像文件“调整图像.jpg”，如图16-33所示。

图16-33 打开图像文件

02 执行“图像”|“调整”|“曲线”命令，打开“曲线”对话框，在该对话框中设置相应的参数，如图16-34所示。

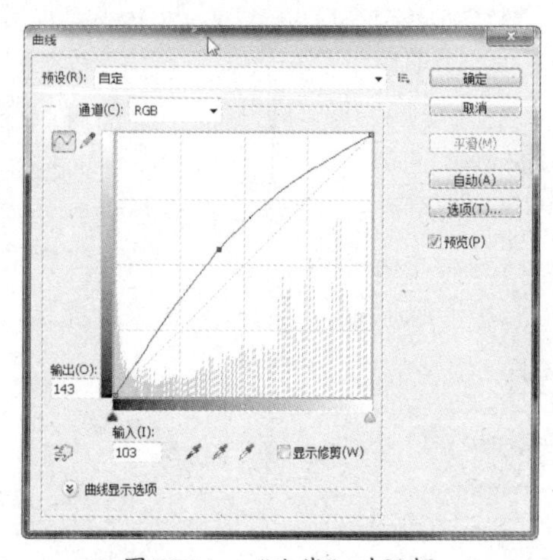

图16-34 “曲线”对话框

03 单击“确定”按钮，调整曲线效果如图16-35所示。

图16-35 调整曲线效果

04 执行“图像”|“调整”|“色阶”命令，打开“色阶”对话框，在该对话框中设置相应的参数，如图16-36所示。

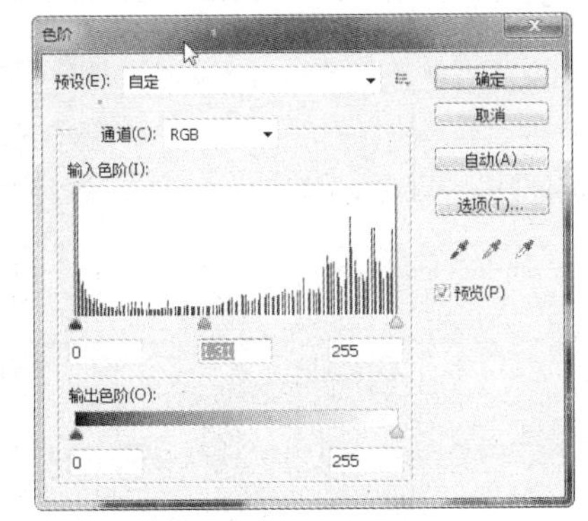

图16-36 “色阶”对话框

05 单击“确定”按钮，调整色阶效果如图16-37所示。

图16-37 调整色阶效果

06 执行“图像”|“调整”|“自然饱和度”命令，打开“自然饱和度”对话框，在该对话框中设置相应的参数，如图16-38所示。单击“确定”按钮，完成调整图像自然饱和度。

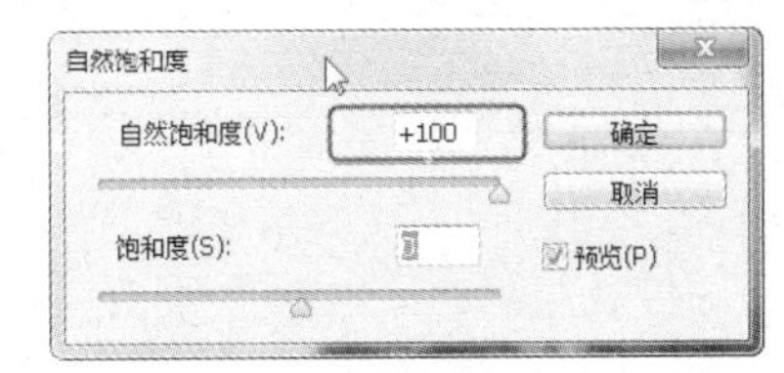

图16-38 “自然饱和度”对话框

16.5 习题测试

1．填空题

(1) 矢量图又叫向量图，是用一系列计算机指令来描述和记录一幅图，一幅图可以分解为一系列由_________、_________、_________等组成的子图，它所记录的是对象的几何形状、线条粗细和色彩等。

(2) 在Photoshop中，常用的颜色模式有RGB、CMYK、Lab、_________、_________、_________、双色调模式、多通道模式等，在图像模式中，可以转换其颜色模式。

2．操作题

(1) 打开图像，调整其色阶如图16-39所示图像。

最终文件	最终文件/CH16/习题1.jpg

提示

执行“图像”|“调整”|“色阶”命令，打开“色阶”对话框，在该对话框中设置相应的参数。

图16-39 调整图像

(2) 打开图像调整图像的曲线和色彩平衡，效果如图16-40所示。

最终文件	最终文件/CH16/习题2.jpg

执行“图像”|“调整”|“曲线”命令，打开“曲线”对话框，在该对话框中设置相应的参数。
执行“图像”|“调整”|“色彩平衡”命令，打开“色彩平衡”对话框，在该对话框中设置相应的参数。

图16-40　调整图像效果

16.6 本课小结

本课介绍了Photoshop的基本概念、Photoshop CS6的工作界面，以及对图像文件的基本调整操作。对颜色的处理一向都是图像编辑工作的难点，相信读者只要细细地揣摩其中的含义，明白各命令的工作原理、掌握其调节方法并不是一件难事。真正的难点是对图像色彩品质的精确洞察力，这需要在平时就养成细心观察周围景物，并结合色彩理论知识深入分析的好习惯。

第17课 使用绘图工具绘制图像

本课导读

Photoshop中的绘画工具，技巧性强，对绘画能力要求高，较难掌握。是否用好了Photoshop提供的这一系列工具，关键要看是否用好了绘图工具。利用工具进行绘图是Photoshop最重要的功能之一，只要用户熟练掌握这些工具并有着一定的美术造型能力，就能绘制出精美的作品来 。在网页图像设计中会经常用到这些绘图工具，熟练掌握绘图工具的使用是非常必要的。

技术要点

◎ 选择工具的使用

◎ 基本绘图工具

◎ 形状工具

◎ 设置颜色

◎ 扩展或收缩选区

 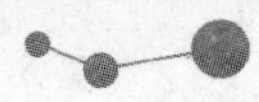

17.1 选择工具的使用

运行Photoshop后，初次使用的工具应该就是选择工具了。要想应用Photoshop的功能，首先应该选择应用的范围。选择工具用于指定应用Photoshop的各种功能和图形效果的范围。不论是多么出色的效果，如果使用范围不正确，也是毫无意义的。

17.1.1 创建选区

Photoshop的“选框工具”内含四个工具，它们分别是“矩形选框工具”、“椭圆选框工具”、“单行选框工具”和“单列选框工具”。默认情况下，从选框的一角拖移选框。这个工具的快捷键是字母M。图17-1所示的是“选框工具”。

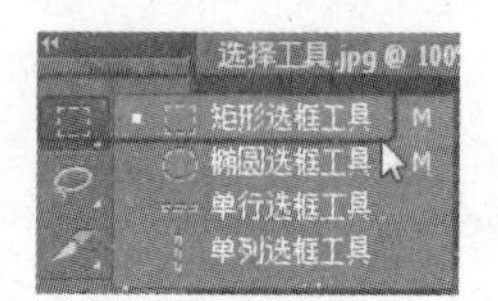

图17-1 选框工具

“矩形选框工具”通过鼠标的拖动指定矩形的图像区域。拖动鼠标可以制作出矩形或者正方形选区，并且可以应用各种选项将选区设置为特定大小。使用“矩形选框工具”，在图像中确认要选择的范围，按住鼠标左键不松手来拖动鼠标，即可选出要选取的选区，如图17-2所示。

图17-2 矩形选区

17.1.2 工具选项栏

在工具箱中选择“矩形选框工具”，Photoshop界面上端将显示选项栏，在该选项栏中可以设置选区的大小、羽化以及样式。图17-3所示的是“矩形选框工具”的工具选项栏。

图17-3 “矩形选框工具”的工具选项栏

- 新选区：可以创建一个新的选区。
- 添加到选区：在原有选区的基础上，继续增加一个选区，也就是将原选区扩大。
- 从选区减去：在原选区的基础上剪掉一部分选区。
- 与选区交叉：执行的结果，就是得到两个选区相交的部分。
- 样式：对于“矩形选框工具”、“圆角矩形选框工具”或“椭圆选框工具”，可以在选项栏中选取一个样式，可以选择的样式有以下几项。

正常：通过拖动确定选框比例。

固定比例：设置高宽比。输入长宽比的值。

固定大小：为选框的高度和宽度指定固定的值。输入整数像素值。

羽化：选区的虚化值，羽化值越高，选区越模糊。

消除锯齿：只有在使用“椭圆选框工具”时，这个选项才可使用，它决定选区的边缘光滑与否。

17.2 基本绘图工具

在处理网页图像过程中，绘图是最基本的操作。Photoshop CS6提供了非常简捷的绘图工具。下面就来讲述Photoshop中画笔、铅笔、仿制图章和图案图章的应用。

17.2.1 “画笔”工具

在Photoshop中使用“画笔”工具就好像在一张白纸上使用画笔工具一样简单。“画笔”工具是绘图工具中最为常用的工具之一，只要设置好所需要的颜色、笔刷大小、形状、压力参数，就可以直接在页面中进行绘画，具体操作步骤如下所述。

01 打开图像文件“画笔.jpg”，并调整图像的大小，如图17-4所示。

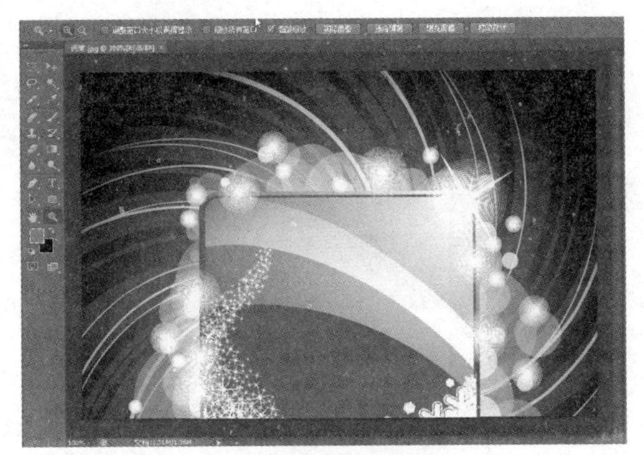

图17-4 打开图像文件

02 选择工具箱中的“画笔”工具，如图17-5所示。

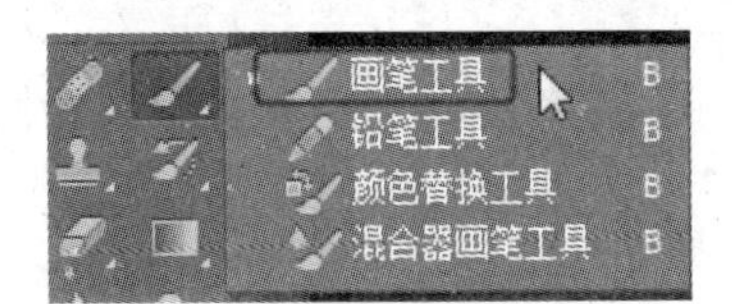

图17-5 选择“画笔”工具

03 在工具选项栏中单击“画笔”右侧的下拉按钮，在弹出的“画笔预设”选择器列表中选择“星形70”选项，如图17-6所示。

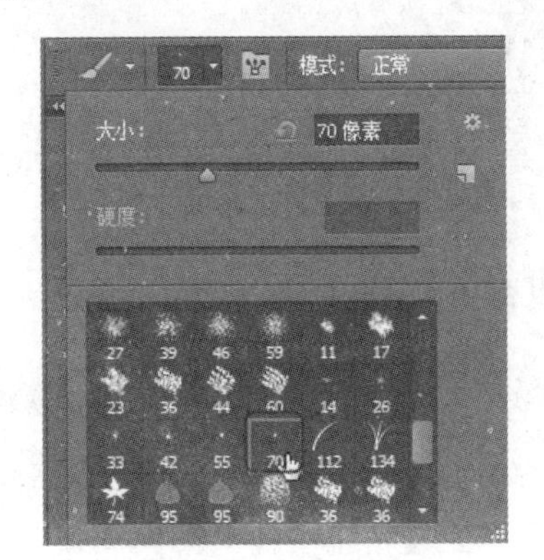

图17-6 设置画笔

04 在图像中进行绘制，最终效果如图17-7所示。

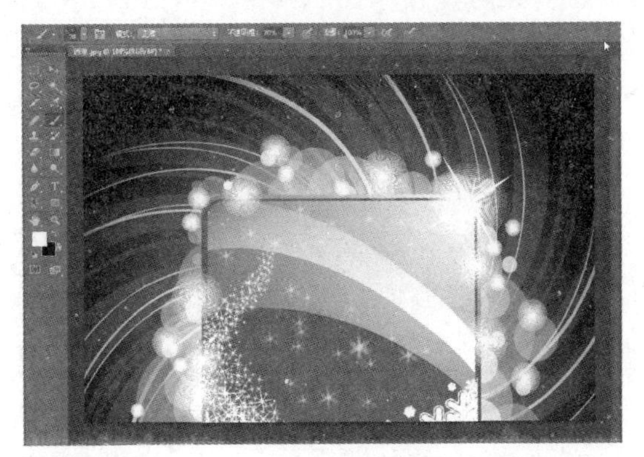

图17-7 绘制星形

17.2.2 “铅笔”工具

使用“铅笔”工具可以绘制出来硬的、有棱角的线条，就像实际生活当中使用铅笔绘制的图形一样。其工作方式与画笔工具相同，所不同的是在使用“铅笔”工具绘图时，所选择的画笔都是硬边的。

01 打开图像文件“铅笔工具.jpg”，在“工具箱”中选择“铅笔”工具，如图17-8所示。

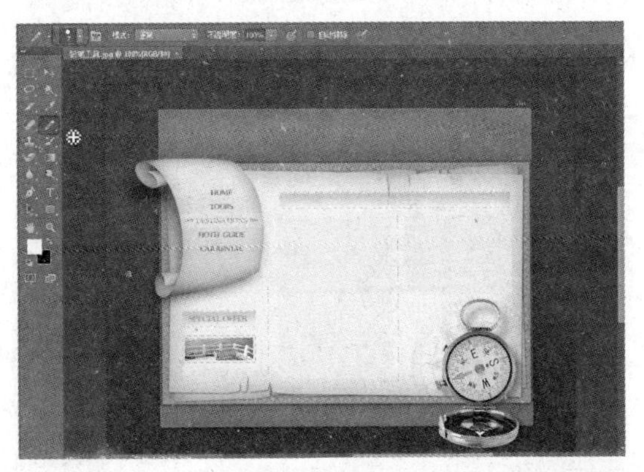

图17-8 打开文件

02 在工具选项栏中单击“铅笔”右侧的下拉按钮，在弹出的“画笔预设”选择器列表中选择“草134像素”选项，如图17-9所示。

图17-9 设置铅笔属性

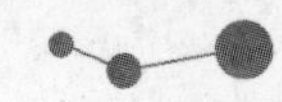

03 在图像中绘制小草，最终效果如图17-10所示。

图17-10 绘制小草

17.2.3 “仿制图章”工具

“仿制图章”工具是Photoshop软件中的一个工具，用来复制取样的图像。“仿制图章”工具是一个很好用的工具，也是一个很神奇的工具，它能够按涂抹的范围复制全部或者部分内容到一个新的图像中。

01 打开图像文件“仿制图章.jpg”，选择“工具箱”中的“仿制图章”工具，如图17-11所示。

图17-11 打开图像

02 然后把鼠标放到要被复制的图像的窗口上，这时鼠标将显示为一个图课的形状，和“工具箱”中的图课形状一样。按住Alt键，单击一下鼠标进行定点选样，如图17-12所示。

03 把鼠标移到要复制图像的窗口中，选择一个点，然后按住鼠标拖动即可逐渐地出现复制的图像。如图17-13所示。

图17-12 定点选样

图17-13 复制图像

17.2.4 “图案图章”工具

使用“图案图章”工具可以利用图案进行绘画，可以从图案库中选择图案或者自己创建图案。

01 执行“文件”|“新建”命令，新建空白文档，如图17-14所示。

图17-14 新建文档

02 选择“工具箱”中的“图案图章 ”工具，在选项栏中单击“点按可打开图案拾色器”按钮，在弹出的调板中选择相应的图案，如图17-15所示。

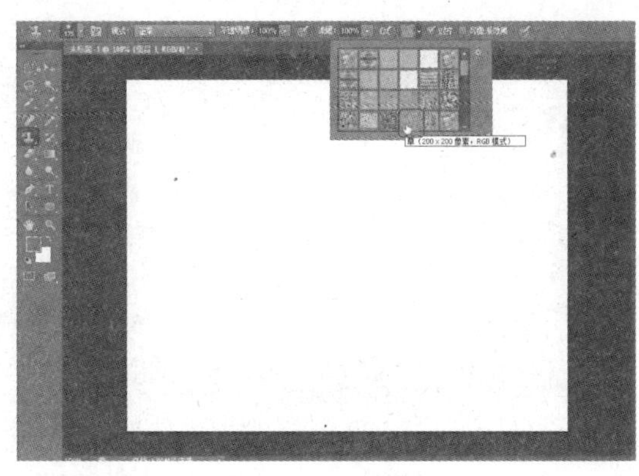
图17-15 选择图案

03 在图像中拖移可以使用该图案进行绘画，如图17-16所示。

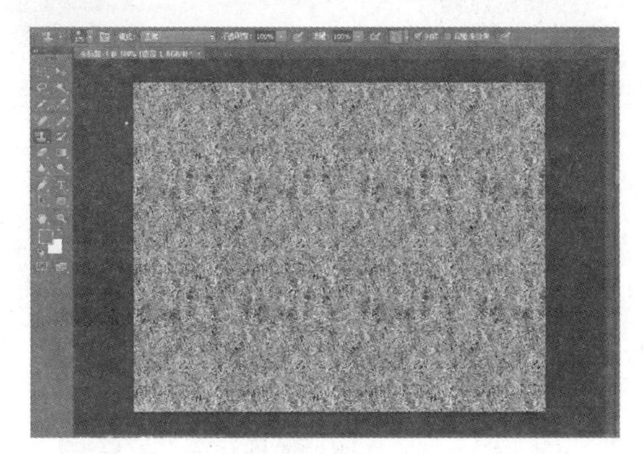
图17-16 填充图案

提示

"仿制图章"工具的选择对象是整幅图像像素，因此在粘贴图像时注意粘贴起点，可以通过观察选取图像上的十字标记来调整；如果要选择一幅图像的部分来做为粘贴对象，那么可以使用"图案图课"工具。

17.2.5 "橡皮擦"工具

在创作时，有时会因为操作失误或者要绘制特殊效果(用"橡皮擦"工具可擦除各种效果)，而需要用到"橡皮擦"工具，它是Photoshop最为常用的工具之一。"橡皮擦"工具包括以下3种："橡皮擦工具"、"背景橡皮擦工具"、"魔术橡皮擦工具"，如图17-17所示。

图17-17 "橡皮擦"工具

- "橡皮擦"工具：作用于背景图层则在擦除位置填入背景色；作用于透明图层则在擦除位置填入透明色。
- "背景橡皮擦"工具：擦除后变为透明色，若是背景图层则自动变为普通图层。
- "魔术橡皮擦"工具：相当于"魔术棒"+"背景橡皮擦"工具。作用于背景图层或锁定透明的图层则擦除后更改为背景色，否则将像素抹为透明。

"橡皮擦"工具使用方法很简单，像使用画笔一样，只需选中"橡皮擦"工具后按住鼠标左键在图像上拖动即可。当作用图层为背景层时，相当于使用背景颜色的画笔，当作用于"图层"时，擦除后该图层变为透明。下面讲述"橡皮擦"工具的具体使用。

01 执行"文件"|"打开"命令，打开图像文件"橡皮工具.jpg"，如图17-18所示。

图17-18 打开文件

02 选择"工具箱"中的"橡皮擦"工具，在选项栏中单击"画笔预设"按钮，在弹出的列表中选择相应的橡皮擦，如图17-19所示。

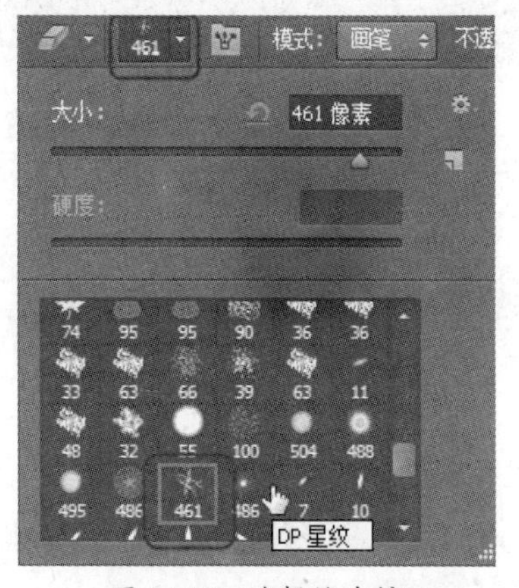

图17-19 选择橡皮擦

03 在舞台中相应的位置单击即可擦除出相应的形状，如图17-20所示。

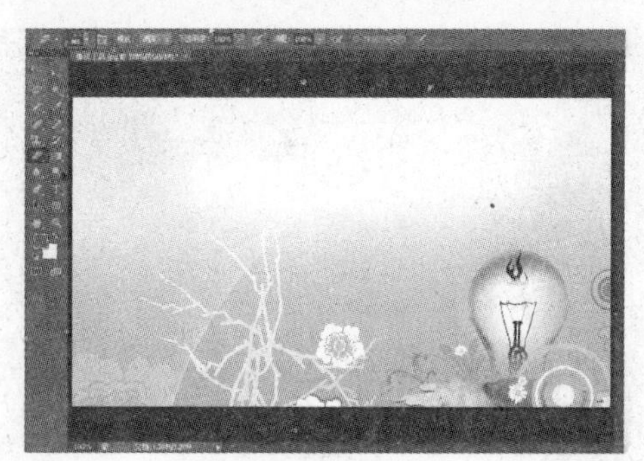

图17-20　擦除形状

17.3 图形工具

图形工具就是制作图形的工具。使用图形工具，可以制作出漂亮的图形，并不会受到分辨率的影响。利用图形工具可以简单、轻松制作出各种形态，另外还可以组合基本形态的图形，制作出复杂的图形以及任意的形态。在本部分中，我们将学习图形的制作方法。

17.3.1 “矩形”工具

使用“矩形”工具绘制矩形，只需选中“矩形”工具后，在画布上单击后拖拉鼠标即可绘出所需矩形。在拖拉时如果按住Shift键，则会绘制出正方形，具体操作步骤如下所述。

01 执行“文件”|“打开”命令，打开图像文件“矩形工具.jpg”，选择“工具箱”中的“矩形”工具，如图17-21所示。

02 在选项栏中将“填充颜色”设置为白色，按住鼠标左键在舞台中绘制矩形，如图17-22所示。

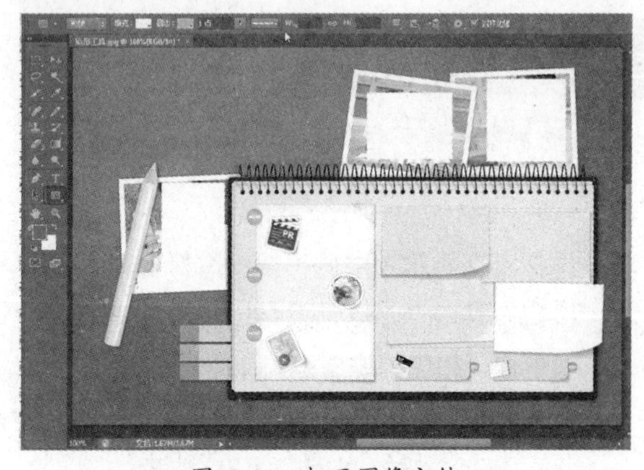

图17-21　打开图像文件

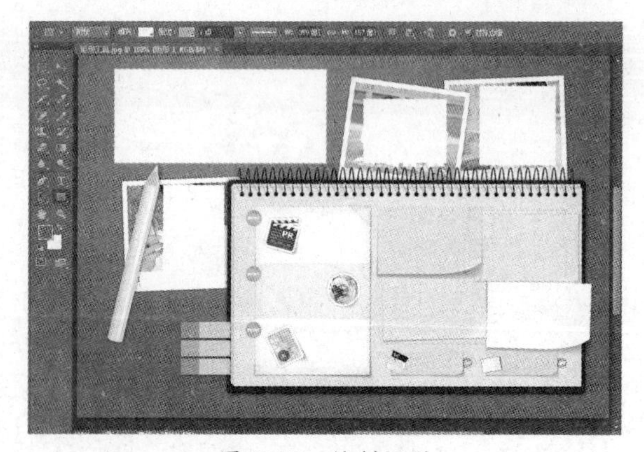

图17-22　绘制矩形

17.3.2 课堂练一练：“圆角矩形”工具

原始文件	原始文件/CH17/圆角矩形.jpg
最终文件	最终文件/CH17/圆角矩形.psd

用“圆角矩形”工具可以绘制具有平滑边缘的矩形，其使用方法与“矩形工具”相同，只需用光标在画布上拖拉即可，具体操作步骤如下所述。

01 执行“文件”|“打开”命令，打开图像文件“矩形工具.jpg”，选择“工具箱”中的“圆角矩形”工具，如图17-23所示。

02 在选项栏中将“填充颜色”设置为白色，“描边”颜色设置为#facd89，按住鼠标左键在舞台中绘制圆角矩形，如图17-24所示。

图17-23 打开图像文件

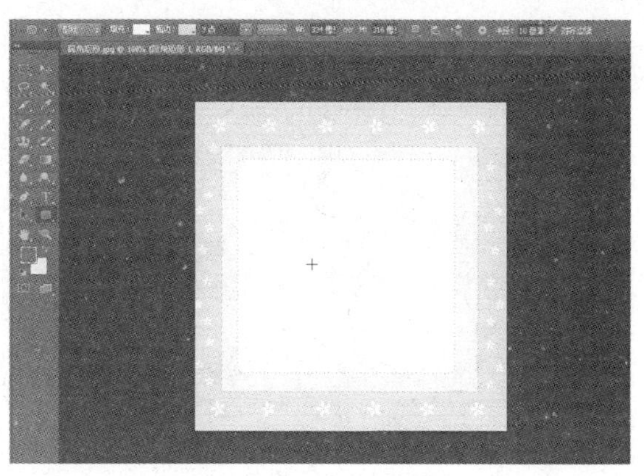

图17-24 绘制圆角矩形

17.3.3 课堂练一练："椭圆"工具

原始文件	原始文件/CH17/椭圆工具.jpg
最终文件	最终文件/CH17/椭圆工具.psd

使用"椭圆"工具可以绘制椭圆，按住Shift 键可以绘制出正圆形，绘制具有平滑边缘的圆形，其使用方法与"矩形"工具相同，只需用光标在画布上拖拉即可，具体操作步骤如下所述。

01 执行"文件"|"打开"命令，打开图像文件"椭圆工具.jpg"，选择"工具箱"中的"椭圆"工具，如图17-25所示。

02 在选项栏中将"填充颜色"设置为#D8EB92，按住鼠标左键在舞台中绘制椭圆，如图17-26所示。

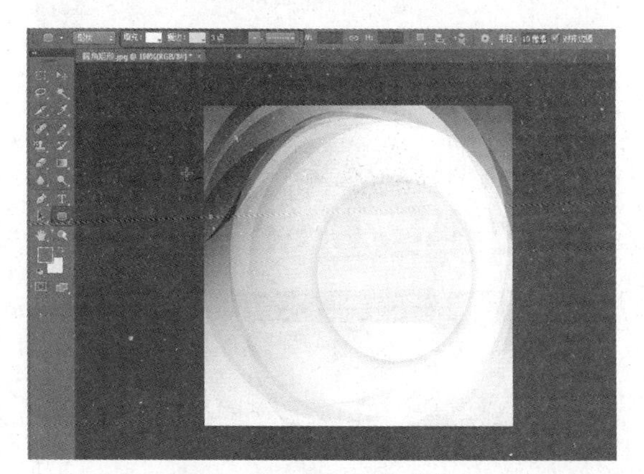

图17-25 打开图像文件

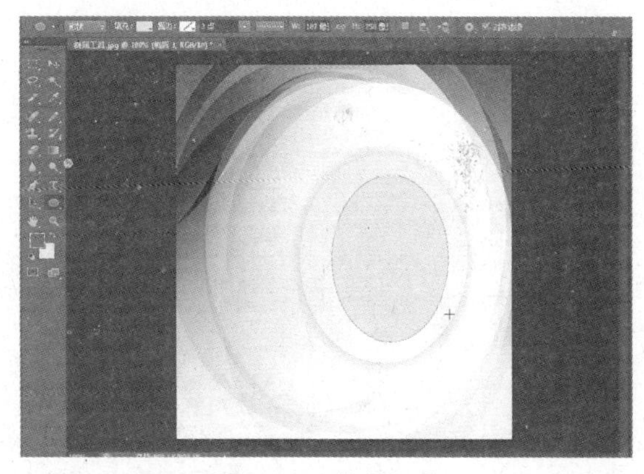

图17-26 绘制椭圆

17.3.4 课堂练一练："多边形"工具

原始文件	原始文件/CH17/多边形工具.jpg
最终文件	最终文件/CH17/多边形工具.psd

使用"多边形"工具可以绘制出所需的正多边形，将光标的起点作为多边形的中心，而终点为多边形的一个顶点，具体操作步骤如下所述。

01 执行"文件"|"打开"命令，打开图像文件"矩形工具.jpg"，选择"工具箱"中的"多边形"工具，如图17-27所示。

02 在选项栏中将"填充颜色"设置为#DC9A7A，按住鼠标左键在舞台中绘制多边形，如图17-28所示。

图17-27 打开图像文件

图17-28 绘制多边形

17.4 设置颜色

Photoshop之所以受到全世界图像工作者的青睐，一个重要原因也就是它强大的图像色彩编辑功能。

17.4.1 设置前景色和背景色

在Photoshop中选取颜色主要是通过“工具箱”中的“前景色”和“背景色”按钮来完成的。

- 前景色：用于显示和选取当前绘图工具所使用的颜色。单击“前景色”按钮，可以打开“拾色器”对话框并从中选取颜色。
- 背景色：用于显示和选取图像的底色。选取背景色后，并不会改变图像的背景色，只有在使用部分与背景色有关的工具时才会依照背景色的设定来执行命令。
- 切换前景色与背景色：用于切换前景色和背景色。
- 默认前景色与背景色：用于恢复前景色和背景色为初始默认颜色，即100%黑色与白色。
- 默认的前景色是黑色，默认的背景色是白色。在Alpha通道中，默认前景色是白色，默认背景色是黑色。

Photoshop使用前景色绘图、填充和描边选区，背景色是图层的底色。一些与背景色有关的工具执行的结果就得到背景色，例如使用“橡皮擦”工具时得到的就是背景色。下面讲述设置背景色的具体操作步骤。

01 执行“文件”|“打开”命令，打开图像文件“背景色.jpg”，选择“工具箱”中的“魔棒”工具，如图17-29所示。

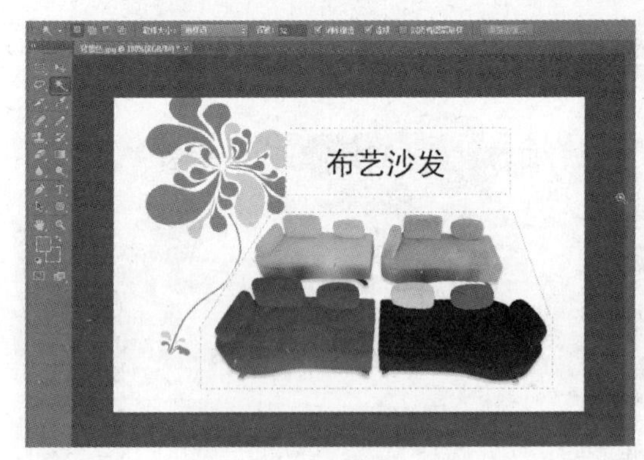

图17-29 打开图像文件

02 在图像上单击选中相应的图像，如图17-30所示。

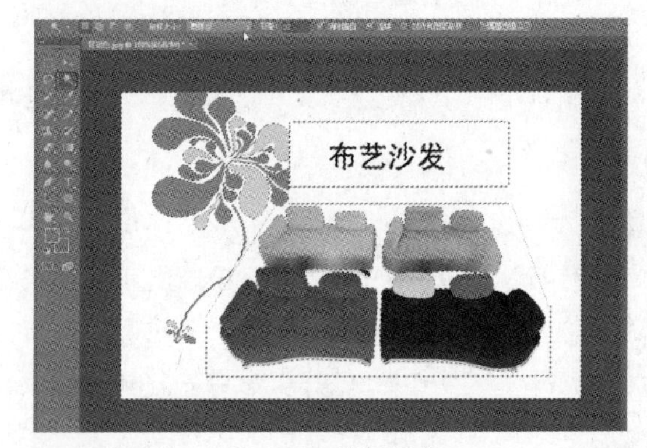

图17-30 选择图像

03 在“工具箱”中单击“设置背景色”按钮

，在弹出的“拾色器”对话框中设置相应的参数，如图17-31所示。

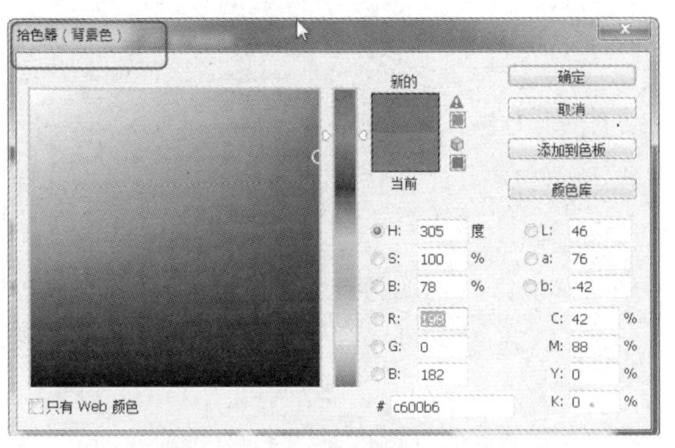

图17-31 “拾色器”对话框

04 按Ctrl+Delete组合键即可填充背景颜色，如图17-32所示。

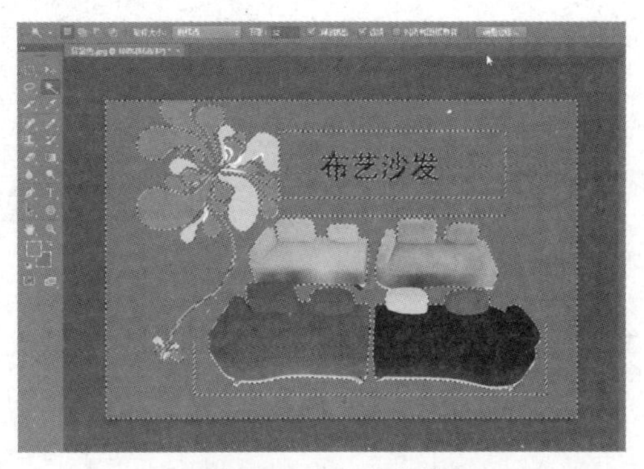

图17-32 设置背景

17.4.2 课堂练一练：使用“油漆桶”工具

“油漆桶”工具选项栏如图17-33所示：包括填充、图案、方式、不透明度、容差、消除锯齿、连续的、所有图层。使用“油漆桶”工具选项栏，可以进一步设置填充合成方式、不透明程度、颜色的容差程度和填充内容。

前景 模式：正常 不透明度：100% 容差：32 ☑消除锯齿 ☑连续的 □所有图层

图17-33 “油漆桶”工具选项栏

“油漆桶”工具选项栏主要包括以下选项。

- 填充：可选择用“前景”或 “图案”填充，只有选择用“图案”填充时，其后面的“图案”这一项才可选择。
- 图案：存放着定义过的可供选择填充的图案。
- 模式：选择填充时的色彩混合方式。
- 不透明度：调整填充时的不透明度。
- 容差：消除锯齿、连续的、所有图层等选项的使用都与“魔法橡皮擦”工具的使用相同。

“油漆桶”工具用于向鼠标单击处色彩相近并相连的区域填充前景色或指定图案，一点鼠标就可以完成此项填充工作，具体操作步骤如下所述。

01 执行“文件”|“打开”命令，打开图像文件，选择“工具箱”中的“油漆桶”工具，在选项栏中将填充设置为“前景”，如图17-34所示。

图17-34 打开图像

02 在舞台中单击区域，即可完成填充，如图17-35所示。

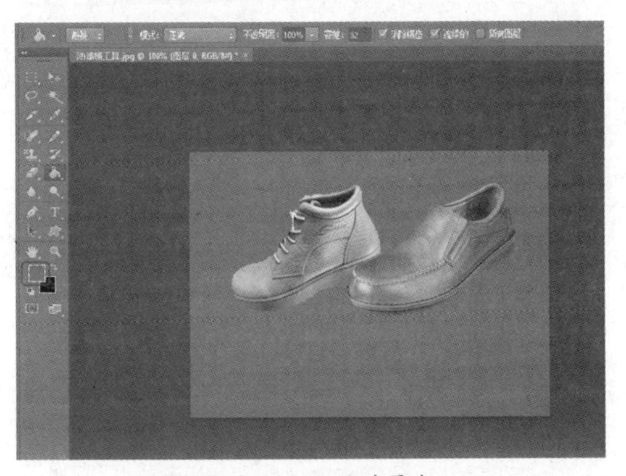

图17-35 设置前景色

03 在选项栏中单击选择“图案”选项，在弹出的列表中选择相应的图案，如图17-36所示。

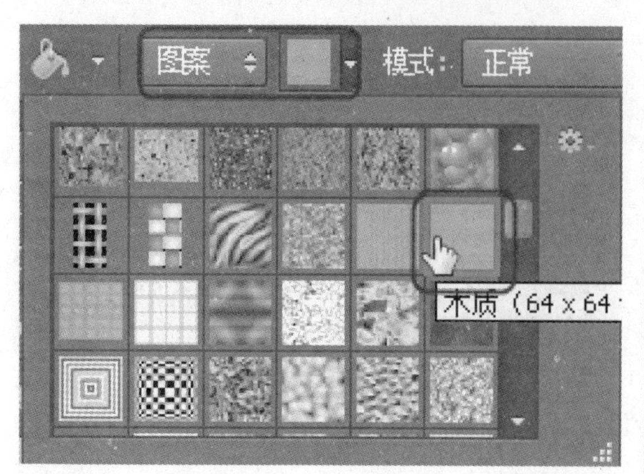

图17-36 选择图案

04 选择以后在舞台中单击，即可填充背景颜色，如图17-37所示。

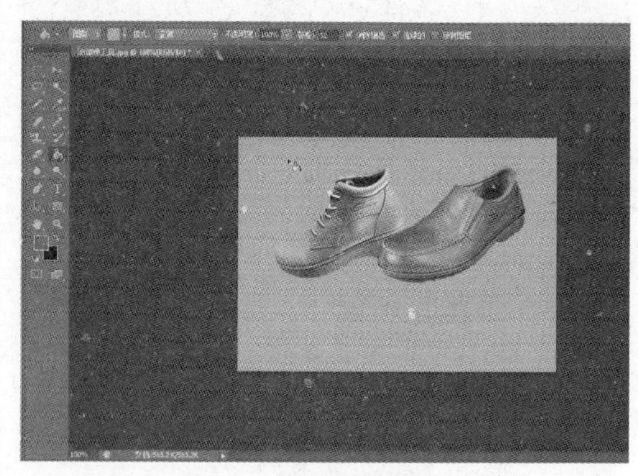

图17-37 填充背景色

17.5 技术拓展：扩展或收缩选区

“扩展”是根据对话框中指定的像素多少来扩大选取区域。

01 打开图像文件，选择“工具箱”中的“矩形选框”工具，选择相应的选区，如图17-38所示。

图17-38 选择选区

02 执行“选择”|“修改”|“扩展”命令，如图17-39所示。

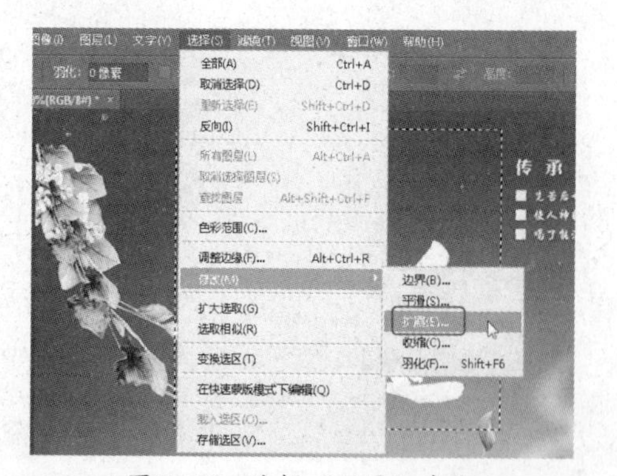

图17-39 选择“扩展”命令

03 选择以后打开“扩展选区”对话框，在该对话框中将“扩展量”设置为10，如图17-40所示。

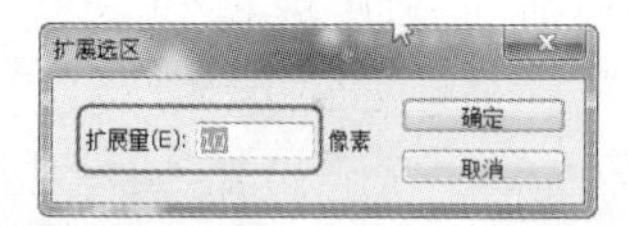

图17-40 “扩展选区”对话框

04 单击“确定”按钮，完成扩展选区，如图17-41所示。

图17-41 扩展选区

“收缩”是根据对话框中指定的像素多少来缩小选取区域。

01 打开图像文件，选择“工具箱”中的“矩形选框”工具，选择相应的选区，如图17-42所示。

图17-42 选择选区

02 执行“选择”|“修改”|“收缩”命令，打开“收缩”对话框，在该对话框中将“收缩量”设置为20，如图17-43所示。

03 单击“确定”按钮，完成收缩选区，如图17-44所示。

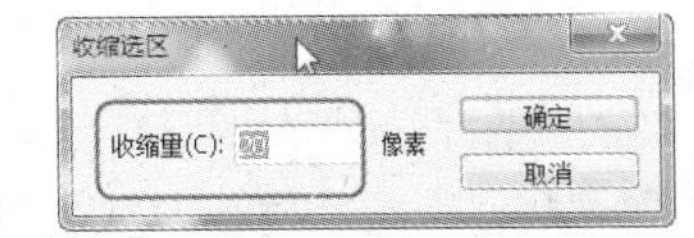

图17-43 “收缩选区”对话框

图17-44 收缩选区

17.6 实战应用

本课学习了Photoshop中的绘图工具，通过本课的学习，可以使用这些绘图工具做出令人满意的图像。

17.6.1 课堂练一练：制作网站标志

最终文件	最终文件/CH17/网站标志.psd

绘制网站标志，效果如图17-45所示，具体操作步骤如下所述。

图17-45 网站标志效果

01 启动Photoshop CS6，执行“文件”|“新建”命令，打开“新建”对话框，将“背景内容”设置为“背景色”，如图17-46所示。

02 单击“确定”按钮，新建一空白文档，如图17-47所示。

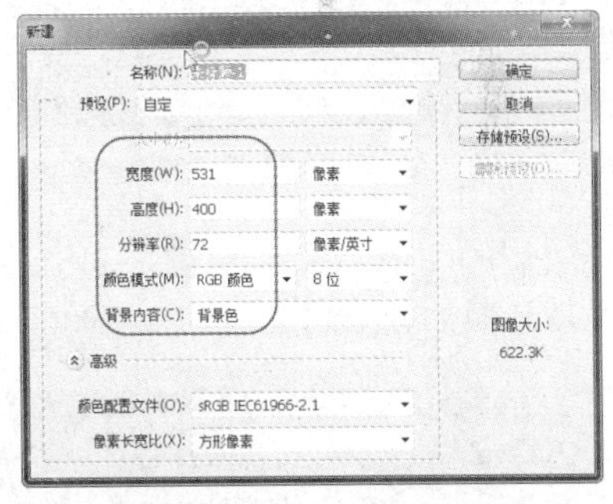

图17-46 “新建”对话框

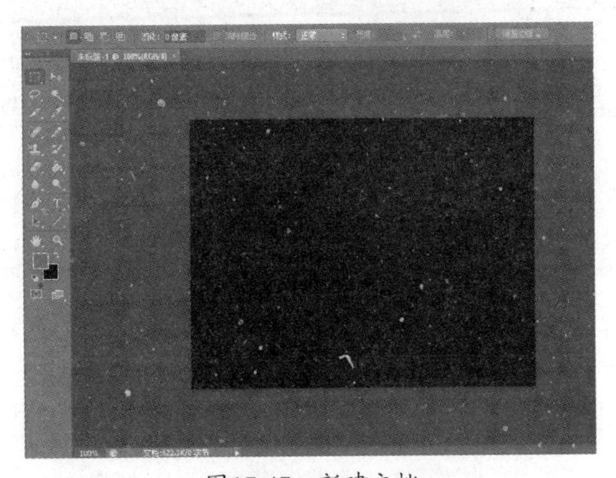

图17-47 新建文档

03 选择“工具箱”中的“圆角矩形”工具，在选项栏中将填充颜色设置为#FFF100，在舞台中绘制圆角矩形，如图17-48所示。

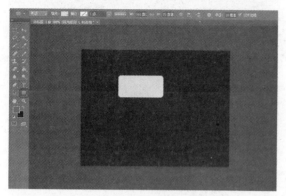

图17-48 绘制圆角矩形

04 执行“编辑”|“变换”|“变形”命令，将对象进行变形处理，如图17-49所示。

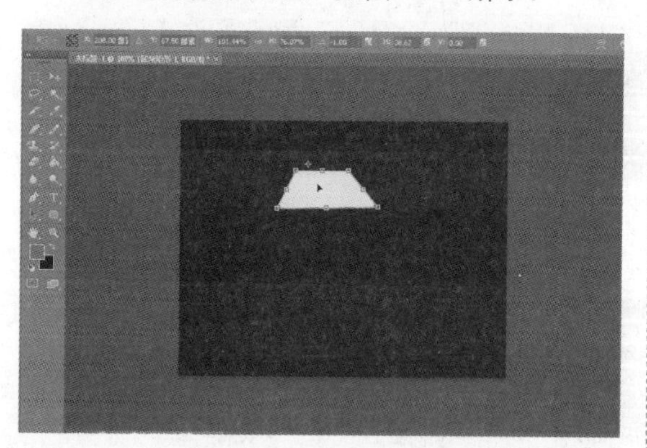

图17-49 对图像变形

05 选择绘制的图像，按住Alt键拖动出另外2个矩形，如图17-50所示。

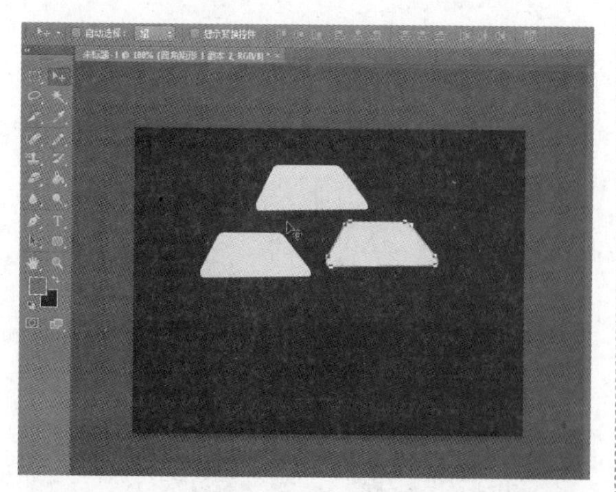

图17-50 新拖动矩形

06 选择拖动出来的图形，并对其填充不同的颜色，并调整其位置，如图17-51所示。

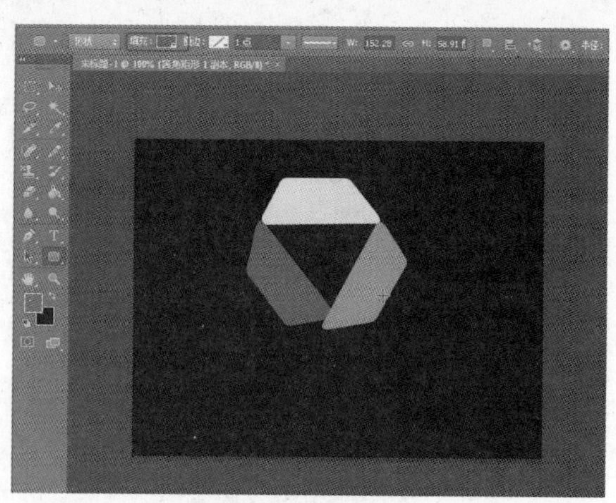

图17-51 设置颜色

07 选择“工具箱”中的“自定义形状”工具，在选项栏中单击“形状”右边的按钮，在弹出的列表中选择相应的按钮，如图17-52所示。

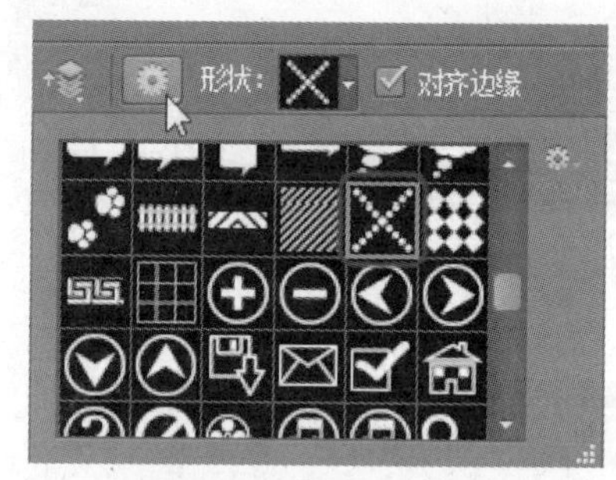

图17-52 自定义形状

08 按住鼠标右键在舞台中绘制形状。选择“工具箱”中的“横排文字”工具，在舞台中输入文字“开航传媒科技”，如图17-53所示。

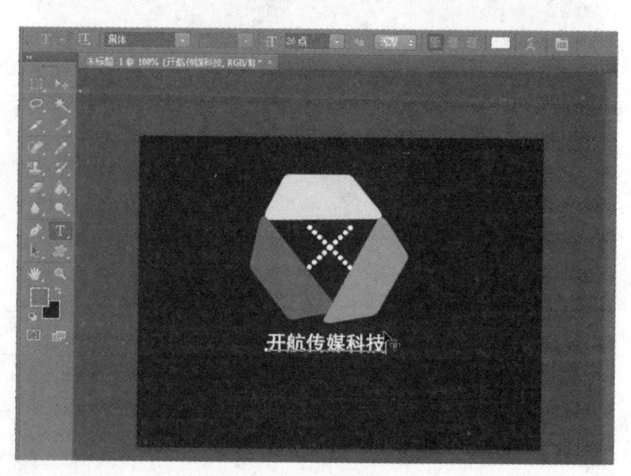

图17-53 输入文本

09 执行“图层”|“图层样式”|“内阴影”命令，打开“图层样式”对话框，在该对话框中设置相应的参数，如图17-54所示。

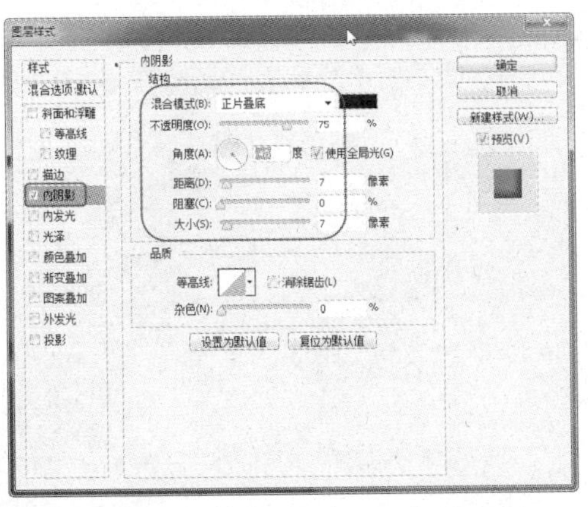

图17-54 “图层样式”对话框

10 单击“确定”按钮，设置图层样式，如图17-55所示。

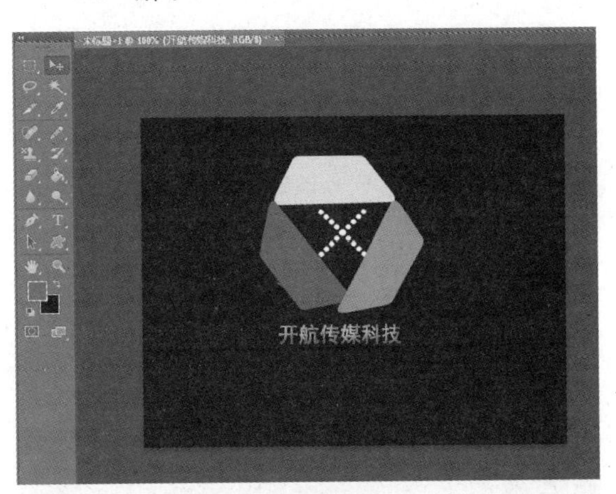

图17-55 设置图层样式

17.6.2 课堂练一练：绘制QQ表情

最终文件	最终文件/CH17/QQ表情.psd

绘制QQ表情，效果如图17-56所示，具体操作步骤如下所述。

图17-56 QQ表情效果

01 启动Photoshop CS6，执行“文件”|“新建”命令，打开“新建”对话框，在该对话框中将“宽度”和“高度”都设置为600，如图17-57所示。

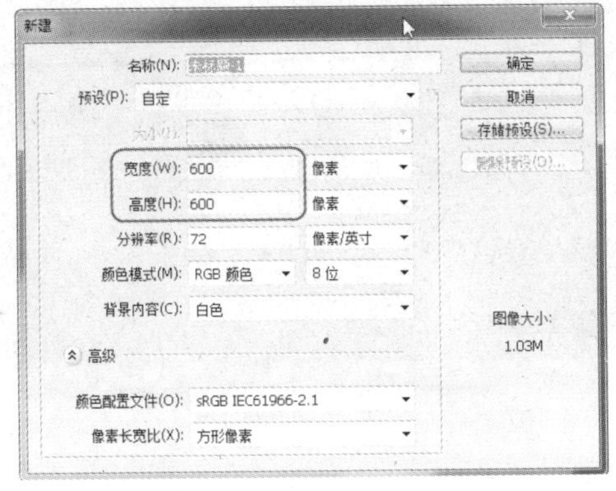

图17-57 “新建”对话框

02 单击“确定”按钮，新建一空白文档。选择“工具箱”中的“渐变”工具，如图17-58所示。

图17-58 新建文档

03 在选项栏中单击“点按可编辑渐变”工具，打开“渐变编辑器”对话框，在该对话框中设置渐变颜色，如图17-59所示。

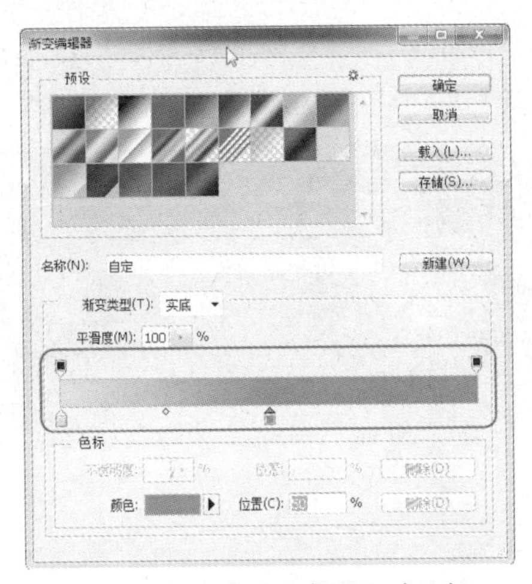

图17-59 “渐变编辑器”对话框

04 单击“确定”按钮，设置渐变颜色，在舞台中填充背景颜色，如图17-60所示。

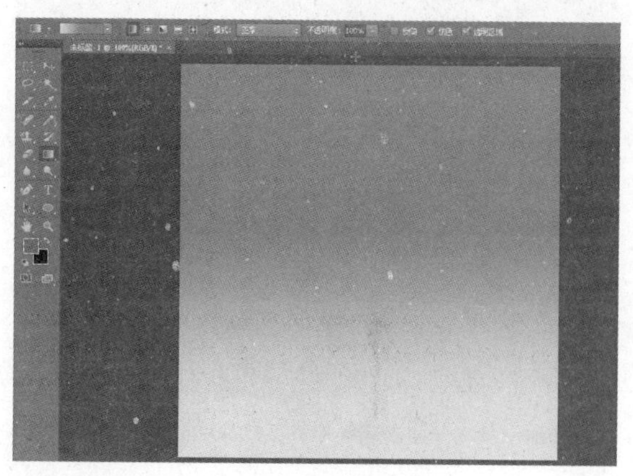

图17-60 填充渐变

05 选择“工具箱”中的“椭圆”工具，在选项栏中单击“设置形状填充类型”按钮，在弹出的列表框中选择相应渐变颜色，如图17-61所示。

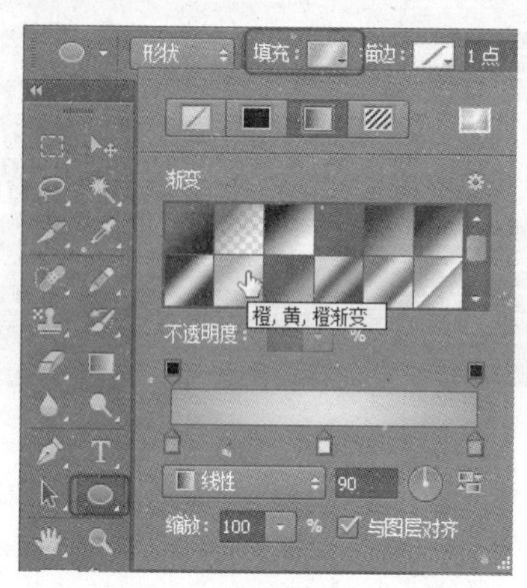

图17-61 选择渐变颜色

06 按住鼠标左键在舞台中绘制椭圆，如图17-62所示。

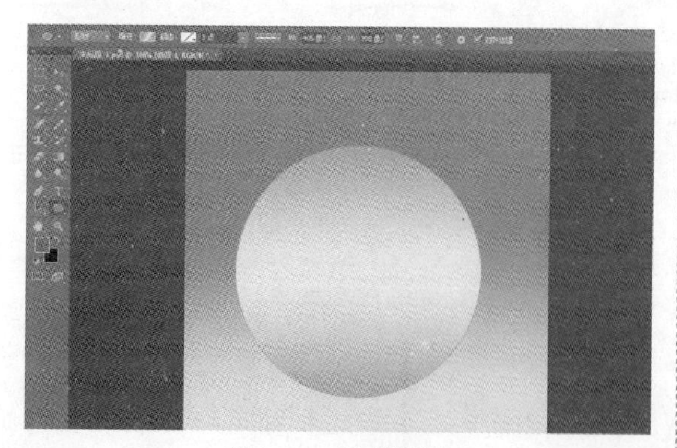

图17-62 绘制椭圆

07 选择“工具箱”中的“椭圆”工具，在舞台中绘制两个黑色的椭圆，如图17-63所示。

图17-63 绘制椭圆

08 选择“工具箱”中的“椭圆”工具，在舞台中绘制两个白色的椭圆，如图17-64所示。

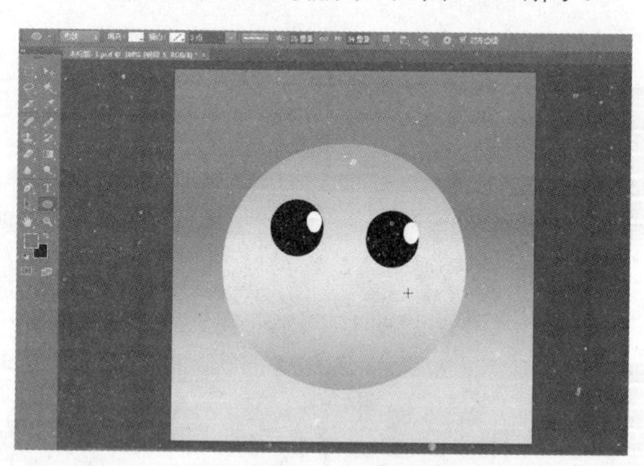

图17-64 绘制椭圆

09 选择“工具箱”中的“椭圆”工具，在舞台中绘制1个红色的椭圆，如图17-65所示。

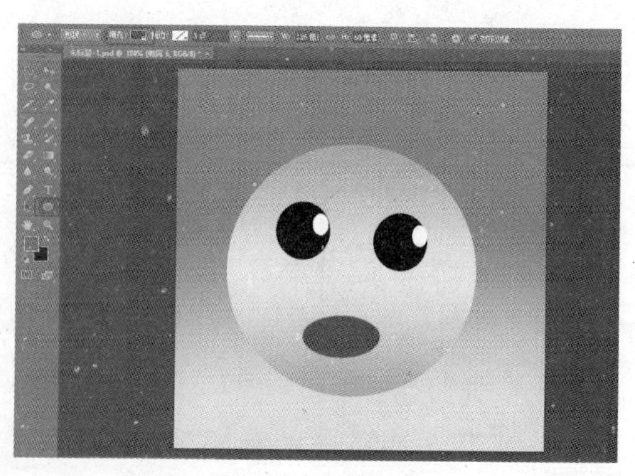

图17-65 绘制椭圆

10 执行“编辑”|“变形”|“变形”命令，对椭圆进行相应的变形，如图17-66所示。

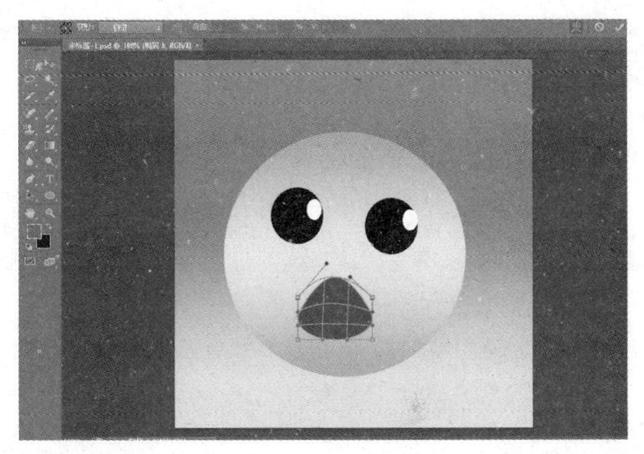

图17-66 变形椭圆

11 选择“工具箱”中的“自定义形状”工具，在选项栏中单击“形状”按钮，在弹出的列表中选择“雨滴”形状，如图17-67所示。

12 按住鼠标左键在舞台中绘制形状，如图17-68所示。

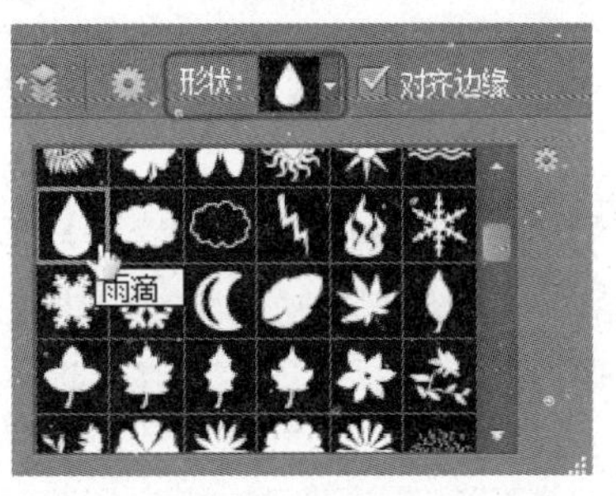

图17-67 选择形状

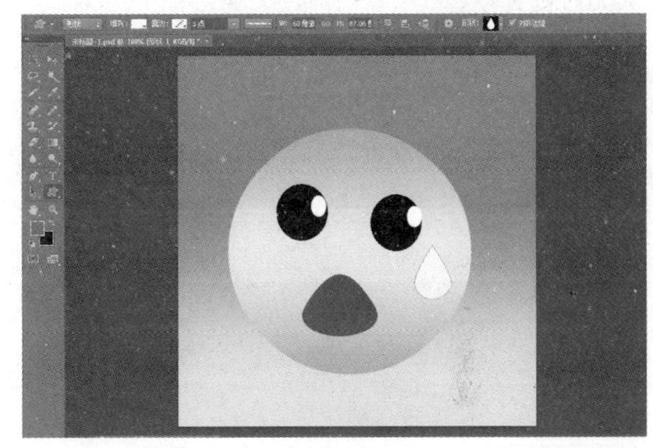

图17-68 绘制形状

17.7 习题测试

1．填空题

(1) Photoshop的选框工具内含4个工具，它们分别是＿＿＿＿＿、＿＿＿＿＿、＿＿＿＿＿、＿＿＿＿＿。

(2) ＿＿＿＿＿是Photoshop软件中的一个工具，用来复制取样的图像。

2．操作题

(1) 制作简单的网站logo，效果如图17-69所示。

最终文件	最终文件/CH17/习题1.psd

图17-69 网站logo

提示

利用“自定义形状”工具选择一种形状，并且设置形状的样式，在形状上输入文字，并且设置文字的样式即可。

(2) 制作心形效果，如图17-70所示。

最终文件	最终文件/ CH17/习题2.fla

图17-70 心形效果

提示

利用“椭圆”工具先绘制椭圆，填充渐变颜色，再使用“选择”工具调整其形状即可。

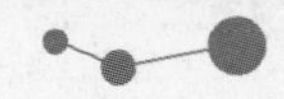

17.8 本课小结

Photoshop不仅在图像处理方面功能强大，而且在图形绘制方面也很优秀。图像编辑功能和绘图功能是Photoshop的两大优势功能。Photoshop中的每种绘图工具都有一组属于它的选项参数，当选择不同的工具时，在工具栏中会出现不同的选项设置。本课介绍Photoshop的绘图工具，熟练掌握和应用这些工具，对以后的创作非常重要。通过本课的学习，读者可以掌握各种工具的使用方法和操作技巧，在此基础上灵活使用这些工具可以制作出漂亮的图像和文字。

第18课 网页特效文字的制作

本课导读

文字特效对于网页设计来说至关重要，利用Photoshop的滤镜、样式、图层、色彩调整等可以设计出丰富多彩的文字特效。下面跟大家介绍利用Photoshop制作光影绚丽的文字特效。

技术要点

◎ 使用图层
◎ 处理文本
◎ 使用滤镜制作特效图像

18.1 使用图层

我们在使用Photoshop时几乎都会用到图层功能，但是读者对图层的概念和所有应用功能了解吗？相信图层功能还有许多地方是被读者忽视掉的，下面就来对Photoshop的图层功能做一个详细的介绍。

18.1.1 图层的基本操作

图层功能被誉为Photoshop的灵魂，这个比喻一点也不夸张。图层在我们使用Photoshop进行图像处理中，具有十分重要的地位，也是最常用到的功能之一。掌握图层的概念是我们学习Photoshop的第一课。

在Photoshop中，一幅图像通常是由多个不同类型的图层通过一定的组合方式自下而上叠放在一起组成的，它们的叠放顺序以及混合方式直接影响着图像的显示效果。

1. 新建图层

图层的新建有几种情况，Photoshop在执行某些操作时会自动创建图层，例如，当在进行图像粘贴时，或者在创建文字时，系统会自动为粘贴的图像和文字创建新图层，也可以直接创建新图层。

执行“图层”|“新建”|“图层”命令，打开“新建图层”对话框，如图18-1所示。单击“确定”按钮，即可新建“图层1”，如图18-2所示。

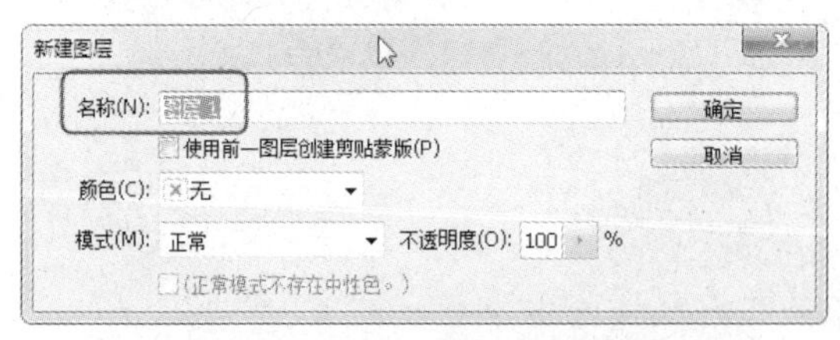

图18-1 “新建图层”对话框

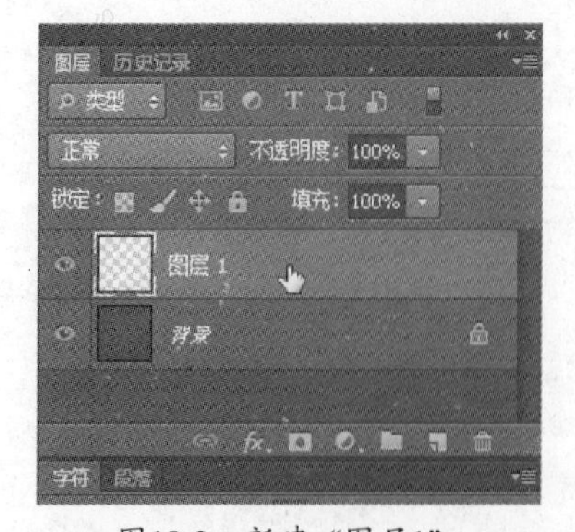

图18-2 新建“图层1”

2. 复制删除图层

利用“复制图层”命令，可以在同一幅图像中复制包括背景层在内的所有图层或图层组，也可以将它们从一幅图像复制到另一幅图像。

在图像间复制图层时，一定要记住复制图层在目标图像中的打印尺寸决定于目标图像的分辨率。如果原图像的分辨率低于目标图像的分辨率，那么复制图层在目标图像中就会显得比原来小，打印时也如此。如果原图像的分辨率高于目标图像的分辨率，那么拷贝图层在目标图像中就会显得比原来要大，打印时也会显得比原来要大。

在“图层”调板中选择要被复制的图层作为当前工作层，然后执行“图层”|“复制图层”命令，然后弹出“复制图层”对话框，如图18-3所示。

图18-3 “复制图层”对话框

- 为：为复制后新建的图层取名，系统默认的名字会随着目标文档的不同而不同。
- 文档：选择复制的目标文件，系统默认的选项是原图像本身，选定它会将复制的图层又粘贴到原图像中。如果在Photoshop中同时打开了其他一些文件，这些文件的名字会在“文档”下拉菜单中列出，选择其中任意一个，就会将复制的图层粘贴到选定的文件中。

执行“图层”|“删除”|“图层”命令，弹出如图18-4所示的对话框，提示将图层调板中选定的当前工作图层删除。

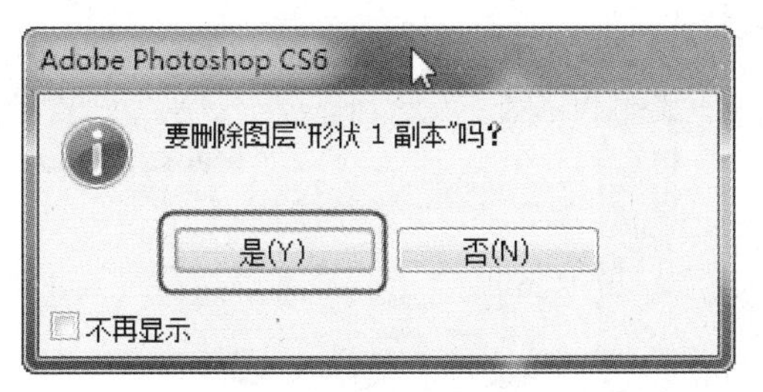

图18-4 "删除图层"对话框

18.1.2 图层的分组

"图层"功能可以让用户更有效地组织和管理图层，在"图层"调板中可以打开一个图层组以显示夹子里的图层，也可以关闭图层以免引起混乱，从而使"图层"调板显得更有条理，还可以利用图层组将蒙版或其他效果一次性应用到一组图层中。

执行"图层"|"新建"|"从图层建立组"命令，弹出"从图层新建组"对话框，如图18-5所示。对图层组的编辑就好比是对图层的编辑一样，因此"从图层新建组"对话框与"新建图层"对话框显得很相似，在这里可以为新建的图层组取名、改变"图层"层夹前方框的颜色及不透明度，还可以改变混合模式。

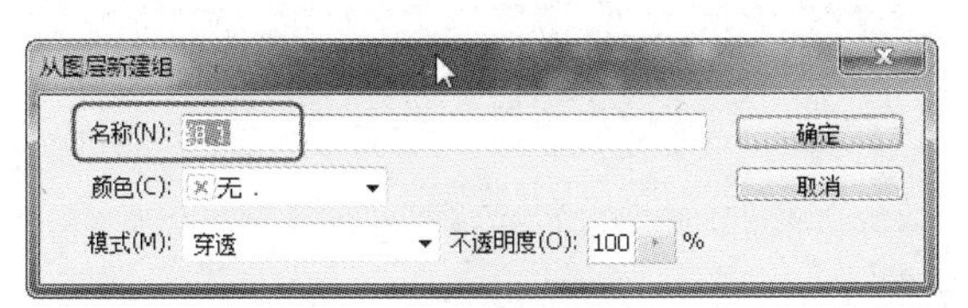

图18-5 "从图层新建组"对话框

其实图层组就可以看成一个复合的，只不过图层里还有图层而已，因此对图层组的编辑也类似于对图层的编辑，可以像对图层一样地去定义、选择、复制、移动图层组。创建图层组后，可以方便地将图层移入或移出图层，如图18-6所示的图层面板。

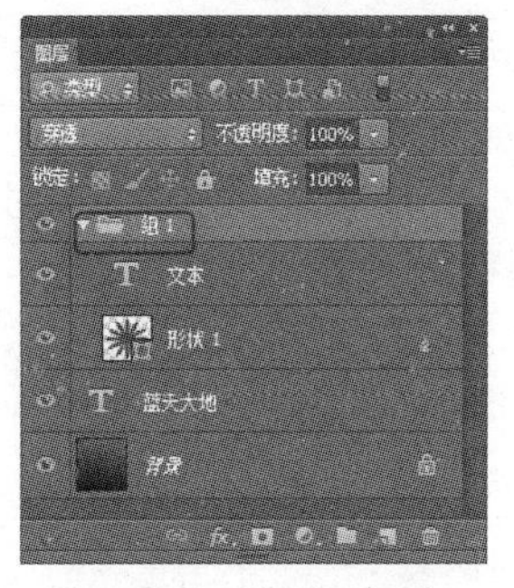

图18-6 "图层"面板

18.1.3 图层的混合模式

图层的混合模式的列表框中的选项决定了当前层与其他层的合成模式，如图18-7所示。可以在其中选择不同的合成模式以做出神奇的效果。

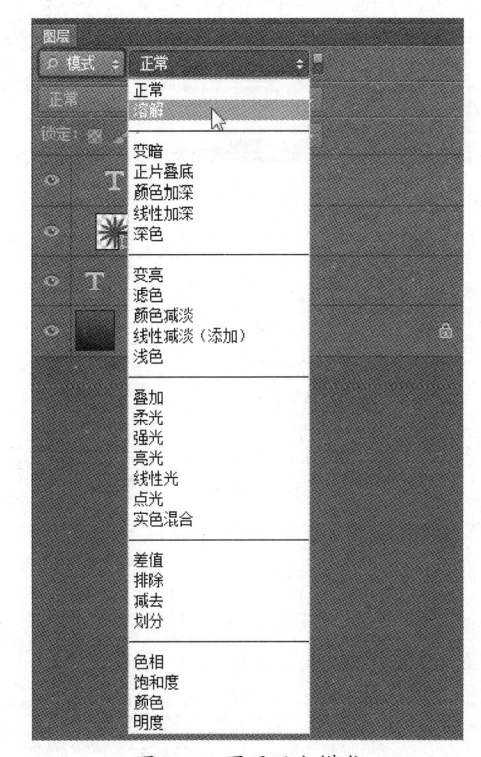

图18-7 图层混合模式

18.1.4 图层的样式

图层样式效果非常丰富，以前需要用很多步骤制作的效果，在这里设置几个参数就可以轻松完成。图层的样式包含了许多可以自动应用到图层中的效果，包括投影、发光、斜面和浮雕、描边、图案填充等效果。

当应用了一个图层效果时，一个小三角和一个f 图标就会出现在"图层"调板中相应图层名称的右方，表示这一图层含有自动效果，并且当出现的是向下的小三角时，还能具体看到该图层到底被应用了哪些自动效果。这样就更方便用户对图层效果进行管理和修改，如图18-8所示。

执行“图层”|“图层样式”命令，弹出图层样式菜单，如图18-9所示。

图18-8　“从图层新建组”对话框

图18-9　“图层样式”菜单

18.2 处理文本

在Photoshop CS6中，可以使用文字工具，把文字添加到文档中。利用文字工具不仅可以把文字添加到文档中，同时也可以产生各种特殊的文字效果。

18.2.1 “文字”工具

在Photoshop中，文字工具包括“横排文字”工具、“直排文字”工具、“横排文字蒙版”工具和“直排文字蒙版”工具。要使用这些工具，可以单击相应的工具按钮，如图18-10所示。可以对文本进行更多的控制，如可以实现在输入文本时自动换行，可以将文本转换为路径等。

图18-10　文字工具

图18-11　打开图像文件

下面通过实例讲述文字的输入，具体操作步骤如下所述。

01 打开图像文件“文本.jpg”，选择“工具箱”中的“横排文字”工具，如图18-11所示。

02 在图像上单击输入文字“江南印象”，如图18-12所示。

图18-12　输入文字

18.2.2 使用字体

选中要设置字体的文本，即可设置文本属性，具体操作步骤如下所述。

01 选中要设置字体的文本，在“字体”下拉列表中选择要设置的字体，如图18-13所示。

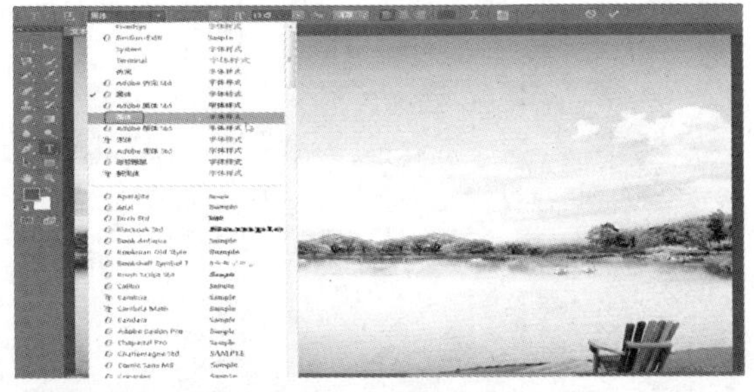

图18-13 选择字体

02 选中要设置字体大小的文本，在字体大小下拉列表中设置字体的大小，如图18-14所示。

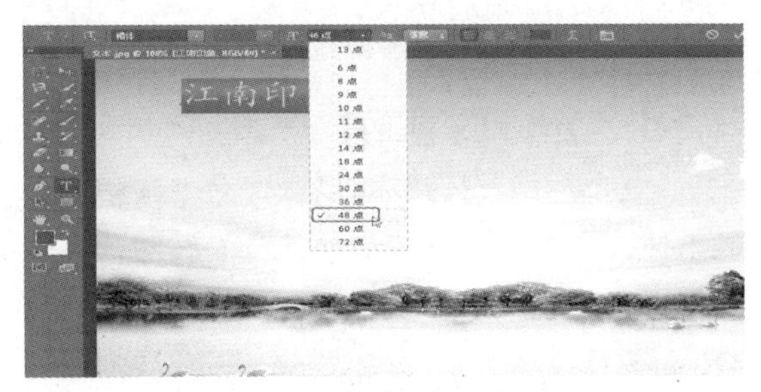

图18-14 设置字体大小

18.2.3 “字符”和“段落”调板

“字符”调板主要是用来编辑字符，这个调板的使用与Word的操作方法差不多。“字符”调板如图18-15所示。

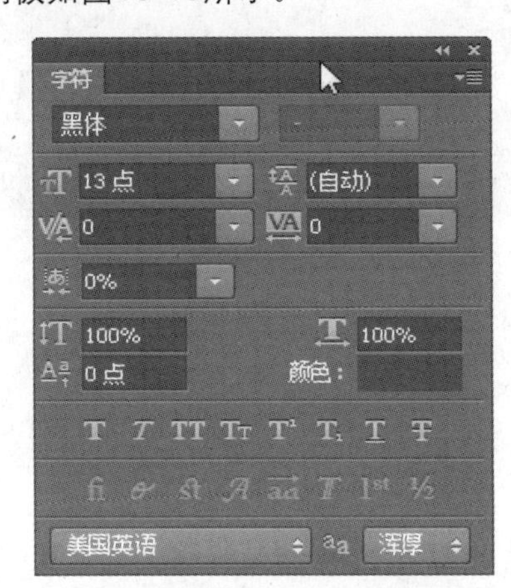

图18-15 “字符”调板

- 通过调整框内数值的大小，可以改变字的大小。
- 调整字距，它是用来调整相邻的两个字之间的距离的。注意一点，这个选项只是在选择文字的情况下才可以使用。
- 调整文字垂直方向的长度，用它可以调整出文字高度。
- 字符角标，这是用以调整角标相对于水平线的高低的选框。如果是一个正数的话，表示角标是一个上角标，它们将出现在的文字的右上角；而如果是负数的话，则它们代表下角标。
- 这个选项用以调整两行文字之间的距离。
- 它用以调整一个字所占的横向空间的大小，但是文字本身的大小则不会发生改变。
- 调整文字的横向方向的长度。
- 单击该颜色块可以打开颜色选择窗口来选择颜色。

“段落”调板主要用于对输入文字的段落进行管理，如图18-16所示。

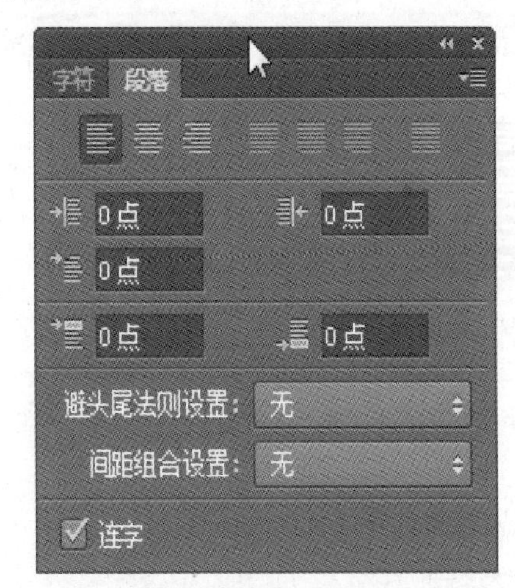

图18-16 “段落”调板

- 调整段落的左缩进，即在整个段落左边留出的空间。
- 调整文字的首行缩进。
- 调整首行的右缩进。
- 调整段落前的附加空间。
- 调整段落后的附加空间。
- 避头尾法则设置，用来选取换行集，包括无、弱和最大三种。
- 间距组合设置，选取内部字符间距集，用户可自行设计。

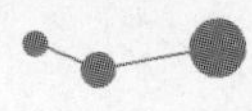

18.3 使用滤镜制作特效图像

滤镜是Photoshop中功能最丰富、效果最奇特的工具之一，下面将详细介绍Photoshop中的滤镜，包括滤镜的分类、作用效果以及设置的方法等。

18.3.1 浮雕效果

“浮雕效果”模拟凸凹不平的浮雕效果，具体操作步骤如下所述。

01 执行“文件”|“打开”命令，打开图像文件“浮雕.jpg”，如图18-17所示。

图18-17 打开图像文件

02 执行“滤镜”|“风格化”|“浮雕效果”命令，打开“浮雕效果”对话框，如图18-18所示。

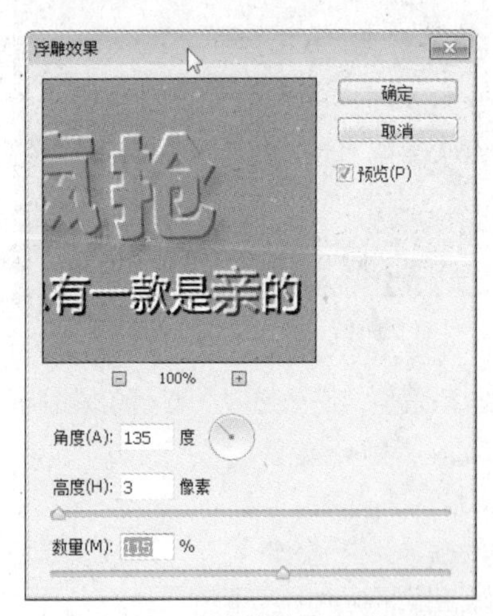

图18-18 “浮雕效果”对话框

03 在“浮雕效果”对话框中，设置“角度”为135度、“高度”为3像素、“数量”为115%，单击“确定”按钮，设置浮雕后的效果如图18-19所示。

图18-19 浮雕效果

18.3.2 马赛克

“马赛克”可以分割图像成若干随机形状的小块，并在小块之间增加深色的缝隙，具体操作步骤如下所述。

01 执行“文件”|“打开”命令，打开图像文件“马赛克.jpg”，如图18-20所示。

图18-20 打开图像文件

02 执行“滤镜”|“像素化”|“马赛克”命令，打开“马赛克”对话框，如图18-21示。

03 在对话框中设置“单元格大小”为5方形，单击“确定”按钮，设置马赛克效果，如图18-22所示。

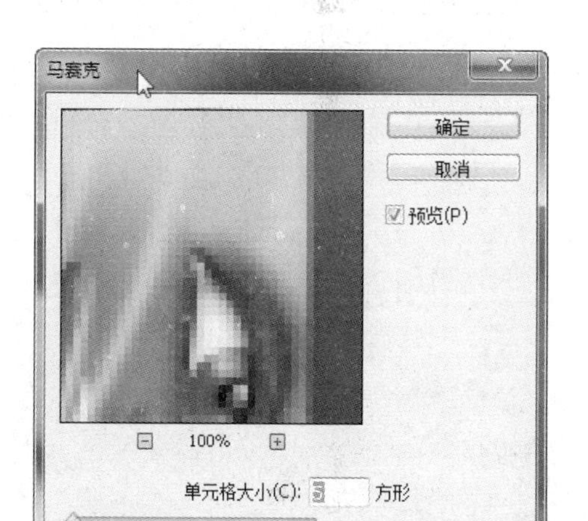

图18-21 “马赛克”对话框

图18-22 马赛克效果

18.3.3 高斯模糊

“高斯模糊”是最有使用价值的模糊滤镜之一。它可以通过控制模糊半径的数值快速对图像进行“高斯模糊”处理，产生轻微柔化图像边缘或难以辨认的雾化效果，具体操作步骤如下所述。

01 执行“文件”|“打开”命令，打开图像文件“模糊.jpg”，如图18-23所示。

图18-23 打开图像文件

02 执行“滤镜”|“模糊”|“高斯模糊”命令，打开“高斯模糊”对话框，将“半径”设置为3.3，如图18-24所示。

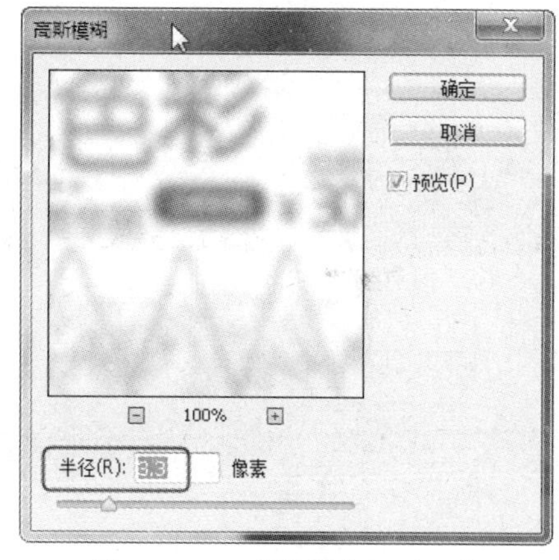

图18-24 “高斯模糊”对话框

03 单击“确定”按钮，设置高斯模糊效果，在图18-25中可以看到图像产生模糊的效果。

图18-25 高斯模糊效果

18.3.4 动感模糊

“动感模糊”滤镜产生运动模糊的效果，效果类似于用过长的曝光时间给快速运动的物体拍照。如果只想使部分或某一层上的图像增加动感模糊效果，可选取部分图像或某一层对其进行模糊处理。使用动感模糊滤镜具体操作步骤如下所述。

01 执行“文件”|“打开”命令，打开图像文件“动感模糊.jpg”，如图18-26所示。

02 执行“滤镜”|“模糊”|“动感模糊”命令，打开“动感模糊”对话框，将“距离”设置为10，如图18-27所示。

图18-26　打开图像文件

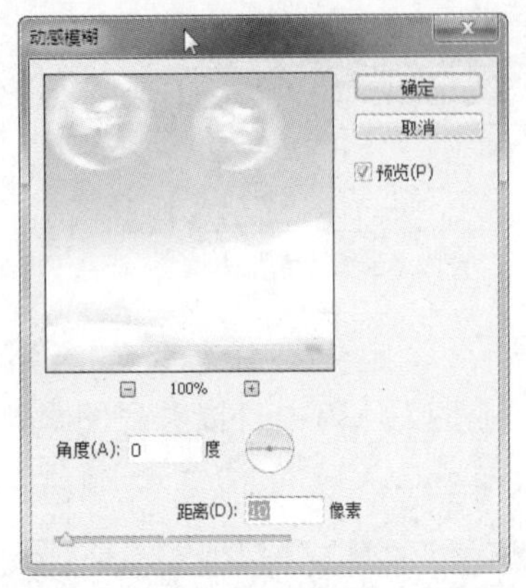

图18-27　“动感模糊”对话框

03 单击“确定”按钮，设置动感模糊效果，如图18-28所示。

图18-28　动感模糊效果

提示

“动感模糊”主要有以下参数。

角度：用来设置动感模糊的方向。参数的取值范围从0～360　。可以拖动圆盘中的直线来改变运动方向或在参数栏中键入数字，以决定运动模糊方向。

距离：用来调整处理图像的模糊强度。参数取值范围为从1~999，设置数值越大则模糊程度越强，相反取值越小，产生的模糊程度越弱。

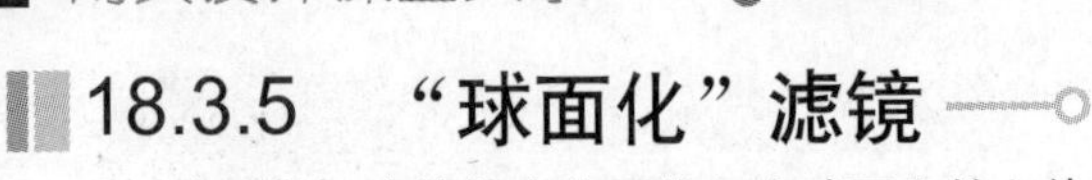

18.3.5　“球面化”滤镜

“球面化”滤镜产生将图像包在球面上的立体效果，“球面化”滤镜具体使用步骤如下所述。

01 执行“文件”|“打开”命令，打开图像文件“球面化.jpg”，如图18-29所示。

图18-29　打开图像文件

02 执行“滤镜”|“扭曲”|“球面化”命令，打开“球面化”对话框，将“数量”设置为100%，如图18-30所示。

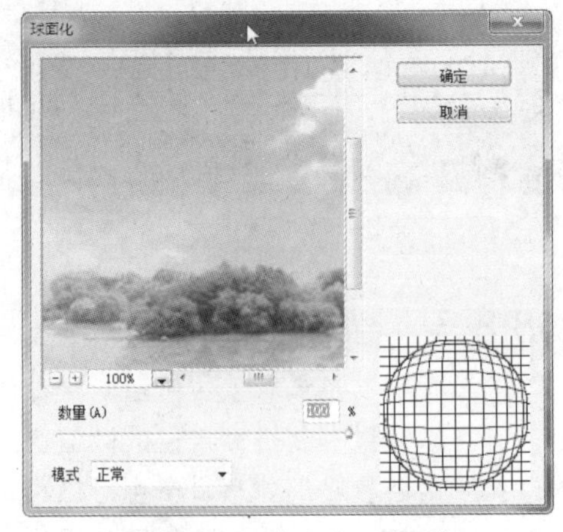

图18-30　“球面化”对话框

03 单击“确定”按钮，设置球面化效果，如图18-31所示。

提示

“球面化”滤镜主要有以下参数。

数量：用来调整球面化的缩放数值。参数的取值范围在　100～+100之间。参数设置为100时，图像向外放大，参数设置为　100时，则图像向里缩小。

模式：球面化方向模式选择。有3种选择，分别是“正常”模式，“水平优先”只在水平方向球面化，“垂直优先”只在垂直方向进行球面化处理。

图18-31 球面化效果

18.4 实战应用

几乎Photoshop所有的应用都是基于图层的，很多强劲的图像处理功能也是靠图层提供的。基本上所有的特效都可以用图层做出来，并且更加方便、快捷，掌握了图层技巧，可以说就掌握了Photoshop。通过滤镜与图层可以制作出精美的网页图像。

18.4.1 课堂练一练：使用滤镜制作图像边框

原始文件	原始文件/CH18/边框.jpg
最终文件	最终文件/CH18/边框.psd

使用滤镜制作图像边框，效果如图18-32所示，具体操作步骤如下所述。

图18-32 图像边框效果

01 启动Photoshop CS6，执行“文件”|“打开”命令，打开图像文件“边框.jpg”，如图18-33所示。

图18-33 打开图像文件

02 选择“工具箱”中的“钢笔”工具，在图像中绘制出一个形状，如图18-34所示。

图18-34 绘制形状

03 执行“选择”|“反向”命令，反选图像，如图18-35所示。

图18-35 反选图像

04 执行“滤镜”|“滤镜库”|“半调图案”命令，打开“半调图案”对话框，如图18-36所示。

图18 36　“半调图案”对话框

05 单击“确定”按钮，填充选区，如图18-37所示。

图18-37　填充选区

18.4.2 课堂练一练：制作网页特效文字

原始文件	原始文件/CH18/网页特效文字.jpg
最终文件	最终文件/CH18/网页特效文字.psd

下面制作网页特效文字，效果如图18-38所示，具体操作步骤如下所述。

图18-38　网页特效文字

01 启动Photoshop CS6，执行“文件”|“打开”命令，打开图像文件“网页特效文字.jpg”，如图18-39所示。

02 选择“工具箱”中的“横排文字”工具，在选项栏中将字体大小设为100，字体颜色设为#e20000，输入文字“爱情魔盒”，如图18-40所示。

图18-39　打开图像文件

图18-40　输入文字

03 执行“滤镜”|“模糊”|“高斯模糊”命令，打开是否栅格化文字提示框，如图18-41所示。

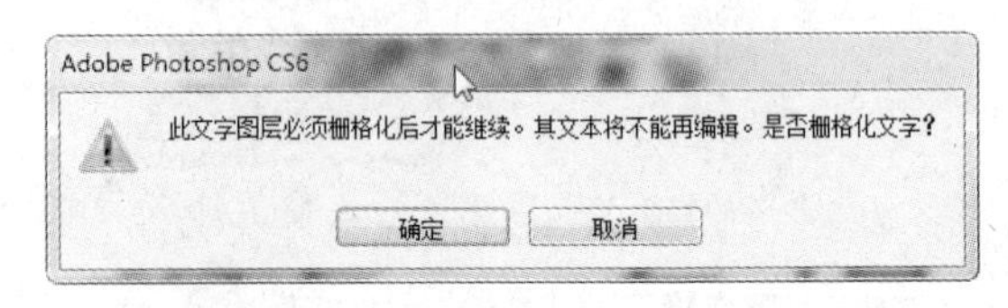

图18-41　是否栅格化文字提示框

04 单击“确定”按钮，打开“高斯模糊”对话框，将“半径”设置为2，如图18-42所示。

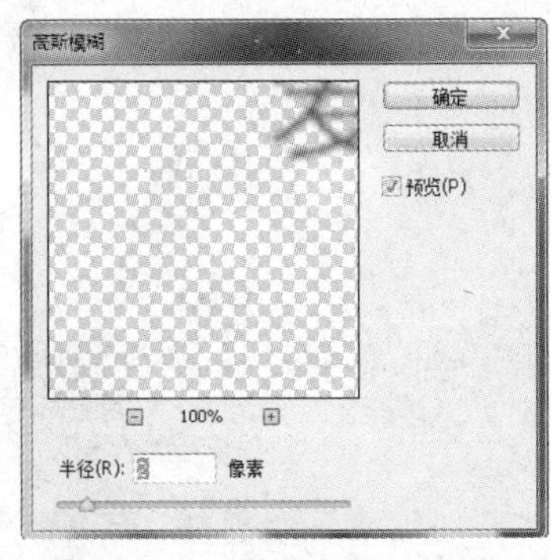

图18-42　“高斯模糊”对话框

05 单击“确定”按钮，设置模糊效果，如图18-43所示。

图18-43 设置模糊效果

06 执行“滤镜”|“像素化”|“点状化” 命令，打开“点状化”对话框，将“单元格大小”设置为5，如图18-44所示。

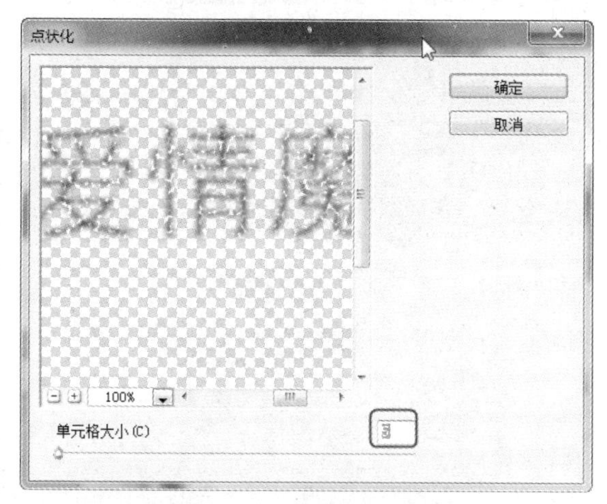

图18-44 “点状化”对话框

07 单击“确定”按钮，设置点状化效果，如图18-45所示。

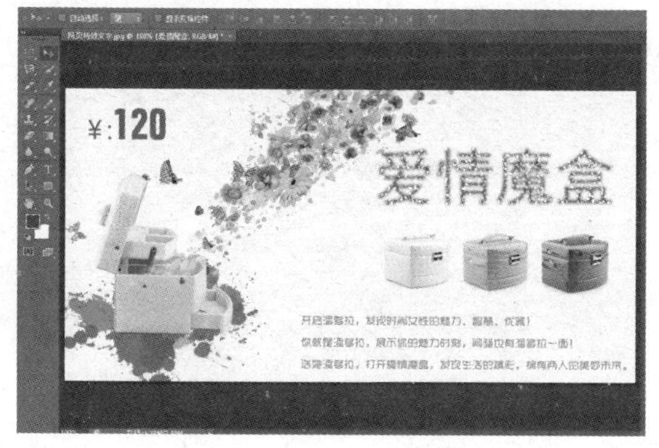

18-45 设置点状化效果

08 执行“图层”|“图层样式”|“投影”命令，打开“图层样式”对话框，如图18-46所示。

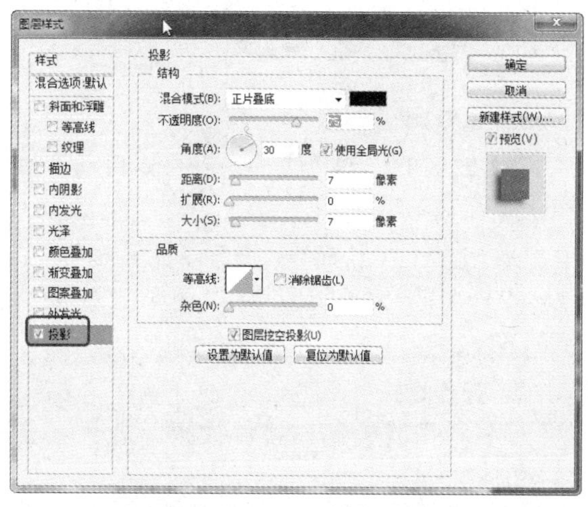

图18-46 “图层样式”对话框

09 单击勾选“斜面和浮雕”复选项，在弹出的对话框中设置相应的参数，如图18-47所示。

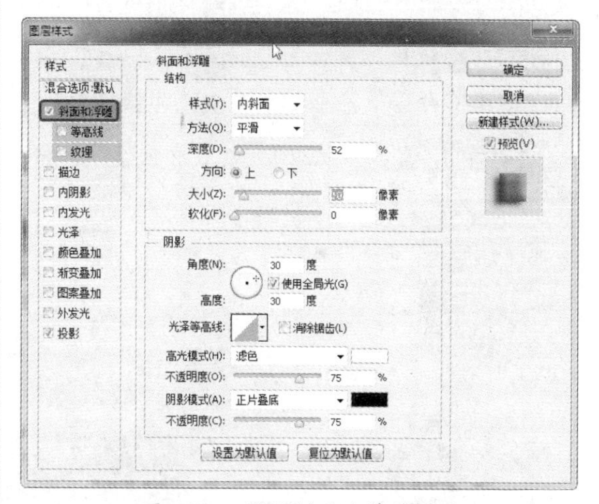

图18-47 设置斜面和浮雕样式

10 单击“确定”按钮，设置图层样式，如图18-48所示。

图18-48 设置图层样式

18.5 习题测试

1．填空题

(1) 图层的样式包含了许多可以自动应用到图层中的效果，包括________、________、________、________、描边、图案填充等效果。

(2) 在Photoshop中，文字工具包括________、________、________、________。

2．操作题

(1) 利用滤镜制作模糊效果，效果如图18-49所示。

最终文件	最终文件/CH18/习题1.jpeg

提示

执行“滤镜”|“模糊”|“动感模糊”命令，打开“动感模糊”对话框，将“距离”设置为10，单击“确定”按钮，设置动感模糊效果。

(2) 利用滤镜制作特效文本，如图18-50所示。

最终文件	最终文件/CH18/习题2.psd

提示

参考18.4.2小节课堂练一练：制作网页特效文字。

图18-49　模糊效果

图18-50　特效文本效果

18.6 本课小结

图层是绘制一切优秀作品的基础，本课将介绍一些关于图层的基础知识，其中包括图层的概念、图层的基本操作、图层效果与样式的操作方法、滤镜的使用等内容。相信通过认真学习，读者也可以创作出绚丽多姿的文字效果并应用于网页设计领域。

第19课 网页切片输出与动画制作

本课导读

网页设计已经逐渐成为一个热门的话题，而Photoshop又是设计页面的重要工具。通过前面的学习，相信大家利用Photoshop来制作网页的页面已经不是什么问题了。本课的主要目标是讲解如何切片和优化网页图片，以及如何制作GIF动画等。

技术要点

◎ 切片的注意事项
◎ 切片方法
◎ 修改切片
◎ 保存网页图像
◎ 创建GIF动画

19.1 创建与编辑切片

如果网页上的图片较大，浏览器下载整个图片的话需要花很长的时间。切片就是将一幅大图像分割为一些小的图像切片，然后在网页中通过没有间距和宽度的表格重新将这些小的图像没有缝隙的拼接起来，成为一幅完整的图像。这样做可以减小图像的大小，减少网页的下载时间，还能将图像的一些区域用html来代替。

19.1.1 切片的注意事项

“切片工具”是Photoshop软件自带的一个平面图片切割工具。使用“切片工具”可以将一个完整的网页切割为许多小图片，以便于网络上的下载。

除了减少下载时间之外，切片也还有其他一些优点。

- 制作动态效果：利用切片可以制作出各种交互效果。
- 优化图像：完整的图像只能使用一种文件格式，应用一种优化方式，而对于作为切片的各幅小图片，可以分别对其优化，并根据各幅切片的情况还可以存为不同的文件格式。这样既能够保证图片质量，又能够使得图片变小。
- 创建链接：制作好切片之后，就可以对不同的切片制作不同的链接了。

19.1.2 切片方法

利用“切片工具”可以快速地进行网页的切割制作，具体操作步骤如下所述。

01 执行“文件”|“打开”命令，打开图像文件“切片.jpg”，选择“工具箱”中的“切片工具”，如图19-1所示。

图19-1 打开图像文件

02 将光标置于要创建切片的位置，按住鼠标左键拖动，拖动到合适的切片大小绘制切片，如图19-2所示。

图19-2 绘制切片

19.1.3 编辑切片选项

如果切片大小不合适，还可以调整和编辑切片，具体操作步骤如下所述。

01 打开创建好切片的图像文件，右击鼠标在弹出的快捷菜单中执行“划分切片”命令，如图19-3所示。

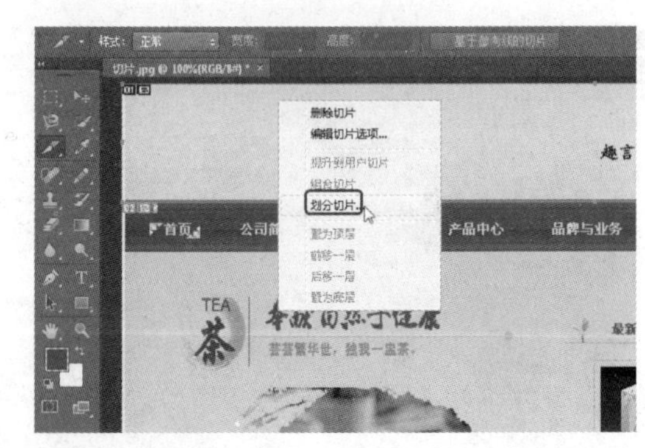

图19-3 执行“划分切片”命令

02 弹出“划分切片”对话框，将划分切片的“水平划分为”设置为3，“垂直划分为”设置为5，如图19-4所示。

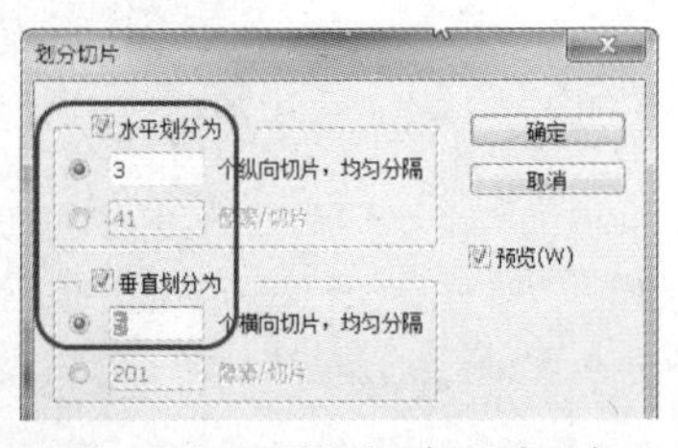

图19-4 “划分切片”对话框

03 单击“确定”按钮，划分切片，如图19-5所示。在图像上右击鼠标，在弹出的快捷菜单中执行“编辑切片选项”命令。

图19-5 执行“编辑切片选项”命令

04 弹出“切片选项”对话框，在对话框中可以设置切片的URL、目标、信息文本等内容，如图19-6所示。

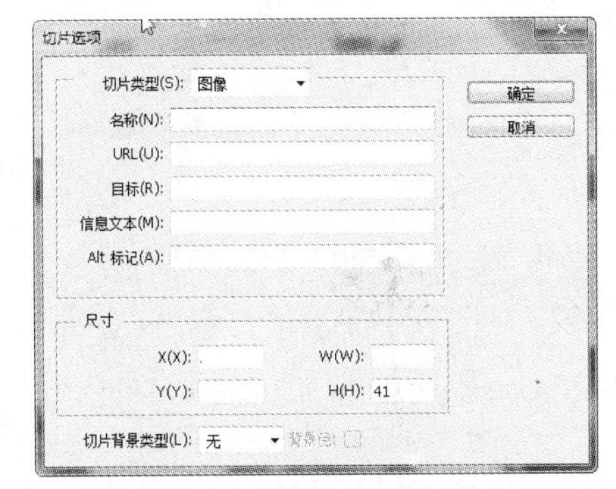

图19-6 “切片选项”对话框

19.2 保存网页图像

在保存编辑过的图片时，有两种保存图片的方式，“存储为”和“存储为Web所用格式”。优化图像就是在提高图像质量的同时，使存储图像所占用的空间尽可能地小。可以执行“文件”|“存储为Web所用格式”命令来完成对图像的优化工作。

“存储为Web所用格式”不像“存储为”命令那样提供很多种保存图像文件的格式选择，但是它为每种支持的格式提供了更灵活的设置。图19-7所示为“存储为Web所用格式”对话框。

“存储为Web所用格式”目的是输出展示在网页上的图片，保存的主要目的就是在保持图片质量的同时尽可能地缩小文件体积。

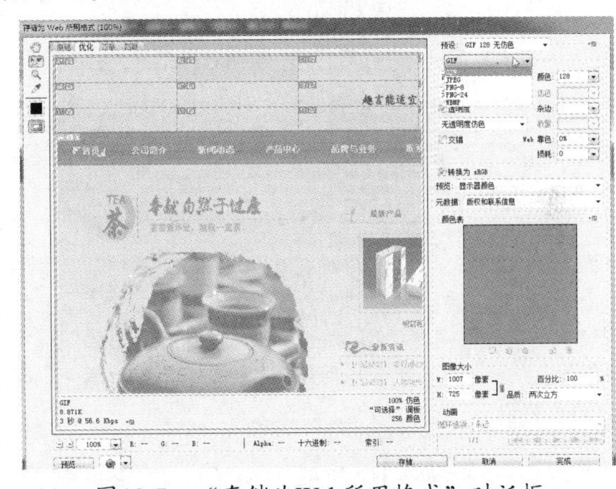

图19-7 “存储为Web所用格式”对话框

19.3 创建GIF动画

动画是在一段时间内显示的一系列图像或帧，当每一帧较前一帧都有轻微的变化时，连续快速地显示帧，就会产生运动或其他变化的视觉效果。

19.3.1 认识“时间轴”面板

GIF动画制作相对较为简单，我们打开“时间轴”面板后，会发现有帧动画和时间轴动画两种模式可以选择。

帧动画相对来说直观很多，在“时间轴”面板会看到每一帧的缩略图。制作之前需要先设定好动画的展示方式，然后用Photoshop做出分层图。然后在“时间轴”面板新建帧，把展示的动画各帧设置好，再设定好时间和过渡等即可播放预览。

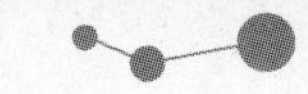

在帧动画的所有元素都放置在不同的图层中。通过对每一帧隐藏或显示不同的图层可以改变每一帧的内容，而不必一遍又一遍地复制和改变整个图像。每个静态元素只需创建一个图层即可，而运动元素则可能需要若干个图层才能制作出平滑过渡的运动效果。图19-8所示的为“时间轴”面板。

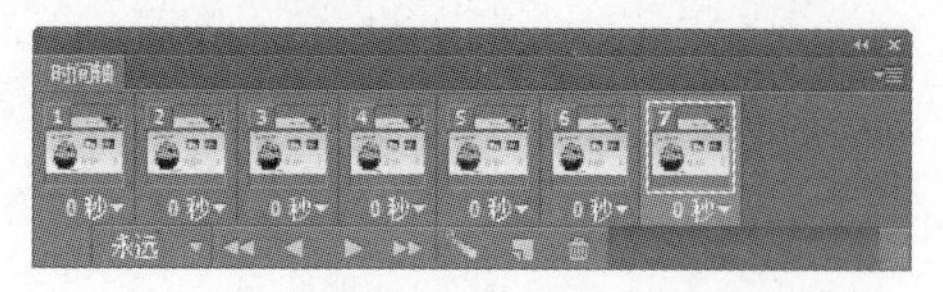

图19-8 “时间轴”面板

19.3.2 课堂练一练：创建动画

原始文件	原始文件/CH19/1.jpg、2.jpg、3.jpg
最终文件	最终文件/CH19/动画.gif

GIF动画是较为常见的网页动画。这种动画的特点：它是以一组图片的连续播放来产生动态效果，这种动画是没有声音的。当然制作GIF动画的软件有很多，最常用的就是Photoshop，下面使用Photoshop制作帧动画，如图19-9所示为3帧动画。具体操作步骤如下所述。

图19-9 原始文件

01 执行“文件”|“打开”命令，打开图像文件“1.jpg”，如图19-10所示。

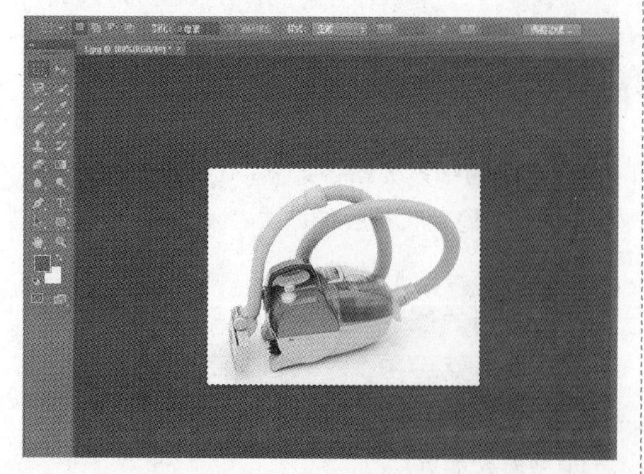

图19-10 打开图像文件

02 执行“窗口”|“时间轴”命令，打开“时间轴”面板，在“时间轴”面板中自动生成一帧动画，如图19-11所示。

图19-11 “时间轴”面板

03 单击“时间轴”面板底部的“复制所选帧”按钮，复制当前帧，如图19-12所示。

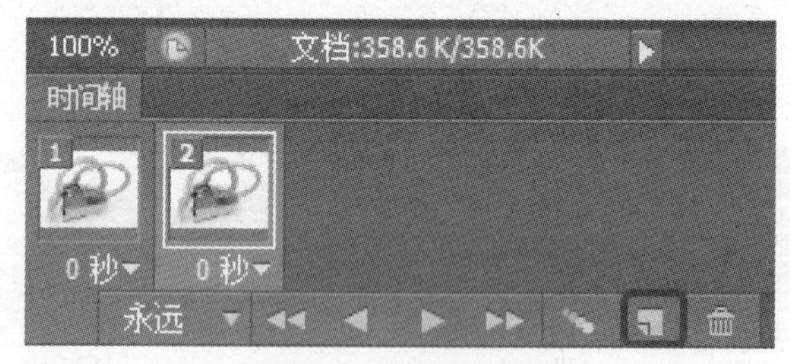

图19-12 复制所选帧

04 使用同样的方法再复制一个帧，如图19-13所示。

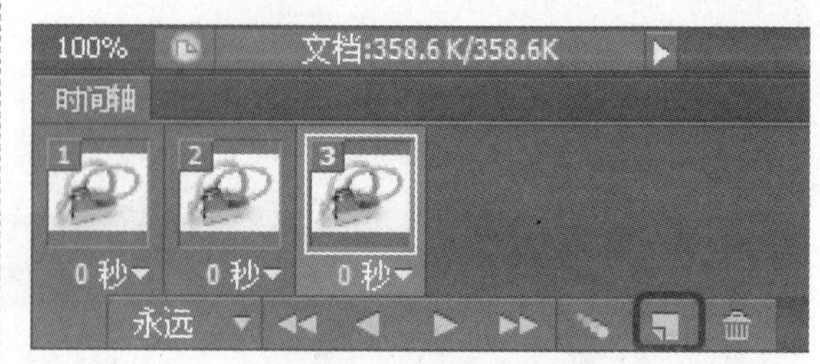

图19-13 复制所选帧

05 执行“文件”|“置入”命令，弹出“置入”对话框，在对话框中选择要置入的文件“2.jpg”，如图19-14所示。

06 单击“置入”按钮，将“2.jpg”文件置入，并调整置入文件与原来的背景图像一样大小，如图19-15所示。

图19-14 “置入”对话框

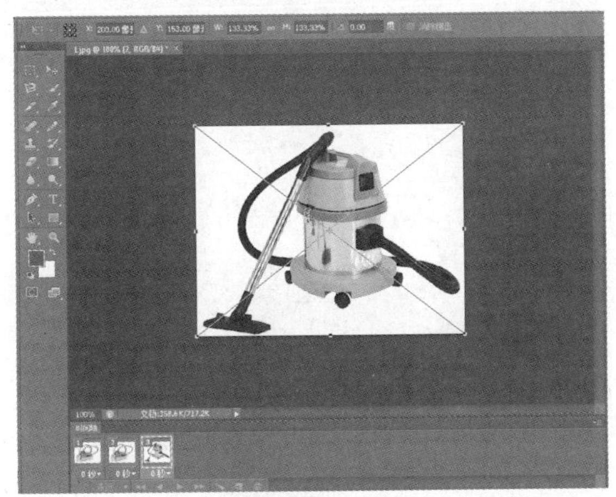

图19-15 置入图像

07 同步骤5~6置入图像文件“3.jpg”，如图19-16所示。

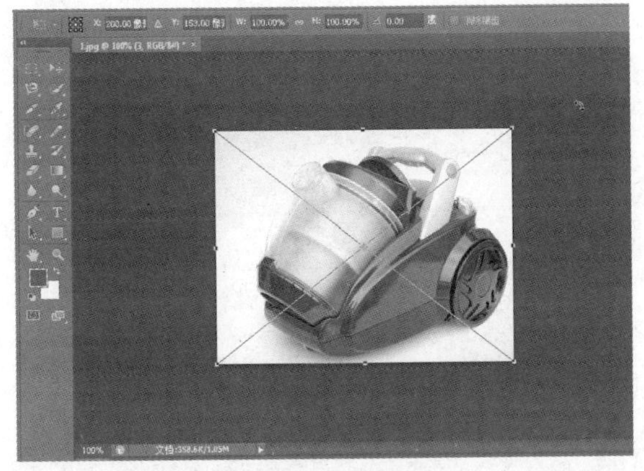

图19-16 置入图像

08 在“时间轴”面板中选择第1帧，在“图层”面板中，将“图层2”和“图层3”隐藏，如图19-17所示。

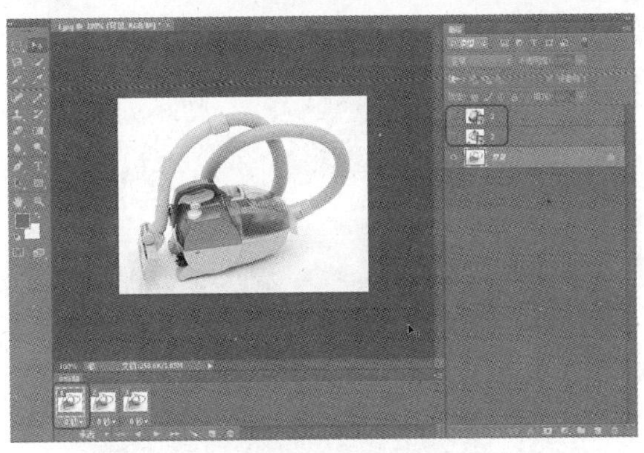

图19-17 隐藏“图层2”和“图层3”

09 在“时间轴”面板中选择第1帧，单击该帧右下角的三角按钮设置延迟时间为2秒，如图19-18所示。

图19-18 设置帧延迟

10 同样设置第2帧的延迟时间为2秒，在“图层”面板中，将“背景层”和“图层3”隐藏，将“图层2”设为可见，如图19-19所示。

图19-19 隐藏“图层3”和背景层

11 同样设置第3帧的延迟为2秒，在“图层”面板中，将“背景层”和“图层2”隐藏，将“图层3”设为可见，如图19-20所示。

图19-20　隐藏“背景层”和“图层2”

12 单击“动画”面板底部的“播放动画”按钮▶来播放动画，如图19-21所示。

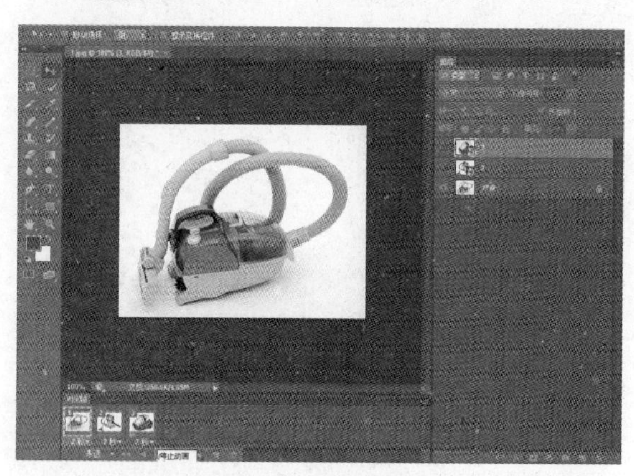

图19-21　播放动画

19.3.3　课堂练一练：存储动画

最终文件	最终文件/CH19/动画.gif

存储动画，效果如图19-22所示，具体操作步骤如下所述。

图19-22　gif动画效果

图19-23　“存储为Web格式”对话框

01 打开制作好的动画文件，执行“文件”|“存储为Web所用格式”命令，打开“存储为Web格式”对话框，如图19-23所示。

02 单击“存储”按钮，弹出“将优化结果存储为”对话框，将“文件名”设置为“动画.gif”，“格式”设置为“仅限图像”选项，如图19-24所示。

03 单击“保存”按钮，即可将文件保存为Gif动画，预览动画效果如图19-22所示。

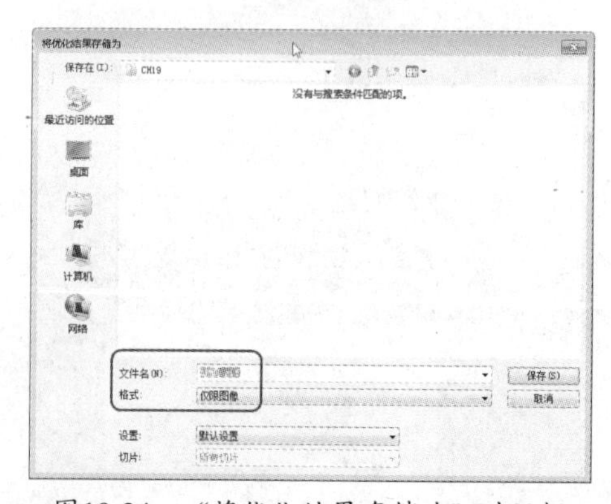

图19-24　“将优化结果存储为”对话框

19.4 实战应用——优化与发布“企业网站”图像

原始文件	原始文件/CH19/优化与发布.jpg
最终文件	最终文件/CH19/优化与发布.gif

或许读者发现自己制作的Web图像中的字体模糊不清，这是一件令人挠头的事情，制作用于在Web发布上的图像需要进行优化，必须保证文件的尺寸尽可能小，但是过多的压缩将会导致图像中文字的品质恶化。Adobe Photoshop能帮助用户在图像品质和文件尺寸之间找到最佳的平衡点，下面将讲述如何在对图像文件进行优化时保持文字清晰而且获得最佳优化效果，具体操作步骤如下所述。

01 打开制作好的网页文件“优化与发布.jpg”，如图19-25示。

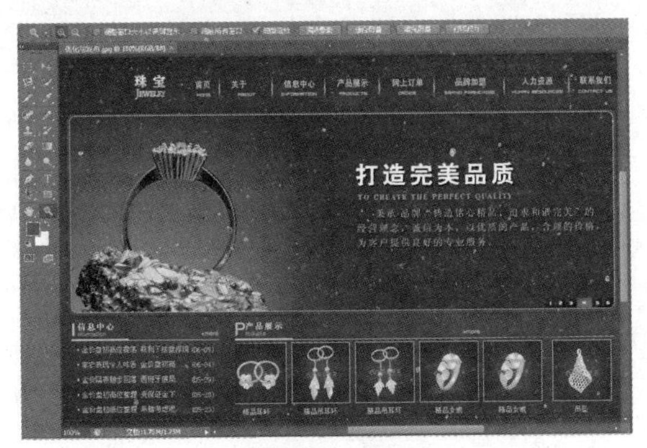

图19-25 打开文件

02 执行“文件”|“存储为Web所用格式”命令，打开“存储为Web格式”对话框，单击“四联”标签，然后选择其中第4幅图像，如图12-26所示。

03 单击“存储”按钮，打开“将优化结果存储为”对话框，如图19-27所示。

04 单击“保存”按钮，即可优化图像，如图19-28所示。

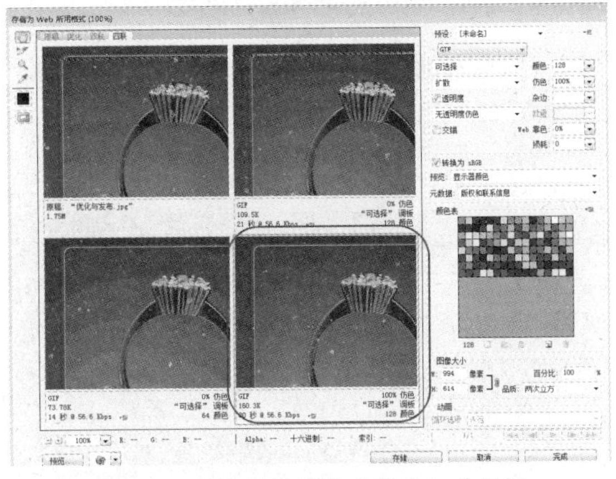

图19-26 “将优化结果存储为”对话框

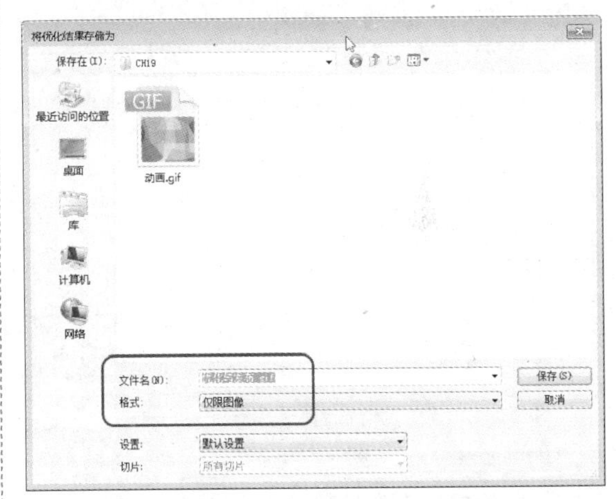

图19-27 “将优化结果存储为”对话框

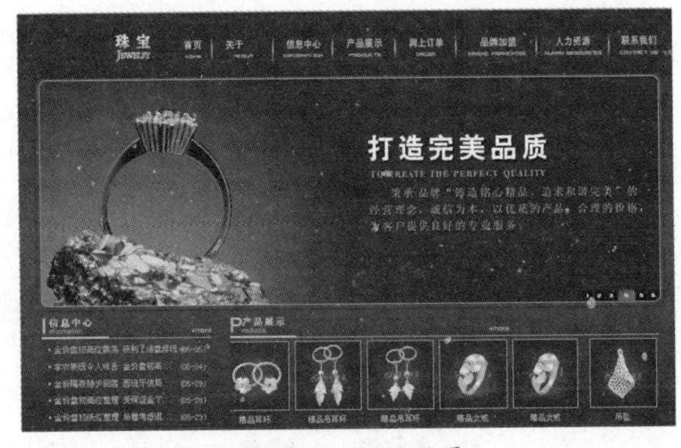

图19-28 优化结果

19.5 习题测试

1. 填空题

(1) 在保存编辑过的图片时，有两种保存图片的方式，__________、__________。

(2) GIF动画制作相对较为简单，我们打开“时间轴”面板后，会发现有__________和__________两种模式可以选择。

2. 操作题

(1) 制作gif动画，效果如图19-29所示。

原始文件	原始文件/CH19/习题1.jpg、习题11.jpg
最终文件	最终文件/CH 19/习题1.gif

图19-29 gif动画

具体参考19.3.2 课堂练一练：创建动画。

(2) 将如图19-30所示的图像文件切割成网页文件。

原始文件	原始文件/CH19/习题2.jpg
最终文件	最终文件/CH 19/习题2.html

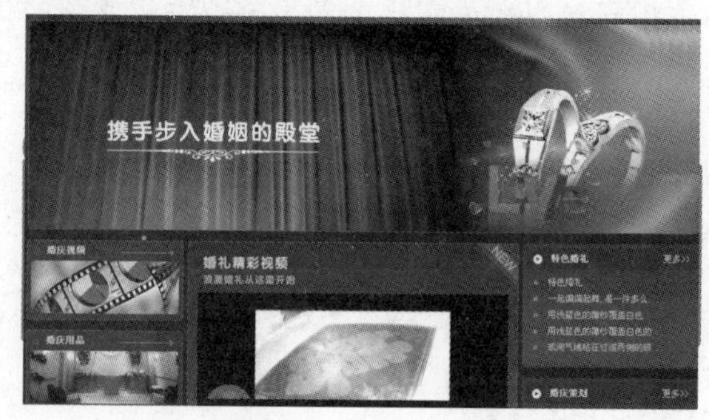

图19-30 切割网页

打开网页图像文件，执行"文件"|"存储为Web所用格式"命令，打开"存储为Web格式"对话框，在对话框中设置优化信息。

19.6 本课小结

如果网页上的图片较大，浏览器下载整个图片就需要花很长的时间。切片的使用，使得整个图片可以分为多个不同的小图片来分开下载，这样下载的时间就大大缩短了。在目前互联网带宽还受到条件限制的情况下，运用切片可以减少网页下载时间而又不影响图片的效果。使用Photoshop还可以轻松制作出GIF动画。通过本课的学习，希望大家能掌握制作动画的基本方法以及网页图像切割和优化方法。

第20课 网上商城类网站

本课导读

网上购物系统是在网络上建立一个虚拟的购物商场，使购物过程变得轻松、快捷、方便，该系统很适合现代人快节奏的生活；同时又能有效地控制“商场”运营的成本，开辟了一个新的销售渠道。本课主要讲述购物网站的制作过程。

技术要点

◎ 熟悉系统设计分析
◎ 掌握创建数据表
◎ 掌握创建数据库连接
◎ 掌握制作购物系统前台页面
◎ 掌握制作购物系统后台管理

20.1 网上商城类网站概述

网上购物系统使消费者的购物过程变得轻松、快捷、方便，该系统极其适合现代人快节奏的生活。面对日益增长的电子商务市场，越来越多的企业建立了自己的购物网站。购物网站是电子商务网站的一种基本形式。电子商务在我国一开始出现的概念是电子贸易，电子贸易的出现，简化了交易手续，提高了交易效率，降低了交易成本，很多企业竞相效仿。

网上购物这种新型的购物方式已经吸引了很多购物者的注意。购物网站应该能够随时让顾客参与购买，商品介绍更详细，更全面。要达到这样的网站水平，就要对网站中的商品进行有秩序、科学化的分类，便于购买者查询。把网页制作得更加美观，来吸引大批的购买者。

1. 分类体系

一个好的购物网站除了需要销售好的商品之外，更要有完善的分类体系来展示商品。所有需要销售的商品都可以通过相应的文字和图片来说明。分类目录可以运用一级目录和二级目录相配合的形式来管理商品，顾客可以通过点击商品类别名称来了解这类商品信息。

2. 商品搜索

商品搜索在购物网站中也是一项很重要的功能，主要帮助用户快速地找到想要购买的商品。在一个规模较大的网站中，如果没有这项功能，用户将很难找到所需要的商品，这个网站的吸引力将会因此大大降低。可以利用数据库和信息检索技术为用户提供商品及其他信息的查询功能，查询功能可以包括关键字查询、分类查询、组合查询等。

3. 购物车

对于很多顾客来讲，当他们从众多的商品信息中结束采购时，恐怕已经不清楚自己采购的东西了。所以他们更需要能够在网上商店中的某个页面存放所采购的商品，并能够计算出所采购商品的总价格。购物车就能够帮助顾客通过存放购买商品的信息，将它们列在一起，并提供商品的总共数目和价格等功能，方便顾客进行统一的管理和结算。

4. 页面结构设计合理

在设计购物网站时，首先要抓住商品展示的特点，合理布局各个板块，将显著位置留给重点宣传栏目或经常更新的栏目，以吸引浏览者的眼球，结合网站栏目设计在主页导航上突出层次感，使浏览者渐进接受。

为了将丰富的含义和多样的形式组织成统一的页面结构形式，应灵活运用各种手段，通过空间、文字、图形之间的相互关系建立整体的均衡状态，产生和谐的美感。点、线、面相结合，充分表达完美的设计意境，使用户可以从主页获得有价值的信息。

5. 大信息量的页面

购物网站中最为重要的就是商品信息。如何在一个页面中安排尽可能多的内容，往往影响着访问者对商品信息的获得。在常见的购物网站中，大部分网站都采用超长的页面布局，以此来显示大量的商品信息。

6. 商品图片的使用

图片的应用使网页更加美观、生动，而且图片更是展示商品的一种重要手段，有很多文字无法比拟的优点。使用清晰、色彩饱满、质量良好的图片可增强消费者对商品的信任感、引发购买欲望。在购物网站中展示商品最直观有效的方法就是使用图片。

7. 网上支付

网上付款是指通过信用卡实现用户、商家与银行之间的结算。只有实现了网上付款，才标志着完成真正意义上电子商务活动。既然在网上购买商品，顾客自然就希望能够通过网络直接付款。这种电子支付正受到人们更多的关注。

8. 安全问题

网上购物网需要涉及到很多安全性问题，如密码、信用卡号码及个人信息等。如何将这些问题处理得当是十分必要的。目前有许多公司或机构能够提供安全认证，如SSL证书。通过这样的认证过程，可以使顾客认为比较敏感的信息得到保护。

9. 顾客跟踪

在传统的商品销售体系中，对于顾客的跟踪是比较困难的。如果希望得到比较准确的跟踪报告，则需要投入大量的精力。网上购物网站解决这些问题就比较容易了。通过顾客对网站的访问情况和提交表单中的信息，可以得到很多更加清晰的顾客情况报告。

10．商品促销

在现实购物过程中，人们更关心的是正在销售的商品，尤其是价格。通过网上购物网站中将商品进行管理和推销，使顾客很容易了解商品的信息。

11．创意分析

购物网站的色彩设计并没有任何限制，艳丽的色彩或淡雅的色调都可以在网站当中使用。可将商品内容、商品分类和消费者共性作为网站色彩设计的切入点。只要与结构设计结合严谨，都可以得到独特的风格。一般可选择稳重、明快的配色方案，并根据不同的商品类别和消费者定位来选取主题色。在结构上可以根据不同的主题，采用具有针对性的页面框架结构。

20.2 实例展示

购物类网站是一个功能复杂、花样繁多、制作烦琐的商业网站，但也是企业或个人推广和展示商品的一种非常好的销售方式。本课所制作的网站页面主要包括前台页面和后台管理页面。在前台显示浏览商品，在后台可以添加、修改和删除商品，也可以添加商品类别。

图20-1所示是本课制作的在线购物系统的结构图。

商品分类展示页面class.asp，如图20-2所示，在此页面中显示了商品的列表信息，可通过页面分类浏览商品，如商品名称、商品价格和商品图片等信息。

商品详细信息页面detail.asp，如图20-3所示，在此页面中显示了商品的详细内容。

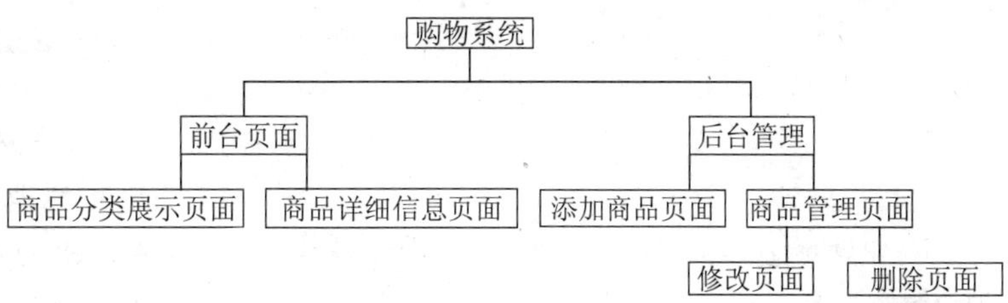

图20-1 在线购物系统的结构图

图20-2 商品分类展示页面

图20-3 商品详细信息页面

管理员登录页面login.asp，如图20-4所示，在此页面中输入用户名和密码后就可以进入后台页面。

图20-4　管理员登录页面

添加商品分类页面addfenlei.asp，如图20-5所示，在此页面中可以添加商品类别。

图20-5　添加商品分类页面

制作添加商品页面addshp.asp，如图20-6所示，在此页面中可以添加商品，添加后就可以提交到后台数据库中。

图20-6　添加商品页面

商品管理页面admin.asp，如图20-7所示，在此页面中可以查看所有的商品，还可以选择修改和删除商品记录。

图20-7　商品管理页面

20.3 创建数据库表

最终文件	最终文件/CH20/shop.mdb

购物系统的数据库是比较大的，在设计的时候需要从使用的功能模块入手，可以分别创建不同命名的数据表，命名的时候也要与使用的功能命名相匹配，方便在相关页面设计制作时的调用。

本课讲述的在线购物系统创建数据库shop.mdb，包括3个表，分别是商品表products、商品类别表leibie和管理员表admin，其中的字段名称、数据类型和说明分别见表20-1、表20-2和表20-3所示。

表20-1 商品表products

字段名称	数据类型	说明
shpID	自动编号	自动编号
shpname	文本	商品名称
shichjia	数字	商品的市场价
huiyjia	数字	商品的会员价
leibieID	数字	商品分类编号
content	备注	商品介绍
image	文本	商品图片

表20-2 商品类别表leibie

字段名称	数据类型	说明
leibieID	自动编号	商品分类编号
leibiename	文本	商品分类名称

表20-3 管理员表admin

字段名称	数据类型	说明
ID	自动编号	自动编号
name	文本	用户名
pass	文本	用户密码

20.4 创建数据库连接

创建数据库连接的具体操作步骤如下所述。

01 打开要创建数据库连接的文档，执行“窗口”|“数据库”命令，打开“数据库”面板，在面板中单击按钮，在弹出的菜单中执行“自定义连接字符串”命令，如图20-8所示。

02 弹出“自定义连接字符串”对话框，在对话框中的“连接名称”文本框中输入shop，“连接字符串”文本框中输入以下代码，如图20-9所示。

```
"Provider=Microsoft.JET.Oledb.4.0;Data Source="&Server.Mappath("/shop.mdb")
```

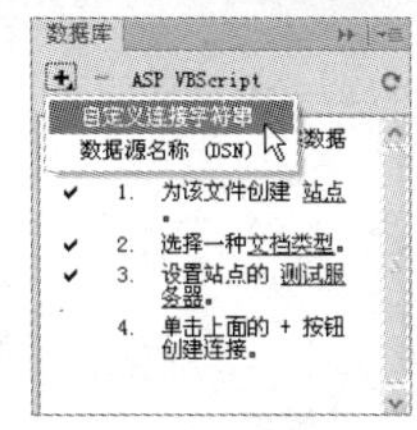

图20-8 执行“自定义连接字符串”命令

图20-9 “自定义连接字符串”对话框

03 单击“确定”按钮，即可成功连接，此时“数据库”面板如图20-10所示，可以看到显示了数据库中的3个表，如admin、leibie和products。

图20-10 “数据库”面板

20.5 制作购物系统前台页面

前台页面主要是浏览者可以看到的页面，主要包括商品分类展示页面和商品详细信息页面，下面具体讲述其制作过程。

20.5.1 制作商品分类展示页面

原始文件	原始文件/CH20/index.html
最终文件	最终文件/CH20/class.asp

商品分类展示页面效果如图20-11所示，它显示了商品的名称、商品价格和商品图片。该页面主要是利用创建记录集、绑定字段、重复区域、创建转到详细页面和记录集分页服务器行为制作的，具体操作步骤如下所述。

图20-11 商品分类展示页面效果

01 打开网页文档index.htm，将其另存为class.asp，如图20-12所示。

图20-12 另存为class.asp

02 将光标置于相应的位置，执行“插入”|“表格”命令。插入3行1列的表格，此表格记为“表格1”，在“属性”面板中将“填充”设置为2，如图20-13所示。

图20-13 插入表格

03 将光标置于“表格1”的第1行单元格中，将“水平”设置为“居中对齐”，插入图像images/shang1.gif，如图20-14所示。

图20-14 插入图像

04 将光标置于“表格1”的第3行单元格中，输入相应的文字，如图20-15所示。

图20-15 输入文字

05 单击“绑定”面板中的+按钮，在弹出的菜单中执行“记录集(查询)”命令，弹出“记录集”对话框，在对话框中的“名称”文本框中输入Rs1，在“连接”下拉列表中选择shop，在“表格”下拉列表中选择products，“列”勾选“全部”单选按钮，在“筛选”下拉列表中分别选择leibieID、=、URL参数和leibieID，在“排序”下拉列表中选择shpID和降序，如图20-16所示。

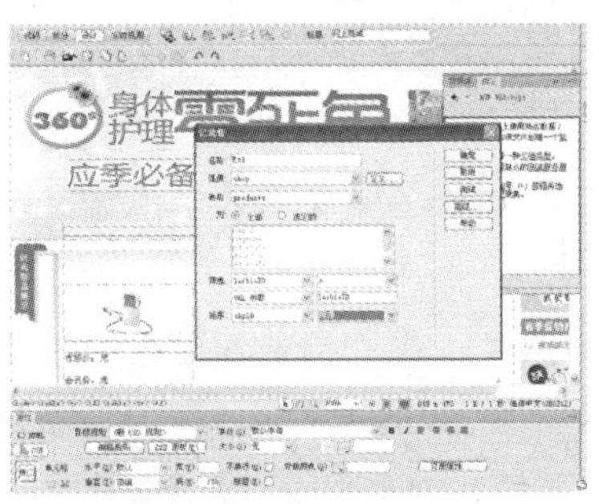

图20-16 “记录集”对话框

06 单击“确定”按钮，创建记录集，如图20-17所示，其代码如下所示。

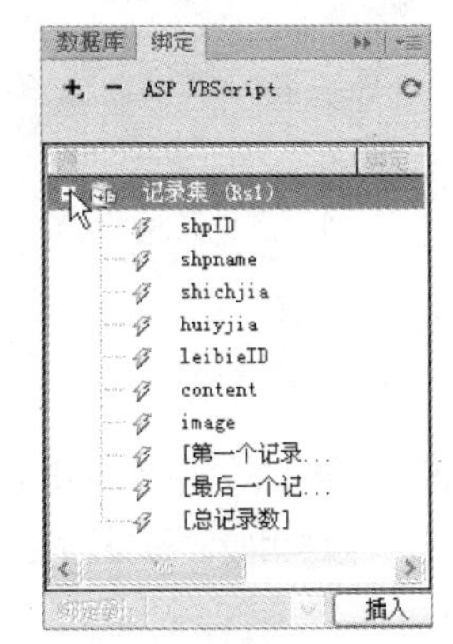

图20-17 创建记录集

如果只是用到数据表中的某几个字段，那么最好不要将全部字段都选定。因为字段数越多，应用程序执行起来就越慢，虽然在浏览时是感觉不到的，但是随着数据量的增大，就会体现得越明显。因此在创建数据集的时候，要养成良好的习惯，只选定记录集所用到的字段。

```
<%
Dim Rs1
Dim Rs1_cmd
Dim Rs1_numRows
Set Rs1_cmd = Server.CreateObject ("ADODB.Command")
Rs1_cmd.ActiveConnection = MM_shop_STRING
' 使用SELECT语句从商品表products中按照商品类别读取记录
Rs1_cmd.CommandText = "SELECT * FROM products
WHERE leibieID = 4 ORDER BY shpID DESC"
Rs1_cmd.Prepared = true
Rs1_cmd.Parameters.Append
Rs1_cmd.CreateParameter("param1", 5, 1, -1, Rs1__MMColParam) ' adDouble
Set Rs1 = Rs1_cmd.Execute
Rs1_numRows = 0
%>
```

代码解析

这段代码的核心作用是使用SELECT语句从商品表products中按照商品类别读取记录，并且按照商品编号降序排列。

07 选中图像，在“绑定”面板中展开记录集Rs1，选中image字段，单击右下角的“绑定”按钮，绑定字段，如图20-18所示。

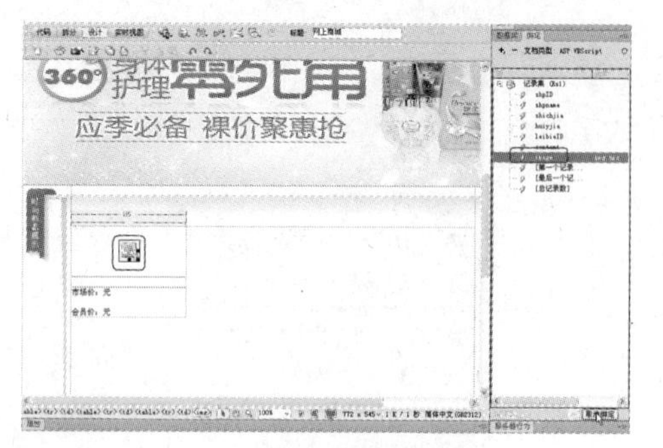

图20-18 绑定字段

08 按照步骤7的方法，将shpname、shichjia和huiyjia字段绑定到相应的位置，如图20-19所示。

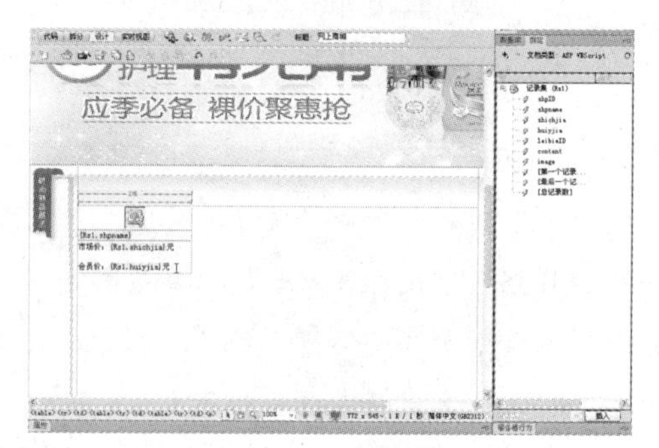

图20-19 绑定字段

09 选中“表格1”，单击“服务器行为”面板中的+按钮，在弹出的菜单中执行“重复区域”命令，弹出“重复区域”对话框，在对话框中的“记录集”下拉列表中选择Rs1，“显示”勾选“9记录”单选按钮，如图20-20所示。

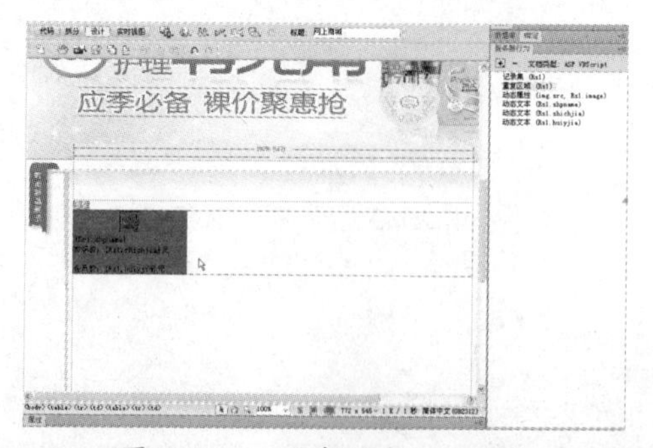

图20-20 “重复区域”对话框

10 单击“确定”按钮，创建重复区域服务器行为，如图20-21所示。

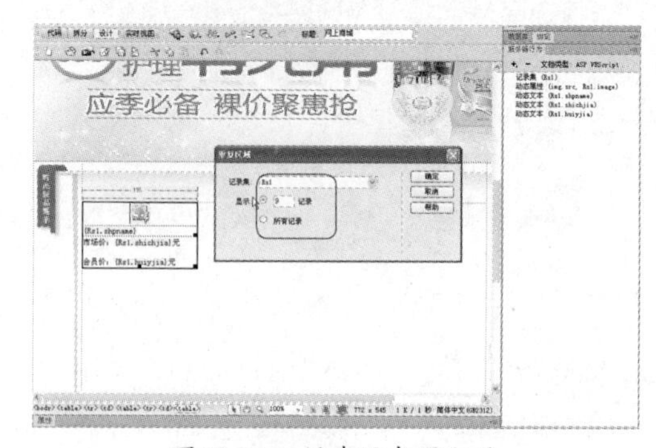

图20-21 创建服务器行为

11 选中“服务器行为”面板中创建的“重复区域(R1)”，切换到代码视图，在代码中相应的位置输入以下代码，如图20-22所示。

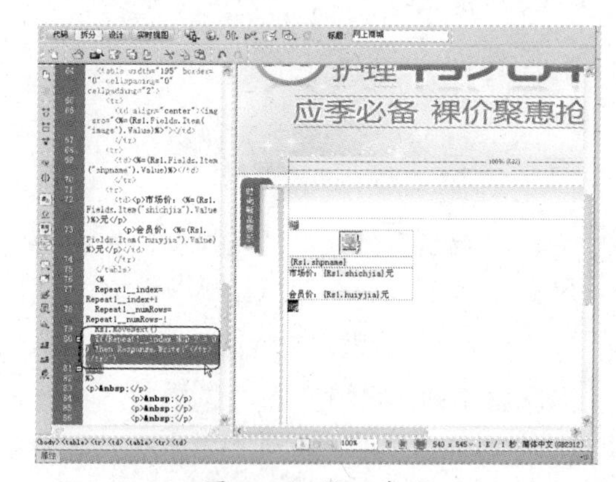

图20-22 输入代码

```
    If(Repeat1__index MOD 2 = 0) Then
Response.Write("</tr></tr>")
```

代码解析

这里设置重复区域重复2次后就换一行，也就是当Repeat1__index这个变量的值除以2余数等于0时就执行换行操作。MOD函数是求两个数相除的余数，这样一来若重复区是2的倍数，即会执行表格换行的操作，也就完成了水平重复区域设置。

12 选中{R1.shpname}，单击“服务器行为”面板中的+按钮，在弹出的菜单中执行“转到详细页面”命令，弹出“转到详细页面”对话框，在对话框中的“详细信息页”文本框中输入detail.asp，在“记录集”下拉列表中选择Rs1，在“列”下拉列表中选择shpID，如图20-23所示。

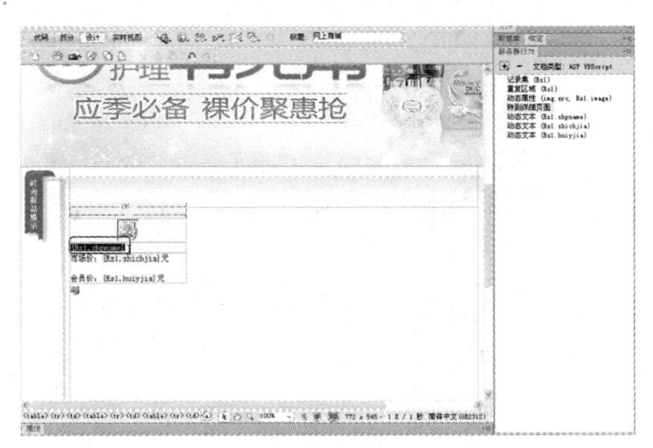

图20-23 “转到详细页面”对话框

13 单击“确定”按钮，创建转到详细页面服务器行为，如图20-24所示。

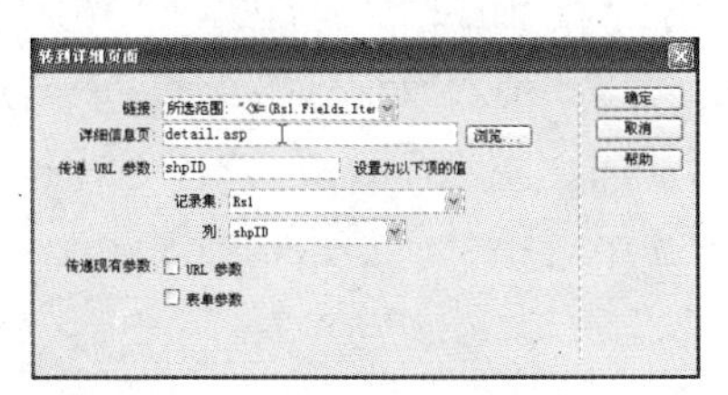

图20-24 创建服务器行为

提示

在制作时，也要对图像创建转到详细页面服务器行为，这样无论是单击商品的名称还是图片，都可以转到商品详细信息页面。

14 将光标置于“表格1”的右边，执行“插入”|“表格”命令，插入1行1列的表格，此表格记为“表格2”，如图20-25所示。

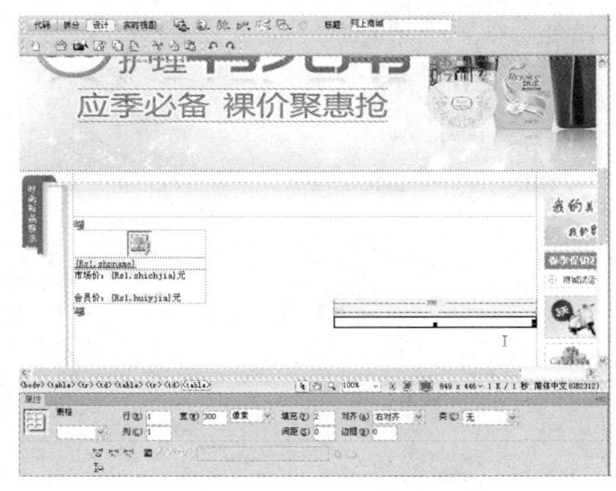

图20-25 插入表格

15 在“属性”面板中将“填充”设置为2，“对齐”设置为“右对齐”，将光标置于表格2中，输入相应的文字，如图20-26所示。

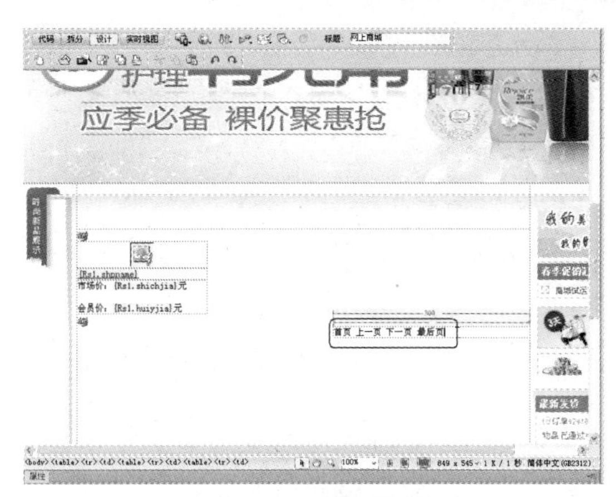

图20-26 输入文字

16 选中文字“首页”，单击“服务器行为”面板中的+按钮，在弹出的菜单中执行“记录集分页”|“移至第一条记录”命令，弹出“移至第一条记录”对话框，如图20-27所示。

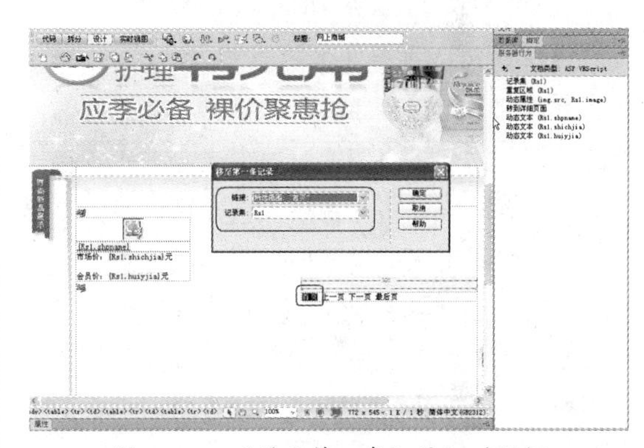

图20-27 “移至第一条记录”对话框

17 在对话框中的“记录集”下拉列表中选择Rs1，单击“确定”按钮，创建移至第一条记录服务器行为，如图20-28所示。

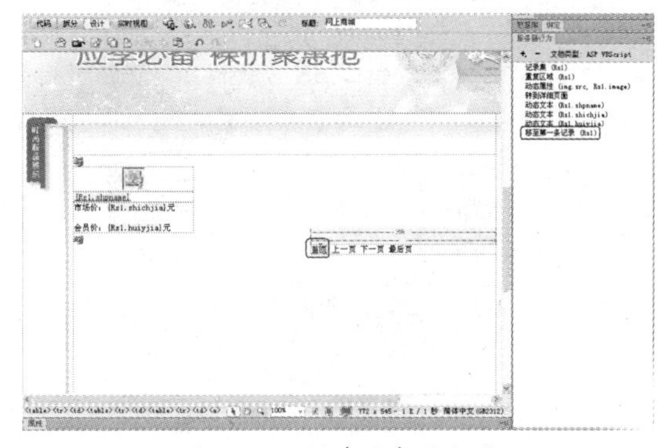

图20-28 创建服务器行为

18 按照步骤16~17的方法，分别为文字“上一页”、“下一页”和“最后页”创建“移至前一条记录”、“移至下一条记录”和“移至最

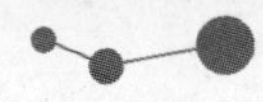

后一条记录”服务器行为，如图20-29所示。

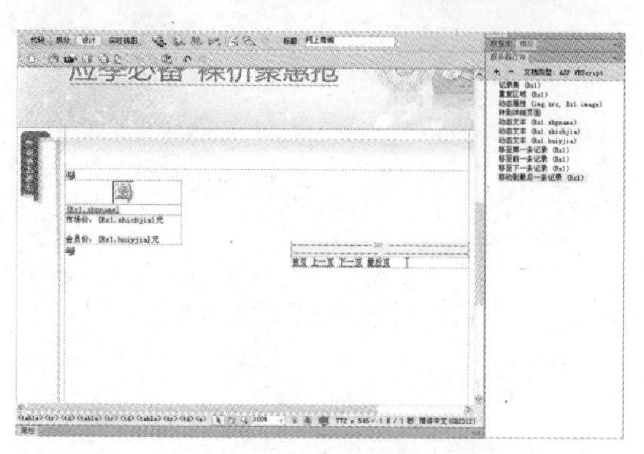

图20-29 创建服务器行为

20.5.2 制作商品详细信息页面

原始文件	原始文件/CH20/index.html
最终文件	最终文件/CH20/detail.asp

商品详细信息页面效果如图20-30所示，它是在商品分类页面的基础上，进一步显示商品的信息资料。访问者只能通过单击商品分类页面中的商品标题超级链接才能进入该页面，因此在具体创建记录集定义的过程中，将商品分类列表页面传递而来的URL参数shpID的值作为筛选条件的变量。本页面是主要利用创建记录集和绑定字段制作的，具体操作步骤如下所述。

图20-30 商品详细信息页面效果

01 打开网页文档，将其另存为detail.asp，如图20-31所示。

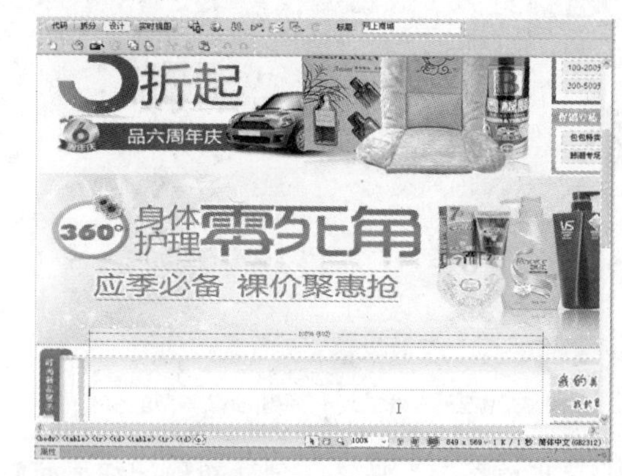

图20-31 另存文档

02 将光标置于相应的位置，执行“插入”|“表格”命令。插入5行2列的表格，在“属性”面板中将“填充”设置为2，“对齐”设置为“居中对齐”，如图20-32所示。

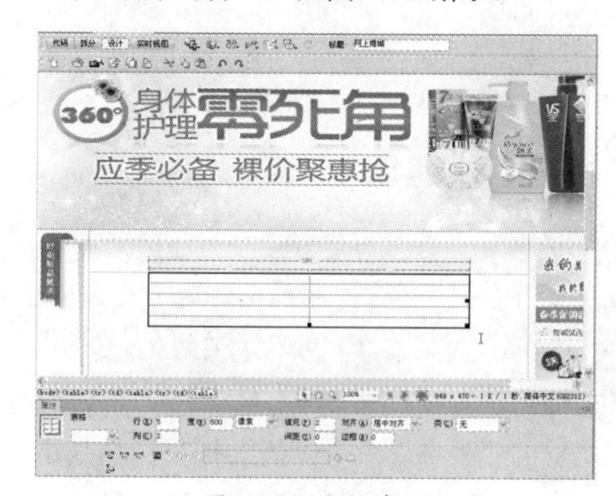

图20-32 插入表格

03 将光标置于第1行第1列单元格中，按住鼠标左键向下拖动至第3行第1列单元格中，合并单元格，在合并后的单元格中插入图像images/shang1.gif，如图20-33所示。

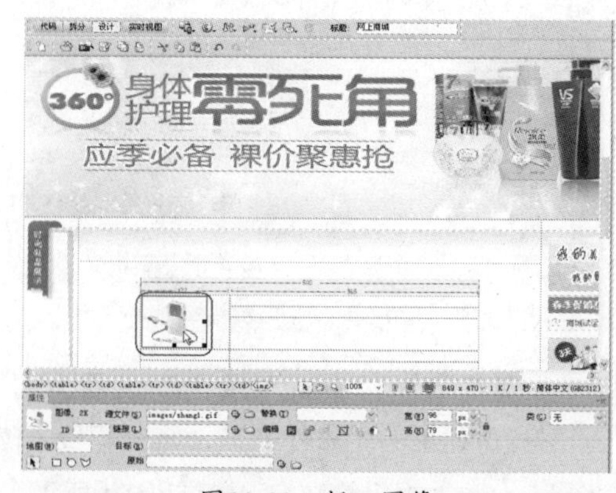

图20-33 插入图像

04 将光标置于第1行第2列单元格中，将“高”设置为40，将第2行第2列单元格的“高”设置为30，分别在单元格中输入相应文字，如图20-34所示。

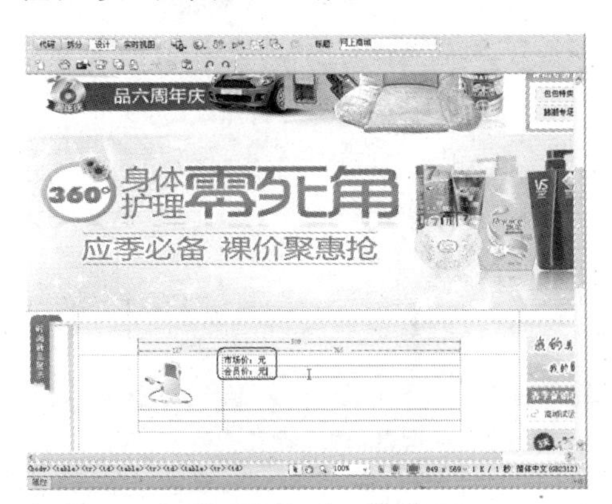

图20-34 输入文字

05 选中第5行单元格，合并单元格，在合并后的单元格中输入文字，如图20-35所示。

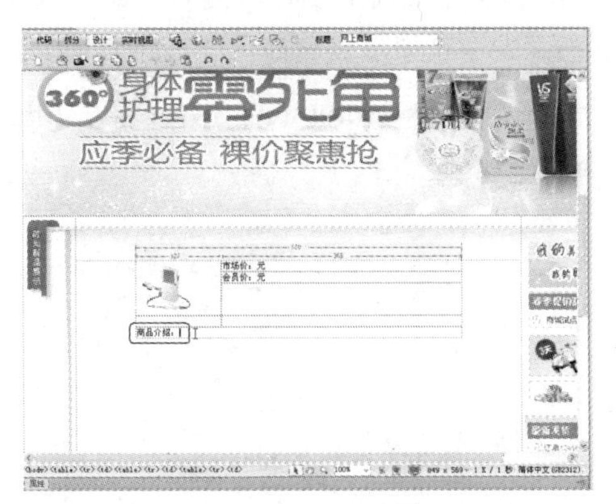

图20-35 输入文字

06 单击“绑定”面板中的+按钮，在弹出的菜单中执行“记录集(查询)”命令，弹出“记录集”对话框。在对话框中的“名称”文本框中输入Rs1，在“连接”下拉列表中选择shop，在“表格”下拉列表中选择products，“列”勾选“全部”单选按钮，在“筛选”下拉列表中选择shpID、=、URL参数和shpID，如图20-36所示。

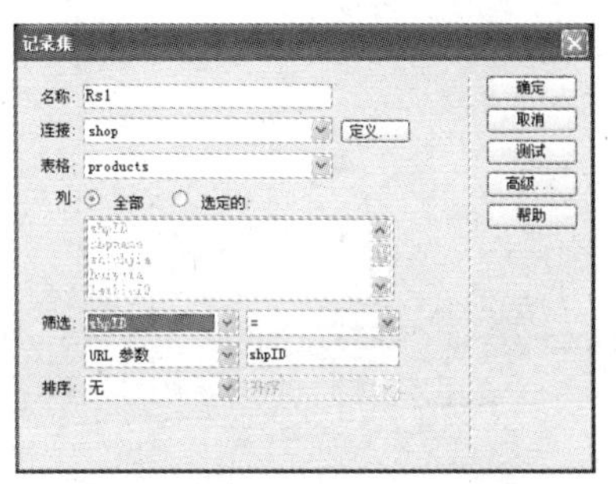

图20-36 “记录集”对话框

07 单击“确定”按钮，创建记录集，如图20-37所示，其代码如下所示。

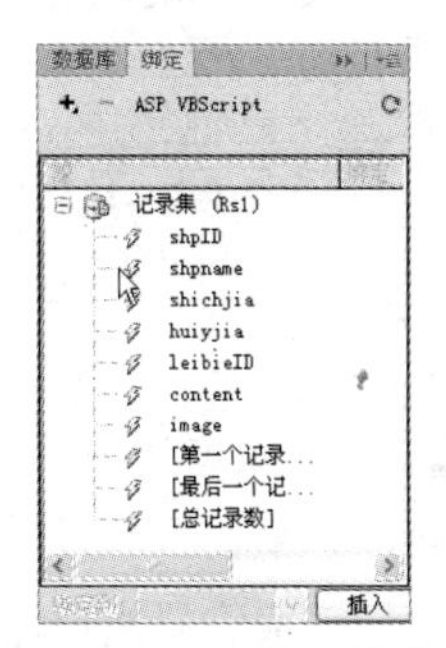

图20-37 创建记录集

代码解析

使用SELECT语句从商品表products中按照商品编号读取商品详细信息，并且显示商品的详细内容。

```
<%
Dim Rs2
Dim Rs2_cmd
Dim Rs2_numRows
Set Rs2_cmd = Server.CreateObject ("ADODB.Command")
Rs2_cmd.ActiveConnection = MM_shop_STRING
' 使用SELECT语句从商品表products中按照商品编号读取商品详细信息
Rs2_cmd.CommandText = "SELECT * FROM products WHERE shpID = ?"
Rs2_cmd.Prepared = true
Rs2_cmd.Parameters.Append
Rs2_cmd.CreateParameter("param1", 5, 1, -1, Rs2__MMColParam)
Set Rs2 = Rs2_cmd.Execute
Rs2_numRows = 0
%>
```

08 选中图像，在“绑定”面板中展开记录集Rs1，选中image字段，单击右下角的“绑定”按钮，绑定字段，如图20-38所示。

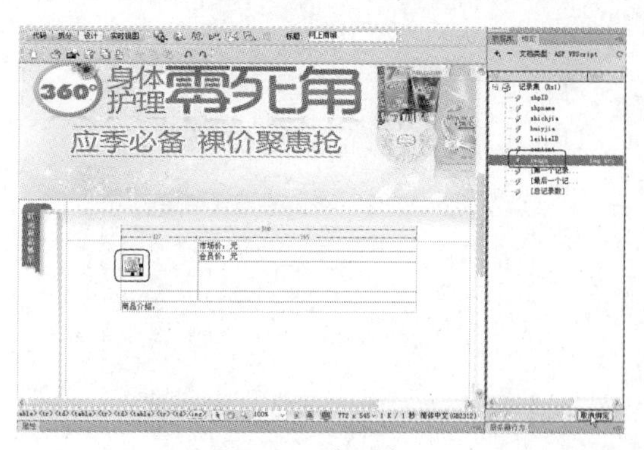

图20-38　绑定字段

09 按照步骤8的方法，分别将shpname、shichjia、huiyjia和content字段绑定到相应的位置，如图20-39所示。

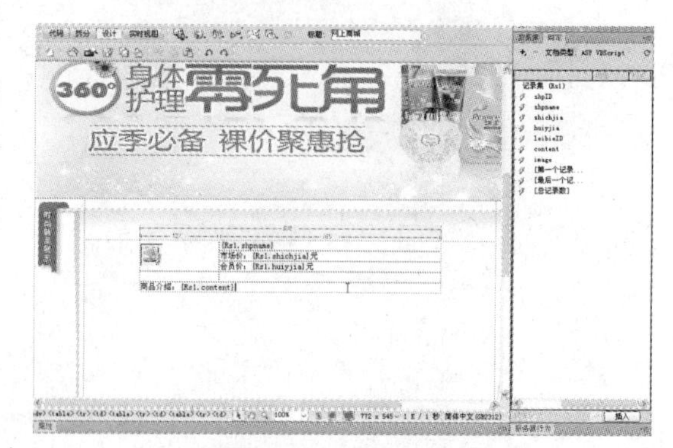

图20-39　绑定字段

20.6 制作购物系统后台管理

本节将讲述购物系统后台管理页面的制作。后台管理页面主要包括管理员登录页面、添加商品类别页面、添加商品信息页面、删除商品和商品管理主页面。

20.6.1 制作管理员登录页面

原始文件	原始文件/CH20/index.html
最终文件	最终文件/CH20/login.asp

在购物网站中，管理员在进行添加、修改和删除商品之前，必须先登录系统，进行用户信息的验证和登记，以实现最后订单的提交。几乎所有的购物网站的后台页面都需要具备管理员登录功能。管理员登录页面效果如图20-40所示，主要是利用插入表单对象和创建登录用户服务器行为制作的，具体操作步骤如下所述。

图20-40　管理员登录页面效果

01 打开网页文档index.htm，将其另存为login.asp，如图20-41所示。

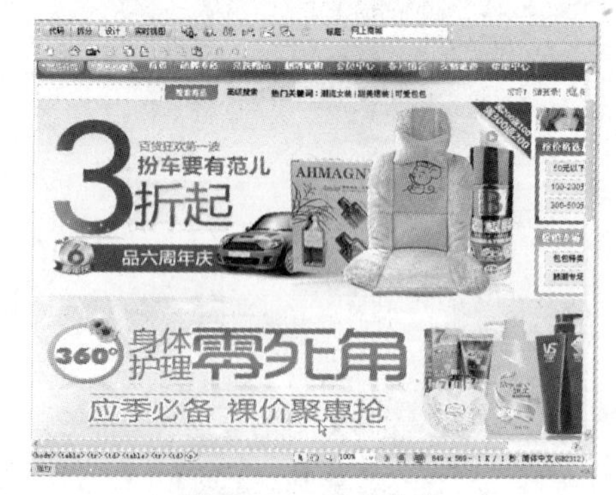

图20-41　另存文档

02 将光标置于相应的位置，按Enter键换行，插入表单，如图20-42所示。

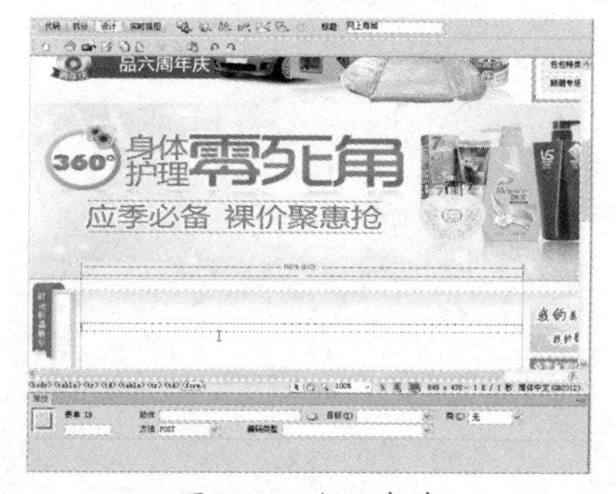

图20-42　插入表单

03 将光标置于表单中，执行“插入”|“表格”命令，插入4行2列的表格，在“属性”面板中将“填充”设置为2，“对齐”设置为“居中对齐”，如图20-43所示。

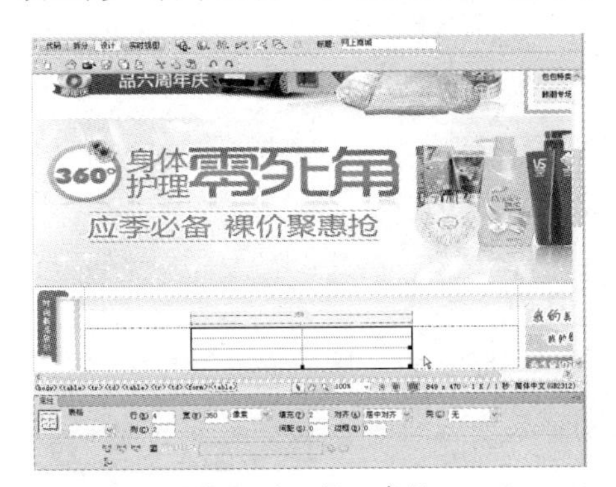

图20-43 插入表格

04 选中第1行单元格，合并单元格，在合并后的单元格中输入文字，在“属性”面板中将“水平”设置为“居中对齐”，“高”设置为50，“大小”设置为14像素，单击“加粗”按钮**B**对文字加粗，如图20-44所示。

图20-44 输入文字

05 分别在其他单元格中输入文字，如图20-45所示。将光标置于第2行第2列单元格中，执行“插入”|“表单”|“文本域”命令。

图20-45 输入文字

06 插入文本域，在“属性”面板中的“文本域”名称文本框中输入name，“字符宽度”设置为25，“类型”设置为“单行”，如图20-46所示。

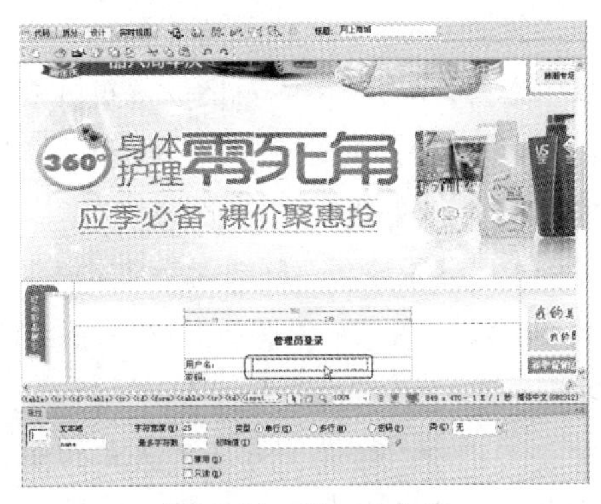

图20-46 插入文本域

07 将光标置于表第3行第2列单元格中插入文本域，在“属性”面板中的“文本域”名称中输入pass，“字符宽度”设置为25，“类型”设为“密码”，如图20-47所示。

图20-47 插入文本域

08 将光标置于第4行第2列单元格中，执行“插入”|“表单”|“按钮”命令，插入按钮，分别插入登录按钮和重置按钮，如图20-48所示。

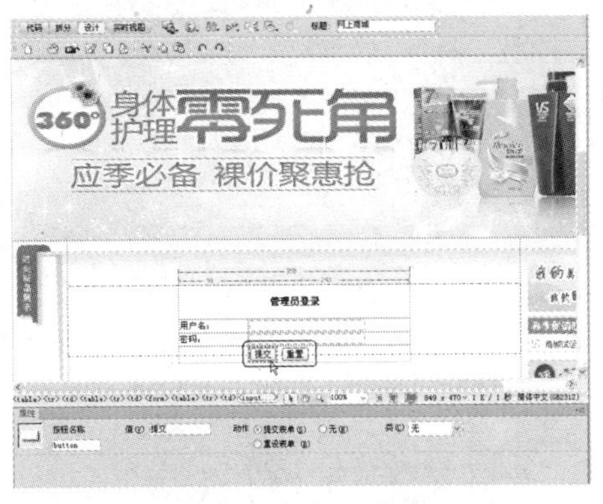

图20-48 插入按钮

09 单击“服务器行为”面板中的+按钮，在弹出的菜单中执行“用户身份验证”|“登录用户”命令，弹出“登录用户”对话框，在对话框中的“从表单获取输入”下拉列表中选择form1，在“使用连接验证”下拉列表中选择shop，在“表格”下拉列表中选择admin，在“用户名列”下拉列表中选择name，在“密码列”下拉列表中选择pass，在“如果登录成功，则转到”文本框中输入admin.asp，在“如果登录失败，则转到”文本框中输入login.asp，如图20-49所示。

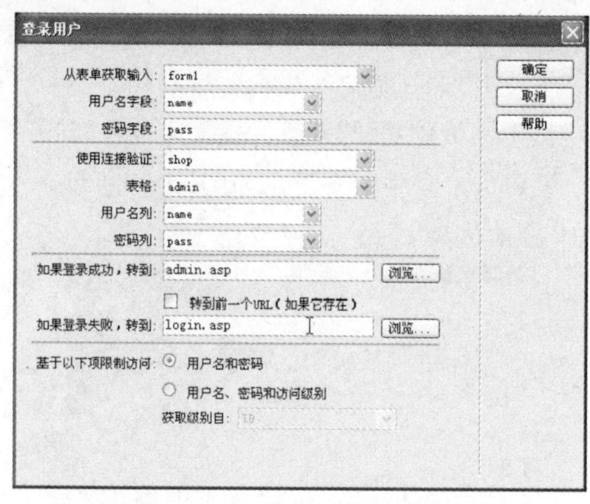

图20-49 “登录用户”对话框

10 单击“确定”按钮，创建登录用户服务器行为，如图20-50所示，其代码如下。

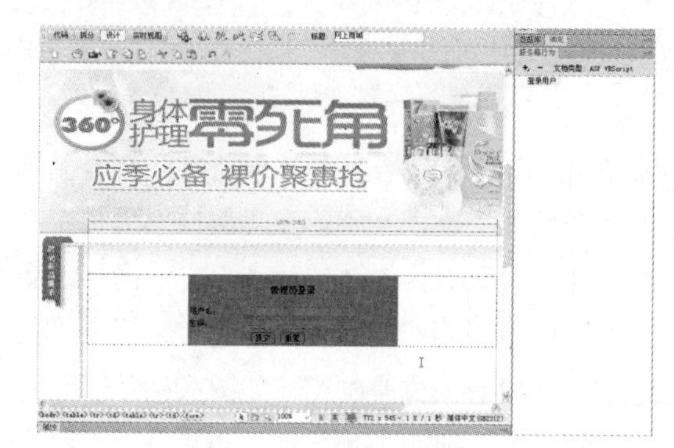

图20-50 创建服务器行为

代码解析

下面这段代码的核心作用是验证从表单form1中获取的用户名和密码是否与数据库表中的name和pass一致，如果一致则转向后台管理主页面admin.asp。如果不一致，则转向后台登录页面login.asp。

```
<%MM_LoginAction = Request.ServerVariables("URL")
If Request.QueryString <> ""
Then
MM_LoginAction = MM_LoginAction + "?" + Server.HTMLEncode(Request.QueryString)
MM_valUsername = CStr(Request.Form("name"))
If MM_valUsername <> "" Then
  Dim MM_fldUserAuthorization
  Dim MM_redirectLoginSuccess
  Dim MM_redirectLoginFailed
  Dim MM_loginSQL
  Dim MM_rsUser
  Dim MM_rsUser_cmd
  MM_fldUserAuthorization = „ “
  MM_redirectLoginSuccess = „admin.asp “
  MM_redirectLoginFailed = „login.asp “
, 使用SELECT语句读取用户名和密码
  MM_loginSQL = "SELECT name, pass"
  If MM_fldUserAuthorization <> ""
Then MM_loginSQL = MM_loginSQL & "," & MM_fldUserAuthorization
  MM_loginSQL = MM_loginSQL & " FROM [admin] WHERE name = ? AND pass = ?"
  Set MM_rsUser_cmd = Server.CreateObject ("ADODB.Command")
  MM_rsUser_cmd.ActiveConnection = MM_shop_STRING
  MM_rsUser_cmd.CommandText = MM_loginSQL
```

```
    MM_rsUser_cmd.Parameters.Append MM_rsUser_cmd.CreateParameter("param1", 200, 1, 
50, MM_valUsername) ' adVarChar
    MM_rsUser_cmd.Parameters.Append MM_rsUser_cmd.CreateParameter("param2", 200, 1, 
50, Request.Form("pass")) ' adVarChar
    MM_rsUser_cmd.Prepared = true
    Set MM_rsUser = MM_rsUser_cmd.Execute
    If Not MM_rsUser.EOF Or Not MM_rsUser.BOF Then
      Session("MM_Username") = MM_valUsername
      If (MM_fldUserAuthorization <> "") Then
          Session("MM_UserAuthorization") = CStr(MM_rsUser.Fields.
Item(MM_fldUserAuthorization).Value)
      Else
        Session("MM_UserAuthorization") = ""
      End If
      if CStr(Request.QueryString("accessdenied")) <> "" And false Then
        MM_redirectLoginSuccess = Request.QueryString("accessdenied")
      End If
      MM_rsUser.Close
      Response.Redirect(MM_redirectLoginSuccess)
    End If
    MM_rsUser.Close
    Response.Redirect(MM_redirectLoginFailed)
  End If%>
```

20.6.2 制作添加商品分类页面

原始文件	原始文件/CH20/index.html
最终文件	最终文件/CH20/addfenlei.asp

添加商品分类页面效果如图20-51所示，该页面主要是利用插入表单对象、创建记录集、创建插入记录和限制对页的访问服务器行为制作的，具体操作步骤如下所述。

图20-51 添加商品分类页面效果

01 打开网页文档index.htm，将其另存为addfenlei.asp。将光标置于相应的位置，按Enter键换行，执行“插入”|“表单”|“表单”命令，插入表单，如图20-52所示。

图20-52 插入表单

02 将光标置于表单中，插入2行2列的表格，在“属性”面板中将“填充”设为2，“对齐”设置为“居中对齐”，并在第1行第1列单元格中输入文字，如图20-53所示。

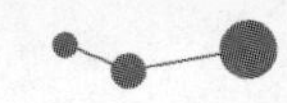

图20-53　输入文字

03 将光标置于第1行第2列单元格中，插入文本域，在“属性”面板中的“文本域”名称文本框中输入leibiename，“字符宽度”设置为25，“类型”设置为“单行”，如图20-54所示。

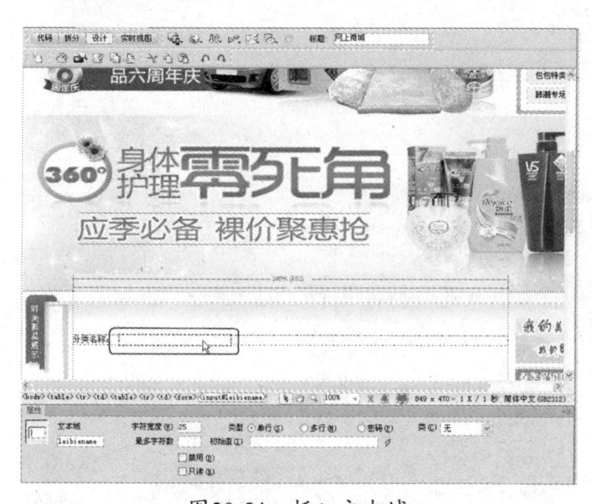

图20-54　插入文本域

04 将光标置于第2行第2列单元格中，执行“插入”|“表单”|“按钮”命令，分别插入提交按钮和重置按钮，如图20-55所示。

05 单击“绑定”面板中的+按钮，在弹出的菜单中执行“记录集(查询)”命令，弹出“记录集”对话框，在对话框中的“名称”文本框中输入Rs1，在“连接”下拉列表中选择shop，在“表格”下拉列表中选择leibie，“列”勾选“全部”单选按钮，在“排序”下拉列表中选择leibieID和升序，如图20-56所示。

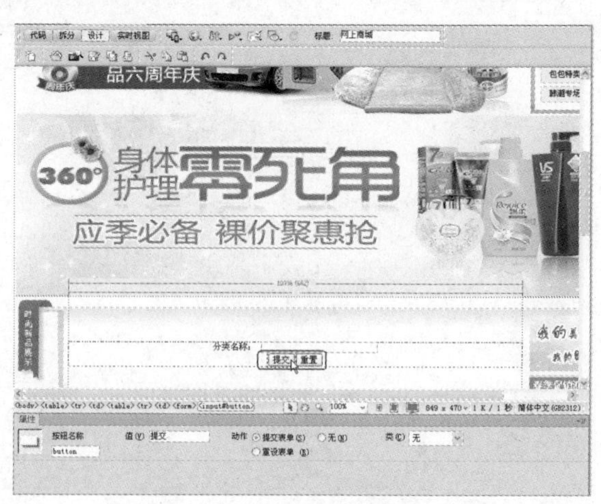

图20-55　插入按钮

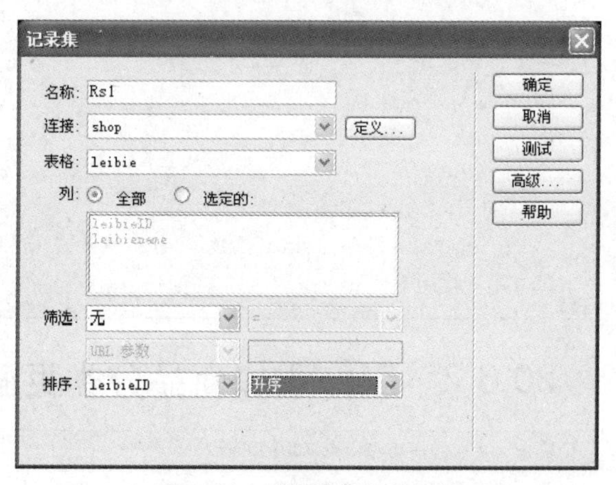

图20-56　“记录集”对话框

06 单击“确定”按钮，创建记录集，如图20-57所示。

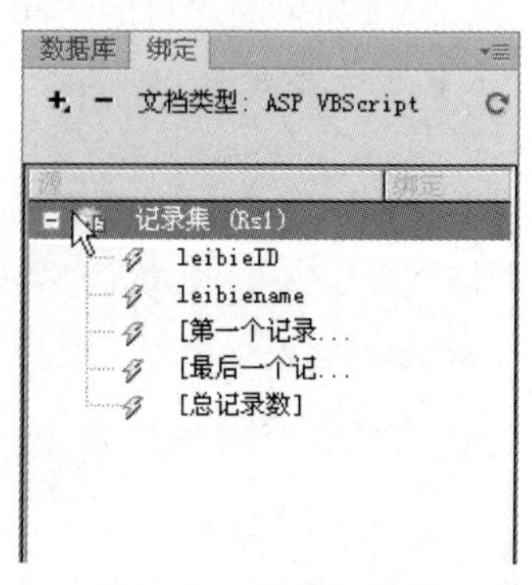

图20-57　创建记录集

07 单击“服务器行为”面板中的+按钮，在弹出的菜单中执行“插入记录”命令，弹出“插入记录”对话框，在对话框中的“连接”下拉列表中选择shop，在“插入到表格”下拉列表中选择leibie，在“插入后，转到”文本框中输入addfenleiok.

asp，在“获取值自”下拉列表中选择form1，如图20-58所示。

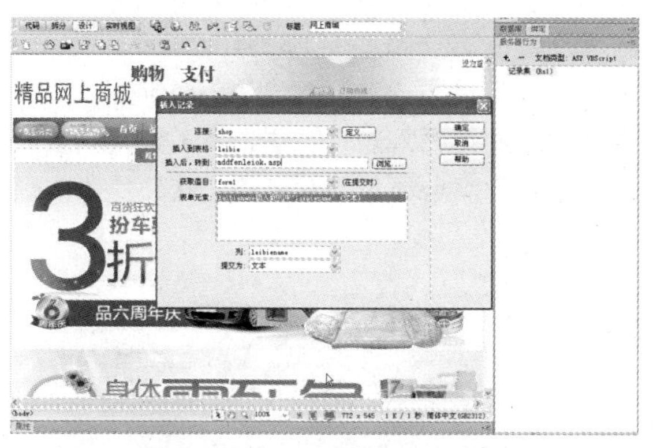

图20-58 “插入记录”对话框

08 单击“确定”按钮，创建插入记录服务器行为，如图20-59所示，其代码如下所示。

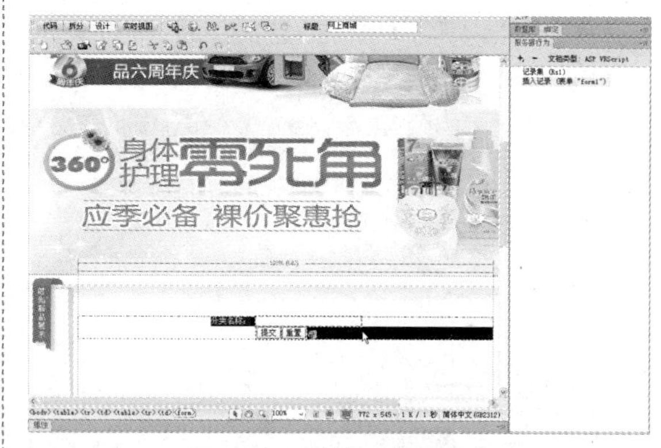

图20-59 创建服务器行为

```
<%
If (CStr(Request("MM_insert")) = "form1")
Then
If (Not MM_abortEdit)
Then
    Dim MM_editCmd
    Set MM_editCmd = Server.CreateObject ("ADODB.Command")
    MM_editCmd.ActiveConnection = MM_shop_STRING
    ' 使用INSERT INTO语句将类别名称添加到类别表leibie中
    MM_editCmd.CommandText = "INSERT INTO leibie (leibiename) VALUES (?)"
    MM_editCmd.Prepared = true
     MM_editCmd.Parameters.Append MM_editCmd.CreateParameter("param1", 202,
1, 50, Request.Form("leibiename")) r
    MM_editCmd.Execute
    MM_editCmd.ActiveConnection.Close
    ' 添加成功后转到addfenleiok.asp页面
    Dim MM_editRedirectUrl
    MM_editRedirectUrl = "addfenleiok.asp"
If (Request.QueryString <> "")
Then
      If (InStr(1, MM_editRedirectUrl, "?", vbTextCompare) = 0)
Then
       MM_editRedirectUrl = MM_editRedirectUrl & "?" & Request.QueryString
      Else
       MM_editRedirectUrl = MM_editRedirectUrl & "&" & Request.QueryString
      End If
    End If
    Response.Redirect(MM_editRedirectUrl)
  End If
End If
%>
```

09 单击“服务器行为”面板中的+按钮，在弹出的菜单中执行“用户身份验证”|“限制对页的访问”命令，弹出“限制对页的访问”对话框，在对话框中的“如果访问被拒绝，则转到”文本框中输入login.asp，如图20-60所示。

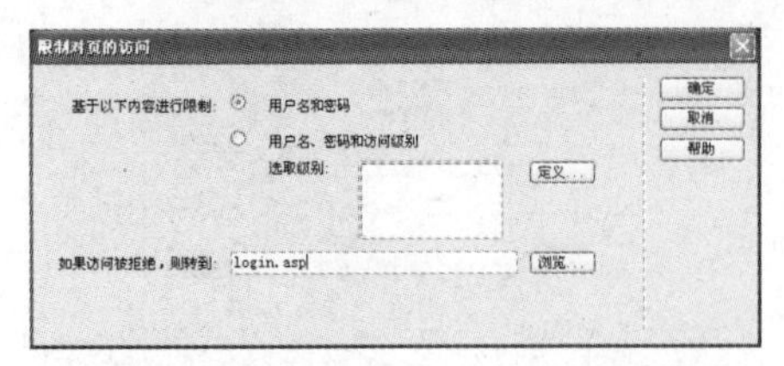

图20-60 “限制对页的访问”对话框

10 单击“确定”按钮，创建限制对页的访问服务器行为。

11 打开网页文档index.htm，将其另存为addfenleiok.asp。将光标置于相应的位置，按Enter键换行，输入文字，“对齐方式”设置为“居中对齐”，如图20-61所示。

图20-61 输入文字

12 选中文字“添加商品分类页面”，在“属性”面板中的“链接”文本框中输入addfenlei.asp，如图20-62所示。

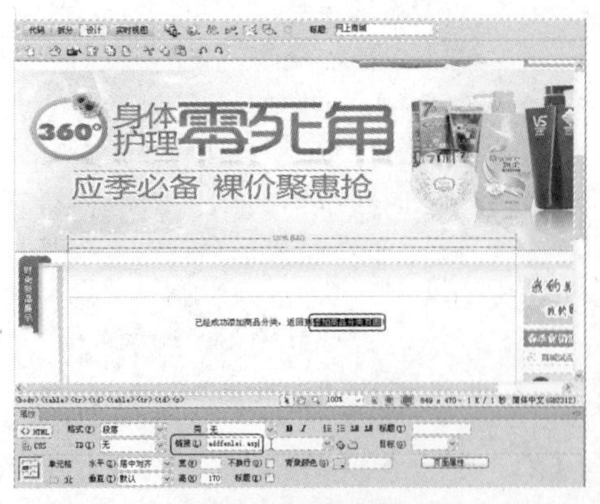

图20-62 设置链接

20.6.3 制作添加商品页面

原始文件	原始文件/CH20/index.html
最终文件	最终文件/CH20/addshp.asp

添加商品页面效果如图20-63所示，该页面主要是利用插入表单对象、插入记录和限制对页的访问服务器行为制作的，具体操作步骤如下所述。

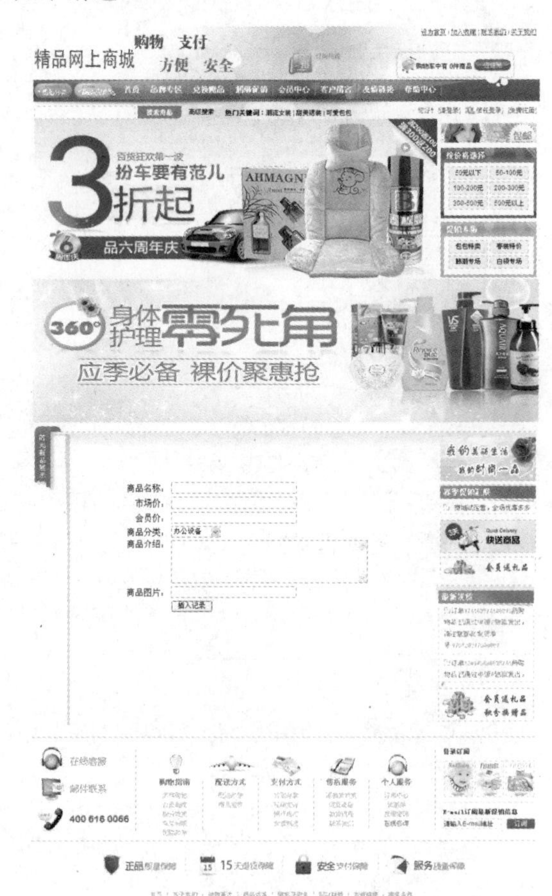

图20-63 添加商品页面

01 打开网页文档index.htm，将其另存为addshp.asp。单击“绑定”面板中的+按钮，在弹出的菜单中执行“记录集(查询)”命令，弹出“记录集”对话框，在对话框中的“名称”文本框中输入Rs1，在“连接”下拉列表中选择shop，在“表格”下拉列表中选择leibie，“列”勾选“全部”单选按钮，在“排序”下拉列表中选择leibieID和“降序”，如图20-64所示。

02 单击“确定”按钮，创建记录集，如图20-65所示。

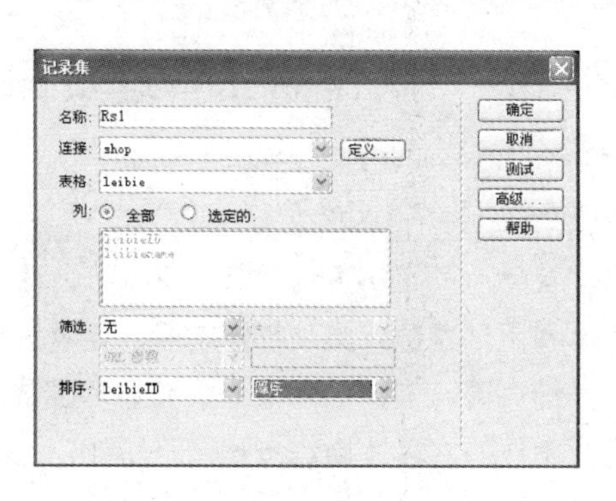

图20-64 “记录集”对话框

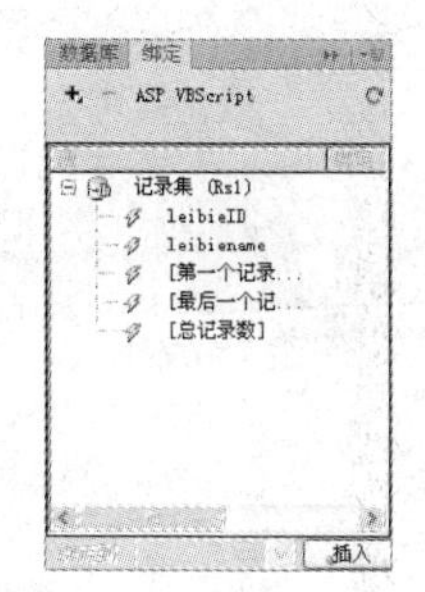

图20-65 创建记录集

03 单击“数据”插入栏中的“插入记录表单向导”按钮，弹出“插入记录表单”对话框，在对话框中的“连接”下拉列表中选择shop，在“插入到表格”下拉列表中选择products，在“插入后，转到”文本框中输入addshpok.asp，在“表单字段”列表框中：选中shpID，单击[−]按钮将其删除，选中shpname，在“标签”文本框中输入“商品名称：”，选中shichjia，在“标签”文本框中输入“市场价：”，如图20-66所示。

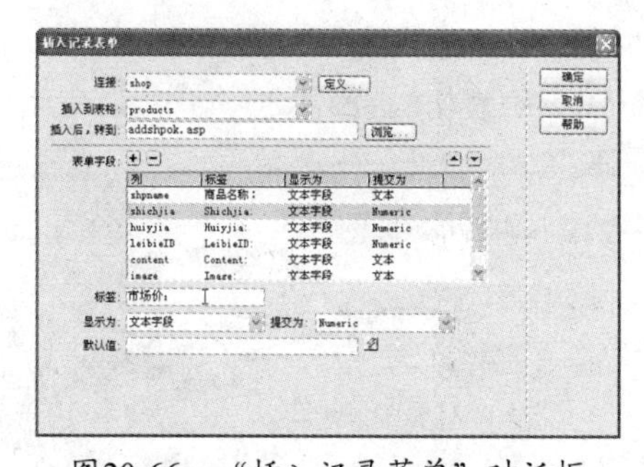

图20-66 “插入记录菜单”对话框

04 选中huiyjia，在“标签”文本框中输入“会员价：”，选中leibieID，在“标签”文本框中输入“商品分类：”，在“显示为”下拉列表中选择“菜单”，单击[菜单属性]按钮，弹出“菜单属性”对话框，在对话框中的“填充菜单项”勾选“来自数据库”单选按钮，在对话框中单击“选取值等于”文本框右边的[⚡]按钮，弹出“动态数据”对话框，在对话框中的“域”列表中选择leibiename，如图20-67所示。

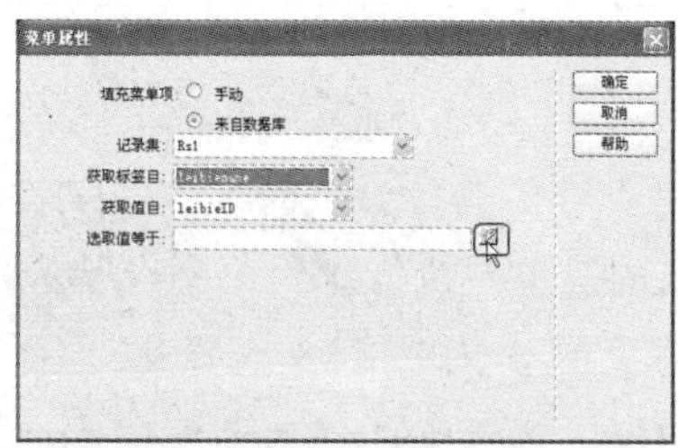

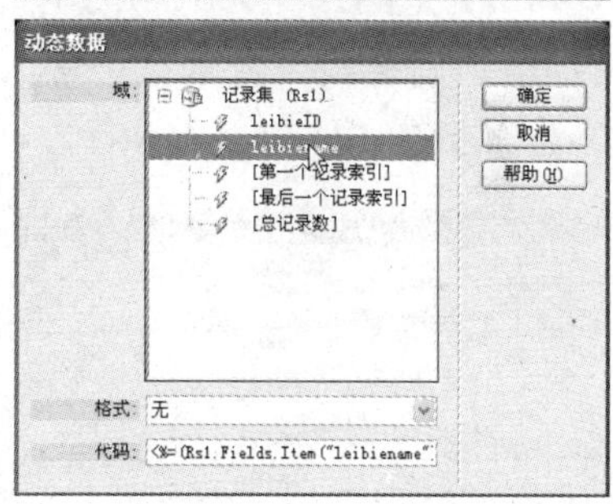

图20-67 “菜单属性”与“动态数据”对话框

05 单击“确定”按钮，返回到“菜单属性”对话框，单击“确定”按钮，返回到“插入记录表单”对话框，选中content，在“标签”文本框中输入“商品介绍：”，在“显示为”下拉列表中选择“文本区域”，选中image，在“标签”文本框中输入“商品图片：”，如图20-68所示。

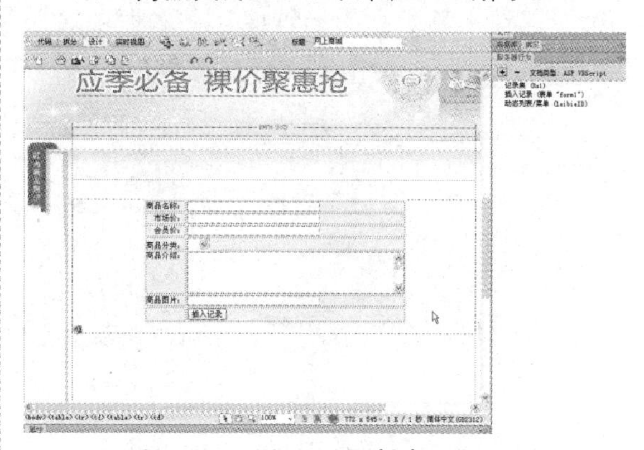

图20-68 “插入记录表单”对话框

06 单击“确定”按钮，插入记录表单向导，如图20-69所示。

图20-69　插入记录表单向导

07 单击“服务器行为”面板中的按钮，在弹出的菜单中执行“用户身份验证”|“限制对页的访问”命令，弹出“限制对页的访问”对话框，在对话框中的“如果访问被拒绝，则转到”文本框中输入login.asp，如图20-70所示。

图20-70　“限制对页的访问”对话框

08 单击“确定”按钮，创建限制对页的访问服务器行为。

09 打开网页文档index.htm，将其另存为addshpok.asp。将光标置于相应的位置，按Enter键换行，输入文字，设置为“居中对齐”，选中文字“添加商品页面”，在“属性”面板中的“链接”文本框中输入addshp.asp，如图20-71所示。

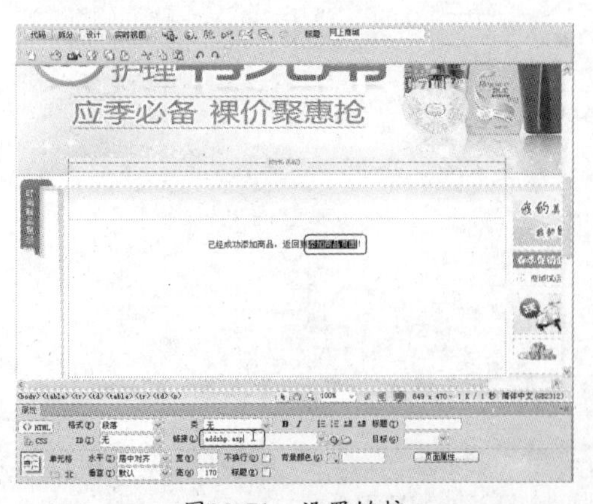

图20-71　设置链接

20.6.4　制作商品管理页面

原始文件	原始文件/CH20/index.html
最终文件	最终文件/CH20/admin.asp

商品管理页面效果如图20-72所示，该页面主要是利用创建记录集、绑定字段、重复区域、转到详细页面、创建记录集分页和显示区域服务器行为制作的，具体操作步骤如下所述。

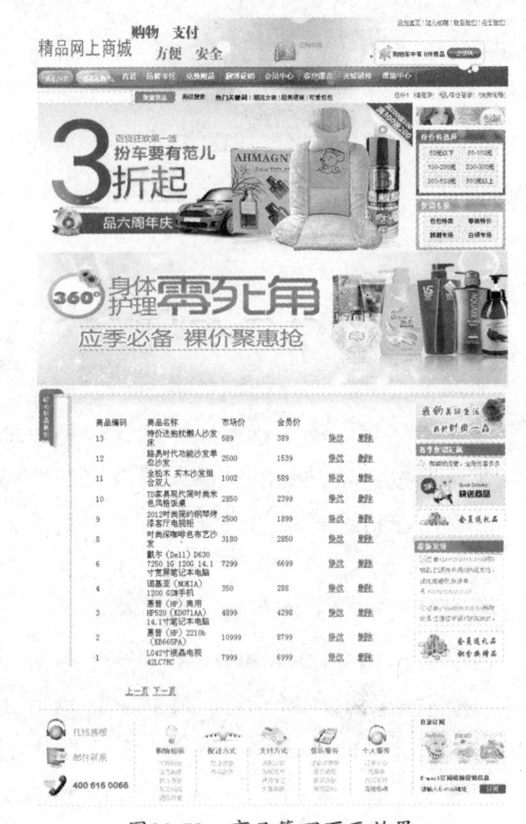

图20-72　商品管理页面效果

01 打开网页文档index.htm，将其另存为admin.asp。将光标置于相应的位置，插入2行6列的表格1，如图20-73所示。

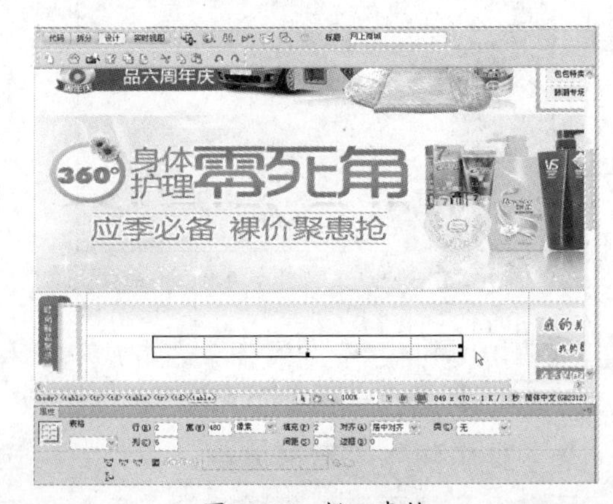

图20-73　插入表格

02 在“属性”面板中将“填充”设置为2，“对齐”设置为“居中对齐”，分别在单元格中输入相应的文字，如图20-74所示。

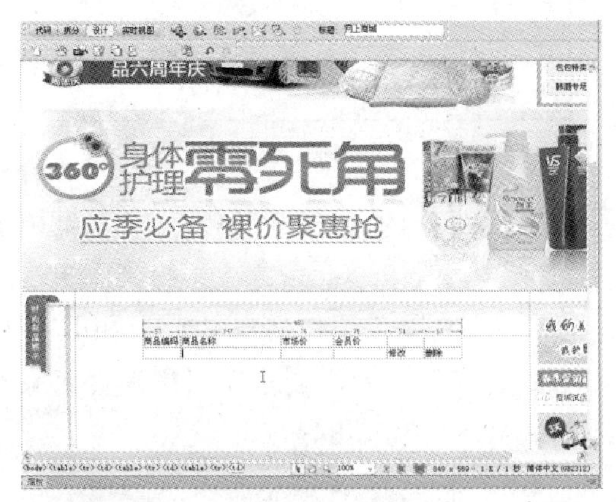

图20-74 输入文字

03 单击“绑定”面板中的+按钮，在弹出的菜单中执行“记录集(查询)”命令，弹出“记录集”对话框，在对话框中的“名称”文本框中输入Rs2，在“连接”下拉列表中选择shop，如图20-75所示在“表格”下拉列表中选择products，“列”勾选“全部”单选按钮，在“排序”下拉列表中选择shpID和“降序”。

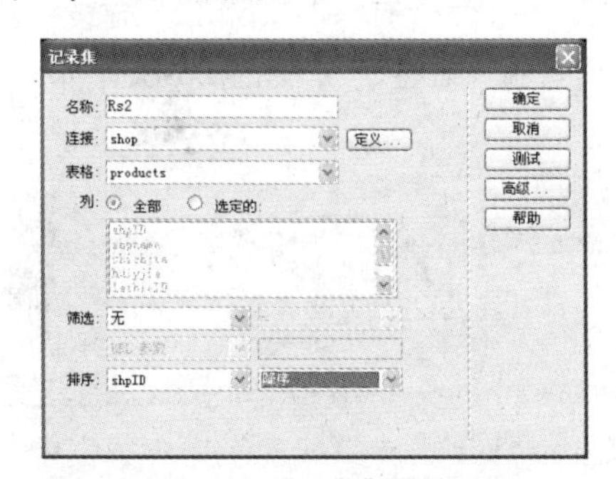

图20-75 “记录集”对话框

04 单击“确定”按钮，创建记录集，如图20-76所示。

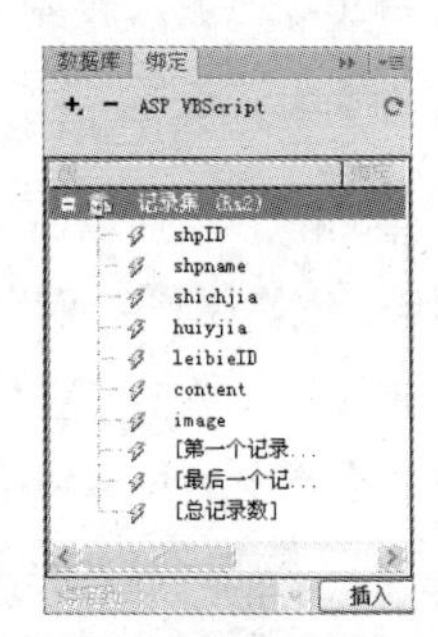

图20-76 创建记录集

05 将光标置于表格1的第2行第1列单元格中，在“绑定”面板中展开记录集Rs2，选中shpID字段，单击右下角的“插入”按钮，绑定字段，如图20-77所示。

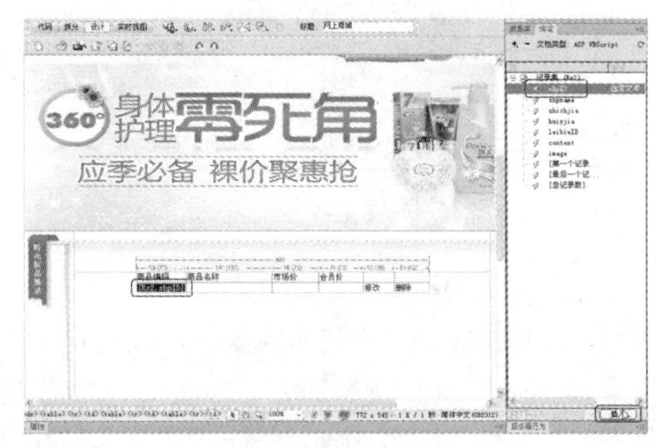

图20-77 绑定字段

06 按照步骤5的方法，分别将shpname、shichjia和huiyjia字段绑定到相应的位置，如图20-78所示。

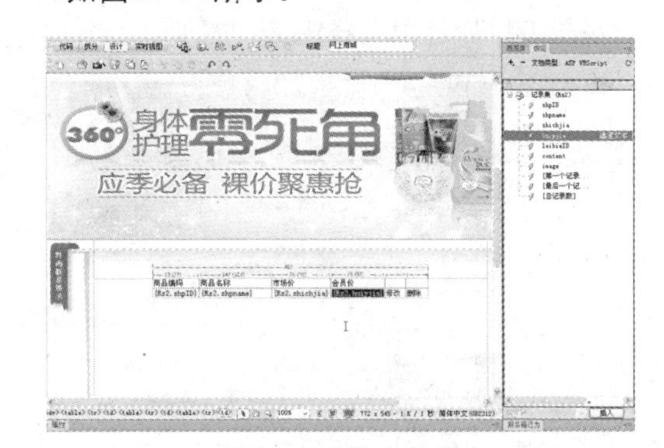

图20-78 绑定字段

07 选中“表格1”的第2行单元格，单击“服务器行为”面板中的+按钮，在弹出的菜单中执行“重复区域”命令，弹出“重复区域”对话框，在对话框中的“记录集”下拉列表中选择Rs2，“显示”勾选“20记录”单选按钮，如图20-79所示。

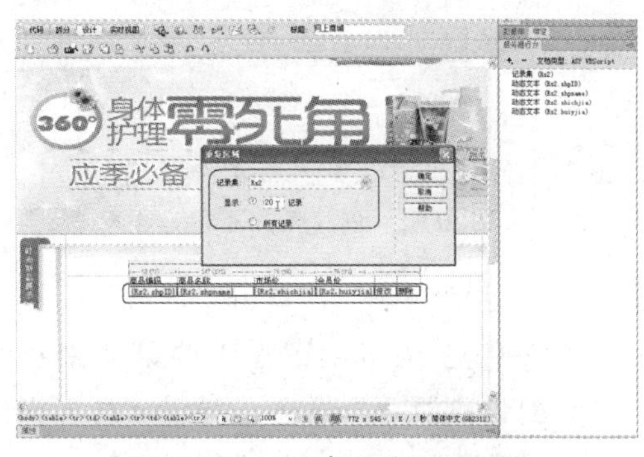

图20-79 “重复区域”对话框

08 单击“确定”按钮，创建重复区域服务器行为，如图20-80所示。

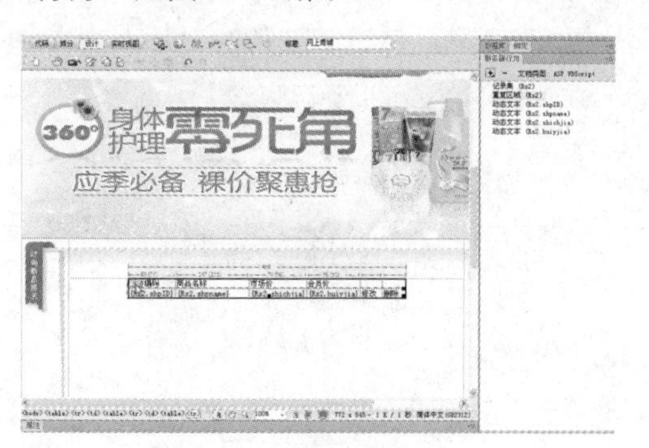

图20-80 创建服务器行为

09 选中文字“修改”，单击“服务器行为”面板中的+按钮，在弹出的菜单中执行“转到详细页面”命令，弹出“转到详细页面”对话框，在对话框中的“详细信息页”文本框中输入modify.asp，在“记录集”下拉列表中选择Rs2，在“列”下拉列表中选择shpID，如图20-81所示。

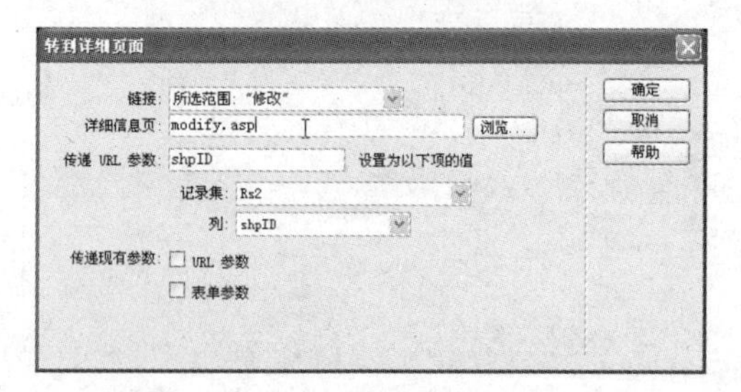

图20-81 “转到详细页面”对话框

10 单击“确定”按钮，创建转到详细页面服务器行为，如图20-82所示。

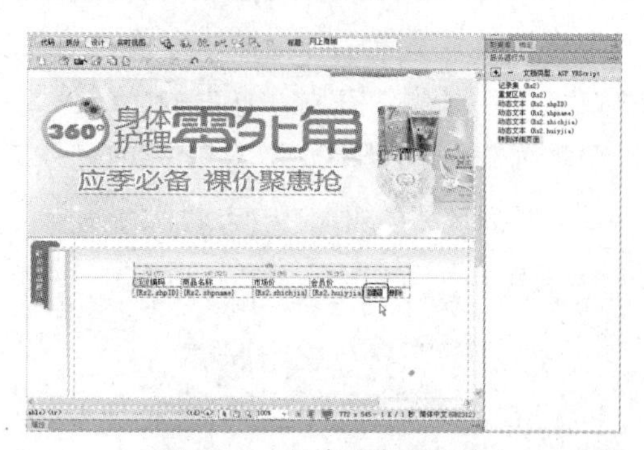

图20-82 创建服务器行为

11 选中文字“删除”，单击“服务器行为”面板中的+按钮，在弹出的菜单中执行“转到详细页面”命令，弹出“转到详细页面”对话框，如图20-83所示。

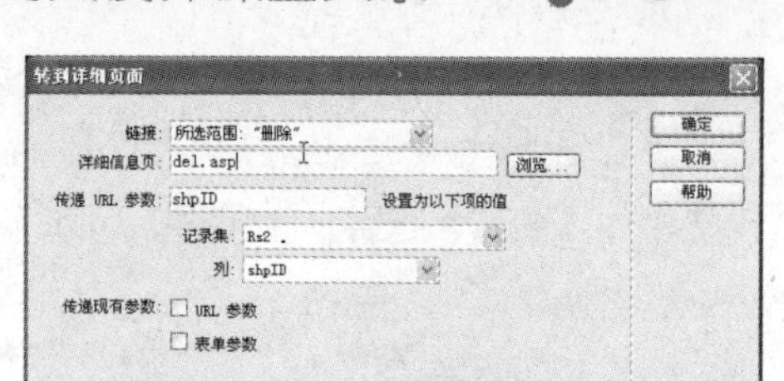

图20-83 “转到详细页面”对话框

12 在对话框中的“详细信息页”文本框中输入del.asp，在“记录集”下拉列表中选择Rs2，在“列”下拉列表中选择shpID，单击“确定”按钮，创建转到详细页面服务器行为，如图20-84所示。

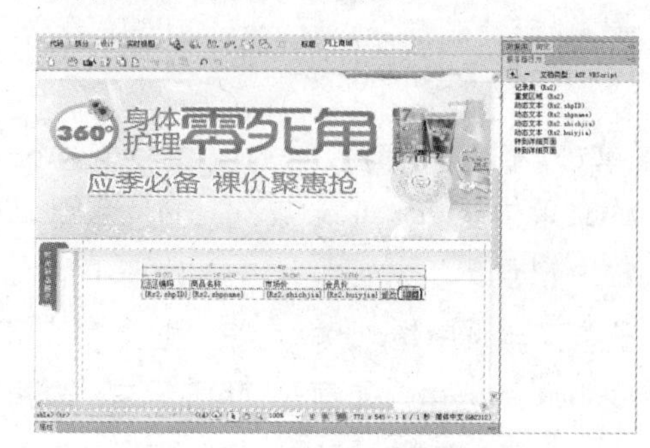

图20-84 创建服务器行为

13 将光标置于“表格1”的右边，按Enter键换行，执行“插入”|“表格”命令，插入1行1列的“表格2”，如图20-85所示。

图20-85 插入表格

14 在“属性”面板中将“填充”设置为2，“对齐”设置为“居中对齐”，将光标置于“表格2”中，输入文字，如图20-86所示。

15 选中文字“首页”，单击“服务器行为”面板中的+按钮，在弹出的菜单中执行“记录集分页”|“移至第一条记录”命令，弹出“移至第一条记录”对话框，如图20-87所示。

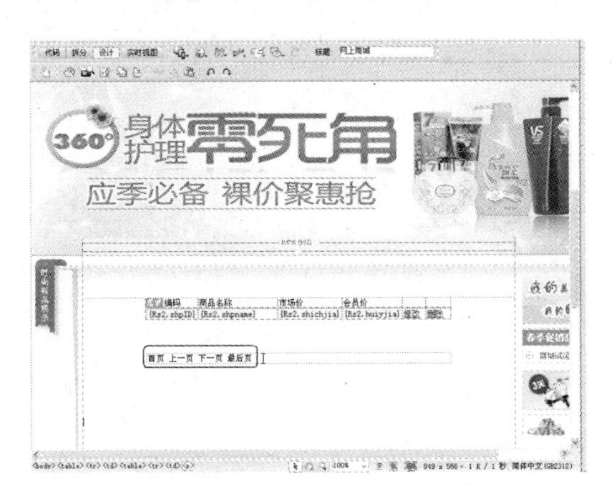

图20-86 输入文字

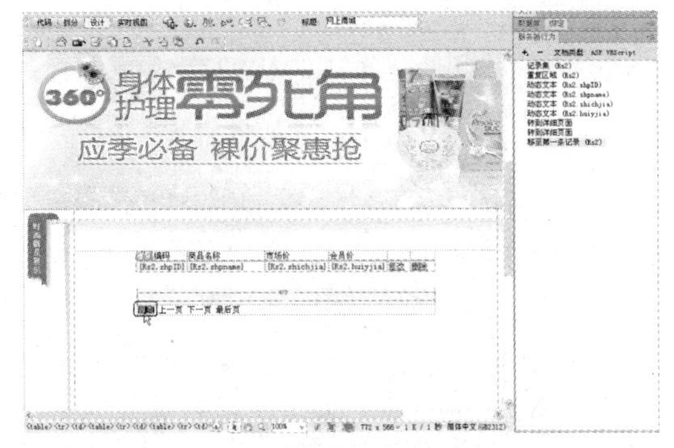

图20-87 “移至第一条记录”对话框

16 在对话框中的“记录集”下拉列表中选择Rs2，单击“确定”按钮，创建移至第一条记录服务器行为，如图20-88所示。

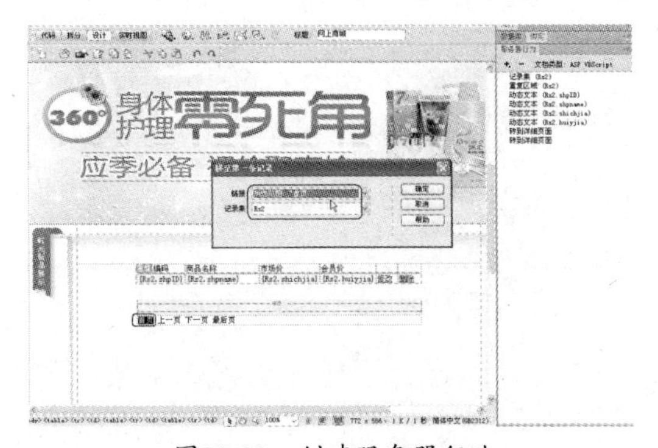

图20-88 创建服务器行为

17 按照步骤15~16的方法，分别对文字“上一页”、“下一页”和“最后页”创建“移至前一条记录”、“移至下一条记录”和“移至最后一条记录”服务器行为，如图20-89所示。

18 选中文字“首页”，单击“服务器行为”面板中的+按钮，在弹出的菜单中执行“显示区域”|“如果不是第一条记录则显示区域”命令，弹出“如果不是第一条记录则显示区域”对话框，在“记录集”下拉列表中选择Rs2，如图20-90所示。

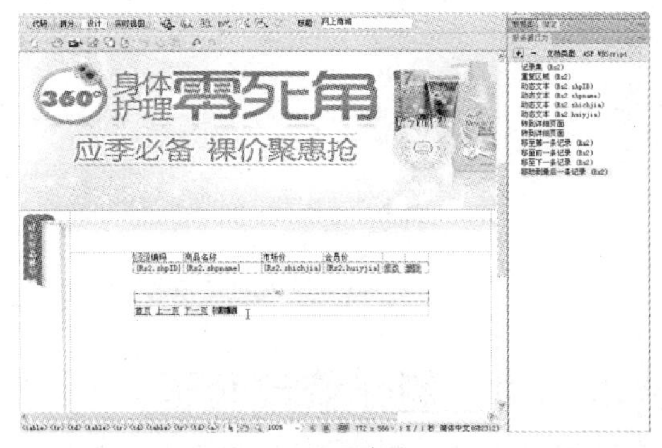

图20-89 创建服务器行为

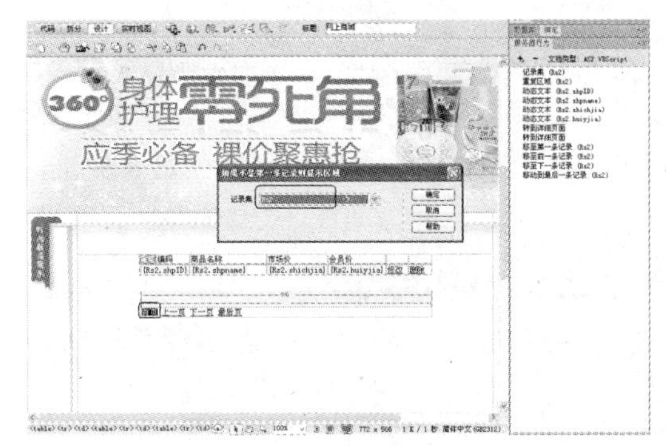

图20-90 “如果不是第一条记录则显示区域”对话框

19 单击“确定”按钮，创建如果不是第一条记录则显示区域服务器行为，如图20-91所示。

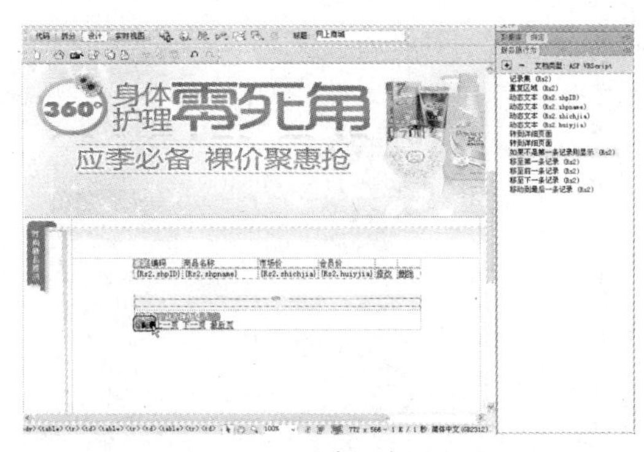

图20-91 创建服务器行为

20 按照步骤18~19的方法，分别对文字“上一页”、“下一页”和“最后页”创建“如果为最后一条记录则显示区域”、“如果为第一条记录则显示区域”和“如果不是最后一条记录则显示区域”服务器行为，如图20-92所示。

图20-92　创建服务器行为

20.6.5　制作修改页面

原始文件	原始文件/CH20/addshp.asp
最终文件	最终文件/CH20/modify.asp

修改页面效果如图20-93所示，该页面主要利用创建数据记录集、绑定字段和创建更新服务器行为制作的，具体操作步骤如下所述。

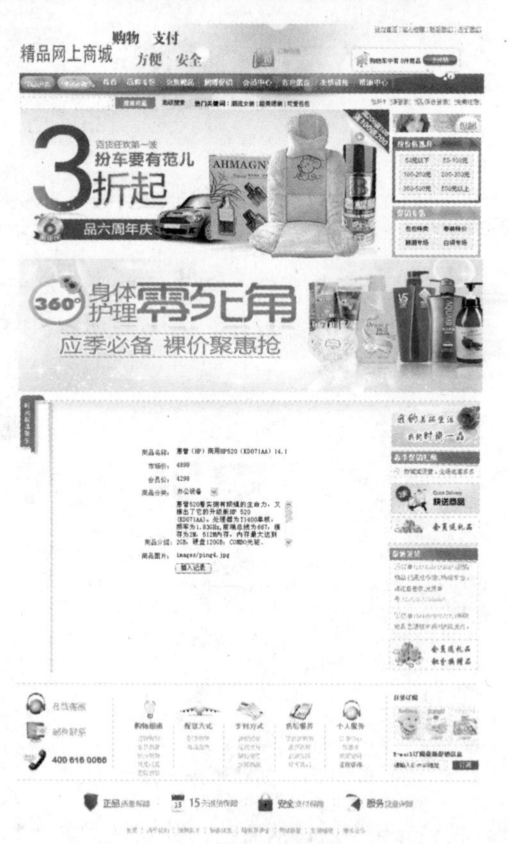

图20-93　修改页面效果

01 打开网页文档addshp.asp，将其另存为modify.asp。在“服务器行为”面板中选中“插入记录(表单“form1”)”，单击⊟按钮删除，如图20-94所示。单击“绑定”面板中的⊞按钮，在弹出的菜单中执行“记录集(查询)”命令。

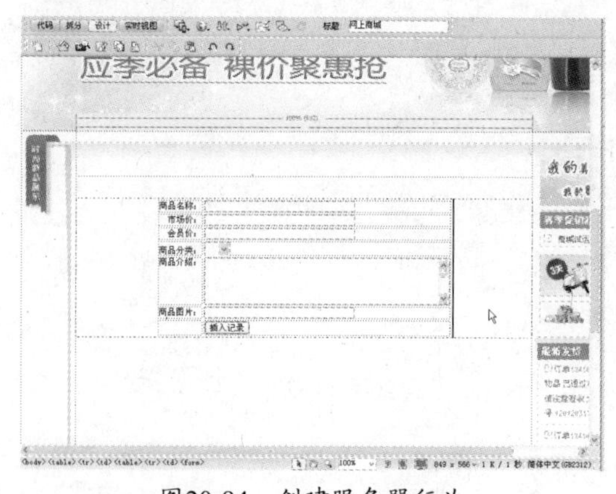

图20-94　创建服务器行为

02 弹出“记录集”对话框，在对话框中的“名称”文本框中输入Rs3，在“连接”下拉列表中选择shop，在“表格”下拉列表中选择products，“列”勾选“全部”单选按钮，在“筛选”下拉列表中分别选择shpID、=、URL参数和shpID，如图20-95所示。

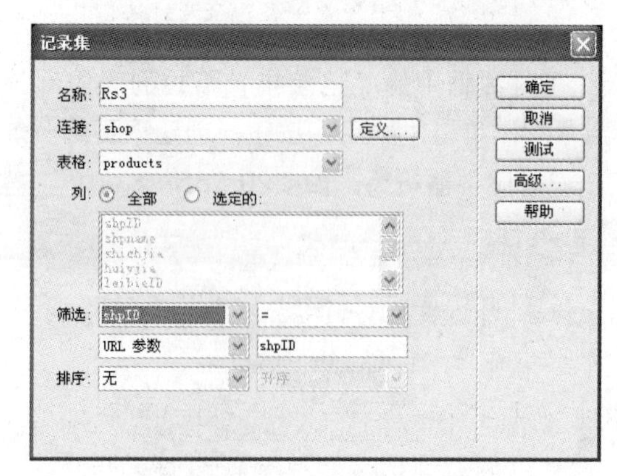

图20-95　“记录集”对话框

03 单击“确定”按钮，创建记录集，如图20-96所示。

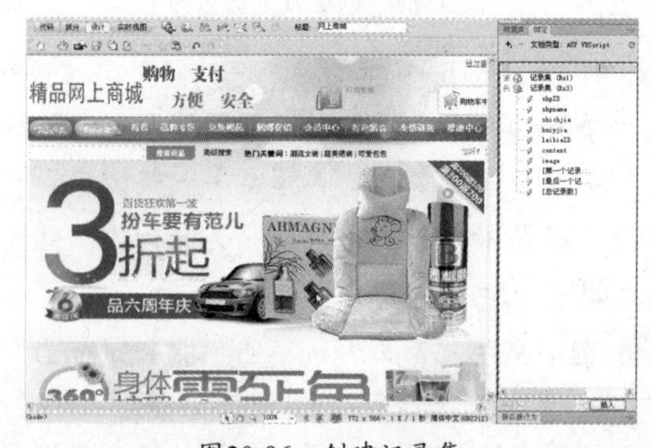

图20-96　创建记录集

04 选中“商品名称：”右边的文本域，在“绑定”面板中展开记录集Rs3，选中shpname字段，单击“绑定”按钮，绑定字段，如图20-97所示。

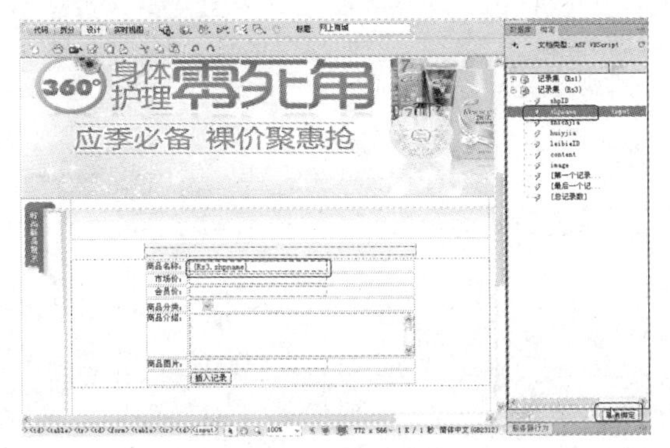

图20-97 绑定字段

05 按照步骤4的方法，分别将shichjia、huiyjia、content和image字段绑定到相应的位置，如图20-98所示。

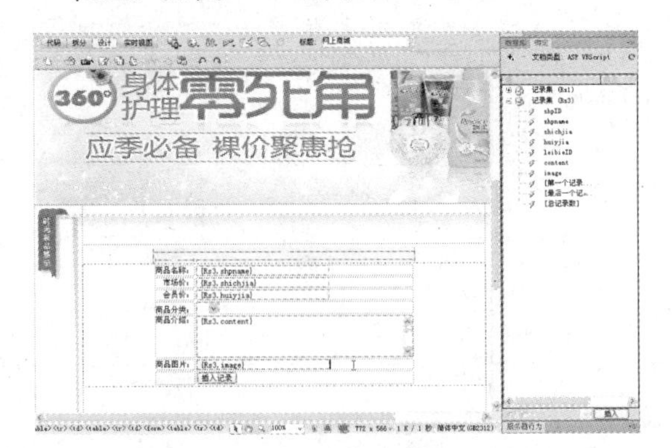

图20-98 绑定字段

06 单击“服务器行为”面板中的+按钮，在弹出的菜单中执行“更新记录”命令，弹出“更新记录”对话框，如图20-99所示。

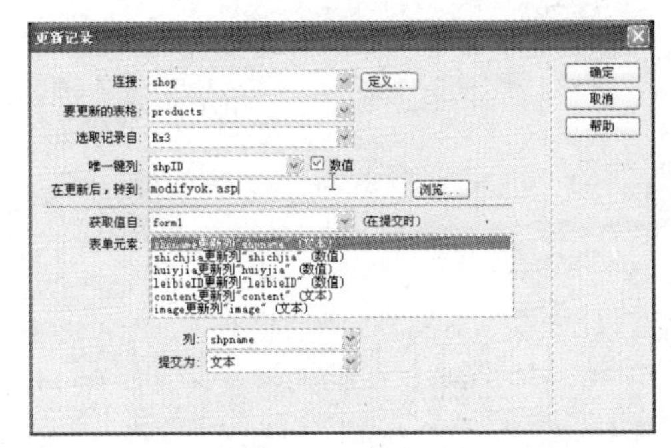

图20-99 “更新记录”对话框

07 在对话框中的“连接”下拉列表中选择shop，在“要更新的表格”下拉列表中选择products，在“选取记录自”下拉列表中选择Rs3，在“唯一键列”下拉列表中选择shpID，在“更新后，转到”文本框中输入modifyok.asp，在“获取值自”下拉列表中选择form1，单击“确定”按钮，创建更新记录服务器行为，如图20-100所示，其代码如下所示。

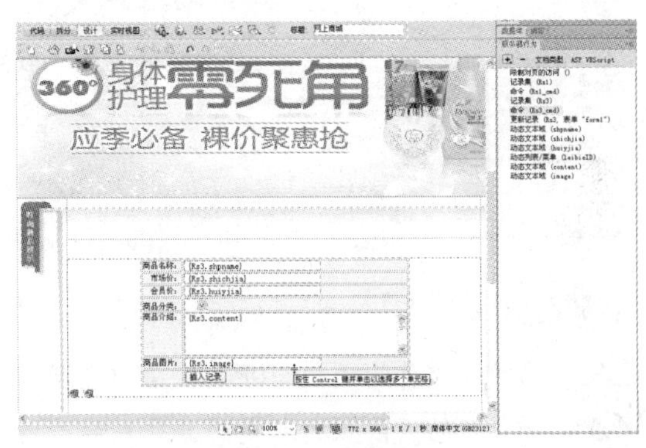

图20-100 创建服务器行为

```
<%If (CStr(Request("MM_update")) = "form1") Then
  If (Not MM_abortEdit) Then
    Dim MM_editCmd
    Set MM_editCmd = Server.CreateObject ("ADODB.Command")
    MM_editCmd.ActiveConnection = MM_shop_STRING
    ' 使用UPDATE语句更新商品表products中的记录信息
    MM_editCmd.CommandText = "UPDATE products SET shpname = ?,
shichjia = ?, huiyjia = ?, leibieID = ?, content = ?, image = ? WHERE shpID = ?"
    MM_editCmd.Prepared = true
     MM_editCmd.Parameters.Append MM_editCmd.CreateParameter("param1", 202, 1,
50, Request.Form("shpname")) ' adVarWChar
      MM_editCmd.Parameters.Append MM_editCmd.CreateParameter("param2", 5, 1,
-1, MM_IIF(Request.Form("shichjia"), Request.Form("shichjia"), null)) ' adDouble
```

```
        MM_editCmd.Parameters.Append MM_editCmd.CreateParameter("param3", 5, 1,
-1, MM_IIF(Request.Form("huiyjia"), Request.Form("huiyjia"), null)) ' adDouble
        MM_editCmd.Parameters.Append MM_editCmd.CreateParameter("param4", 5, 1,
-1, MM_IIF(Request.Form("leibieID"), Request.Form("leibieID"), null)) ' adDouble
        MM_editCmd.Parameters.Append MM_editCmd.CreateParameter("param5", 203, 1,
536870910, Request.Form("content")) ' adLongVarWChar
        MM_editCmd.Parameters.Append MM_editCmd.CreateParameter("param6", 202, 1,
50, Request.Form("image")) ' adVarWChar
        MM_editCmd.Parameters.Append MM_editCmd.CreateParameter("param7", 5, 1,
-1, MM_IIF(Request.Form("MM_recordId"), Request.Form("MM_recordId"), null)) '
adDouble
       MM_editCmd.Execute
       MM_editCmd.ActiveConnection.Close
       ' 更新修改产品资料后转到modifyok.asp页面
       Dim MM_editRedirectUrl
       MM_editRedirectUrl = "modifyok.asp"
       If (Request.QueryString <> "") Then
         If (InStr(1, MM_editRedirectUrl, "?", vbTextCompare) = 0) Then
          MM_editRedirectUrl = MM_editRedirectUrl & "?" & Request.QueryString
         Else
          MM_editRedirectUrl = MM_editRedirectUrl & "&" & Request.QueryString
         End If
       End If
       Response.Redirect(MM_editRedirectUrl)
     End If
   End If
   %>
```

代码解析

这段代码的核心作用是使用UPDATE语句更新新闻表products中的字段，更新成功后转到后台管理页面modifyok.asp。

08 打开网页文档index.htm，将其另存为modifyok.asp。将光标置于相应的位置，按Enter键换行，输入文字，设置为“居中对齐”，选中文字“商品管理页面”，在“属性”面板中的“链接”文本框中输入admin.asp，如图20-101所示。

图20-101 设置链接

20.6.6 制作删除页面

原始文件	原始文件/CH20/index.htm
最终文件	最终文件/CH20/del.asp

删除页面效果如图20-102所示，该页面主要是利用创建记录集、绑定字段和创建删除记录服务器行为制作的，具体操作步骤如下所述。

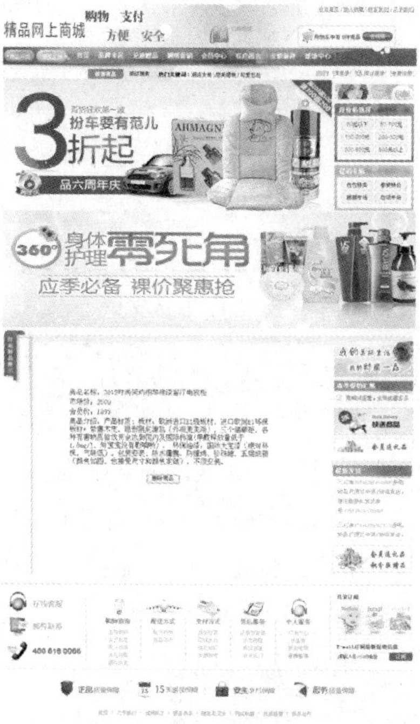

图20-102 删除页面效果

01 打开网页文档index.htm，将其另存为del.asp，如图20-103所示。将光标置于相应的位置，执行“插入”|“表格”命令。

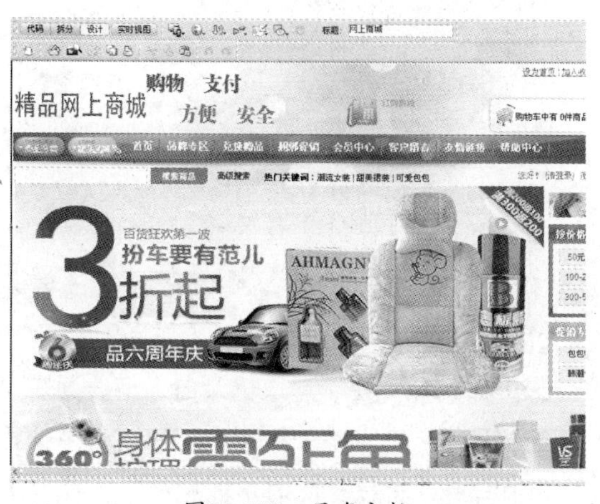
图20-103 另存文档

02 插入4行1列的表格，在“属性”面板中将“填充”设置2，“对齐”设置为“居中对齐”，如图20-104所示。

03 分别在表格中输入相应的文字，如图20-105所示。单击“绑定”面板中的⊞按钮，在弹出的菜单中执行“记录集(查询)”命令，弹出“记录集”对话框。

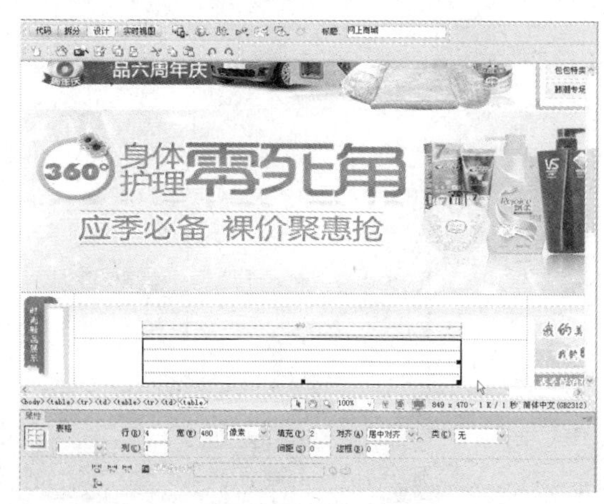
图20-104 插入表格

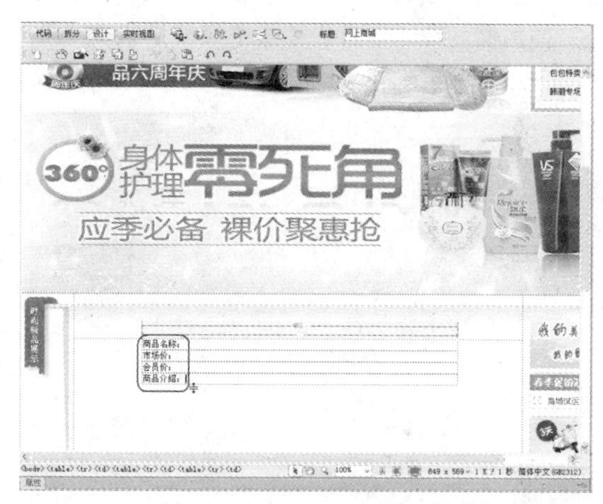

图20-105 输入文字

04 在对话框中的“名称”文本框中输入Rs2，在“连接”下拉列表中选择shop，在“表格”下拉列表中选择products，“列”勾选“全部”单选按钮，在“筛选”下拉列表中分别选择shpID、=、URL参数和shpID，如图20-106所示。

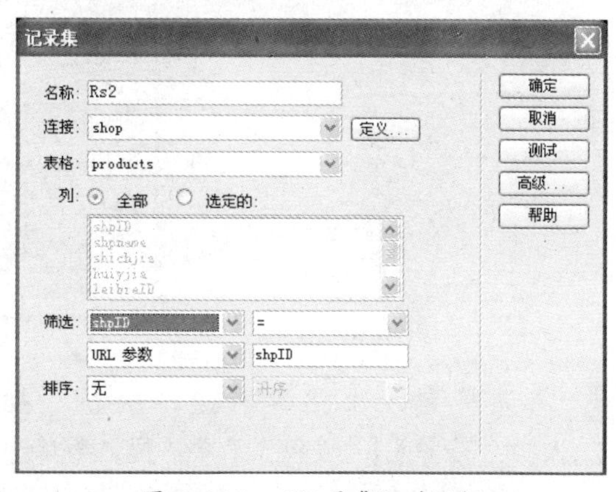

图20-106 “记录集”对话框

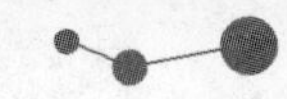

05 单击“确定”按钮，创建记录集，如图20-107所示。

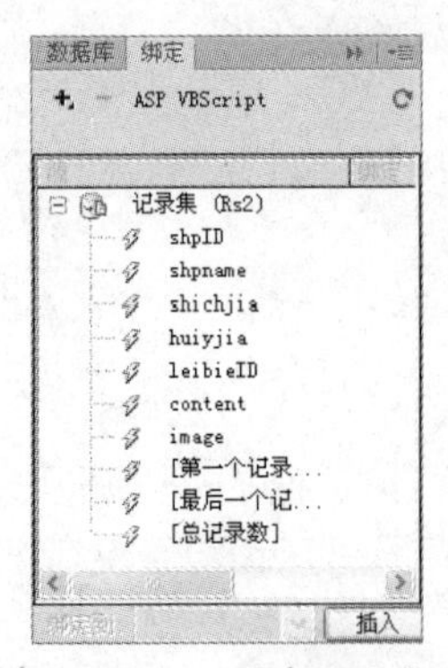

图20-107 创建记录集

06 将光标置于第1行单元格文字“商品名称：”的后面。在“绑定”面板中展开记录集Rs2，选中shpname字段，单击右下角的“插入”按钮，绑定字段，如图20-108所示。

图20-108 绑定字段

07 按照步骤6的方法，分别将shichangjia、huiyuanjia、content和image字段绑定到相应的位置，如图20-109所示。

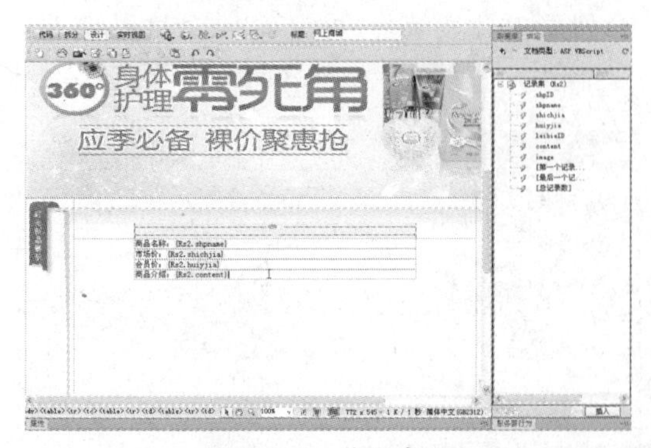

图20-109 绑定字段

08 将光标置于表格的右边，执行“插入”|“表单”|“表单”命令，插入表单，如图20-110所示。

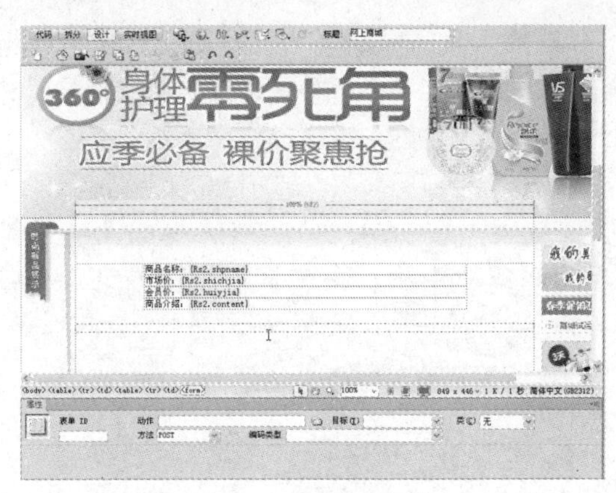

图20-110 插入表单

09 将光标置于表单中，执行“插入”|“表单”|“按钮”命令，插入按钮。在“属性”面板中的“值”文本框中输入“删除商品”，“动作”设置为“提交表单”，如图20-111所示。单击“服务器行为”面板中的+按钮，在弹出的菜单中执行“删除记录”命令，弹出“删除记录”对话框。

图20-111 插入按钮

10 在对话框中的“连接”下拉列表中选择shop，在“从表格中删除”下拉列表中选择products，在“选取记录自”下拉列表中选择Rs2，在“唯一键列”下拉列表中选择shpID，在“提交此表单以删除”下拉列表中选择form1，在“删除后，转到”文本框中输入delok.asp，如图20-112所示。

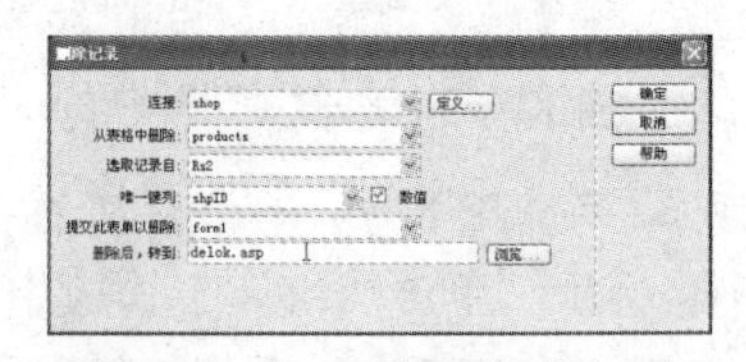

图20-112 “删除记录”对话框

11 单击“确定”按钮，创建删除记录服务器行为，如图20-113所示，其代码如下所示。

代码解析

下面这段代码的核心作用是使用DELETE语句从商品表中删除商品记录，修改成功后转到delok.asp页面。

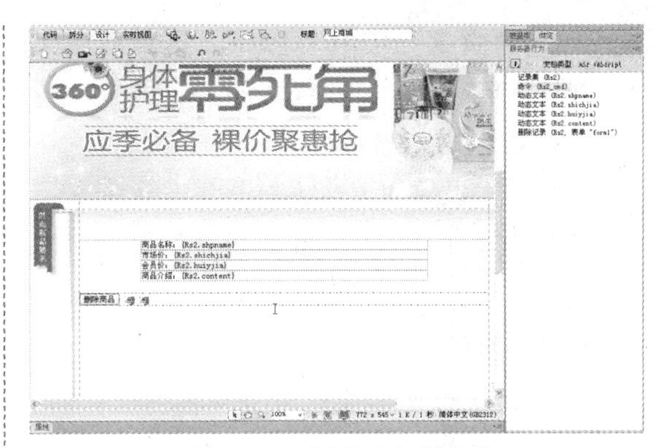

图20-113　创建服务器行为

```
<%If (CStr(Request("MM_delete")) = "form1" And CStr(Request("MM_recordId")) <> "")
 Then
  If (Not MM_abortEdit) Then
    ' 使用DELETE语句从商品表中删除商品记录
    Set MM_editCmd = Server.CreateObject ("ADODB.Command")
    MM_editCmd.ActiveConnection = MM_shop_STRING
    MM_editCmd.CommandText = "DELETE FROM products WHERE shpID = ?"
     MM_editCmd.Parameters.Append MM_editCmd.CreateParameter("param1", 5, 1,
-1, Request.Form("MM_recordId")) ' adDouble
    MM_editCmd.Execute
    MM_editCmd.ActiveConnection.Close
    ' 修改成功后转到delok.asp页面
    Dim MM_editRedirectUrl
    MM_editRedirectUrl = "delok.asp"
    If (Request.QueryString <> "") Then
      If (InStr(1, MM_editRedirectUrl, "?", vbTextCompare) = 0) Then
       MM_editRedirectUrl = MM_editRedirectUrl & "?" & Request.QueryString
      Else
       MM_editRedirectUrl = MM_editRedirectUrl & "&" & Request.QueryString
      End If
    End If
    Response.Redirect(MM_editRedirectUrl)
  End If
End If%>
```

12 单击“服务器行为”面板中的按钮，在弹出的菜单中执行“用户身份验证”|“限制对页的访问”命令，弹出“限制对页的访问”对话框，在对话框中的“如果访问被拒绝，则转到”文本框中输入login.asp，单击“确定”按钮，创建限制对页的访问服务器行为，如图20-114所示。

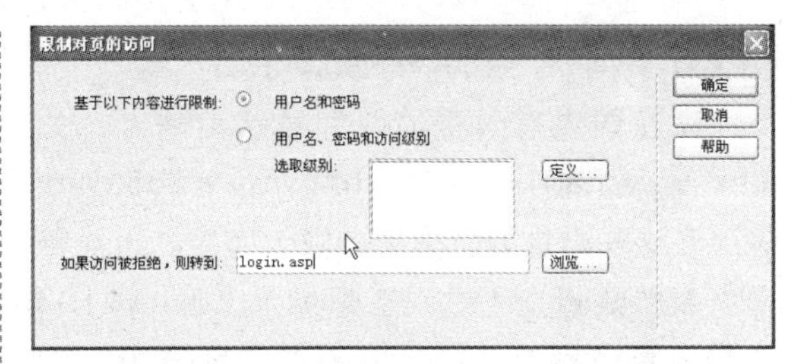

图20-114　“限制对页的访问”对话框

13 打开网页文档index.htm，将其另存为delok.asp，这个页面是删除成功页面。将光标置于相应的位置，按Enter键换行，输入文字，设置为“居中对齐”，选中文字“商品管理页面”，在“属性”面板中的“链接”文本框中输入admin.asp，如图20-115所示。

图20-115 设置链接

20.7 网站的推广

互联网的应用和繁荣为我们提供了广阔的电子商务市场和商机，但是互联网上大大小小的各种网站数以百万计，如何让更多的人都能迅速地访问到您的网站是一个十分重要的问题。网站建好以后，如果不进行推广，那么网站的产品与服务在网上就仍然不为人所知，起不到建立站点的作用，所以在建立网站后即应着手利用各种手段推广自己的网站。

20.7.1 登录搜索引擎

搜索引擎是指根据一定的策略、运用特定的计算机程序从互联网上搜集信息，在对信息进行组织和处理后，为用户提供检索服务，将用户检索相关的信息展示给用户的系统。搜索引擎包括全文索引、目录索引、元搜索引擎、垂直搜索引擎、集合式搜索引擎、门户搜索引擎与免费链接列表等。百度和谷歌等是搜索引擎的代表，图20-116所示为百度搜索引擎登录。

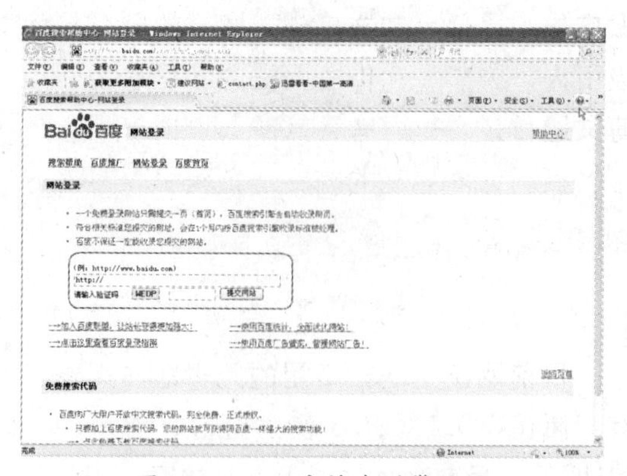

图20-116 百度搜索引擎登录

网站页面的搜索引擎优化是一种免费让网站排名靠前的方法，可以使网站在搜索引擎上获得较好的排位，让更多的潜在客户能够很快地找到你的网站，从而求得网络营销效果的最大化。

20.7.2 登录导航网站

现在国内有大量的网址导航类站点，如http://www.hao123.com/、http://www.265.com/等。在这些网址导航类站点做上链接，也能带来大量的流量，不过现在想登录上像hao123这种流量特别大的站点并不是件容易事。图20-117所示是使用网址导航站点推广网站。

图20-117 使用网址导航站点推广网站

20.7.3 博客推广

博客在发布自己的生活经历、工作经历和某些热门话题的评论等信息的同时，还可附带宣传网站信息等。特别是作者是在某领域有一定影响力的人物，其所发布的文课更容易引起关注，吸引大量潜在顾客浏览，通过个人博客文章内容为读者提供了解企业的机会。用博客来推广企业网站的首要条件是具有良好的写作能力。

现在做博客的网站很多，虽不可能把各家的博客都利用起来，但也需要多注册几个博客进行推广。没时间的话可以少选几个，但是像新浪和百度这样的网站是不能少的。新浪博客浏览量最大，许多明星都在上面开博，人气很高。百度是全球最大的中文搜索引擎，大部分上网者都习惯用百度搜索资料。

博客内容不要只写关于自己的事，多写点时事、娱乐、热点评论，这样会很受欢迎。利用博客推广自己的网站要巧妙，尽量别生硬地做广告，最好是软文广告。博客的题目要尽量吸引人，内容要和你的网站内容尽量相一致。博文题目是可以写夸大点的，可以使用更加热门的枢纽词。博文的内容必须吸引人，这样可以留下悬念，让想看的朋友去点击你的网站。

20.7.4 聊天工具推广网站

目前网络上比较常用的几种即时聊天工具有：腾讯QQ、MSN、阿里旺旺、百度HI、新浪UC等。目前来说，以上五种的客户群是网络中份额比较大的，特别是QQ，下面介绍QQ的推广方法。

1．个性签名法

大家都知道，QQ的个性签名是一个展示你自己的风格的地方，在和别人交流时，对方会时不时地看下你的签名，如果在签名档里写下你的网站或者是写下代表你网站主题的话语，那么就可能会引导对方来看下你的网站。这里提醒注意两点：一是签名的书写，二是签名的更新。如图20-118所示利用QQ个性签名推广网站。

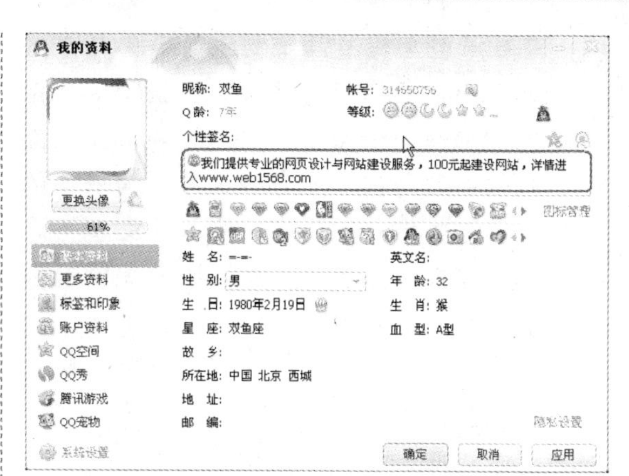

图20-118 利用QQ个性签名推广网站

2．空间心语

QQ空间是个博客平台，在这里你可以写下网站相关信息，它的一个好处是，系统会自动的将你空间的内容展示给你的好友，如果你写的内容有足够的吸引力的话，那么你想不让好友知道你的网站都难。利用QQ空间提高流量，去别人的空间不断地留言，使访客都来到你的空间。

3．QQ群

QQ群就是一个主体性很强的群体，大部分的群成员都有共同的爱好或者是有共同关注的群体。

4．QQ空间游戏

大家用QQ的肯定都知道现在很火爆的偷菜、农场、好友买卖、车位吧。在你玩游戏的时候，可以将你的网站的主题融入其中，让你的好友在无形中来到你的网站。

其实细节还有很多，大家只要平时稍微地关注下就能发现有很多好的方法。

20.7.5 互换友情链接

友情链接可以给网站带来稳定的流量，这也是一种常见的推广方式。这些链接可以是文字形式的，也可以是88×31像素Logo形式的，还可以是468×60像素Banner形式的，当然还可以是图文并茂或各种不规则形式的，如图20-119所示的友情链接网页中既有文字形式的，也有图片形式的链接。

图20-119 友情链接

寻找一些与你的网站内容互补的站点并向对方要求互换链接。最理想的链接对象是那些与你的网站流量相当的网站。流量太大的网站的管理员由于要应付太多互换链接的请求，容易将你忽略，小一些的网站也可考虑。互换链接页面要放在网站比较偏僻的地方，以免将你的网站访问者很快引向他人的站点。找到可以互换链接的网站之后，发一封个性化的E-mail给对方网站管理员，如果对方没有回复，可以再打电话试试。

20.7.6 BBS论坛宣传

互联网上有大量的新闻组和论坛，人们经常在某个特定的话题在上面展开讨论和发布消息，其中当然也包括商业信息。实际上专门的商业新闻组和论坛数量也很多，不少人利用它们来宣传自己的产品。但是，由于多数新闻组和论坛是开放性的，几乎任何人都能在上面随意发布消息，所以其信息质量比起搜索引擎来要逊色一些。而且在将信息提交到这些网站时，一般都被要求提供电子邮件地址，这往往会给垃圾邮件提供可乘之机。当然，在确定能够有效控制垃圾邮件前提下，企业不妨也可以考虑利用新闻组和论坛来扩大宣传面。图20-120所示为在淘宝网的论坛中发布信息推广网站。

图20-120 在淘宝网的论坛中发布信息推广网站

20.7.7 软文推广

顾名思义，它是相对于硬性广告而言，由企业的市场策划人员或广告公司的文案人员来负责撰写的“文字广告”。与硬广告相比，软文之所以叫作软文，精妙之处就在于一个“软”字，好似绵里藏针，收而不露，克敌于无形。等到读者发现这是一篇软文的时候，已经冷不丁地掉入了被精心设计的“软文广告”陷阱。它追求的是一种春风化雨、润物无声的传播效果。如果说硬广告是外家的少林工夫，那么，软文广告则是绵里藏针、以柔克刚的武当拳法。软硬兼施、内外兼修，才是最有力的营销手段。软文应具备一定的见识面，语言驾驭能力以及与进步中的时代语言相贴近等特点。从集中度比较高的佰侬软文写手中调查来看，目前很多软文写手都是草根写手，他们基本有自己固定的职业，软文写作对他们来说是一种爱好。而草根写手的增多，也给软文提供了十分精彩的内容，毕竟这是个多元化的社会。软文，不止要求的是语言驾驭能力，还要求有一定的社会阅历。

写好一篇软文，要抓住以下几点。

(1)写软文首先要选切入点，即如何把需要宣传的产品、服务或品牌等信息完美地嵌入文课内容，好的切入点能让整篇软文看起来浑然天成，把软性广告做到极致。

(2)标题要生动、传神。一篇文课要吸引人，关键是标题要出彩，要让人产生浓厚的阅读兴趣。否则，即使内容再好，也不会有很多人看。

(3)导语要精彩。一篇软文能否吸引读者，标题和导语要起60%以上的作用，有时甚至是起决定性的作用。

(4)利用读者的好奇心。一旦抓住了读者的好奇心，不用怕软文没人看。“脑白金”的《人类可以长生不老？》之所以能在市场启动中担当了这么重要的角色，主要就是其标题大大利用了人们的好奇心。

(5)主题要鲜明。一篇好软文，读后一定要给人留下深刻的印象，而不是一头雾水。

(6)多引述权威语言。大多数人都有这样一个心理，就是容易被权威机构和知名人士的观点说服，但对于自卖自夸的人，常常会很反感，当然也就不会接受他的观点。因此，写作软文要多引用第三方权威观点和语言，不要“王婆卖瓜，自卖自夸”。

(7)网址必须要在文中以举例的形式出现。

20.7.8 电子邮件推广

上网的人，每人至少有一个电子邮箱，因此使用电子邮件进行网上营销是目前国际上很流行的一种网络营销方式，它成本低廉、效率高、范围广、速度快。而且接触互联网的人也都是思维非常活跃的人，整体素质很高，并且具有很强的购买力和商业意识。越来越多的调查也表明，电子邮件营销是网络营销最常用也是最实用的方法。图20-121所示为电子邮件推广网站。

邮件群发营销是最早的营销模式之一，在百度中输入邮件营销或邮件群发，能得到很多结果，说明邮件群发是一种强有力的网络营销手段。邮件群发可以在短时间内把产品信息投放到海量的客户邮件地址内。

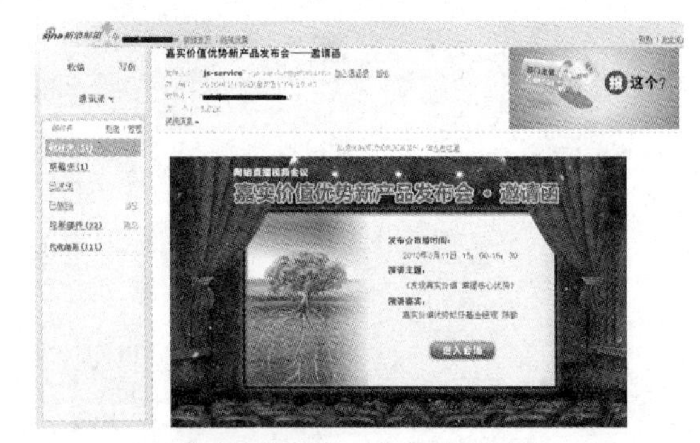

图20-121 电子邮件推广网站

20.8 习题测试

1. 在线购物系统有什么功能？主要包括哪些页面，各有什么功能？

2. 根据本课所讲述的在线购物系统，制作一个如图20-122~图20-125所示的在线购物系统。

原始文件	原始文件/CH20/操作题

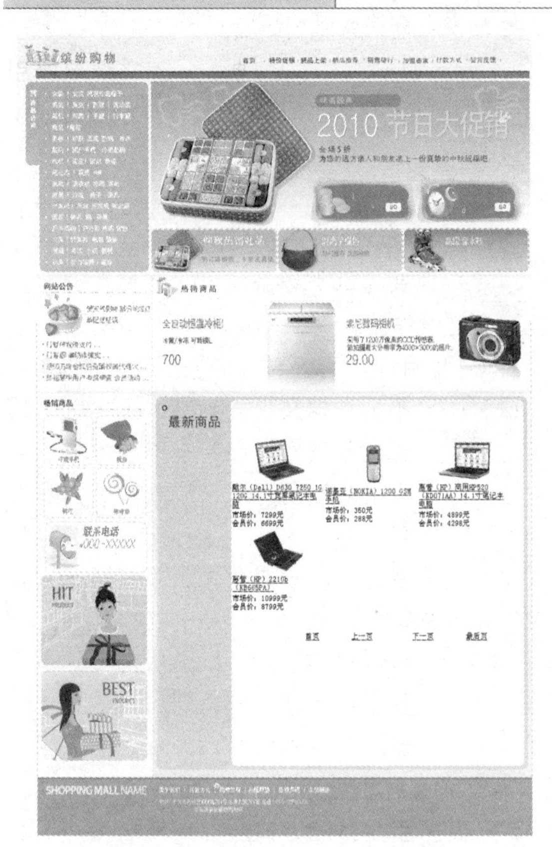

图20-122 制作商品分类展示页面

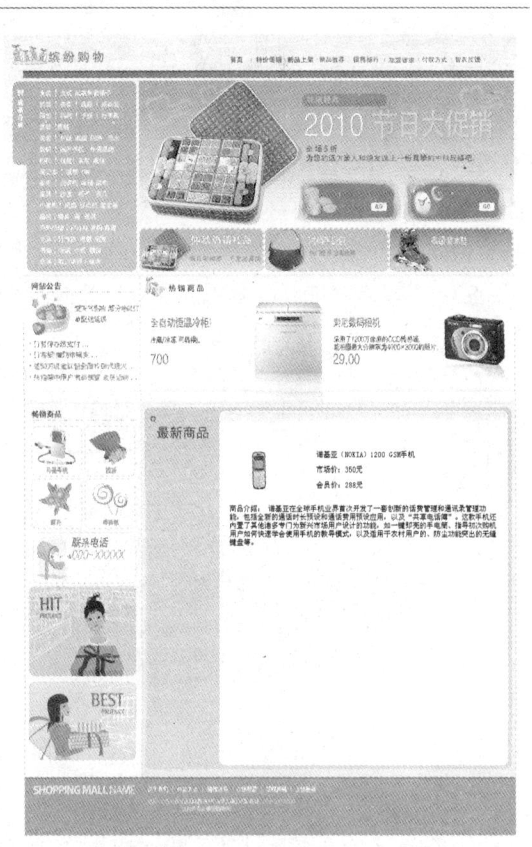

图20-123 制作商品详细信息页面

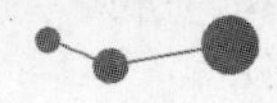

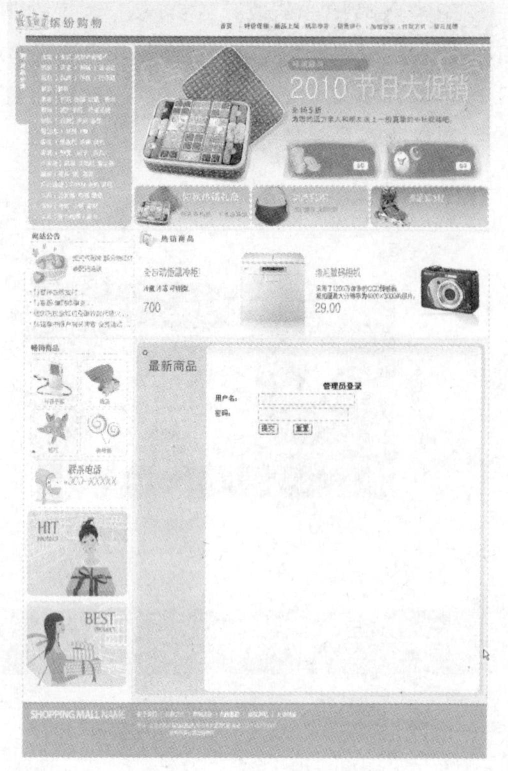

图20-124　制作管理员登录页面

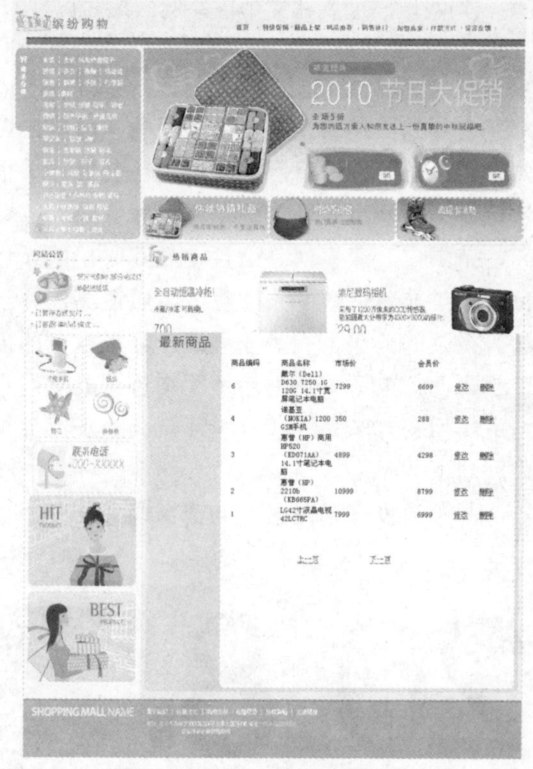

图20-125　制作商品管理页面

20.9 本课小结

在线购物网站作为一个专业的电子商务网站是一个集电子服务和市场推广为一体的网络应用系统，同时服务于顾客、商家和产品生产商。购物网站以新颖、高效、丰富的电子商务处理手段，全方位地提升了企业的形象。本课主要介绍购物网站的制作，包括购物网站的特点，创建数据库与连接，购物系统的前台页面和后台管理页面等内容。

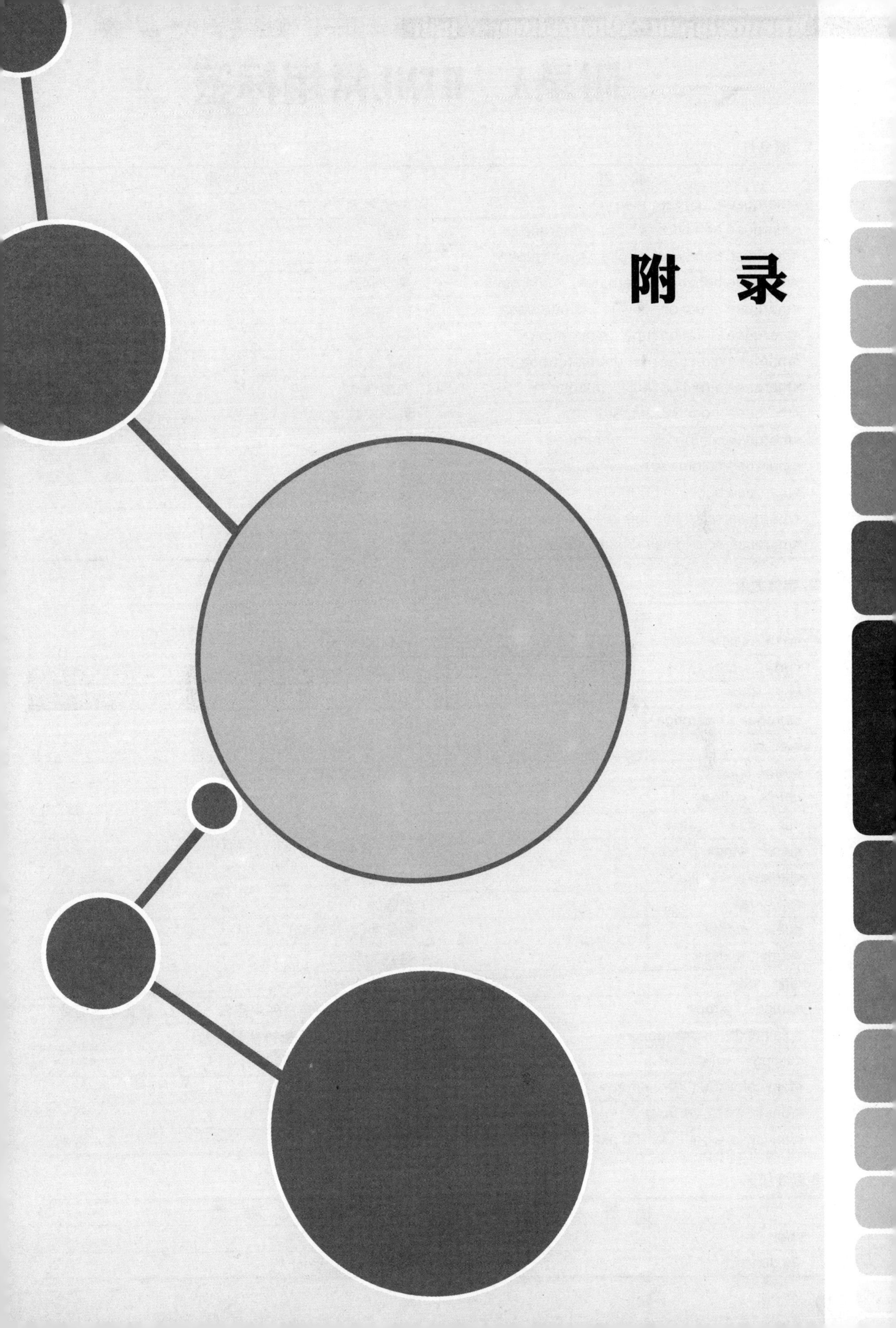

附　录

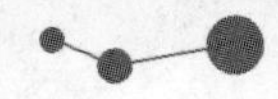

附录A HTML常用标签

1. 跑马灯

标签	功能
<marquee>...</marquee>	普通卷动
<marquee behavior=slide>...</marquee>	滑动
<marquee behavior=scroll>...</marquee>	预设卷动
<marquee behavior=alternate>...</marquee>	来回卷动
<marquee direction=down>...</marquee>	向下卷动
<marquee direction=up>...</marquee>	向上卷动
<marquee direction=right></marquee>	向右卷动
<marquee direction=left></marquee>	向左卷动
<marquee loop=2>...</marquee>	卷动次数
<marquee width=180>...</marquee>	设定宽度
<marquee height=30>...</marquee>	设定高度
<marquee bgcolor=FF0000>...</marquee>	设定背景颜色
<marquee scrollamount=30>...</marquee>	设定卷动距离
<marquee scrolldelay=300>...</marquee>	设定卷动时间

2. 字体效果

标签	功能
<h1>...</h1>	标题字(最大)
<h6>...</h6>	标题字(最小)
<b>...</b>	粗体字
<strong>...</strong>	粗体字(强调)
<i>...</i>	斜体字
<em>...</em>	斜体字(强调)
<dfn>...</dfn>	斜体字(表示定义)
<u>...</u>	底线
<ins>...</ins>	底线(表示插入文字)
<strike>...</strike>	横线
<s>...</s>	删除线
<del>...</del>	删除线(表示删除)
<kbd>...</kbd>	键盘文字
<tt>...</tt>	打字体
<xmp>...</xmp>	固定宽度字体(在文件中空白、换行、定位功能有效)
<plaintext>...</plaintext>	固定宽度字体(不执行标记符号)
<listing>...</listing>	固定宽度小字体
<font color=00ff00>...</font>	字体颜色
<font size=1>...</font>	最小字体
<font style =font-size:100 px>...</font>	无限增大

3.区断标记

标签	功能
<hr>	水平线
<hr size=9>	水平线(设定大小)

<hr width=80%>	水平线(设定宽度)
<hr color=ff0000>	水平线(设定颜色)
 	(换行)
<nobr>...</nobr>	水域(不换行)
<p>...</p>	水域(段落)
<center>...</center>	置中

4.链接

标　签	功　能
<base href=地址>	(预设好连结路径)
<a href=地址></a>	外部连结
<a href=地址 target=_blank></a>	外部连结(另开新窗口)
<a href=地址 target=_top></a>	外部连结(全窗口连结)
<a href=地址 target=页框名></a>	外部连结(在指定页框连结)

5.图像/音乐

标　签	功　能
<img src=图片地址>	贴图
<img src=图片地址 width=180>	设定图片宽度
<img src=图片地址 height=30>	设定图片高度
<img src=图片地址 alt=提示文字>	设定图片提示文字
<img src=图片地址 border=1>	设定图片边框
<bgsound src=MID音乐文件地址>	背景音乐设定

6.表格

标　签	功　能
<table aling=left>...</table>	表格位置，置左
<table aling=center>...</table>	表格位置，置中
<table background=图片路径>...</table>	背景图片的URL=，就是路径网址
<table border=边框大小>...</table>	设定表格边框大小(使用数字)
<table bgcolor=颜色码>...</table>	设定表格的背景颜色
<table borderclor=颜色码>...</table>	设定表格边框的颜色
<table borderclordark=颜色码>...</table>	设定表格暗边框的颜色
<table borderclorlight=颜色码>...</table>	设定表格亮边框的颜色
<table cellpadding=参数>...</table>	指定内容与网格线之间的间距(使用数字)
<table cellspacing=参数>...</table>	指定网格线与网格线之间的距离(使用数字)
<table cols=参数>...</table>	指定表格的栏数
<table frame=参数>...</table>	设定表格外框线的显示方式
<table width=宽度>...</table>	指定表格的宽度大小(使用数字)
<table height=高度>...</table>	指定表格的高度大小(使用数字)
<td colspan=参数>...</td>	指定储存格合并栏的栏数(使用数字)
<td rowspan=参数>...</td>	指定储存格合并列的列数(使用数字)

7.分割窗口

标　签	功　能
<frameset cols="20%,*">	左右分割，将左边框架分割大小为20%，右边框架的大小，浏览器会自动调整

<frameset rows="20%,*">	上下分割，将上面框架分割大小为20%，下面框架的大小，浏览器会自动调整
<frameset cols="20%,*">	分割左右两个框架
<frameset cols="20%,*,20%">	分割左中右三个框架
<frameset rows="20%,*,20%">	分割上中下三个框架
<! - - ... - ->	批注
<A HREF TARGET>	指定超级链接的分割窗口
<A HREF=#锚的名称>	指定锚名称的超级链接
<A HREF>	指定超级链接
<A NAME=锚的名称>	被连结点的名称
<ADDRESS>....</ADDRESS>	用来显示电子邮箱地址
<B>	粗体字
<BASE TARGET>	指定超级链接的分割窗口
<BASEFONT SIZE>	更改预设字形大小
<BGSOUND SRC>	加入背景音乐
<BIG>	显示大字体
<BLINK>	闪烁的文字
<BODY TEXT LINK VLINK>	设定文字颜色
<BODY>	显示本文
 	换行
<CAPTION ALIGN>	设定表格标题位置
<CAPTION>...</CAPTION>	为表格加上标题
<CENTER>	居中对齐
<CITE>...</CITE>	定义用斜体显示标明引文
<CODE>...</CODE>	用于列出一段程序代码
<COMMENT>...</COMMENT>	加上批注
<DD>	设定定义列表的项目解说
<DFN>...</DFN>	显示“定义”文字
<DIR>...</DIR>	列表文字卷标
<DL>...</DL>	设定定义列表的卷标
<DT>	设定定义列表的项目
<EM>	强调之用

附录B　CSS属性一览表

CSS - 文字属性

语言	功能
color : #999999;	文字颜色
font-family : 宋体,sans-serif;	文字字体
font-size : 9pt;	文字大小
font-style:itelic;	文字斜体
font-variant:small-caps;	小字体
letter-spacing : 1pt;	字间距离
line-height : 200%;	设置行高
font-weight:bold;	文字粗体
vertical-align:sub;	下标字
vertical-align:super;	上标字
text-decoration:line-through;	加删除线
text-decoration:overline;	加顶线
text-decoration:underline;	加下划线
text-decoration:none;	删除链接下划线
text-transform : capitalize;	首字大写
text-transform : uppercase;	英文大写
text-transform : lowercase;	英文小写
text-align:right;	文字右对齐
text-align:left;	文字左对齐
text-align:center;	文字居中对齐
text-align:justify;	文字两端对齐
vertical-align属性	
vertical-align:top;	垂直向上对齐
vertical-align:bottom;	垂直向下对齐
vertical-align:middle;	垂直居中对齐
vertical-align:text-top;	文字垂直向上对齐
vertical-align:text-bottom;	文字垂直向下对齐

CSS - 项目符号

语言	功能
list-style-type:none;	不编号
list-style-type:decimal;	阿拉伯数字
list-style-type:lower-roman;	小写罗马数字
list-style-type:upper-roman;	大写罗马数字
list-style-type:lower-alpha;	小写英文字母
list-style-type:upper-alpha;	大写英文字母
list-style-type:disc;	实心圆形符号
list-style-type:circle;	空心圆形符号
list-style-type:square;	实心方形符号
list-style-image:url(/dot.gif)	图片式符号

list-style-position:outside;	凸排
list-style-position:inside;	缩进

CSS - 背景样式

语言	功能
background-color:#F5E2EC;	背景颜色
background:transparent;	透视背景
background-image : url(image/bg.gif);	背景图片
background-attachment : fixed;	浮水印固定背景
background-repeat : repeat;	重复排列-网页默认
background-repeat : no-repeat;	不重复排列
background-repeat : repeat-x;	在x轴重复排列
background-repeat : repeat-y;	在y轴重复排列
background-position : 90% 90%;	背景图片x轴与y轴的位置
background-position : top;	向上对齐
background-position : buttom;	向下对齐
background-position : left;	向左对齐
background-position : right;	向右对齐
background-position : center;	居中对齐

CSS - 链接属性

语言	功能
a	所有超链接
a:link	超链接文字格式
a:visited	浏览过的链接文字格式
a:active	按下链接的格式
a:hover	鼠标转到链接
cursor:crosshair	十字体
cursor:s-resize	箭头朝下
cursor:help	加一问号
cursor:w-resize	箭头朝左
cursor:n-resize	箭头朝上
cursor:ne-resize	箭头朝右上
cursor:nw-resize	箭头朝左上
cursor:text	文字I型
cursor:se-resize	箭头斜右下
cursor:sw-resize	箭头斜左下
cursor:wait	漏斗

CSS – 边框属性

语言	功能
border-top : 1px solid #6699cc;	上框线
border-bottom : 1px solid #6699cc;	下框线
border-left : 1px solid #6699cc;	左框线
border-right : 1px solid #6699cc;	右框线

solid	实线框
dotted	虚线框
double	双线框
groove	立体内凸框
ridge	立体浮雕框
inset	凹框
outset	凸框

CSS - 表单

语言	功能
<input type="text" name="T1" size="15">	文本域
<input type="submit" value="submit" name="B1">	按钮
<input type="checkbox" name="C1">	复选框
<input type="radio" value="V1" checked name="R1">	单选按钮
<textarea rows="1" name="1" cols="15"></textarea>	多行文本域
<select size="1" name="D1"><option>选项1</option><option>选项2</option></select>	列表菜单

CSS - 边界样式

语言	功能
margin-top:10px;	上边界
margin-right:10px;	右边界值
margin-bottom:10px;	下边界值
margin-left:10px;	左边界值

CSS - 边框空白

语言	功能
padding-top:10px;	上边框留空白
padding-right:10px;	右边框留空白
padding-bottom:10px;	下边框留空白
padding-left:10px;	左边框留空白